책장을 넘기며 느껴지는 몰입의 기쁨
노력한 만큼 빛이 나는 내일의 반짝임

새로운 배움, 더 큰 즐거움

미래엔이 응원합니다!

1등급 만들기
한국지리 820제

WRITERS

김상현 잠실여고 교사 | 고려대 지리교육과

조성호 중동고 교사 | 고려대 지리교육과

COPYRIGHT

인쇄일 2024년 3월 25일(2판7쇄)
발행일 2021년 9월 30일

펴낸이 신광수
펴낸곳 (주)미래엔
등록번호 제16-67호

교육개발2실장 김용균
개발책임 김문희 **개발** 공햇살

디자인실장 손현지
디자인책임 김병석 **디자인** 진선영, 송혜란

CS본부장 강윤구
제작책임 강승훈

ISBN 979-11-6413-877-7

머리말

Introduction

인생의 목표를 정하고

그 목표를 향해

담담하게 걸어가는 것은

정말 어려운 일입니다

다른 사람들이 뭐라고 하든

자신이 옳다고 믿는 길이 최선의 길이지요

자신감을 가지고

1등급 만들기와 함께 시작해 보세요

1등급 달성!

할 수 있습니다!

구성과 특징

Structure&Features

핵심 개념 정리

시험에 꼭 나오는 [핵심 개념 파악하기]

학교 시험에 자주 나오는 개념과 자료를 일목요연하게 정리하여 핵심 개념을 빠르게 파악할 수 있도록 구성하였습니다.

자료 시험에 자주 나오는 자료를 엄선하여 분석하였습니다.

문제로 확인 핵심 개념 및 필수 자료를 이해했는지 확인할 수 있도록 관련 문제를 연결하였습니다.

3단계 문제 코스

1등급 만들기 내신 완성 3단계 문제를 풀면 1등급이 이루어집니다.

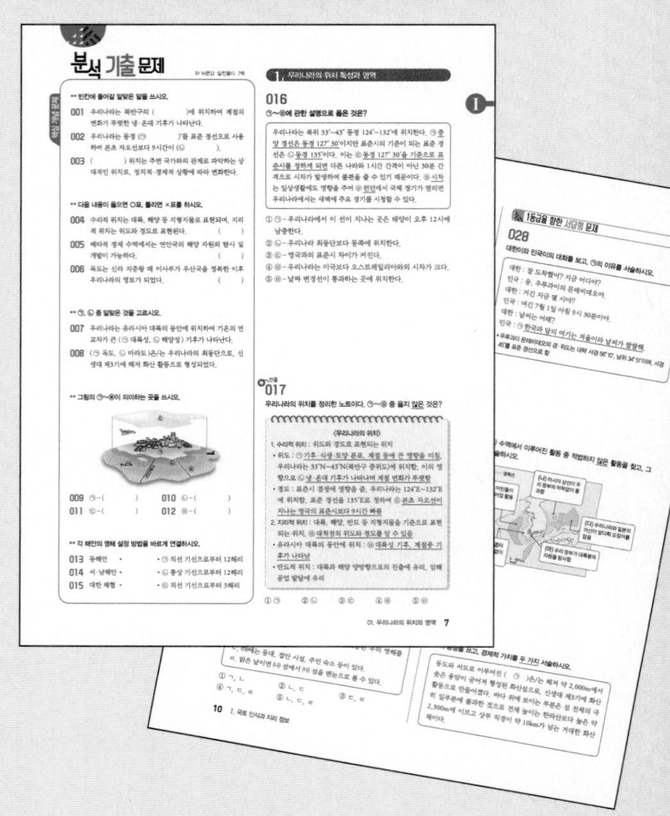

Step 1 기출 문제로 실전 감각 키우기

분석 기출 문제

기출 문제를 분석하여 학교 시험 문제와 유사한 형태의 문제로 구성하였습니다.

핵심 개념 문제 핵심 개념을 얼마나 이해하고 있는지 바로 확인할 수 있도록 개념 문제를 제시하였습니다.

1등급을 향한 서답형 문제 학교 시험에 자주 출제되는 단답형과 서술형 문제의 대표 유형을 모아서 수록하였습니다.

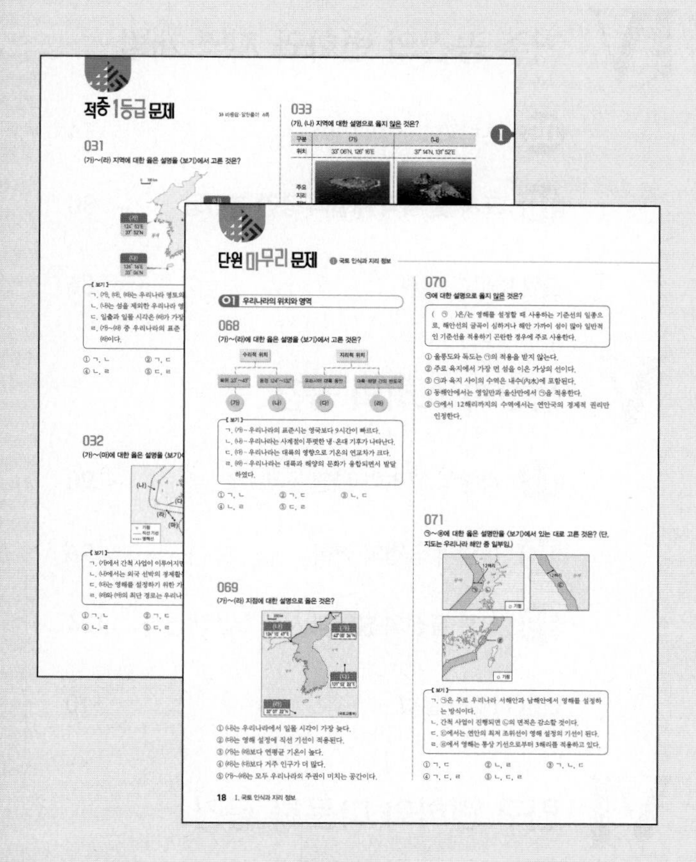

1등급 문제로 실력 향상시키기

적중 1등급 문제

학교 시험에서 고난도 문제는 한두 문항씩 출제됩니다.
등급의 차이를 결정하는 어려운 문제도 자신 있게 풀 수 있도록 응용력과 사고력을 기를 수 있는 고난도 문제로 구성하였습니다.

마무리 문제로 최종 점검하기

단원 마무리 문제

중간고사와 기말고사를 대비할 수 있는 실전 문제를 학교 시험 진도에 맞추어 학습이 용이하도록 강명을 넣어 구성하였습니다. 시험 직전 학습 내용을 마무리하고 자신의 실력을 점검할 수 있습니다.

바른답·알찬풀이

알찬풀이로 [핵심 내용 다시보기]

문제에 대한 정답과 알찬풀이를 제시하였습니다. 바로잡기 는 자세한 오답풀이로 어려운 문제도 쉽게 이해할 수 있습니다.

- **1등급 정리 노트**
  시험에 자주 나오는 핵심 개념을 다시 한번 정리하였습니다.
- **1등급 자료 분석**
  까다롭고 어려운 자료에 대한 분석과 첨삭 설명을 제시하였습니다.

차례

Contents

I 국토 인식과 지리 정보

01 우리나라의 위치와 영역 06

02 국토 인식의 변화와 지리 정보 12

단원 마무리 문제 18

II 지형 환경과 인간 생활

03 한반도의 형성과 산지의 모습 22

04 하천 지형과 해안 지형 30

05 화산 지형과 카르스트 지형 36

단원 마무리 문제 42

III 기후 환경과 인간 생활

06 우리나라의 기후 특성 48

07 기후와 주민 생활 56

08 자연재해와 기후 변화 62

단원 마무리 문제 68

IV 거주 공간의 변화와 지역 개발

09 촌락과 도시의 변화 74

10 도시 및 지역 개발과 공간 불평등 80

단원 마무리 문제 86

V 생산과 소비의 공간

11 자원의 의미와 자원 문제 90

12 농업과 공업의 변화 96

13 교통·통신의 발달과 서비스업의 변화 104

단원 마무리 문제 110

VI 인구 변화와 다문화 공간

14 인구 분포와 인구 구조의 변화 116

15 인구 문제와 다문화 공간의 등장 124

단원 마무리 문제 130

VII 우리나라의 지역 이해

16 지역의 의미와 구분, 북한 지역 134

17 수도권, 강원 지방, 충청 지방 140

18 호남 지방, 영남 지방, 제주도 148

단원 마무리 문제 156

3종 한국지리 교과서의 단원 찾기를 제공합니다.

단원	강	1등급 만들기	미래엔	비상교육	천재교육
I 국토 인식과 지리 정보	01 우리나라의 위치와 영역	6~11	10~16	10~17	12~19
	02 국토 인식의 변화와 지리 정보	12~17	17~27	18~29	20~31
II 지형 환경과 인간 생활	03 한반도의 형성과 산지의 모습	22~29	34~41	36~43	36~43
	04 하천 지형과 해안 지형	30~35	42~51	44~53	44~55
	05 화산 지형과 카르스트 지형	36~41	52~55	54~59	56~61
III 기후 환경과 인간 생활	06 우리나라의 기후 특성	48~55	62~69	66~71	66~75
	07 기후와 주민 생활	56~61	70~75	72~77	76~81
	08 자연재해와 기후 변화	62~67	76~83	78~83	82~87
IV 거주 공간의 변화와 지역 개발	09 촌락과 도시의 변화	74~79	90~104	90~103	94~107
	10 도시 및 지역 개발과 공간 불평등	80~85	105~113	104~115	108~119
V 생산과 소비의 공간	11 자원의 의미와 자원 문제	90~95	120~127	122~129	124~129
	12 농업과 공업의 변화	96~103	128~137	130~139	130~141
	13 교통·통신의 발달과 서비스업의 변화	104~109	138~145	140~149	142~149
VI 인구 변화와 다문화 공간	14 인구 분포와 인구 구조의 변화	116~123	152~156	156~161	154~157
	15 인구 문제와 다문화 공간의 등장	124~129	157~165	162~169	158~169
VII 우리나라의 지역 이해	16 지역의 의미와 구분, 북한 지역	134~139	172~182	176~187	174~187
	17 수도권, 강원 지방, 충청 지방	140~147	183~195	188~201	188~203
	18 호남 지방, 영남 지방, 제주도	148~155	196~207	202~213	204~219

Ⅰ 국토 인식과 지리 정보

01 우리나라의 위치와 영역

출제 포인트 ✓ 우리나라의 영토, 영해, 영공 ✓ 배타적 경제 수역의 특징 ✓ 독도의 자연환경과 인문 환경

1. 우리나라의 위치 특성과 영역

1 우리나라의 위치 7쪽 017번 문제로 확인

(1) 수리적 위치 위도와 경도로 표현되는 위치

위도	• 북위 33°~43°의 북반구 중위도에 위치 • 계절의 변화가 뚜렷한 냉·온대 기후
경도	• 동경 124°~132°에 위치, 동경 135°를 표준 경선으로 사용 • 본초 자오선이 지나는 영국보다 표준시가 9시간 빠름

(2) 지리적 위치 대륙이나 해양, 반도, 섬 등의 지형지물을 기준으로 표현되는 위치

유라시아 대륙의 동안에 위치	• 대륙의 영향으로 기온의 연교차가 큰 대륙성 기후가 나타남 • 계절풍의 영향으로 여름은 고온 다습, 겨울은 한랭 건조한 계절풍 기후가 나타남
반도적 위치	• 국토의 삼면이 바다로 둘러싸인 반도 국가 • 대륙과 해양 양 방향으로의 진출이 유리함

(3) 관계적 위치 주변 국가와의 관계 및 시대 상황과 국제 정세에 따라 달라지는 상대적이고 가변적인 위치

2 동아시아의 중심지, 우리나라

대륙과 해양으로 진출하기에 유리함, 중국·일본·러시아 등을 연결하는 중심지로 동아시아 경제권의 핵심으로 주목받고 있음

자료 우리나라의 위치와 4극 8쪽 018번 문제로 확인

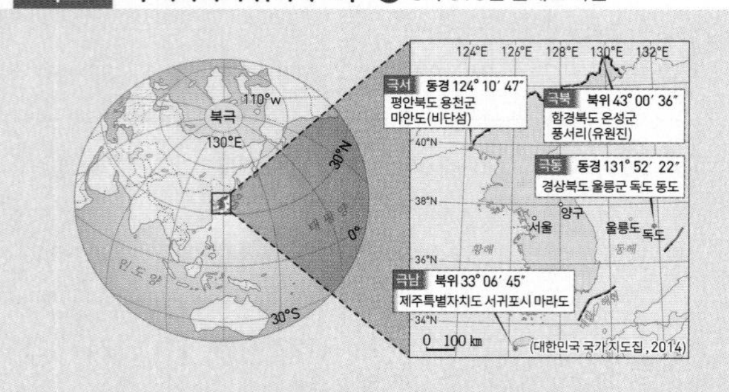

분석 우리나라는 북반구의 중위도에 위치해 있으며, 위도 상으로 북위 33°~43°, 경도 상으로는 동경 124°~132°에 있다. 우리나라 4극의 경우 극서는 마안도(비단섬), 극북은 온성군 북단, 극동은 독도 동단, 극남은 마라도 남단이다. 4극을 기준으로 한 국토 중심은 강원도 양구군에 해당한다.

3 우리나라의 영역 8쪽 021번 문제로 확인

(1) 영역 한 국가의 주권이 미치는 공간 범위

영토	• 한반도와 그 부속 도서로 구성 • 총 면적 약 22.3만 km², 남한 면적 약 10만 km²(서·남해안의 간척 사업을 통해 국토 면적 확대)
영해	• 통상 기선에서 12해리까지 : 동해안, 제주도, 울릉도, 독도 • 직선 기선에서 12해리까지 : 서·남해안, 동해안 일부(영일만, 울산만) • 직선 기선에서 3해리까지 : 대한 해협
영공	• 영토와 영해의 수직 상공(일반적으로 대기권까지 한정) • 항공 교통 및 인공위성의 발달로 영공의 중요성이 점차 커짐

(2) 배타적 경제 수역(EEZ, Exclusive Economic Zone)

① 의미 : 영해 기선으로부터 최대 200해리까지의 바다에서 영해를 제외한 수역

② 연안국의 권리 : 해양 자원의 탐사 및 개발, 어업 활동, 인공섬 설치 등의 경제적 권리 인정

③ 어업 협정 체결 : 주변국과 배타적 경제 수역이 겹침 → 한·일, 한·중 어업 협정을 체결함

자료 한·일 및 한·중 어업 협정 9쪽 024번 문제로 확인

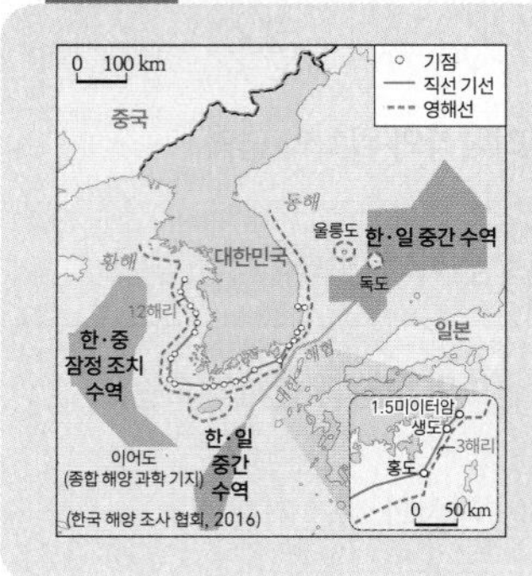

분석 우리나라와 일본, 중국은 200해리 배타적 경제 수역을 설정할 경우 중복되는 수역이 발생하여 어업 협정을 맺었다. 우리나라와 일본은 1998년 신 한·일 어업 협정을 체결하여 한·일 중간 수역을 설정하고 공동 권리를 가지도록 하였다. 2001년에는 한·중 어업 협정을 체결하고, 한·중 잠정 조치 수역을 설정하여 이곳에서 공동 조업을 할 수 있도록 하였다.

2. 독도의 주권과 동해 표기

1 독도는 우리 땅 10쪽 027번 문제로 확인

(1) 독도의 자연환경

① 지형 : 신생대 제3기에 해저 용암의 분출로 형성된 화산섬(울릉도, 제주도보다 먼저 형성됨)

② 기후 : 동해의 영향으로 기온의 연교차가 작은 해양성 기후

③ 구성 : 우리나라의 최동단, 동도와 서도 및 89개의 부속 도서로 구성

(2) 독도의 가치

영역적 가치	우리 영토의 극동, 태평양을 향한 해상 전진 기지 역할
경제적 가치	조경 수역으로 어족 자원 풍부, 미래 에너지인 메탄 하이드레이트 분포, 관광 자원으로서의 가치
생태적 가치	다양한 동식물 서식, 섬 전체가 천연 보호 구역으로 지정, 해저 화산의 진화 과정을 연구할 수 있는 표본

(3) 역사 신라 지증왕 때 이사부가 우산국을 정복한 이후 우리나라의 영토가 됨, 『세종실록지리지』와 동국지도 등 고문헌과 고지도에 우리나라 영토임이 제시되어 있음

2 동해 표기

(1) 동해 표기의 역사 『삼국사기』의 고구려 본기에 표기, 일본국 성립보다 700여 년 먼저 '동해' 명칭 사용

(2) 동해 표기의 중요성 1992년 국제 연합(UN)의 유엔 지명 표준화 회의(UNCSGN)에서 동해(East Sea) 표기의 정당성 주장

분석 기출 문제

» 바른답·알찬풀이 2쪽

핵심 개념 문제

•• 빈칸에 들어갈 알맞은 말을 쓰시오.

001 우리나라는 북반구의 (　　　　)에 위치하여 계절의 변화가 뚜렷한 냉·온대 기후가 나타난다.

002 우리나라는 동경 (㉠　　　　)°를 표준 경선으로 사용하여 본초 자오선보다 9시간이 (㉡　　　　).

003 (　　　　) 위치는 주변 국가와의 관계로 파악하는 상대적인 위치로, 정치적·경제적 상황에 따라 변화한다.

•• 다음 내용이 옳으면 ○표, 틀리면 ×표를 하시오.

004 수리적 위치는 대륙, 해양 등 지형지물로 표현되며, 지리적 위치는 위도와 경도로 표현된다. (　　)

005 배타적 경제 수역에서는 연안국의 해양 자원의 탐사 및 개발이 가능하다. (　　)

006 독도는 신라 지증왕 때 이사부가 우산국을 정복한 이후 우리나라의 영토가 되었다. (　　)

•• ㉠, ㉡ 중 알맞은 것을 고르시오.

007 우리나라는 유라시아 대륙의 동안에 위치하여 기온의 연교차가 큰 (㉠ 대륙성, ㉡ 해양성) 기후가 나타난다.

008 (㉠ 독도, ㉡ 마라도)은/는 우리나라의 최동단으로, 신생대 제3기에 해저 화산 활동으로 형성되었다.

•• 그림의 ㉠~㉣이 의미하는 곳을 쓰시오.

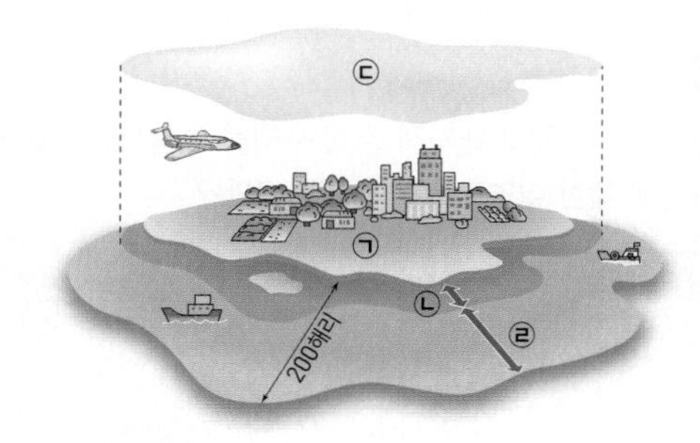

009 ㉠-(　　　　)　**010** ㉡-(　　　　)

011 ㉢-(　　　　)　**012** ㉣-(　　　　)

•• 각 해안의 영해 설정 방법을 바르게 연결하시오.

013 동해안 •　　• ㉠ 직선 기선으로부터 12해리

014 서·남해안 •　　• ㉡ 통상 기선으로부터 12해리

015 대한 해협 •　　• ㉢ 직선 기선으로부터 3해리

1. 우리나라의 위치 특성과 영역

016

㉠~㉤에 관한 설명으로 옳은 것은?

> 우리나라는 북위 33°~43° 동경 124°~132°에 위치한다. ㉠ 중앙 경선은 동경 127° 30′이지만 표준시의 기준이 되는 표준 경선은 ㉡ 동경 135°이다. 이는 ㉢ 동경 127° 30′을 기준으로 표준시를 정하게 되면 다른 나라와 1시간 간격이 아닌 30분 간격으로 시차가 발생하여 불편을 줄 수 있기 때문이다. ㉣ 시차는 일상생활에도 영향을 주어 ㉤ 런던에서 국제 경기가 열리면 우리나라에서는 새벽에 주요 경기를 시청할 수 있다.

① ㉠ – 우리나라에서 이 선이 지나는 곳은 태양이 오후 12시에 남중한다.
② ㉡ – 우리나라 최동단보다 동쪽에 위치한다.
③ ㉢ – 영국과의 표준시 차이가 커진다.
④ ㉣ – 우리나라는 미국보다 오스트레일리아와의 시차가 크다.
⑤ ㉤ – 날짜 변경선이 통과하는 곳에 위치한다.

빈출

017

우리나라의 위치를 정리한 노트이다. ㉠~㉤ 중 옳지 않은 것은?

〈우리나라의 위치〉

1. 수리적 위치 : 위도와 경도로 표현되는 위치
 • 위도 : ㉠ 기후·식생·토양 분포, 계절 등에 큰 영향을 미침, 우리나라는 33°N~43°N(북반구 중위도)에 위치함, 이의 영향으로 ㉡ 냉·온대 기후가 나타나며 계절 변화가 뚜렷함
 • 경도 : 표준시 결정에 영향을 줌, 우리나라는 124°E~132°E에 위치함, 표준 경선을 135°E로 정하여 ㉢ 본초 자오선이 지나는 영국의 표준시보다 9시간 빠름
2. 지리적 위치 : 대륙, 해양, 반도 등 지형지물을 기준으로 표현되는 위치, ㉣ 대척점의 위도와 경도를 알 수 있음
 • 유라시아 대륙의 동안에 위치 : ㉤ 대륙성 기후, 계절풍 기후가 나타남
 • 반도적 위치 : 대륙과 해양 양방향으로의 진출에 유리, 임해 공업 발달에 유리

① ㉠　② ㉡　③ ㉢　④ ㉣　⑤ ㉤

빈출
018

지도는 우리나라의 위치를 나타낸 것이다. 이에 대한 설명으로 옳지 않은 것은?

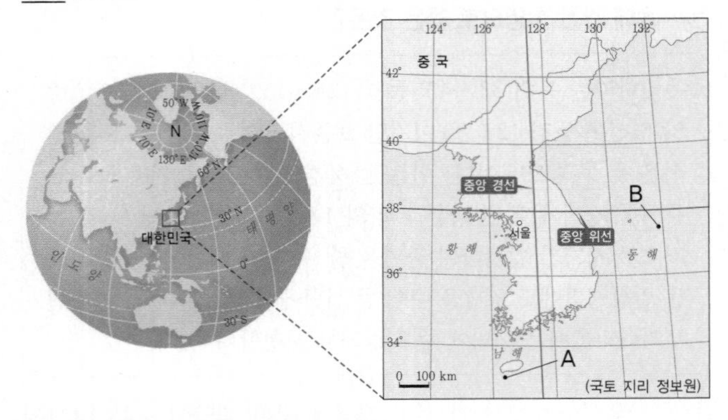

① A는 무인도이고, B는 유인도이다.
② A는 B보다 태양의 남중 시점이 늦다.
③ 우리나라는 계절 변화가 뚜렷한 편이다.
④ 우리나라의 표준 경선은 중앙 경선보다 동쪽에 있다.
⑤ 우리나라는 영국보다 빠른 표준시를 채택하고 있다.

019

표는 우리나라의 수리적 위치에 대해 정리한 것이다. ㉠~㉤에 들어갈 내용으로 옳지 않은 것은?

구분	위도	경도
위치 정보	33°N~43°N	124°E~132°E
생활과의 관련성	(㉠) 분포, 계절 등에 큰 영향을 미침	표준시 결정에 영향을 미침
영향	• (㉡) 기후가 나타남 • (㉢)의 변화가 나타남	표준 경선을 (㉣)로 정하여 본초 자오선이 지나는 영국보다 (㉤) 빠름

① ㉠ - 기후·식생·토양
② ㉡ - 냉·온대
③ ㉢ - 사계절
④ ㉣ - 127° 30′E
⑤ ㉤ - 9시간

020

A~C 지점에 대한 옳은 설명을 〈보기〉에서 고른 것은?

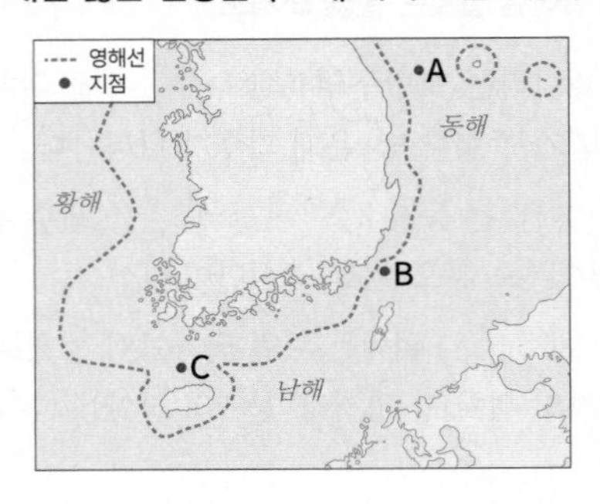

[보기]
ㄱ. A와 B는 영해 밖에 위치한다.
ㄴ. C에서 외국 선박의 무해 통항권은 인정된다.
ㄷ. A~C 모두 우리나라 측 배타적 경제 수역에 포함된다.
ㄹ. B에 인접한 수역의 영해 설정 기준은 통상 기선으로부터 3 해리이다.

① ㄱ, ㄴ ② ㄱ, ㄷ ③ ㄴ, ㄷ
④ ㄴ, ㄹ ⑤ ㄷ, ㄹ

빈출
021

그림은 A국의 영역과 배타적 경제 수역을 모식적으로 나타낸 것이다. (가)~(라)에 대한 설명으로 옳지 않은 것은?

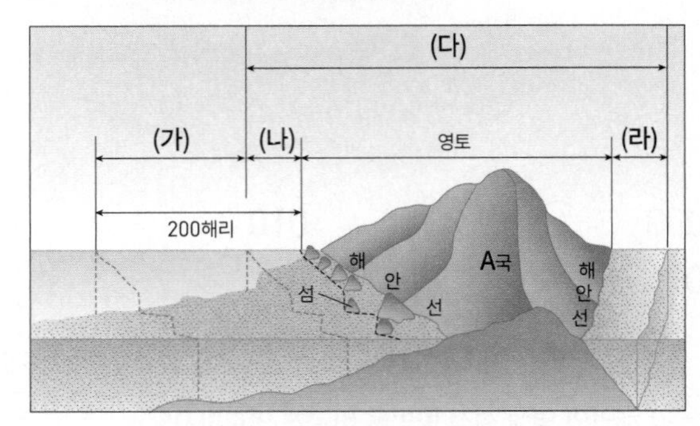

① (가)는 영해가 끝나는 선부터 188해리까지이다.
② (나)의 영해 기준선은 직선 기선이다.
③ (다)는 영토와 영해의 상공에 해당한다.
④ (라)의 영해 기준선은 최저 조위선이다.
⑤ (나)의 영해는 (라)의 영해보다 폭이 넓다.

022

㉠~㉤에 대한 관련된 설명으로 옳지 않은 것은?

〈영해와 관련된 법 조항의 일부〉

제1조(영해의 범위) 대한민국의 영해는 ㉠ 기선(基線)으로부터 측정하여 그 바깥쪽 12해리의 선까지에 이르는 수역(水域)으로 한다. 다만, 대통령령으로 정하는 바에 따라 ㉡ 일정 수역의 경우에는 12해리 이내에서 영해의 범위를 따로 정할 수 있다.

제2조(기선) ① 영해의 폭을 측정하기 위한 통상의 기선은 대한민국이 공식적으로 인정한 ㉢ 대축척 해도(大縮尺海圖)에 표시된 해안의 저조선(低潮線)으로 한다.
② ㉣ 지리적 특수 사정이 있는 수역의 경우에는 대통령령으로 정하는 기점을 연결하는 직선을 기선으로 할 수 있다.

제5조(외국 선박의 통항) ① 외국 선박은 대한민국의 (㉤) 대한민국의 영해를 무해 통항(無害通航)할 수 있다.

… (후략) …

① ㉠ – 배타적 경제 수역에 포함된다.
② ㉡ – 대한 해협에서 3해리의 폭을 갖는 영해를 설정한다.
③ ㉢ – 대부분의 동해안, 제주도, 울릉도, 독도에서 적용한다.
④ ㉣ – 섬이 많거나 드나듦이 심한 해안을 의미한다.
⑤ ㉤ – '평화·공공 질서 또는 안전 보장을 해치지 아니하는 범위에서'가 들어갈 수 있다.

023

그림은 영해 설정과 관련된 개념도이다. 이에 대한 옳은 설명을 〈보기〉에서 고른 것은?

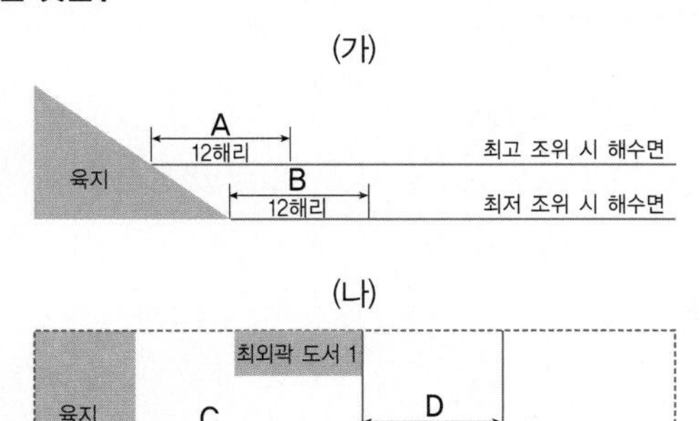

[보기]
ㄱ. (가)에서 영해의 범위는 B를 적용한다.
ㄴ. (나) 방식은 서해안과 남해안 일대에 적용된다.
ㄷ. C는 영해 범위에 속한다.
ㄹ. C에서 간척 사업이 이루어지면 D의 범위는 넓어진다.

① ㄱ, ㄴ ② ㄱ, ㄷ ③ ㄴ, ㄷ ④ ㄴ, ㄹ ⑤ ㄷ, ㄹ

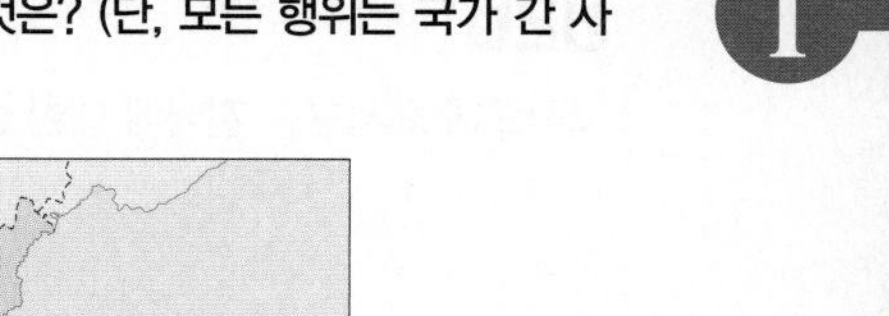

빈출

024

지도는 영해와 배타적 경제 수역의 범위를 나타낸 것이다. A~D 지점에 대한 옳은 설명을 〈보기〉에서 고른 것은? (단, 모든 행위는 국가 간 사전 허가가 없었음을 전제로 함.)

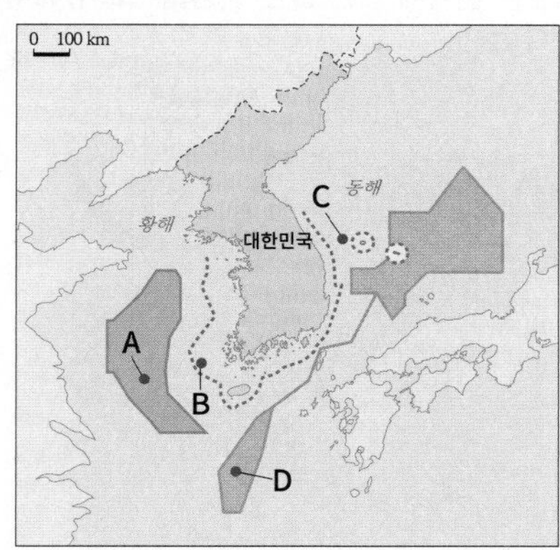

[보기]
ㄱ. A에서는 중국과 일본 어선의 어업 활동이 가능하다.
ㄴ. B에서의 수직 상공은 우리나라의 영공이다.
ㄷ. C에서는 우리나라의 어선만 어업 활동을 할 수 있다.
ㄹ. D에서는 러시아 화물선이 자유롭게 항해를 할 수 없다.

① ㄱ, ㄴ ② ㄱ, ㄷ ③ ㄴ, ㄷ
④ ㄴ, ㄹ ⑤ ㄷ, ㄹ

025

(가), (나)에 해당하는 해역을 지도의 A~C에서 고른 것은?

(가) 직선 기선 안쪽에 있는 바다로 흔히 내수(內水)라고 부른다. 따라서 영해의 범위에 해당하지 않는다. 내수는 해안선이 복잡한 서해안에 널리 분포한다.
(나) 영해 기선으로부터 12해리까지가 아닌, 3해리까지의 수역만 영해로 설정하였다. 이는 이웃한 나라의 영토와 가까이 위치하기 때문이다.

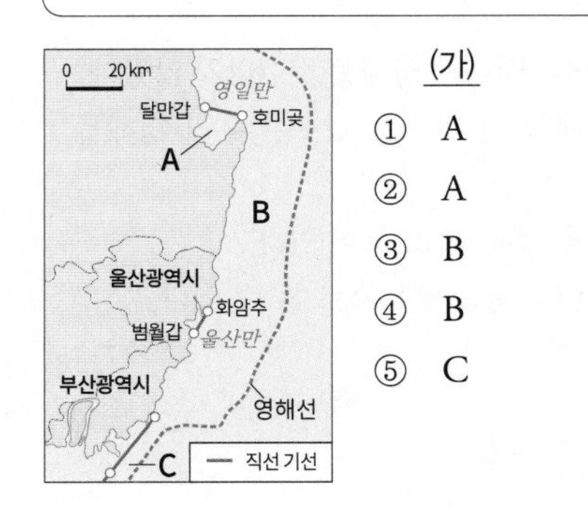

	(가)	(나)
①	A	B
②	A	C
③	B	A
④	B	C
⑤	C	A

2. 독도의 주권과 동해 표기

026

고지도에 표시된 A 지역에 대한 옳은 설명을 〈보기〉에서 고른 것은?

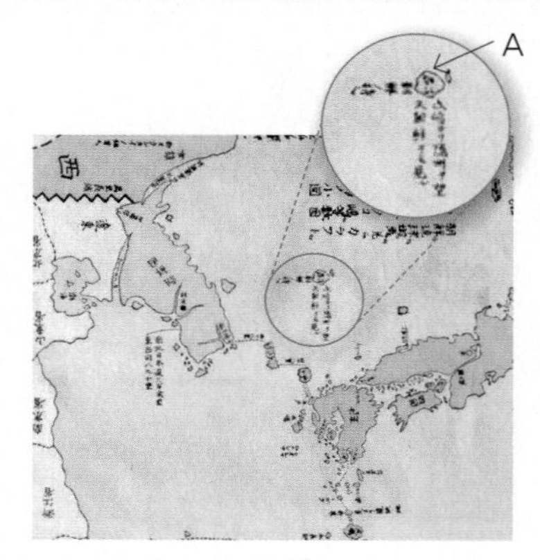

[보기]
ㄱ. 우리나라 표준 경선의 동쪽에 있다.
ㄴ. 최근 세계 자연 유산으로 등록되었다.
ㄷ. 두 개의 큰 섬과 89개의 부속 도서로 이루어져 있다.
ㄹ. 신라 시대 이사부에 의해 우리나라의 영토가 되었다.

① ㄱ, ㄴ ② ㄱ, ㄷ ③ ㄴ, ㄷ
④ ㄴ, ㄹ ⑤ ㄷ, ㄹ

빈출
027

자료는 어느 학생이 작성한 국토 탐사 보고서이다. A에 들어갈 옳은 내용만을 〈보기〉에서 있는 대로 고른 것은?

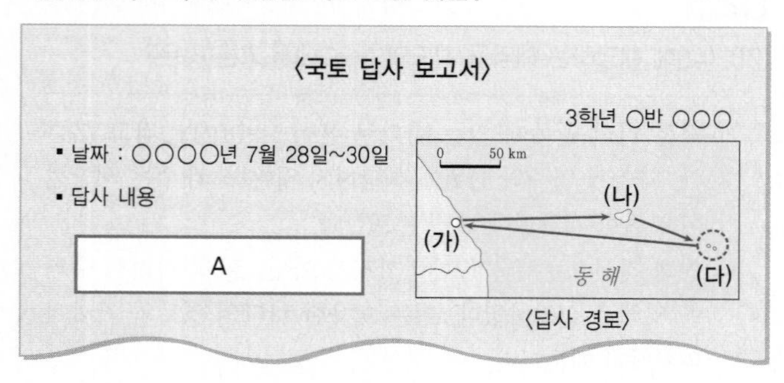
〈국토 답사 보고서〉
3학년 ○반 ○○○
▪ 날짜 : ○○○○년 7월 28일~30일
▪ 답사 내용
A

〈답사 경로〉

[보기]
ㄱ. (가)에서 (나)로 이동할 때 우리나라 영해를 벗어나지 않았다.
ㄴ. (나)에서 (다)로 이동할 때 직선 기선을 적용한 우리 영해를 통과하였다.
ㄷ. (다)에는 등대, 접안 시설, 주민 숙소 등이 있다.
ㄹ. 맑은 날이면 (나) 섬에서 (다) 섬을 맨눈으로 볼 수 있다.

① ㄱ, ㄴ ② ㄴ, ㄷ ③ ㄷ, ㄹ
④ ㄱ, ㄷ, ㄹ ⑤ ㄴ, ㄷ, ㄹ

1등급을 향한 서답형 문제

028

대한이와 민국이의 대화를 보고, ㉠의 이유를 서술하시오.

대한 : 잘 도착했어? 지금 어디야?
민국 : 응, 우루과이의 몬테비데오야.
대한 : 거긴 지금 몇 시야?
민국 : 여긴 7월 1일 아침 9시 30분이야.
대한 : 날씨는 어때?
민국 : ㉠ 한국과 달리 여기는 겨울이라 날씨가 쌀쌀해.

* 우루과이 몬테비데오의 경·위도는 대략 서경 56° 10′, 남위 34° 51′이며, 서경 45°를 표준 경선으로 함

029

(가)~(마) 수역에서 이루어진 활동 중 적법하지 않은 활동을 찾고, 그 이유를 서술하시오.

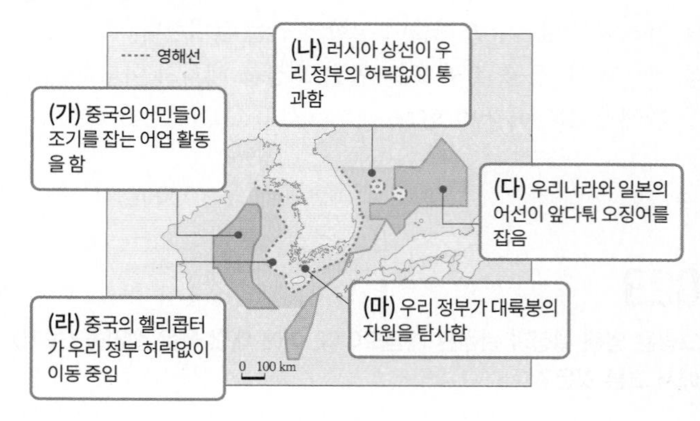

030

㉠의 명칭을 쓰고, 경제적 가치를 두 가지 서술하시오.

동도와 서도로 이루어진 (㉠)은/는 해저 약 2,000m에서 솟은 용암이 굳어져 형성된 화산섬으로, 신생대 제3기에 화산 활동으로 만들어졌다. 바다 위에 보이는 부분은 섬 전체의 극히 일부분에 불과한 것으로 전체 높이는 한라산보다 높은 약 2,300m에 이르고 상부 직경이 약 10km가 넘는 거대한 화산체이다.

적중 1등급 문제

» 바른답·알찬풀이 4쪽

031

(가)~(라) 지역에 대한 옳은 설명을 〈보기〉에서 고른 것은?

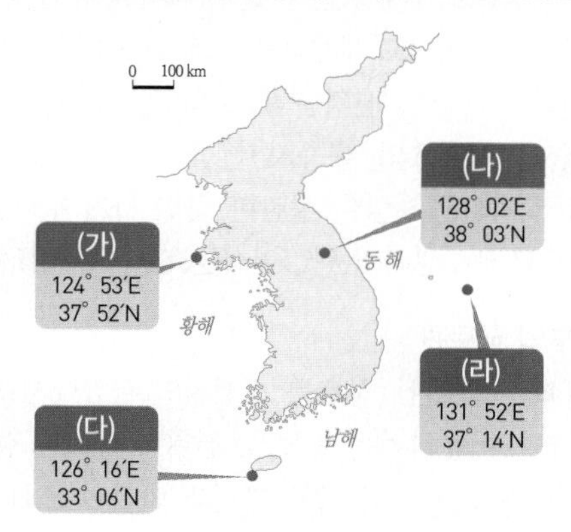

[보기]

ㄱ. (가), (다), (라)는 우리나라 영토의 극단에 해당한다.
ㄴ. (나)는 섬을 제외한 우리나라 영토의 중앙에 위치한다.
ㄷ. 일출과 일몰 시각은 (라)가 가장 빠르고, (가)가 가장 늦다.
ㄹ. (가)~(라) 중 우리나라의 표준 경선에 가장 가까운 지점은 (라)이다.

① ㄱ, ㄴ ② ㄱ, ㄷ ③ ㄴ, ㄷ
④ ㄴ, ㄹ ⑤ ㄷ, ㄹ

032

(가)~(마)에 대한 옳은 설명을 〈보기〉에서 고른 것은?

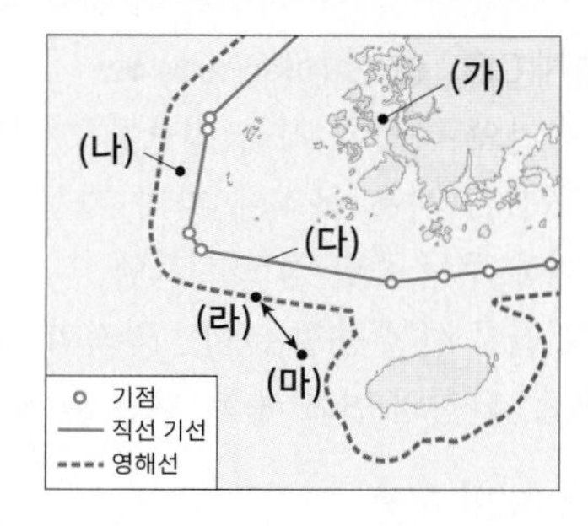

[보기]

ㄱ. (가)에서 간척 사업이 이루어지면 영해의 기준선이 변경된다.
ㄴ. (나)에서는 외국 선박의 경제활동이 가능하다.
ㄷ. (다)는 영해를 설정하기 위한 가상의 선이다.
ㄹ. (라)와 (마)의 최단 경로는 우리나라 주권의 영향 범위 밖이다.

① ㄱ, ㄴ ② ㄱ, ㄷ ③ ㄴ, ㄷ
④ ㄴ, ㄹ ⑤ ㄷ, ㄹ

033

(가), (나) 지역에 대한 설명으로 옳지 않은 것은?

구분	(가)	(나)
위치	33° 06'N, 126° 16'E	37° 14'N, 131° 52'E
주요 지리 정보	• 면적 : 약 0.29km² • 화산섬 • 남북으로 긴 타원형	• 면적 : 약 0.18km² • 화산섬 • 동도와 서도, 89개의 부속 도서

① (가), (나) 모두 동해상에 위치한다.
② (가)는 (나)보다 연평균 기온이 높다.
③ (가), (나) 모두 천연 보호 구역에 속한다.
④ 일출과 일몰 시각은 (가)보다 (나)가 빠르다.
⑤ (가), (나) 모두 통상 기선에 의해 영해가 설정되었다.

034

그림은 가상 국가 (가), (나)의 영해와 배타적 경제 수역(EEZ)을 나타낸 것이다. A~E 지점에서 이루어진 행위로 적절하지 않은 것은? (단, 모든 행위는 국가 간 상호 사전 허가가 없으며, 각국의 영해는 무해 통항권이 인정됨.)

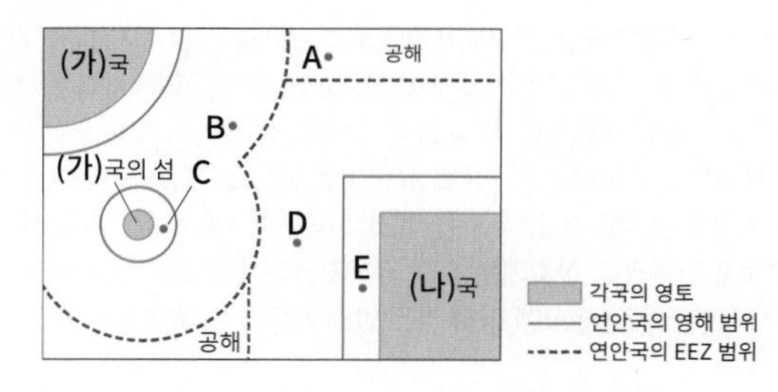

① A – (가)국이 해양에 대한 과학 조사 활동을 한다.
② B – (나)국의 무역선이 자유롭게 통행한다.
③ C – (가)국의 해양 경찰이 경비 활동을 한다.
④ D – (나)국의 어선이 어로 활동을 한다.
⑤ E – (가)국이 인공 섬을 설치한다.

I 국토 인식과 지리 정보

02 국토 인식의 변화와 지리 정보

출제 포인트 | 고지도와 고문헌에 나타난 국토관 | 대동여지도의 특징 | 지리 정보 체계의 활용

1. 국토 인식의 변화

1 전통적 국토관

(1) 풍수지리 사상 13쪽 049번 문제로 확인

① 의미 : 산줄기의 흐름, 산의 모양, 바람과 물의 흐름을 파악하여 좋은 터, 즉 명당을 찾는 사상

② 배경 : 지모(地母) 사상과 음양오행설이 결합하여 발전

③ 영향 : 집터 선정(배산임수), 마을과 도읍지, 묏자리 등의 입지에 영향을 줌

(2) 고지도에 나타난 국토관 14쪽 051번 문제로 확인

조선 전기	혼일강리역대국도지도(1402) : 현존하는 지도 중 우리나라에서 가장 오래된 세계 지도, 중심부에 중국 표현(중화사상), 우리나라가 실제보다 크게 표현됨(국토에 대한 자긍심 표현)
조선 중기 이후	천하도 : 민간에서 제작, 중국을 중심에 둔 원형의 세계 지도(중화사상), 도교적 세계관 반영, 상상 속의 지명과 국가 표현
조선 후기	• 실측을 토대로 한 대축척 지도 제작 → 정상기의 동국지도(1740), 김정호의 청구도(1834)와 대동여지도(1861) • 목판 인쇄술의 발달 → 목판본으로 제작(대량 인쇄 가능) • 중국 중심의 세계관을 극복하고 사실적·과학적인 지도 제작 → 지구전후도(1834, 경·위선 사용)

자료 대동여지도 14쪽 053번 문제로 확인

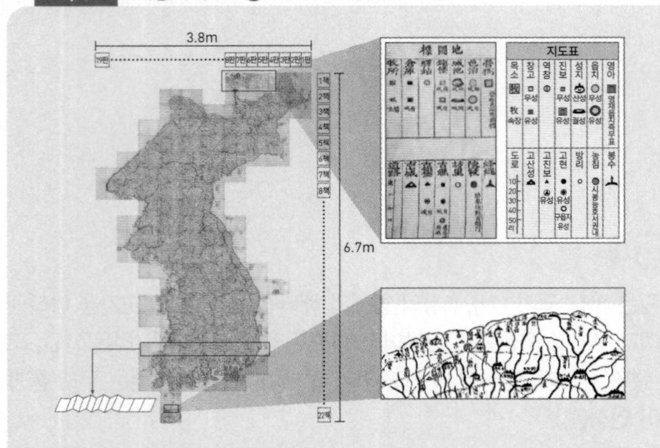

분석 대동여지도는 김정호가 청구도를 토대로 조선 후기에 제작한 지도이다. 남북을 120리 간격으로 22층으로 나누고, 동서를 80리 간격으로 19판으로 나누어 병풍처럼 접고 펼 수 있게 분첩 절첩식 지도로 제작하였다. 하천은 곡선, 도로는 직선으로 표현하였으며, 도로에 10리마다 방점을 찍어 거리를 파악할 수 있다. 또한, 기호로 표현한 지도표를 사용하여 다양한 정보를 담아냈고, 산줄기는 선의 굵기를 달리하여 표현하였다. 또한, 목판본으로 제작하여 필요에 따라 많은 양의 지도를 제작하였다.

(3) 고문헌에 나타난 국토관

① 조선 전기의 지리지
- 국가 통치의 기초 자료를 확보하기 위한 관찬 지리지
- 국가 주도로 방대한 규모의 전국 지리지 편찬, 백과사전식 기술
- 예 『세종실록지리지』, 『신증동국여지승람』

② 조선 후기의 지리지
- 실학자를 중심으로 객관적인 사찬 지리지의 편찬이 많아짐
- 특정 주제를 종합적이고 체계적으로 고찰하여 설명식으로 기술
- 예 이중환의 『택리지』, 신경준의 『도로고』·『산수고』, 정약용의 『아방강역고』, 김정호의 『대동지지』 등

③ 이중환의 『택리지』 : 사람이 살만한 곳인 가거지(可居地)의 조건을 지리(地理), 생리(生利), 인심(人心), 산수(山水)로 제시

2 근대 이후의 국토관

(1) 산업화에 따른 국토관 국토를 경제적인 관점에서 보고, 적극적으로 개발·이용하려는 능동적, 진취적 국토관 강조

(2) 생태 지향적 국토관 최근에는 자연과 인간이 조화를 이루고, 개발과 보존이 조화와 균형을 이루는 생태 지향적 관점 확산

2. 지리 정보와 지역 조사

1 지리 정보의 의미와 유형

의미	공간과 지역에 관한 정보 → 지리적 현상의 특성을 파악하는 데 이용
유형	• 공간 정보 : 장소나 현상의 위치, 형태 등을 나타냄 • 속성 정보 : 장소나 현상의 자연적·인문적 특성을 나타내는 정보 → 주로 공간 정보와 결합하여 나타냄 • 관계 정보 : 다른 장소와 지역 간의 상호 관계, 즉 인접성·계층성·연결성 등으로 나타내는 정보

2 지리 정보의 수집과 표현

(1) 수집 방법 지도, 문헌, 통계 자료 등을 통해 수집, 최근에는 항공 및 인공위성을 이용한 원격 탐사 기술 활용

(2) 표현 방법 도표, 그래프, 지도 등 다양한 방법으로 표현 → 통계 지도(점묘도, 등치선도, 단계 구분도, 유선도 등)

3 지리 정보 체계(GIS) 16쪽 059번 문제로 확인

(1) 의미 지표 공간의 다양한 지리 정보를 수치화하여 컴퓨터에 입력·저장하고, 사용 목적에 따라 가공·분석·처리하여 다양하게 표현해 주는 종합 정보 시스템

(2) 이용 최적의 입지 선정(중첩 분석), 최적의 경로 검색, 지역 개발 계획 수립, 환경의 변화 예측, 재난 및 재해 관리 등

4 지역 조사의 의미와 과정

(1) 지역 조사의 의미 지역 특성을 파악하거나 지역에 관한 다양한 지리 정보를 수집하고 분석하는 과정

(2) 지역 조사의 과정

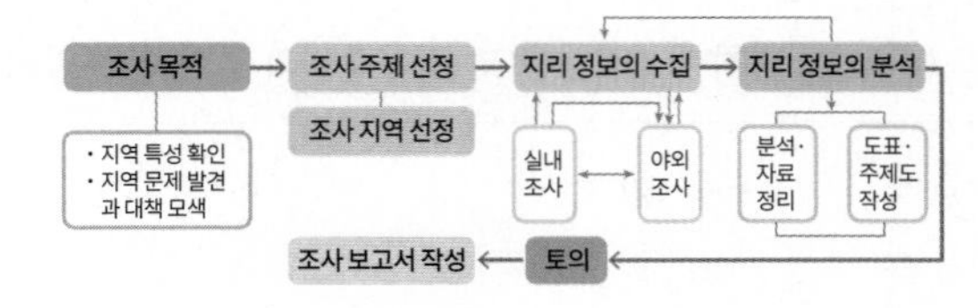

분석 기출 문제

» 바른답·알찬풀이 5쪽

핵심 개념 문제

•• 빈칸에 들어갈 알맞은 말을 쓰시오.

035 (　　　　) 사상은 산의 모양과 기복, 물과 바람의 흐름을 파악하여 좋은 터를 찾고자 하는 사상이다.

036 (　　　　)은/는 조선 후기 실학자인 이중환이 제작한 것으로, 사람이 살만한 곳의 조건을 네 가지로 제시하였다.

037 대동여지도는 (㉠　　　　)으로 대량 생산이 가능하였고, (㉡　　　　)리마다 방점을 찍어 거리를 표현하였다.

•• ㉠, ㉡ 중 알맞은 것을 고르시오.

038 조선 전기에 국가 주도로 제작된 (㉠ 관찬, ㉡ 사찬) 지리지는 지역의 특색을 백과사전식으로 기술하였다.

039 (㉠ 천하도, ㉡ 혼일강리역대국도지도)는 현존하는 우리나라의 가장 오래된 세계 지도이다.

040 지리적 현상의 위치나 모양을 나타내는 정보를 (㉠ 공간, ㉡ 속성) 정보라 한다.

•• 다음 내용이 옳으면 ○표, 틀리면 ×표를 하시오.

041 조선 후기에 제작된 고지도에는 주로 중화사상이 반영되어 있다. (　　)

042 산업화 시대에는 자연과 인간은 조화와 균형을 이루어야 한다는 생태학적 국토관을 강조하였다. (　　)

043 지리 정보 체계(GIS)는 컴퓨터를 활용하여 다양한 지리 정보를 가공·분석하여 필요한 결과물을 얻는 종합 정보 시스템이다. (　　)

•• 각 통계 지도의 특징을 바르게 연결하시오.

044 점묘도 • 　　• ㉠ 통계 자료를 점으로 표현

045 등치선도 • 　　• ㉡ 통계 값을 일정한 단계로 구분하여 표현

046 단계 구분도 • 　　• ㉢ 같은 값의 지리 정보를 선으로 연결하여 표현

•• 다음의 조사 과정이 이루어지는 단계를 〈보기〉에서 고르시오.

047 구제적인 조사 주제와 조사 지역 선정 (　　)

048 해당 지역을 직접 방문하여 지리 정보 수집 (　　)

【보기】
ㄱ. 조사 계획의 수립　　ㄴ. 실내 조사
ㄷ. 야외 조사　　ㄹ. 자료 정리 및 분석

1. 국토 인식의 변화

049

그림에 나타난 전통 지리 사상에 대한 설명으로 옳지 않은 것은?

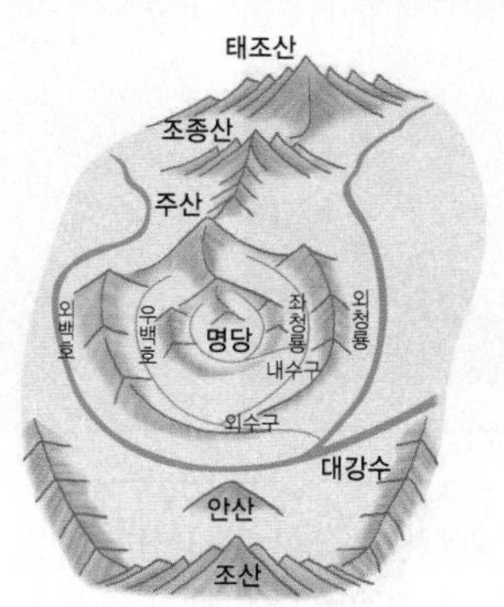

① 자연을 경제적인 관점에서 바라본다.
② 명당은 배산임수의 지점에 해당한다.
③ 대지모 사상과 음양오행설을 기반으로 한다.
④ 고려 개경과 조선 한양의 입지와도 관련이 깊다.
⑤ 땅의 성격을 파악하여 좋은 터전을 찾는 사상이다.

050

(가), (나) 지리지에 대한 설명으로 옳은 것은? (단, (가), (나)는 『택리지』, 『신증동국여지승람』 중 하나임.)

(가) 원주는 감사가 다스리던 곳인데, 서쪽으로 250리 거리에 한양이 있다. …… 산골짜기 사이에 고원 분지가 열려서 맑고 깨끗하며 그리 험준하지는 않다. 두메에 가깝기 때문에 난리가 나도 숨어 피하기 쉽고, 서울과 가까워 세상이 평안하면 벼슬길에 나아가기가 쉽기 때문에 한양의 사대부들이 ……

(나) 【건치 연혁】 본래 고구려의 평원군이다.
【진관】 도호부가 1 춘천, 군이 3 정선·영월·평창
【형승】 동쪽에는 치악이 서리고, 서쪽에는 섬강이 달린다.
【산천】 치악산은 주의 동쪽 25리에 있는 진산이다.
【토산】 영양, 잣, 오미자

① (가)는 사민총론, 팔도총론, 복거총론, 총론 등으로 이루어진 책이다.
② (가)는 처음 발간된 이후 증보·편찬되어 계속해서 개정판이 제작되었다.
③ (나)는 실학의 영향을 받아 국토를 객관적이고 실용적으로 파악하려는 목적으로 제작되었다.
④ (가), (나) 모두 백과사전식 기술 방식을 따르고 있다.
⑤ (가), (나)는 모두 국가 통치에 필요한 자료를 수집하기 위해 국가 주도로 저술되었다.

빈출
051

(가), (나) 지도에 대한 옳은 설명을 〈보기〉에서 고른 것은?

(가)

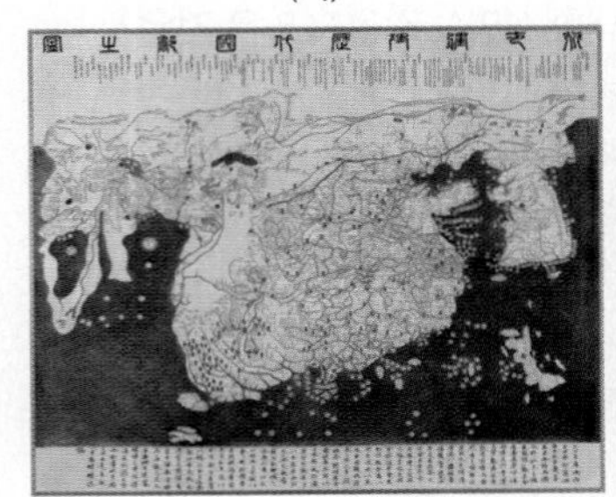

(나)

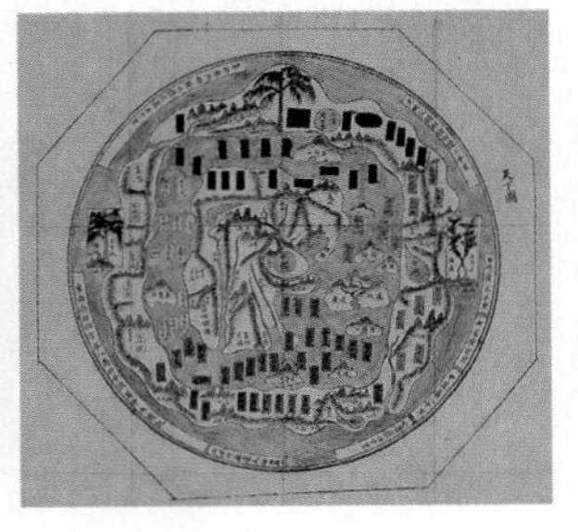

[보기]
ㄱ. (가), (나)의 중심에는 중국이 위치한다.
ㄴ. (가)는 민간, (나)는 국가가 주도하여 제작하였다.
ㄷ. (가)는 (나)보다 한반도의 형상이 정확하다.
ㄹ. (나)는 (가)보다 제작 시기가 이르다.

① ㄱ, ㄴ ② ㄱ, ㄷ ③ ㄴ, ㄷ
④ ㄴ, ㄹ ⑤ ㄷ, ㄹ

052

다음은 조선 후기에 저술된 『택리지』에 관한 내용을 정리한 것이다. ㉠~㉤ 중 옳지 않은 것은?

1. 구성 : ㉠ 사민총론, 팔도총론, 복거총론, 총론으로 구성
2. 팔도총론 : ㉡ 우리나라의 산세와 위치, 팔도의 위치와 역사적 배경 등을 종합적으로 서술
3. 복거총론 : ㉢ 사람이 살 만한 곳인 '가거지(可居地)'의 네 가지 입지 조건을 고찰
   - 지리 : ㉣ 경제적으로 유리한 곳
   - 생리 : 땅의 비옥도와 물자 교류의 편리성 고찰
   - 인심 : 당쟁이 없으며 이웃의 인심이 온순하고 순박한 곳
   - 산수 : ㉤ 산과 물이 조화를 이루며 경치가 좋아 풍류를 즐길 수 있는 곳

⋮

① ㉠ ② ㉡ ③ ㉢ ④ ㉣ ⑤ ㉤

빈출
053

대동여지도의 일부와 지도표를 보고 알 수 있는 내용으로 옳지 않은 것은?

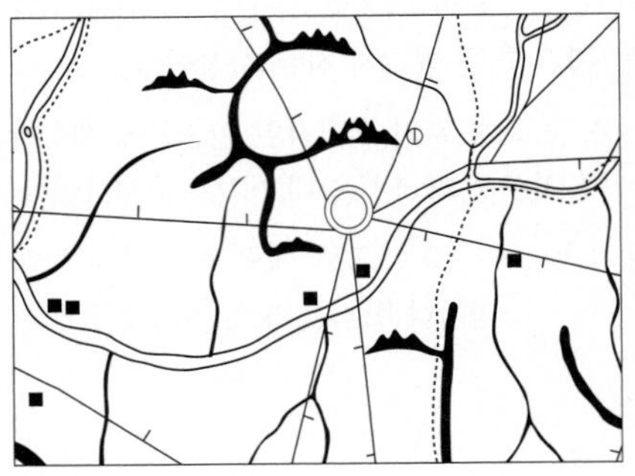

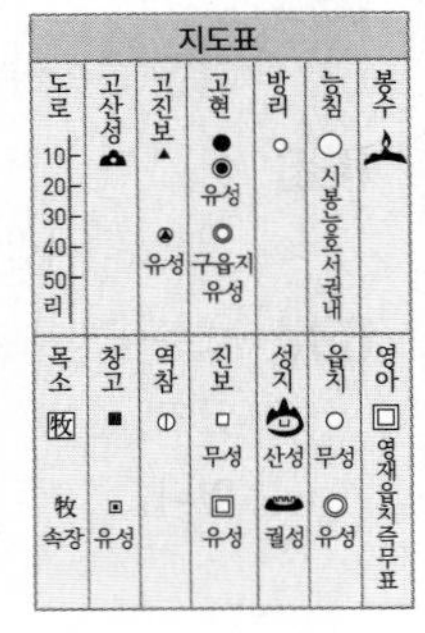

① 읍치 북쪽의 산에는 고산성이 있다.
② 역참은 읍치에서 10리 이내에 있다.
③ 창고는 도로와 하천 주변에 위치해 있다.
④ 읍치 남쪽의 산에는 봉수가 설치되어 있다.
⑤ 읍치에서 가장 가까운 하천에는 배가 다닐 수 있다.

054

(가), (나)에 나타난 시기의 지배적인 국토관에 대한 설명으로 옳지 않은 것은?

(가) 1960년대 이후 간척 사업이 본격화되었다. 1963년부터 전라북도 부안군 동진강 하구에서 총 4,000여 ha를 매립하는 계화 간척 사업이 시작되었다. 조성된 간척지에는 섬진강 댐 건설로 생긴 수몰민 2,700여 가구가 이주해 와 농사를 지었다.

(나) 공업탑은 울산의 상징이다. 신정동에 위치한 이 탑은 울산이 특정 공업 지구로 지정되고 울산 공업 센터가 들어선 것을 기념하여 1967년에 세운 높이 25m, 너비 8.8m의 철근 콘크리트 조형물이다. 탑을 이루는 다섯 개의 기둥은 경제 개발 5개년 계획을 상징한다.

① 국토 개발에서 경제적 효율성을 추구하였다.
② 자연 훼손과 지역 간 성장 불균형을 유발하였다.
③ 도로, 댐 건설 등 대규모 토목 공사가 이루어졌다.
④ 갯벌의 경제적 가치보다 생태적 가치를 강조하였다.
⑤ 환경론의 관점에서 볼 때 인간을 자연보다 강조하였다.

055

다음은 지리 정보의 유형을 나타낸 것이다. (가)~(다)에 대한 옳은 설명을 〈보기〉에서 고른 것은?

(가)

점 선 면

(나)

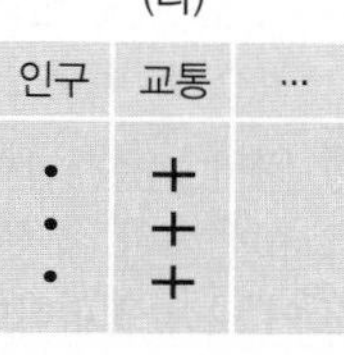

(다)

인접성 계층

[보기]

ㄱ. (가)는 위도, 경도 등의 표현에 사용된다.
ㄴ. (나)는 자연적·인문적 특성에 관한 정보이다.
ㄷ. (다)의 사례로는 서울의 평균 기온을 들 수 있다.
ㄹ. (가)~(다)는 시간이 흘러도 변하지 않는 정보이다.

① ㄱ, ㄴ ② ㄱ, ㄷ ③ ㄴ, ㄷ
④ ㄴ, ㄹ ⑤ ㄷ, ㄹ

056

(가), (나)는 서로 다른 지리 정보 표현 방식이다. 이에 대한 옳은 설명을 〈보기〉에서 고른 것은?

(가)

(나)

[보기]

ㄱ. (가)는 기호를 사용하여 다양한 정보를 표현한다.
ㄴ. (나)는 넓은 지역의 지리 정보를 주기적으로 수집할 수 있다.
ㄷ. (가)는 (나)보다 초기에 많은 자본을 필요로 한다.
ㄹ. (나)는 (가)보다 행정 구역 경계를 파악하는 데 유리하다.

① ㄱ, ㄴ ② ㄱ, ㄷ ③ ㄴ, ㄷ
④ ㄴ, ㄹ ⑤ ㄷ, ㄹ

057

그림과 같은 지리 정보 수집 방법에 대한 옳은 설명을 〈보기〉에서 고른 것은?

[보기]

ㄱ. 일반인도 쉽게 자료를 수집하고 조작할 수 있다.
ㄴ. 동일한 지역의 정보를 주기적으로 얻을 수 있다.
ㄷ. 지형도보다 행정 구역의 경계를 파악하는 데 유리하다.
ㄹ. 인간이 접근하기 어려운 지역의 자료를 확보하는 데 유리하다.

① ㄱ, ㄴ ② ㄱ, ㄷ ③ ㄴ, ㄷ
④ ㄴ, ㄹ ⑤ ㄷ, ㄹ

058

(가), (나)를 각각 한 장의 지도로 나타내고자 할 때 가장 적절한 통계 지도의 유형을 〈보기〉에서 고른 것은?

(가) 올해 김장은 언제 담그는 것이 가장 좋은지를 알려 주는 정보가 발표되었다. 강원도 산간 지역부터 가장 먼저 김장이 시작된다.

(나) 인구 센서스를 바탕으로 다양한 인구 통계가 정리되어 발표되었다. 각 시도별 인구 증감과 같은 변화에 대한 내용도 담겨 있다.

[보기]

ㄱ. 통계 값을 일정한 크기의 점으로 찍어 표현한 것
ㄴ. 같은 값을 갖는 지점을 선으로 연결하여 표현한 것
ㄷ. 통계 값을 몇 단계로 구분하고, 음영·패턴 등을 달리하여 표현한 것
ㄹ. 지리 정보의 지역 간 이동을 화살표의 방향과 굵기를 이용하여 표현한 것

	(가)	(나)
①	ㄱ	ㄴ
②	ㄱ	ㄷ
③	ㄴ	ㄷ
④	ㄴ	ㄹ
⑤	ㄷ	ㄹ

빈출
059

〈조건〉을 토대로 쓰레기 소각장을 선정하려고 할 때 A~E 중에서 최적 입지 지점을 고른 것은?

[조건]
1. 해발 고도 : 해발 고도가 250m 미만인 곳
2. 수계망 : 하천으로부터 500m 이상 떨어진 곳
3. 도로망 : 도로와의 거리가 500m 이내로 접근성이 양호한 곳
4. 바람 : 주풍향으로 인해 주거지에 주는 피해를 최소화할 수 있는 곳

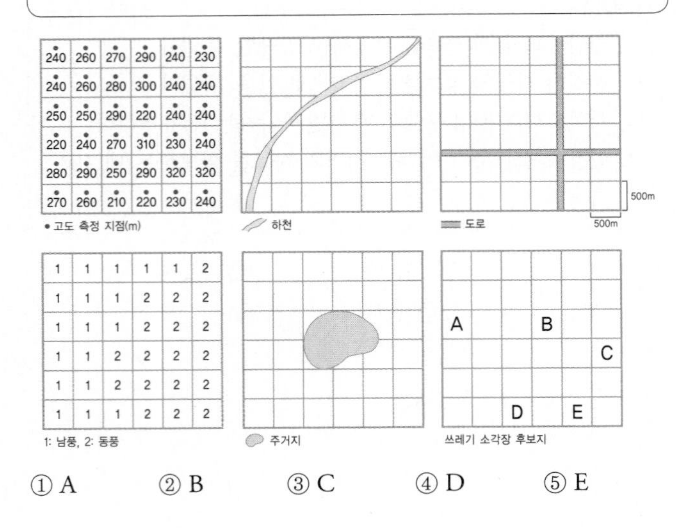

① A ② B ③ C ④ D ⑤ E

060

○○시의 경전철 건설 이후 변화에 대한 지역 조사를 하고자 한다. (가)~(라)에 해당하는 내용을 〈보기〉에서 고른 것은?

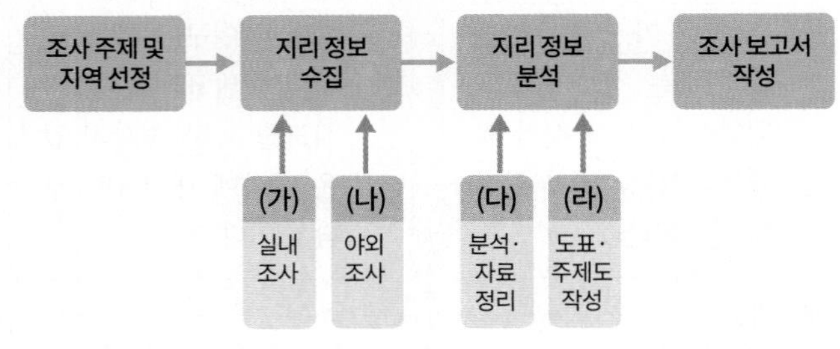

[보기]
ㄱ. (가) - 수집된 자료를 토대로 경전철 건설 이후 변화 내용을 정리한다.
ㄴ. (나) - 해당 지역 주민들을 만나 경전철로 인한 변화에 대해 면담 및 설문 조사를 한다.
ㄷ. (다) - ○○시 홈페이지에서 경전철 노선도를 확인하고 조사 경로도를 작성한다.
ㄹ. (라) - 각 구(區)의 연령별 만족도를 도형 표현도로 작성한다.

① ㄱ, ㄴ ② ㄱ, ㄷ ③ ㄴ, ㄷ
④ ㄴ, ㄹ ⑤ ㄷ, ㄹ

1등급을 향한 서답형 문제

061

다음 글은 이중환의 『택리지』 중 일부이다. ㉠, ㉡의 내용을 가거지의 조건인 지리, 생리, 인심, 산수 중에서 구분하여 서술하시오.

> 서쪽은 이산, 석성, 남쪽은 연산, 은진으로 이 네 고을은 경천촌과 통하여 한 들로 되었으며, 바다 조수가 강경을 지나 드나들므로, ㉠ 들 가운데 여러 냇물과 골짜기에 배가 통행하여 얻는 이익이 많다. 강경은 은진의 서쪽에 있다. …… ㉡ 산 위에 맺혀 된 터이나 둔덕이 낮고 평평하여 험하거나 뾰족한 모습이 없으며, 산허리 위로는 돌이 한 조각도 없어 살기(殺氣)가 적다.

062

(가), (나)와 관련된 대동여지도의 특징을 각각 서술하시오.

(가) (나)

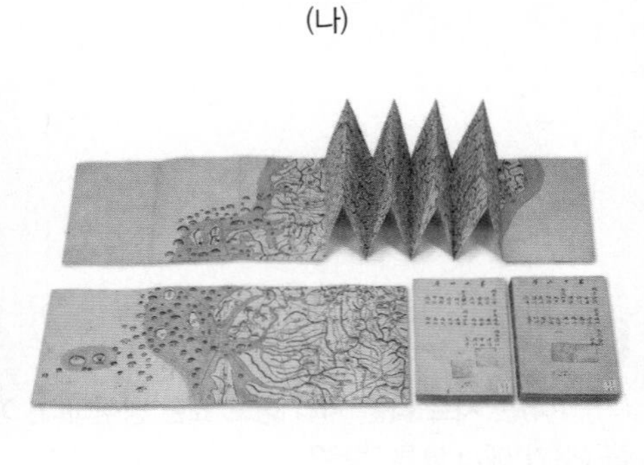

063

다음은 지리 정보 체계(GIS)의 주요 분석 기법을 나타낸 것이다. 이와 같은 분석 기법의 명칭을 쓰고, 활용 방법을 서술하시오.

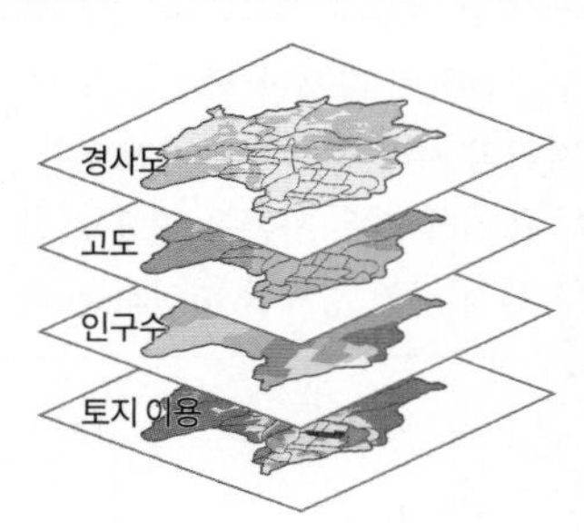

적중 1등급 문제

» 바른답·알찬풀이 6쪽

064

대동여지도의 일부와 지도표를 보고 알 수 있는 내용을 〈보기〉에서 고른 것은?

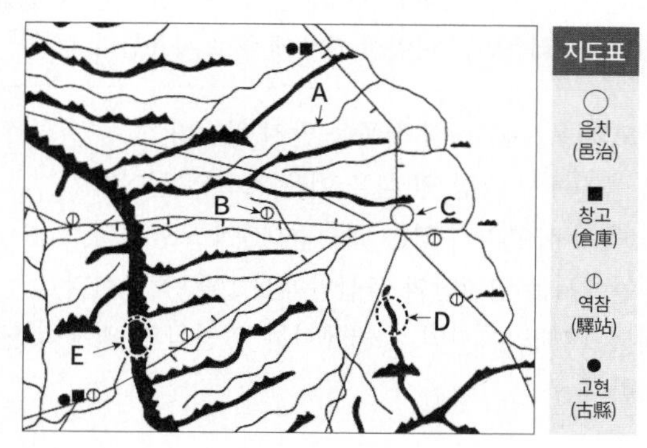

[보기]

ㄱ. A는 동쪽에서 남서쪽으로 흐르는 하천이다.
ㄴ. B의 역참은 C의 읍치와 20리 정도 떨어져 있다.
ㄷ. C 읍치 주변의 하천들은 수운에 이용될 수 있다.
ㄹ. E는 D보다 규모가 큰 산지이다.

① ㄱ, ㄴ ② ㄱ, ㄷ ③ ㄴ, ㄷ
④ ㄴ, ㄹ ⑤ ㄷ, ㄹ

065

(가), (나)는 조선 시대에 제작된 지리서의 일부이다. 이에 대한 설명으로 옳은 것은?

(가) 【관원】 목사·판관·교수 각 1인
【군명】 탐라·탁라·탐모라·동영주
【풍속】 초목과 곤충은 겨울이 지나도 죽지 않으며 폭풍이 자주 인다. 또 초가가 많고 빈천한 백성들은 ㉠ 부엌과 온돌이 없고 땅바닥에서 자고 거처한다.

(나) 태백산과 소백산 또한 토산이지만, 흙빛이 모두 수려하다. 태백산에는 황지라는 훌륭한 곳이 있다. 산 위에 들판이 펼쳐져 두메 사람들이 제법 마을을 이루었다. ㉡ 화전을 일구어 살고 있었으나 지세가 높고 서리가 일찍 내린다.

① (가)는 (나)보다 제작 시기가 늦다.
② (가)는 (나)보다 주관적 의견이 더 많이 포함되었다.
③ (나)는 (가)보다 실학사상의 영향을 더 많이 받았다.
④ ㉠을 통해 겨울 기온이 낮은 북쪽 지역임을 알 수 있다.
⑤ ㉡은 가거지(可居地)의 조건 중 지리(地理)이다.

066

〈조건〉을 고려하여 ○○ 시설의 입지 지점을 선정하고자 할 때 지리 정보를 옳게 분석한 내용을 〈보기〉에서 고른 것은?

[조건]

1. 각 평가 항목 점수의 합계가 가장 큰 곳에 입지한다.
2. 후보지에 이웃한 8개 면의 고도가 후보지보다 모두 높으면 입지하지 못한다.

고도 정보(m)

40	45	55	50	40
40	35	60	55	50
55	65	80	75	70
60	50	85	90	85
55	60	85	85	80

· 50m 미만 : 1점
· 50~80m 미만 : 2점
· 80m 이상 : 3점

생태 등급 정보(등급)

4	4	3	3	3
4	3	3	3	3
4	4	3	3	3
4	4	2	2	2
4	4	2	4	2

· 2등급 : 1점
· 3등급 : 2점
· 4등급 : 3점

<입지 후보지>

	A		B	
		C		
	D		E	

[보기]

ㄱ. 고도 점수에서는 A가 가장 낮고, C와 E는 2점이다.
ㄴ. 〈조건 2〉를 고려할 때 A와 D는 입지 후보지로 부적격하다.
ㄷ. B, C, E의 고도와 생태 등급 점수를 계산하면, E가 가장 높다.
ㄹ. 생태 등급에서는 D가 4등급으로 점수가 가장 높고, E가 가장 낮다.

① ㄱ, ㄴ ② ㄱ, ㄷ ③ ㄴ, ㄷ
④ ㄴ, ㄹ ⑤ ㄷ, ㄹ

067

자료는 지역 조사의 과정을 나타낸 것이다. ㉠~㉣에 대한 옳은 설명을 〈보기〉에서 고른 것은?

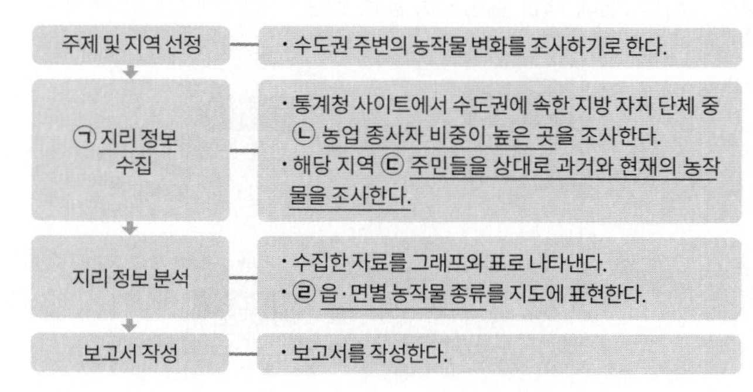

[보기]

ㄱ. ㉠ – 실내 조사와 야외 조사의 방법을 활용한다.
ㄴ. ㉡ – 위치와 형태를 설명하는 공간 정보이다.
ㄷ. ㉢ – 면담이나 설문 조사를 통해 확인할 수 있다.
ㄹ. ㉣ – 점묘도로 표현하는 것이 효과적이다.

① ㄱ, ㄴ ② ㄱ, ㄷ ③ ㄴ, ㄷ
④ ㄴ, ㄹ ⑤ ㄷ, ㄹ

단원 마무리 문제

01 우리나라의 위치와 영역

068

(가)~(라)에 대한 옳은 설명을 〈보기〉에서 고른 것은?

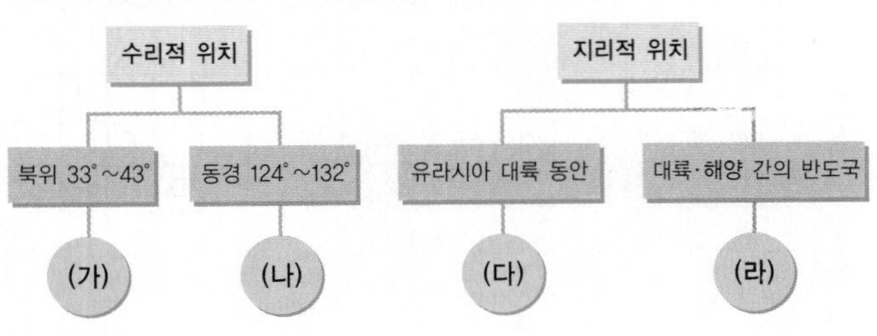

[보기]
ㄱ. (가) – 우리나라의 표준시는 영국보다 9시간이 빠르다.
ㄴ. (나) – 우리나라는 사계절이 뚜렷한 냉·온대 기후가 나타난다.
ㄷ. (다) – 우리나라는 대륙의 영향으로 기온의 연교차가 크다.
ㄹ. (라) – 우리나라는 대륙과 해양의 문화가 융합되면서 발달하였다.

① ㄱ, ㄴ　② ㄱ, ㄷ　③ ㄴ, ㄷ
④ ㄴ, ㄹ　⑤ ㄷ, ㄹ

069

(가)~(라) 지점에 대한 설명으로 옳은 것은?

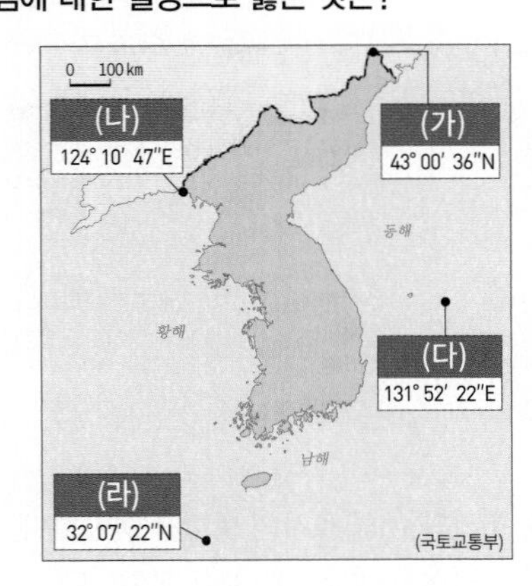

① (나)는 우리나라에서 일몰 시각이 가장 늦다.
② (다)는 영해 설정에 직선 기선이 적용된다.
③ (가)는 (라)보다 연평균 기온이 높다.
④ (라)는 (다)보다 거주 인구가 더 많다.
⑤ (가)~(라)는 모두 우리나라의 주권이 미치는 공간이다.

070

㉠에 대한 설명으로 옳지 않은 것은?

(㉠)은/는 영해를 설정할 때 사용하는 기준선의 일종으로, 해안선의 굴곡이 심하거나 해안 가까이 섬이 많아 일반적인 기준선을 적용하기 곤란한 경우에 주로 사용한다.

① 울릉도와 독도는 ㉠의 적용을 받지 않는다.
② 주로 육지에서 가장 먼 섬을 이은 가상의 선이다.
③ ㉠과 육지 사이의 수역은 내수(內水)에 포함된다.
④ 동해안에서는 영일만과 울산만에서 ㉠을 적용한다.
⑤ ㉠에서 12해리까지의 수역에서는 연안국의 경제적 권리만 인정한다.

071

㉠~㉣에 대한 옳은 설명만을 〈보기〉에서 있는 대로 고른 것은? (단, 지도는 우리나라 해안 중 일부임.)

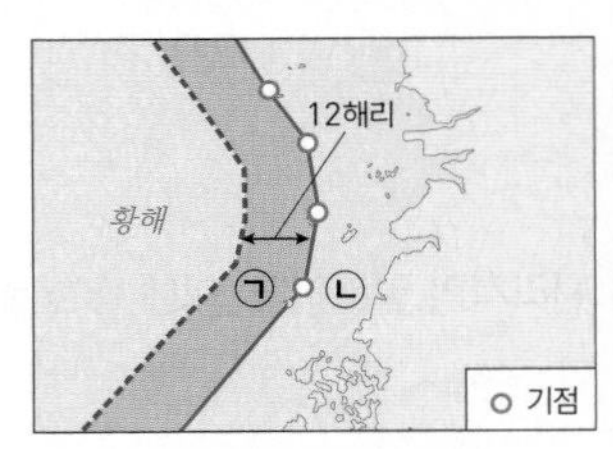

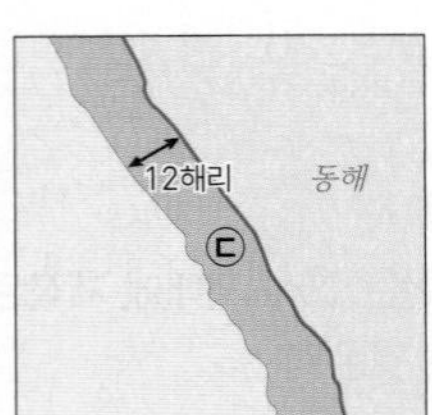

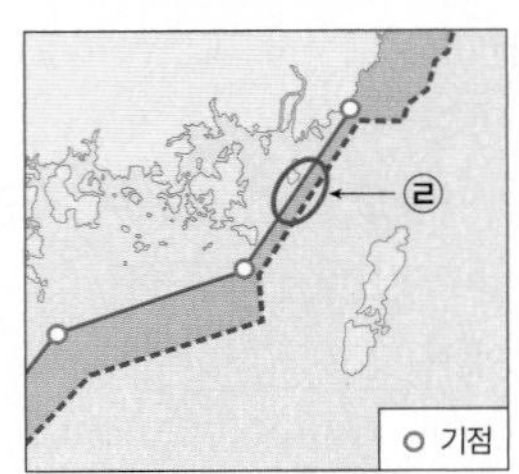

[보기]
ㄱ. ㉠은 주로 우리나라 서해안과 남해안에서 영해를 설정하는 방식이다.
ㄴ. 간척 사업이 진행되면 ㉡의 면적은 감소할 것이다.
ㄷ. ㉢에서는 연안의 최저 조위선이 영해 설정의 기선이 된다.
ㄹ. ㉣에서 영해는 통상 기선으로부터 3해리를 적용하고 있다.

① ㄱ, ㄷ　② ㄴ, ㄹ　③ ㄱ, ㄴ, ㄷ
④ ㄱ, ㄷ, ㄹ　⑤ ㄴ, ㄷ, ㄹ

072

A에 대한 옳은 설명만을 〈보기〉에서 있는 대로 고른 것은?

〈역사 속의 A〉

삼국사기(1145년) 지증왕 13년(512년) 이사부는 하슬라주의 군주가 되어 우산국을 병합하려고 계획하였다. …… "너희가 만약 항복하지 않으면 맹수들을 풀어 놓아서 밟아 죽이겠다." 라고 하자 우산국 사람들이 두려워하며 즉시 항복하였다.

세종실록지리지(1454년) 우산과 무릉 두 섬의 현이 정동쪽 바다 가운데에 있다. 두 섬이 서로 거리가 멀지 않아 날씨가 맑으면 가히 바라볼 수 있다. 신라 시대에는 우산국 또는 울릉도라고 하였다.

〈현재 지도속에서의 A〉

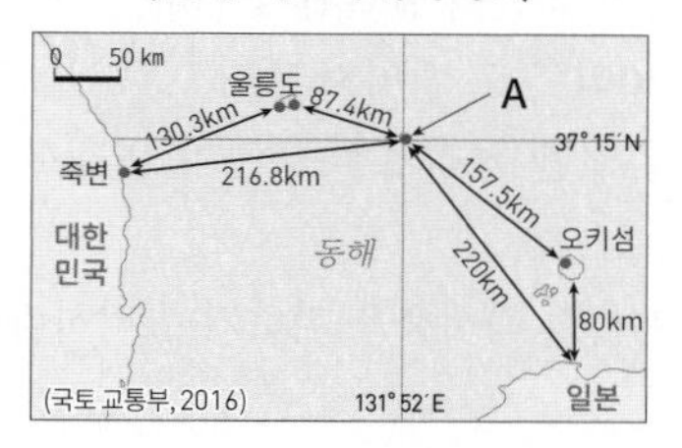

[보기]

ㄱ. 신라 시대 이사부에 의해 우리나라 영토가 되었다.
ㄴ. 지질학적 가치가 인정되어 세계 자연 유산으로 등재되었다.
ㄷ. 주변 해역에 조경 수역이 형성되어 있어 어족 자원이 풍부하다.
ㄹ. 신생대 제3기 해저에서 분출한 용암이 굳어져 형성된 화산섬이다.

① ㄱ, ㄷ ② ㄴ, ㄹ ③ ㄱ, ㄴ, ㄷ
④ ㄱ, ㄷ, ㄹ ⑤ ㄴ, ㄷ, ㄹ

[073~074] 다음 글을 읽고 물음에 답하시오.

제2조(기선) ① ㉠ 영해의 폭을 측정하기 위한 통상의 기선은 대한민국이 공식적으로 인정한 대축척 해도(大縮尺海圖)에 표시된 해안의 저조선(低潮線)으로 한다. ② (가) 지리적 특수 사정이 있는 수역의 경우에는 ㉡ 대통령령으로 정하는 기점을 연결하는 직선을 기선으로 할 수 있다.

073

(가) 수역의 특징을 쓰시오.

074 서술형

영해 설정 시 ㉠, ㉡이 적용되는 우리나라의 수역을 서술하시오.

02 국토 인식의 변화와 지리 정보

075

(가), (나) 지리지에 대한 설명으로 옳은 것은?

(가) **【건치 연혁】** 본래 고구려의 평원군이다. ……
【군명】 평원·북원경·일신·정원·익흥·성안·평량경
【성씨】 본주 원·이·안·신·김·석. 변 본관을 심양으로 하사하였다. ……
【산천】 치악산은 주의 동쪽 25리에 있는 진산이다.

(나) 영월의 서쪽에 있는 원주는 감사가 다스리던 곳인데, 서쪽으로 250리 거리에 한양이 있다. 동쪽은 고개와 산기슭으로 이어졌고, 서쪽은 지평현(지금의 양평군)에 인접해 있는데, ㉠ 골짜기 사이에 고원 분지가 열려서 맑고 깨끗하며 그리 험준하지는 않다.

① (가)는 조선 시대 임진왜란 이후 제작되었다.
② (가)는 사민총론, 팔도총론, 복거총론, 총론으로 구성되었다.
③ (나)의 ㉠에는 가거지 조건 중 생리(生利) 요소가 잘 드러난다.
④ (나)는 국토의 실체를 객관적으로 밝히려는 태도가 담겨 있다.
⑤ (가)는 사찬 지리지, (나)는 관찬 지리지이다.

076

(가), (나)는 조선 시대에 제작된 지도이다. 이에 대한 설명으로 옳은 것은?

(가)

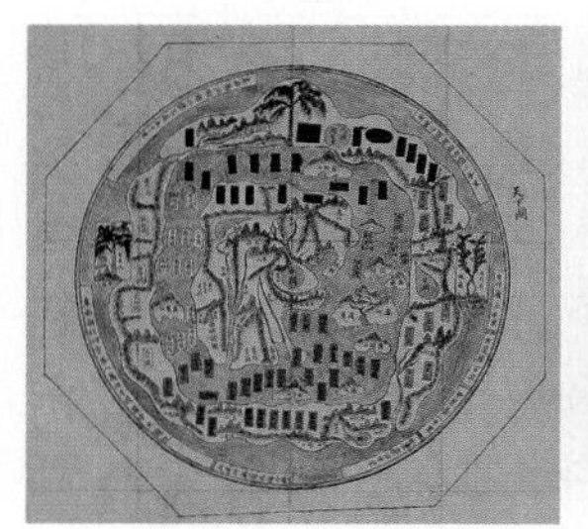

(나)

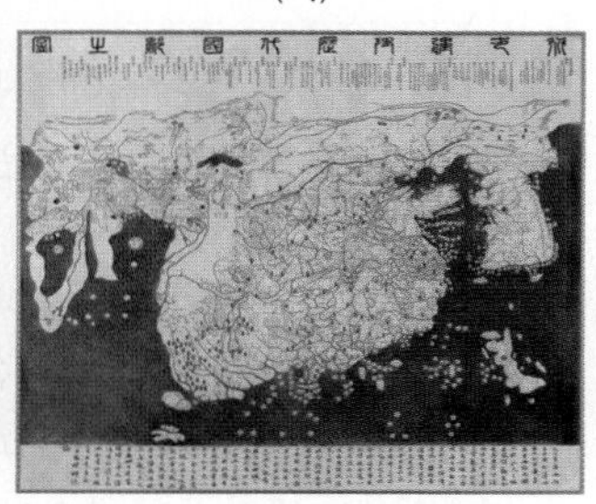

① (가)는 최초로 축척을 사용한 지도이다.
② (나)는 경도와 위도가 표현된 지도이다.
③ (나)는 아메리카 대륙이 표현된 지도이다.
④ (가)와 (나)는 모두 상상의 세계를 표현하였다.
⑤ (가)와 (나)는 모두 중화사상이 반영되어 있다.

077

㉠~㉤에 대한 설명으로 옳지 않은 것은?

> ○○○지도는 1861년 김정호가 ㉠ 청구도를 토대로 제작한 지도로, 현대 지도와 비교해도 손색이 없을 만큼 정확도가 높다. 전국의 산줄기와 물줄기를 구분하였고, ㉡ 도로와 하천을 나타내었다. 그리고 ㉢ 지도표를 이용하여 읍치, 역참, 봉수 등의 분포를 표현하였다. 이용자의 편의를 위해 우리나라를 ㉣ 남북 120리씩 22층으로 나누고, 동서 방향의 지도를 수록하였으며 ㉤ 실제 거리를 유추할 수 있게 하였다.

① ㉠ - 기존의 지도를 편집하여 만든 편찬도이다.
② ㉡ - 도로는 면으로 하천은 직선으로 표현하였다.
③ ㉢ - 교통·통신 등의 지리 정보를 수록하였다.
④ ㉣ - 분첩절첩식으로 휴대와 열람이 편리하다.
⑤ ㉤ - 도로에 10리마다 방점을 찍어 거리를 표현하였다.

078

(가)~(라)에 해당하는 내용을 〈보기〉에서 고른 것은?

> (가) 지리가 아무리 좋아도 생리가 부족하면 오래 살 만한 곳이 못 되고, (나) 생리가 아무리 좋아도 지리가 나쁘면 또한 오래 살 만한 곳이 못 된다. 또 지리와 생리가 모두 좋아도 (다) 인심이 좋지 못하면 반드시 후회할 일이 생길 것이고, 가까운 곳에 경치 좋은 (라) 산수가 없으면 정서를 키우지 못한다.
>
> – 이중환, 『택리지』, 복거총론 –

[보기]

ㄱ. 한나절 걸을 수 있는 거리에 좋은 산과 물이 있어야 한다.
ㄴ. 물줄기가 모여 흘러가는 곳은 꼭 닫힌 듯하고, 그 안에 들이 있는 곳이 집터로 좋다.
ㄷ. 비옥한 땅이 제일이고, 사람과 물자가 모여 필요한 물건들이 서로 교류되는 곳이 그 다음이다.
ㄹ. 착한 풍속이 있는 곳을 선택하지 않으면 자신뿐만 아니라 자손에게도 좋지 못한 풍속이 스며들 우려가 있다.

	(가)	(나)	(다)	(라)
①	ㄱ	ㄴ	ㄷ	ㄹ
②	ㄴ	ㄱ	ㄹ	ㄷ
③	ㄴ	ㄷ	ㄹ	ㄱ
④	ㄷ	ㄱ	ㄹ	ㄴ
⑤	ㄹ	ㄷ	ㄱ	ㄴ

079

다음은 조선 시대에 제작된 지도이다. 이에 대한 설명으로 옳지 않은 것은?

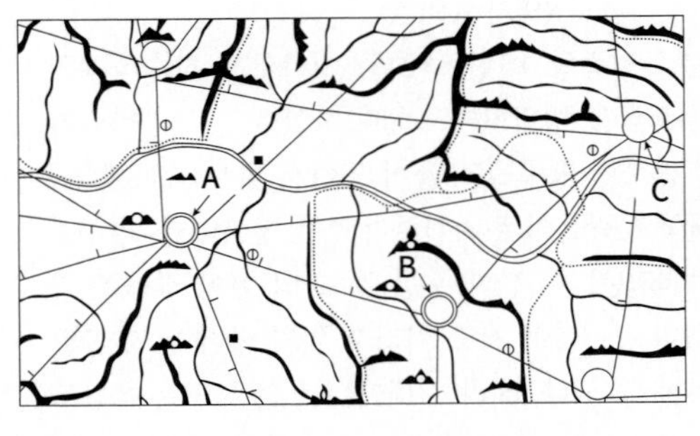

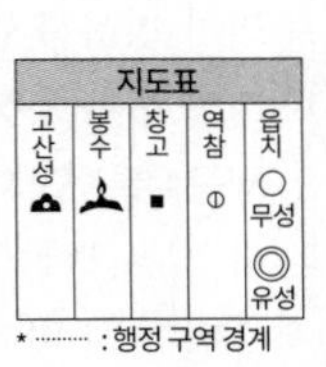

① A와 B 사이의 하천은 선박 운항이 가능하다.
② A는 B보다 육상 교통이 발달한 곳이다.
③ A와 B는 약 30리 정도 떨어져 있다.
④ B에서 C까지 최단 거리로 이동하기 위해서 하천을 건너야 한다.
⑤ C는 A보다 겨울철 북서풍을 피하기 유리하다.

080

A~D를 통계 지도로 표현하고자 할 때 가장 적절한 유형을 〈보기〉에서 고른 것은?

A	지역별 단풍 개시일	B	지역별 사과 과수원 분포
C	행정 구역별 노년 인구 비율	D	출신 국가별 외국인 거주자 수

[보기]

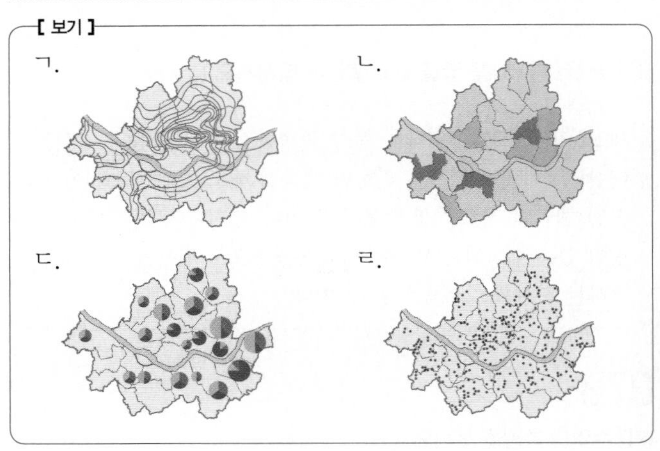

	A	B	C	D
①	ㄱ	ㄴ	ㄹ	ㄷ
②	ㄱ	ㄹ	ㄴ	ㄷ
③	ㄴ	ㄹ	ㄱ	ㄷ
④	ㄹ	ㄱ	ㄷ	ㄴ
⑤	ㄹ	ㄷ	ㄱ	ㄴ

I

081

다음은 한국지리 수업의 한 장면이다. 이에 대한 옳은 설명만을 〈보기〉에서 있는 대로 고른 것은?

교사 : 다음는 지역 조사 과정을 나타낸 것입니다. ㉠'제주도의 취락 분포'라는 주제로 지역 조사를 실시하려고 합니다. 각자의 생각을 이야기해 봅시다.

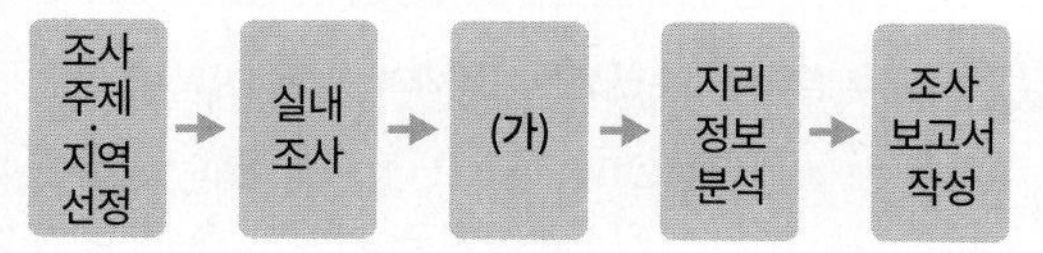

갑 : 인터넷을 통해 제주도의 ㉡ 취락 분포 위성 사진을 확인합니다.
을 : 제주도 마을 경관의 모습을 사진으로 촬영합니다.
병 : ㉢ 제주도 지역 주민들과의 면담을 통해 제주도 취락의 위치를 알아봅니다.

[보기]
ㄱ. ㉠ 보고서의 지도는 점묘도로 표현하는 것이 적절하다.
ㄴ. ㉡은 원격 탐사를 통해 확보한 자료이다.
ㄷ. ㉢은 (가) 단계에서 나타나는 활동이다.
ㄹ. (가) 단계에서는 야외 조사 경로와 일정 등을 계획하고 설문지를 제작한다.

① ㄱ, ㄷ ② ㄴ, ㄹ ③ ㄷ, ㄹ
④ ㄱ, ㄴ, ㄷ ⑤ ㄱ, ㄷ, ㄹ

082

(가), (나)는 근대 이후의 대표적 국토관을 설명한 것이다. (나)와 비교한 (가)의 상대적 특성을 그림의 A~E에서 고른 것은?

(가)	산업화가 시작되면서 경제적 성장을 우선적으로 추구하는 적극적 국토 인식이 강조되었다. 이는 국토의 잠재력을 높이고, 국민의 소득 수준을 향상시키는 등 긍정적 역할을 하였지만, 수도권의 과도한 인구 집중과 도시 과밀화 등의 지역 불균형 문제, 환경 문제 등의 원인이 되기도 하였다.
(나)	국토 개발에 따른 부작용이 나타나면서 국토를 개발의 대상으로만 보는 인식에서 벗어나 자연과 인간의 조화를 추구하는 생태 지향적 국토 인식이 확산되고 있다. 국립공원이나 습지 보호 지역을 지정하여 보호하고, 생태 공원을 조성하거나 생태 하천을 복원하는 등 국토의 생태적 가치를 보전하면서 국토 환경을 이용하기 위해 노력한다.

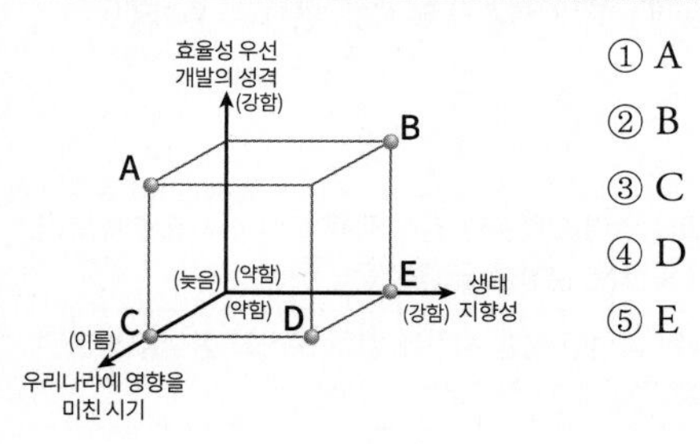

① A
② B
③ C
④ D
⑤ E

083

자료는 태양광 발전소 부지를 선정하기 위한 것이다. 이를 바탕으로 가장 적절한 후보지를 A~E에서 고른 것은? (단, 합산 점수가 가장 높은 지역이 최적지이며, 합산 점수가 동일한 경우 지가가 더 저렴한 지역을 최종 선택함.)

지가(만 원/m²)

10	12	15	14
11	7	12	22
13	15	19	10
18	6	18	8

10만 원 미만/m² : 3점
10~20만 원 미만/m² : 2점
20만 원 이상/m² : 1점

일조 시간(시간/일)

6.5	7.5	4.5	5.5
7.5	5.5	6.5	4.5
6.5	5.5	7.5	6.5
5.5	4.5	5.5	6.5

7시간 이상/일 : 3점
5~7시간 미만/일 : 2점
5시간 미만/일 : 1점

소비지로부터의 거리(km)

25	5	25	5
28	16	18	5
12	13	12	24
24	19	21	19

10km 미만 : 3점
10~20km 미만 : 2점
20km 이상 : 1점

선정 대상 지역

	A		
		C	
B			E
	D		

① A ② B ③ C ④ D ⑤ E

[084~085] 다음 글을 읽고 물음에 답하시오.

〈우리나라의 전통 취락〉

뒤에는 산이 자리 잡고 있으며 앞으로는 하천이 흐르는 곳에 입지한 마을은 우리나라 전통 사상인 풍수지리의 영향을 받은 곳이다. 이러한 곳은 풍수지리 사상의 명당에 위치한 마을의 장점은 ______㉠______.

084

위에서 설명하고 있는 취락의 명칭을 쓰시오.

085 서술형

㉠에 들어갈 내용을 두 가지 서술하시오.

Ⅱ 지형 환경과 인간 생활

한반도의 형성과 산지의 모습

✔ 출제 포인트 ✔ 한반도의 지체 구조 ✔ 기후 변화와 해수면 변동 ✔ 고위 평탄면의 특징 ✔ 돌산과 흙산 비교

1. 한반도의 지체 구조와 형성 과정

1 한반도의 지체 구조 ⓒ 23쪽 100번 문제로 확인

(1) 한반도의 암석 분포

변성암	퇴적암	화성암
시·원생대의 편마암, 전 국토의 약 42%	대부분 고생대와 중생대 지층, 전 국토의 약 23%	중생대의 화강암과 신생대의 화산암, 전 국토의 약 35%

(2) 한반도의 지체 구조와 주요 암석

지질 시대	분포 지역	특징
시·원생대	평북·개마 지괴, 경기 지괴, 영남 지괴	지반이 견고한 편임, 형성 시기가 가장 오래된 안정 지괴, 주로 편마암 분포
고생대	평남 분지, 옥천 습곡대	• 조선 누층군 : 해성층, 석회암 매장 • 평안 누층군 : 육성층, 무연탄 매장
중생대	경상 분지	육성층인 경상 누층군 형성, 공룡 발자국
신생대	두만 지괴, 길주·명천 지괴	한반도의 일부가 바다에 잠겨 형성됨, 갈탄 매장

자료 한반도의 지체 구조 ⓒ 23쪽 101번 문제로 확인

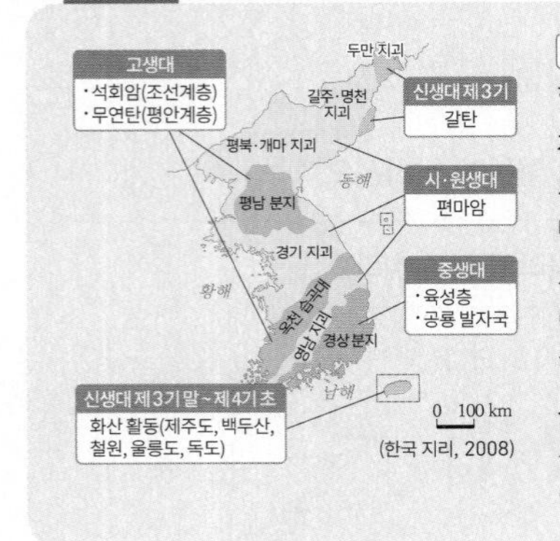

분석 한반도는 다양한 지형 형성 과정을 거쳐 복잡한 지체 구조가 나타난다. 시·원생대의 지층은 안정된 지각으로 한반도에서 가장 넓은 범위에 걸쳐 분포하고 있으며, 그 사이사이에 고생대의 퇴적층이 분포한다. 중생대의 퇴적층은 경상 분지를 중심으로 분포하며, 신생대의 지층은 동해안 일부 지역에 소규모로 분포한다.

2 한반도의 지형 형성 ⓒ 24쪽 104번 문제로 확인

(1) 중생대의 지각 변동

송림 변동	중생대 초기	• 주로 북부 지방에 영향을 끼침 • 랴오둥 방향(동북동~서남서)의 지질 구조선 형성
대보 조산 운동	중생대 중기	• 중·남부 지방을 중심으로 영향을 끼침 • 중국 방향(북동~남서)의 지질 구조선 형성 • 대규모 마그마 관입으로 대보 화강암 형성
불국사 변동	중생대 말기	경상도 일대에 소규모 마그마가 관입함

(2) 신생대의 지각 변동

경동성 요곡 운동	제3기	동해안을 중심으로 한 지각의 융기로 비대칭적 경동 지형 형성 → 함경·낭림·태백산맥 등 형성
화산 활동	제3기 말 ~제4기 초	백두산, 제주도, 울릉도, 독도, 철원·평강 등지에 화산 지형 형성

3 기후 변화와 지형 형성 신생대 제4기

빙기	• 한랭 건조 → 식생 빈약, 물리적 풍화 작용 활발 • 하천 상류 지역은 퇴적 작용 우세, 하류 지역은 침식 작용 활발
후빙기	• 온난 습윤 → 식생 발달, 하천의 유량 증가, 화학적 풍화 작용 활발 • 하천 상류 지역은 침식 작용 우세, 하류 지역은 퇴적 작용 활발

자료 기후 변화와 해수면 변동 ⓒ 25쪽 107번 문제로 확인

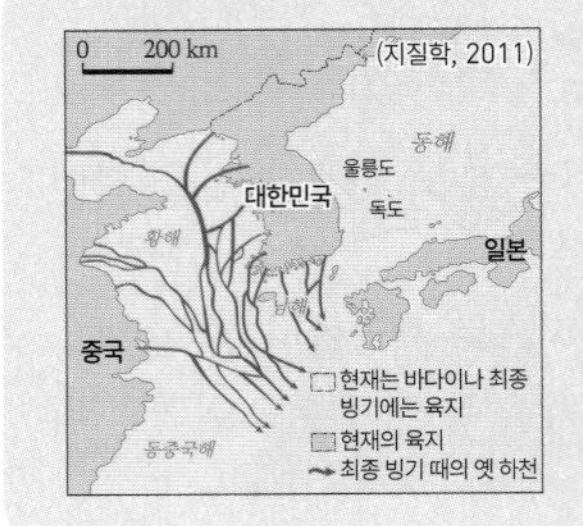

분석 최종 빙기에는 지구의 평균 기온이 지금보다 낮고, 해수면이 약 100m 정도 낮아 황해와 남해는 육지로 연결되어 있었다. 빙기에는 지금보다 한랭 건조하여 식생이 빈약하고 암석의 물리적 풍화 작용이 활발하였으며, 후빙기에는 온난 습윤해지면서 식생이 발달하고 암석의 화학적 풍화 작용이 활발하였다.

2. 우리나라의 산지 지형

1 우리나라 산맥의 형성 ⓒ 25쪽 110번 문제로 확인

구분	1차 산맥	2차 산맥
형성 원인	신생대 제3기 이후 경동성 요곡 운동의 영향	지질 구조선을 따라 차별적인 풍화와 침식이 진행된 후 남아 있는 산지
특징	고도가 높고 연속성이 뚜렷함	고도가 낮고 연속성이 뚜렷하지 않음
분포	함경·낭림·태백·소백산맥 등	강남·묘향·멸악·차령산맥 등

2 우리나라 산지의 특징

(1) **저산성 산지** 오랜 침식으로 고도가 낮은 산지가 주로 분포함

(2) **동고서저의 경동 지형** 높은 산지는 대부분 북동쪽에 분포함

(3) **고위 평탄면** 평탄해진 곳이 융기한 후에도 남아 있는 지형

자료 고위 평탄면 ⓒ 27쪽 117번 문제로 확인

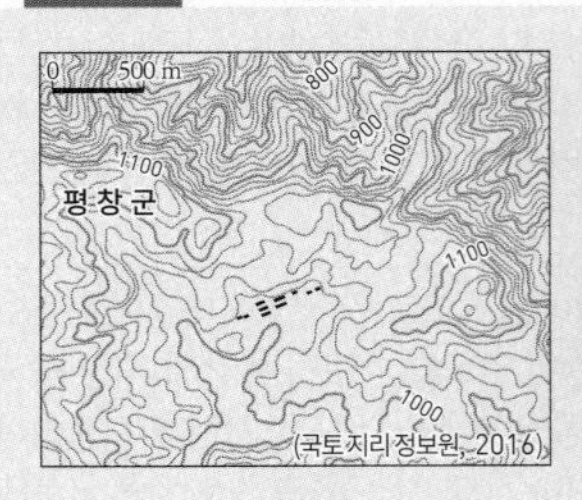

분석 고위 평탄면은 해발 고도가 높아 여름철 평지에 비해 서늘하여 고랭지 채소 재배에 유리하다. 또한, 목초가 잘 자라 목축업도 발달한다.

3 돌산과 흙산

돌산	중생대에 관입한 화강암이 오랫동안 침식 작용을 받아 지표면에 드러나 형성된 산지 예 북한산, 설악산, 금강산 등
흙산	시·원생대에 형성된 암석이 오랜 시간에 걸쳐 풍화와 침식을 받으면서 두꺼운 토양으로 덮인 산지 예 지리산, 덕유산 등

분석 기출 문제

» 바른답·알찬풀이 10쪽

핵심 개념 문제

•• 빈칸에 들어갈 알맞은 말을 쓰시오.

086 한반도에서 가장 넓은 범위에 걸쳐 분포하고 있는 암석은 시·원생대에 형성된 (　　　　　)이다.

087 고생대에 형성된 조선 누층군에는 (㉠　　　　　)이/가 주로 매장되어 있으며, 평안 누층군에는 (㉡　　　　　)이/가 매장되어 있다.

088 중생대 중기에 일어난 (　　　　　)(으)로 넓은 범위에 걸쳐 많은 양의 마그마가 관입하였다.

089 (　　　　　)은/는 과거 오랜 기간 침식을 받아 평탄해진 곳이 융기한 후에도 남아 있는 지형으로, 여름철 평지에 비해 서늘하다.

•• 중생대에 일어난 지각 변동의 특징을 바르게 연결하시오.

090 송림 변동 • 　　• ㉠ 중생대 초기, 랴오둥 방향의 지질 구조선 형성

091 불국사 변동 • 　　• ㉡ 중생대 중기, 가장 격렬했던 지각 변동

092 대보 조산 운동 • 　　• ㉢ 중생대 말기, 경상도 일대에 영향, 소규모 마그마 관입

•• 다음 내용이 옳으면 ○표, 틀리면 ×표를 하시오.

093 한반도는 고생대까지는 지각이 비교적 안정되어 있었다. (　　)

094 신생대 제3기에는 경동성 요곡 운동이 일어나 동해안을 중심으로 지각의 융기가 이루어졌다. (　　)

095 후빙기에는 지금보다 기후가 한랭 건조하여 식생이 빈약하고, 암석의 물리적 풍화 작용이 활발하였다. (　　)

096 함경·낭림·태백산맥은 지질 구조선을 따라 차별적인 풍화와 침식 작용으로 형성되었다. (　　)

•• ㉠~㉣ 중 알맞은 것을 고르시오.

097 (㉠ 빙기, ㉡ 후빙기)에는 침식 기준면이 낮아지면서 하천 하류에서 (㉢ 침식, ㉣ 퇴적) 작용이 활발하였다.

098 우리나라는 높은 산지의 대부분이 (㉠ 남서부, ㉡ 북동부) 지역에 분포한다.

099 (㉠ 돌산, ㉡ 흙산)은 중생대에 관입한 화강암이 오랫동안 침식 작용을 받아 지표면에 드러나면서 형성된 산지이다.

1. 한반도의 지체 구조와 형성 과정

100

표는 우리나라 암석의 시대별 구성을 나타낸 것이다. A~E에 대한 설명으로 옳지 않은 것은?

(단위 : %)

A		화성암		퇴적암		
시생대	원생대	B	C	D	중생대	E
40.4	2.2	30.0	4.8	8.4	12.7	1.5

① A는 퇴적암이 지하 깊은 곳에서 열과 압력을 받아 변성되었다.
② B 시기 암석은 지표의 침식으로 노출된 이후 돌산과 침식 분지를 형성하고 있다.
③ C 시기 암석은 수직 절리가 발달하여 분포 지역에 지표수가 부족하다.
④ D 시기 암석은 산호초나 조개껍데기 등이 굳어진 것으로 주성분은 탄산칼슘이다.
⑤ E 시기 암석에서는 삼엽충과 공룡 발자국 등의 다양한 화석을 발견할 수 있다.

빈출 **101**

글에서 설명하고 있는 지체 구조를 지도의 A~E에서 고른 것은?

> 형성 시기가 오래된 안정 지괴로, 한반도의 바탕을 이룬다. 기존의 암석이 지하 깊은 곳에서 열과 압력에 의해 변성된 후 지표에 노출된 편마암이 주로 분포한다.

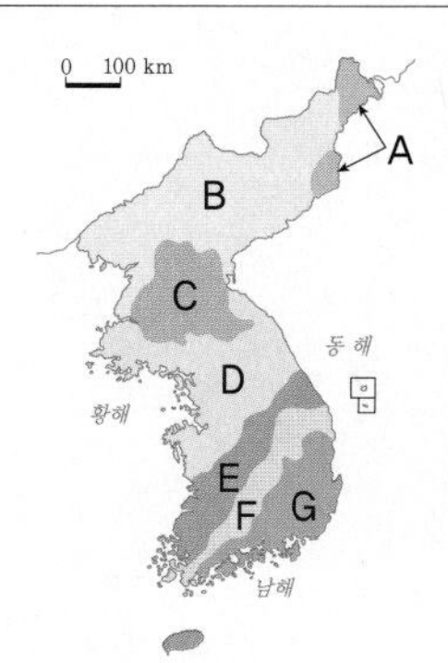

① A　　② G　　③ C, F
④ A, C, E　　⑤ B, D, F

102

(가), (나)는 지질 시대별로 형성된 암석 분포를 나타낸 지도이다. 이에 대한 설명으로 옳지 않은 것은?

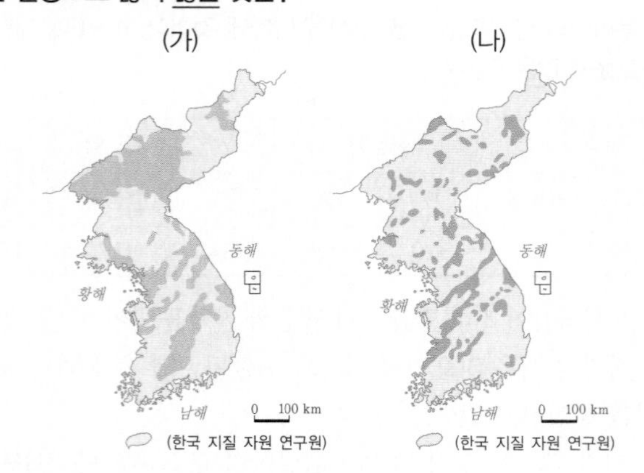

① (가)는 변성암, (나)는 화강암 분포 지역이다.
② (가)는 (나)보다 형성 시기가 이르다.
③ 주로 (가)에는 흙산, (나)에는 돌산이 형성된다.
④ (가)는 시생대, (나)는 신생대 지층이다.
⑤ (나)는 (가)보다 불탑을 만드는 데 더 많이 이용된다.

103

(가)~(다) 암석을 먼저 형성된 순서대로 나열한 것은?

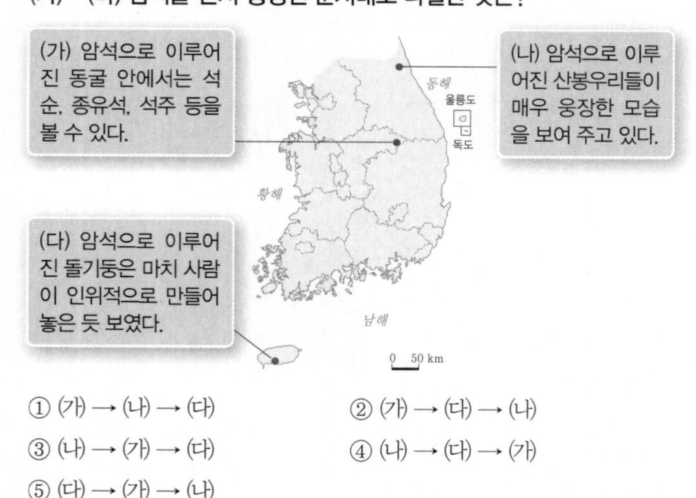

① (가) → (나) → (다)
② (가) → (다) → (나)
③ (나) → (가) → (다)
④ (나) → (다) → (가)
⑤ (다) → (가) → (나)

빈출

104

표는 우리나라의 지질 계통을 나타낸 것이다. A~D에 대한 옳은 설명만을 〈보기〉에서 있는 대로 고른 것은?

지질 시대	시·원생대	고생대			중생대		신생대	
지질 계통	변성암 복합체	조선 누층군	결층	평안 누층군	대동 누층군	A	제3계	제4계
지각 변동	B	조륙 운동		송림 변동	C	불국사 변동	요곡 운동	D

[보기]
ㄱ. A – 무연탄이 매장되어 있는 육성층이다.
ㄴ. B – 오랜 시간 열과 압력을 받아 나타나는 현상이다.
ㄷ. C – 돌산과 침식 분지 형성에 영향을 주었다.
ㄹ. D – 백두산, 제주도, 울릉도 등에서 나타난 활동이다.

① ㄱ, ㄴ
② ㄱ, ㄹ
③ ㄱ, ㄴ, ㄷ
④ ㄱ, ㄷ, ㄹ
⑤ ㄴ, ㄷ, ㄹ

105

㉠~㉤에 대한 설명으로 옳은 것은?

한반도의 일부는 원생대 말에서 고생대 전기 사이에 바다였으며, 이 시기에 ㉠ 두꺼운 퇴적층이 형성되었다. 중생대에는 ㉡ 송림 변동, ㉢ 대보 조산 운동 등이 일어나는 과정에서 한반도에 (㉣)이/가 관입하였다. 중생대 이후 한반도는 큰 지각 변동 없이 오랫동안 풍화와 침식을 받았다. 신생대 제3기에 동해 쪽으로 치우친 (㉤)이/가 일어났다.

① ㉠ – 고생대 평안계 지층으로 무연탄이 매장되어 있다.
② ㉡ – 북부 지방에서 주로 발생하였으며, 중국 방향의 구조선이 형성되었다.
③ ㉢ – 영남 지역을 중심으로 발생한 지각 변동이다.
④ ㉣ – 이 암석으로 형성된 산지는 풍화층이 두터우며 나무가 잘 자란다.
⑤ ㉤ – 북부 지방에서는 해당 지각 변동으로 함경산맥이 형성되었다.

106

그림은 한반도 주변의 판 구조 운동에 따른 동해의 형성을 나타낸 것이다. 이와 관련하여 형성된 지형을 〈보기〉에서 고른 것은?

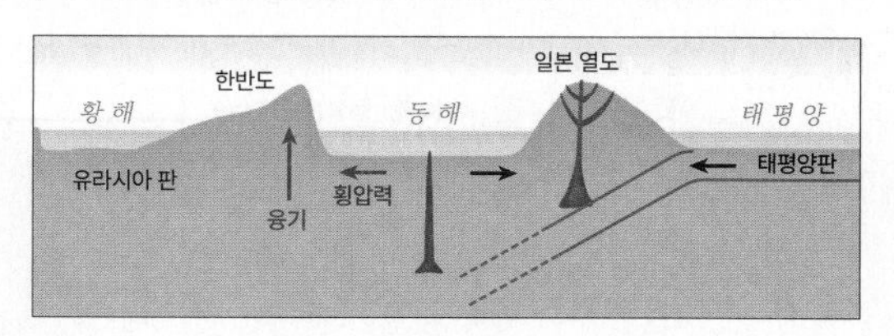

[보기]

ㄱ. 전라남도 일대의 평탄한 벌판
ㄴ. 동해안에 위치한 계단 형태의 지형
ㄷ. 강원도 양구군의 가마솥 형태의 지형
ㄹ. 강원도에서 높은 산지 사이를 흐르는 하천

① ㄱ, ㄴ ② ㄱ, ㄷ ③ ㄴ, ㄷ ④ ㄴ, ㄹ ⑤ ㄷ, ㄹ

107

그래프는 최후 빙기와 후빙기의 해수면 변동이다. (가) 방향으로 가면서 나타난 지형 변화를 옳게 추론한 내용을 〈보기〉에서 고른 것은?

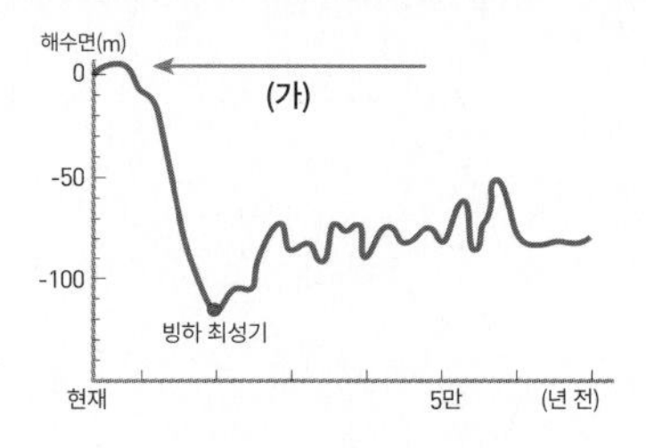

[보기]

ㄱ. 하천 하류 지역에 충적 지형이 발달하였을 것이다.
ㄴ. 하천 상류는 퇴적 작용으로 계곡 경사가 완만해졌을 것이다.
ㄷ. 서해안에 많은 섬과 복잡한 해안선이 형성되었을 것이다.
ㄹ. 우리나라와 일본 사이를 육지로 이동할 수 있었을 것이다.

① ㄱ, ㄴ ② ㄱ, ㄷ ③ ㄴ, ㄷ ④ ㄴ, ㄹ ⑤ ㄷ, ㄹ

108

(가) 시기와 비교한 (나) 시기의 특징으로 옳지 않은 것은?

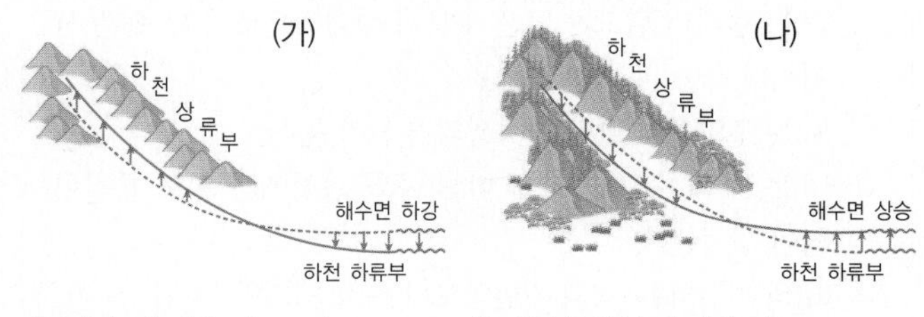

① 해수면이 높음 ② 침식 기준면이 높음
③ 산지의 해발 고도가 낮음 ④ 물리적 풍화 작용이 활발
⑤ 하류에서 퇴적 작용이 활발

109

(가)~(라) 시대에 대한 설명으로 옳은 것은?

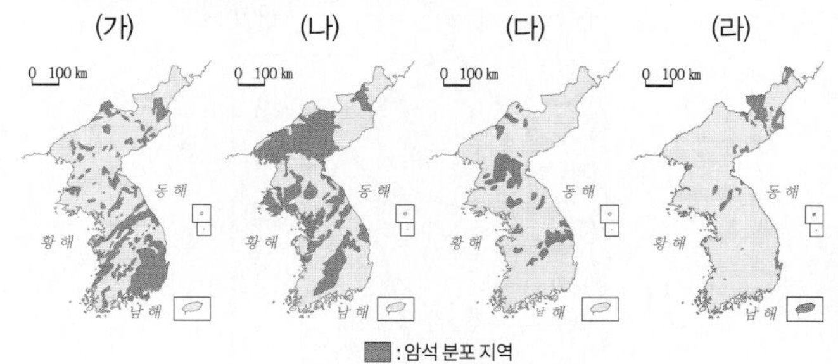

① (가) 시대 암석은 장기간 변성 작용을 받아 형성되었다.
② (나) 시대 암석은 불국사 변동의 영향을 받아 형성되었다.
③ (다) 시대에는 대보 조산 운동으로 형성된 조선 누층군에 석회암이 매장되어 있다.
④ (라) 시대에는 표면에 기공이 있는 암석이 형성되었다.
⑤ 오래된 지질 시대 순서로 배열하면 (가)-(다)-(나)-(라)이다.

2. 우리나라의 산지 지형

110

빈출

(가)~(라) 산지 형성 과정에 대한 옳은 설명을 〈보기〉에서 고른 것은?

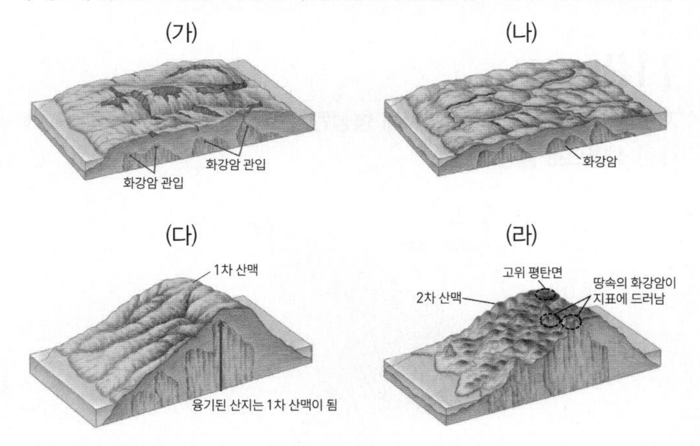

[보기]

ㄱ. (가)-고생대에 있었던 지각 변동으로 지질 구조선이 형성되었다.
ㄴ. (나)-오랜 기간 동안 침식이 이루어져 한반도가 평탄해졌다.
ㄷ. (다)-신생대 제3기의 경동성 요곡 운동 이후 황해 쪽으로 하곡이 발달하기 시작하였다.
ㄹ. (라)-하곡을 따라 차별 침식이 일어나 1차 산맥의 골격이 형성되었다.

① ㄱ, ㄴ ② ㄱ, ㄷ ③ ㄴ, ㄷ
④ ㄴ, ㄹ ⑤ ㄷ, ㄹ

111

(가)~(마)에 대한 설명으로 옳은 것은?

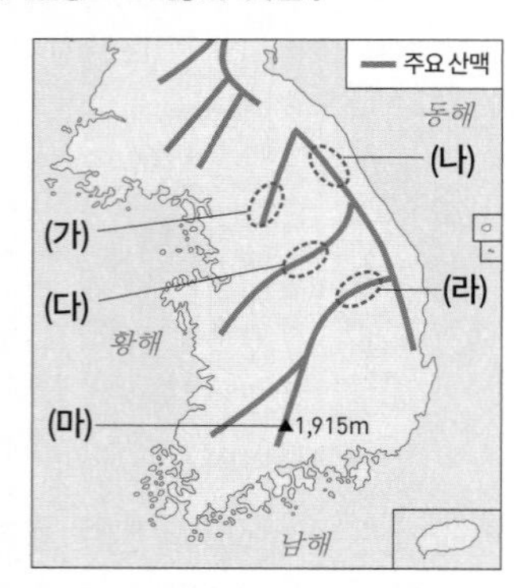

① (가) 산맥은 고생대에 형성된 구조선의 영향을 받아 형성되었다.
② (나) 산맥은 신생대에 동해 확장의 영향으로 융기하였다.
③ (다) 산맥과 (라) 산맥은 형성 원인이 동일하다.
④ (라) 산맥은 구조선을 따라 차별 침식을 받아 형성되었다.
⑤ (마) 산지의 기반암은 중생대에 관입한 암석이다.

112

지도는 우리나라의 어느 시기에 형성된 구조선을 나타낸 것이다. 이에 대한 설명으로 옳은 것은?

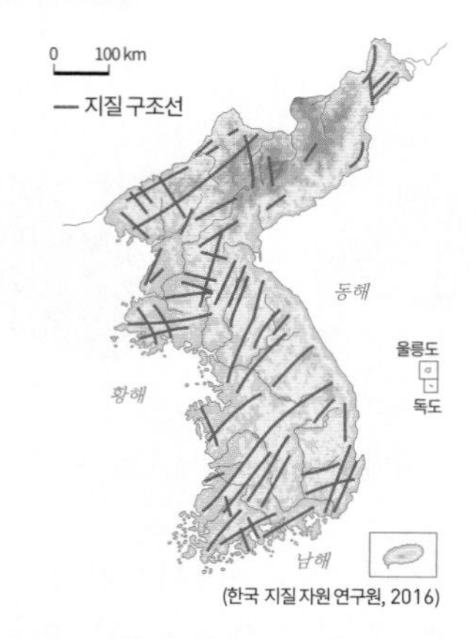

(한국 지질 자원 연구원, 2016)

① 낭림산맥과 태백산맥의 형성에 영향을 끼쳤다.
② 동고서저의 비대칭적 지형 형성에 영향을 주었다.
③ 구조선을 따라 융기하여 높은 산지가 형성되었다.
④ 신생대에 있었던 경동성 요곡 운동으로 구조선이 형성되었다.
⑤ 구조선을 따라 차별적인 풍화와 침식을 거쳐 2차 산맥이 형성되었다.

113

지도는 우리나라 중부 지방의 지세를 나타낸 것이다. 이에 대한 옳은 설명을 〈보기〉에서 고른 것은?

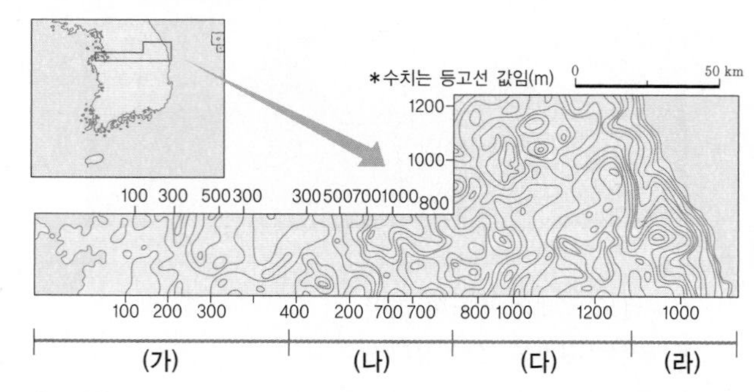

[보기]
ㄱ. (가) - 등고선의 간격이 넓은 것으로 보아 고위 평탄면이 발달하였다.
ㄴ. (나) - 구릉지가 많은 곳으로 규모가 큰 선상지가 발달하였다.
ㄷ. (다) - 동해 확장 과정에서 (가), (나)보다 지반이 많이 융기하였다.
ㄹ. (라) - (가)~(다) 지역보다 사면의 평균 경사도가 크다.

① ㄱ, ㄴ ② ㄱ, ㄷ ③ ㄴ, ㄷ
④ ㄴ, ㄹ ⑤ ㄷ, ㄹ

114

(가), (나) 산지에 대한 옳은 설명을 〈보기〉에서 고른 것은?

(가)

(나)

[보기]
ㄱ. (가)는 절리의 밀도가 낮은 부분이 상대적으로 우뚝 솟은 산지이다.
ㄴ. (나)는 토양층이 발달해 식생의 밀도가 높다.
ㄷ. (가)는 (나)의 주요 암석에 비해 풍화 과정에서 미립 물질이 많이 생성된다.
ㄹ. (나)의 기반암은 (가)의 기반암보다 형성 시기가 늦다.

① ㄱ, ㄴ ② ㄱ, ㄷ ③ ㄴ, ㄷ
④ ㄴ, ㄹ ⑤ ㄷ, ㄹ

115

A~E 산지에 대한 설명으로 옳은 것은?

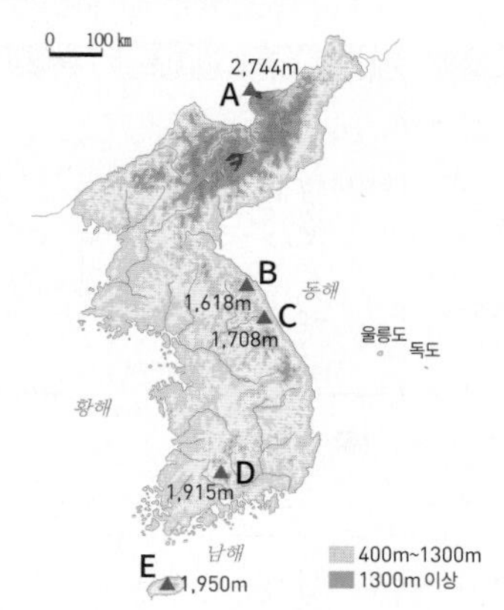

① A – 분화구에 물이 고여 형성된 화구호를 볼 수 있다.
② B – 마그마가 지하에서 굳어져 만들어진 암석이 지표에 노출되어 형성되었다.
③ C – 점성이 작은 용암이 굳어져 형성된 방패 모양의 산이다.
④ D – 산 정상부가 석회암이 풍화되어 형성된 붉은색의 토양으로 덮여 있다.
⑤ E – 산 정상에서 화구의 함몰로 형성된 칼데라호를 볼 수 있다.

[116~117] 지도를 보고 물음에 답하시오.

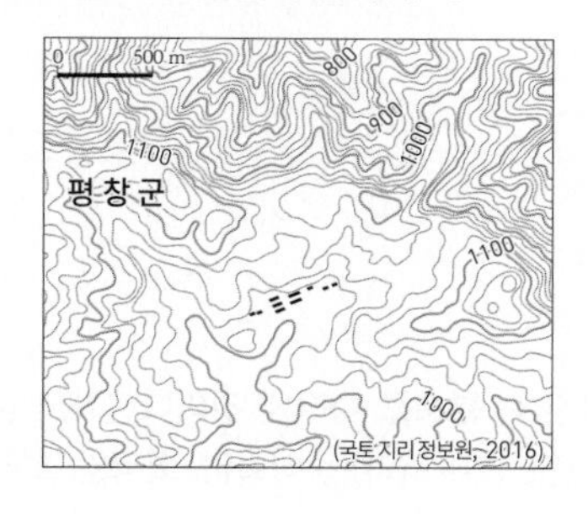

116

지도에 나타난 지형의 형성 원인으로 옳은 것은?

① 지반의 융기
② 하천의 퇴적 작용
③ 용암의 열하 분출
④ 파랑의 침식 작용
⑤ 기반암의 차별 침식

빈출

117

지도의 지역에서 관찰할 수 있는 모습으로 옳지 않은 것은?

① 차밭에서 찻잎을 따고 있는 사람들
② 넓은 초지에서 풀을 뜯고 있는 소떼
③ 명태를 얼리고 녹이면서 말리는 황태 덕장
④ 경사지를 따라 자리 잡은 스키장의 슬로프들
⑤ 능선을 따라서 늘어서 있는 여러 풍력 발전기

1등급을 향한 서답형 문제

118

㉠ 자원의 명칭과 분포 특징을 한반도의 지체 구조와 관련하여 서술하시오.

> 한반도에서는 육지와 해안의 습지에 양치류를 비롯한 각종 식물이 숲을 이루고 있었다. 당시 울창하였던 식물들이 지층에 묻히면서 (㉠)이/가 형성되었다. (㉠)은/는 1980년대 중반까지 가정용 연료로 많이 사용되었다.

119

다음은 학생이 정리한 노트 필기의 일부이다. ㉠에 들어갈 내용을 두 가지 서술하시오.

1. 중부 지방의 동서 단면

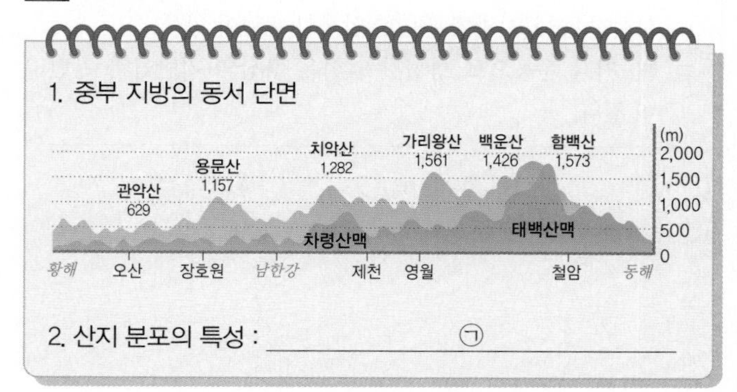

2. 산지 분포의 특성 : ㉠

[120~121] 다음 글을 읽고 물음에 답하시오.

> (㉠)은/는 오랜 세월 침식을 받아 평탄해진 지형이 경동성 요곡 운동으로 지반이 융기하여 형성된 해발 고도 500m 이상의 높은 평탄면을 말한다. (㉠)은/는 신생대 제3기 경동성 요곡 운동 이전에 ___㉡___ 을/를 증명하는 화석 지형이라고 할 수 있다. 영서 지방의 대관령 일대와 소백산맥 서사면의 진안 고원 등지에서 잘 나타난다.

120

㉠에 해당하는 지형의 명칭을 쓰시오.

121

㉡에 들어갈 내용을 서술하시오.

적중 1등급 문제

» 바른답·알찬풀이 12쪽

122

표는 우리나라의 지질 계통을 나타낸 것이다. (가)~(다)에 대한 옳은 설명을 〈보기〉에서 고른 것은?

지질 시대	시·원생대		고생대			중생대			신생대	
	시생대	원생대	캄브리아기	…	석탄기-페름기	트라이아스기	쥐라기	백악기	제3기	제4기
지질 계통	변성암 복합체		(가)	(결층)	평안 누층군		대동 누층군	경상 누층군	제3계	제4계
주요 지각 운동	변성 작용		조륙 운동			송림 변동	(나)	불국사 변동	(다)	

[보기]
ㄱ. 우리나라에 분포하는 암석은 (가)가 가장 많다.
ㄴ. (가)는 카르스트 지형이 형성되는 곳의 기반암이다.
ㄷ. 북한산은 (나) 시기에 관입한 암석과 관련이 있다.
ㄹ. (다) 지각 운동으로 형성된 암석은 흙산의 기반암과 관련이 깊다.

① ㄱ, ㄴ ② ㄱ, ㄷ ③ ㄴ, ㄷ
④ ㄴ, ㄹ ⑤ ㄷ, ㄹ

123

A~D에 대한 옳은 설명을 〈보기〉에서 고른 것은?

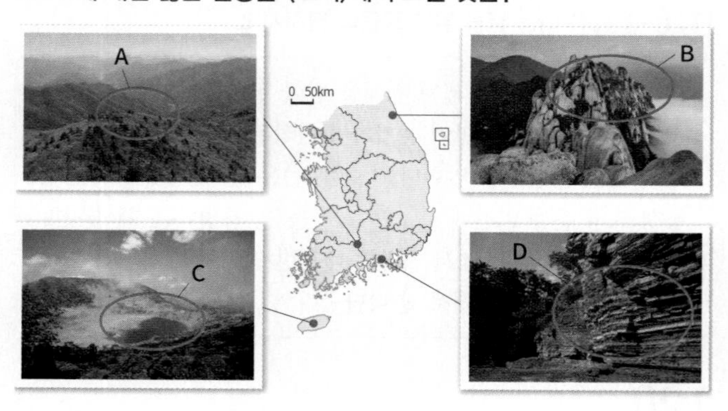

[보기]
ㄱ. C는 화산 활동으로 형성된 호수이다.
ㄴ. D는 용암이 냉각되면서 나타난 육각형 기둥 모양의 지형이다.
ㄷ. A는 B보다 기반암의 형성 시기가 이르다.
ㄹ. B와 C의 기반암은 같은 시기에 형성되었다.

① ㄱ, ㄴ ② ㄱ, ㄷ ③ ㄴ, ㄷ ④ ㄴ, ㄹ ⑤ ㄷ, ㄹ

124

자료에 나타난 지각 운동에 대한 옳은 설명을 〈보기〉에서 고른 것은?

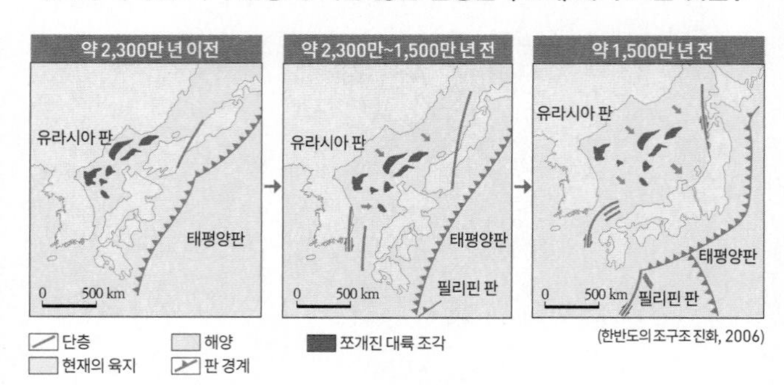

(한반도의 조구조 진화, 2006)

[보기]
ㄱ. 신생대 제3기 이후에 나타난 지각 변동이다.
ㄴ. 지각 운동의 결과 한반도에서는 경동성 요곡 운동이 진행되었다.
ㄷ. 지각 운동의 결과 랴오둥 방향과 중국 방향의 구조선이 형성되었다.
ㄹ. 지각 운동의 영향으로 황해로 유입되는 대하천 하구에 범람원이 형성되었다.

① ㄱ, ㄴ ② ㄱ, ㄷ ③ ㄴ, ㄷ
④ ㄴ, ㄹ ⑤ ㄷ, ㄹ

125

지도는 한반도의 암석 분포를 나타낸 것이다. (가)~(다)에 대한 설명으로 옳은 것은? (단, (가)~(다)는 석회암, 화강암, 화산암 중 하나임.)

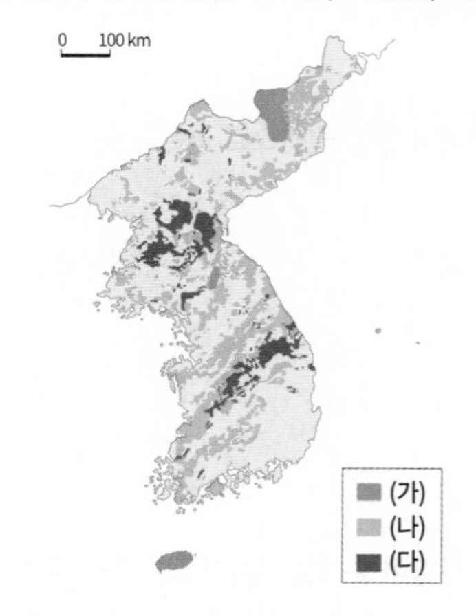

① (가)에서는 공룡 발자국을 확인할 수 있다.
② (나)는 육성층으로 무연탄이 매장된 곳이다.
③ (다)에서는 주상 절리를 볼 수 있다.
④ (가)와 (다)에는 동굴을 이용한 관광 산업이 발달한 곳이 있다.
⑤ (나)는 (가)보다 형성 시기가 늦다.

126

다음은 한국지리 수업 시간의 필기 내용 중 일부이다. ㉠~㉤에 들어갈 내용으로 옳지 않은 것은?

〈한반도의 지각 운동〉

지질 시대	주요 지각 운동	한반도에 끼친 영향
중생대	송림 변동	㉠
	대보 조산 운동	㉡
	불국사 변동	㉢
신생대	경동성 요곡 운동	㉣
	화산 활동	㉤

① ㉠ - 랴오둥 방향의 지질 구조선 형성
② ㉡ - 넓은 범위에 걸쳐 대보 화강암 관입
③ ㉢ - 영남 지방 중심의 지각 운동
④ ㉣ - 중국 방향의 지질 구조선 형성
⑤ ㉤ - 백두산, 울릉도, 제주도 등의 지형 형성

127

(나) 시기와 비교한 (가) 시기의 상대적 특성만을 〈보기〉에서 있는 대로 고른 것은?

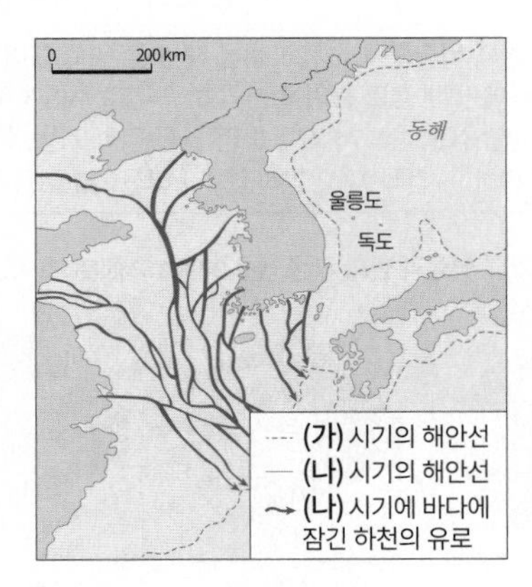

[보기]
ㄱ. 빙하가 형성되어 침식 기준면이 낮았다.
ㄴ. 기후가 한랭 건조하여 식생이 빈약하였다.
ㄷ. 하천 상류부에서는 침식 작용이 활발하였다.
ㄹ. 하천 하류 지역에서 하천의 하방 침식으로 깊은 골짜기가 형성되었다.

① ㄱ, ㄴ ② ㄱ, ㄷ ③ ㄷ, ㄹ
④ ㄱ, ㄴ, ㄹ ⑤ ㄴ, ㄷ, ㄹ

128

지질 시대별 암석 A~D와 관련된 지형 경관을 〈보기〉에서 고른 것은?

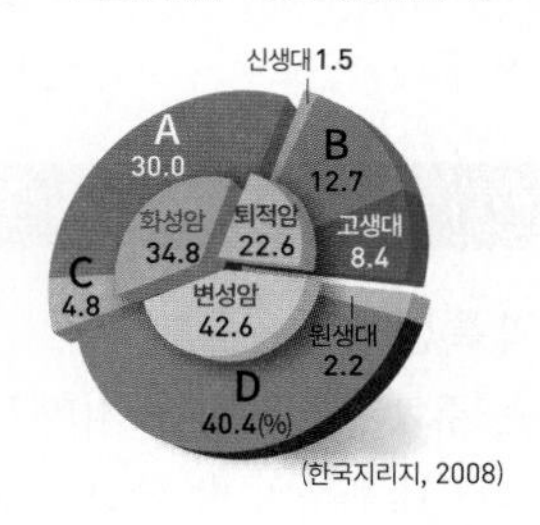

(한국지리지, 2008)

[보기]

	A	B	C	D
①	ㄱ	ㄴ	ㄷ	ㄹ
②	ㄱ	ㄷ	ㄴ	ㄹ
③	ㄴ	ㄷ	ㄹ	ㄱ
④	ㄷ	ㄱ	ㄹ	ㄴ
⑤	ㄷ	ㄹ	ㄱ	ㄴ

129

▨ 지역의 지리적 공통점으로 옳지 않은 것은?

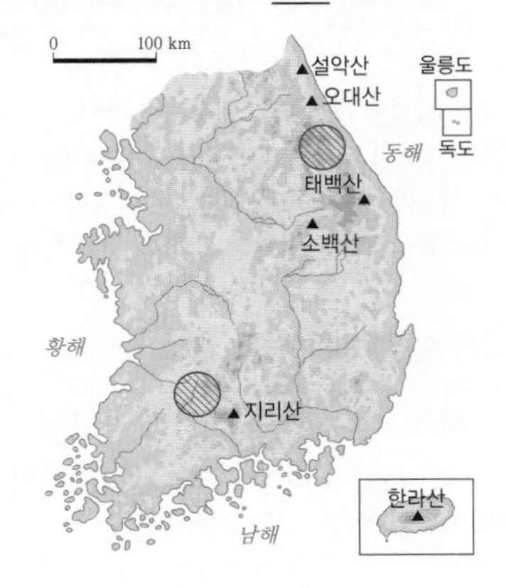

① 목초 재배에 유리해 목축업이 발달한다.
② 동위도 저지대에 비해 연평균 기온이 낮다.
③ 암석의 차별 침식에 의해 형성된 분지 지형이다.
④ 여름철 서늘한 기후를 이용하여 배추와 무 등을 재배한다.
⑤ 해발 고도는 높지만 기복이 작고 경사가 완만한 사면이 나타난다.

04 하천 지형과 해안 지형

✅ 출제 포인트　✅ 감입 곡류 하천과 자유 곡류 하천 비교　✅ 선상지, 범람원, 삼각주의 특징　✅ 해안 침식 지형과 해안 퇴적 지형

1. 하천 지형

1 우리나라 하천의 특성

(1) **황·남해로 흐르는 주요 하천**　경동 지형과 남서 방향의 지질 구조선의 영향으로 대부분의 큰 하천은 황·남해로 흘러감

(2) **유량 변화가 큰 하천**　계절에 따른 강수량의 차이가 크고, 유역 면적이 좁아 유량 변동이 심하여 하상계수가 큼

(3) **감조 하천**　하구 부근에서 조류의 영향으로 바닷물이 역류하여 수위가 주기적으로 오르내리는 하천 → 하굿둑 건설

2 하천 중·상류에 발달하는 지형

구분	의미	특징
감입 곡류 하천	하천 중·상류의 산지 사이를 굽이쳐 흐르는 곡류 하천	경동성 요곡 운동으로 지반 융기 후 하방 침식이 강화됨
하안 단구	감입 곡류 하천 주변에 나타나는 계단 모양의 지형	홍수 시 침수되지 않아 취락, 농경지, 도로 등으로 이용
침식 분지	높은 산지로 둘러싸인 비교적 경사가 완만한 평지 지형	하천에 의한 화강암과 편마암의 차별 침식에 의해 형성
선상지	하천 중·상류의 골짜기 입구에 형성된 부채꼴 모양의 지형	산지에서 평지로 나오면서 유속의 감소로 모래와 자갈 퇴적

자료 하천 중·상류에 발달한 지형 ⓒ 32쪽 149번 문제로 확인

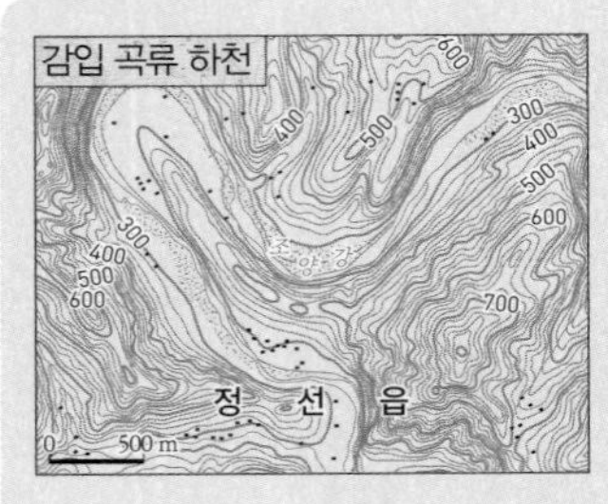

분석 감입 곡류 하천은 과거 자유 곡류하던 하천이 지반 융기 후 하방 침식이 강화되면서 본래의 유로를 따라 하천을 깊이 파면서 형성된다. 또한, 대부분의 침식 분지는 시·원생대에 형성된 변성암이 기반암을 이루고 있는 곳에 중생대의 화강암이 관입한 후 암석의 차별 침식으로 형성된다.

3 하천 중·하류에 발달하는 지형 ⓒ 33쪽 151번 문제로 확인

구분	의미	특징
자유 곡류 하천	대하천 중·하류의 평야를 자유롭게 곡류하는 하천	• 잦은 유로 변경으로 하중도, 우각호, 구하도 등이 발달 • 홍수 피해 감소 목적으로 유로를 직선화
범람원	하천의 범람으로 운반 물질이 퇴적되어 발달한 충적 평야	• 자연 제방 : 모래 퇴적, 배수 양호, 홍수 피해가 적음 → 밭, 과수원, 취락 입지 • 배후 습지 : 점토 퇴적, 배수 불량 → 습지(배수 시설 설치 후 논으로 개발)
삼각주	하구에 유속 감소로 운반 물질이 퇴적되어 형성된 지형	황·남해는 조류가 퇴적물을 쉽게 제거해 삼각주 발달 미약, 낙동강 하구는 퇴적 물질이 많이 공급되어 삼각주 발달

2. 해안 지형

1 우리나라 해안의 특성

동해안	태백산맥과 함경산맥이 해안선과 가까이 평행하게 형성 → 해안선이 단조롭고 섬이 적음
서·남해안	산지와 골짜기가 해안을 향해 뻗어 있고, 후빙기 해수면의 상승으로 침수 → 해안선이 복잡한 리아스 해안과 다도해를 이룸

2 해안 침식 지형 ⓒ 33쪽 153번 문제로 확인

해식애	파랑에 의해 해안의 산지나 구릉이 침식되어 기반암이 노출된 절벽
파식대	파랑의 침식으로 해식애 앞쪽에 형성된 경사가 완만한 평탄면
시 스택	파랑의 침식 작용으로 파식대에서 분리된 돌기둥
해식 동굴	해식애의 약한 부분이 파랑에 침식되어 형성된 동굴
해안 단구	지반 융기나 해수면 하강으로 과거의 파식대가 현재의 해수면보다 높게 위치하는 계단 모양의 지형 → 농경지나 도로로 이용

3 해안 퇴적 지형

사빈	파랑이나 연안류에 의해 모래 등이 해안에 퇴적된 지형, 해수욕장
사주	사빈의 모래가 연안류를 따라 이동하여 길게 퇴적된 지형
육계도	섬과 육지를 연결하는 사주인 육계사주가 육지와 연결된 섬
해안 사구	바람에 의해 사빈의 모래가 퇴적된 지형, 북서풍이 강하게 부는 서해안에 규모가 큰 사구 발달, 방풍림 조성
석호	후빙기 해수면 상승으로 형성된 만의 입구에 사주가 발달하여 만의 입구를 사주가 막아서 형성된 호수, 주로 동해안에 발달
갯벌	• 밀물 때 바닷물에 잠기고 썰물 때는 물 위로 드러나는 지형으로, 조류에 의해 점토 등이 하천의 하구나 그 주변에 퇴적 • 다양한 생물종의 서식지, 오염 물질 정화 기능, 태풍 및 해일 피해 완화 → 간척 사업, 양식장이나 염전으로 이용

자료 석호의 형성과 변화 과정 ⓒ 33쪽 156번 문제로 확인

① 최종 빙기에는 육지의 골짜기에 해당한다. ② 해수면이 상승하면서 골짜기로 바닷물이 들어와 만을 이룬다. ③ 만의 입구에 사주가 발달하여 바다와 분리된 석호가 형성된다.

분석 석호는 신생대 제4기 후빙기 때 해수면이 상승하면서 골짜기에 바닷물이 유입하여 만이 형성되고, 그 만의 입구를 사주가 막으면서 형성된 호수이다. 석호는 하천으로부터 퇴적물이 공급되어 충적지로 바뀌면서 면적이 축소되는데, 농경지 등으로 이용하기 위해 개발하기도 한다.

4 인간에 의한 해안 지형의 변화

(1) **간척 사업**　국토 확장, 해양 생태계 변화 및 어족 자원 감소

(2) **보존을 위한 노력**　갯벌 복원 사업, 모래 포집기·그로인 설치

분석 기출 문제

» 바른답·알찬풀이 14쪽

•• 빈칸에 들어갈 알맞은 말을 쓰시오.

130 (　　　　)은/는 밀물과 썰물에 따라 하천의 수위가 주기적으로 오르내리는 하천이다.

131 (　　　　) 곡류 하천은 지반의 융기로 하방 침식이 진행되면서 깊은 골짜기를 형성한 산지 사이를 흐르는 하천이다.

132 하천의 중·하류 지역에서는 하천의 범람으로 운반 물질이 퇴적되어 (　　　　)이/가 형성된다.

•• ㉠~㉣ 중 알맞은 것을 고르시오.

133 우리나라는 여름철에 강수가 집중하여 하천의 유량 변동이 커서 하상계수가 (㉠ 작은, ㉡ 큰) 편이다.

134 동해로 유입하는 하천은 황해로 유입하는 하천에 비해 하천 길이가 (㉠ 짧고, ㉡ 길고), 유역 면적이 (㉢ 좁다, ㉣ 넓다).

135 우리나라의 (㉠ 서·남해안, ㉡ 동해안)은 리아스 해안과 다도해를 이루고 있다.

•• 다음 내용이 옳으면 ○표, 틀리면 ×표를 하시오.

136 하천의 하류 지역은 상류 지역에 비해 하천의 하방 침식이 활발하고 운반 물질의 입자 크기가 크다. (　　)

137 자유 곡류 하천은 하천의 하방 침식이 우세해 유로 변경이 활발하다. (　　)

•• 다음에서 설명하는 지형을 〈보기〉에서 고르시오.

138 파랑과 연안류의 퇴적으로 형성된 모래사장 (　　)

139 하천 운반 물질이 조류에 의해 퇴적되어 형성 (　　)

140 하천 중·상류의 골짜기 입구에 운반 물질이 퇴적된 부채꼴 모양 지형 (　　)

141 과거 하상이 지반의 융기로 하천 주변에 계단 모양으로 나타나는 지형 (　　)

[보기]
ㄱ. 사빈　　ㄴ. 갯벌
ㄷ. 선상지　　ㄹ. 하안 단구

•• 각 해안 지형의 형성 요인을 바르게 연결하시오.

142 석호 •　　• ㉠ 파랑의 침식 작용

143 해식애 •　　• ㉡ 후빙기 해수면 상승

144 해안 사구 •　　• ㉢ 사빈의 모래가 배후에 퇴적

1. 하천 지형

145

그래프는 우리나라 하천의 월별 면적 평균 강수량이다. 이에 대한 옳은 설명을 〈보기〉에서 고른 것은?

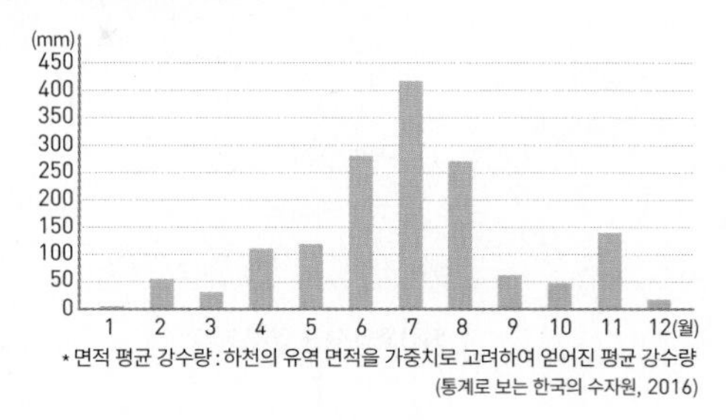

* 면적 평균 강수량 : 하천의 유역 면적을 가중치로 고려하여 얻어진 평균 강수량
(통계로 보는 한국의 수자원, 2016)

[보기]
ㄱ. 하천 수운이 발달하였다.
ㄴ. 수력 발전소의 가동률이 높다.
ㄷ. 하천에 둔치 공간을 두고 있다.
ㄹ. 일찍이 보, 저수지 등을 축조하였다.

① ㄱ, ㄴ　② ㄱ, ㄷ　③ ㄴ, ㄷ
④ ㄴ, ㄹ　⑤ ㄷ, ㄹ

146

지도는 한강의 수계를 나타낸 것이다. A~D에 대한 옳은 설명을 〈보기〉에서 고른 것은?

[보기]
ㄱ. A의 물은 B로 흘러간다.
ㄴ. A는 D보다 유량이 적고 경사가 급하다.
ㄷ. B는 C보다 퇴적물의 입자가 작고 강폭이 넓다.
ㄹ. D는 B보다 하천의 수위 변화가 크다.

① ㄱ, ㄴ　② ㄱ, ㄷ　③ ㄴ, ㄷ
④ ㄴ, ㄹ　⑤ ㄷ, ㄹ

분석 기출 문제

» 바른답·알찬풀이 14쪽

147

(가) 지역에 대한 (나) 지역의 상대적 특성을 A~E에서 고른 것은?

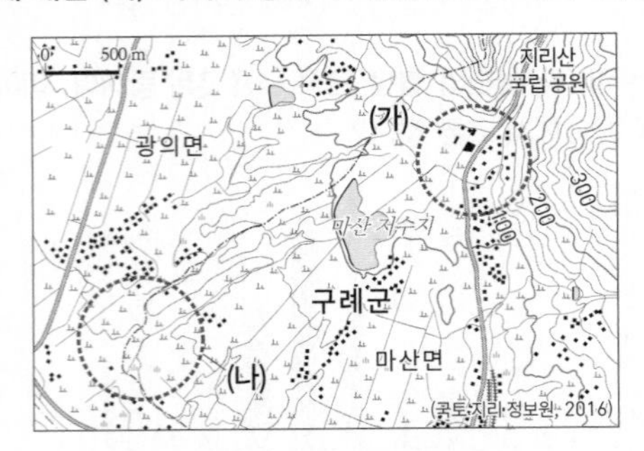

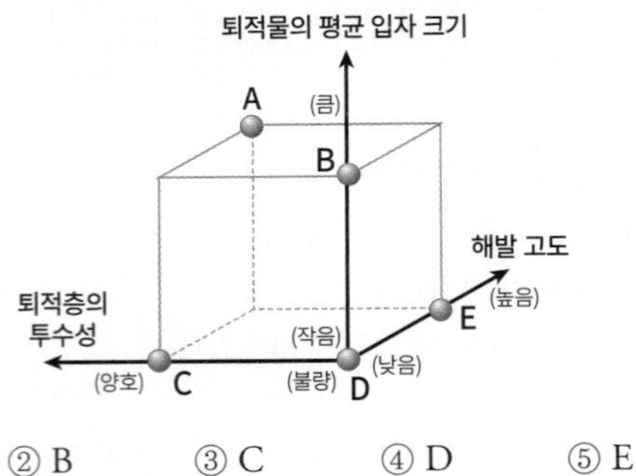

① A ② B ③ C ④ D ⑤ E

148

그림은 어느 지형의 형성 과정을 나타낸 것이다. 이에 대한 설명으로 옳은 것은?

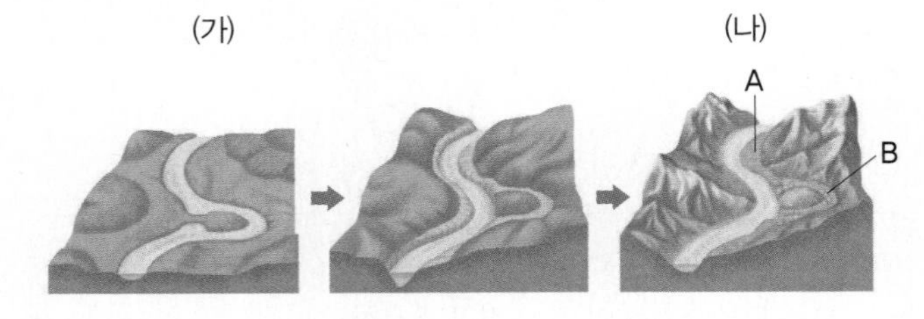

① A는 하천 범람의 위험이 크다.
② B는 우각호라고 불린다.
③ (가)의 하천은 유로가 고정되어 있다.
④ (나)는 하천 하류 지역의 경관을 보여 준다.
⑤ (가)에서 (나)로 변화하는 데 지반 융기가 개입되었다.

빈출 149

(가), (나) 하천 지형에 대한 옳은 설명을 〈보기〉에서 고른 것은?

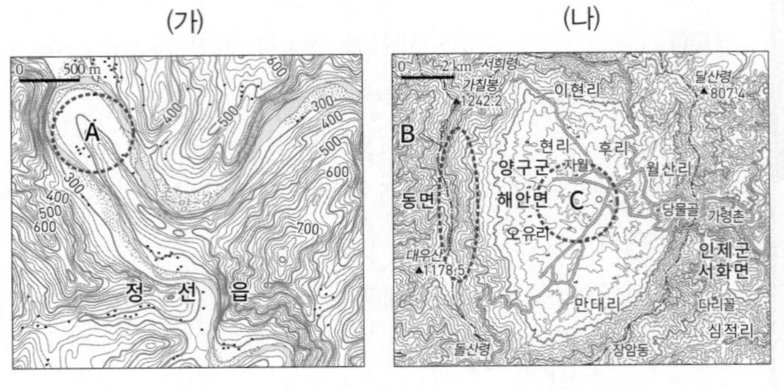

[보기]
ㄱ. A는 주변 지역보다 해발 고도가 낮아 홍수 발생 위험이 높다.
ㄴ. A와 C에는 마을이 형성되고 농경이 이루어진다.
ㄷ. B의 기반암은 C의 기반암보다 형성 시기가 이르다.
ㄹ. (가)는 하천 상류, (나)는 하천 하구에 주로 발달한다.

① ㄱ, ㄴ ② ㄱ, ㄷ ③ ㄴ, ㄷ
④ ㄴ, ㄹ ⑤ ㄷ, ㄹ

150

(가), (나)는 지도의 A, B 지점에서 발달한 충적층을 나타낸 것이다. 이에 대한 설명으로 옳지 않은 것은?

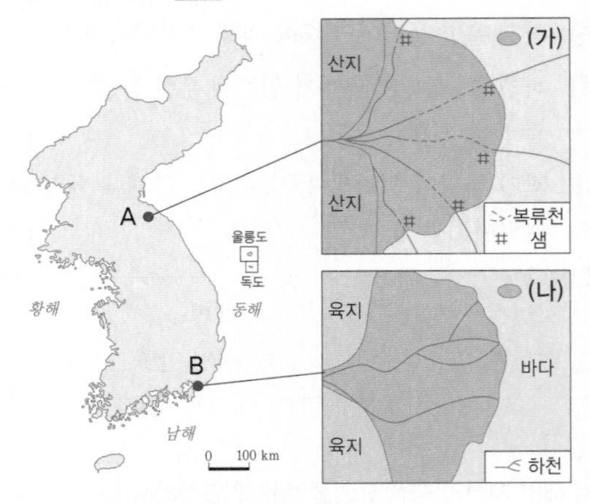

① (가)는 경사 급변점에서 잘 발달한다.
② (가)에서는 자유 곡류 하천을 흔히 볼 수 있다.
③ (나)는 후빙기 해수면 상승 이후에 형성되었다.
④ (나)는 강물이 바닷물과 만나는 곳에 발달한다.
⑤ (가)는 (나)보다 퇴적 물질의 평균 입자 크기가 크다.

빈출
151

A~D에 대한 옳은 설명을 〈보기〉에서 고른 것은?

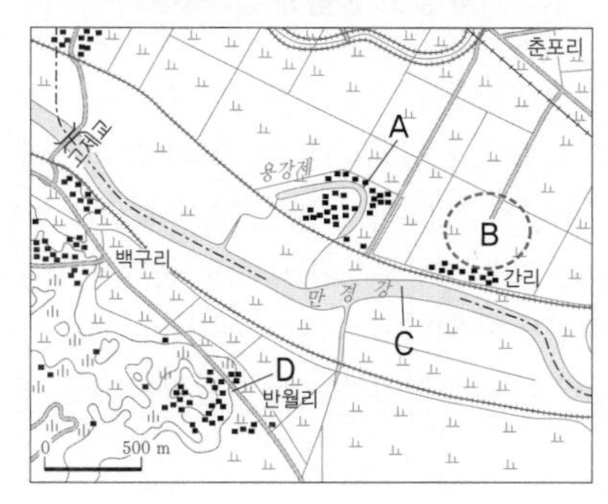

[보기]

ㄱ. A – 호수의 넓이가 점차 확대된다.
ㄴ. B – 배후 습지이며, 논으로 이용된다.
ㄷ. C – 하천 직강 공사를 통해 유로가 바뀌었다.
ㄹ. D – 자연 제방에 위치한 취락에 해당한다.

① ㄱ, ㄴ ② ㄱ, ㄷ ③ ㄴ, ㄷ ④ ㄴ, ㄹ ⑤ ㄷ, ㄹ

2 해안 지형

152

A, B 지역에 대한 설명으로 옳은 것은?

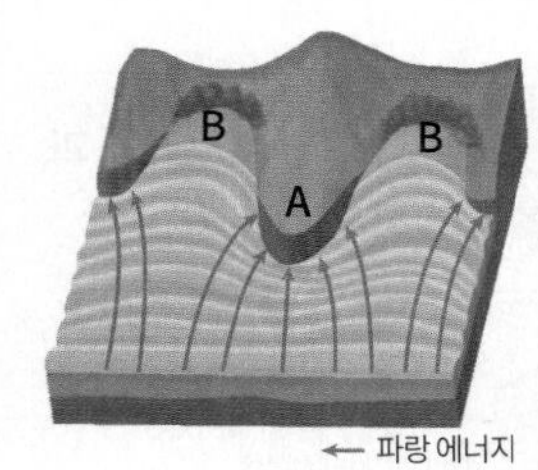

① A는 만이고, B는 곶이다.
② A가 B보다 파랑 에너지가 강하다.
③ A가 B보다 평균 해발 고도가 낮다.
④ A에서는 사빈, B에서는 해식애를 볼 수 있다.
⑤ A에서는 퇴적 작용, B에서는 침식 작용이 활발하다.

빈출
153

A~E 해안 지형에 대한 설명으로 옳지 않은 것은?

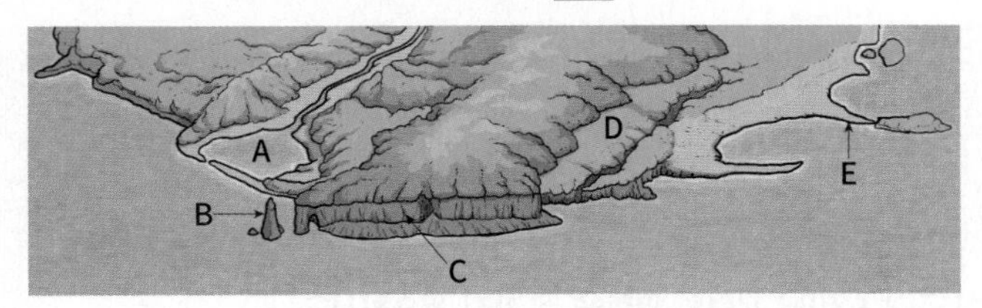

① A – 후빙기 해수면 상승으로 형성된 만의 입구를 사주가 막아 형성된 호수이다.
② B – 파랑의 침식으로 형성된 돌기둥이다.
③ C – 사빈의 모래가 배후에 쌓여 형성된 모래 언덕이다.
④ D – 지반 융기나 해수면 하강으로 형성된 계단 모양의 지형이다.
⑤ E – 섬과 육지를 연결하는 사주이다.

154

A~E에 대한 설명으로 옳지 않은 것은?

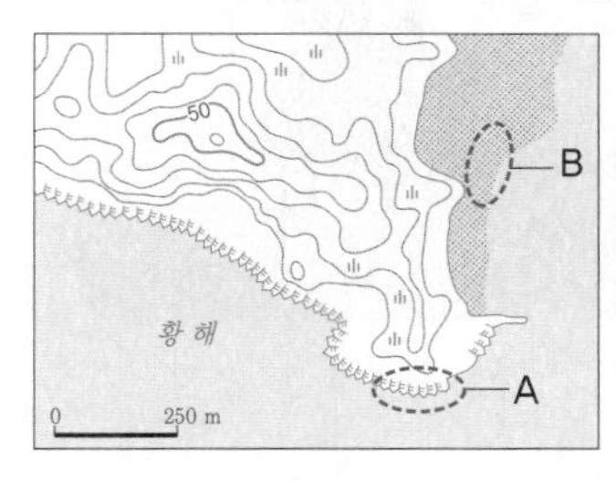

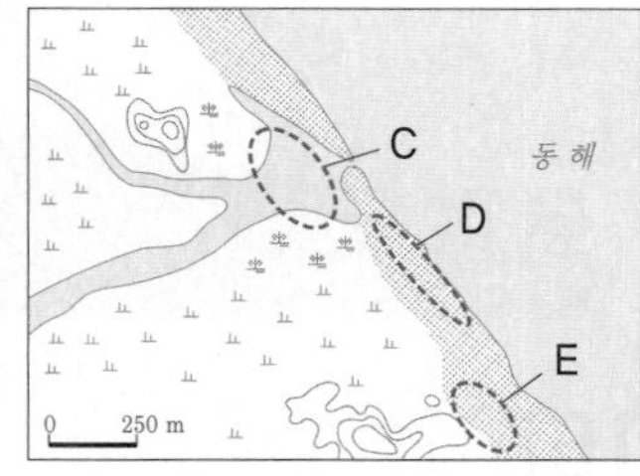

① A는 파랑 에너지가 모여드는 곳이다.
② B는 태풍이 불어올 때 힘을 줄이는 역할을 한다.
③ C는 인공적으로 만들어진 호수이다.
④ D는 해수욕장으로 흔히 이용된다.
⑤ E는 바람의 퇴적 작용으로 형성되었다.

155

표시된 지형의 형성 원인으로 옳은 것은?

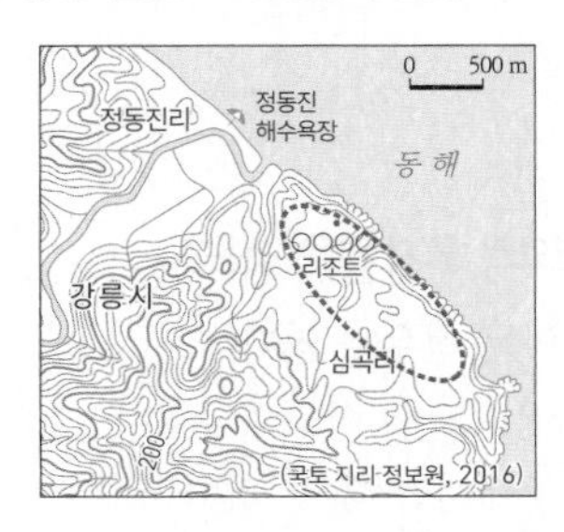

① 하천의 퇴적 작용 ② 조류의 퇴적 작용
③ 마그마의 열하 분출 ④ 연안류의 퇴적 작용
⑤ 지반 융기나 해수면 하강

빈출
156

A~C 지형에 대한 설명으로 옳지 않은 것은?

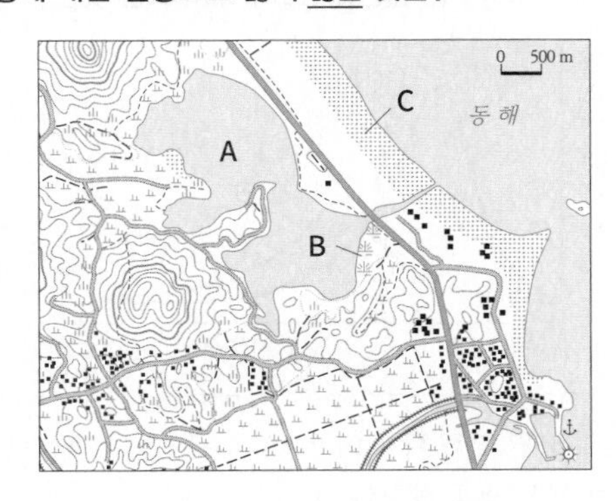

① A의 면적은 시간이 지날수록 축소될 것이다.
② A는 C가 성장하여 바다로부터 분리된 것이다.
③ B는 하천에 의해 유입된 퇴적물이 쌓여 형성된 것이다.
④ B는 과거 A 호수의 일부였다.
⑤ C는 파랑과 연안류의 침식 작용으로 사라질 것이다.

[157~158] 그림은 해안 지형을 모식적으로 나타낸 것이다. 물음에 답하시오.

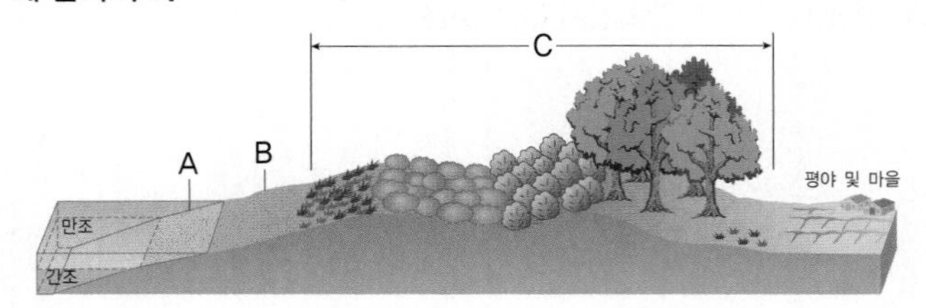

157

A, B 지형에 대한 옳은 설명을 〈보기〉에서 고른 것은?

[보기]
ㄱ. A는 모래, B는 점토로 이루어져 있다.
ㄴ. A는 조류, B는 파랑의 작용으로 형성되었다.
ㄷ. A, B 모두 후빙기 해수면 상승 이후 형성되었다.
ㄹ. B는 A보다 서해안에서 잘 발달한다.

① ㄱ, ㄴ ② ㄱ, ㄷ ③ ㄴ, ㄷ
④ ㄴ, ㄹ ⑤ ㄷ, ㄹ

158

C 지형에 대한 설명으로 옳지 않은 것은?

① 방풍림이 조성되는 경우가 많다.
② 바람의 퇴적 작용으로 형성되었다.
③ A가 발달한 해안에서만 볼 수 있다.
④ 지하에 담수가 고여 있는 경우가 많다.
⑤ 태풍과 해일의 피해를 줄이는 역할을 한다.

159

그래프는 강우 시작 후의 하천 수위 변화를 나타낸 것이다. 하천 수위가 B에서 A로 변화하게 된 원인을 〈보기〉에서 고른 것은?

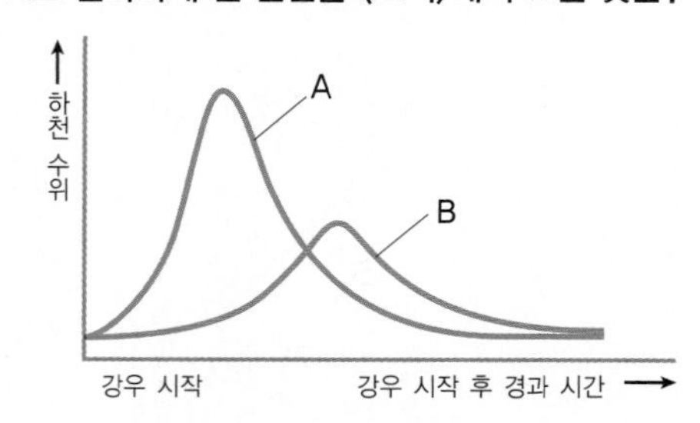

[보기]
ㄱ. 도시 내 공원 면적 확대
ㄴ. 도시 하천의 생태 하천화
ㄷ. 도시 내 저습지에 주거 단지 개발
ㄹ. 도로의 아스팔트 및 콘크리트 포장 증가

① ㄱ, ㄴ ② ㄱ, ㄷ ③ ㄴ, ㄷ
④ ㄴ, ㄹ ⑤ ㄷ, ㄹ

1등급을 향한 서답형 문제

[160~161] 다음 글을 읽고 물음에 답하시오.

> ○○강 하구에 발달한 (㉠)은/는 시간이 지남에 따라 지형의 변화가 심하다. (㉠)은/는 약 60m 이상의 두꺼운 퇴적층으로 이루어져 있으며, 여러 개의 하중도가 나타난다. 또한 하단부에는 '새등', '나무싯등' 등으로 불리는 사주가 해안선과 평행하게 발달해 있다. (㉠)은/는 ㉡ 갯벌이 넓게 발달한 황해로 유입되는 하천에서는 잘 발달하지 않는다.

160

㉠ 지형의 명칭을 쓰시오.

161

㉡의 이유를 서술하시오.

162

그림과 같은 과정을 통해 형성된 A 지형의 명칭을 쓰고, A 지역이 과거 바다의 영향을 받았음을 보여 주는 근거를 서술하시오.

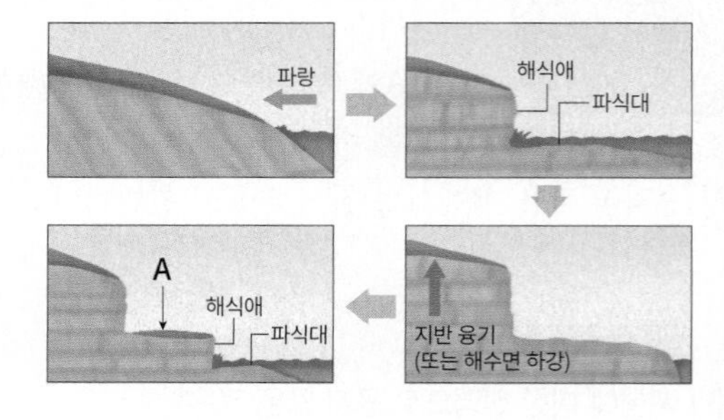

163

사진에 나타난 지형의 역할을 두 가지 서술하시오.

적중 1등급 문제

» 바른답·알찬풀이 16쪽

164

A~E 지형에 대한 설명으로 옳은 것은?

① A의 퇴적물이 바람에 의해 이동하여 B를 형성한다.
② C 습지는 D 호수보다 물의 염도가 높다.
③ D 호수는 주변 농경지의 용수로 활용할 수 있다.
④ E는 조류의 영향으로 규모가 확대되고 있다.
⑤ D와 E는 신생대 제3기 경동성 요곡 운동에 의해 형성되었다.

165

자료는 (가) 하천의 유역 분지와 ㉠, ㉡ 지점의 상대적 특성을 나타낸 것이다. A, B에 들어갈 내용으로 옳은 것은?

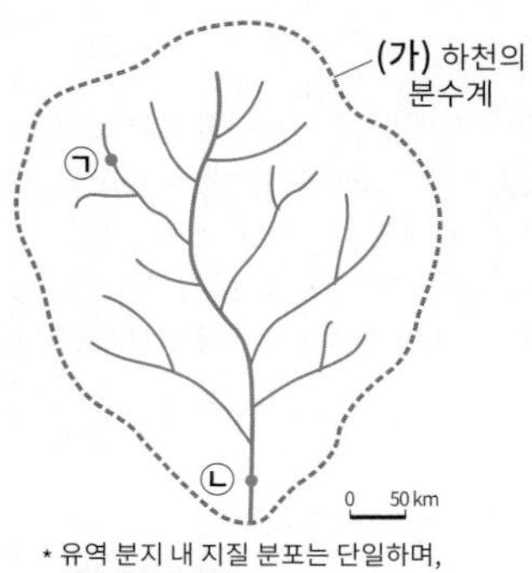

* 유역 분지 내 지질 분포는 단일하며, 지각 운동은 없음.

* '고'는 큼, 높음, 많음을, '저'는 작음, 낮음, 적음을 의미함.

	A	B
①	평균 유량	퇴적물의 원마도
②	하상 고도	퇴적물의 원마도
③	하상 고도	퇴적물의 평균 입자 크기
④	퇴적물의 원마도	평균 유량
⑤	퇴적물의 평균 입자 크기	하상 고도

166

(가), (나) 해안에 대한 옳은 설명만을 〈보기〉에서 있는 대로 고른 것은?

[보기]
ㄱ. (가)에서는 해수면 상승의 영향으로 리아스 해안이 나타난다.
ㄴ. (가)는 (나)보다 융기의 영향을 받아 형성된 해안 단구가 잘 나타난다.
ㄷ. (나)는 (가)보다 하천 수위의 일 변동 폭이 더 크다.
ㄹ. (나)는 (가)보다 신생대 지반 융기의 영향을 크게 받았다.

① ㄱ, ㄷ ② ㄱ, ㄹ ③ ㄱ, ㄴ, ㄷ
④ ㄱ, ㄷ, ㄹ ⑤ ㄴ, ㄷ, ㄹ

167

A~E 지형에 대한 설명으로 옳지 않은 것은?

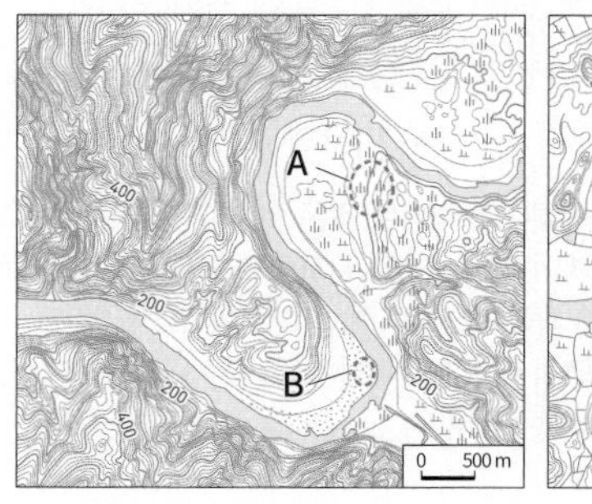

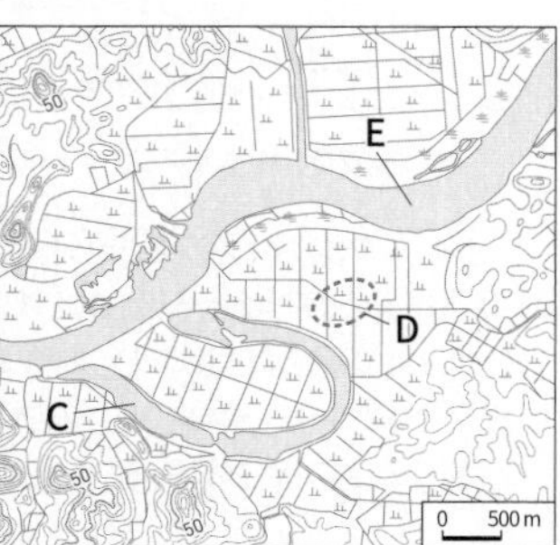

① B는 하천 유속이 느려지는 사면으로 퇴적 작용이 활발하다.
② D는 하천의 범람에 의한 퇴적 작용으로 형성되었다.
③ A는 B보다 해발 고도가 높아 홍수 피해가 적다.
④ C는 과거 E와 연결되어 물이 흐르던 하천이었다.
⑤ D는 B보다 퇴적물의 평균 원마도가 낮다.

Ⅱ 지형 환경과 인간 생활

05 화산 지형과 카르스트 지형

출제 포인트 / 울릉도와 제주도의 화산 지형 비교 / 화산 지형과 카르스트 지형 비교

1. 화산 지형

1 화산 지형의 형성 우리나라는 신생대 제3기 말에서 제4기 초에 화산 활동이 활발 → 백두산, 제주도, 울릉도, 독도, 철원·평강, 신계·곡산 등지에 화산 지형 분포

2 다양한 화산 지형 37쪽 184번 문제로 확인

백두산 일대	• 산정부는 유동성이 작은 조면암질 용암의 분출로 경사가 급함, 산록부는 유동성이 큰 현무암질 용암의 분출로 경사가 완만 • 백두산의 정상에는 칼데라호인 천지가 있음
울릉도와 독도	• 해저에서 분출한 마그마가 굳어서 형성된 화산섬 • 울릉도는 칼데라 분지(나리 분지) 안에 소규모 중앙 화구구(알봉)가 발달한 이중 화산, 전체적으로 경사가 급한 종 모양 화산
제주도	• 한라산 : 현무암질 용암의 분출에 의해 만들어진 방패 모양 화산으로 정상부의 일부는 종 모양 화산, 산 정상부는 화구호인 백록담, 산허리에는 약 360여 개의 기생 화산(오름)이 분포 • 다양한 화산 지형 : 용암동굴(용암이 흐를 때 표층부와 하층부의 냉각 속도 차이로 형성), 해안가의 주상 절리와 폭포 등 • 절리가 발달한 현무암으로 구성되어 지표수 부족 → 하천 발달이 미약하고, 밭농사 비율이 높음, 해안 용천대를 따라 취락 발달 • 성산 일출봉, 한라산, 거문오름 용암동굴계는 세계 자연유산과 세계 지질 공원으로 등재됨
철원·평강, 신계·곡산 용암 대지	• 유동성이 큰 현무암질 용암이 열하 분출하면서 산지 사이의 저지대를 메워 형성함 • 철원 및 연천 일대의 한탄강 주변에 주상 절리 발달 • 용암 대지 위에 비옥한 충적토가 퇴적되어 있어 수리 시설을 바탕으로 벼농사가 발달함

자료 우리나라의 화산 지형 38쪽 186, 187번 문제로 확인

▲ 기생 화산(제주도)

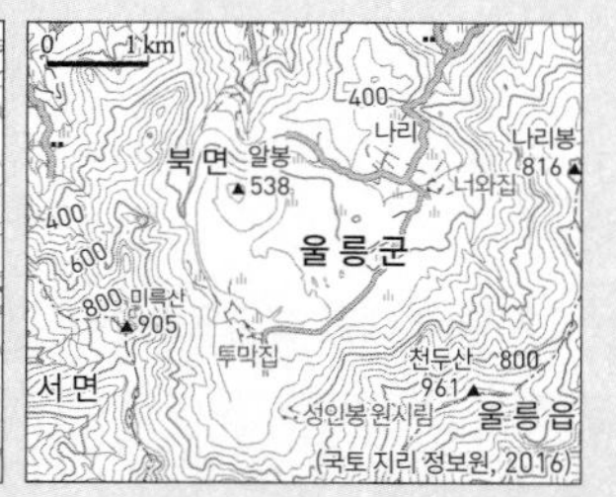

▲ 칼데라 분지(울릉도)

분석 기생 화산은 주화산의 산록부에 형성된 작은 화산이다. 제주도의 한라산 산록부에는 약 360여 개의 기생 화산이 분포하고 있으며, 관광 자원으로 이용된다. 칼데라 분지는 화구의 일종으로, 화산 폭발 후 빈 공간으로 인해 화산의 일부가 무너지면서 생긴 분지이다. 울릉도의 나리 분지는 칼데라 분지로 울릉도에서 유일한 평지이다.

3 화산 지형의 이용과 보전

(1) **이용** 독특한 지형 경관을 관광 자원으로 활용(→ 지형 훼손 문제 발생), 무기질이 풍부한 화산회토를 농경에 이용

(2) **보전 노력** 세계 자연유산, 세계 지질 공원, 생물권 보전 지역 등으로 지정, 환경 영향 평가를 통한 사전 피해 예방

2. 카르스트 지형

1 카르스트 지형의 형성

(1) **형성 작용** 석회암의 주성분인 탄산칼슘이 빗물이나 지하수의 용식 작용을 받아 형성된 지형

(2) **분포** 고생대의 조선 누층군인 평안남도, 강원도 남부, 충청북도 북동부, 경상북도 북부 일대에 분포

2 다양한 카르스트 지형 39쪽 189번 문제로 확인

돌리네	• 석회암 지대에서 빗물이 지하로 스며드는 배수구 주변이 빗물에 용식되어 원형 또는 타원형으로 움푹 파인 지형 • 지표수가 모여 지하로 스며드는 배수구인 싱크홀로 물이 빠져나가기 때문에 지표수가 부족함 → 주로 밭으로 이용
우발레	돌리네가 커지면서 다른 돌리네와 합쳐져 형성
석회동굴	• 지하로 스며든 지하수와 빗물에 석회암이 용식되고 난 후 지하수가 빠져나가면서 드러난 공간 • 동굴 내부에 종유석·석순·석주 등의 지형 발달
석회암 풍화토	• 석회암이 용식되고 남은 철분 등의 산화에 의해 형성된 붉은색의 토양 • 석회암 지역(고생대의 조선계 지층)에 분포 → 강원도 남부(영월), 충청북도 북동부(단양) 등

자료 카르스트 지형 39쪽 190번 문제로 확인

▲ 카르스트 지형의 지형도(충북 단양군)

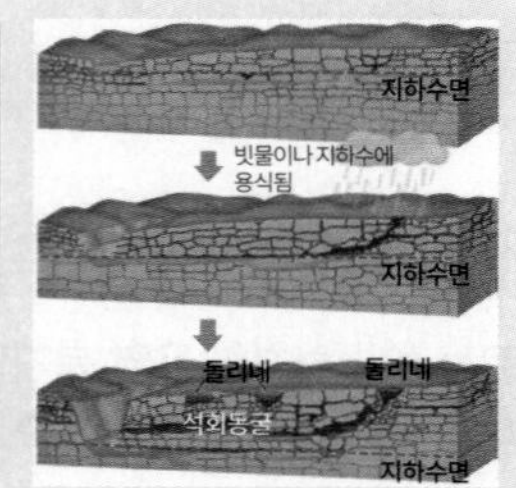

▲ 카르스트 지형의 형성

분석 석회암은 고생대에 주로 산호나 조개껍데기가 바다 밑에서 퇴적되어 형성된 암석으로 탄산칼슘이 주성분이다. 따라서 석회암은 주로 고생대 전기의 조선 누층군에 분포하며, 카르스트 지형은 이러한 조선 누층군이 분포하는 평안남도, 강원도 남부, 충청북도 북동부 등에서 잘 나타난다. 탄산칼슘은 이산화 탄소를 포함한 지하수나 빗물에 의해 용식되면서 카르스트 지형을 형성한다.

3 카르스트 지형의 산업

(1) **시멘트 공업** 시멘트의 원료인 석회석이 풍부하여 시멘트 공업 발달(원료 공급지와 가까운 곳에 공장이 입지하는 원료 지향 공업) → 지나친 채굴로 다양한 환경 문제 발생

(2) **관광 산업** 단양 고수굴, 영월 고씨굴, 삼척 환선굴 등의 석회동굴은 독특한 지형이 발달하여 다양한 볼거리 제공

(3) **농업** 두꺼운 토양층을 형성하며 배수가 양호한 토양 분포 → 밭농사 발달

분석 기출 문제

» 바른답·알찬풀이 17쪽

핵심 개념 문제

•• 빈칸에 들어갈 알맞은 말을 쓰시오.

168 (　　　　　) 지형은 지하 깊은 곳의 마그마와 가스가 지표로 분출하여 형성된다.

169 (　　　　　)은/는 유동성이 큰 현무암질 용암이 지각의 갈라진 틈을 따라 다량 분출하여 형성된다.

170 카르스트 지형은 (㉠　　　　　)이/가 빗물이나 지하수의 (㉡　　　　　) 작용을 받아 형성된다.

171 카르스트 지형이 발달한 곳은 붉은색의 (　　　　　)이/가 분포하여 토양이 비옥하다.

•• ㉠, ㉡ 중 알맞은 것을 고르시오.

172 울릉도는 점성이 (㉠ 큰, ㉡ 작은) 조면암질 용암의 분출로 형성되어 전체적으로 경사가 급한 종 모양이다.

173 한라산의 백록담은 화구에 물이 고여 형성된 (㉠ 화구호, ㉡ 칼데라호)이다.

174 제주도는 대부분의 취락이 지하수가 지표로 솟아오르는 (㉠ 내륙, ㉡ 해안) 지역의 용천대에 분포해 있다.

•• 다음 내용이 옳으면 ○표, 틀리면 ×표를 하시오.

175 울릉도의 나리 분지는 화구의 함몰로 형성된 칼데라 분지로, 울릉도에서 거의 유일한 평지이다. (　　)

176 카르스트 지형이 발달한 곳의 기반암은 시·원생대에 형성된 변성암이 대부분이다. (　　)

177 석회암 지대의 돌리네 주변은 토사가 두껍게 퇴적되고 배수가 잘 되어 논농사가 활발하다. (　　)

•• 각 동굴의 특징을 바르게 연결하시오.

178 석회동굴 •　　　• ㉠ 화산 지형
　　　　　　　　　• ㉡ 카르스트 지형

179 용암동굴 •　　　• ㉢ 고생대 초기
　　　　　　　　　• ㉣ 신생대 제3기 말~제4기 초

•• 다음과 같은 특징의 지형을 〈보기〉에서 고르시오.

180 용암이 급격히 식으면서 형성된 기둥 모양 절리 (　　)

181 용암과 화산 쇄설물의 분출로 생긴 작은 화산 (　　)

182 석회암 지대에서 배수구 주변이 용식되면서 원형으로 움푹 파인 지형 (　　)

[보기]
ㄱ. 돌리네　　ㄴ. 기생 화산　　ㄷ. 주상 절리

1. 화산 지형

183

㉠~㉤에 대한 설명으로 옳지 않은 것은?

> • ㉠이 산은 여진과 조선의 경계에 있어서, 나라의 빛나는 양산(陽傘)처럼 되어 있다. 위에는 ㉡큰 못이 있어 주위가 80리에 이른다. 서쪽으로 흐르는 물은 (㉢)이/가 되고 동쪽으로 흐르는 물은 두만강이 되며, ……
> • 숙종 때 삼척 영장(營將) 장한상이 함경도 안변에서 ㉣물의 흐름을 따라 배를 띄워 동남쪽으로 향하다가 이틀 만에 비로소 큰 산이 바다 가운데 솟아 있는 것을 발견하게 되었다. …… 아마도 이곳이 ㉤우산국일 것이다.

① ㉠에서 백두대간이 시작된다.
② ㉡은 천지로 칼데라호이다.
③ ㉢에 들어갈 하천은 압록강이다.
④ ㉣은 지구와 달 사이의 인력으로 발생한다.
⑤ ㉤은 오늘날의 울릉도와 그 주변 섬에 해당한다.

빈출 **184**

(가), (나) 섬이 위치한 곳을 지도의 A~C에서 고른 것은?

> (가) ○○도는 신생대 제3기와 제4기에 걸친 화산 활동 과정에서 분출된 화산암으로 이루어져 있다. 섬 복판에는 섬의 제일 높은 봉우리인 성인봉이 솟아 있고, 섬의 중앙에는 칼데라 분지인 나리 분지가 위치한다.
> (나) □□도의 △△산은 산꼭대기에 백록담이라는 화구호가 있다. △△산의 기슭에는 수많은 기생 화산이 있는데, 이름을 지닌 것만 해도 200여 개이다. 기생 화산은 충적세 말 이후 빈번히 있었던 폭발성 분출 활동에 의해 생긴 것이다.

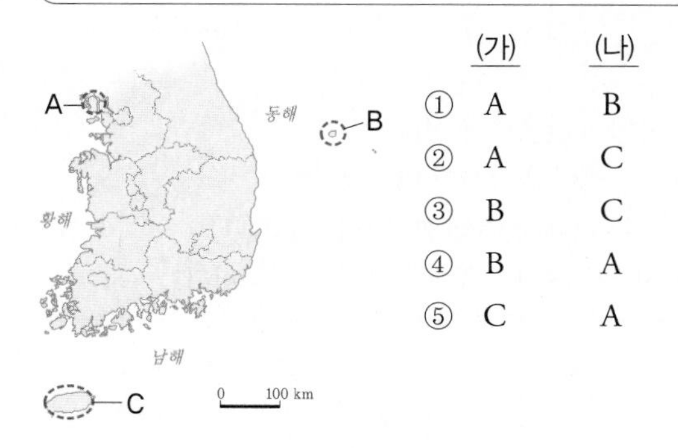

	(가)	(나)
①	A	B
②	A	C
③	B	C
④	B	A
⑤	C	A

185

사진은 (가), (나) 화산의 정상부 모습이다. 이에 대한 옳은 설명을 <보기>에서 고른 것은?

(가) (나)

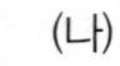

▲ 천지

▲ 백록담

[보기]

ㄱ. (가)는 중생대, (나)는 신생대에 형성되었다.
ㄴ. 정상 부근의 해발 고도는 (가)보다 (나)가 높다.
ㄷ. (가), (나) 정상부의 호수는 모두 화산 분화로 형성된 것이다.
ㄹ. (가)보다 (나) 주변에 1회성 분화로 형성된 소형 화산체가 많이 분포한다.

① ㄱ, ㄴ ② ㄱ, ㄷ ③ ㄴ, ㄷ
④ ㄴ, ㄹ ⑤ ㄷ, ㄹ

186 (빈출)

(가), (나) 지역의 공통점을 <보기>에서 고른 것은?

(가)

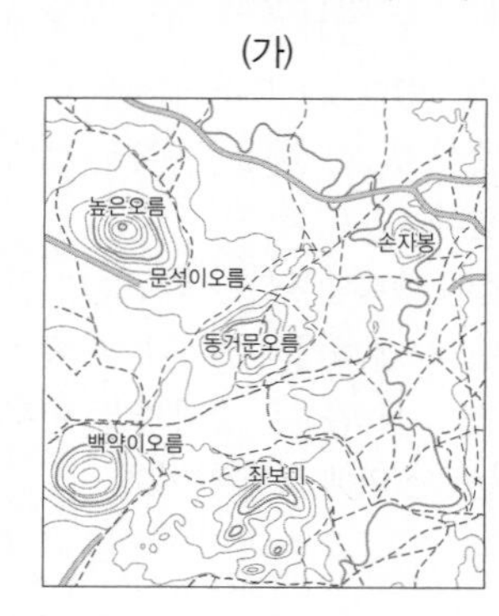

(나)

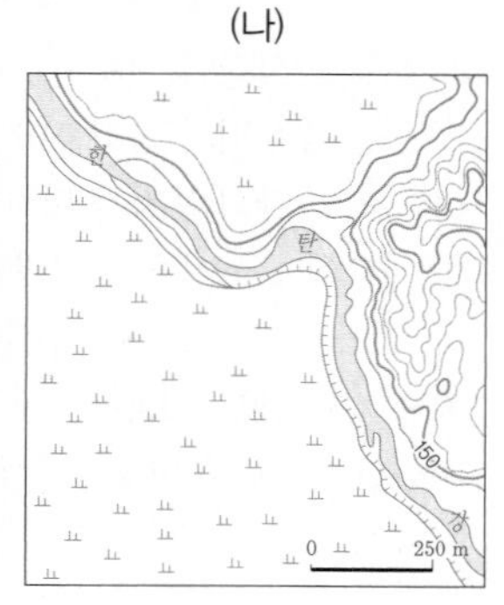

[보기]

ㄱ. 현무암질 용암이 분출한 곳이다.
ㄴ. 지표수가 부족하여 밭농사가 이루어진다.
ㄷ. 하천이 흐르는 곳에서 주상 절리를 볼 수 있다.
ㄹ. 저하 등고선으로 표현된 곳에 돌리네가 분포한다.

① ㄱ, ㄴ ② ㄱ, ㄷ ③ ㄴ, ㄷ
④ ㄴ, ㄹ ⑤ ㄷ, ㄹ

187 (빈출)

지도의 지형에 관한 설명으로 옳은 것은?

① 한 번의 화산 폭발이 있었다.
② 분지 지형으로 소우지에 해당한다.
③ 목축업이나 고랭지 농업에 유리하다.
④ 분화구 부근이 함몰되어 형성된 지형이다.
⑤ 중앙부는 경사가 급하여 토지 이용이 불가능하다.

188

(가), (나)는 지도의 두 지점에서 각각 나타나는 지형의 단면을 나타낸 것이다. 이에 대한 설명으로 옳은 것은?

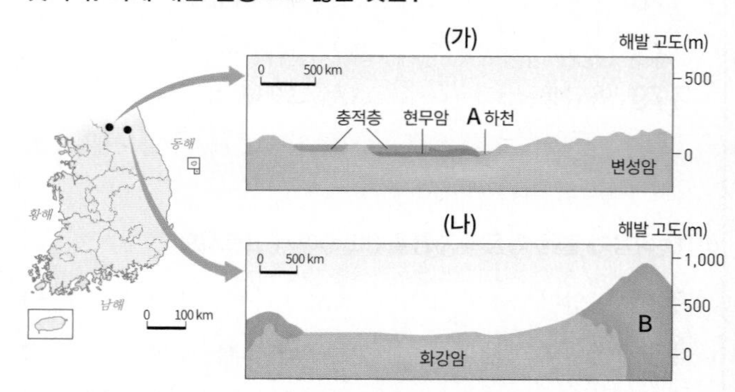

① A 하천은 측방 침식력이 크다.
② A 하천에서는 주상 절리를 볼 수 있다.
③ (가)에서는 B 암석을 볼 수 없다.
④ (나)에서는 충적층을 볼 수 없다.
⑤ (나)의 화강암은 (가)의 현무암보다 형성 시기가 늦다.

2. 카르스트 지형

빈출
189

모식도는 어떤 지형의 형성 과정을 나타낸 것이다. 이 지역에 대한 옳은 설명을 〈보기〉에서 고른 것은?

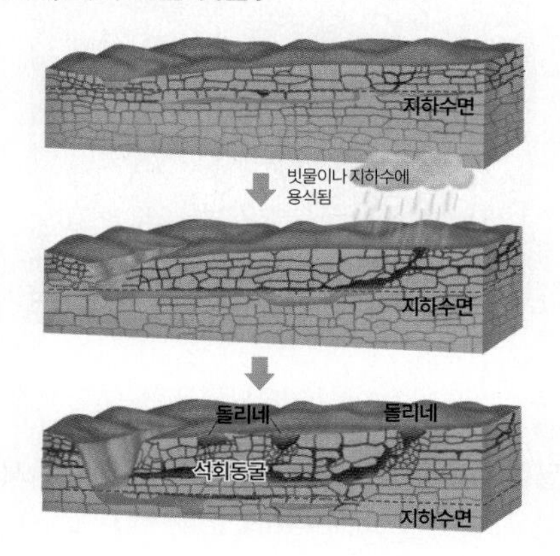

[보기]
ㄱ. 지표수가 풍부하여 벼농사가 발달한다.
ㄴ. 고생대 후기에 형성된 기반암이 분포한다.
ㄷ. 기반암의 풍화로 형성된 붉은색의 토양이 나타난다.
ㄹ. 빗물과 지하수가 암석에 화학 작용을 일으켜 형성된다.

① ㄱ, ㄴ ② ㄱ, ㄷ ③ ㄴ, ㄷ
④ ㄴ, ㄹ ⑤ ㄷ, ㄹ

빈출
190

A 지형에 대한 설명으로 옳은 것은?

① 용식 작용으로 형성된 지형이다.
② 배수가 불량하여 습지가 형성된다.
③ 중생대의 마그마 관입에 의해 형성된 것이다.
④ 시간이 지나면 퇴적 작용에 의해 평평한 지형이 된다.
⑤ 하천의 퇴적 작용에 의해 형성된 비옥한 토양이 나타난다.

191

A 지역에서 볼 수 있는 모습을 〈보기〉에서 고른 것은?

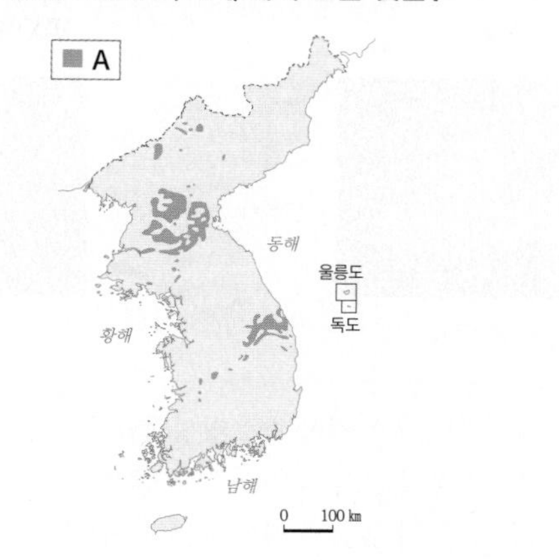

[보기]
ㄱ. 수직의 현무암 협곡 사이에서 래프팅하는 사람들
ㄴ. 겨울철 차가운 바람으로 명태를 말리는 황태 덕장
ㄷ. 움푹 파인 밭에서 마늘과 감자 등을 재배하는 모습
ㄹ. 동굴 내부에 발달한 독특한 지형을 관람하는 관광객

① ㄱ, ㄴ ② ㄱ, ㄷ ③ ㄴ, ㄷ
④ ㄴ, ㄹ ⑤ ㄷ, ㄹ

192

(가), (나) 지역에 대한 옳은 설명만을 〈보기〉에서 있는 대로 고른 것은?

[보기]
ㄱ. A의 와지에는 빗물이 스며드는 구멍이 있다.
ㄴ. B의 와지는 지하 동굴이 무너지면서 형성되었다.
ㄷ. (가), (나) 지역에서는 모두 벼농사가 활발하다.
ㄹ. (가)는 (나)보다 기반암의 형성 시기가 이르다.

① ㄱ, ㄹ ② ㄴ, ㄷ ③ ㄱ, ㄴ, ㄹ
④ ㄱ, ㄷ, ㄹ ⑤ ㄴ, ㄷ, ㄹ

193

(가), (나) 동굴에 대한 옳은 설명을 〈보기〉에서 고른 것은?

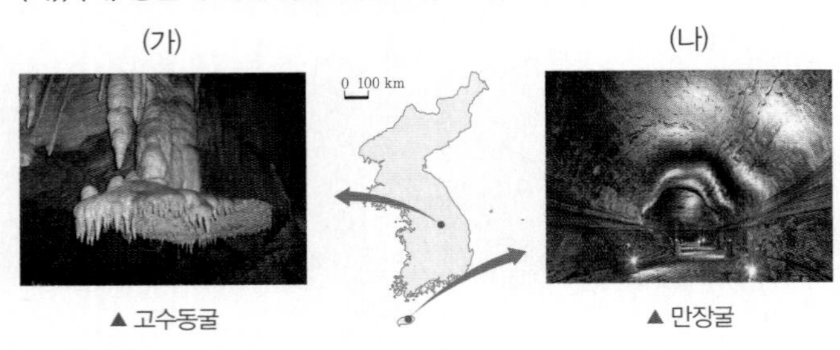

▲ 고수동굴 ▲ 만장굴

[보기]
ㄱ. (가)는 물의 용식 작용으로 형성되었다.
ㄴ. (나)는 파랑의 침식 작용으로 형성되었다.
ㄷ. (가)는 (나)보다 동굴의 형성 시기가 이르다.
ㄹ. (나)는 (가)보다 동굴 내부의 모습이 복잡하다.

① ㄱ, ㄴ ② ㄱ, ㄷ ③ ㄴ, ㄷ
④ ㄴ, ㄹ ⑤ ㄷ, ㄹ

194

지도의  표시된 지역에서 밭농사가 이루어지는 원인과 같은 원인으로 밭농사가 이루어지는 지역의 지형도를 고른 것은?

①

②

③

④

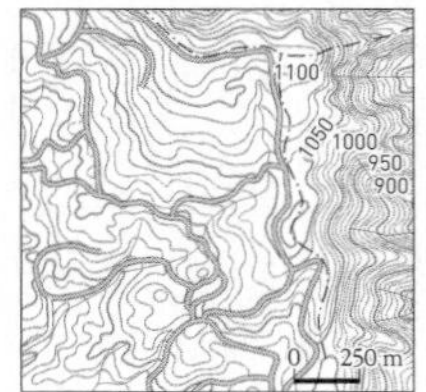

⑤

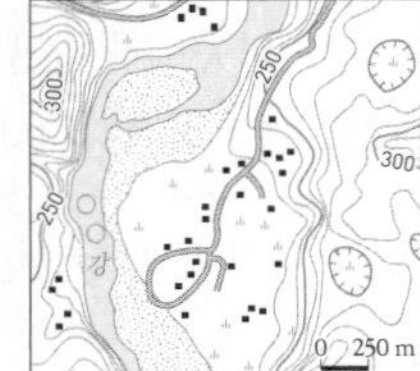

1등급을 향한 서답형 문제

[195~196] 그림을 보고 물음에 답하시오.

195

A 지역에 발달한 화산 지형을 쓰고, 토지 이용을 서술하시오.

196

A, B 지역의 기반암 형성 시기를 비교하여 서술하시오.

197

사진은 오른쪽 지도에 표시된 지역에서 나타나는 지형이다. 지형의 명칭을 쓰고, 형성 과정을 서술하시오.

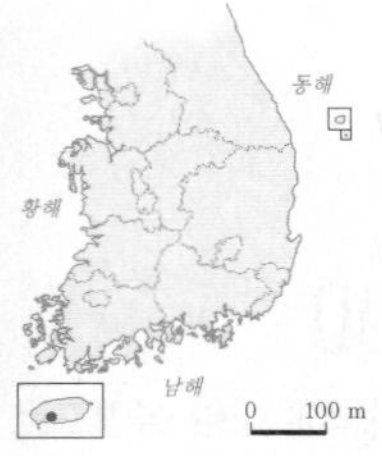

198

지형도에 나타난 지역에서 발달한 산업을 지형과 관련지어 서술하시오.

적중 1등급 문제

» 바른답·알찬풀이 19쪽

199

(가), (나) 지역에 대한 옳은 설명을 〈보기〉에서 고른 것은?

(가)

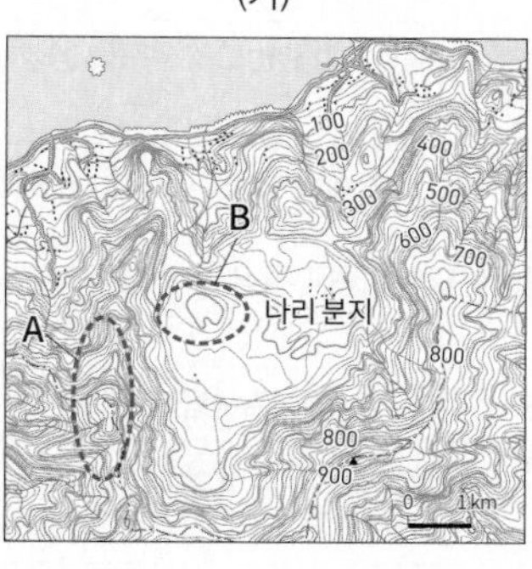

(나)

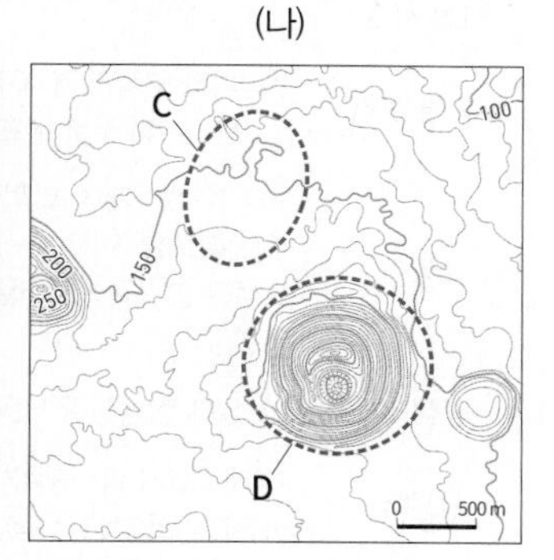

[보기]
ㄱ. (가)와 (나) 지역은 화산 활동으로 형성되었다.
ㄴ. C는 배수가 양호하여 밭농사에 유리하다.
ㄷ. D 정상에는 용식 작용으로 형성된 와지가 있다.
ㄹ. A는 B가 분출하여 형성된 지형이다.

① ㄱ, ㄴ ② ㄱ, ㄷ ③ ㄴ, ㄷ
④ ㄴ, ㄹ ⑤ ㄷ, ㄹ

200

모식도에 대한 설명으로 옳지 않은 것은?

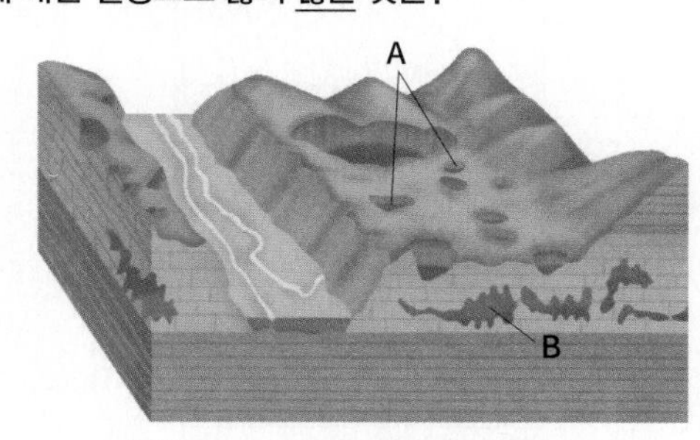

▲ 충청북도 단양 지역에서 관찰한 지형의 모식도

① A는 붉은색 토양으로 덮여 있다.
② A는 배수가 양호하여 주로 밭농사가 이루어진다.
③ B에는 기반암이 용해된 물질이 침전되어 형성된 지형이 나타난다.
④ B의 형태는 용암동굴에 비해 단순하고 수평적인 터널 형태를 이루고 있다.
⑤ 위와 같은 모식도 주변 지역에는 시멘트 공업이 발달한다.

201

○○동굴이 분포하는 지역에 대한 옳은 설명을 〈보기〉에서 고른 것은?

〈○○동굴의 위치 및 평면도〉

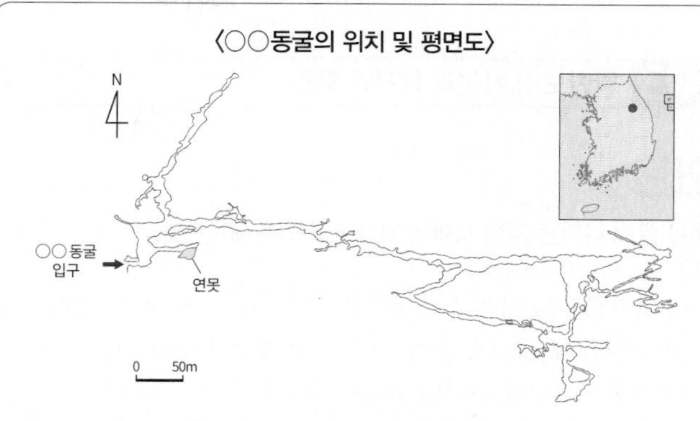

이 지역에는 기반암의 특성으로 인해 형성된 다수의 동굴이 분포한다. 그중 대표적인 ○○동굴은 구조선을 따라 수만 년 이상의 기간에 걸쳐 형성되었다. 동굴의 성장에는 절리 밀도와 지하수의 양이 큰 영향을 준다.

[보기]
ㄱ. 기반암은 고생대에 형성된 암석이다.
ㄴ. 동굴 안에서 종유석, 석순, 석주 등을 볼 수 있다.
ㄷ. 동굴 주변에서는 벼농사가 활발하게 이루어진다.
ㄹ. 현무암질 용암이 흘러서 형성된 지형이 나타난다.

① ㄱ, ㄴ ② ㄱ, ㄷ ③ ㄴ, ㄷ
④ ㄴ, ㄹ ⑤ ㄷ, ㄹ

202

A~D에 대한 설명으로 옳은 것은?

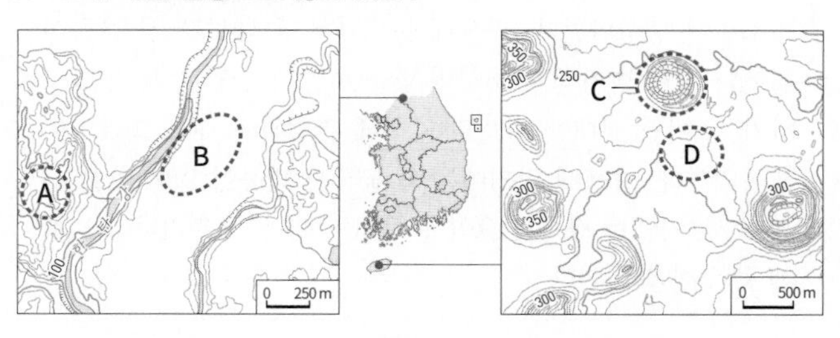

① A는 점성이 큰 용암이 분출하여 형성된 화산이다.
② D에는 붉은색의 간대토양이 널리 분포한다.
③ A의 기반암은 C의 기반암보다 형성 시기가 이르다.
④ B는 C보다 점성이 큰 용암이 분출하여 형성되었다.
⑤ B와 D는 배수가 양호하여 밭농사만 가능하다.

단원 마무리 문제

03 한반도의 형성과 산지의 모습

203

다음 글에 나타난 지질 시대의 암석 분포도로 옳은 것은?

> 중생대 중기의 대보 조산 운동은 매우 격렬하여 한반도 전체에 큰 영향을 주었으며, 이에 따라 중국 방향인 북동~남서 방향의 지질 구조선이 형성되었다.

① 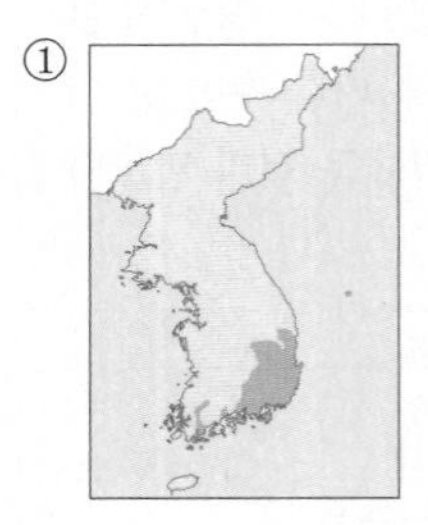
② 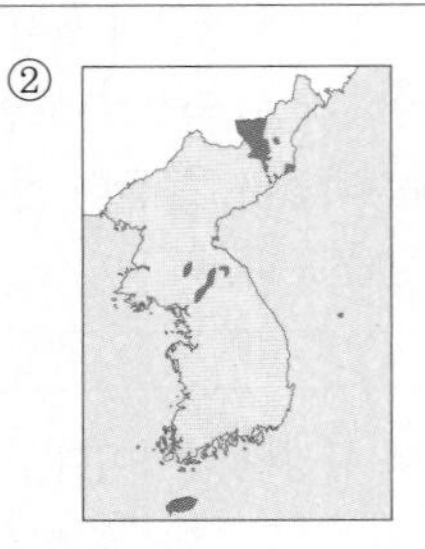
③ 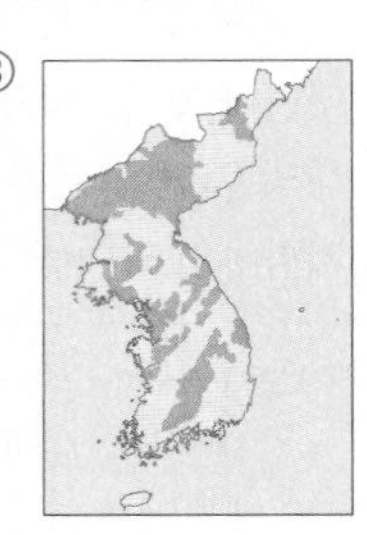
④ 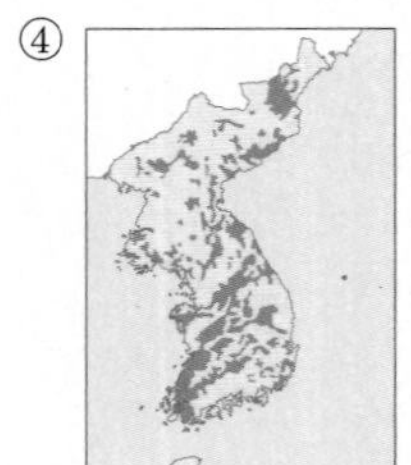
⑤ 

204

㉠~㉤에 대한 설명으로 옳지 않은 것은?

> 중생대 초기에 일어난 송림 변동으로 ㉠ 랴오둥 방향의 지질 구조선이 형성되었다. 중생대 중기에는 ㉡ 대보 조산 운동이 일어나 중국 방향의 구조선이 만들어졌으며, 많은 양의 마그마가 ㉢ 이전 시대에 형성된 암석에 관입하여 대보 화강암이 형성되었다. 중생대 말기에는 ㉣ 불국사 변동이 일어났다. 신생대 제3기에는 경동성 요곡 운동이 일어나 ㉤ 우리나라 지형에 큰 영향을 미쳤다.

① ㉠ - 동북동~서남서 방향의 지질 구조선이다.
② ㉡ - 우리나라 북부 지방에 영향을 준 지각 운동이다.
③ ㉢ - 주로 시·원생대에 형성된 변성암이다.
④ ㉣ - 경상도 일대에서 소규모로 마그마가 관입하였다.
⑤ ㉤ - 한반도에 동고 서저의 지형 형태가 나타났다.

205

표는 한반도의 지질 시대와 특징을 정리한 것이다. ㉠~㉣에 들어갈 암석으로 옳은 것은?

지질 시대	특징
시·원생대	• 우리나라 면적의 약 40%를 차지함, 초기 한반도의 윤곽을 형성 • (㉠)이 주로 분포함
고생대	• 고생대 초 : 해성 퇴적층인 조선 누층군 형성, (㉡)이 주로 분포함 • 고생대 말 : 육성 퇴적층인 평안 누층군 형성, 무연탄이 주로 분포함
중생대	호소 밑에 형성된 두꺼운 (㉢)인 경상 누층군이 분포함
신생대	신생대 제3기 말~제4기 초에 화산 활동으로 분출한 마그마가 빠르게 식으면서 (㉣)이 형성됨

	㉠	㉡	㉢	㉣
①	변성암	석회암	퇴적암	현무암
②	변성암	퇴적암	석회암	현무암
③	변성암	현무암	퇴적암	석회암
④	퇴적암	변성암	현무암	석회암
⑤	퇴적암	석회암	변성암	현무암

206

(가)~(라) 산지에 대한 옳은 설명을 〈보기〉에서 고른 것은?

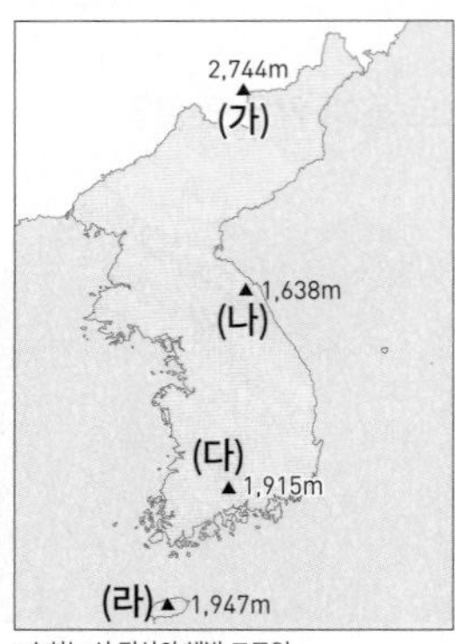

*수치는 산 정상의 해발 고도임.

[보기]

ㄱ. (가)의 기반암은 주로 중생대 화강암으로 이루어져 있다.
ㄴ. (가)의 정상에는 칼데라호, (라)의 정상에는 화구호가 있다.
ㄷ. (나)는 (다)보다 산 정상부의 식생 밀도가 낮다.
ㄹ. (라)의 기반암은 (다)의 기반암보다 형성 시기가 이르다.

① ㄱ, ㄴ　② ㄱ, ㄷ　③ ㄴ, ㄷ
④ ㄴ, ㄹ　⑤ ㄷ, ㄹ

207

(가), (나) 지역에 대한 옳은 설명을 <보기>에서 고른 것은?

(가)

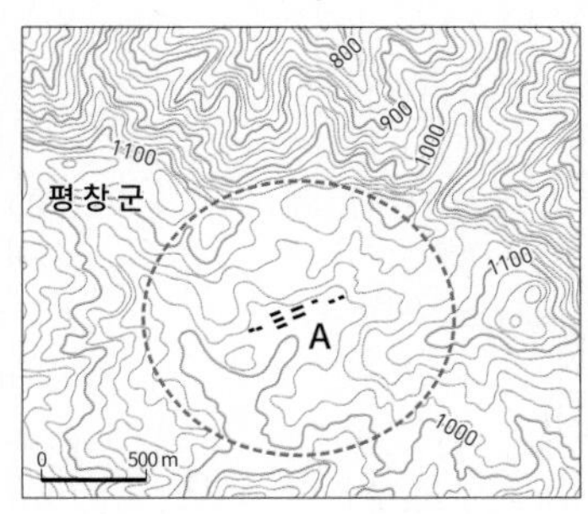

(나)

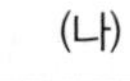

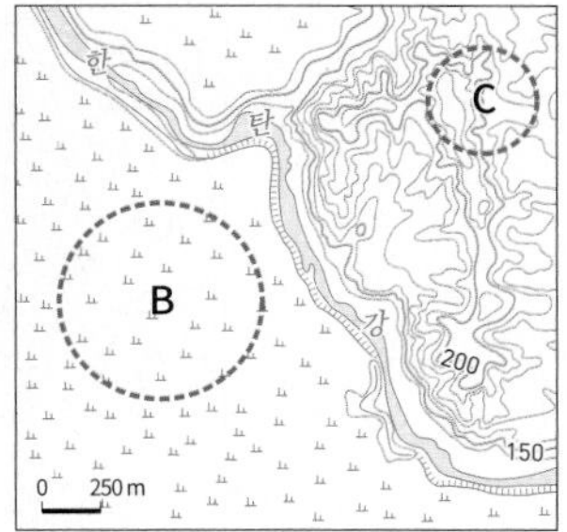

[보기]

ㄱ. A는 융기 운동 이전에 이미 평탄하였다.
ㄴ. A는 2차 산맥보다 1차 산맥 정상 부근에서 주로 나타난다.
ㄷ. (나)에 나타나는 강변에서는 C의 기반암이 주상 절리를 형성하고 있다.
ㄹ. B의 기반암은 신생대에, C의 기반암은 고생대에 형성되었다.

① ㄱ, ㄴ ② ㄱ, ㄷ ③ ㄴ, ㄷ
④ ㄴ, ㄹ ⑤ ㄷ, ㄹ

208

자료는 기후 변화에 따른 해수면 변동을 나타낸 것이다. 이에 대한 설명으로 옳은 것은?

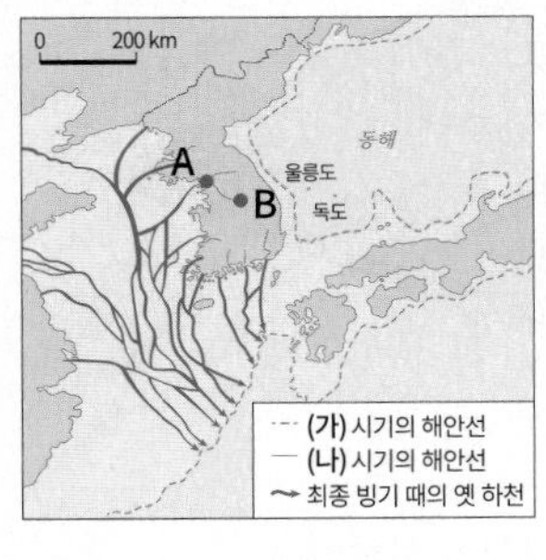

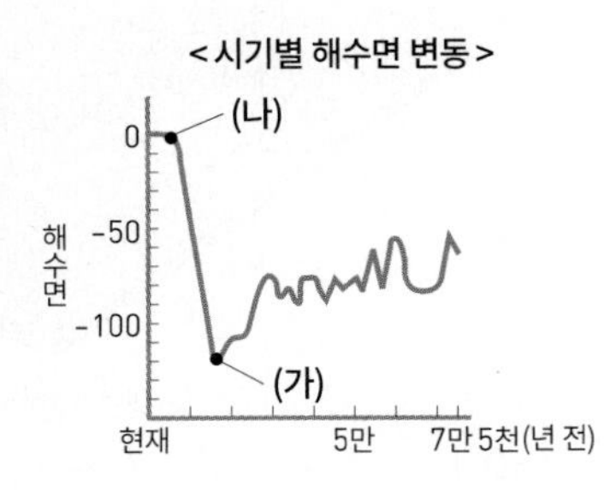

① (가) 시기는 후빙기, (나) 시기는 빙기이다.
② (가) 시기는 (나) 시기보다 하천의 유로가 더 짧았다.
③ (가) 시기에 A 지점은 (나) 시기보다 하방 침식이 활발하였다.
④ A 지점의 해발 고도는 (가) 시기보다 (나) 시기에 더 높았다.
⑤ B 지점은 (나) 시기보다 (가) 시기에 단위 면적당 식생 밀도가 높았다.

209

㉠, ㉡ 산지에 대한 설명으로 옳지 않은 것은?

(㉠)은/는 정상부에 기반암이 풍화된 토양이 주로 나타나며, (㉡)은/는 정상부에 기반암이 많이 노출되어 있다.

① ㉠의 기반암은 주로 편마암이다.
② ㉠은 경상 분지 지역에 널리 분포한다.
③ ㉡의 대표적 사례에는 금강산, 설악산 등이 있다.
④ ㉡은 대보 조산 운동이 일어난 시기에 형성되었다.
⑤ ㉠은 ㉡보다 토양 피복이 두꺼워 식생이 발달하기 유리하다.

210 서술형

(가) 지역에서 (나) 사진과 같은 산업이 발달할 수 있는 자연적 원인을 서술하시오.

(가) 태백산맥과 소백산맥의 해발 고도가 높은 곳에 비교적 기복이 작고 경사가 완만한 고원 지형이 나타나는데, 대관령 일대와 진안 고원이 대표적이다.

(나)

04 하천 지형과 해안 지형

211

A~D 지형에 대한 설명으로 옳지 않은 것은?

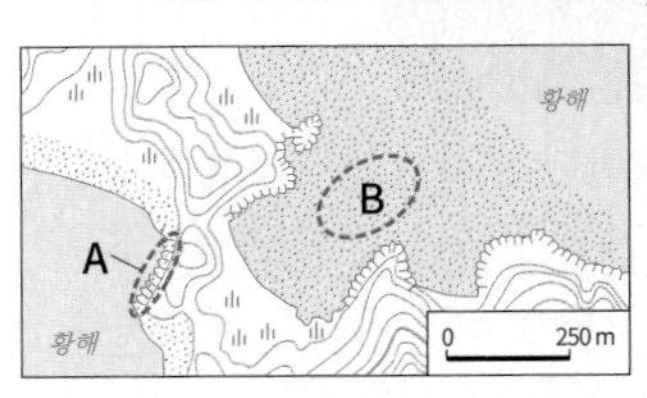

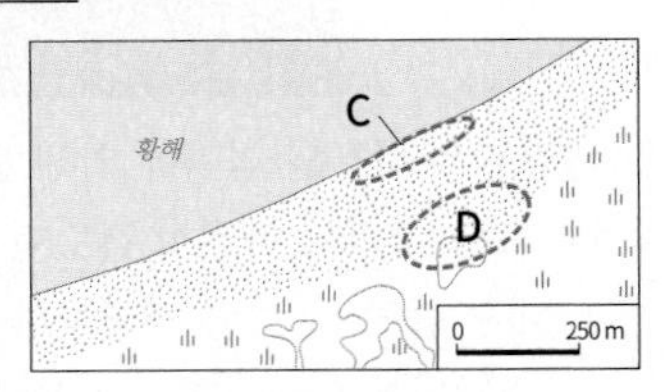

① A는 파랑 에너지가 집중되는 곳으로 침식 작용이 활발하다.
② B는 밀물 때 바닷물에 잠기는 곳이다.
③ C는 곶보다 만에서 넓게 발달한다.
④ C는 B보다 형성 과정에서 조류의 영향을 크게 받았다.
⑤ D는 C보다 퇴적물의 평균 입자가 작다.

212

그림에 대한 옳은 설명만을 〈보기〉에서 있는 대로 고른 것은?

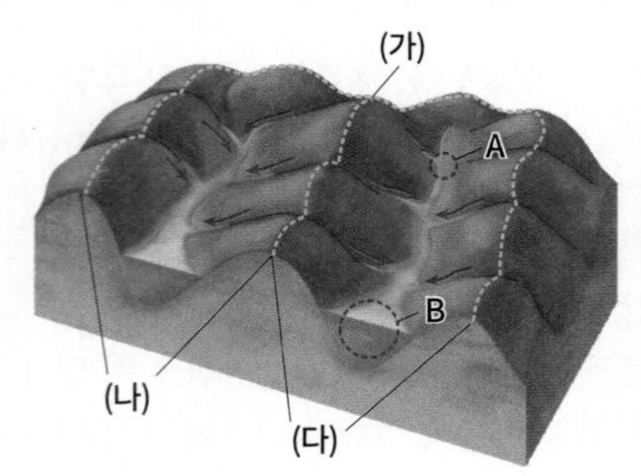

▲ 하천의 모식도

[보기]
ㄱ. (나)와 (다)는 서로 다른 유역 분지이다.
ㄴ. (가)는 (나)와 (다)를 구분하는 경계가 된다.
ㄷ. B 지점은 A 지점보다 하천의 평균 유량이 많다.
ㄹ. 침식 기준면으로부터 고도 차이는 A 지점이 B 지점보다 작다.

① ㄱ, ㄴ ② ㄱ, ㄷ ③ ㄱ, ㄴ, ㄷ
④ ㄱ, ㄴ, ㄹ ⑤ ㄴ, ㄷ, ㄹ

213

㉠~㉤ 중 옳지 않은 것은?

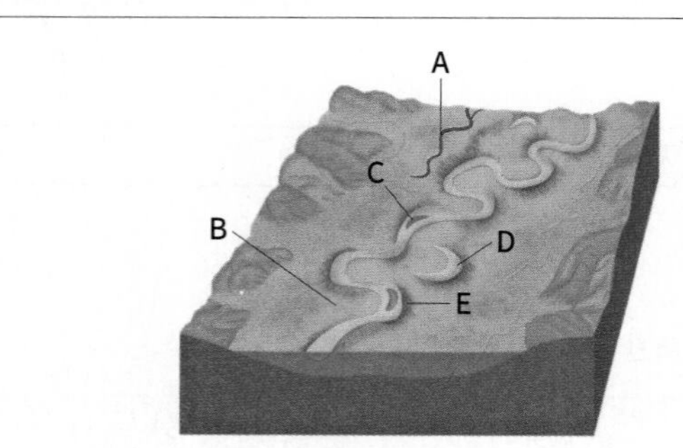

범람원은 하천의 범람에 의해 운반된 물질이 퇴적되어 형성된다. A는 ㉠ 과거 하천이 흘렀던 흔적이 남아 있는 곳이다. B는 ㉡ 배후 습지로, 자연 제방보다 고도가 낮고 점토질 물질이 주로 퇴적되어 있다. C는 ㉢ 물을 쉽게 얻을 수 있어 농경지가 발달한다. D는 ㉣ 하천의 유로가 변경되면서 형성된 호수로, 시간이 지나면 사라진다. E는 ㉤ 자연 제방으로, 상대적으로 고도가 높고 모래 퇴적물이 많다.

① ㉠ ② ㉡ ③ ㉢ ④ ㉣ ⑤ ㉤

214

(가)~(라) 하천에 대한 옳은 설명만을 〈보기〉에서 있는 대로 고른 것은?

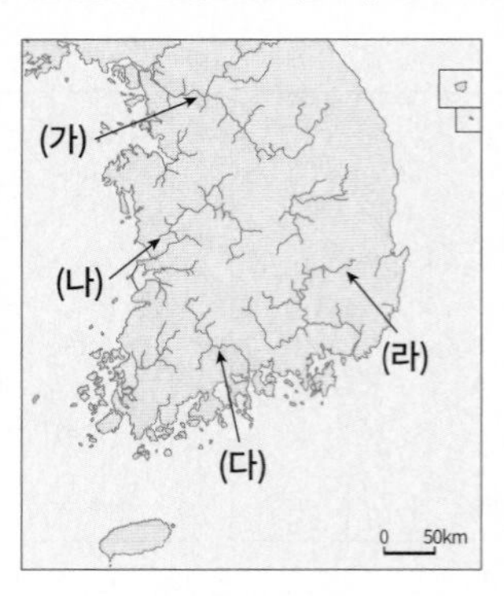

[보기]
ㄱ. (가) 하천의 하구에는 하굿둑이 설치되어 있다.
ㄴ. (나) 하천 하구 부근에서 밀물 때 바닷물이 역류하는 구간이 나타난다.
ㄷ. (다) 하천의 하구에는 넓은 갯벌이 형성되어 있다.
ㄹ. (라) 하천의 하구에는 유속의 감소로 인한 퇴적 작용이 나타난다.

① ㄱ, ㄴ ② ㄱ, ㄷ ③ ㄴ, ㄷ
④ ㄱ, ㄴ, ㄹ ⑤ ㄴ, ㄷ, ㄹ

215

A~E 지형에 대한 옳은 설명을 〈보기〉에서 고른 것은?

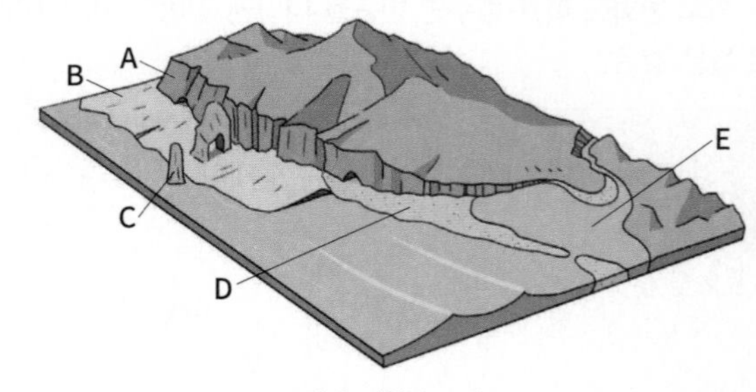

▲ 해안 지형의 모식도

[보기]
ㄱ. B는 파랑의 퇴적 작용에 의해 형성된 지형이다.
ㄴ. D는 태양과 달의 인력에 의한 바닷물의 흐름으로 발생한다.
ㄷ. E는 후빙기 해수면 상승 이후 형성된 호수이다.
ㄹ. C는 A보다 풍화와 침식 작용에 대한 저항력이 강하다.

① ㄱ, ㄴ ② ㄱ, ㄷ ③ ㄴ, ㄷ
④ ㄴ, ㄹ ⑤ ㄷ, ㄹ

216

하천 중·하류에 발달하는 A~F 지형에 대한 설명으로 옳지 않은 것은?

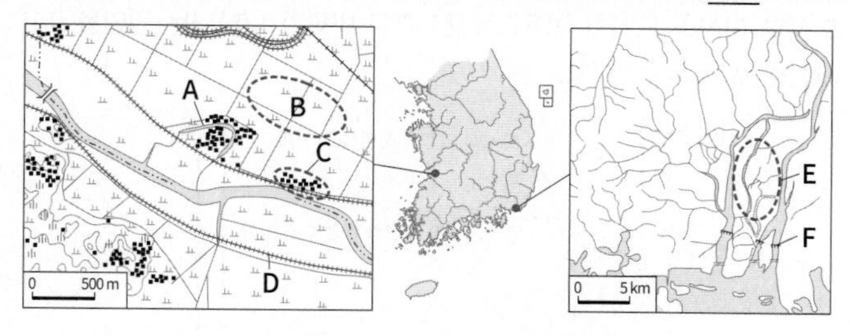

① A는 하천 유로가 변동되는 과정에서 형성되었다.
② D는 교통로로 이용하기 위해 건설된 구조물이다.
③ E는 하구에서의 유속 감소로 형성된 퇴적 지형이다.
④ F는 염해를 막기 위한 구조물로 교통로로도 이용한다.
⑤ C는 B보다 퇴적물의 평균 입자 크기가 커 배수가 양호하다.

217

㉠~㉤에 대한 설명으로 옳지 않은 것은?

> 하천의 중·상류 지역에는 산지 사이를 굽이쳐 흐르면서 ㉠ 깊은 골짜기를 이루는 곡류 하천이 나타나는데, 이를 감입 곡류 하천이라고 한다. 감입 곡류 하천 주변에는 계단 모양의 ㉡ 하안 단구가 나타나기도 한다. 그리고 두 개 이상의 하천이 합류하거나 화강암이 관입한 지역에서는 ㉢ 침식 분지가 형성되기도 한다. 하천 중·상류의 산지에서 평지로 이어지는 ㉣ 골짜기의 입구에는 부채 모양의 ㉤ 선상지가 발달하기도 한다.

① ㉠ – 지반의 융기로 인해 하방 침식이 진행되기 때문이다.
② ㉡ – 지면이 비교적 평탄하고 홍수 때에도 침수 위험이 낮아 마을이 형성되거나 교통로 등으로 이용된다.
③ ㉢ – 암석의 차별 침식으로 형성된다.
④ ㉣ – 유속의 감소로 하천의 운반 물질이 쌓인다.
⑤ ㉤ – 우리나라에서 흔히 볼 수 있는 하천 지형이다.

218

지도에 대한 옳은 설명만을 〈보기〉에서 있는 대로 고른 것은?

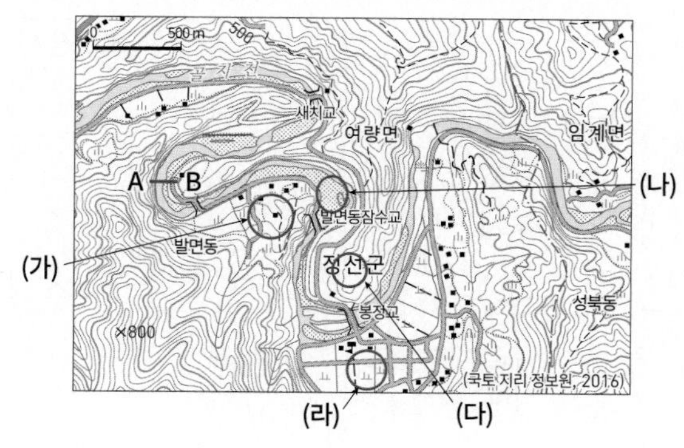

[보기]
ㄱ. (가)의 지표면에서 둥근 자갈을 발견할 수 있다.
ㄴ. (나)는 하천의 퇴적 작용에 의해 모래가 쌓여 있다.
ㄷ. (다)는 (라)보다 범람에 의한 침수 가능성이 높다.
ㄹ. 하천에서 A쪽은 B쪽보다 수심이 더 깊다.

① ㄱ, ㄴ ② ㄱ, ㄷ ③ ㄱ, ㄴ, ㄷ
④ ㄱ, ㄴ, ㄹ ⑤ ㄴ, ㄷ, ㄹ

219

지도는 춘천 분지의 지질 구조를 나타낸 것이다. A~C에 대한 설명으로 옳은 것은? (단, A~C는 변성암, 충적층, 화강암 중 하나임.)

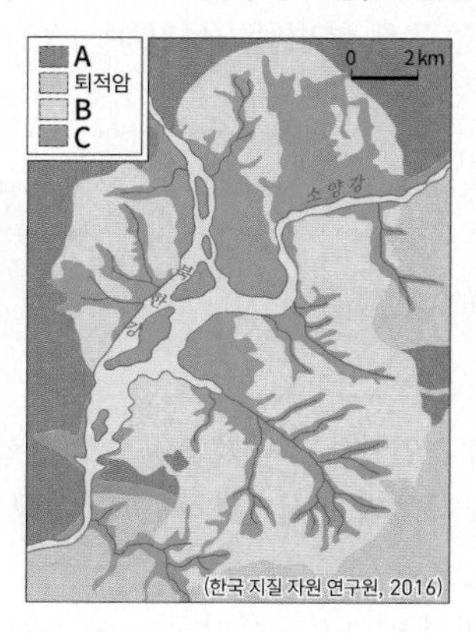

① A 주변 배후 습지에서는 주로 벼농사가 이루어진다.
② B는 마그마가 관입하여 형성되었다.
③ C는 신생대 화산 활동에 의해 형성되었다.
④ B는 A보다 대체로 풍화와 침식에 강하다.
⑤ 형성 시기를 오래된 순으로 배열하면 C→B→A이다.

220

A~F 지형에 대한 설명으로 옳지 않은 것은?

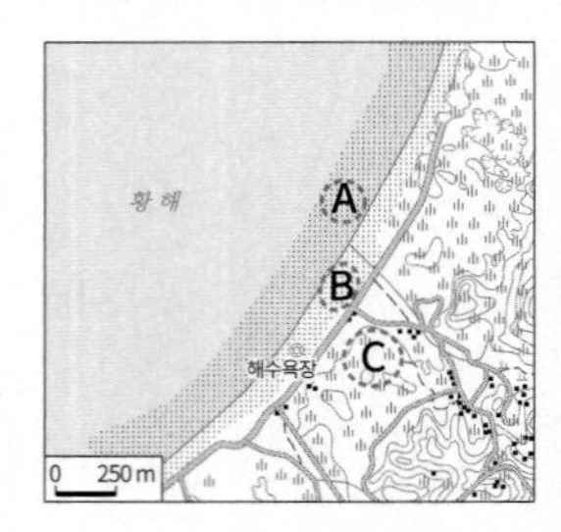

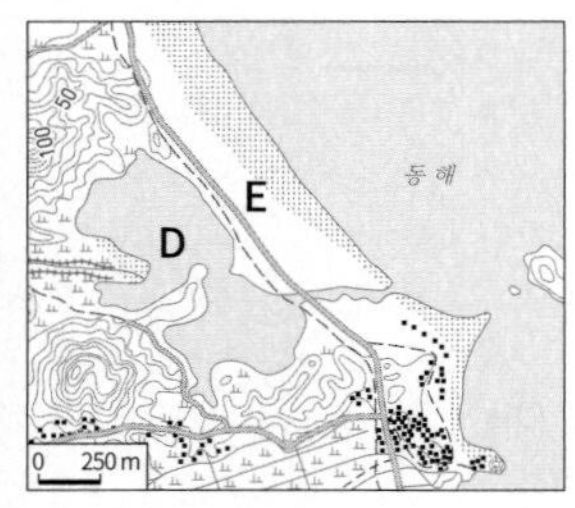

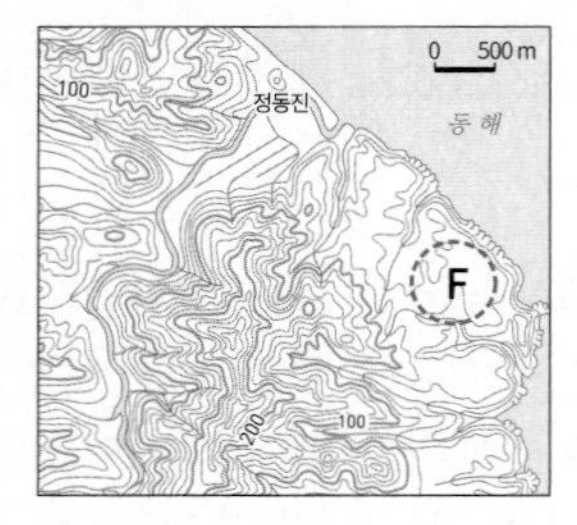

① A는 일정한 주기로 바닷물에 잠겼다 수면 위로 드러난다.
② B는 주로 해수욕장으로 이용된다.
③ 서해안의 C는 형성 과정에서 북서풍의 영향을 크게 받았다.
④ D는 E의 발달로 바다와 격리되어 형성된다.
⑤ F에서는 비교적 원마도가 작은 퇴적물이 발견된다.

221

(가), (나) 지형에 대한 옳은 설명만을 〈보기〉에서 있는 대로 고른 것은?

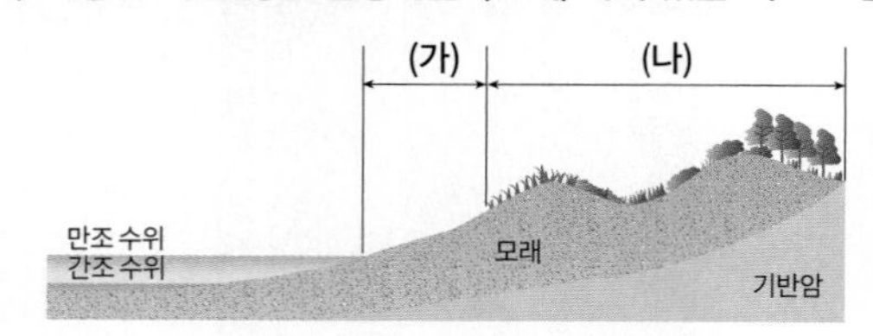

[보기]

ㄱ. (가)는 파랑이나 연안류의 퇴적 작용으로 형성된다.
ㄴ. (나)는 다양한 동물의 서식지로, 해일의 피해를 완화해 주는 역할을 한다.
ㄷ. (가)와 (나)는 파랑 에너지가 분산되는 해안에서 잘 발달한다.
ㄹ. (가)는 (나)보다 모래 밑에 정수된 지하수가 더 많이 저장되어 있다.

① ㄱ ② ㄷ, ㄹ ③ ㄱ, ㄴ, ㄷ
④ ㄱ, ㄴ, ㄹ ⑤ ㄴ, ㄷ, ㄹ

222 서술형

자료는 도시화가 하천에 끼친 영향을 나타낸 것이다. (가) 그래프에서 도시화 이전과 도시화 이후의 하천 수위 변화가 나타나는 원인을 (나) 그림을 보고 서술하시오.

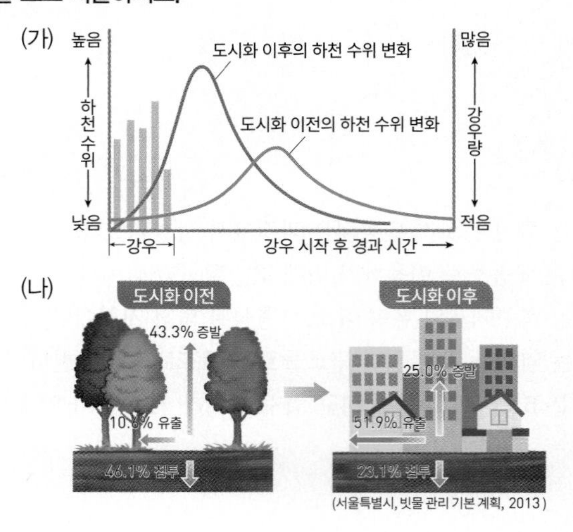

(서울특별시, 빗물 관리 기본 계획, 2013)

05 화산 지형과 카르스트 지형

223

A~D에 대한 설명으로 옳지 않은 것은?

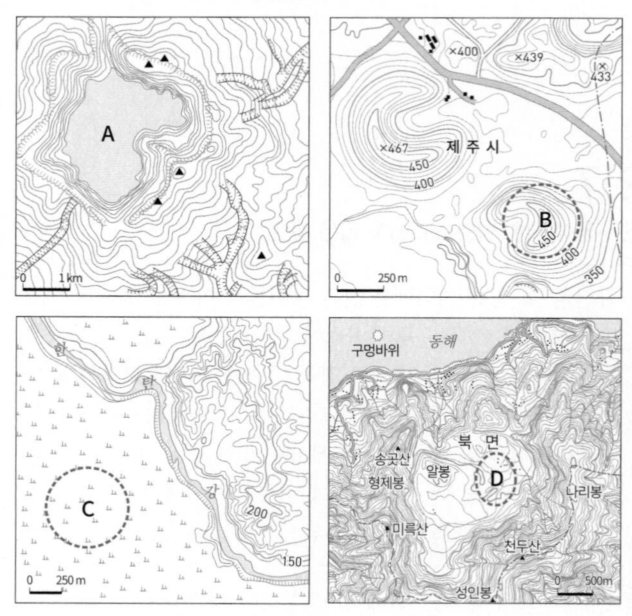

① A는 화구가 함몰되어 형성된 칼데라호이다.
② B는 제주도의 완경사 사면에 집단적으로 분포한다.
③ C는 현무암질 용암이 열하 분출하여 형성된 지형이다.
④ D는 점성이 큰 조면암과 화산 쇄설물로 이루어져 있다.
⑤ C와 D는 유동성이 큰 용암에 의해 형성된 지형이다.

224

사진은 제주도에서 관찰한 지형이다. (가)~(다)에 대한 옳은 설명만을 〈보기〉에서 있는 대로 고른 것은?

(가)

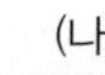

[보기]
ㄱ. (가) 동굴의 용암이 수축되는 과정에서 절리가 발달하기도 한다.
ㄴ. (다)는 파랑의 침식 작용에 의해 형성된 절벽이다.
ㄷ. (가)와 (나)는 열하 분출에 의해 형성되었다.
ㄹ. (나)는 (가)보다 점성이 큰 용암이 굳어 형성되었다.

① ㄱ, ㄷ ② ㄱ, ㄹ ③ ㄴ, ㄷ
④ ㄱ, ㄴ, ㄹ ⑤ ㄴ, ㄷ, ㄹ

225

A 지역에 대한 옳은 설명을 〈보기〉에서 고른 것은?

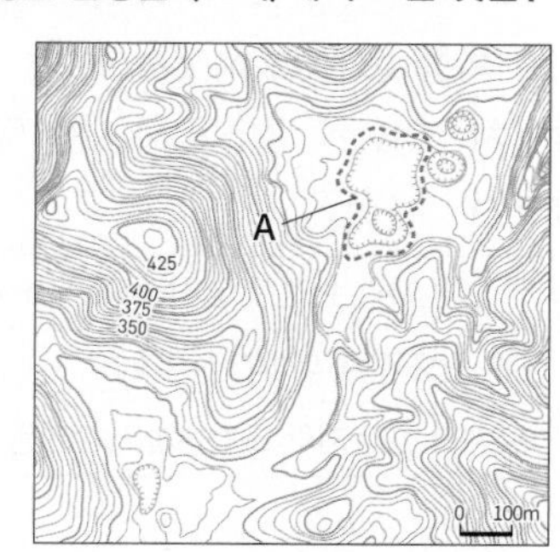

[보기]
ㄱ. 흑갈색의 간대토양이 넓게 분포한다.
ㄴ. 분화구에 물이 고여 형성된 호수가 나타난다.
ㄷ. A는 석회암의 용식 작용으로 형성된 것이다.
ㄹ. A의 중앙 부분은 주변보다 해발 고도가 낮다.

① ㄱ, ㄴ ② ㄱ, ㄷ ③ ㄴ, ㄷ
④ ㄴ, ㄹ ⑤ ㄷ, ㄹ

226

A~D에 대한 설명으로 옳은 것은?

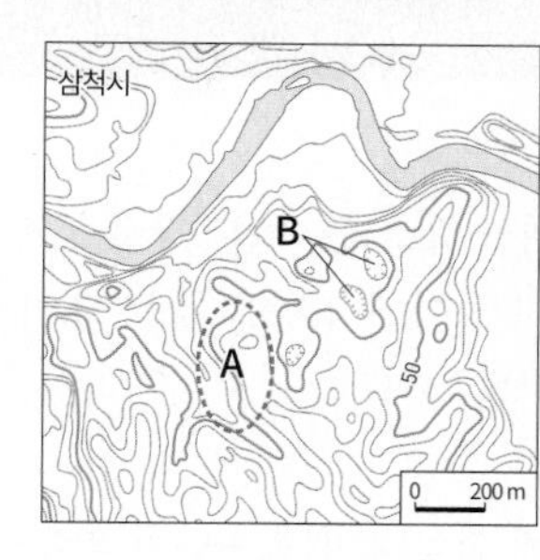

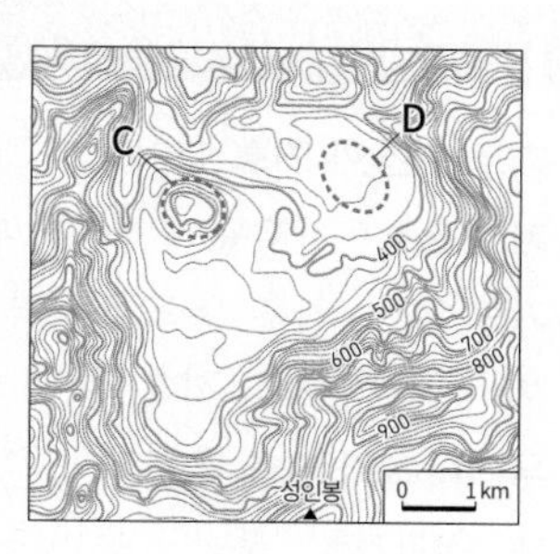

① A는 홍수 피해를 적게 받아 벼농사가 주로 이루어진다.
② B에서는 붉은색의 석회암 풍화토가 나타난다.
③ A는 D보다 기반암의 형성 시기가 늦다.
④ B와 C는 모두 하천의 차별 침식에 의해 형성되었다.
⑤ C는 D보다 형성 시기가 이르다.

227

지도에 대한 설명으로 옳은 것은?

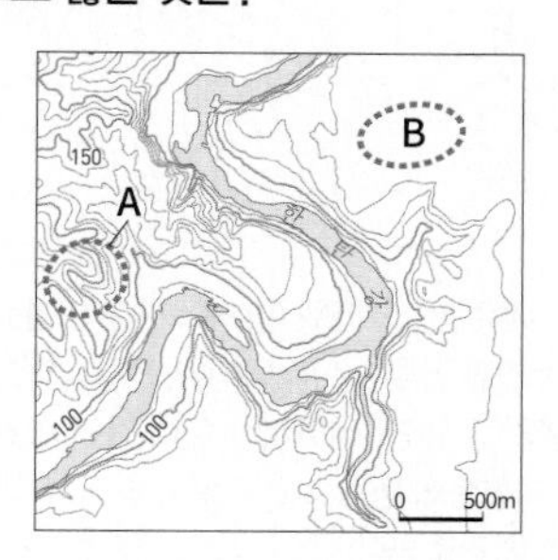

① A의 지하에는 용암동굴이 발달하였다.
② A는 현무암질 용암 분출로 형성되었다.
③ B는 점성이 큰 용암이 분출하여 형성되었다.
④ B에서는 배수가 양호해 밭농사가 주로 이루어진다.
⑤ 한탄강 주변에서는 주상 절리를 볼 수 있다.

228 서술형

지도는 우리나라에 분포하는 동굴을 표시한 것이다. A, B의 형성 과정을 비교하여 서술하시오.

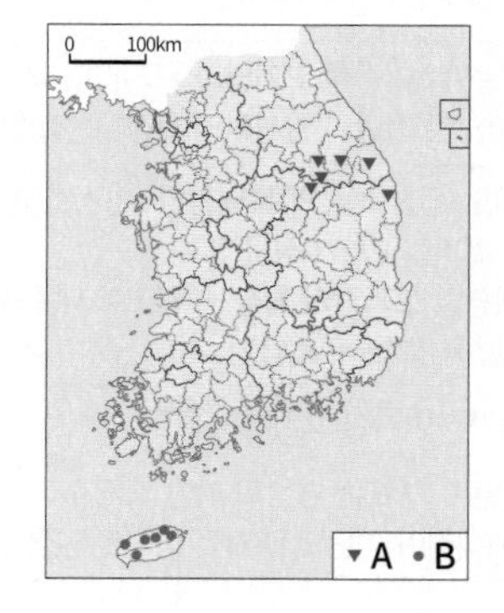

06 우리나라의 기후 특성

Ⅲ 기후 환경과 인간 생활

✓ 출제 포인트 ✓ 우리나라의 기후 특성 ✓ 우리나라의 기온과 강수 분포 특징 ✓ 다우지와 소우지 비교

1. 우리나라의 기후

1 기후 요소와 기후 요인

(1) **기후 요소** 기후를 파악하기 위한 요소 예 기온, 강수, 바람

(2) **기후 요인** 기후 요소의 지역적 차이에 영향을 주는 요인 예 위도, 수륙 분포, 지형, 해발 고도, 해류

2 우리나라의 기후 특성

(1) **냉·온대 기후** 북반구 중위도에 위치해 계절 변화가 뚜렷함

(2) **계절풍 기후** 유라시아 대륙의 동쪽에 위치하여 겨울에는 한랭 건조한 북서 계절풍, 여름에는 고온 다습한 남서·남동 계절풍이 불고 강수량이 많음

(3) **대륙성 기후** 중위도의 대륙 동안에 위치하여 대륙 서안보다 기온의 연교차가 크게 나타남

자료 대륙 서안과 대륙 동안 기후 50쪽 248번 문제로 확인

분석 유라시아 대륙 서안에 위치한 리스본은 여름철에 아열대 고압대의 영향으로 고온 건조한 기후가 나타나지만, 겨울철에는 편서풍과 해류의 영향으로 온난 습윤하다. 반면, 유라시아 대륙 동안에 위치한 서울은 여름철에는 남동·남서 계절풍의 영향으로 고온 다습하며, 겨울철에는 북서 계절풍의 영향으로 한랭 건조하다.

3 계절별 기후 특성

(1) 우리나라에 영향을 주는 기단

기단	계절	성질	기후 현상
시베리아 기단	겨울	한랭 건조	한파, 삼한 사온, 꽃샘추위
오호츠크해 기단	늦봄~초여름	냉량 습윤	높새바람, 여름철 냉해
북태평양 기단	여름	고온 다습	무더위, 열대야, 장마 전선 형성
적도 기단	여름	고온 다습	태풍

(2) **계절별 특징** 50쪽 249번 문제로 확인

계절	특징
봄	• 변화가 심한 날씨 : 이동성 고기압과 저기압이 교대로 통과 • 꽃샘추위(시베리아 기단의 일시적인 확장), 건조 현상, 황사 현상
여름	• 장마철 : 고위도의 찬 기류와 북태평양 기단 사이에서 장마 전선 형성 → 습도가 높으며 일교차가 작음 • 한여름 : 북태평양 고기압의 확장 → 남고북저형의 기압 배치 • 고온 다습한 날씨, 열대야, 소나기
가을	맑고 청명한 날씨 : 이동성 고기압의 영향
겨울	• 한랭 건조한 날씨 : 서고동저형의 기압 배치 • 삼한 사온 : 시베리아 기단의 주기적 성쇠로 인한 기온의 상승과 하락

2. 기온, 강수, 바람의 특성

1 우리나라의 기온 특성

(1) **기온의 남북 차** 국토가 남북으로 길어 남북 간 기온 차가 큼

(2) **기온의 동서 차**

① 해안 지역은 내륙 지역보다 겨울 기온이 높음

② 동해안은 서해안보다 겨울 기온이 높음 → 태백산맥이 차가운 북서풍을 막아 주고, 동해의 수심이 황해보다 깊기 때문

(3) **기온의 연교차** 남해안에서 북부 내륙으로 갈수록 대체로 기온의 연교차가 큼, 내륙 지역이 해안 지역보다 기온의 연교차가 큼, 서해안이 동해안보다 기온의 연교차가 큼

자료 기온 분포와 연교차 51쪽 253번 문제로 확인

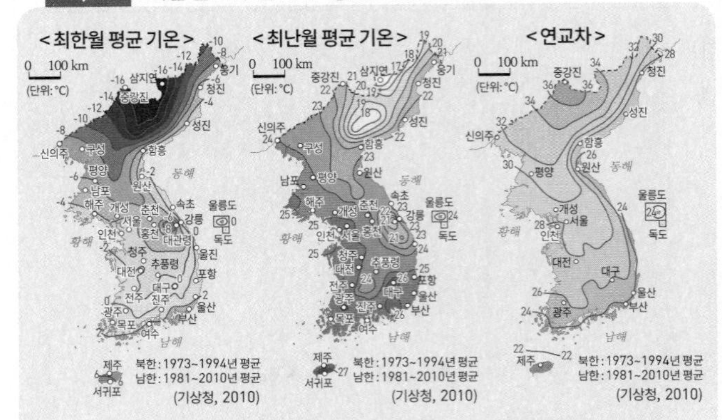

분석 겨울은 최한월 평균 기온이 −16℃~6℃ 정도이며, 북부 내륙 중강진 일대가 우리나라에서 기온이 가장 낮다. 여름은 최난월 평균 기온이 17℃~27℃ 정도이며, 대관령 등 해발 고도가 높은 지역은 같은 위도의 평지보다 상대적으로 기온이 낮다. 우리나라는 여름보다 겨울에 지역 간의 기온 차가 크기 때문에 겨울 기온이 낮은 지역일수록 연교차가 크다.

2 우리나라의 강수 특성 52쪽 260번 문제로 확인

(1) **계절에 따른 강수 차** 여름에 강수 집중, 강수량의 연 변동 큼

(2) **지역에 따른 강수 차**

구분	지역
다우지	제주도, 남해안 일부 지역, 한강 및 청천강 중·상류 지역 등
소우지	낙동강 중·상류, 관북 지역, 대동강 하류 등
다설지	울릉도, 강원도 영동 산간 지역, 소백산맥 서사면 등

3 우리나라에 영향을 주는 바람 53쪽 262번 문제로 확인

(1) **계절풍**

계절	특징
겨울	시베리아 고기압의 영향 → 한랭 건조한 북서 계절풍
여름	북태평양 고기압의 영향 → 고온 다습한 남동·남서 계절풍

(2) **높새바람** 늦봄~초여름 사이 오호츠크해 기단이 세력을 확장하면서 불어오는 북동풍 → 영서 지방에 가뭄 피해

(3) **태풍** 강한 바람과 폭우 동반, 풍수해 유발

분석 기출 문제

» 바른답·알찬풀이 23쪽

•• 빈칸에 들어갈 알맞은 말을 쓰시오.

229 기후를 구성하는 대기 현상으로 기온, 강수, 바람 등을 (　　　　　)(이)라고 한다.

230 우리나라는 유라시아 대륙 동안에 위치하여 기온의 연교차가 큰 (　　　　　) 기후가 나타난다.

231 우리나라는 북반구 중위도에 위치하여 계절 변화가 비교적 뚜렷한 (　　　　　) 기후가 나타난다.

232 우리나라는 (　　　　　)의 영향으로 북부 지방으로 갈수록 기온이 낮아진다 .

233 대관령과 개마고원 일대는 (　　　　　)이/가 높아 주변의 평지보다 여름에 서늘하다.

•• 우리나라의 계절별 기후 특성을 바르게 연결하시오.

234 봄 • 　　　• ㉠ 한랭 건조, 삼한 사온 현상

235 여름 • 　　　• ㉡ 고온 다습, 장마 전선 북상

236 가을 • 　　　• ㉢ 청명한 날씨 지속, 단풍과 서리 발생

237 겨울 • 　　　• ㉣ 심한 날씨 변화, 꽃샘추위, 건조 현상

•• 다음 내용이 옳으면 ○표, 틀리면 ×표를 하시오.

238 우리나라는 국토가 남북으로 길어 기온의 남북 차가 동서차보다 크다. (　　)

239 겨울철 비슷한 위도의 동해안은 서해안보다 기온이 높게 나타난다. (　　)

240 기온의 연교차는 남에서 북으로 갈수록, 내륙에서 해안으로 갈수록 커진다. (　　)

241 기온의 일교차는 봄, 가을과 같은 맑은 날에 작고, 장마철과 같은 흐린 날에 크게 나타난다. (　　)

•• ㉠, ㉡ 중 알맞은 것을 고르시오.

242 우리나라는 대부분 지역에서 연 강수량의 절반 이상이 (㉠ 여름, ㉡ 겨울)에 집중한다.

243 제주도 남동부, 남해안 일부, 한강 중·상류 지역은 대표적인 (㉠ 다우지, ㉡ 소우지)에 해당한다.

244 (㉠ 여름, ㉡ 겨울)철 대륙에는 시베리아 고기압이 발달하고 바다에 저기압이 발달하여 서고동저형의 기압 배치가 나타난다.

245 높새바람은 늦봄에서 초여름 사이에 태백산맥을 넘어 불어오는 (㉠ 고온 건조, ㉡ 한랭 습윤)한 북동풍이다.

1. 우리나라의 기후

246

㉠, ㉡에 들어갈 옳은 내용을 〈보기〉에서 고른 것은?

> 우리나라는 ____㉠____ 계절의 변화가 뚜렷한 냉·온대 기후가 나타난다. 또한 ____㉡____ 연교차가 큰 대륙성 기후가 나타나며, 계절풍의 영향을 받는 기후 특성이 나타난다.

[보기]
ㄱ. 북반구의 중위도에 위치해 있어
ㄴ. 유라시아 대륙의 동안에 위치하여
ㄷ. 삼면이 바다로 둘러싸인 반도국이라서
ㄹ. 국토가 남북 방향으로 긴 형태를 하고 있어

	㉠	㉡		㉠	㉡
①	ㄱ	ㄴ	③	ㄱ	ㄷ
③	ㄴ	ㄷ	④	ㄴ	ㄹ
⑤	ㄷ	ㄹ			

247

(가), (나)에 들어갈 기후 요인으로 옳은 것은?

〈기후 요인에 따른 우리나라의 기후 특징〉

(가)
• 광주는 평양보다 연평균 기온이 높다.
• 강릉은 부산보다 기온의 연교차가 크다.

(나)
• 대동강 하류 지역은 소우지를 이룬다.
• 영동 지방은 겨울철에 북동 기류가 유입될 때 강설량이 많다.

	(가)	(나)
①	위도	지형
②	위도	해발 고도
③	지형	위도
④	지형	해발 고도
⑤	수륙 분포	위도

빈출
248

㉠~㉤에 대한 설명으로 옳지 않은 것은?

> 우리나라는 연중 ㉠ 편서풍의 영향을 받고 있으나 ㉡ 대륙 동안에 위치하여 ㉢ 계절풍의 영향을 크게 받는다. 겨울철에는 시베리아 고기압의 영향으로 한랭 건조한 ㉣ 북서 계절풍이 불고, 여름철에는 북태평양 고기압이 발달하여 고온 다습한 (㉤)이/가 불어온다.

① ㉠ - 북위 30°~60° 사이에서 부는 상풍이다.
② ㉡ - 대륙 서안보다 기온의 연교차가 크다.
③ ㉢ - 대륙과 해양의 비열 차에 의해 발생한다.
④ ㉣ - 여름철 계절풍보다 바람의 세기가 강하다.
⑤ ㉤ - '동풍 계열의 계절풍'이 들어가야 한다.

빈출
249

(가), (나)와 같은 기압 배치가 주로 나타나는 계절의 우리나라 기후 특징을 〈보기〉에서 고른 것은?

(가)

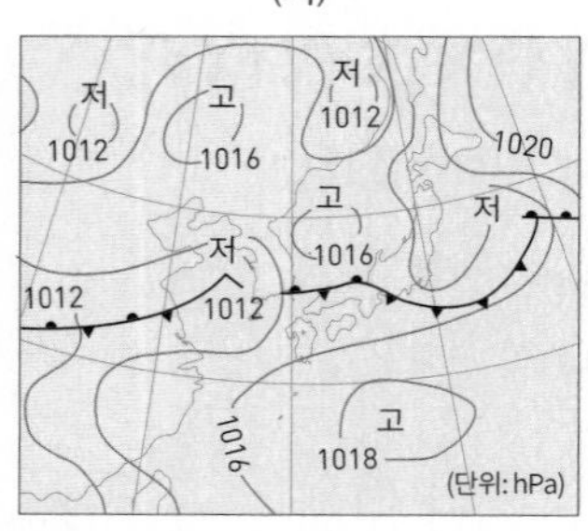

(나)

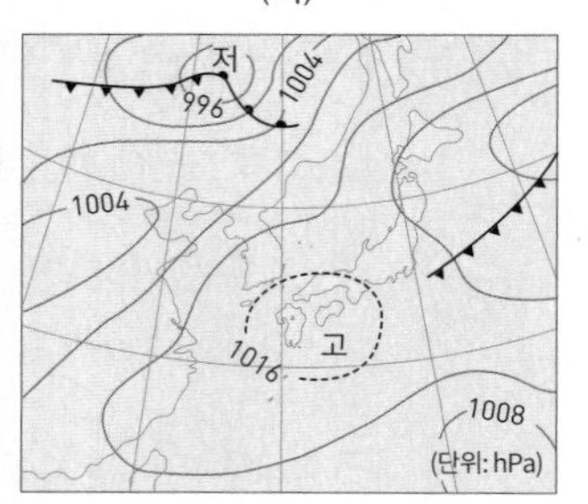

[보기]
ㄱ. (가) 시기에는 습도가 높고, 기온의 일교차가 매우 크다.
ㄴ. (나) 시기에는 대기가 고온 다습하고, 무더위가 찾아온다.
ㄷ. (가)와 (나)는 인접한 시기로, 대체로 (나) 시기가 지나면서 (가) 시기가 시작된다.
ㄹ. 대부분의 지역에서 (가), (나) 시기에 연 강수량의 절반 이상이 집중적으로 내린다.

① ㄱ, ㄴ ② ㄱ, ㄷ ③ ㄴ, ㄷ
④ ㄴ, ㄹ ⑤ ㄷ, ㄹ

[250~251] 지도는 우리나라에 영향을 주는 기단을 나타낸 것이다. 물음에 답하시오.

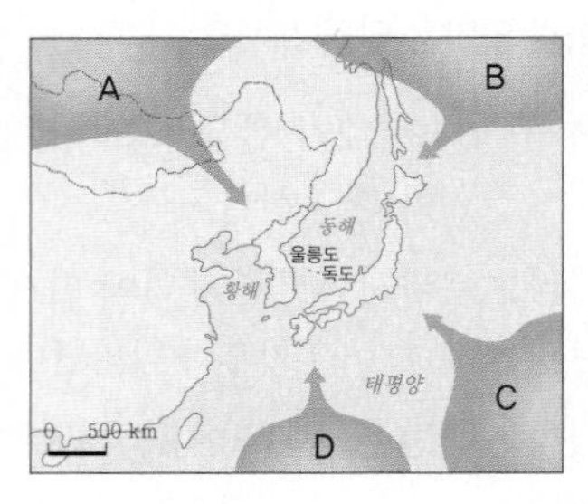

250

A~D 기단에 대한 옳은 설명을 〈보기〉에서 고른 것은?

[보기]
ㄱ. A 기단이 영향을 미칠 때 주로 남고북저형의 기압 배치가 나타난다.
ㄴ. B 기단의 발달로 인해 늦봄부터 초여름에 영서 지방에 높새바람이 분다.
ㄷ. C 기단의 확장으로 무더위와 열대야 현상이 나타난다.
ㄹ. D 기단의 영향을 받으면 습도가 낮고 맑은 날이 많다.

① ㄱ, ㄴ ② ㄱ, ㄷ ③ ㄴ, ㄷ
④ ㄴ, ㄹ ⑤ ㄷ, ㄹ

251

그래프와 같은 일기 변화에 가장 큰 영향을 미친 기단에 대한 설명으로 옳은 것은?

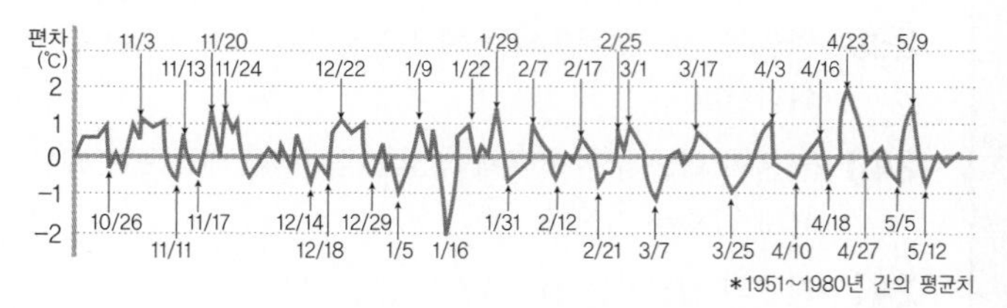

① A의 주기적인 성쇠 ② A의 일시적인 확장
③ 평소보다 빠른 B의 성장 ④ C의 성장으로 정체 전선 형성
⑤ D로부터 유입되는 공기의 증가

252

다음과 같은 기압 배치가 자주 나타나는 계절의 신문 기사 제목으로 가장 적절한 것은?

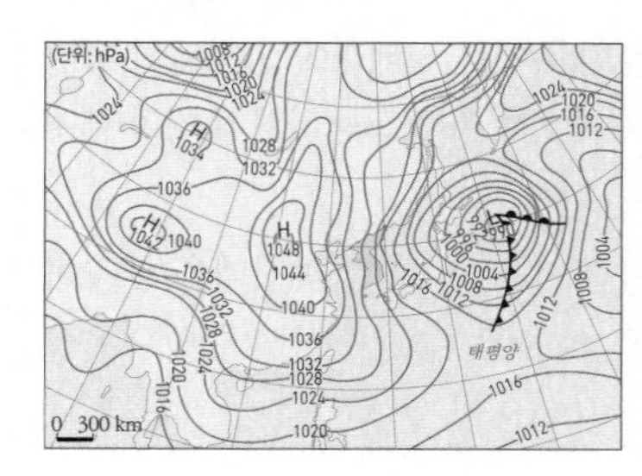

① 장마철 곳곳 침수 피해
② 폭설로 울상 짓는 호남
③ 해수욕장마다 넘치는 인파
④ 전국에서 벚꽃 축제 개막
⑤ 황금빛 물결이 출렁이고 있는 들녘

2. 기온, 강수, 바람의 특성

빈출

253

(가), (나)는 우리나라의 1월과 8월 평균 기온 분포를 나타낸 것이다. 이를 분석한 내용으로 옳지 않은 것은?

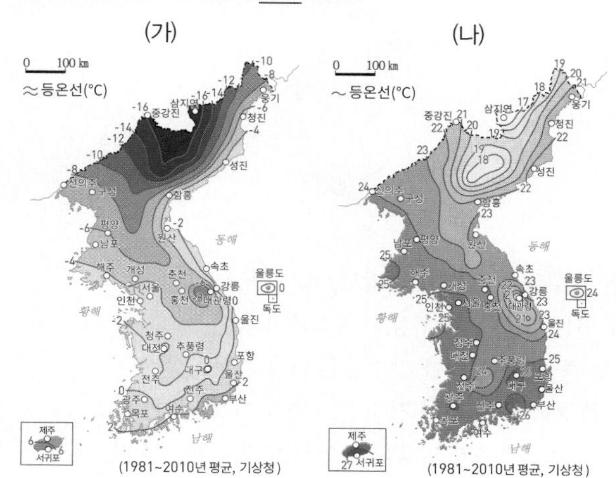

① 제주는 서울보다 기온의 연교차가 크다.
② 기온의 지역적 차이는 여름보다 겨울에 크다.
③ 중강진은 청진보다 대륙성 기후의 성격이 더 강하다.
④ 8월 평균 기온의 남북 간 지역 차는 약 10℃ 정도이다.
⑤ 비슷한 위도의 서해안은 동해안보다 1월 평균 기온이 낮다.

254

그래프는 비슷한 위도에 있는 세 도시의 1월과 8월 평균 기온을 나타낸 것이다. 이에 대한 옳은 설명을 〈보기〉에서 고른 것은? (단, (가)~(다)는 내륙, 동해안, 서해안에 위치함.)

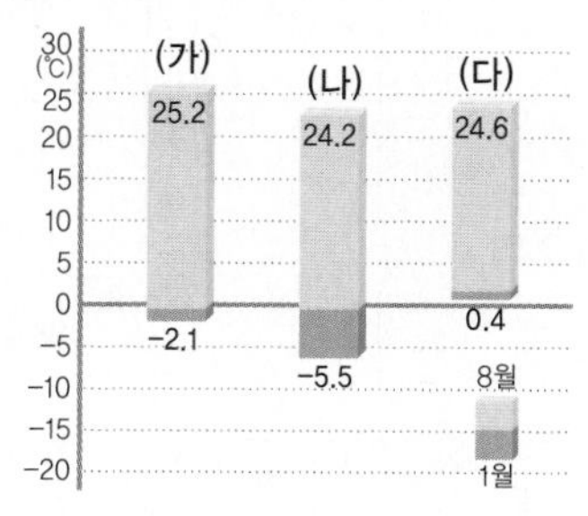

[보기]
ㄱ. 기온의 연교차는 (가)가 가장 크다.
ㄴ. 8월 기온은 내륙 지역이 해안 지역보다 높다.
ㄷ. (나)는 대륙성 기후의 특징이 가장 잘 나타난다.
ㄹ. (가)는 서해안, (다)는 동해안에 위치한 도시이다.

① ㄱ, ㄴ ② ㄱ, ㄷ ③ ㄴ, ㄷ
④ ㄴ, ㄹ ⑤ ㄷ, ㄹ

255

A~C 지역에 해당하는 기온 자료를 〈보기〉에서 고른 것은?

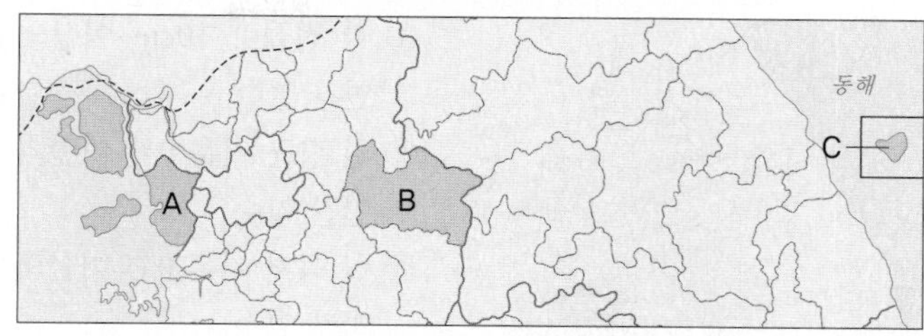

[보기]

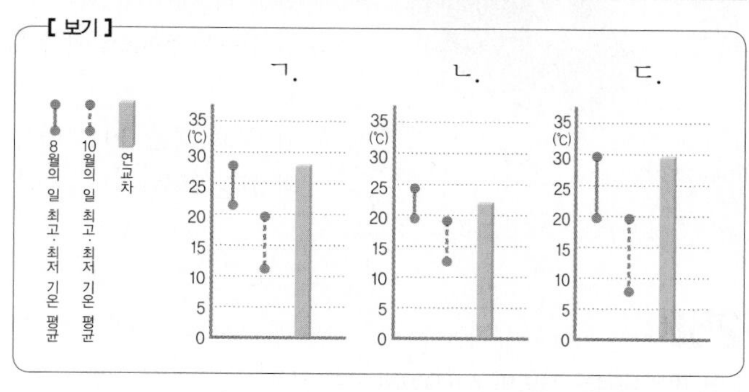

	A	B	C
①	ㄱ	ㄴ	ㄷ
②	ㄱ	ㄷ	ㄴ
③	ㄴ	ㄱ	ㄷ
④	ㄷ	ㄱ	ㄴ
⑤	ㄷ	ㄴ	ㄱ

256

A~C 지역에 대한 설명으로 옳지 않은 것은?

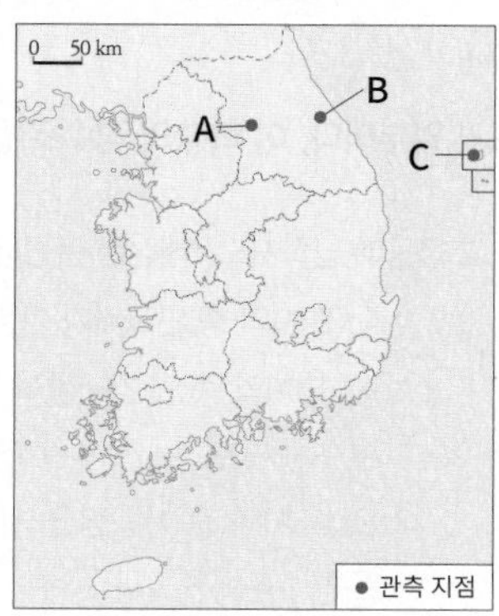

① 연 강수량은 B가 가장 많고, A가 가장 적다.
② 겨울 강수량은 C가 가장 많고, A가 가장 적다.
③ 기온의 연교차는 B > A > C 순으로 크게 나타난다.
④ 여름 강수 집중률은 A가 가장 높고, C가 가장 낮다.
⑤ 최난월 평균 기온은 A가 가장 높고, B가 가장 낮다.

분석 기출 문제

» 바른답·알찬풀이 23쪽

257

지도에서 표현하고 있는 기후 지표로 옳은 것은?

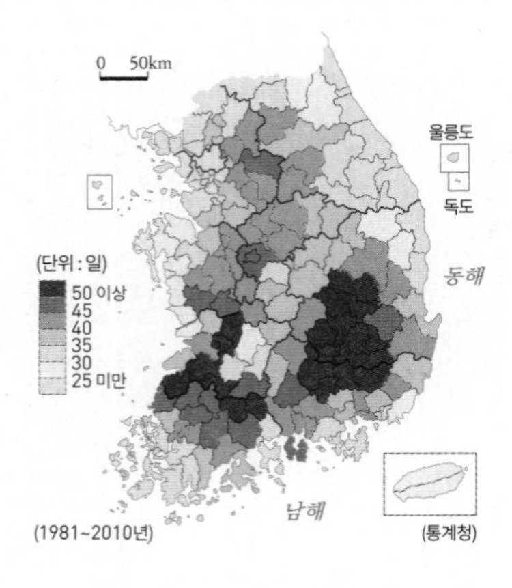

① 일 적설량 10cm 이상의 연간 일수
② 일 평균 기온 0℃ 미만의 연간 일수
③ 일 최저 기온 0℃ 미만의 연간 일수
④ 일 강수량 50mm 이상의 연간 일수
⑤ 일 최고 기온 30℃ 이상의 연간 일수

258

(가), (나) 지역을 지도의 A～D에서 고른 것은?

> (가) 바다를 지나온 북동 기류가 산맥에 부딪혀 눈을 내리는 지형성 강설에 의한 다설 지역이다.
> (나) 북서 계절풍이 바다를 지날 때 습기를 공급받은 후 육지에 상륙하면서 대설 현상이 나타나는 다설 지역이다.

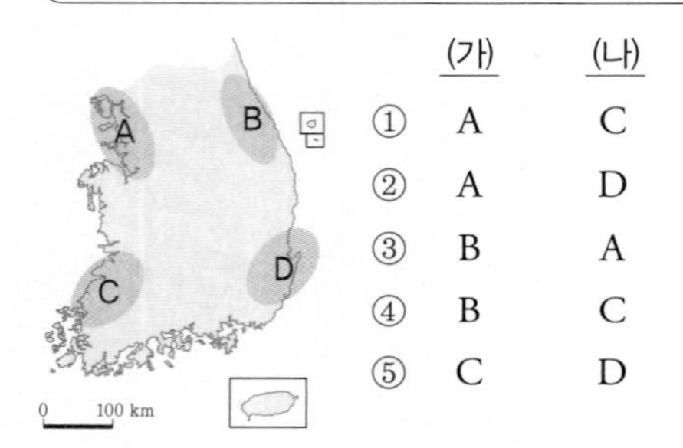

	(가)	(나)
①	A	C
②	A	D
③	B	A
④	B	C
⑤	C	D

259

다음은 수행 평가지의 일부이다. 이 학생의 점수로 옳은 것은?

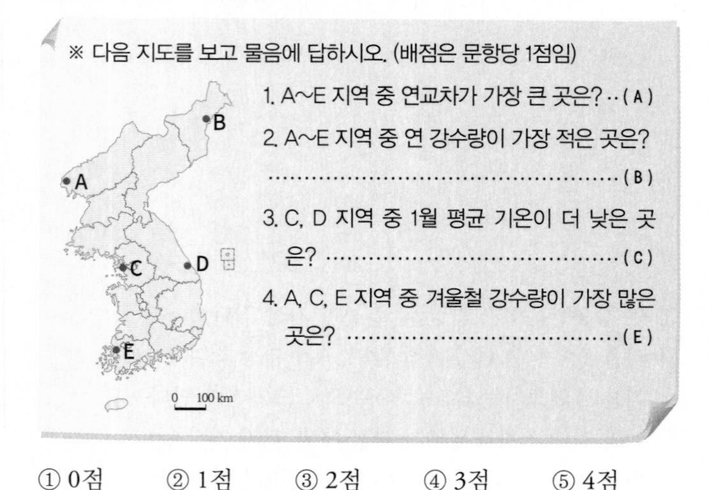

※ 다음 지도를 보고 물음에 답하시오. (배점은 문항당 1점임)

1. A～E 지역 중 연교차가 가장 큰 곳은? ‥ (A)
2. A～E 지역 중 연 강수량이 가장 적은 곳은? ………………………… (B)
3. C, D 지역 중 1월 평균 기온이 더 낮은 곳은? ………………………… (C)
4. A, C, E 지역 중 겨울철 강수량이 가장 많은 곳은? ………………………… (E)

① 0점 ② 1점 ③ 2점 ④ 3점 ⑤ 4점

260

빈출

A～D 지역의 강수 특성에 대한 설명으로 옳지 않은 것은?

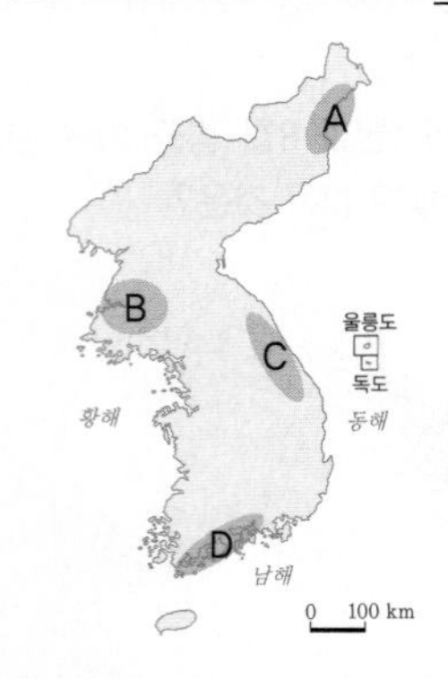

① 연 강수량은 C가 가장 많고, B가 가장 적다.
② A, B는 C보다 하계 강수 집중률이 높다.
③ 1년 중 태풍에 의한 강수량은 D가 가장 많다.
④ 여름 계절풍에 의한 강수량은 D가 가장 많다.
⑤ B는 상승 기류가 발생하기 어려워 강수량이 적다.

261

A～C 지역의 기후 특색을 그래프에 옳게 표현한 것은?

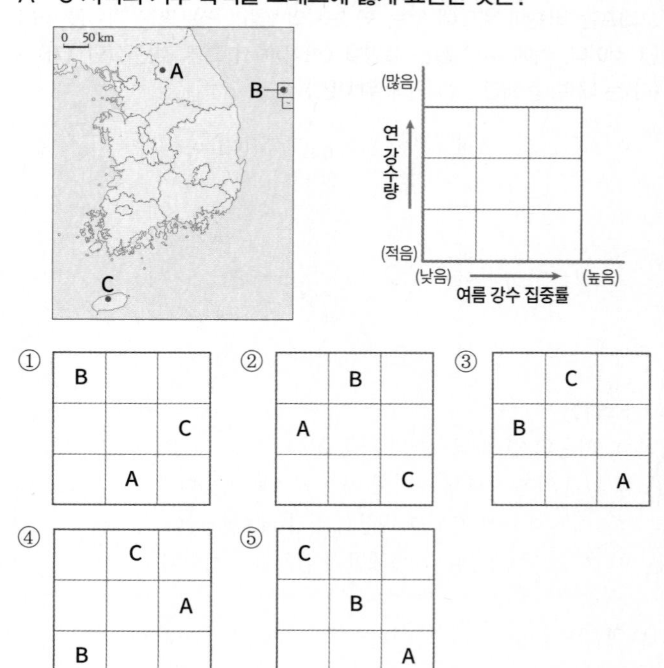

빈출

262

자료는 (가), (나) 시기의 바람 특성을 나타낸 것이다. 이에 대한 옳은 설명만을 〈보기〉에서 있는 대로 고른 것은? (단, (가), (나)는 1월, 7월 중 하나임.)

(가) (나)

울산 진주 창원 부산 통영

북 서 동 남 20 10(%) 10m/s 20m/s

풍향별 관측 횟수의 백분율(%)
— 풍향별 최대 풍속(m/s)

*1981~2010년의 평균값임
**그래프 중앙의 무풍은 바람이 없는 비율임

(기상청)

[보기]

ㄱ. 대기 중 습도는 (가)보다 (나) 시기에 더 높다.
ㄴ. 남고북저형 기압 배치는 주로 (가) 시기에 나타난다.
ㄷ. 난방은 (가) 시기에, 냉방은 (나) 시기에 주로 필요하다.
ㄹ. (가) 시기에는 북풍, (나) 시기에는 남풍 계열의 계절풍이 주로 분다.

① ㄱ, ㄴ ② ㄱ, ㄷ ③ ㄱ, ㄴ, ㄷ
④ ㄱ, ㄷ, ㄹ ⑤ ㄴ, ㄷ, ㄹ

263

그림과 같은 현상을 이용하여 설명할 수 있는 기후 현상으로 적절하지 않은 것은?

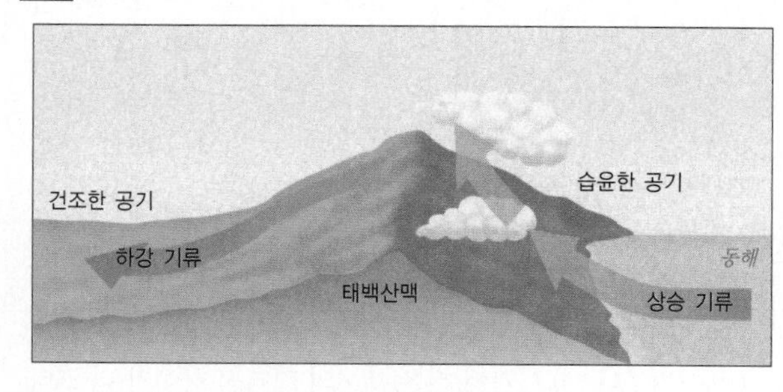

① 내륙에 위치한 분지의 여름철 기온이 높다.
② 분지에서 밤이나 새벽에 기온 역전 현상이 나타난다.
③ 영동 지방에 북동 기류의 영향으로 많은 눈이 내린다.
④ 늦봄에서 초여름 사이에 영서 지방이 고온 건조해진다.
⑤ 남해안 일부 지역이나 대관령 부근에 비가 많이 내린다.

1등급을 향한 서답형 문제

264

다음과 같은 지리적 특성으로 인해 나타나는 우리나라의 기후 특성을 서술하시오.

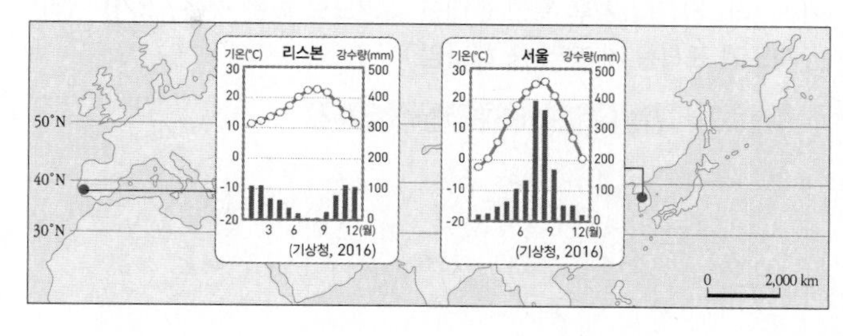

265

다음과 같은 일기도가 나타나는 시기의 기후 특징을 기온 및 습도와 관련지어 서술하시오.

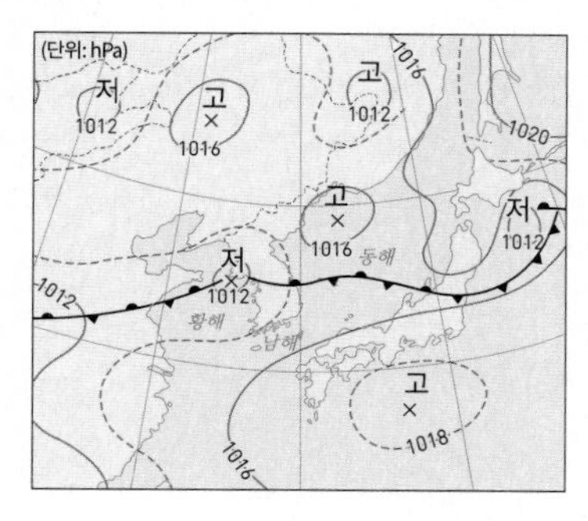

266

지도를 보고 우리나라 기온 분포의 특성을 두 가지 서술하시오.

▲ 우리나라의 연평균 기온 분포

적중 1등급 문제

≫ 바른답·알찬풀이 25쪽

267

(가)~(라) 지역의 기후 특성에 대한 설명으로 옳은 것은? ((가)~(라)는 지도에 표시된 네 지역 중 하나임.)

구분	(가)	(나)	(다)	(라)
최한월 평균 기온 (°C)	−1.5	−5.5	−7.7	1.4
기온의 연교차 (°C)	25.1	29.7	26.8	22.2
연 강수량 (mm)	826	1,405	1,898	1,383

*1981~2010년의 평년값임. (기상청)

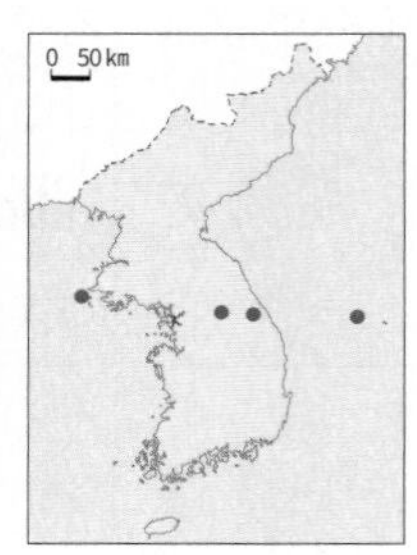

① (가)는 (나)보다 최난월 평균 기온이 높다.
② (나)는 (가)보다 여름 강수량이 많다.
③ (다)는 (나)보다 해발 고도가 낮다.
④ (다)는 (라)보다 겨울 강수량이 많다.
⑤ (라)는 (나)보다 연평균 기온이 낮다.

268

그래프는 지도에 표시된 세 지역의 기후 자료이다. (가)~(다) 지역에 대한 옳은 설명을 〈보기〉에서 고른 것은?

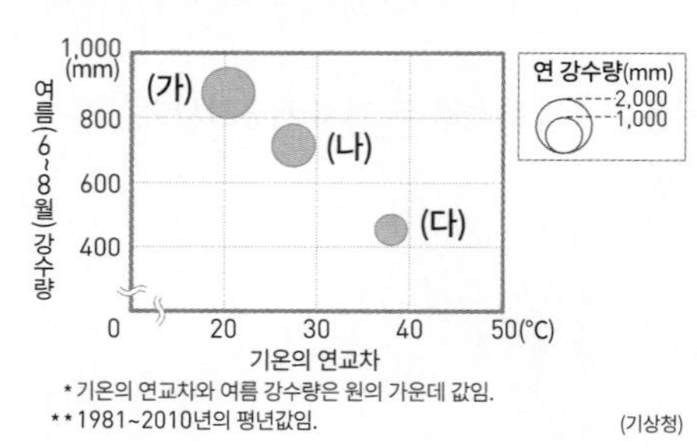

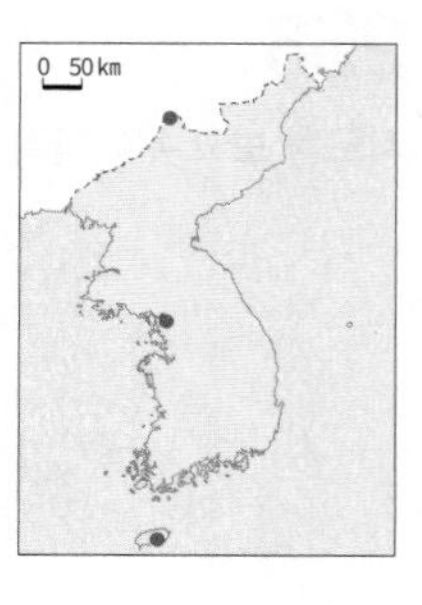

*기온의 연교차와 여름 강수량은 원의 가운데 값임.
**1981~2010년의 평년값임. (기상청)

[보기]
ㄱ. 여름 강수 집중률은 (다)보다 (가)가 높다.
ㄴ. 겨울 강수량은 (가)>(나)>(다) 순으로 많다.
ㄷ. (다)는 (가)보다 태풍과 장마의 영향을 크게 받는다.
ㄹ. (가)~(다) 지역의 위도는 (다)>(나)>(가) 순으로 높다.

① ㄱ, ㄴ ② ㄱ, ㄷ ③ ㄴ, ㄷ
④ ㄴ, ㄹ ⑤ ㄷ, ㄹ

269

그래프는 지도의 A~D 지역 중 세 지역의 기후 특성을 나타낸 것이다. A~D 지역에 대한 옳은 설명을 〈보기〉에서 고른 것은?

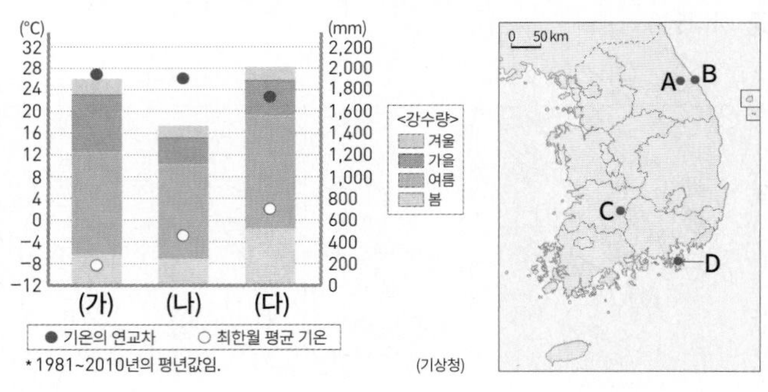

*1981~2010년의 평년값임. (기상청)

[보기]
ㄱ. (가)는 A, (나)는 C의 기후 특성이다.
ㄴ. C의 여름 강수 집중률은 A, D보다 높다.
ㄷ. A~D 지역 중 평균 해발 고도는 C가 가장 낮다.
ㄹ. A~D 모두 겨울 강수는 대부분 강설의 형태로 나타난다.

① ㄱ, ㄴ ② ㄱ, ㄷ ③ ㄴ, ㄷ
④ ㄴ, ㄹ ⑤ ㄷ, ㄹ

270

(가), (나)는 월평균 기온이 같은 지점을 연결한 등치선도이다. 이에 대한 옳은 설명을 〈보기〉에서 고른 것은? (단, (가), (나)는 1월, 8월 중 하나임.)

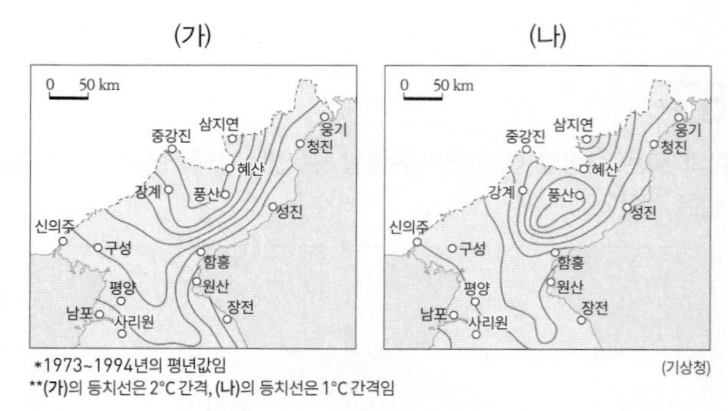

*1973~1994년의 평년값임 (기상청)
**(가)의 등치선은 2°C 간격, (나)의 등치선은 1°C 간격임

[보기]
ㄱ. (가) 시기에는 (나) 시기보다 강수량이 적다.
ㄴ. (가) 시기에는 주로 서고동저형의 기압 배치가 나타난다.
ㄷ. (가) 시기보다 (나) 시기에 기온 분포의 지역적 차이가 더 크다.
ㄹ. (가) 시기에는 남풍, (나) 시기에는 북풍 계열의 계절풍이 주로 분다.

① ㄱ, ㄴ ② ㄱ, ㄷ ③ ㄴ, ㄷ
④ ㄴ, ㄹ ⑤ ㄷ, ㄹ

271

㉠~㉤에 대한 설명으로 옳지 않은 것은?

주제: 바람의 유형과 발생 원리

해안 지방에 부는 ㉠ 해륙풍은 하루 동안 교대로 분다. 지표면의 온도가 해수면보다 빨리 올라가서 육지는 저기압이 되고 바다는 고기압이 되면 ㉡ 해풍이, 그 반대가 되면 ㉢ 육풍이 분다.

습윤한 바람이 바람받이 사면을 타고 충분히 상승하면 수증기가 응결하면서 ㉣ 비가 내린다. 이후 산을 넘은 공기가 바람그늘 사면을 따라 하강할 때는 고온 건조한 성질의 바람으로 변화한다. 이러한 현상의 사례로 ㉤ 높새바람이 있다.

① ㉠은 육지와 바다의 비열 차에 의해서 발생한다.
② ㉡은 낮에, ㉢은 밤에 주로 부는 바람이다.
③ ㉡에 비해 ㉢의 바람이 훨씬 강하게 분다.
④ ㉣은 대표적인 지형성 강수의 사례이다.
⑤ ㉤이 불면 영동 지방보다 영서 지방의 기온이 높아진다.

272

지도는 강수량 분포를 나타낸 것이다. 이에 대한 옳은 설명을 〈보기〉에서 고른 것은? (단, (가), (나)는 1월과 8월의 강수량 분포 중 하나임.)

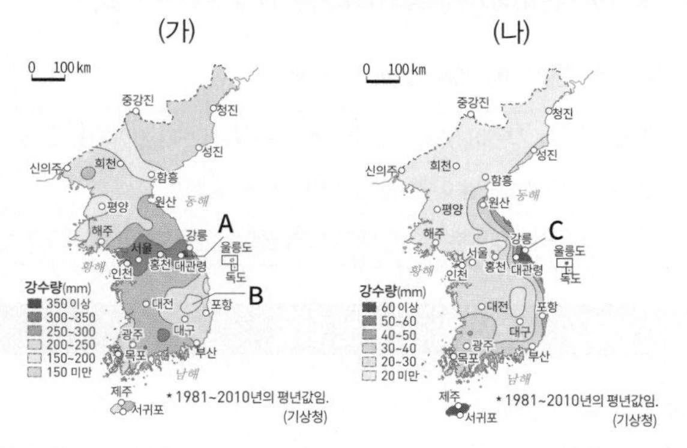

[보기]

ㄱ. A는 강한 일사에 의한 상승 기류 발생으로 강수량이 많다.
ㄴ. B는 저평한 지역으로 지형성 강수가 발생하지 않아 강수량이 적다.
ㄷ. C는 비슷한 위도의 인천보다 기온의 연교차가 작다.
ㄹ. A는 C보다 연 강수량과 겨울 강수량이 모두 많다.

① ㄱ, ㄴ　② ㄱ, ㄷ　③ ㄴ, ㄷ
④ ㄴ, ㄹ　⑤ ㄷ, ㄹ

273

지도는 두 시기의 풍향과 풍속을 나타낸 것이다. (가), (나) 시기에 대한 옳은 설명을 〈보기〉에서 고른 것은? (단, (가), (나)는 1월, 7월 중 하나임.)

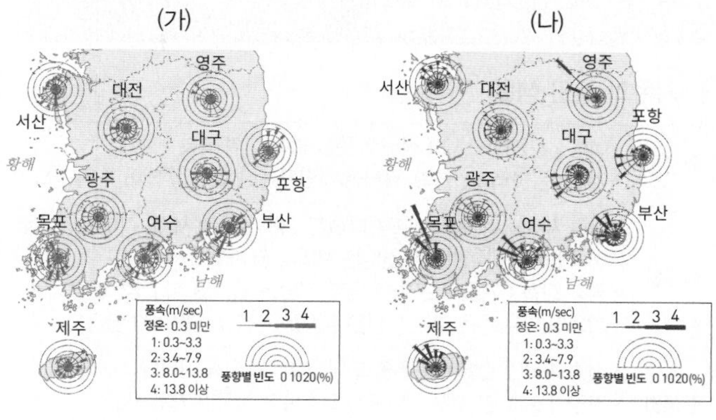

[보기]

ㄱ. 부산은 두 시기 모두 남동풍이 우세하다.
ㄴ. 1월에 제주는 전국에서 풍속이 가장 빠르다.
ㄷ. 목포는 여름보다 겨울철에 풍속이 더 빠르다.
ㄹ. 대구와 포항의 풍향의 유사성은 7월보다 1월에 더 크다.

① ㄱ, ㄴ　② ㄱ, ㄷ　③ ㄴ, ㄷ
④ ㄴ, ㄹ　⑤ ㄷ, ㄹ

274

그래프는 (가)~(라) 지역의 기후 특성을 나타낸 것이다. 이에 대한 설명으로 옳은 것은? (단, (가)~(라)는 지도에 표시된 A~D 지역 중 하나임.)

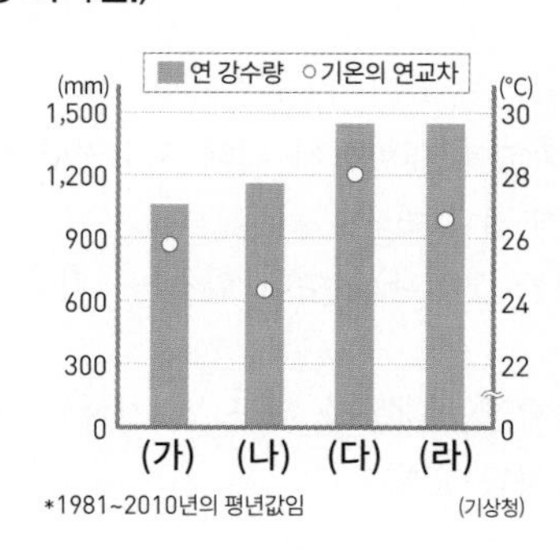

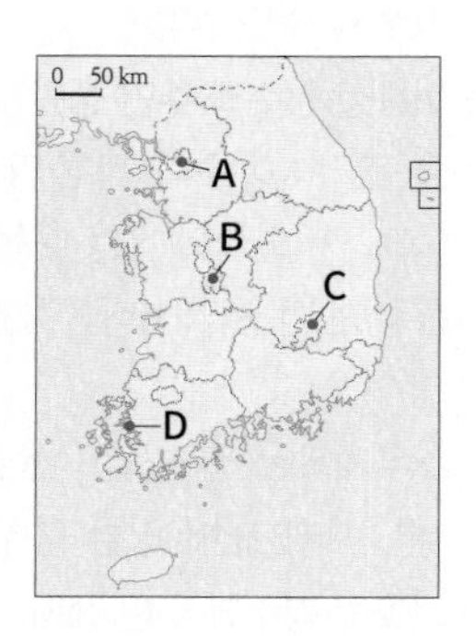

① (가)는 C, (다)는 B이다.
② (다)는 (가)보다 위도가 낮다.
③ (가)는 (라)보다 최한월 평균 기온이 높다.
④ (나)는 (다)보다 여름 강수 집중률이 높다.
⑤ (라)는 (다)보다 최한월 평균 기온이 낮다.

07 기후와 주민 생활

Ⅲ 기후 환경과 인간 생활

✓ 출제 포인트 ✓ 지역별 가옥 구조 ✓ 강수 및 바람과 관련된 시설 비교

1. 기후 특성과 주민 생활

1 기온과 주민 생활

의생활	• 여름 : 시원한 모시나 삼베로 옷을 입어 더위 극복 • 겨울 : 동물의 털, 가죽·목화에서 얻은 솜으로 옷을 입어 추위 극복
식생활	• 작물 재배 : 여름에는 고온 다습한 기후 환경에서 잘 자라는 벼 재배, 겨울에는 추위를 잘 견디는 보리나 밀 재배 • 김장 문화 : 겨울이 온화한 남부 지방은 김치를 짜고 맵게 담그며, 겨울이 매우 추운 북부 지방은 김치를 싱겁고 담백하게 담금
주생활	• 전통 가옥인 한옥에는 온돌과 대청마루가 함께 나타남 • 겨울이 춥고 긴 북부 지방으로 갈수록 폐쇄적인 가옥 구조 • 여름이 무덥고 긴 남부 지방으로 갈수록 개방적인 가옥 구조

자료 **지역별 전통 가옥 구조** 57쪽 291번 문제로 확인

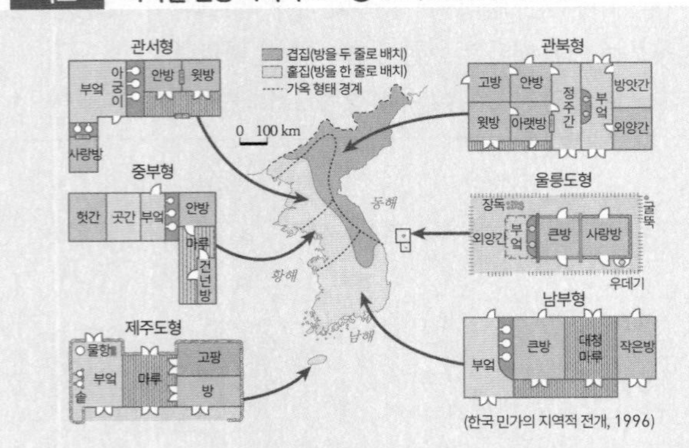

분석 관북 지방은 겨울이 매우 춥기 때문에 정주간을 두고 방을 겹으로 배치하여 열 손실을 줄였다. 정주간은 부엌과 방 사이에 벽이 없는 공간으로, 부엌에서 발생하는 온기를 활용하였다. 중부 및 남부 지방은 여름 더위를 극복하기 위해 바닥과 사이를 띄우고 나무판을 깔아 만든 대청마루를 설치하였다. 제주도는 난방과 취사가 분리되어 아궁이의 방향이 벽쪽을 향하고 있다. 울릉도는 우리나라의 최다설지이므로 방설벽인 우데기를 설치하여 눈이 많이 쌓였을 때도 생활 공간을 확보하고자 하였다.

2 강수와 주민 생활

(1) 여름철 강수와 주민 생활

① 물 관리 : 홍수나 가뭄의 피해에 대비하기 위해 저수지나 보 축조 → 오늘날에는 다목적 댐 건설

② 홍수 빈번 지역 : 터돋움집을 짓거나 피수대 설치 → 가옥의 침수 방지

③ 소우지와 산업 발달 : 천일제염업(대동강 하구 및 서해안 일대), 사과 재배(영남 북부 내륙 지방)

(2) 겨울철 강수와 주민 생활

① 다설지 : 강원 산간 지역은 설피나 발구를 활용하여 이동, 울릉도에서는 가옥 내에서 이동과 활동이 이루어질 수 있는 공간을 확보하기 위해 우데기 설치

② 관광 자원으로 활용 : 스키장 건설(강원도 대관령 일대, 전라북도 무주 등), 눈 축제(태백, 대관령 등)

3 바람과 주민 생활

(1) 계절풍의 영향 고온 다습한 여름 계절풍의 영향으로 벼농사 발달, 한랭한 겨울 계절풍을 피하고 충분한 일사량을 확보하기 위한 남향의 배산형 마을 입지

(2) 바람과 전통 가옥

제주도	지붕의 경사를 완만하게 하고 줄을 엮어 강풍에 대비, 집의 입구에 돌담으로 쌓은 올레를 두어 바람을 약화시킴
황해의 섬 지방	차가운 겨울바람을 극복하기 위한 'ㄷ'자 형태의 가옥, 마당에 지붕을 덮기도 함
호남 지방	까대기를 설치하여 바람과 눈이 들어오는 것을 막음

자료 **바람과 주민 생활** 58쪽 294번 문제로 확인

▲ 제주도 전통 가옥

▲ 풍력 발전 단지

▲ 방풍벽

분석 제주도는 지붕을 그물처럼 엮어 강한 바람에 대비하였다. 바람이 강하게 부는 산지나 해안 지역에는 풍력 발전 단지를 조성해 전력 생산에 이용하기도 한다. 운전자 보호를 위해 도로변에 방풍벽을 설치한다.

4 국지 기후와 주민 생활

(1) 도시 열섬 현상

의미	도심의 기온이 주변의 교외 지역보다 높게 나타나는 현상
원인	녹지 감소 및 지표의 포장 면적 증가, 인공 열 방출량 증가 등
영향	도심의 기온 상승, 상대 습도 감소, 일사량 및 풍속 감소 등

(2) 기온 역전 현상 59쪽 299번 문제로 확인

의미	지표 부근의 기온이 낮아져 상층부로 갈수록 기온이 높아지는 현상
원인	맑고 바람이 없는 날 야간, 분지 지형에서 잘 발생함
영향	분지 내 농작물의 냉해 발생, 대기 오염 물질의 정체에 의한 스모그 현상

2. 기후가 경제생활에 끼친 영향

1 날씨와 경제생활

(1) 계절 상품을 생산하는 업체 원자재 구매, 생산 및 출고량 조절, 제품 진열, 광고 등에 기상 정보 활용

(2) 스포츠 산업 봄에는 축구·야구 등의 스포츠용품 판매 증가, 겨울에는 스키용품의 판매 증가

2 기후와 경제생활 60쪽 301번 문제로 확인

농업 활동	여름철 고온 다습한 기후는 벼농사에 유리, 여름이 서늘한 대관령 일대는 초지를 조성하여 목축업 및 고랭지 농업 발달
지역 축제	기후 특색을 활용한 지역 축제 개최 예 진해 군항제(벚꽃 축제)

분석 기출 문제

» 바른답·알찬풀이 27쪽

핵심 개념 문제

•• 빈칸에 들어갈 알맞은 말을 쓰시오.

275 우리나라는 (　　　　)철에 고온 다습한 기후가 나타나 벼의 성장에 유리하게 작용하였다.

276 우리나라는 여름철이 덥고 습해 음식이 쉽게 변질되기 때문에 젓갈과 같은 (　　　　) 식품이 발달하였다.

277 울릉도는 겨울철에 많은 눈이 내리는 것에 대비하여 가옥에 방설벽인 (　　　　)을/를 설치하였다.

278 대동강 하구를 비롯한 서해안 일대는 일조량이 풍부해 (　　　　)이/가 발달하였다.

279 (　　　　) 현상은 지표면 가까이에 있는 대기의 기온이 급격히 낮아져 상층으로 갈수록 기온이 높아지는 현상이다.

•• 각 지역별 특징적인 가옥 구조를 바르게 연결하시오.

280 관북 지방 •　　　　• ㉠ 겹집 구조, 정주간

281 남부 지방 •　　　　• ㉡ 온돌이 없는 가옥, 고팡

282 제주도 •　　　　• ㉢ 대청마루, 개방적 가옥

•• ㉠~㉣ 중 알맞은 것을 고르시오.

283 우리나라의 전통 가옥은 북부 지방으로 갈수록 (㉠ 폐쇄적, ㉡ 개방적)인 구조가 나타난다.

284 겨울이 추운 북부 지역은 김치가 (㉠ 싱겁고, ㉡ 맵고) 고춧가루를 적게 사용하며, 김장 시기가 (㉢ 빠르다, ㉣ 느리다).

285 강수량이 (㉠ 많은, ㉡ 적은) 지역에서는 터돋움집을 짓거나 피수대를 만들었다.

286 도시 열섬 현상이 나타나면 상대 습도와 평균 풍속은 (㉠ 감소, ㉡ 증가)하고, 기온과 구름의 양은 (㉠ 감소, ㉡ 증가)한다.

•• 다음 내용이 옳으면 ○표, 틀리면 ×표를 하시오.

287 우리나라는 계절별 강수량 변동이 매우 크게 나타나 저수지와 보 등을 축조해 가뭄과 홍수에 대비하였다. (　　)

288 일교차가 크고 강수량이 풍부한 영남 내륙 지역은 사과를 비롯한 과일 재배에 유리하다. (　　)

289 강한 바람이 불어오는 대관령과 같은 고지대나 해안 지역에서는 조력 발전을 통해 전력 생산에 이용하기도 한다. (　　)

1. 기후 특성과 주민 생활

290

㉠~㉤에 대한 설명으로 옳지 않은 것은?

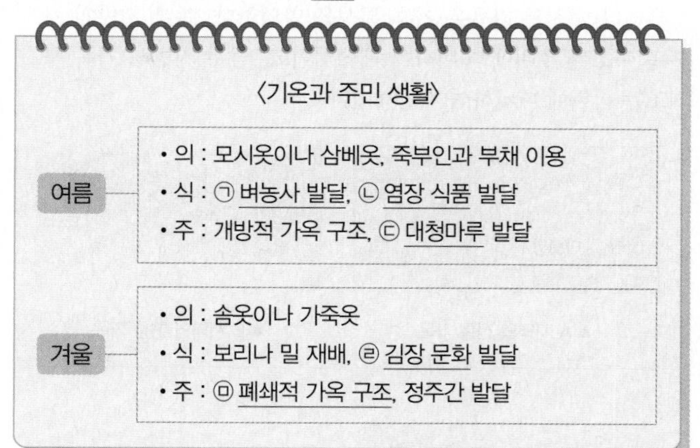

① ㉠ - 덥고 습한 날씨가 벼의 성장에 유리하게 작용한다.
② ㉡ - 음식이 쉽게 변질되는 것을 방지한다.
③ ㉢ - 통풍이 잘 되고 지면으로부터 습기를 차단한다.
④ ㉣ - 북쪽으로 갈수록 김장 시기가 느려진다.
⑤ ㉤ - 방을 두 줄로 배치하여 실내 온기를 유지한다.

빈출 **291**

한국지리 수업 장면에서 교사의 질문에 옳게 대답한 학생을 고른 것은?

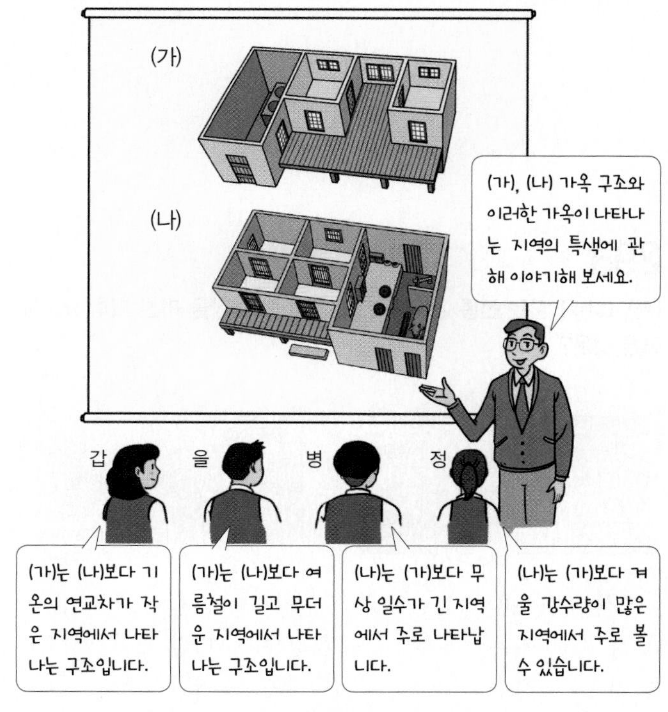

① 갑, 을　② 갑, 병　③ 을, 병　④ 을, 정　⑤ 병, 정

292

다음은 전통 가옥에 대한 설명이다. A, B 두 지역의 상대적인 특징을 비교할 때 (가), (나)에 들어갈 항목으로 옳은 것은?

> 우리나라 전통 가옥은 기후 특성을 반영한다. 북부 지방의 가옥 구조는 추위에 대비하여 폐쇄적이고, 남부 지방의 가옥 구조는 더위에 대비하여 개방적이다.
>
> 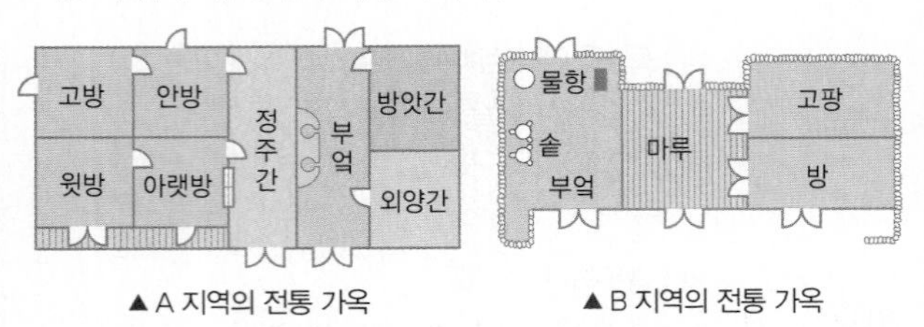
>
>
> ▲ A 지역의 전통 가옥　　▲ B 지역의 전통 가옥

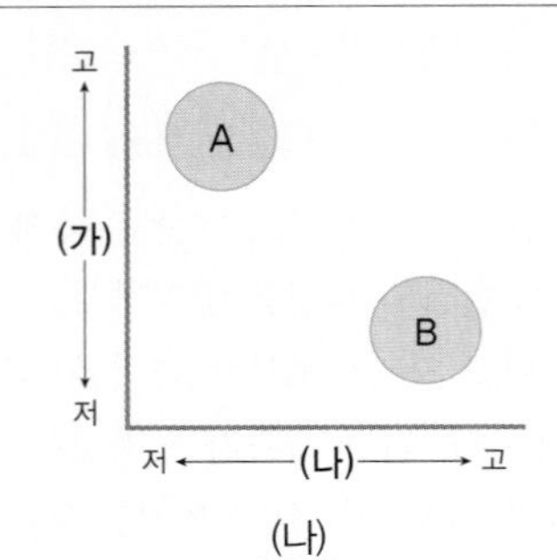

	(가)	(나)
①	무상 일수	결빙 일수
②	무상 일수	서리 일수
③	열대야 일수	서리 일수
④	열대야 일수	기온의 연교차
⑤	기온의 연교차	최한월 평균 기온

293

(가), (나)와 같은 전통 가옥 구조에 가장 큰 영향을 미친 기후 요소를 고른 것은?

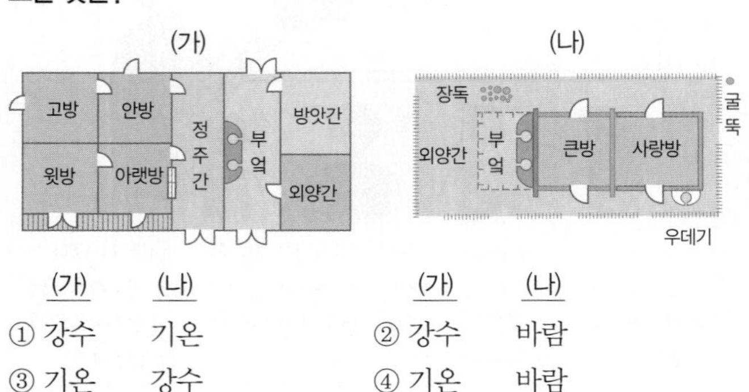

	(가)	(나)
①	강수	기온
②	강수	바람
③	기온	강수
④	기온	바람
⑤	바람	강수

294 (빈출)

(가), (나) 전통 가옥에 대한 옳은 설명을 〈보기〉에서 고른 것은?

(가)

(나)

[보기]

ㄱ. (가)는 많은 눈에 대비하기 위한 구조이다.
ㄴ. (가)는 흙이나 돌로 땅을 돋은 후 집을 짓는다.
ㄷ. (나)에는 온돌과 같은 난방 시설이 없다.
ㄹ. (나)에 가장 큰 영향을 준 기후 요소는 겨울철 강수량이다.

① ㄱ, ㄴ　② ㄱ, ㄷ　③ ㄴ, ㄷ
④ ㄴ, ㄹ　⑤ ㄷ, ㄹ

295

다음은 희수가 수업 시간에 정리한 내용이다. 이에 대한 옳은 설명을 〈보기〉에서 고른 것은?

> 〈기후가 인간 생활에 영향을 미친 사례〉
>
> 1. ___(가)___ 의 영향
> : 관북 지방에서는 ㉠ '田'자형 가옥 구조가 나타나며, 방과 부엌 사이에 부엌의 온기를 이용할 수 있는 공간이 있으며, 겨울에 거실 역할을 하였다.
>
> 2. ___(나)___ 의 영향
> : ㉡ 제주의 가옥에서는 새끼줄로 지붕을 엮어 놓은 것을 볼 수 있으며, 집 둘레에는 돌담을 쌓았다.

[보기]

ㄱ. (가)에는 '바람', (나)에는 '강수'가 들어갈 수 있다.
ㄴ. ㉠은 더위보다는 추위를 극복하기 위한 구조이다.
ㄷ. ㉡은 난방의 필요성이 작아 구들이 나타나지 않는다.
ㄹ. ㉠은 ㉡보다 폐쇄적인 구조를 갖고 있다.

① ㄱ, ㄴ　② ㄱ, ㄷ　③ ㄴ, ㄷ
④ ㄴ, ㄹ　⑤ ㄷ, ㄹ

빈출
296

지도에 표시된 지역에서 다음과 같은 산업이 발달하게 된 요인을 조사할 때, 조사 항목으로 가장 적절한 것은?

① 무상 일수 ② 연 강수량 ③ 최심 적설량
④ 기온의 연교차 ⑤ 최한월 평균 기온

297

(가), (나) 바람이 주민 생활에 미친 영향에 대한 설명으로 옳지 않은 것은? (단, (가), (나)는 1월, 8월의 바람 특징 중 하나임.)

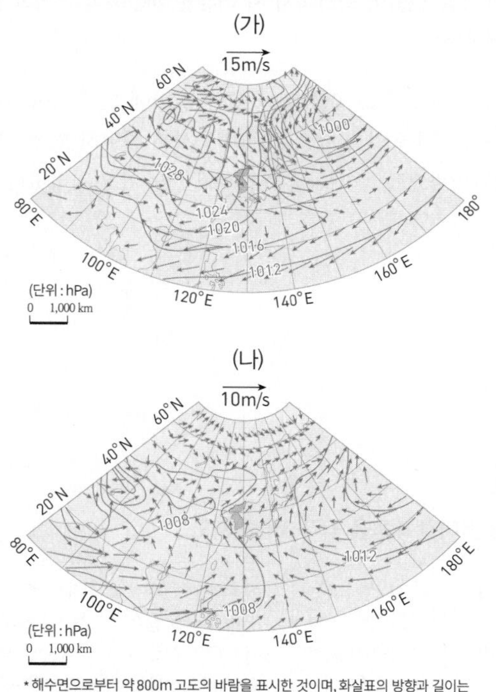

* 해수면으로부터 약 800m 고도의 바람을 표시한 것이며, 화살표의 방향과 길이는 각각 풍향과 풍속을 나타냄

① (가) 바람이 부는 계절에는 냉방이 필요하다.
② (가) 바람은 (나)에 비해 건조한 것이 특징이다.
③ 연 강수량 중 절반에 가까운 강수가 (나)와 관련이 있다.
④ (나) 바람이 부는 계절에는 농업이 활발하게 이루어진다.
⑤ 전통 가옥 중 폐쇄적인 가옥 구조에 영향을 미친 바람은 (가)이다.

298

㉠~㉤ 중 옳지 않은 것은?

> 도시 중심부는 자동차나 각종 건물 등에서 배출되는 대기 오염 물질이 상공을 덮고 있어, 이것이 마치 온실의 유리와 같은 역할을 하여 ㉠ 온실 효과를 심화시킨다. 또한 자동차나 냉·난방 기구 등으로부터 인공 열이 많이 발생하고, 지표면을 뒤덮고 있는 ㉡ 아스팔트나 콘크리트가 태양 에너지를 많이 흡수하여 도시의 중심부는 주변부에 비해 기온이 높게 나타나는데, 이를 ㉢ 열섬 현상이라고 한다. 일반적으로 도시 열섬 현상이 나타나는 곳은 ㉣ 상대 습도와 평균 풍속이 증가한다. 또한 같은 도시에서도 ㉤ 여름보다는 겨울에, 흐린 날보다는 맑은 날에 뚜렷하게 나타나는 경향을 보인다.

① ㉠ ② ㉡ ③ ㉢ ④ ㉣ ⑤ ㉤

빈출
299

㉠~㉣에 대한 옳은 설명을 〈보기〉에서 고른 것은?

> 이 현상이 ㉠ 자주 발생하는 때에는 기온이 낮아 상쾌하게 느껴지지만 실제로 ㉡ 하루 중 오염 물질의 농도가 가장 높다. 이 현상이 발생하면 ㉢ 교통 사고의 발생률이 증가하기도 하며, 농작물의 냉해 및 상해가 발생하기도 한다. 그래서 사람들은 이를 해결하기 위해 ㉣ 인위적인 시설을 설치하기도 한다.

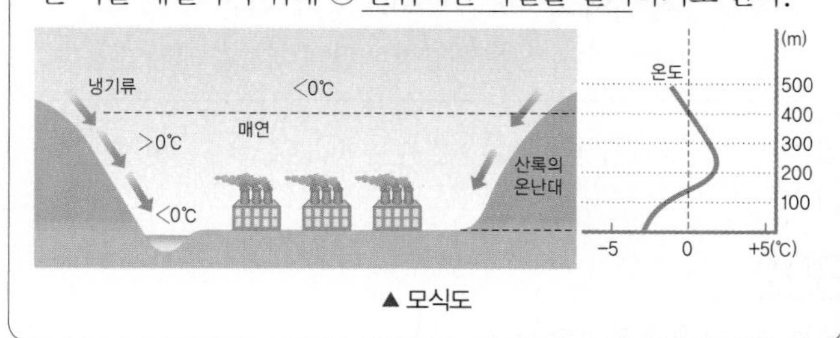

▲ 모식도

[보기]

ㄱ. ㉠ – 흐리고 바람이 없는 날에 자주 발생한다.
ㄴ. ㉡ – 대기의 상태가 안정적으로 정체되기 때문에 나타난다.
ㄷ. ㉢ – 이 현상이 지형성 강수를 유발하기 때문이다.
ㄹ. ㉣ – 밭에 바람개비를 사용하는 경우가 좋은 예이다.

① ㄱ, ㄴ ② ㄱ, ㄷ ③ ㄴ, ㄷ
④ ㄴ, ㄹ ⑤ ㄷ, ㄹ

2. 기후가 경제생활에 끼친 영향

300

다음과 같은 일기도가 자주 나타나는 계절의 주민 생활 모습으로 가장 적절한 것은?

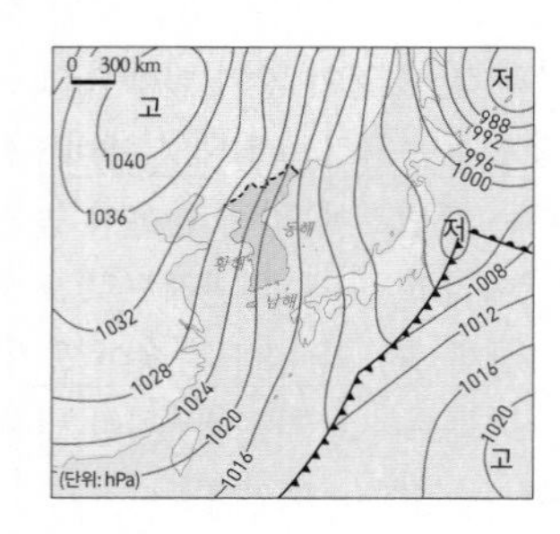

① 논을 평평하게 갈고 물을 댄 다음 모내기를 한다.
② 개울에서 물고기를 잡아 동네 사람들과 천렵을 즐긴다.
③ 홍수가 발생하여 논이 침수되지 않도록 배수로 관리에 힘쓴다.
④ 마당에 내린 눈을 쓸고 비닐하우스가 무너지지 않도록 대비한다.
⑤ 고온 건조한 동풍이 불면서 농작물이 말라죽지 않도록 자주 둘러본다.

빈출 301

㉠, ㉡ 시기에 대한 옳은 설명을 〈보기〉에서 고른 것은?

편의점에서 판매하는 다양한 식품들은 기온에 따라 많이 팔리는 제품이 달라진다. (㉠)에는 생수, 스포츠 음료, 얼음컵 음료 등이 잘 팔리지만, (㉡)에는 따뜻한 커피가 잘 팔리고 호빵이 진열된다.

[보기]
ㄱ. ㉠ 시기 대관령 일대에서는 고랭지 채소를 재배한다.
ㄴ. ㉡ 시기는 잦은 집중 호우로 습도가 매우 높다.
ㄷ. ㉠은 ㉡에 비해 기온의 지역 차가 크지 않다.
ㄹ. ㉠은 대륙성 기단, ㉡은 해양성 기단의 영향을 크게 받는다.

① ㄱ, ㄴ ② ㄱ, ㄷ ③ ㄴ, ㄷ ④ ㄴ, ㄹ ⑤ ㄷ, ㄹ

302

㉠에 들어갈 물품을 고른 것은?

장마 전선이 남부 지역에 머물 때 중·북부 지역은 오호츠크해 기단의 영향으로 맑은 날이 지속된다. 이후 장마 전선이 북상하면 남부 지역은 북태평양 기단의 영향을 받게 되어 (㉠)의 판매가 증가한다.

① 우산 ② 장갑 ③ 장화
④ 제습제 ⑤ 아이스크림

1등급을 향한 서답형 문제

303

㉠에 들어갈 (가), (나)의 특징을 남부 지방과 북부 지방의 기온과 관련하여 서술하시오.

우리나라는 추운 겨울철에 신선한 채소를 구하기 어려워 김장 문화가 발달하였다. 김장을 담그는 시기와 김치의 맛은 남부 지방과 북부 지방이 차이가 있었는데, ______㉠______.

(가)

(나)

304

㉠, ㉡의 생활 모습이 나타나게 된 이유를 계절풍의 특성과 관련지어 각각 서술하시오.

계절풍은 우리나라 주민들의 생활 전반에 많은 영향을 주었다. 여름 계절풍의 영향으로 ㉠ 벼농사가 발달하였고, 겨울 계절풍의 영향으로 ㉡ 배산임수 지역에 마을이 입지하였다.

305

㉠, ㉡에 들어갈 내용을 각각 서술하시오.

강수 특성과 관련된 주민 생활을 발표해 볼까요?

눈이 많이 오는 강원 산간 지역은 스키장을 건설하였습니다.

울릉도에서는 우데기라는 시설을 볼 수 있습니다. 이러한 시설이 필요한 이유는 ______㉠______ 때문입니다.

경북 내륙 지방에서는 사과를 많이 재배하는데, 이러한 산업이 발달한 이유는 ______㉡______ 때문입니다.

적중 1등급 문제

» 바른답·알찬풀이 28쪽

306

㉠~㉤ 중 옳지 않은 것은?

> 비가 많이 내리는 지역에서는 일찍이 ㉠ 저수지나 보를 만들었으며, 오늘날 ㉡ 다목적 댐을 만들어 홍수와 가뭄에 대비하고 있다. 강수가 적은 지역은 긴 일조 시수를 이용하여 ㉢ 천일제염업이나 사과 재배가 이루어진다. 바람의 영향을 많이 받는 제주도에서는 ㉣ 지붕 경사를 완만히 하고 그물망을 엮어 강풍에 대비하였고, 호남 해안 지역에서는 ㉤ 터돈움집을 지어서 강풍과 대설에 대비하였다.

① ㉠　② ㉡　③ ㉢　④ ㉣　⑤ ㉤

307

㉠~㉣에 대한 옳은 설명만을 〈보기〉에서 있는 대로 고른 것은?

> **주제 : 우리나라의 국지 기후**
> - ㉠ 기온 역전 현상 : 분지에서는 복사 냉각이 활발하게 일어날 경우, 지표면이 식으면서 하층의 기온이 급격히 낮아지고 상층으로 갈수록 기온이 높아진다. ㉡ 기온 역전층이 형성되면 차가운 공기가 축적되어 저온에 따른 농작물 피해가 나타나기도 한다.
> - 도시 기후 : 도시 지역에서는 빗물이 땅속으로 제대로 흡수되지 못하고 대부분 지표로 유출되며, ㉢ 포장된 지표 면적이 넓어 주변 농촌에 비해 도시 내부의 기온이 많이 상승한다. 최근에는 ㉣ 도시 지역의 기후 환경을 개선하기 위한 노력이 이루어지고 있다.

[보기]

ㄱ. ㉠은 분지 바닥에 있는 식생이나 농작물 등에 피해를 준다.
ㄴ. ㉡은 낮보다는 밤에 주로 형성된다.
ㄷ. ㉢은 강수 시 빗물이 도시 하천으로 유입되는 것을 막아 홍수 예방에 도움이 된다.
ㄹ. ㉣을 통해 기온을 낮추고 상대 습도를 높이는 효과를 기대할 수 있다.

① ㄱ, ㄴ　② ㄴ, ㄷ　③ ㄷ, ㄹ
④ ㄱ, ㄴ, ㄹ　⑤ ㄴ, ㄷ, ㄹ

308

(가)에서 (나)까지의 기간에 대한 설명으로 옳지 않은 것은? (단, (가), (나)는 서리가 내린 첫날과 서리가 내린 마지막 날 중 하나임.)

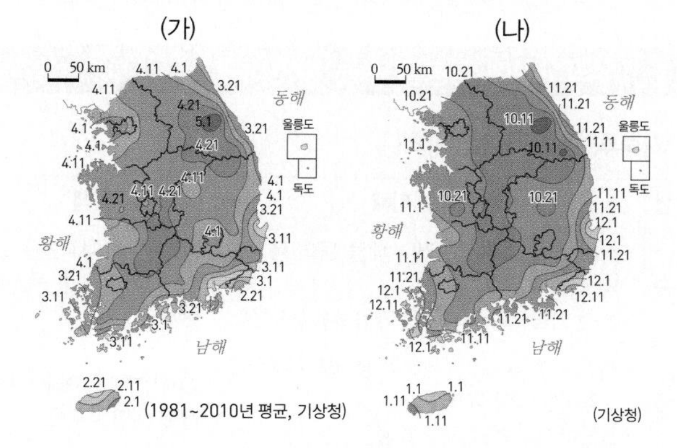

① 고위도로 갈수록 이 기간이 길어진다.
② 연 강수량의 절반 이상이 이 기간에 집중된다.
③ 이 기간에는 해양성 기단의 영향을 오랫동안 받는다.
④ 이 기간은 작물의 재배 가능 기간과 대체로 일치한다.
⑤ 동위도에서는 동해안보다 서해안에서 이 기간이 더 짧다.

309

(가), (나) 전통 가옥 구조가 나타나는 지역의 상대적 기후 특징을 나타낸 그림에서 A~C에 들어갈 항목으로 옳은 것은?

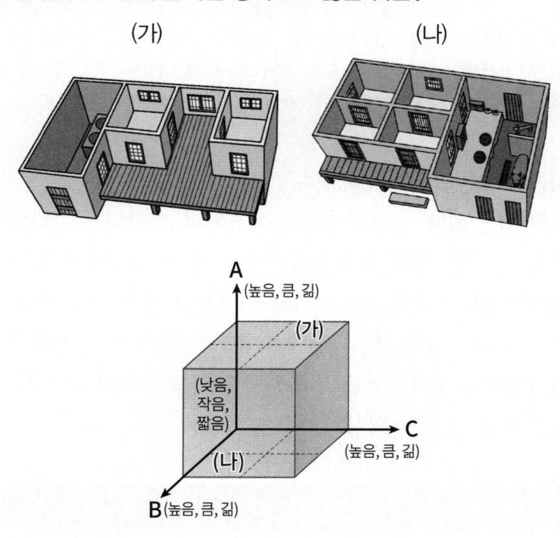

	A	B	C
①	무상 일수	연 강수량	최한월 평균 기온
②	무상 일수	최한월 평균 기온	대륙도
③	기온의 연교차	대륙도	최한월 평균 기온
④	최한월 평균 기온	무상 일수	대륙도
⑤	최한월 평균 기온	기온의 연교차	무상 일수

Ⅲ 기후 환경과 인간 생활

08 자연재해와 기후 변화

✓ 출제 포인트 ✓ 홍수, 폭설, 태풍의 특성 비교 ✓ 기후 변화의 영향 ✓ 우리나라의 토양 분포 특색

1. 우리나라에 영향을 주는 자연재해

1 기후적 요인의 자연재해

유형	발생 및 피해	대책
홍수	• 장마 전선이 정체하거나 태풍 등이 통과할 때 집중 호우 발생 • 하천 범람으로 저지대의 가옥·농경지 침수	홍수 발생 시 높은 곳으로 대피, 사방 공사로 산사태 방지
태풍	• 저위도 해상에서 발생하여 중위도 지역으로 이동하는 열대 저기압 • 강풍과 폭우 동반, 해일 발생	정확한 태풍 예보, 체계적인 대비책 마련
폭설	• 한꺼번에 많은 눈이 내림 • 산간 마을 고립, 비닐하우스·축사·건물 등의 붕괴, 교통 마비 등의 피해 발생	신속한 제설 작업, 제설 장비 마련
가뭄	• 장기간 비가 내리지 않아 각종 용수 부족 • 다른 자연재해보다 진행 속도가 느리지만 피해 범위가 넓음	저수지나 댐 건설, 조림 사업, 빗물 저장 능력 향상 노력

자료 기후적 요인의 자연재해 64쪽 327번 문제로 확인

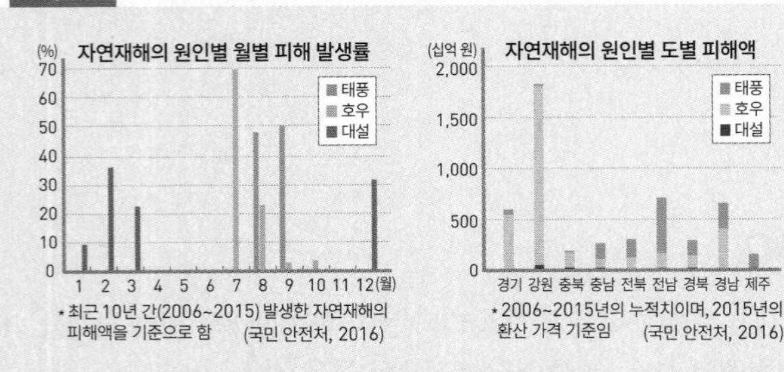

• 최근 10년 간(2006~2015) 발생한 자연재해의 피해액을 기준으로 함 (국민 안전처, 2016)
• 2006~2015년의 누적치이며, 2015년의 환산 가격 기준임 (국민 안전처, 2016)

분석 자연재해의 월별 피해 발생률을 보면, 태풍은 8~9월에 집중 발생하며, 호우는 7월에 집중 발생하여 10월까지 피해를 준다. 대설은 12~3월까지 발생한다. 자연재해의 도별 피해액을 보면, 태풍은 전남, 경남 및 제주에 큰 피해를 주며, 폭설은 주로 강원 및 충북, 충남에 피해를 준다.

2 지형적 요인의 자연재해

(1) **지진·화산 활동** 지각 판이 충돌하거나 분리되면서 나타나는 현상 → 판과 판의 경계면에서 주로 발생 예 환태평양 조산대

(2) **지진의 발생** 우리나라는 비교적 안전한 편이지만, 2016년 경상북도 경주, 2017년 포항에서 규모가 큰 지진이 연속 발생

(3) **지진에 대한 대비** 건물의 내진 설계 강화, 지진 발생 시 행동 요령에 관한 교육 확대 등

2. 우리나라의 기후 변화

1 기후 변화의 의미와 원인

의미	기후의 평균적인 상태가 점차 변화하는 현상
원인	• 자연적 요인 : 태양의 활동 변화, 지구와 태양 간 주기적 거리 변화, 화산 활동 등 • 인위적 요인 : 삼림 파괴와 화석 연료 사용 증가로 온실 가스 배출량 증가 → 온실 효과 증가 → 지구 온난화 심화

2 우리나라의 기후 변화 현황

(1) **연평균 기온 변화** 지난 100년(1912~2011년) 간 연평균 기온 1.7℃ 상승 → 세계 평균치 0.74℃보다 크게 웃도는 수치

(2) **연 강수량 변화** 대체로 증가하고 있으며, 해마다 변동 폭이 커짐, 겨울철 강수량은 큰 변화가 없지만 강설 일수는 감소

(3) **지역별 변화** 대도시 지표의 넓은 피복 면적과 인공 열 방출로 열섬 현상 발생 → 도시가 촌락보다 기온 상승 폭이 큼

3 기후 변화의 영향과 대책 65쪽 332번 문제로 확인

(1) **기후 변화의 영향**

① 난대림의 분포 지역이 북쪽으로 확대되고 있으며, 한라산의 식생 분포는 고도 한계가 높아짐

② 봄꽃의 개화 시기가 빨라지고, 단풍이 드는 시기는 늦춰짐

③ 농작물의 재배 북한계선이 북상, 고산 식물 분포 범위 축소

④ 난류성 어족 어획량 증가, 열대성 어류의 출현이 잦아짐

(2) **대책**

① 국제 사회 : 국제 협약 체결 → 유엔 기후 변화 협약(1992), 교토 의정서(1997), 파리 기후 변화 협약(2015)

② 정부 : 배출권 거래제 도입, 자원 절약형 산업 육성 등

③ 개인 : 대중 교통수단 이용, 고효율 에너지 제품 이용 등

3. 식생과 토양 분포

1 식생 분포

위도에 따라 수평적 분포, 해발 고도에 따라 수직적 분포가 달라짐

자료 우리나라의 식생 분포 66쪽 335번 문제로 확인

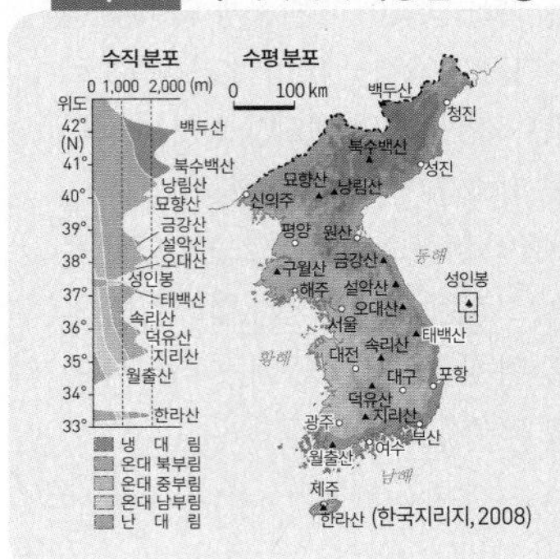

(한국지리지, 2008)

분석 식생의 수평 분포는 위도에 따른 기온 차에 의해 나타나는데, 난대림은 최한월 평균 기온이 0℃ 이상인 남해안 일대, 제주도 등지에 분포한다. 식생의 수직 분포는 해발 고도에 따른 기온 차이에 의해 나타나는데, 제주도는 연평균 기온이 높고 해발 고도가 높은 한라산이 있어 식생의 수직적 분포가 잘 나타난다.

2 토양 분포와 특색

성숙토	성대 토양	• 기후와 식생의 영향을 받아 형성 • 위도에 따라 적색토, 갈색 삼림토, 회백색토가 나타남
	간대 토양	• 기반암(모암)의 영향을 받아 형성 • 화산 지대의 흑갈색 현무암 풍화토, 석회암 지대의 붉은색 석회암 풍화토
미성숙토	충적토	하천 주변의 충적 토양 → 비옥하여 농경지로 이용
	염류토	해안의 간척지에 분포 → 염분 제거 시 농경 가능

분석 기출 문제

» 바른답·알찬풀이 29쪽

핵심 개념 문제

•• 자연재해와 그로 인한 피해를 바르게 연결하시오.

310 홍수 • • ㉠ 각종 시설물 붕괴, 해일 발생

311 태풍 • • ㉡ 강한 바람과 폭우로 인한 풍수해

312 가뭄 • • ㉢ 가옥 및 농경지 침수, 산사태 발생

313 지진 • • ㉣ 생활 및 공업용수 부족, 농작물 말라죽음

•• 빈칸에 들어갈 알맞은 말을 쓰시오.

314 (　　　　)은/는 저위도 해상에서 발생하여 중위도 지역으로 이동하는 열대 저기압이다.

315 (　　　　)은/는 장마 전선이 정체하거나 태풍 등의 영향으로 인한 집중 호우로 발생한다.

316 이산화 탄소와 메탄 등의 (　　　　)은/는 지구 기온을 상승시키는 기체로, 인간 활동 과정에서 배출되는 양이 증가하고 있다.

317 (　　　　)은/는 기반암의 영향을 받아 형성된 토양으로 현무암 풍화토, 석회암 풍화토 등이 있다.

•• ㉠~㉣ 중 알맞은 것을 고르시오.

318 우리나라는 강수의 연 변동이 크고 태풍의 영향을 받아 (㉠ 기후적, ㉡ 지형적) 요인으로 인한 자연재해가 자주 발생한다.

319 기후 변화로 인해 한반도의 (㉠ 여름, ㉡ 겨울)이 짧아지고, (㉠ 여름, ㉡ 겨울)이 길어지고 있다.

320 한반도의 기온 상승으로 난대림 분포 지역은 (㉠ 축소, ㉡ 확대)되고, 한류성 어족의 어획량은 (㉢ 감소, ㉣ 증가)하였다.

321 (㉠ 성숙토, ㉡ 미성숙토)는 토양의 생성 시기가 오래되어 단면이 뚜렷하며, 이중 (㉢ 성대, ㉣ 간대) 토양은 기후와 식생의 영향을 받아 형성된다.

•• 다음 내용이 옳으면 ○표, 틀리면 ×표를 하시오.

322 기후 변화로 인해 강수량의 연 변동 폭이 확대되고, 집중 호우 발생 빈도가 감소하였다. (　　)

323 위도에 따른 기온 차이로 식생의 수직적 분포가 달라진다. (　　)

324 하천 주변에 분포하는 충적토는 토양이 비옥하여 농경지로 이용된다. (　　)

1. 우리나라에 영향을 주는 자연재해

325

(가), (나)와 같은 특징을 갖는 자연재해로 옳은 것은?

(가)	(나)
• 진행 속도는 느리지만, 피해 면적이 넓음 • 산불 등의 2차 피해 발생 가능성이 높음 • 장마 전선이 늦게 북상하거나 충분히 비를 내리지 못하고 북상하면 여름철에도 발생	• 주로 여름철에 발생함 • 지표 상태나 배수 관리 체계에 따라 피해 정도가 달라짐 • 빗물이 한꺼번에 하천으로 유입되어 피해 증가

	(가)	(나)
①	가뭄	홍수
②	냉해	태풍
③	태풍	홍수
④	폭염	가뭄
⑤	폭염	냉해

326

㉠에 들어갈 내용으로 가장 적절한 것은?

> 앵커 : 강원 영동 지방에 나가 있는 ○○○ 기자, 그곳 상황을 전해 주시죠.
> ○○○ 기자 : 17일 오후 강원 영동 지방에는 눈이 내리고 있으며, 곳에 따라서는 진눈깨비 또는 비가 내리는 곳도 있습니다. 눈발이 점차 거세지면서 12개 시·군에 대설 관련 주의보나 예비 특보가 발효 중입니다. 이번 눈은 오늘부터 20일까지 나흘간 이어질 것으로 예보되어 폭설 피해가 우려되고 있습니다.
> 앵커 : 유독 영동 지방에 눈이 집중되는 이유는 무엇인가요?
> ○○○ 기자 : 네, 그것은 ____㉠____ 있기 때문입니다.

① 때 이른 남동 계절풍이 불고
② 다습한 북동 기류가 유입되고
③ 따뜻한 남서 기류가 유입되고
④ 서풍이 태백산맥을 넘어 푄 현상을 일으키고
⑤ 강력한 저기압이 강원도 해안을 따라 이동하고

327

그래프는 자연재해의 원인별 피해 발생률을 나타낸 것이다. A~C에 대한 설명으로 옳지 않은 것은?

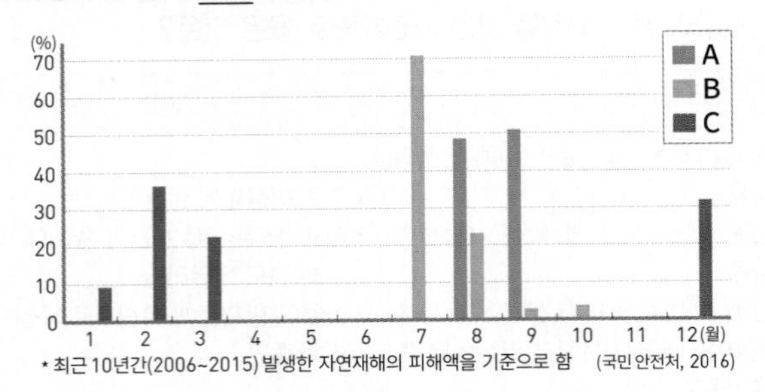

① A는 제주도, 전남 등 남해안 일대에 큰 피해를 준다.
② A는 강풍과 많은 비를 동반하여 풍수해를 유발한다.
③ B는 주로 장마 전선의 정체로 발생한다.
④ C로 인해 교통 혼잡, 시설물 붕괴 등의 피해를 입는다.
⑤ C는 A에 비해 인명 및 재산상 피해를 많이 준다.

328

지도는 자연재해로 인한 지역별 피해액을 나타낸 것이다. (가), (나)에 대한 옳은 설명을 〈보기〉에서 고른 것은? (단, (가), (나)는 가뭄, 대설, 태풍, 호우 중 하나임.)

(가)

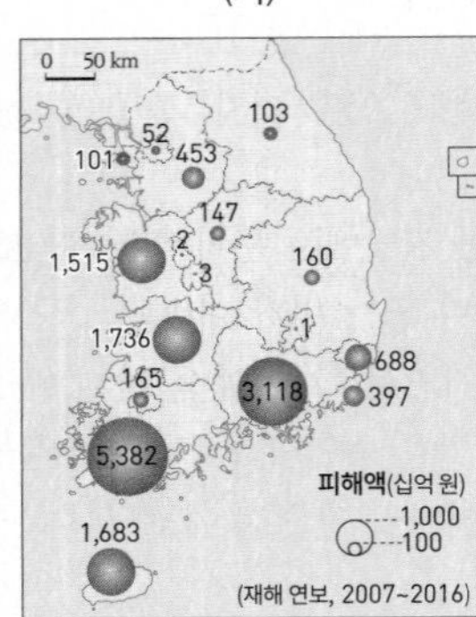

(나)

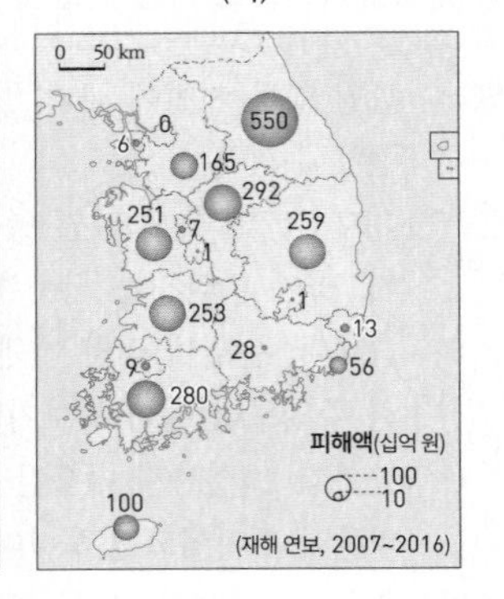

[보기]
ㄱ. (가)는 각종 용수 부족 현상을 유발한다.
ㄴ. 영동 지방에서는 북동 기류의 유입으로 (나)가 발생한다.
ㄷ. (가), (나) 모두 냉방용 전력 소비량의 급증을 야기한다.
ㄹ. (나)는 (가)보다 서고동저형 기압 배치가 나타나는 계절에 자주 발생한다.

① ㄱ, ㄴ ② ㄱ, ㄷ ③ ㄴ, ㄷ
④ ㄴ, ㄹ ⑤ ㄷ, ㄹ

329

표는 (가), (나) 자연재해에 대한 국민 행동 요령을 나타낸 것이다. 이에 대한 설명으로 옳은 것은?

(가)	(나)
• 농작물을 보호하고, 배수로를 점검합니다. • 저지대 및 상습 침수 지역의 주민은 대피합니다. • 바람에 날릴 수 있는 간판 및 위험 시설물 주변에 접근하지 않습니다.	• 집 앞과 골목길에 염화칼슘과 모래를 살포합니다. • 비닐하우스 위에 쌓인 것을 지속적으로 치워 줍니다. • 붕괴가 우려되는 비닐하우스는 받침대를 보강합니다.

① 연평균 피해액의 규모는 (가)보다 (나)가 크다.
② (나)는 (가)보다 해일 피해를 유발하는 경우가 많다.
③ (가)는 겨울, (나)는 여름에서 초가을에 주로 발생한다.
④ (가)는 남해안, (나)는 서해안 지역에 주로 피해를 준다.
⑤ 제주도는 평균적으로 (가)보다 (나)에 의한 피해 규모가 크다.

330

A~C 자연재해에 대한 옳은 설명만을 〈보기〉에서 있는 대로 고른 것은? (단, A~C는 대설, 태풍, 호우 중 하나임.)

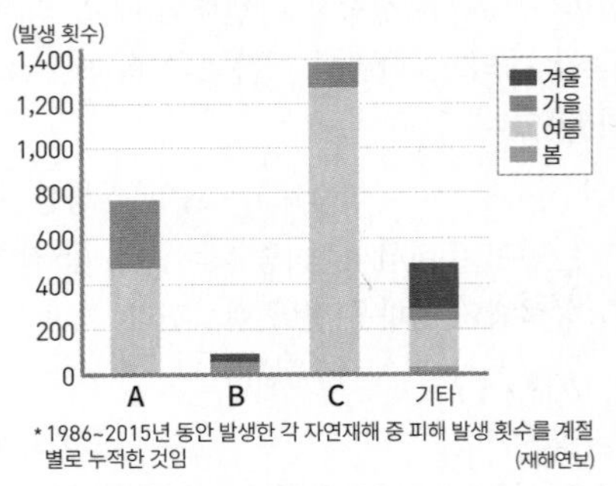

▲ 자연재해의 피해 발생 횟수

[보기]
ㄱ. A는 호우, B는 대설, C는 태풍이다.
ㄴ. 대설에 의한 피해는 봄철에도 나타난다.
ㄷ. 태풍은 호우보다 가을철의 발생 비중이 더 높다.
ㄹ. 자연재해의 발생 횟수가 가장 많은 계절은 여름철이다.

① ㄱ, ㄴ ② ㄴ, ㄷ ③ ㄷ, ㄹ
④ ㄱ, ㄴ, ㄷ ⑤ ㄴ, ㄷ, ㄹ

2. 우리나라의 기후 변화

331

한국지리 수업 장면에서 옳은 내용을 발표한 학생을 고른 것은?

교사 : 그래프는 기상청에서 발표한 ○○ 지역의 일평균 기온 변화 자료입니다. 이를 보고 ○○ 지역의 계절 변화와 이로 인해 나타날 수 있는 현상에 대해 발표해 볼까요?

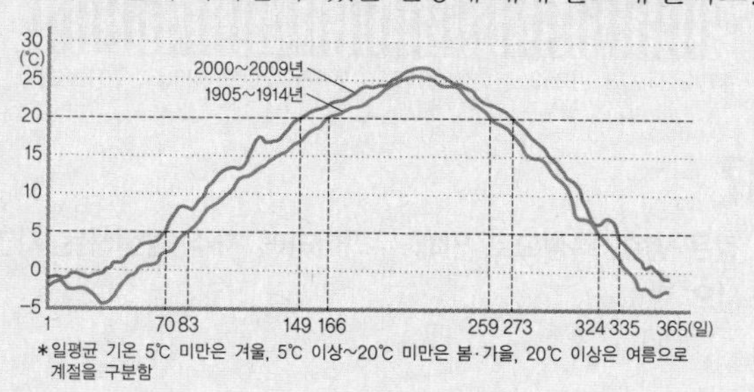

*일평균 기온 5℃ 미만은 겨울, 5℃ 이상~20℃ 미만은 봄·가을, 20℃ 이상은 여름으로 계절을 구분함

갑 : 여름의 시작일이 과거에 비해 빨라졌습니다.
을 : 가을은 겨울보다 계절의 시작일이 많이 늦어졌습니다.
병 : 여름이 늘어난다면 대관령 일대 고랭지 농업 지역이 확대될 것입니다.
정 : 하천의 결빙 일수는 크게 증가할 것입니다.

① 갑, 을 ② 갑, 병 ③ 을, 병
④ 을, 정 ⑤ 병, 정

빈출
332

그래프는 1년 24절기의 평균 기온 변화를 나타낸 것이다. (가)에 대한 (나) 시기의 상대적 특성으로 옳지 않은 것은?

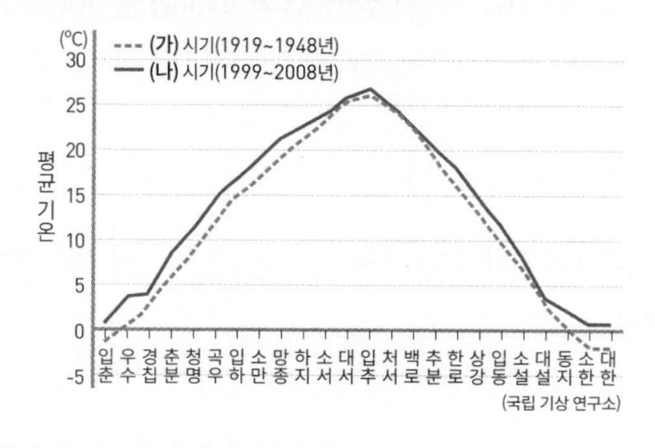

① 난대림의 분포 면적이 넓어진다.
② 단풍이 물드는 시기가 늦어진다.
③ 난류성 어족의 어획량이 증가한다.
④ 고산 식물의 고도 하한선이 낮아진다.
⑤ 벚꽃과 같은 봄꽃의 개화 시기가 빨라진다.

333

과일 재배 지역이 자료와 같이 변하게 된 원인으로 우리나라에서 나타날 수 있는 현상을 〈보기〉에서 고른 것은?

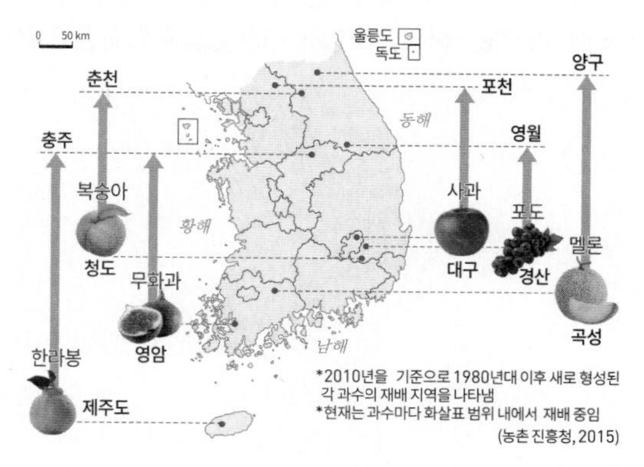

*2010년을 기준으로 1980년대 이후 새로 형성된 각 과수의 재배 지역을 나타냄
*현재는 과수마다 화살표 범위 내에서 재배 중임
(농촌 진흥청, 2015)

[보기]

ㄱ. 봄꽃의 개화 시기가 늦어진다.
ㄴ. 냉대림의 분포 지역이 확대된다.
ㄷ. 농작물의 노지 재배 기간이 길어진다.
ㄹ. 해수면 상승으로 해안 저지대가 침수된다.

① ㄱ, ㄴ ② ㄱ, ㄷ ③ ㄴ, ㄷ
④ ㄴ, ㄹ ⑤ ㄷ, ㄹ

334

그래프는 세 지역의 연평균 기온 변화를 나타낸 것이다. 이러한 현상을 완화하기 위한 방안으로 적절하지 않은 것은?

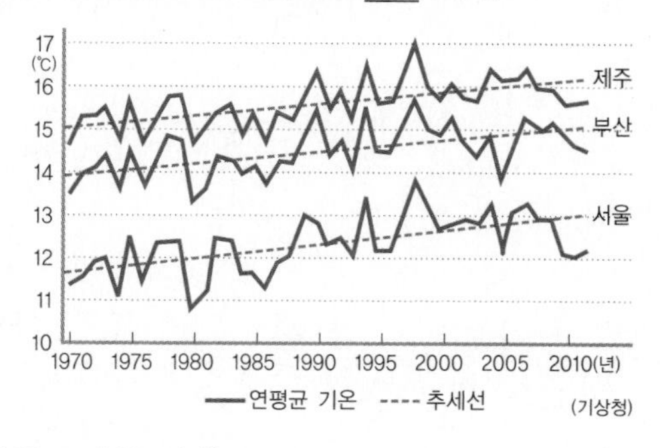

① 로컬 푸드 운동 전개
② 탄소 배출권 거래 제도 정착
③ 농경지에 대한 개발 규제 철폐
④ 지역 단위의 소규모 친환경 발전 시설 이용
⑤ 국가별 온실 기체 감축 목표치 설정 및 이행

3. 식생과 토양 분포

빈출
335

A~E 지역에 분포하는 식생과 토양에 대한 설명으로 옳은 것은?

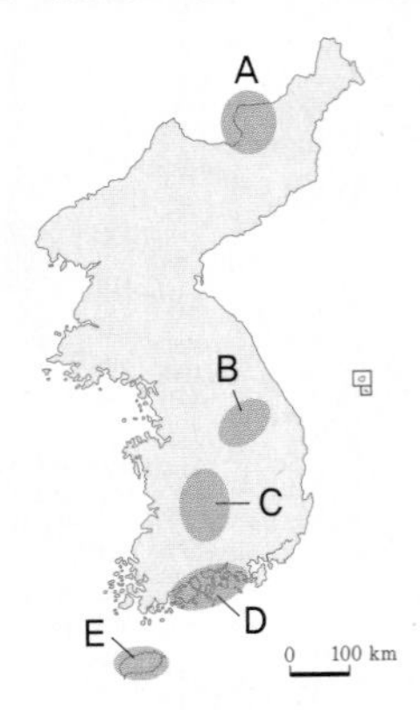

① A는 C에 비해 냉대림이 나타나는 해발 고도가 높다.
② A는 E에 비해 식생의 수직적 분포가 다양하게 나타난다.
③ B에는 성대 토양, D에는 간대토양인 적색토가 분포한다.
④ C는 E에 비해 기반암의 특성을 반영한 토양이 넓게 분포한다.
⑤ D와 E의 해안 저지대에는 조엽수림이 넓게 분포한다.

336

지도는 토양의 분포를 나타낸 것이다. (가), (나) 토양에 대한 설명으로 옳지 않은 것은?

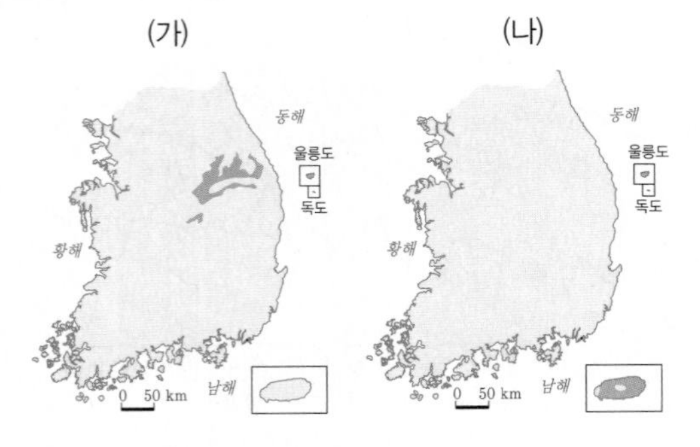

① (가)는 남해안 지역의 성대 토양과 색깔이 비슷하다.
② (나)는 흑갈색을 띠는 토양이다.
③ (나)의 토양은 화산 활동과 관련이 깊다.
④ (가), (나) 모두 성대 토양에 해당한다.
⑤ (가), (나) 분포 지역 모두 밭농사가 주로 이루어진다.

1등급을 향한 서답형 문제

[337~338] 그래프는 우리나라 강수의 연 변동을 나타낸 것이다. 물음에 답하시오.

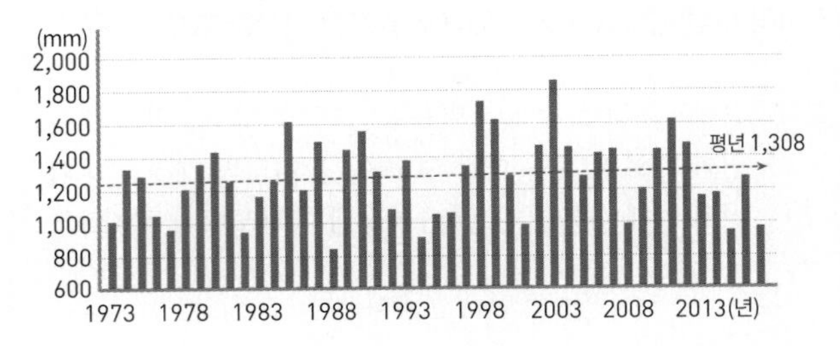

337

위와 같은 강수 특성으로 인해 우리나라에 자주 발생하는 자연재해를 쓰시오.

338

337에서 쓴 자연재해의 피해를 줄이기 위한 방안을 서술하시오.

[339~340] 그래프는 서울의 계절 길이 변화를 나타낸 것이다. 물음에 답하시오.

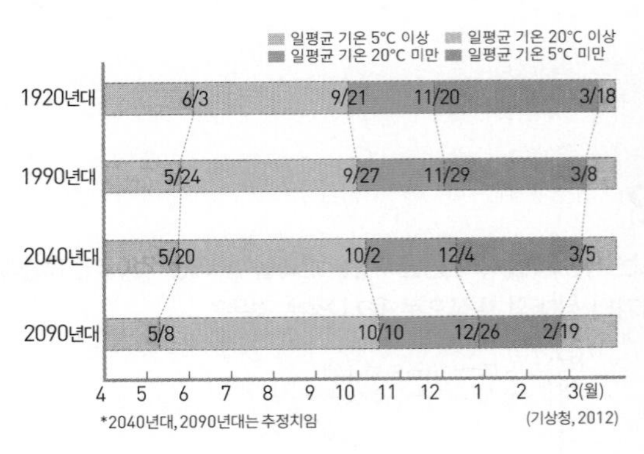

339

계절 시작과 종료일의 길이 변화가 나타나게 된 기후적인 원인을 서술하시오.

340

이와 같은 현상이 지속될 경우 우리나라에서 발생할 수 있는 변화를 생태계와 기후 측면에서 서술하시오.

적중 1등급 문제

» 바른답·알찬풀이 31쪽

341

그래프는 시설별 자연재해 피해액 비율을 나타낸 것이다. (가)~(다) 자연재해에 대한 옳은 설명만을 <보기>에서 있는 대로 고른 것은? (단, (가)~(다)는 지진, 태풍, 호우 중 하나임.)

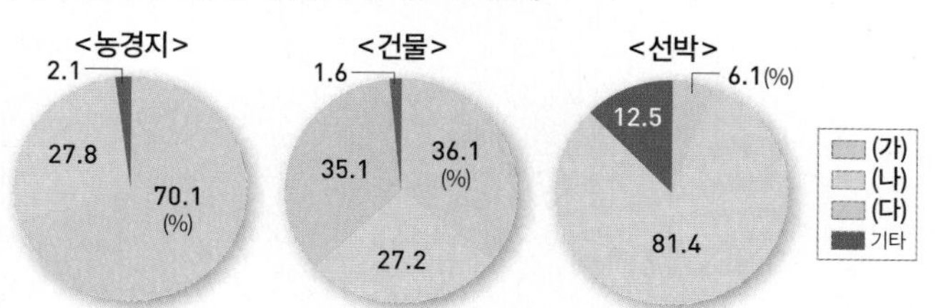

*2006~2018년 시설별 총 피해액(당해연도 가격 기준)에 대한 자연재해별 피해액 비율임. (재해연보)

[보기]

ㄱ. (가)와 (나)는 7~10월 사이에 주로 발생한다.
ㄴ. (나)는 강한 열대 저기압이 이동해 오면서 나타난다.
ㄷ. (가)는 (나)보다 강한 바람으로 인한 피해의 정도가 더 심하게 나타난다.
ㄹ. (다)는 (가), (나)에 비해 짧은 시간에 피해를 유발하는 것이 특징이다.

① ㄱ, ㄴ ② ㄴ, ㄷ ③ ㄷ, ㄹ
④ ㄱ, ㄴ, ㄹ ⑤ ㄴ, ㄷ, ㄹ

342

그래프는 (가)~(다) 자연재해의 월별 피해 발생 비율을 나타낸 것이다. 이에 대한 설명으로 옳은 것은? (단, (가)~(다)는 대설, 태풍, 호우 중 하나임.)

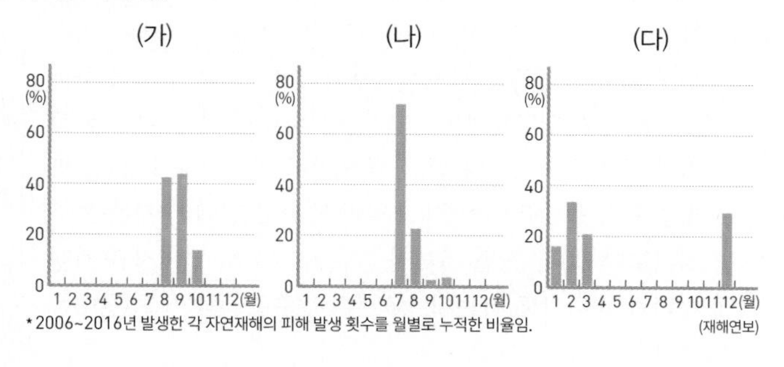

*2006~2016년 발생한 각 자연재해의 피해 발생 횟수를 월별로 누적한 비율임. (재해연보)

① 남부 지방은 (가)보다는 (다)에 의한 피해가 더 크다.
② 댐·저수지 등의 건설을 통해 (다)의 피해를 줄일 수 있다.
③ (가)~(다) 중 바람에 의한 피해가 가장 큰 것은 (가)이다.
④ (가)~(다) 중 비닐하우스의 붕괴, 교통 장애 유발 가능성이 가장 큰 것은 (나)이다.
⑤ 분지 지역의 경우 대형 바람개비의 설치와 같은 대책을 통해 (나)의 피해를 줄일 수 있다.

343

(가)~(다)에 나타난 자연재해에 대한 옳은 설명을 <보기>에서 고른 것은? (단, (가)~(다)는 지진, 태풍, 황사 중 하나임.)

(가) 하늘이 캄캄하게 흙비가 내렸는데 마치 티끌이 쏟아져 내리는 것 같았다. -『영조실록』-
(나) 경덕왕 22년 7월 경주에 큰 바람이 불어 기와가 날아가고 나무가 뽑혔다. / 원성왕 9년 8월에 큰 바람이 불어 나무가 부러지고 벼가 쓰러졌다. -『삼국사기』-
(다) 강원도에 재해가 있었는데, 소리가 우레와 같았고 담벽이 무너졌으며 기와가 날아가 떨어졌다. 양양에서는 바닷물이 요동쳤는데 마치 소리가 물이 끓는 것 같았고, … (중략) … 평창·정선에서도 산악이 크게 흔들려서 암석이 추락하는 변괴가 있었다. -『숙종실록』-

[보기]

ㄱ. (가)와 (나)는 주로 우리나라 내부에서 발생하는 요인에 의한 재해에 해당한다.
ㄴ. (가)는 (나), (다)에 비해 재해로 인한 직접적인 인명 피해가 적은 재해이다.
ㄷ. (나)와 (다)는 계절의 영향을 받지 않고 언제든지 발생할 수 있는 재해이다.
ㄹ. (다)는 지형이나 지질적 요인에 의해 발생하는 재해이다.

① ㄱ, ㄴ ② ㄱ, ㄷ ③ ㄴ, ㄷ
④ ㄴ, ㄹ ⑤ ㄷ, ㄹ

344

㉠~㉤에 대한 설명으로 옳지 않은 것은?

㉠ 식생의 수평적 분포에 영향을 끼치는 것은 ㉡ 위도에 따른 기온 차이며, 식생의 수직적 분포에 영향을 끼치는 것은 해발고도에 따른 기온 차이다. 주로 침엽수림으로 이루어진 ㉢ 냉대림은 고산 지역과 북부 지방의 개마고원 일대에 주로 분포한다. 온대림은 ㉣ 혼합림으로 이루어지며 우리나라 대부분의 지역에 분포한다. 난대림은 (㉤)으로 이루어지며 남해안 일대, 제주도 등의 남부 지방과 울릉도 등에 분포한다.

① ㉠ - 남쪽부터 난대림-온대림-냉대림 순으로 나타난다.
② ㉡ - '위도'는 기후 요인, '기온'은 기후 요소에 해당한다.
③ ㉢ - 갈색 삼림토를 형성하는 데 영향을 미친다.
④ ㉣ - 침엽수와 낙엽 활엽수가 혼재하는 성격을 갖는다.
⑤ ㉤ - '상록 활엽수림'이 들어갈 수 있다.

단원 마무리 문제

06 우리나라의 기후 특성

345

A~D 지역에 대한 설명으로 옳지 않은 것은?

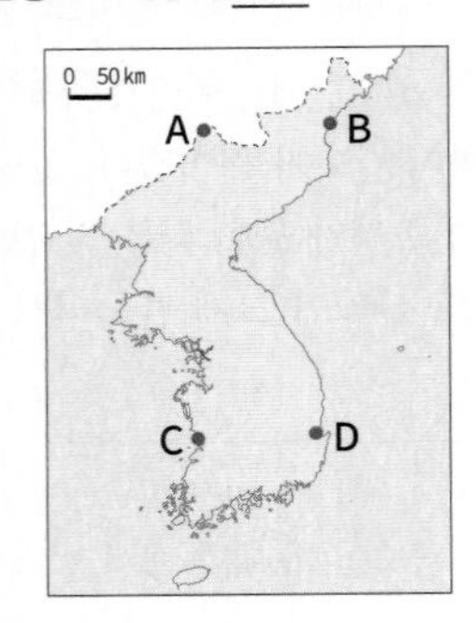

① 연평균 기온은 B가 A보다 높다.
② 최한월 평균 기온은 C보다 D가 높다.
③ A~D 중 연 강수량이 가장 많은 곳은 D이다.
④ 기온의 연교차는 A가 가장 크고 D가 가장 작다.
⑤ A와 B 사이의 월평균 기온의 편차는 최난월보다 최한월이 크다.

346

지도는 특정 기상 현상의 발생 일수를 나타낸 것이다. 이에 대한 옳은 설명을 <보기>에서 고른 것은? (단, (가), (나)는 서리 일수와 폭염 일수 중 하나임.)

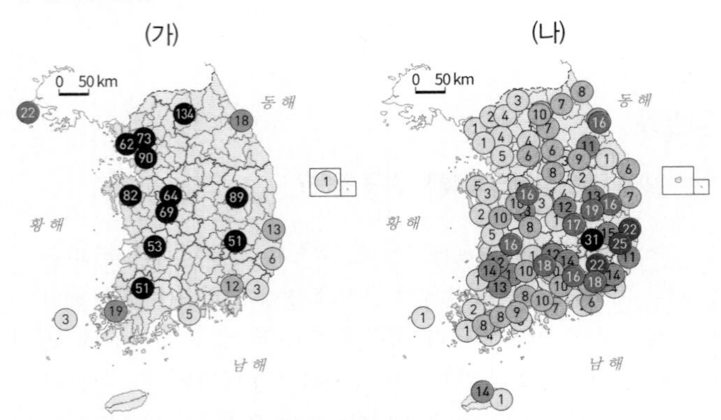

* 2020년 관측 자료임. (가)는 관측 시설이 있는 지역의 통계만 나타낸 것임.

[보기]
ㄱ. 수도관 동파, 도로 결빙 등과 같은 현상은 (나)와 관계가 깊다.
ㄴ. (가)는 한대성 기단, (나)는 열대성 기단의 영향으로 나타난다.
ㄷ. (가)는 맑은 날, (나)는 흐리거나 비가 오는 날 주로 발생한다.
ㄹ. (가)가 나타나는 시기에는 (나)가 나타나는 시기보다 대기 중 상대 습도가 낮다.

① ㄱ, ㄴ ② ㄱ, ㄷ ③ ㄴ, ㄷ ④ ㄴ, ㄹ ⑤ ㄷ, ㄹ

347

A~C 지역에 대한 설명으로 옳지 않은 것은?

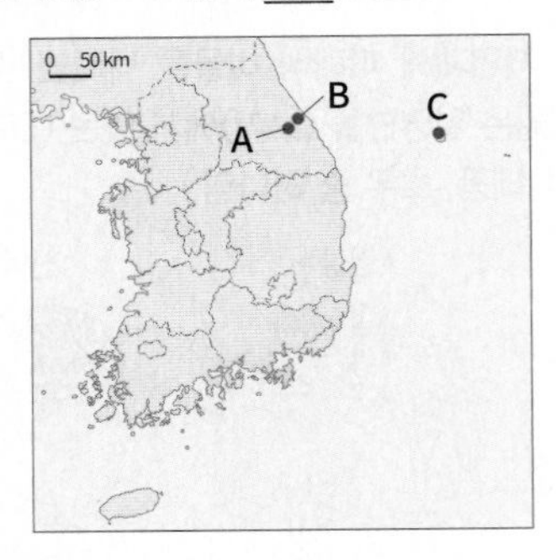

① 연 강수량은 A가 가장 많다.
② 겨울 강수량은 C가 가장 많다.
③ 여름 강수량은 B>A>C 순으로 많다.
④ 강수량의 계절적 차이는 C가 가장 작다.
⑤ 여름 강수 집중률은 A>B>C 순으로 높다.

348

㉠~㉤에 대한 설명으로 옳지 않은 것은?

우리나라의 기온은 남에서 북으로 갈수록, 해발 고도가 높은 산지로 갈수록 낮아진다. 또한, ㉠ 동서 간보다 남북 간의 기온 차이가 크게 나타나며, ㉡ 중부 지방의 연평균 기온은 비슷한 위도 상에서 동해안이 서해안보다 높다. 기온의 지역 차는 여름보다 겨울에 뚜렷하여 ㉢ 비슷한 위도의 겨울 기온은 해안 지역이 내륙 지역보다 높고, 동해안이 서해안보다 높다. 또한 함경북도 동해안, ㉣ 개마고원과 대관령 일대의 기온은 주변 지역보다 낮다. 한편 겨울철 기온이 영하로 떨어지면 지면에 서리가 내리기도 하는데, ㉤ 서리 일수는 북쪽으로 갈수록 길어진다.

① ㉠ - 남북 방향으로 긴 국토의 형태와 관계가 깊다.
② ㉡ - 동해안의 여름 기온이 서해안보다 높기 때문이다.
③ ㉢ - 해안은 비열이 큰 바다의 영향을 받기 때문이다.
④ ㉣ - 주변 지역보다 해발 고도가 높은 지역이다.
⑤ ㉤ - 무상 일수는 남에서 북으로 갈수록, 해안에서 내륙으로 갈수록 짧아진다.

349

그래프는 지도에 표시된 A~D 지역의 기후 자료이다. (가)~(라)를 지도의 A~D 지역에서 고른 것은?

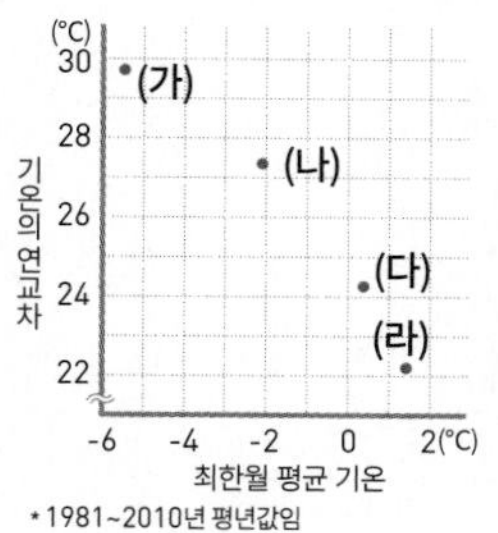

* 1981~2010년 평년값임

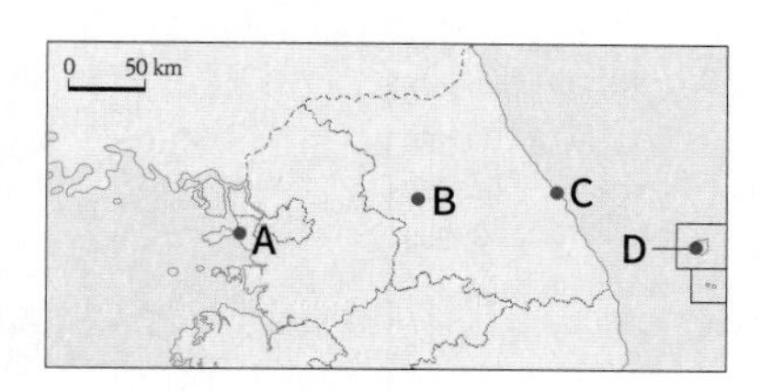

	(가)	(나)	(다)	(라)
①	A	B	C	D
②	A	D	C	B
③	B	A	C	D
④	B	C	A	D
⑤	D	C	B	A

350

교사의 질문에 적절한 댓글을 단 학생을 고른 것은?

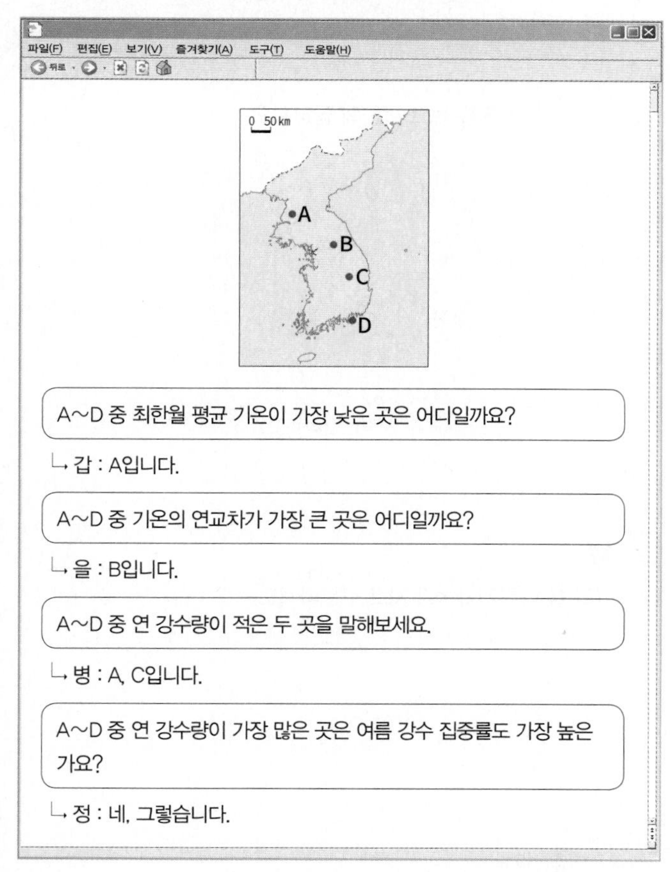

① 갑, 을 ② 갑, 병 ③ 을, 병
④ 을, 정 ⑤ 병, 정

351

그래프는 서울의 어느 월(月)의 날짜별 기온을 나타낸 것이다. 이에 대한 옳은 설명을 〈보기〉에서 고른 것은?

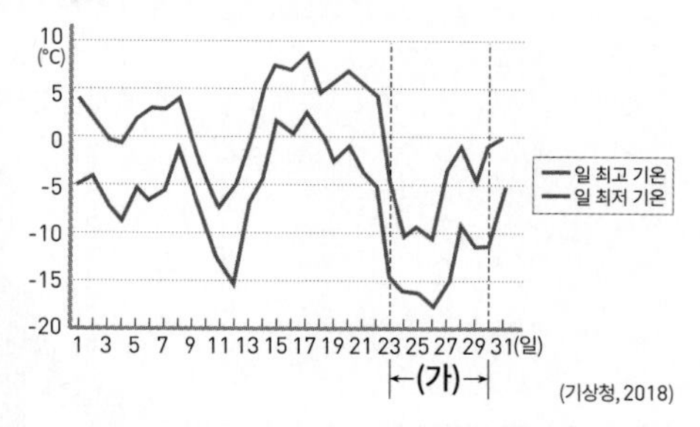

(기상청, 2018)

[보기]

ㄱ. 대체로 온화하지만 날씨 변화가 심하게 나타났다.
ㄴ. 한파로 인한 수도 계량기 동파 사고 등이 급증하였다.
ㄷ. (가) 시기에는 대륙성 한대 기단의 일시적인 세력 확장이 있었다.
ㄹ. 대륙성 기단과 해양성 기단이 정체 전선을 형성하여 영향을 미쳤다.

① ㄱ, ㄴ ② ㄱ, ㄷ ③ ㄴ, ㄷ
④ ㄴ, ㄹ ⑤ ㄷ, ㄹ

352

지도는 우리나라에 영향을 주는 기단의 위치를 나타낸 것이다. 이에 대한 옳은 설명을 〈보기〉에서 고른 것은?

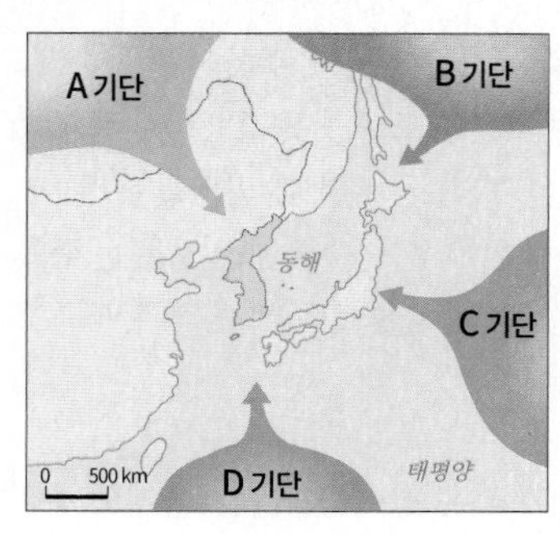

[보기]

ㄱ. A~D 중 가장 건조한 기단은 A 기단이다.
ㄴ. B 기단은 C 기단보다 우리나라에 먼저 영향을 준다.
ㄷ. 한파는 A 기단, 꽃샘추위는 B 기단의 영향으로 나타난다.
ㄹ. A~D 중 우리나라의 기후에 영향을 미치는 기간이 가장 긴 것은 D 기단이다.

① ㄱ, ㄴ ② ㄱ, ㄷ ③ ㄴ, ㄷ
④ ㄴ, ㄹ ⑤ ㄷ, ㄹ

353

한국지리 수업 장면에서 교사의 질문에 옳게 대답한 학생을 고른 것은?

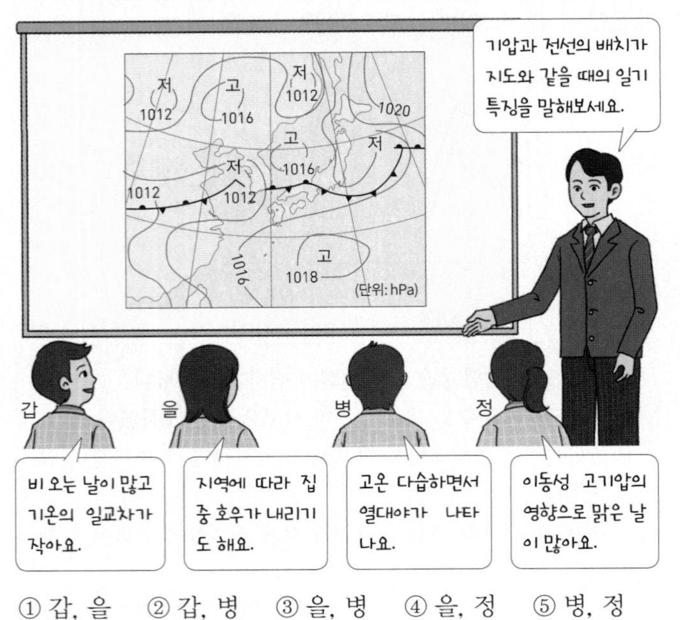

① 갑, 을 ② 갑, 병 ③ 을, 병 ④ 을, 정 ⑤ 병, 정

354

어느 해 3월의 신문 기사 제목들이다. 이와 같은 일기 특성에 대한 옳은 설명을 〈보기〉에서 고른 것은?

○○신문	20○○년 3월 ○○일

- 1~2일 강원 영동 최대 50cm 폭설
- 3월 맞아? 강원도 기습 폭설에 주차장 된 고속 도로
- 3월 첫날 폭설에 강원 도로 곳곳 정체… 영동 최대 50cm 더…
- 영동에 또 대설 주의보… 추위에 빙판길 우려
- 서쪽은 봄, 동쪽은 겨울… 강원 영동 많은 눈 주의…
- 서쪽은 포근, 동쪽은 폭설·강풍에 반짝 추위

[보기]

ㄱ. 이와 같은 현상은 한여름과 한겨울에도 주기적으로 잘 나타난다.
ㄴ. 3월 초순에 우리나라 북동쪽에서 발달한 고기압의 영향을 강하게 받았다.
ㄷ. 예년과 달리 북태평양 고기압의 세력이 일찍 확장하면서 우리나라에 영향을 주었다.
ㄹ. 이와 같은 현상이 초여름까지 지속되면 영서 지방에서는 가뭄에 따른 피해가 나타나기도 한다.

① ㄱ, ㄴ ② ㄱ, ㄷ ③ ㄴ, ㄷ ④ ㄴ, ㄹ ⑤ ㄷ, ㄹ

355

그래프는 영남 지역의 시·군별 강수량을 나타낸 것이다. A~C 지역으로 옳은 것은?

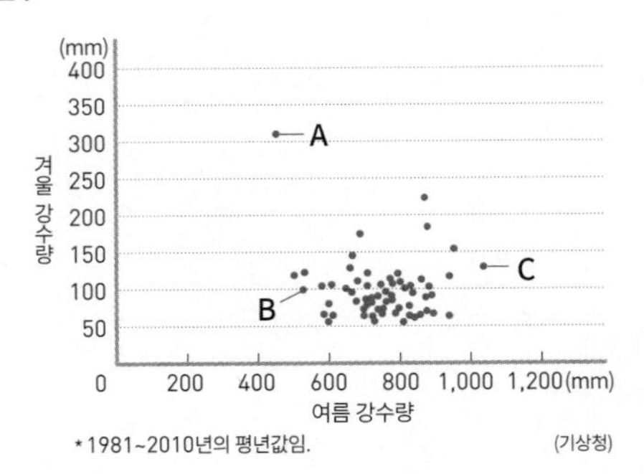

*1981~2010년의 평년값임. (기상청)

	A	B	C
①	거제	영덕	울릉도
②	영덕	거제	울릉도
③	영덕	울릉도	거제
④	울릉도	거제	영덕
⑤	울릉도	영덕	거제

[356~357] 지도를 보고 물음에 답하시오.

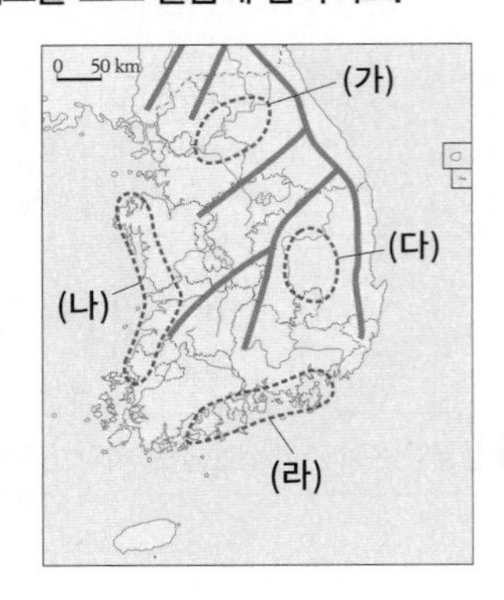

356

(가)~(라)를 다우지와 소우지로 구분하시오.

357 서술형

다우지와 소우지 중 한 곳씩을 골라 각각 다우지와 소우지인 이유를 서술하시오.

07 기후와 주민 생활

358

(가)~(다) 전통 가옥이 나타나는 지역의 기후를 비교한 내용으로 옳은 것은?

> (가) 지역의 가옥에는 부엌과 방 사이의 벽이 없는 공간이 있는데, 부뚜막을 넓혀 방처럼 사용하였다. 여기서는 부엌에서 발생하는 온기를 활용할 수 있다.
> (나) 지역의 가옥에는 외벽을 설치하여 눈이 많이 쌓였을 때도 생활 공간을 확보할 수 있다.
> (다) 지역의 가옥에서 부엌의 아궁이는 방 쪽으로 향해 있지 않고 벽 쪽으로 향한다. 이는 난방과 취사를 겸하지 않음을 보여준다.

① (가)는 (나)보다 겨울철 강수량이 많다.
② (가)는 (다)보다 최한월 평균 기온이 높다.
③ (나)는 (다)보다 최난월 평균 기온이 높다.
④ (다)는 (가)보다 연 강수량이 많다.
⑤ (다)는 (나)보다 연평균 기온이 낮다.

359

(가), (나) 경제 활동이 나타나는 계절에 대한 설명으로 옳은 것은?

> (가) 국내 프로 스포츠 구단이 경상남도 남해 지역이나 남태평양의 섬들로 전지훈련을 떠난다.
> (나) 껌과 인스턴트 커피의 판매량이 감소하고 생수, 스포츠 음료, 얼음 컵 음료 등의 판매량이 증가한다.

① (가) 시기보다 (나) 시기에는 기온이 높아짐에 따라 대기가 건조해져 산불이 발생하기 쉽다.
② (가) 시기보다 (나) 시기는 이동성 고기압과 저기압이 교차하면서 날씨 변화가 심하게 나타난다.
③ (가) 시기는 북태평양 기단의 영향을 받고, (나) 시기는 시베리아 기단의 영향을 받는다.
④ (나) 시기보다 (가) 시기에는 장마 전선이 북상하면서 집중 호우가 내리기도 한다.
⑤ (나) 시기보다 (가) 시기에는 북서풍이 황해를 건너오면서 눈구름을 형성하여 서해안에 폭설이 내리기도 한다.

360

(가), (나) 생활 모습에 가장 큰 영향을 준 요인을 고른 것은?

> (가) 우리 조상들은 음식이 쉽게 상하는 것을 방지하기 위해 젓갈 등의 염장 식품을 만들어 먹었다. 남부 지방은 짜고 맵게 김치를 담갔으며, 북부 지방은 싱겁고 담백하게 담갔다.
> (나) 하천의 범람이 잦은 주변의 저지대에서는 제방을 쌓고 자연 제방에서 거주하였다. 그리고 터돋움집을 지어 홍수에 대비하였고, 오늘날 도시 지역에서는 유수지를 만들어 하천 범람을 막고 있다.

	(가)	(나)
①	강수	기온
②	강수	바람
③	기온	강수
④	기온	바람
⑤	바람	기온

[361~362] (가), (나) 전통 가옥 구조를 보고 물음에 답하시오.

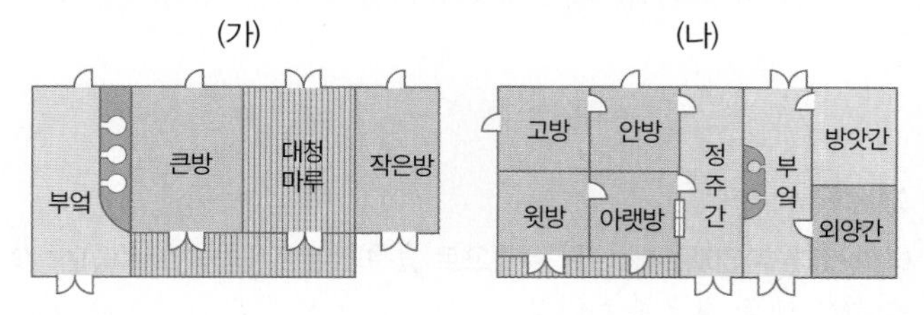

361

(가), (나) 전통 가옥 구조가 주로 발달한 지역을 쓰시오.

362 서술형

(가)에 비해 (나)와 같은 전통 가옥 구조가 나타나는 지역의 기후 특색을 서술하시오.

08 자연재해와 기후 변화

363

그래프는 권역별 자연재해의 피해액 규모를 나타낸 것이다. (가)~(다) 자연재해로 옳은 것은?

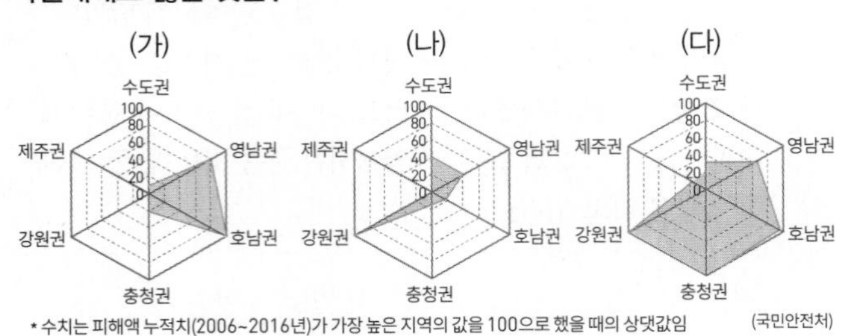

• 수치는 피해액 누적치(2006~2016년)가 가장 높은 지역의 값을 100으로 했을 때의 상댓값임 (국민안전처)

	(가)	(나)	(다)
①	대설	태풍	호우
②	대설	호우	태풍
③	태풍	대설	호우
④	태풍	호우	대설
⑤	호우	대설	태풍

364

(가)~(다) 자연재해에 대한 설명으로 옳은 것은? (단, (가)~(다)는 각각 대설, 태풍, 호우 중 하나임.)

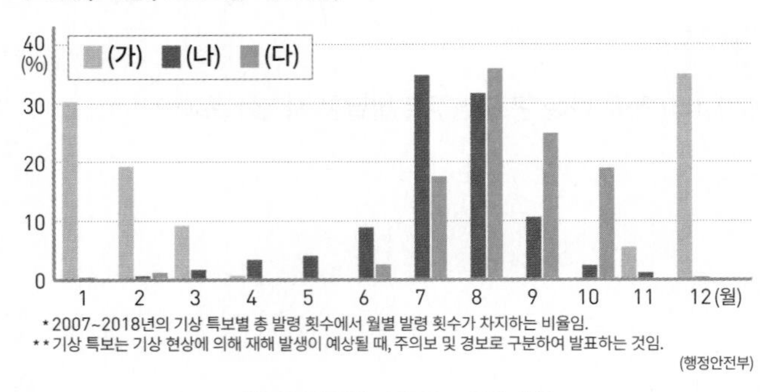

▲ 월별 자연재해 기상 특보 발령 현황

① (가)는 장마 전선이 한반도에 장기간 정체할 때 발생한다.
② (나)는 시베리아 기단이 강하게 영향을 미칠 때 주로 발생한다.
③ (가)~(다) 모두 공통적으로 강수에 의한 피해를 발생시킨다.
④ (가)는 (나)보다 우리나라 연 강수량에서 차지하는 비율이 높다.
⑤ 터돋움집은 (가), 우데기는 (나)를 대비한 시설이다.

365

그래프는 서울의 계절 시작일과 종료일 변화를 나타낸 것이다. 이에 대한 설명으로 옳지 않은 것은?

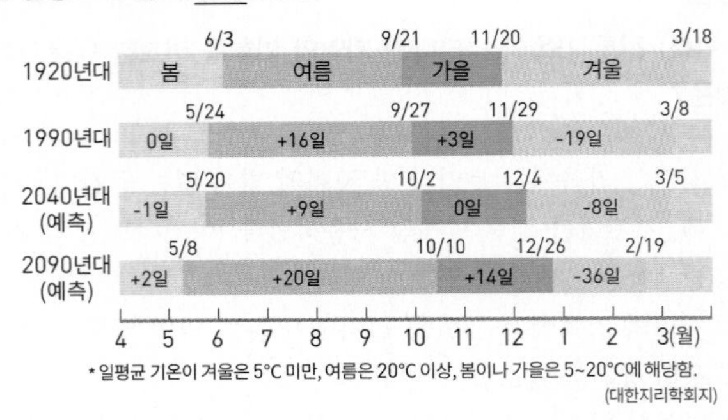

① 네 계절 중 일수의 변동폭이 가장 작은 것은 봄이다.
② 겨울에 해당하는 기간의 변화 폭이 가장 클 것으로 예상된다.
③ 1990년대에 비해 2090년대에는 모든 계절의 시작일이 빨라진다.
④ 위와 같은 현상은 온실가스 배출량 증가에 따른 지구 온난화가 주요 원인이다.
⑤ 앞으로 여름 일수가 증가하게 되어 농작물의 재배 지역이 점차 북상할 것으로 예상된다.

366

그래프는 주요 도시의 연평균 기온 변화를 나타낸 것이다. 이와 같은 변화로 나타날 수 있는 현상으로 옳은 것은?

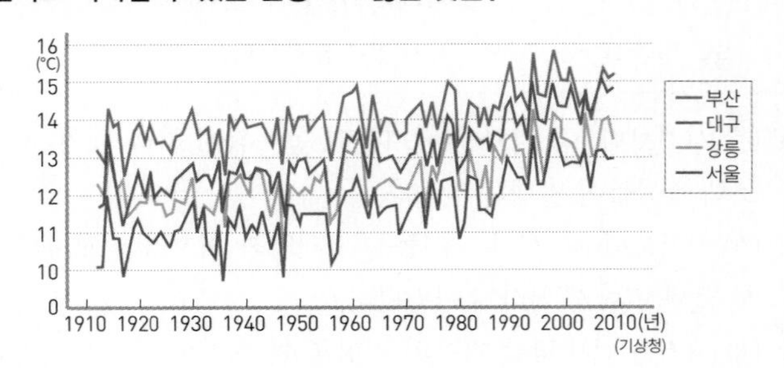

① 단풍이 드는 시기가 빨라질 것이다.
② 대도시 지역의 열섬 현상이 완화될 것이다.
③ 중부 지방에서 첫 서리 시작일이 늦어질 것이다.
④ 남부 지방에서 난대림의 분포 면적이 축소될 것이다.
⑤ 한라산에서 고산 식물의 분포 하한선이 낮아질 것이다.

367

㉠ 자연재해에 대한 설명으로 옳은 것은?

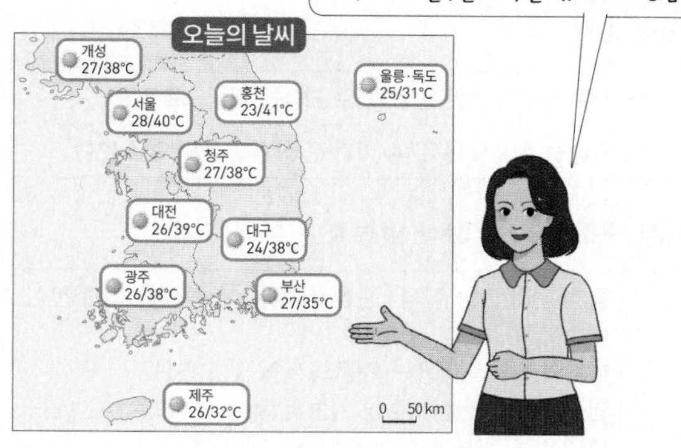

① ㉠을 대비해 지붕의 경사를 급하게 만든다.
② 시베리아 기단의 영향을 받을 때 주로 발생한다.
③ 장마 전선이 우리나라에 장기간 정체할 때 발생한다.
④ 열대 이동성 저기압이 우리나라를 통과할 때 주로 발생한다.
⑤ 북태평양 고기압이 우리나라 전역에 강하게 영향을 미칠 때 주로 발생한다.

368

(가)~(다)에 들어갈 토양으로 옳은 것은?

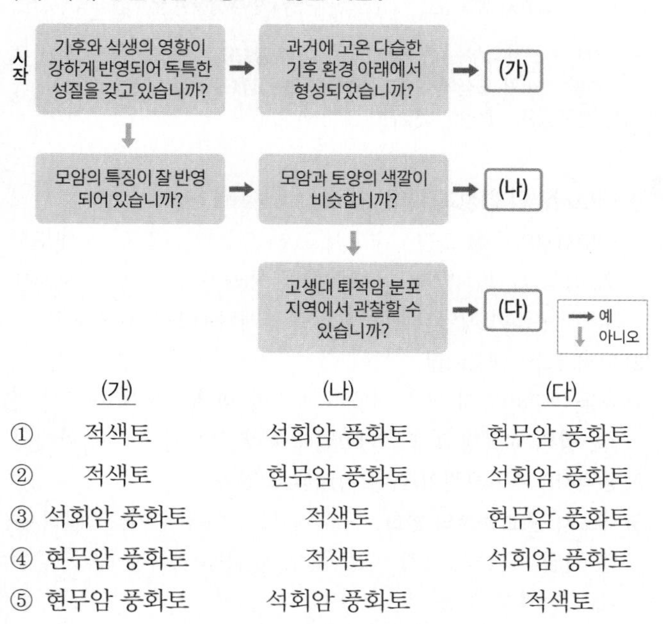

	(가)	(나)	(다)
①	적색토	석회암 풍화토	현무암 풍화토
②	적색토	현무암 풍화토	석회암 풍화토
③	석회암 풍화토	적색토	현무암 풍화토
④	현무암 풍화토	적색토	석회암 풍화토
⑤	현무암 풍화토	석회암 풍화토	적색토

369

A, B 지역에 대한 설명으로 옳지 않은 것은?

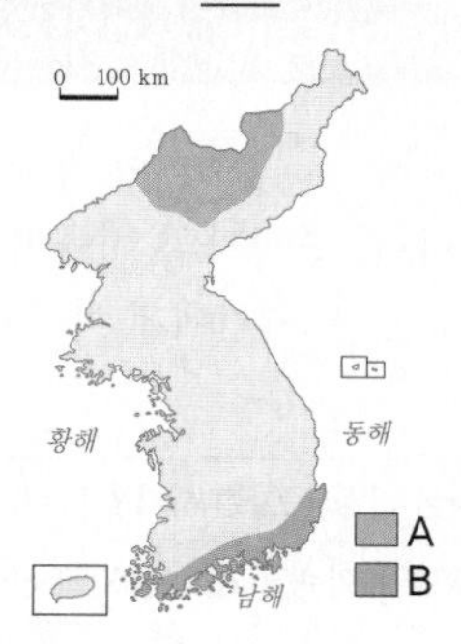

① A에는 침엽수림이 많이 분포한다.
② B의 해안 저지대에는 상록 활엽수림이 많이 분포한다.
③ 냉대림의 분포 고도는 A가 B보다 높다.
④ B는 A보다 나무의 종류가 다양하다.
⑤ A에는 B에 비해 산성을 띠는 회백색의 토양이 많이 분포한다.

370 서술형

지도는 연평균 기온을 나타낸 것이다. 이와 같은 변화가 지속될 때 우리나라에서 나타날 수 있는 현상을 두 가지 서술하시오.

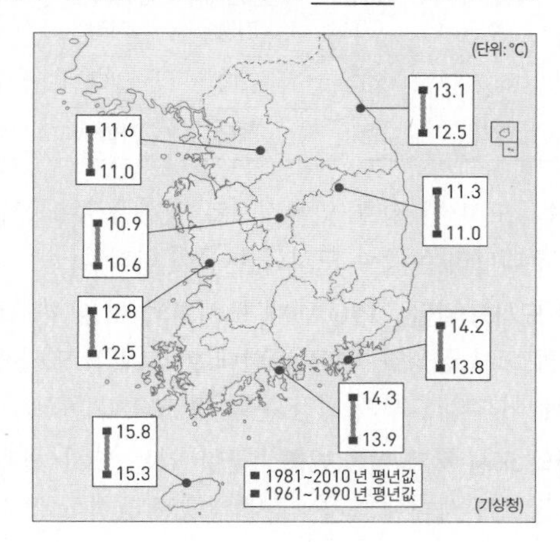

09 촌락과 도시의 변화

Ⅳ 거주 공간의 변화와 지역 개발

출제 포인트 | 집촌과 산촌의 비교 | 중심지의 계층 구조 | 도시 내부 구조의 특징

1. 촌락의 변화와 도시 발달

1 촌락의 변화

(1) 촌락의 특징 1차 산업 종사자의 비율이 높음, 낮은 인구 밀도, 식량 생산을 담당, 도시민에게 여가 공간을 제공

(2) 전통 촌락의 입지

배산임수	풍수지리 사상 반영, 겨울철 차가운 북서풍 차단, 용수 확보에 유리
용수 획득	용천대 예 제주도의 해안가, 선상지의 선단
홍수 예방	하천 범람을 피하기 위해 산록 완사면이나 자연 제방에 촌락 입지
교통 취락	역원 취락(예 조치원, 역곡 등), 나루터 취락(예 노량진, 마포 등)
병영촌	방어가 필요한 국경 및 해안 지역 예 남한산성, 부산 수영, 중강진 등

(3) 전통 촌락의 형태와 기능 75쪽 387번 문제로 확인

① 전통 촌락의 형태

집촌(集村)	가옥의 밀집도가 높음, 협동 노동에 유리함, 경지 관리가 어려움
산촌(散村)	가옥의 밀집도가 낮음, 협동 노동에 불리함, 경지 관리가 효율적임

② 전통 촌락의 기능

농촌	주로 산록면에 위치, 집촌(集村)을 이루는 경우가 많음
어촌	해안 지역에서 경제 활동이 이루어지는 촌락, 반농반어촌을 이룸
산지촌	밭농사·임산물 채취·목축업 등으로 생활, 대부분 산촌(散村)

(4) 촌락의 변화

① 인구 변화 : 노년 인구 증가 → 인구 고령화 → 노동력 부족

② 기능 변화 : 친환경 농작물 재배, 집약적 토지 이용, 도시민과의 작물 직거래 증가, 다양한 촌락 체험 행사 마련

2 도시 체계와 도시 발달 과정 76쪽 388번 문제로 확인

(1) 중심지와 배후지

① 중심지 : 주변 지역에 재화나 서비스를 제공하는 기능이 모인 곳

② 배후지 : 중심지의 기능이 영향을 미치는 범위

(2) 중심지의 계층 구조

구분	중심지 수	배후지 규모	중심지 기능	중심지 간 거리	사례
고차 중심지	적다	넓다	많다	멀다	대도시
저차 중심지	많다	좁다	적다	가깝다	소도시

(3) 도시 체계 도시 간 상호 의존적으로 영향을 주고받는 계층 질서 → 우리나라는 종주 도시화 현상이 나타남

(4) 우리나라 도시의 발달 1960년대 도시화와 이촌 향도로 대도시와 공업 도시 급성장 → 1980년대 이후 위성 도시 등장 → 1990년대 이후 대도시의 성장 둔화 및 교외화 현상

(5) 우리나라의 도시 체계 발전 방향 균형 있는 도시 체계 조성, 세계화·정보화 시대에 대응, 국제 경쟁력 강화 노력 등

2. 도시 구조와 대도시권

1 도시 내부의 지역 분화 과정

(1) 지역 분화의 요인 접근성과 지대의 지역 차, 기능별 지대 지불 능력의 차이

(2) 지역 분화의 과정

집심 현상	지대 지불 능력이 높은 상업·업무 기능은 도심으로 집중
이심 현상	지대 지불 능력이 낮은 주택·학교·공장 등은 외곽으로 분산

(3) 도시의 내부 구조 77쪽 394번 문제로 확인

도심	• 중추 관리 기능 집적 : 관청, 대기업 본사, 금융 기관 본점, 백화점 등 • 토지의 집약적 이용 → 건물의 밀집 및 고층화 • 인구 공동화 현상 : 주거 기능의 이심 현상으로 야간 인구(상주인구) 밀도 감소 → 출퇴근 시 교통 혼잡
부도심	• 도심과 주변 지역을 연결하는 교통로의 주요 결절점에 형성 • 도심의 기능 분담 → 도심의 과밀화와 교통 혼잡 완화
중간 지역	공장·주택·학교 등이 혼재하는 점이 지대
주변 지역	신흥 주택 지역과 공업 지역 형성, 농촌과 도시 경관 혼재
개발 제한 구역	도시의 녹지 공간 보전, 시가지의 무질서한 팽창 억제

자료 **도시 내부 구조와 특징** 77쪽 395번 문제로 확인

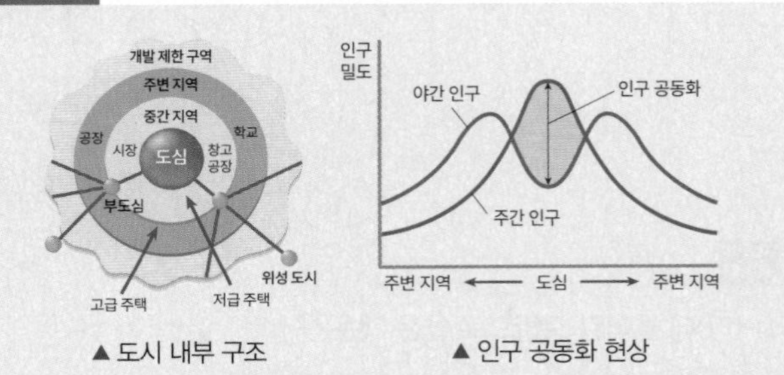

▲ 도시 내부 구조 ▲ 인구 공동화 현상

분석 도시 내부는 접근성, 지대, 지가의 영향으로 기능별 지역 분화가 나타난다. 한편, 도심에서는 도심의 상주인구 감소로 야간에 도심이 텅 비는 인구 공동화 현상이 나타난다.

2 대도시권의 형성과 확대 78쪽 396번 문제로 확인

(1) 대도시권의 형성 과정 대도시로 인구와 기능 집중 → 대도시의 집적 불이익 발생 → 교외화 현상과 신도시, 위성 도시의 발달 → 주변 지역과 기능적으로 연계된 대도시권 형성

(2) 우리나라의 대도시권

① 서울 : 1980년대 이후 서울의 과밀화 해결을 위해 신도시 건설, 광역 교통망 확충, 2000년대 이후 영향권이 더욱 확대됨

② 광역시 : 대도시권이 점차 확대되고 있음

(3) 대도시 근교 농촌의 변화 도시적 토지 이용 증가, 상업적 농업 발달, 집약적 토지 이용 증가, 겸업농가 비중 증가, 공동체 의식의 약화 등

분석 기출 문제

≫ 바른답·알찬풀이 35쪽

핵심 개념 문제

•• 빈칸에 들어갈 알맞은 말을 쓰시오.

371 (　　　　) 촌락은 겨울철 차가운 북서풍을 피하고 농업용수를 확보하기에 유리하다.

372 (　　　　)(이)란 도시 간 상호 의존적이고 서로 영향을 주고받는 계층 질서를 말한다.

373 우리나라는 수위 도시의 인구가 2위 도시의 인구보다 두 배 이상 많은 (　　　　) 현상이 나타나고 있다.

374 (　　　　)은/는 중심지의 여러 기능이 영향을 미치는 범위로, 중심지와 밀접한 관계를 맺고 있다.

375 도시 내부의 지역 분화는 (　　　　)와/과 지대의 지역 차, 기능별 지대 지불 능력 차이로 발생한다.

•• 다음 내용이 옳으면 ○표, 틀리면 ×표를 하시오.

376 제주도 해안가에 취락이 집중해 분포하는 이유는 하천 범람을 피하기 위해서이다. (　　)

377 대도시와 가까운 촌락은 상업적 농업의 확대, 도시 경관의 혼재, 높은 겸업농가 비중 등의 특징이 나타난다. (　　)

378 고차 중심지는 저차 중심지보다 비교적 넓은 범위의 수요자에게 다양한 재화와 서비스를 제공한다. (　　)

•• ㉠~㉣ 중 알맞은 것을 고르시오.

379 가옥과 경지가 멀어 경지 관리에 비효율적이지만 협동 노동에 유리한 촌락 형태는 (㉠ 산촌, ㉡ 집촌)이다.

380 고차 중심지는 저차 중심지보다 중심지 간 거리가 (㉠ 멀고, ㉡ 가깝고), 중심 기능의 종류가 (㉢ 다양하다, ㉣ 다양하지 않다).

381 도시 내부의 지역 분화 과정에서 지대 지불 능력이 높은 상업·업무 기능이 도심으로 집중하는 현상을 (㉠ 이심, ㉡ 집심) 현상이라고 한다.

•• 도시의 내부 구조와 그 특징을 바르게 연결하시오.

382 도심 • 　　• ㉠ 교통로의 결절점에 위치

383 부도심 • 　　• ㉡ 도시와 농촌 경관의 혼재

384 주변 지역 • 　　• ㉢ 공장, 주택, 상점, 학교 등이 혼재하는 점이 지대

385 중간 지역 • 　　• ㉣ 중추 관리 기능, 전문 서비스업 밀집, 고급 상점 입지

1. 촌락의 변화와 도시 발달

386

㉠~㉤에 들어갈 내용으로 옳은 것은?

〈전통 촌락의 입지〉

입지 요인		입지 장소
물	용수 확보	㉠
	침수 피해 최소화	㉡
교통	역원제의 발달	㉢
	나루터	㉣
방어		㉤

① ㉠ – 제주도 해안가의 용천대
② ㉡ – 범람원의 배후 습지
③ ㉢ – 남한산성, 중강진, 부산 수영 등
④ ㉣ – 조치원, 역곡 등
⑤ ㉤ – 마포, 영등포, 노량진 등

빈출 **387**

(가) 촌락과 비교한 (나) 촌락의 상대적인 특성을 그림의 A~E에서 고른 것은?

(가)

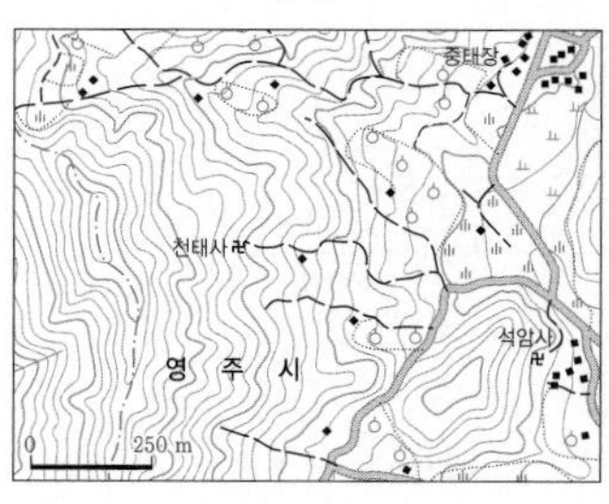

(나)

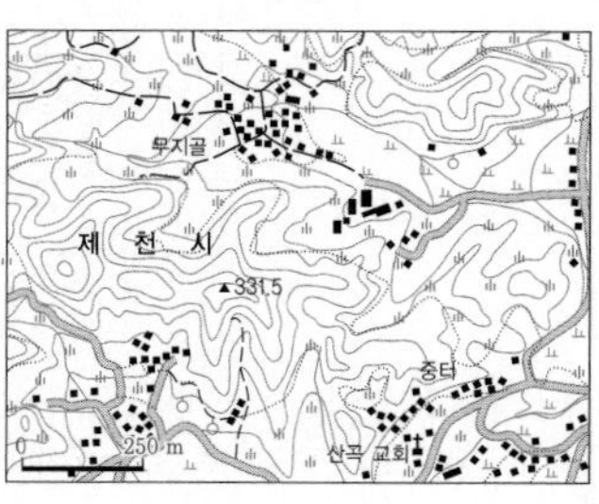

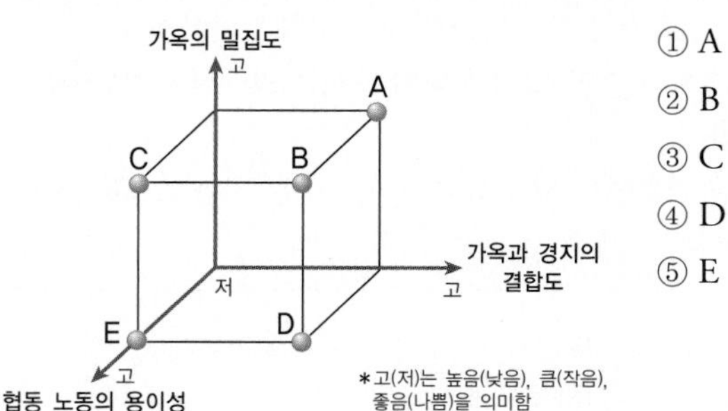

① A
② B
③ C
④ D
⑤ E

빈출
388

그림은 중심지의 계층 구조를 나타낸 것이다. A~C 중심지에 대한 설명으로 옳은 것은?

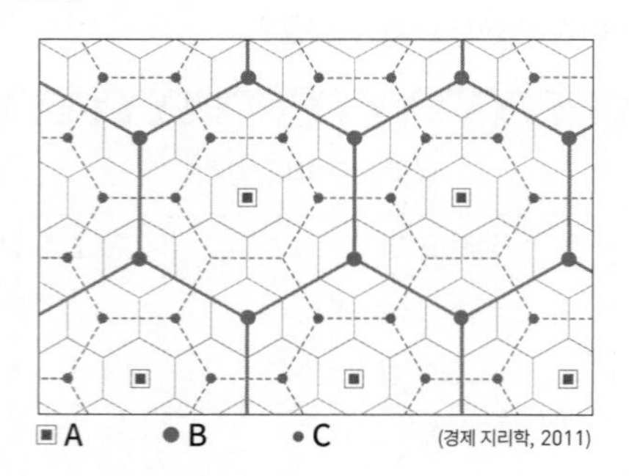

① A는 B보다 중심지의 수가 많다.
② A는 B보다 배후지의 면적이 넓다.
③ B는 C보다 중심지 간의 거리가 가깝다.
④ B는 C보다 최소 요구치의 범위가 좁다.
⑤ C는 A보다 중심지의 기능이 다양하다.

389

그래프는 인구 성장에 따른 도시 순위 변화를 나타낸 것이다. 이에 대한 옳은 설명을 〈보기〉에서 고른 것은?

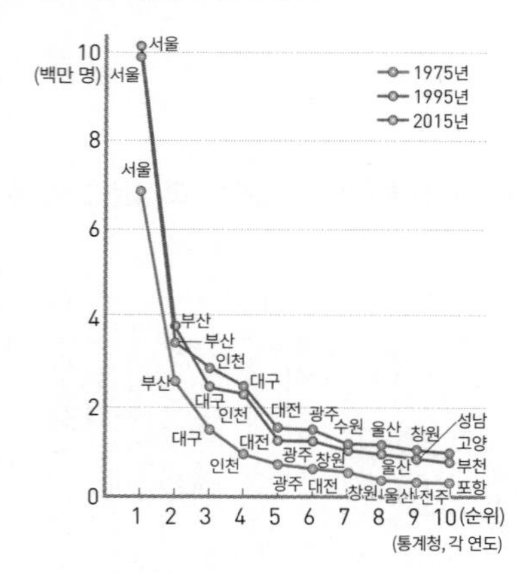

[보기]
ㄱ. 세 시기 모두 종주 도시화 현상이 나타나고 있다.
ㄴ. 창원은 지속적인 인구 감소로 도시 순위가 낮아졌다.
ㄷ. 1975년 도시 순위 10위 이내의 도시는 영남권이 호남권보다 많다.
ㄹ. 1995년 이후에도 서울과 부산의 인구는 지속적으로 증가하고 있다.

① ㄱ, ㄴ ② ㄱ, ㄷ ③ ㄴ, ㄷ
④ ㄴ, ㄹ ⑤ ㄷ, ㄹ

390

자료는 우리나라의 시외·고속버스 운행 횟수와 노선을 통한 도시 체계를 나타낸 것이다. 이에 대한 설명으로 옳지 않은 것은?

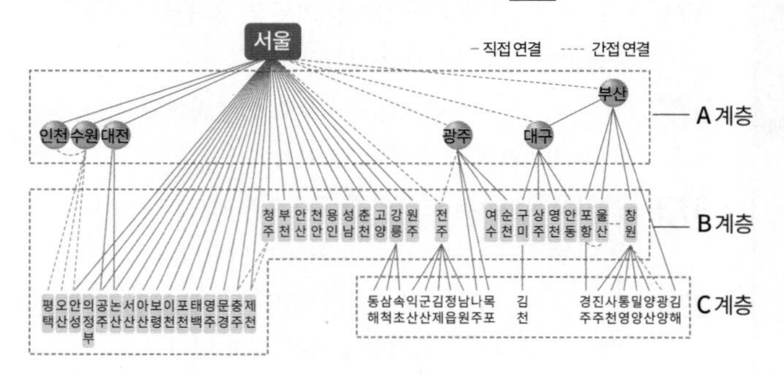

① A 계층의 배후지 규모가 가장 크다.
② B 계층보다 C 계층의 인구 규모가 작다.
③ A 계층은 C 계층보다 중심 기능이 다양하다.
④ 동일 계층 도시 간 거리가 가장 먼 것은 C 계층이다.
⑤ A 계층에서 C 계층으로 갈수록 버스 노선의 수가 적어진다.

2. 도시 구조와 대도시권

391

㉠~㉣에 대한 옳은 설명을 〈보기〉에서 고른 것은?

도시는 인구가 늘어남에 따라 점점 규모가 커진다. ㉠ 도시가 성장하면 도시 기능은 더욱 다양하고 복잡해지며 도시 내부에 지역적으로 ㉡ 기능 분화가 일어나게 된다. 이 과정에서 도시 내부는 상업 기능, 공업 기능, ㉢ 주거 기능 등이 형성되면서 지역 분화가 나타나게 된다. 이러한 지역 분화에 의한 토지 이용 차이를 유발하는 가장 큰 요인은 ㉣ 접근성과 지대이다.

[보기]
ㄱ. ㉠으로 도시의 기능이 다양해지고 복잡해진다.
ㄴ. ㉡으로 도시 내에 다양한 동질 지역 체계가 형성된다.
ㄷ. ㉢은 지대 지불 능력이 가장 높은 기능에 해당한다.
ㄹ. ㉣은 교통이 혼잡하고 유동 인구가 많은 도심이 외곽 지역보다 낮다.

① ㄱ, ㄴ ② ㄱ, ㄷ ③ ㄴ, ㄷ
④ ㄴ, ㄹ ⑤ ㄷ, ㄹ

392

그래프는 도시의 기능별 지대 곡선을 나타낸 것이다. 이에 대한 옳은 설명을 〈보기〉에서 고른 것은?

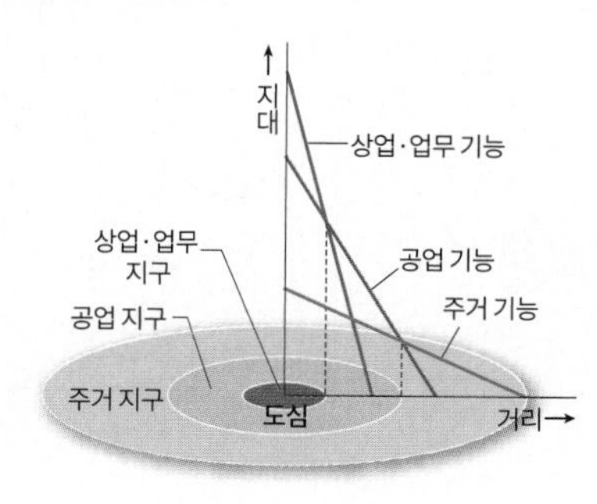

[보기]

ㄱ. 도시가 성장하면서 주거 기능은 주변 지역으로 확대된다.
ㄴ. 도심에서 지대 지불 능력이 가장 높은 기능은 상업·업무 기능이다.
ㄷ. 도심에서 멀어질수록 지대가 가장 높은 비율로 낮아지는 기능은 주거 기능이다.
ㄹ. 공업 기능은 집약적인 토지 이용이 이루어지고 접근성이 가장 높은 곳에 입지한다.

① ㄱ, ㄴ ② ㄱ, ㄷ ③ ㄴ, ㄷ
④ ㄴ, ㄹ ⑤ ㄷ, ㄹ

393

지도는 서울특별시의 구(區)별 주간 인구 지수를 나타낸 것이다. A, B 지역에 대한 설명으로 옳지 않은 것은?

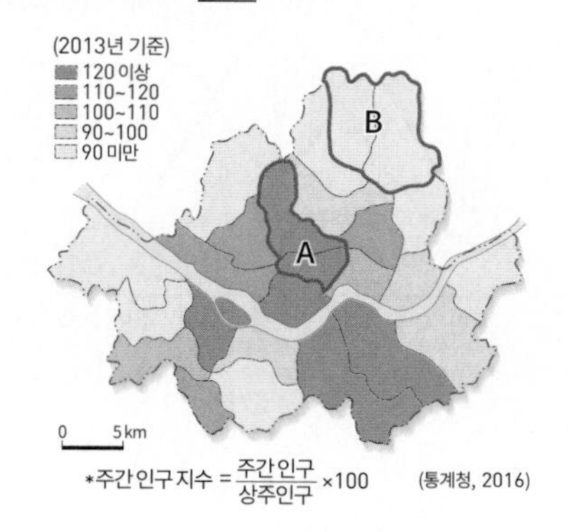

① A는 인구 공동화 현상이 나타난다.
② B는 상주인구가 주간 인구보다 많다.
③ A는 B보다 초등학생 수가 많다.
④ A는 B보다 상업지의 평균 지가가 비싸다.
⑤ B는 A보다 대기업의 본사 수가 적다.

빈출

394

그림은 대도시의 내부 구조를 나타낸 모식도이다. A~E 지역에 대한 설명으로 옳지 않은 것은?

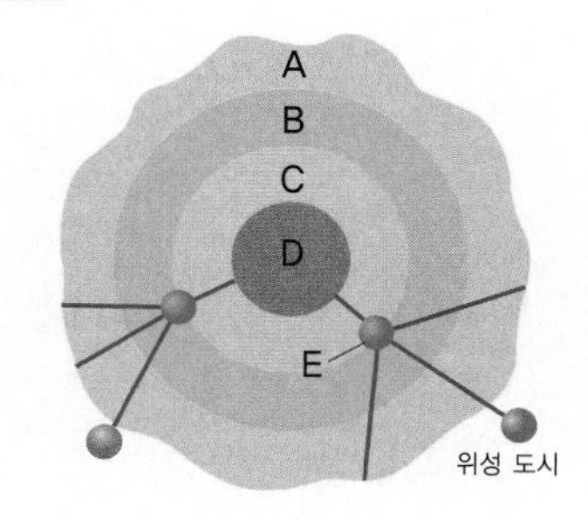

① A는 도시의 무질서한 팽창을 억제하기 위해 설정한 지역이다.
② B는 집심 현상으로 인해 주간 인구 지수가 높은 지역이다.
③ C는 상가·공장·저급 주택이 혼재되어 있는 점이 지대이다.
④ D는 접근성이 좋아 지대와 지가가 가장 높은 지역이다.
⑤ E는 도심의 기능을 일부 분담하여 도심의 과밀화를 완화 하는 기능을 수행한다.

빈출

395

그래프는 도시 내부의 주·야간 인구 분포를 나타낸 것이다. 이를 보고 추론한 내용으로 옳지 않은 것은?

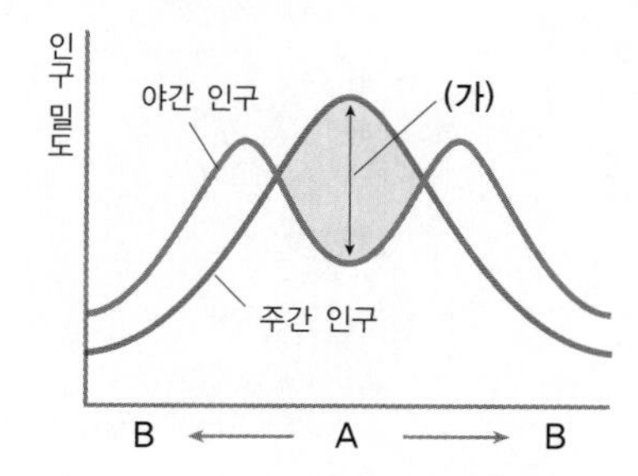

① A 지역은 출퇴근 시간에 교통 혼잡이 나타날 것이다.
② B 지역에서는 행정 관련 관공서의 통폐합이 나타날 것이다.
③ A 지역은 B 지역보다 고층 건물이 밀집해 있을 것이다.
④ B 지역은 A 지역보다 주간 인구 지수가 낮을 것이다.
⑤ 도시가 성장할수록 (가)의 간격은 커질 것이다.

빈출

396

그림은 대도시권의 공간 구조를 나타낸 모식도이다. A~E 지역에 대한 설명으로 옳은 것은?

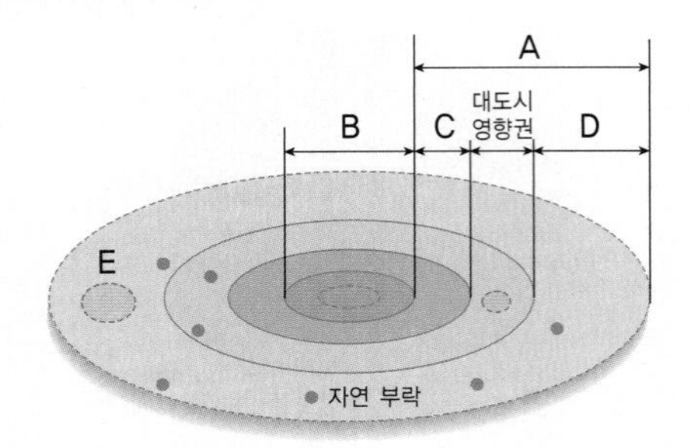

① A－대도시의 영향을 받는 곳으로 주말 생활권을 포함한다.
② B－지역 분화가 뚜렷하게 나타나며 다핵 구조를 갖추고 있다.
③ C－중심 도시로의 출퇴근이 가능한 최대 범위이다.
④ D－대도시 영향권보다 중심 도시로의 통근율이 높다.
⑤ E－교통의 결절점에 발달하며, 도심의 기능을 분담하는 역할을 한다.

397

지도는 수도권의 주간 인구 지수를 나타낸 것이다. A, B 지역에 대한 설명으로 옳은 것은?

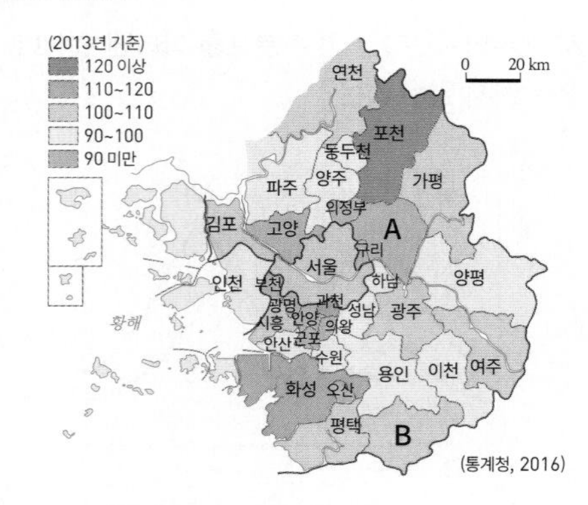

① A는 서울의 공업 기능을 분담하는 위성 도시이다.
② A는 B보다 아파트 거주 인구 비율이 높을 것이다.
③ A는 B보다 1차 산업 종사자 비율이 높을 것이다.
④ B는 A보다 상주인구가 많을 것이다.
⑤ B는 A보다 서울로의 통근·통학률이 높을 것이다.

1등급을 향한 서답형 문제

[398~399] 지도를 보고 물음에 답하시오.

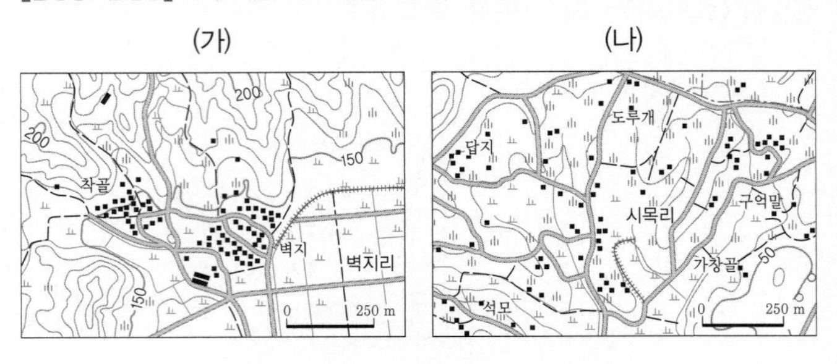

398

(가), (나) 촌락의 유형을 구분하여 쓰시오.

399

(가), (나) 촌락의 가옥 밀집도와 가옥과 경지의 결합도를 비교하여 서술하시오.

400

그래프의 (가) 현상이 무엇인지 쓰고, 이와 같은 현상이 나타나는 지역의 주간 인구 지수의 특징과 그 원인을 기능의 이전과 관련하여 서술하시오.

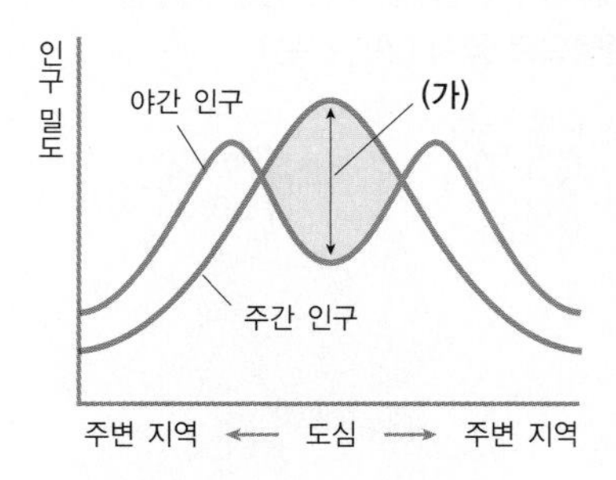

401

수도권의 광역화와 관련하여 근교 농촌의 겸업농가 비율, 주간 인구 지수 변화의 양상을 원인과 함께 각각 서술하시오.

적중 1등급 문제

» 바른답·알찬풀이 36쪽

402

그래프에 대한 옳은 설명을 〈보기〉에서 고른 것은? (단, (가)~(다)는 수도권, 영남권, 호남권 중 하나임.)

〈인구 규모에 따른 도시 및 군(郡) 지역 인구 비율〉

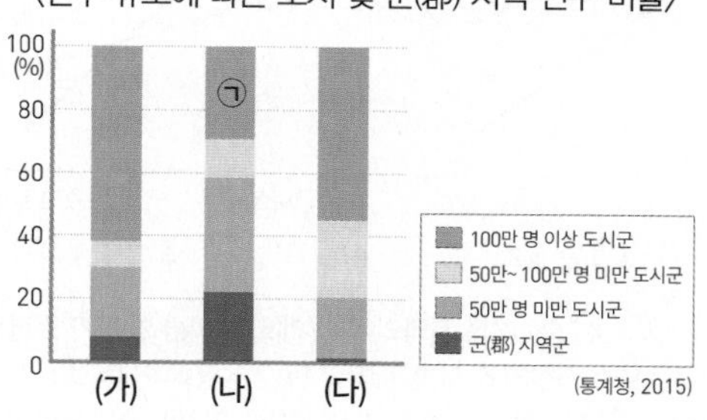

[보기]

ㄱ. (나)는 인구 100만 이상의 도시 수가 가장 많다.
ㄴ. (나)의 ㉠은 우리나라에서 가장 인구가 많은 도시이다.
ㄷ. (다)는 (나)보다 농업 종사자 비중이 낮다.
ㄹ. (다)의 1위 도시의 인구 규모는 (가)의 1위 도시의 인구 규모보다 두 배 이상이다.

① ㄱ, ㄴ ② ㄱ, ㄷ ③ ㄴ, ㄷ
④ ㄴ, ㄹ ⑤ ㄷ, ㄹ

403

표는 지도에 표시된 세 구(區)의 인구 특성을 나타낸 것이다. A~C 구(區)에 대한 옳은 설명을 〈보기〉에서 고른 것은?

구분	상주인구 (천 명)	주간 인구 지수	초등학생 (천 명)
A	553	85	31
B	119	373	6
C	225	128	10

(통계청, 2015)

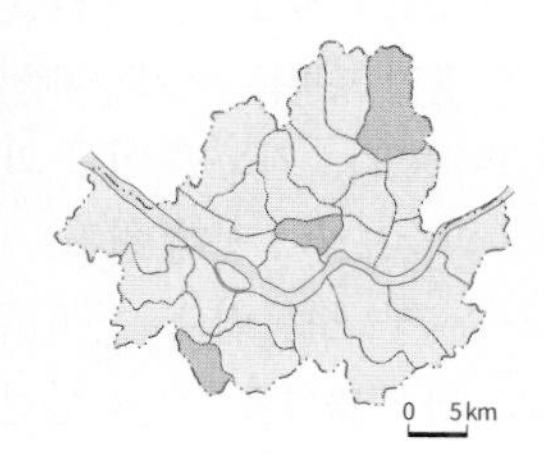

[보기]

ㄱ. 출근 시간 A 지하철역은 승차 인원이 하차 인원보다 더 많다.
ㄴ. A는 B보다 기업체가 더 많이 입지한다.
ㄷ. B는 C보다 상업지의 평균 지가가 높다.
ㄹ. C는 B보다 주간 인구가 많다.

① ㄱ, ㄴ ② ㄱ, ㄷ ③ ㄴ, ㄷ
④ ㄴ, ㄹ ⑤ ㄷ, ㄹ

404

그래프에 대한 옳은 설명을 〈보기〉에서 고른 것은?

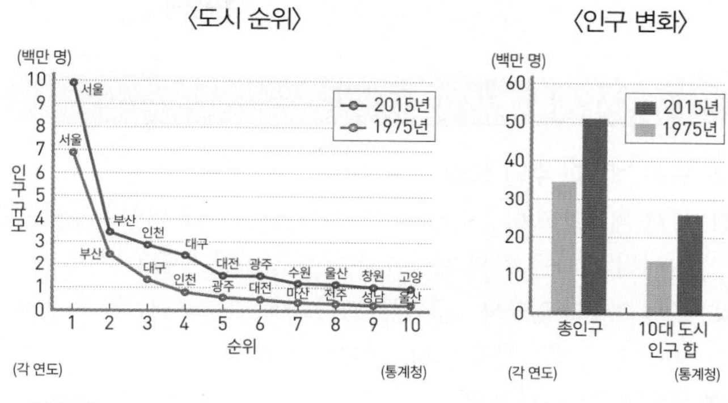

[보기]

ㄱ. 1975년 10대 도시 중 영남권에 위치한 도시의 수는 수도권에 위치한 도시의 수보다 많다.
ㄴ. 1975년 대비 2015년 종주 도시화 현상은 더욱 심화되었다.
ㄷ. 1975년 대비 2015년 인구 증가율은 부산이 인천보다 높다.
ㄹ. 1975년 대비 2015년 인구의 10대 도시 편중 현상은 완화되었다.

① ㄱ, ㄴ ② ㄱ, ㄷ ③ ㄴ, ㄷ
④ ㄴ, ㄹ ⑤ ㄷ, ㄹ

405

표는 지도에 표시된 세 지역의 의료 기관 수를 나타낸 것이다. 이에 대한 설명으로 옳지 않은 것은? (단, (가), (나)는 의원, 종합 병원 중 하나임.)

지역 \ 의료 기관	(가)	병원	(나)
A	0	2	19
B	3	10	204
C	12	111	1,666

(통계청, 2016)

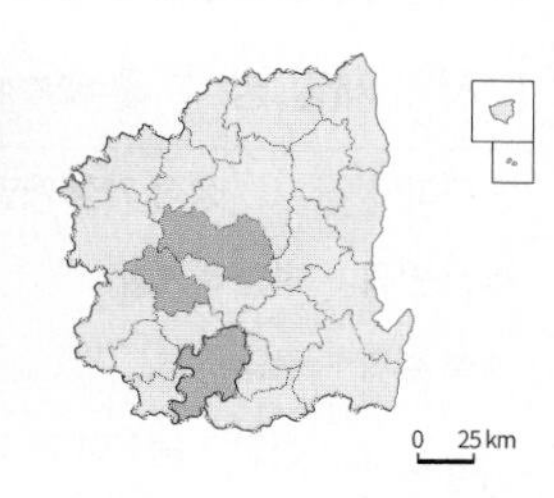

① C는 광역시이다.
② B는 A보다 인구 밀도가 높다.
③ C는 B보다 금융 및 보험 서비스업 등과 같은 고급 기능이 더 많다.
④ B에서 (나)는 병원보다 의료 기관 간의 거리가 더 멀다.
⑤ (가)는 (나)보다 일일 진료 가능한 환자 수가 더 많다.

10 도시 및 지역 개발과 공간 불평등

Ⅳ 거주 공간의 변화와 지역 개발

✓ 출제 포인트 ✓ 도시 재개발 유형 비교 ✓ 성장 거점 개발 방식과 균형 개발 방식 비교 ✓ 우리나라의 국토 개발 계획 특징

1. 도시 계획과 재개발

1 도시 계획과 주민 생활

(1) **도시 계획의 의미** 도시 공간 속에서 주거와 다양한 활동의 합리적 배치를 위해 계획을 수립하고 실천에 옮기는 것

(2) **도시 계획의 필요성** 급속한 도시화에 따른 도시 문제 완화, 미래에 일어날 문제 예방, 난개발 방지 등

(3) **우리나라의 도시 계획**

① 1960년대 : 산업화와 도시화 추진이 목적 → 도시 기반 시설 설치, 시가지 개발을 위한 토지 확보

② 최근 : 국토의 난개발 방지와 친환경적 도시 관리 계획

2 도시 재개발과 주민 생활

(1) **도시 재개발의 의미** 환경이 열악한 지역의 건물을 철거·수리·개조 등의 과정을 거쳐 도시 환경을 개선하는 사업

(2) **도시 재개발의 유형과 방법** 81쪽 419번 문제로 확인

① 대상 지역에 따른 구분

도심 재개발	도심의 노후화된 건물이나 불량 주거 지역을 상업 및 업무 지역으로 변화시켜 토지의 효율성을 높이는 사업
산업 지역 재개발	도시 내의 노후 산업 단지 또는 전통 시장 등을 아파트형 공장, 현대식 시장, 주거 지역 등으로 변화시키는 사업
주거지 재개발	주거지의 환경을 개선하고 생활 기반 시설을 확충하는 사업

② 시행 방법에 따른 구분

철거 재개발	기존 건물과 시설을 철거하여 새로운 시설을 조성하는 방식
보존 재개발	역사·문화적으로 보존 가치가 있는 지역을 유지·관리하는 방식
수복 재개발	기존의 골격을 유지하면서 필요한 부분을 수리 및 개조하여 보완하는 도시 재개발 방식

2. 지역 개발과 공간 불평등

1 지역 개발 방식 82쪽 423번 문제로 확인

구분	성장 거점 개발 방식	균형 개발 방식
추진 방식	하향식 개발	상향식 개발
개발 주체	중앙 정부	지방 정부 및 지역 주민
개발 방법	성장 가능성이 큰 지역에 우선 투자 → 파급 효과 기대	낙후 지역에 우선 투자
개발 목표	• 경제 성장의 극대화 • 경제적 효율성 추구	• 지역 간 균형 발전 • 경제적 형평성 추구
장점	• 자원의 효율적 투자가 가능 • 단기간에 개발 효과가 나타남	• 지역 간 균형 성장 • 지역 주민의 의사 결정 존중
단점	• 역류 효과 : 지역 격차 심화 • 지역 주민의 참여도가 낮음	• 투자의 효율성이 낮음 • 지역 이기주의가 초래됨

자료 파급 효과와 역류 효과 82쪽 424번 문제로 확인

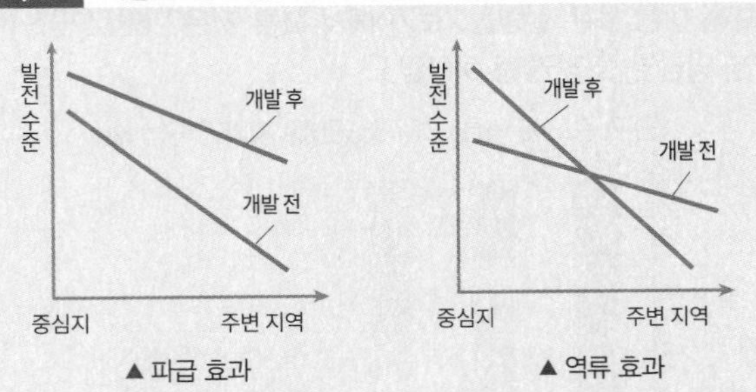

▲ 파급 효과 ▲ 역류 효과

분석 파급 효과는 거점 지역의 집중 개발에 따른 효과가 주변 지역의 산업을 발전시켜 중심지와 주변 지역의 동반 성장을 가져오며, 지역 격차가 완화되는 것이다. 역류 효과는 개발에 따른 이익이 주변으로 파급되지 못하고, 오히려 주변 지역에서 거점 지역으로 인구 및 자본이 집중하여 지역 격차가 커지는 것이다.

2 우리나라의 국토 개발 계획 83쪽 425번 문제로 확인

제1차 국토 종합 개발 계획(1972~1981)	• 성장 거점 개발 방식 • 대규모 공업 기반 구축, 사회 간접 자본 확충 • 수도권, 남동 임해 공업 지역을 중심으로 발달
제2차 국토 종합 개발 계획(1982~1991)	• 인구와 산업의 지방 분산을 위한 광역 개발 정책 • 수도권 정비 계획법 제정 • 국토의 다핵 구조 형성과 지역 생활권 조성
제3차 국토 종합 개발 계획(1992~1999)	• 지방 분산형 국토 골격 형성을 위한 균형 개발 방식 • 지방 육성과 수도권 집중 억제 • 서해안 신산업 지대와 지방 도시 육성
제4차 국토 종합 계획(2000~2020)	• 균형 발전 정책 • 개방형 통합 국토축 형성, 지역별 경쟁력 고도화 • 균형 국토, 녹색 국토, 개방 국토, 통일 국토
제4차 국토 종합 계획 수정 계획(2011~2020)	• 지역 특화 및 광역적 협력 강화 • 자연 친화적이고 안전한 국토 조성

3 공간 및 환경 불평등과 지역 갈등

(1) **국토 개발로 인한 공간 및 환경 불평등 문제**

① 공간 불평등 : 수도권과 비수도권, 도시와 농촌 간 불평등

• 수도권 : 기능과 인구 과밀 → 집값 상승과 교통 혼잡 발생

• 비수도권 : 경제 침체 → 인구와 자본 유출 심화

• 농촌 : 노동력 부족, 인구의 고령화, 생활 기반 시설 부족

② 환경 불평등 : 오염 물질의 지역 간 이동 → 경제적 수혜 지역과 환경 오염 부담 지역이 일치하지 않음

③ 지역 갈등 : 지역 이기주의 심화 예 님비 현상, 핌피 현상

(2) **바람직한 지역 개발과 방법**

① 바람직한 지역 개발 : 지역 격차를 완화하기 위한 균형 발전 전략 추진, 수도권의 인구와 산업을 지방으로 분산, 지역 특성에 맞는 개발 전략 수립, 혁신 도시·기업 도시 조성

② 지속 가능한 국토 공간의 조성 : 탄소 배출량 감소, 친환경 산업 육성, 슬로시티 운동 등의 노력

분석 기출 문제

» 바른답·알찬풀이 38쪽

핵심 개념 문제

•• 빈칸에 들어갈 알맞은 말을 쓰시오.

406 (　　　　　)은/는 도시 내 환경이 열악한 지역이나 건물을 철거·수리·개조하여 개선하는 사업이다.

407 (　　　　　)은/는 기존 골격을 유지하면서 필요한 부분을 수리 및 개조하여 보완하는 도시 재개발 방식이다.

408 (　　　　　)(이)란 지역 개발이 진행되는 과정에서 특정 지역의 개발 효과가 주변 지역으로 확산되어 동반 성장을 가져오는 것이다.

•• 다음 내용이 옳으면 ○표, 틀리면 ×표를 하시오.

409 도시 계획과 재개발의 시행으로 도시의 스카이라인이 낮아지고 주거 유형이 다양화된다. (　　)

410 1980년대 시행된 제2차 국토 개발 계획에서는 수도권 정비 계획법을 제정하여 수도권의 과도한 인구 및 산업 집중을 억제하고자 노력하였다. (　　)

411 국토 개발로 발생한 공간 불평등을 해결하기 위해서는 혁신 도시와 기업 도시 조성과 같은 인구와 기능의 분산 노력이 필요하다. (　　)

•• 지역 개발 방식의 특징을 〈보기〉에서 고르시오.

412 균형 개발 방식 (　　)

413 성장 거점 개발 방식 (　　)

[보기]
ㄱ. 역류 효과 발생
ㄴ. 지역 이기주의가 초래됨
ㄷ. 주로 개발 도상국에서 채택
ㄹ. 낙후 지역에 우선적으로 투자
ㅁ. 경제적 효율성이 높은 개발 방식
ㅂ. 주민과 지방 자치 단체 주도의 개발

•• 우리나라 국토 개발 계획의 시기별 특징을 바르게 연결하시오.

414 제1차 • 　• ㉠ 대규모 공업 기반 구축

415 제2차 • 　• ㉡ 신산업 지대 조성, 균형 개발 추진

416 제3차 • 　• ㉢ 국토의 다핵 구조 형성, 광역 개발 추진

417 제4차 • 　• ㉣ 균형 국토, 녹색 국토, 개방 국토, 통일 국토

418 제4차 수정 • 　• ㉤ 지역 특화 및 광역적 협력 강화, 자연 친화적 발전

1. 도시 계획과 재개발

빈출

419

(가), (나) 재개발 사례에 대한 옳은 설명을 〈보기〉에서 고른 것은?

(가) 광주광역시의 동구 일대는 도심 공동화가 심화되면서 지역이 낙후되는 문제를 안게 되었다. 이를 해결하기 위해 동구의 계림 지구는 다양한 주체들이 서로의 이해를 절충하여 지역성과 경관을 보전하는 '푸른 마을 만들기'를 추진하였다.

(나) 경기도 안양시의 덕천 마을은 기반 시설의 노후화를 해결하기 위한 재개발이 진행되면서 노후화된 주택들이 고층 아파트 단지로 변화하였다. 한편, 해당 지역에 거주하던 원거주민의 대다수는 개발에 따른 보상을 받고 다른 지역으로 이주하였다.

[보기]
ㄱ. (가)는 철거 재개발, (나)는 수복 재개발이다.
ㄴ. (가)는 (나)보다 원거주민의 이주율이 높다.
ㄷ. (가)는 (나)보다 기존 건물의 활용도가 높다.
ㄹ. (나)는 (가)보다 투입 자본의 규모가 크다.

① ㄱ, ㄴ　② ㄱ, ㄷ　③ ㄴ, ㄷ
④ ㄴ, ㄹ　⑤ ㄷ, ㄹ

420

다음 글은 백사 마을의 재개발 방식에 관한 것이다. 이에 대한 옳은 설명을 〈보기〉에서 고른 것은?

서울의 마지막 달동네로 불리는 노원구 백사 마을은 1960~1970년대 주거·문화의 모습과 자연 지형, 골목길 등 정감 어린 마을 모습을 유지하면서, 유네스코의 역사 마을 보존 원칙에 따라 기존의 마을 형태를 남겨 두고 일부 주택만을 개량하였다.

[보기]
ㄱ. 철거를 위주로 하는 사업이다.
ㄴ. 토지의 효율성을 높이는 도심 재개발이다.
ㄷ. 재개발을 통해 도시 미관이 개선될 수 있다.
ㄹ. 역사적·문화적 건축물이 많은 지역의 재개발 유형이다.

① ㄱ, ㄴ　② ㄱ, ㄷ　③ ㄴ, ㄷ
④ ㄴ, ㄹ　⑤ ㄷ, ㄹ

 » 바른답·알찬풀이 38쪽

421

(가) 지역과 비교한 (나) 지역 도시 재개발의 상대적인 특성으로 옳지 않은 것은?

> (가) ○○ 지역은 2001년 6월부터 재개발 사업이 시작되었다. ○○ 지역은 달동네를 전면 철거하여 고층 아파트를 건립하는 방식을 채택하였다.
> (나) △△시와 지역 주민들은 한옥이라는 전통문화를 중심으로 재개발을 전개하였다. 그 결과 이 지역은 과거와 현재가 공존하는 공간으로 새롭게 정비되었다.

① 자원 낭비 가능성이 낮다.
② 기존 건물의 활용도가 높다.
③ 기존 상권의 유지율이 낮다.
④ 원거주민 정착 비율이 높다.
⑤ 개발 과정에서의 자본 투입 규모가 작다.

2 지역 개발과 공간 불평등

422

다음은 학생이 작성한 서술형 답안지이다. 답안의 내용으로 옳지 않은 것은?

> **〈서술형 문제〉 지역 개발의 방법 중 균형 개발 방식의 특징에 대해 서술하시오.**
>
> **〈답안〉**
> 균형 개발 방식은 ㉠ 지역 주민의 요구와 참여에 기반을 둔 상향식 개발 방식으로, ㉡ 지역 간의 균형적인 발전과 경제적 형평성을 이루기 위해 ㉢ 주로 투자 효과가 가장 큰 지역을 선정하여 집중적으로 투자하는 방식이다. 이 개발 방식은 ㉣ 지역 주민의 의사 결정을 존중하고, 지역의 실정을 고려하여 지역 특성에 맞는 개발을 진행할 수 있다는 장점이 있다. 반면, ㉤ 지나친 지역 이기주의를 초래할 수 있다는 단점이 있다.

① ㉠ ② ㉡ ③ ㉢ ④ ㉣ ⑤ ㉤

빈출
423

(가), (나) 개발 방식을 비교한 그래프의 A, B에 들어갈 내용으로 옳은 것은?

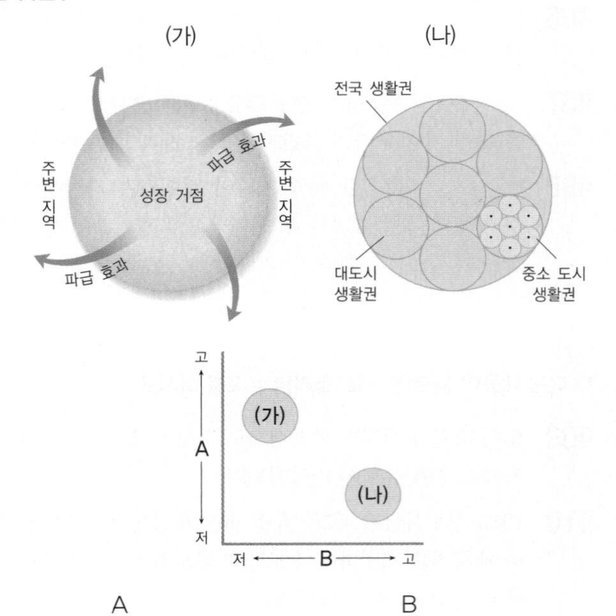

	A	B
①	파급 효과	역류 효과
②	주민 의견 수렴	국민 복지에 대한 관심
③	환경 보전 정도	투자의 비효율성
④	자원 투입의 효율성	분배의 형평성
⑤	지역 간 불균형 해소	소득 격차의 완화 정도

빈출
424

그래프는 지역 개발에 따른 중심지와 주변 지역의 발전 수준의 차이를 나타낸 것이다. 이 지역에서 이루어진 지역 개발에 대한 옳은 설명을 〈보기〉에서 고른 것은?

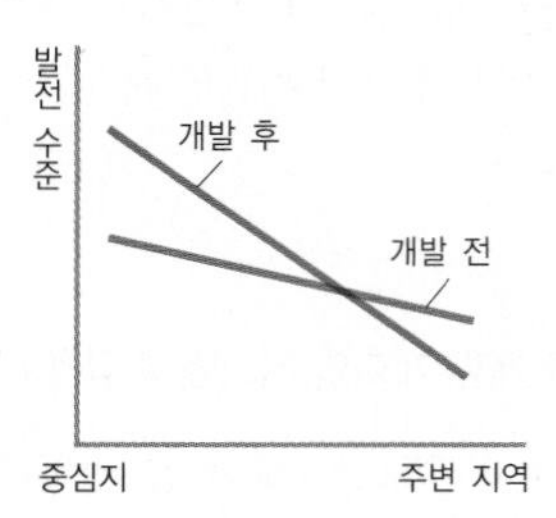

> **[보기]**
> ㄱ. 하향식 개발이 추진되었다.
> ㄴ. 주변 지역과의 격차가 더욱 심해졌다.
> ㄷ. 형평성을 강조하는 개발이 추진되었다.
> ㄹ. 분배의 가치를 실현하는 개발이 이루어졌다.

① ㄱ, ㄴ ② ㄱ, ㄷ ③ ㄴ, ㄷ
④ ㄴ, ㄹ ⑤ ㄷ, ㄹ

425

그림은 우리나라의 지역 개발을 시기별로 나타낸 것이다. 이에 대한 옳은 설명만을 <보기>에서 있는 대로 고른 것은?

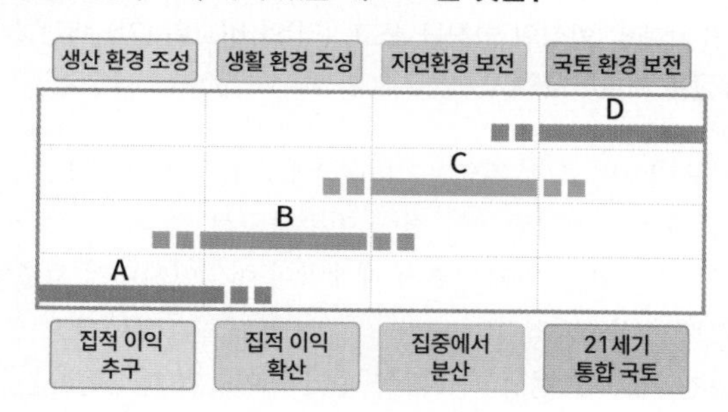

[보기]

ㄱ. A → D로 갈수록 중앙 정부의 역할은 점차 축소되고 있다.
ㄴ. 분배에 대한 관심은 C 시기에 접어들면서 강조되었다.
ㄷ. A 시기에 인구의 지방 분산을 유도하기 위해 수도권 정비 계획법 등을 시행하였다.
ㄹ. C → D로의 변화는 '균형 개발'에서 '균형 발전'으로의 의미를 담고 있다.

① ㄱ, ㄴ ② ㄴ, ㄷ ③ ㄷ, ㄹ
④ ㄱ, ㄴ, ㄹ ⑤ ㄴ, ㄷ, ㄹ

426

다음은 우리나라의 국토 종합 개발 계획의 일부를 나타낸 것이다. (가), (나)에 들어갈 말로 옳은 것은?

구분	제1차 국토 종합 개발 계획 (1972~1981년)	제2차 국토 종합 개발 계획 (1982~1991년)	제3차 국토 종합 개발 계획 (1992~1999년)
기본 목표	(가)	• 인구의 지방 정착 유도 • 개발 가능성의 전국적 확대 • 국토 자연환경의 보존	(나)

	(가)	(나)
①	국민 복지 향상	지방 분산형 국토 골격 형성
②	국토 이용 관리 효율화	사회 간접 자본의 확충
③	국토 이용 관리 효율화	지방 분산형 국토 골격 형성
④	사회 간접 자본의 확충	국토 이용 관리 효율화
⑤	지방 분산형 국토 골격 형성	국민 복지 향상

427

지도에 표시된 지역에 관한 설명으로 옳은 것은?

① 대도시의 주거, 공업, 행정 기능을 분담하는 도시이다.
② 특정 기업이 주체적으로 지역을 개발하는 자급자족형 도시이다.
③ 공공 기관의 지방 이전을 통한 국토의 균형 성장을 위해 조성된 도시이다.
④ 느리고 여유 있는 삶을 지향하고 인간과 자연의 조화를 추구하는 지역이다.
⑤ 생활권이 같은 도시와 농어촌을 하나로 합쳐 광역 생활권을 갖춘 도시이다.

428

표는 제4차 국토 종합 계획 수정 계획(2011~2020년)의 기본 목표와 내용을 정리한 것이다. (가)~(라)에 들어갈 내용을 <보기>에서 고른 것은?

목표	내용
(가)	• 개별 지역이 통합된 광역적 공간 단위에 기초한 신(新) 국토 골격을 형성하여 지역 특화 발전 및 동반 성장을 유도 • 남북 간 신뢰에 기반한 경제 협력과 국토 통합을 촉진
(나)	• 경제 성장과 환경이 조화를 이루고 에너지·자원 절약적인 친환경 국토 형성 • 기후 변화로 인한 홍수·가뭄 등 재해에 안전한 국토 구현
(다)	• 역사·문화 자원을 우리 국토 공간에 접목한 국토 조성 • 정주 환경을 개선하여 국민 모두가 쾌적한 삶을 누리는 국토 조성
(라)	• 유라시아 : 태평양 시대에 물류, 금융, 교류의 거점 국가로 도약하기 위해 글로벌 개방 거점 확충 • 대륙 : 해양 연계형 인프라 구축을 통한 유라시아 – 태평양 지역의 관문 기능 강화

[보기]

ㄱ. 품격 있는 매력 국토
ㄴ. 경쟁력 있는 통합 국토
ㄷ. 세계로 향한 열린 국토
ㄹ. 지속 가능한 친환경 국토

	(가)	(나)	(다)	(라)
①	ㄱ	ㄴ	ㄷ	ㄹ
②	ㄱ	ㄷ	ㄹ	ㄴ
③	ㄴ	ㄷ	ㄹ	ㄱ
④	ㄴ	ㄹ	ㄱ	ㄷ
⑤	ㄷ	ㄴ	ㄹ	ㄱ

429

다음은 학생이 작성한 형성 평가지이다. 질문에 대한 답을 모두 옳게 선택한 학생을 고른 것은?

주제명 : 녹색 성장과 지속 가능한 발전

※ 설명이 맞으면 ○표, 틀리면 ×표 하시오.

1. 생산과 소비를 '자원 순환형'으로 전환하는 것은 지속 가능한 발전을 위한 필수 조건이다. (　　)
2. 지속 가능한 발전은 생태계의 수용 능력을 초과하지 않는 것이다. (　　)
3. 녹색 기술 및 신·재생 에너지 개발을 통한 일자리 창출은 녹색 성장의 사례가 될 수 있다. (　　)
4. 지속 가능한 발전을 위해서는 환경과 경제를 통합적 차원이 아니라 개별적 차원에서 바라보아야 한다. (　　)

구분	1	2	3	4
갑	○	○	×	○
을	○	○	○	×
병	○	×	○	×
정	×	○	×	○
무	×	×	○	○

① 갑　② 을　③ 병　④ 정　⑤ 무

430

지도에 표시된 도시의 공통점을 〈보기〉에서 고른 것은?

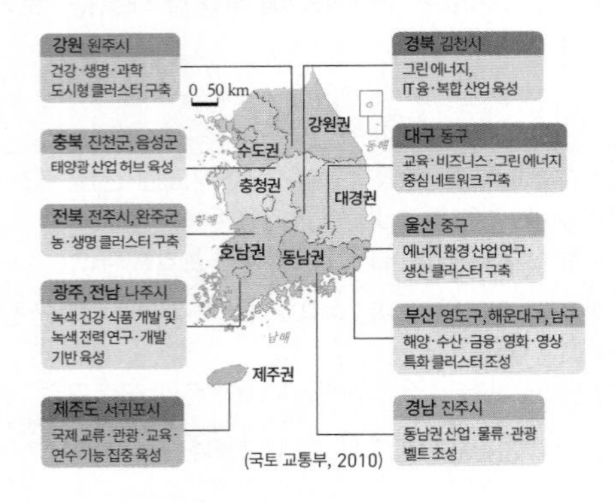

(국토 교통부, 2010)

[보기]
ㄱ. 느림의 철학을 바탕으로 인간과 자연의 조화를 추구하는 도시이다.
ㄴ. 특정 민간 기업이 특정 산업을 중심으로 지역을 개발하는 도시이다.
ㄷ. 지방의 성장 거점에 공공 기관이 이전하면서 조성된 미래형 도시이다.
ㄹ. 수도권의 집중을 해소하고, 지방 경제를 활성화하기 위해 조성된 도시이다.

① ㄱ, ㄴ　② ㄱ, ㄷ　③ ㄴ, ㄷ　④ ㄴ, ㄹ　⑤ ㄷ, ㄹ

1등급을 향한 서답형 문제

431

(가), (나) 재개발 방식의 명칭을 쓰고, (나)와 비교한 (가) 재개발 방식의 문제점을 서술하시오.

(가) 달동네였던 △△ 지역은 1968년에 이촌동과 청계천, 왕십리 일대의 철거민들이 집단 이주하면서 형성된 마을이었다. 이 지역은 2001년부터 재개발이 이루어지면서 고층 아파트가 건립되었다.

(나) 인천은 6·25 전쟁 때 피란민들이 모여들어 형성된 □□동 마을을 보존 방식으로 재개발하기로 하였다. 소설의 무대이기도 한 이 지역에는 현재 400여 명의 주민이 살고 있다.

432

성장 거점 개발을 실시하여 그래프와 같은 결과가 나타날 경우 발생하는 문제점을 서술하시오.

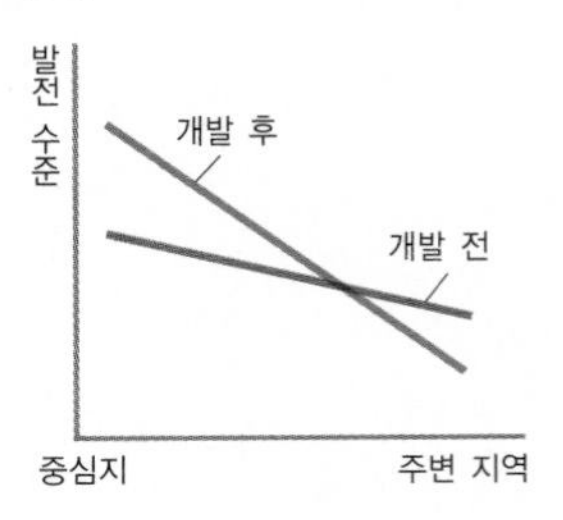

433

(가), (나) 개발 방식의 명칭을 쓰고, 우리나라에서 각 개발 방식의 장점을 한 가지씩 서술하시오.

(가) 개발 방식
- 효율성을 고려하여 성장 거점 지역에 투자
- 장점 : [　　　　]
- 단점 : 지역 격차 심화

(나) 개발 방식
- 형평성을 고려하여 지역 간 균형 발전 추구
- 장점 : [　　　　]
- 단점 : 경제적 효율성 낮음

적중 1등급 문제

» 바른답·알찬풀이 39쪽

434

다음 글은 도시 재개발의 사례이다. (나)와 비교한 (가) 도시 재개발의 상대적 특성을 그림의 A~E에서 고른 것은?

(가) ○○시 □□동 일대는 달동네였다. 그러나 재개발이 진행되면서 노후화된 주택들이 대규모 아파트 단지로 변화하였다. 현재는 과거의 흔적을 찾아보기가 어렵게 되었다.
(나) ◇◇시 △△동 일대는 달동네였다. 지금도 과거의 흔적이 남아 있지만 주민, 작가, 학생들이 합심하여 마을 담벼락에 그림을 그리고 조형물을 설치하여 마을을 변모시켰다.

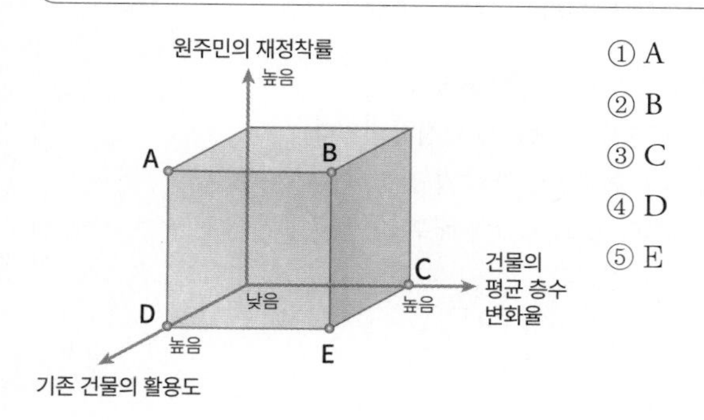

① A
② B
③ C
④ D
⑤ E

435

다음 지역의 개발 사례를 통해 파악할 수 있는 특징이 아닌 것은?

우리는 보령의 상징물인 머돌이와 머순이야. 보령의 갯벌 해안에서 일광욕과 진흙 마사지를 즐겨 보령.

우리는 금산의 상징물인 삼신령와 삼동이야. 우리 금산은 특산물인 인삼으로 유명한 지역이지.

① 지속 가능한 개발의 사례이다.
② 지역의 잠재력을 활용한 개발이다.
③ 지역 주민의 의견을 반영한 개발이다.
④ 도·농간 지역 격차가 커지는 단점이 있다.
⑤ 적정 수준의 개발을 통해 자원의 특성이 유지된다.

436

㉠~㉣에 대한 옳은 설명만을 〈보기〉에서 있는 대로 고른 것은?

우리나라는 1960년대 이후 효율적인 경제 성장을 위해 노력하였다. ㉠ 1970년대의 국토 종합 개발 계획에서는 생산 기반 확충이 이루어졌고, 수도권과 남동 해안 지역에 다수의 공업 단지를 건설하였다. 1980년대의 국토 종합 개발 계획에서는 ㉡ 인구의 지방 분산을 유도하기 위한 정책이 시행되었으며, ㉢ 1990년대의 국토 종합 개발 계획에서는 지방 육성과 수도권 집중 억제, 남북통일에 대비한 기반을 조성하기 위해 노력하였다. 2000년대 이후의 국토 종합 계획에서는 지역의 경쟁력을 높이며, ㉣ 세계화 시대에 적합하고 자연 친화적인 국토 환경을 조성하기 위해 노력하고 있다.

[보기]
ㄱ. ㉠은 주로 상향식 개발 방식으로 이루어졌다.
ㄴ. ㉡은 성장 거점 개발의 영향에 따른 문제점 때문이다.
ㄷ. ㉠은 ㉢보다 경제적 효율성을 중시하였다.
ㄹ. ㉣을 위해 세계로 열린 신성장 해양 국토 기반을 구축하기 위해 노력하고 있다.

① ㄱ, ㄴ ② ㄱ, ㄷ ③ ㄱ, ㄴ, ㄷ
④ ㄱ, ㄴ, ㄹ ⑤ ㄴ, ㄷ, ㄹ

437

㉠~㉣에 대한 옳은 설명만을 〈보기〉에서 있는 대로 고른 것은?

글로벌 녹색 국토(제4차 국토 종합 계획 수정 계획)

㉠ 균형 국토, 개방 국토, 녹색 국토, 통일 국토를 지향했던 제4차 국토 종합 계획은 국내외 여건 변화에 대응하기 위해 두 차례 수정 과정을 거쳤다. 글로벌 녹색 국토 조성을 위한 ㉡ 제4차 국토 종합 계획 수정 계획은 ㉢ '글로벌 국토'의 실현과 ㉣ '녹색 국토'의 실현이라는 목표를 담고 있다.

[보기]
ㄱ. ㉠ – 남동 임해 공업 지역을 조성하였다.
ㄴ. ㉡ – 경제적 효율성보다 지역 간 형평성을 중시한다.
ㄷ. ㉢ – 유라시아와 태평양 지역을 선도하기 위한 목표이다.
ㄹ. ㉣ – 저탄소 녹색 성장 기반의 마련을 목표로 한다.

① ㄱ, ㄴ ② ㄱ, ㄷ ③ ㄱ, ㄴ, ㄷ
④ ㄱ, ㄴ, ㄹ ⑤ ㄴ, ㄷ, ㄹ

단원 마무리 문제

09 촌락과 도시의 변화

438

(가), (나)에서 촌락의 입지에 영향을 미친 공통적인 원인으로 옳은 것은?

(가) (나)

① 풍부한 일조량
② 국방상의 요충지
③ 육상 교통의 요지
④ 생활용수 확보에 유리
⑤ 홍수 피해 방지에 유리

439

(가), (나) 촌락 형태에 대한 설명으로 옳지 않은 것은?

(가)

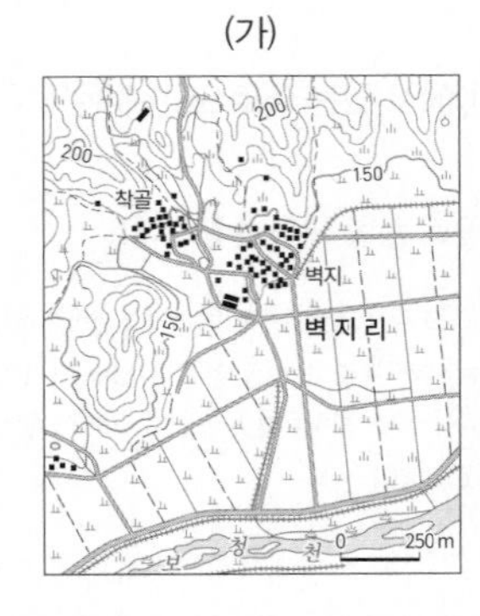

(나)

① (가)는 혈연 기반의 동족촌 형태로 많이 나타난다.
② (나)는 경지가 협소하고 분산되어 있는 산간 지역에 주로 나타나는 촌락 형태이다.
③ (가)는 (나)보다 공동체 의식이 강하다.
④ (가)는 (나)보다 경지와 가옥 간의 결합도가 낮아 효율적 경지 관리가 어렵다.
⑤ (나)는 (가)보다 협동 노동의 필요성이 큰 곳에서 나타난다.

440

그림은 우리나라 도시 체계의 변화를 나타낸 모식도이다. (가) 시기와 비교한 (나) 시기의 특징에 대한 옳은 설명을 〈보기〉에서 고른 것은?

(가)

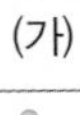

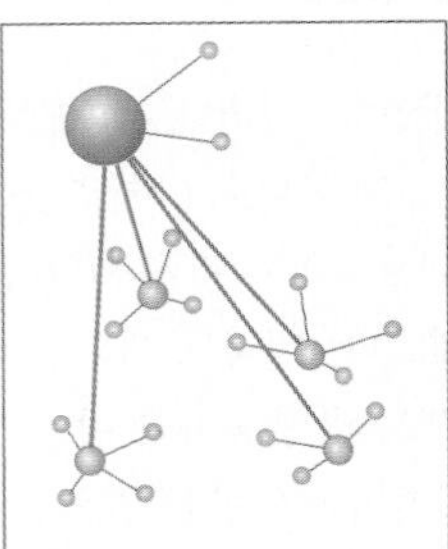

(나)

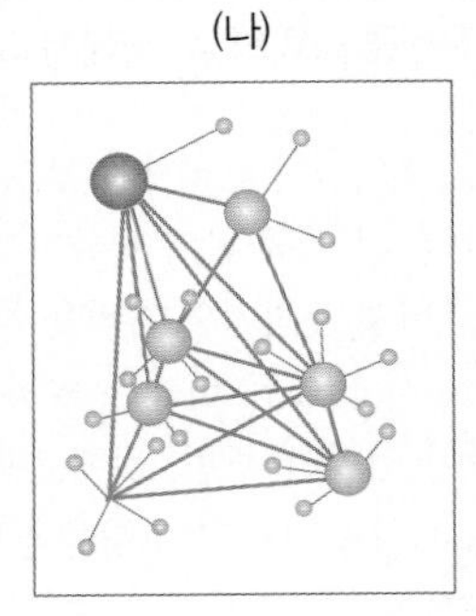

[보기]
ㄱ. 지방 중심 도시가 성장하였다.
ㄴ. 지역 간 연계 및 교류가 활성화되었다.
ㄷ. 대도시의 중심 기능의 수가 감소하였다.
ㄹ. 대도시보다 중소 도시의 배후 지역이 넓어졌다.

① ㄱ, ㄴ ② ㄱ, ㄷ ③ ㄴ, ㄷ
④ ㄴ, ㄹ ⑤ ㄷ, ㄹ

441

그래프는 기능별 지대 변화를 나타낸 것이다. 이에 대한 옳은 설명을 〈보기〉에서 고른 것은?

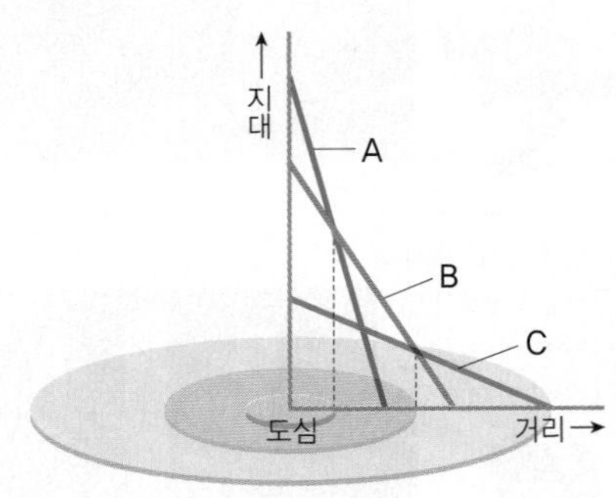

[보기]
ㄱ. A는 도심에서 지대 지불 능력이 가장 높다.
ㄴ. B는 주로 접근성이 가장 높은 곳에 입지한다.
ㄷ. 도시가 성장하면 C는 주변 지역으로 분산된다.
ㄹ. 도심에서 거리에 따른 지대 변화율은 C>B>A 순으로 크다.

① ㄱ, ㄴ ② ㄱ, ㄷ ③ ㄴ, ㄷ
④ ㄴ, ㄹ ⑤ ㄷ, ㄹ

442

그래프는 서울의 구(區)별 특성을 나타낸 것이다. 이에 대한 옳은 설명을 <보기>에서 고른 것은? (단, (가)~(다)는 A~C 중 하나임.)

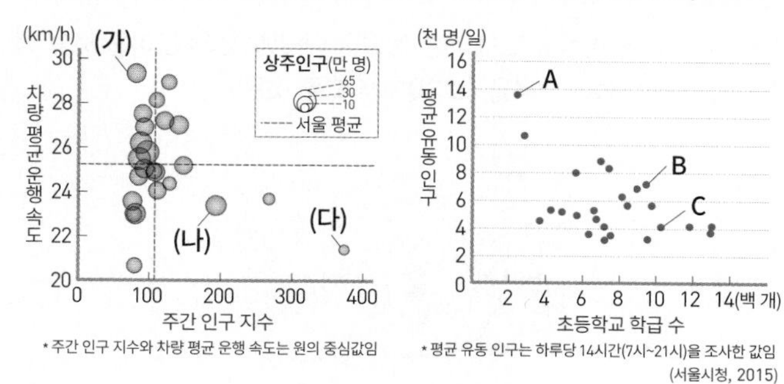

* 주간 인구 지수와 차량 평균 운행 속도는 원의 중심값임
* 평균 유동 인구는 하루당 14시간(7시~21시)을 조사한 값임

(서울시청, 2015)

[보기]
ㄱ. (가)는 A, (나)는 B, (다)는 C이다.
ㄴ. A는 C보다 업무용 건물의 평균 층수가 높다.
ㄷ. B는 C보다 상점의 평균 임대료가 비싸다.
ㄹ. C는 A보다 출근 시간대의 순 유입 인구가 많다.

① ㄱ, ㄴ ② ㄱ, ㄷ ③ ㄴ, ㄷ ④ ㄴ, ㄹ ⑤ ㄷ, ㄹ

443

표에 대한 옳은 설명을 <보기>에서 고른 것은?

<인구 규모에 따른 도시 순위 변화> (단위 : 명)

순위	1975년		1995년		2015년	
	도시	인구	도시	인구	도시	인구
1	서울	6,889,502	서울	10,231,217	서울	9,904,312
2	부산	2,453,173	부산	3,814,325	부산	3,448,737
3	대구	1,310,768	대구	2,449,420	인천	2,890,451
4	인천	800,007	인천	2,308,188	대구	2,466,052
5	광주	607,011	대전	1,272,121	대전	1,538,394
6	대전	506,708	광주	1,257,636	광주	1,502,881
7	마산	371,917	울산	967,429	수원	1,194,313
8	전주	311,393	성남	869,094	울산	1,166,615
9	성남	272,506	부천	779,412	창원	1,059,241
10	울산	252,570	수원	755,550	고양	990,073

* 해당 연도의 행정 구역을 기준으로 함. (통계청)

[보기]
ㄱ. 세 시기 모두 종주 도시화 현상이 나타난다.
ㄴ. 1975년 대비 1995년 수도권 집중 현상은 완화되었다.
ㄷ. 1975년 대비 2015년 인천의 인구 증가율은 서울의 인구 증가율보다 높다.
ㄹ. 1975년 대비 1995년 수도권 외 광역시를 제외한 지방 중심 도시의 성장이 두드러졌다.

① ㄱ, ㄴ ② ㄱ, ㄷ ③ ㄴ, ㄷ ④ ㄴ, ㄹ ⑤ ㄷ, ㄹ

444

그래프는 권역별 시·군의 규모별 인구 비중을 나타낸 것이다. 이에 대한 설명으로 옳은 것은? (단, (가)~(라)는 강원권, 수도권, 영남권, 제주권 중 하나임.)

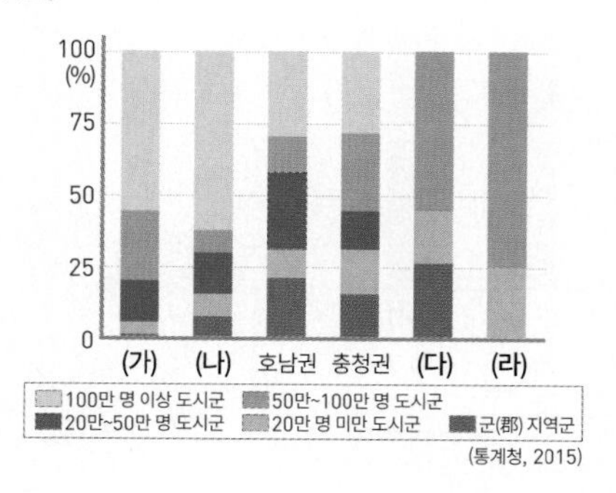

(통계청, 2015)

① (가)는 항구를 중심으로 한 도시 발달이 두드러진다.
② (나)에는 인구 100만 명 이상 도시로 광역시만 있다.
③ (다)는 전체 권역 중 군 지역 인구가 가장 많다.
④ (가)와 (나)는 1970년대 우리나라 국토 개발의 중심축이었다.
⑤ (라)는 (가)와 행정 구역 경계가 맞닿아 있다.

445

지도는 부산의 지역별 평균 지가를 나타낸 것이다. A, B 지역이 다른 지역보다 상대적으로 수치가 높은 항목을 고른 것은?

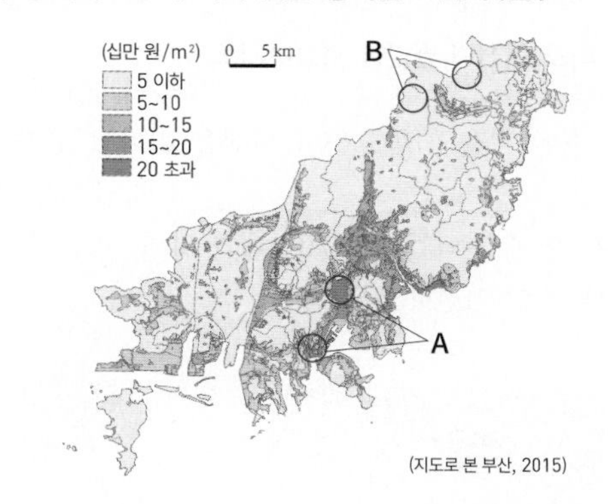

(지도로 본 부산, 2015)

	A	B
①	접근성	초등학생 수
②	상주인구	접근성
③	평균 지대	주간 인구 지수
④	초등학생 수	상주인구
⑤	주간 인구 지수	평균 지대

446

그래프는 지도에 표시된 세 지역의 용도별 토지 이용 비중을 나타낸 것이다. (가)~(다) 지역에 대한 옳은 설명을 〈보기〉에서 고른 것은?

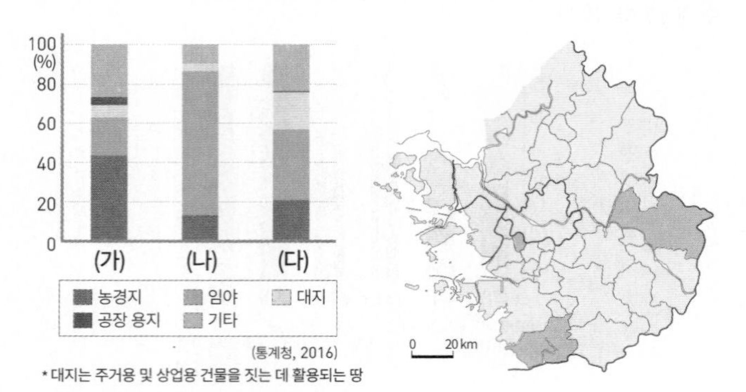

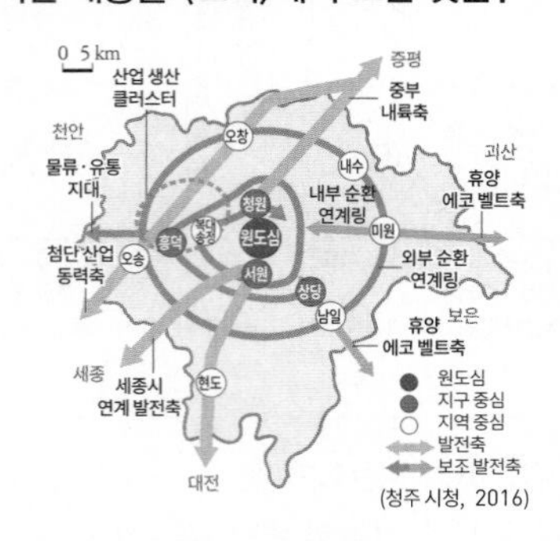

* 대지는 주거용 및 상업용 건물을 짓는 데 활용되는 땅

[보기]
ㄱ. (가)는 (다)보다 서울에 대한 의존도가 낮을 것이다.
ㄴ. (나)는 (다)보다 지역 내 주민의 아파트 거주 비율이 낮을 것이다.
ㄷ. (다)는 (나)보다 평균 지가가 낮을 것이다.
ㄹ. (다)는 (나)보다 농경지 면적이 넓을 것이다.

① ㄱ, ㄴ ② ㄱ, ㄷ ③ ㄴ, ㄷ
④ ㄴ, ㄹ ⑤ ㄷ, ㄹ

447 서술형

㉠에 들어갈 학교 이전의 원인을 서술하시오.

역사가 오래된 서울의 학교들이 도심을 떠나고 있다. 이는 ___㉠___. 강남 개발 정책에 따라 학교들이 이전되었던 1970년대와 달리, 최근에는 학교들이 학생을 찾아 이전하고 있다.

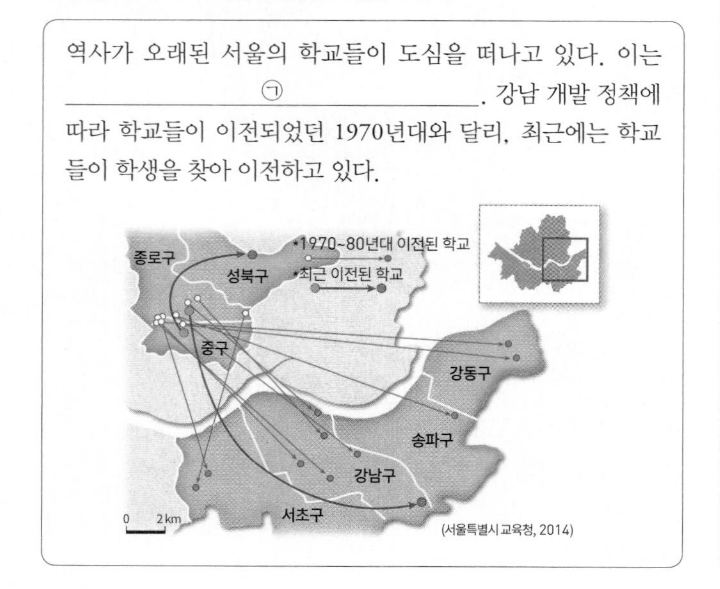

10 도시 및 지역 개발과 공간 불평등

448

지도는 2030년 청주시 도시 기본 계획을 나타낸 것이다. 이를 보고 청주시에 대해 분석한 내용을 〈보기〉에서 고른 것은?

[보기]
ㄱ. 강점 : 해안에 입지하여 화물의 대량 수송에 유리하다.
ㄴ. 약점 : 국토 공간 및 광역 교통의 주변부에 위치한다.
ㄷ. 기회 : 세종시를 중심으로 한 중부권 국토의 새로운 핵으로 부상하고 있다.
ㄹ. 위협 : 주변의 여건 변화로 주변 도시와 기능 및 역할 보완이 필요하다.

① ㄱ, ㄴ ② ㄱ, ㄷ ③ ㄴ, ㄷ
④ ㄴ, ㄹ ⑤ ㄷ, ㄹ

449

(가), (나) 시기의 국토 종합 개발 계획에 관한 내용이다. (나)와 비교한 (가)의 상대적 특성을 그림의 A~E에서 고른 것은?

구분	(가)	(나)
주요 정책	• 수출 주도형 공업화 • 물 자원 종합 개발 • 사회 간접 자본 확충	• 지방 육성, 수도권 집중 억제 • 신산업 지대 조성 • 남북 교류 지역 개발 및 관리
특징	• 생산 기반 확충 • 수도권, 남동 임해 해안 지역에 공업 단지 건설	• 분산형 개발 • 환경 보전

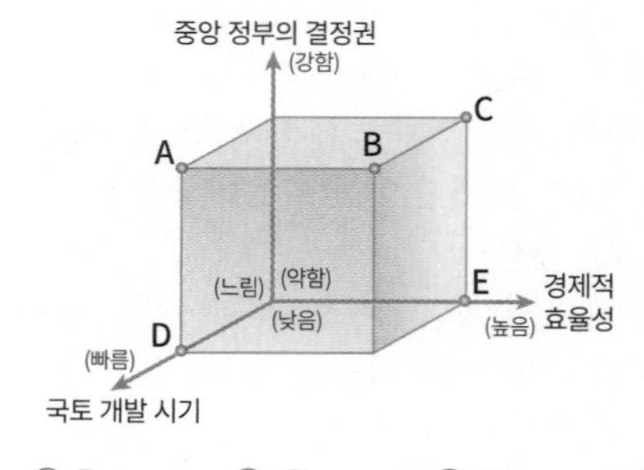

① A ② B ③ C ④ D ⑤ E

450

(가), (나)에 대한 옳은 설명을 〈보기〉에서 고른 것은?

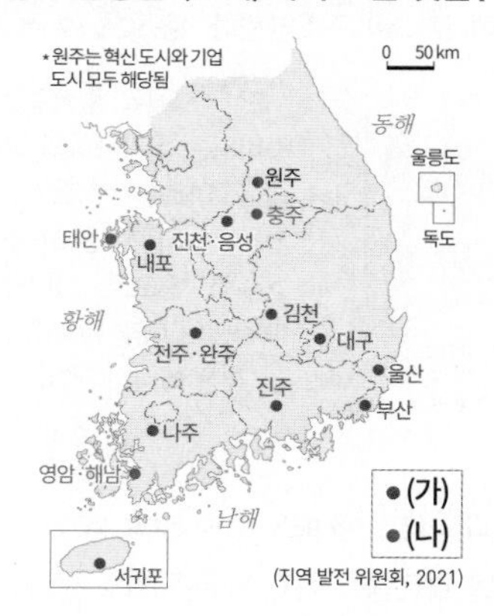

(지역 발전 위원회, 2021)

[보기]

ㄱ. (가)는 민간 기업이 주도하여 만든 도시이다.
ㄴ. (나)는 공공 기관이 이전한 지역이다.
ㄷ. (가)는 혁신 도시, (나)는 기업 도시이다.
ㄹ. (가)와 (나) 모두 지역 격차를 해소하기 위한 노력이다.

① ㄱ, ㄴ　② ㄱ, ㄷ　③ ㄴ, ㄷ
④ ㄴ, ㄹ　⑤ ㄷ, ㄹ

451

지도에 표시된 지역에 대한 설명으로 옳지 않은 것은?

(한국 슬로시티 본부, 2016)

① 지역의 전통을 지키며 느림의 삶을 추구한다.
② 자연 환경과 문화 보존을 바탕으로 발전하고 있다.
③ 대규모 숙박 시설 조성에 많은 노력을 기울이고 있다.
④ 급변하는 사회 속에서 느리고 여유로운 삶을 지향하는 장소이다.
⑤ 생태 환경이 보전되어 있으며 슬로푸드가 될 만한 유기농 특산물이 있다.

452

다음 글은 도시 재개발의 사례이다. (가), (나)의 상대적 특성으로 옳은 것은?

(가) 대구 중구에서는 역사, 장소, 거리, 건축물 등의 특성을 살려 근대 역사 문화 벨트를 조성함으로써 원도심을 활성화하는 사업을 진행하였다.
(나) 경기도 안양시의 ○○마을은 기반 시설의 노후화로 기존 시설을 철거하고 고층 아파트 단지를 건설하였다.

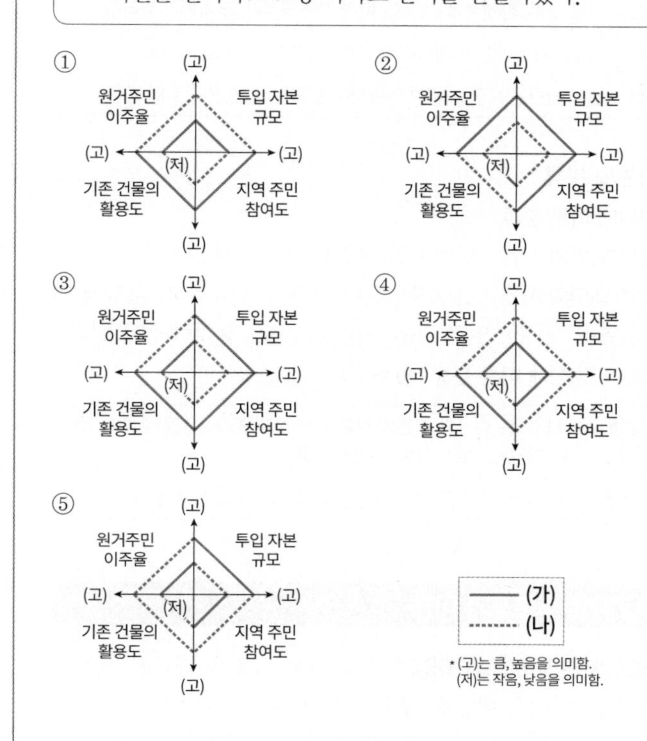

•(고)는 큼, 높음을 의미함. (저)는 작음, 낮음을 의미함.

453 서술형

㉠, ㉡의 내용을 구체적으로 서술하시오.

〈뜨는 동네의 역설, 젠트리피케이션〉

서울 대학로, 인사동, 성수동 등은 고유한 골목 문화를 형성하는 지역이었다. 그러나 최근 상점들이 들어서면서 유동 인구가 늘어났고, 지가 및 임대료가 크게 상승하면서 소규모 상점 및 주택 대신 대규모 상업 시설이 입지하였다. 이러한 현상을 젠트리피케이션이라고 한다. 젠트리피케이션은 임대료가 저렴한 구도심에 문화 예술가 자영업자 등이 유입되어 지역이 활성화된 이후, 대규모 상업 자본이 들어오면서 원주민이 다른 지역으로 빠져나가는 현상을 말한다. 젠트리피케이션은 ㉠ 긍정적인 면도 있지만, ㉡ 부정적 결과도 나타난다.

11 자원의 의미와 자원 문제

V 생산과 소비의 공간

✓ 출제 포인트 ✓ 에너지 자원의 소비 구조 변화 ✓ 전력 발전 양식별 특징 ✓ 신·재생 에너지의 입지 특성

1. 자원의 특성과 분류

1 자원의 의미와 특성

(1) 의미 자연물 중에서 일상생활과 경제 활동에 쓸모가 있고, 기술적·경제적으로 이용이 가능한 것

(2) 특성 91쪽 466번 문제로 확인

가변성	기술 수준, 경제적 조건 등에 따라 자원의 의미와 가치가 달라짐
유한성	대부분의 자원은 매장량이 한정되어 있어 언젠가는 고갈됨
편재성	일부 자원은 특정 지역에 편중하여 분포 → 자원 민족주의 발생

2 자원의 분류

(1) 범위에 따른 분류

① 좁은 의미의 자원 : 천연자원(철광석, 석탄, 석유 등)

② 넓은 의미의 자원 : 천연자원뿐만 아니라 문화적 자원(사회 제도, 조직, 전통), 인적 자원(노동력, 기술, 창의력)을 포함함

(2) 재생 가능성에 따른 분류 91쪽 467번 문제로 확인

비재생 자원	소비되는 속도가 자원의 보충 속도보다 빨라 사용할수록 고갈되는 자원 예 석유, 석탄, 천연가스 등
재생 자원	지속적으로 공급·순환되는 자원 예 태양광(열), 풍력, 수력 등

2. 자원의 분포와 이용

1 광물 자원의 분포와 이용

주요 광물 자원은 대부분 북한에 분포함, 남한은 비금속 광물의 가채연수가 긴 편임

철광석	• 제철 및 철강 공업의 원료로 이용 • 강원도(홍천, 양양) 등에 분포, 대부분 수입(오스트레일리아, 브라질 등)
텅스텐	• 특수강 및 합금용 원료로 이용 • 값싼 중국산의 수입으로 강원도 영월(상동)의 생산량 급감
석회석	• 시멘트 공업의 원료로 이용 • 고생대 조선 누층군이 분포하는 강원도 남부(삼척)와 충청북도 북부(단양) 등의 지역에서 생산, 가채 연수가 긺
고령토	• 도자기 공업과 종이, 화장품, 도료 등의 원료로 이용 • 경상남도(하동, 산청)에서 많이 산출

2 에너지 자원의 분포와 이용

석탄	• 무연탄 : 고생대 평안 누층군에 주로 매장, 소비 감소와 석탄 산업 합리화 정책으로 대부분의 탄광이 폐쇄되어 현재 생산량이 적음 • 역청탄 : 제철 공업 및 발전용으로 이용, 국내에서 생산되지 않아 오스트레일리아, 인도네시아, 캐나다 등에서 전량 수입
석유	• 현재 우리나라에서 가장 많이 소비되는 에너지 자원 • 주로 화학 공업의 원료 및 수송용 연료로 이용, 대부분 수입에 의존
천연가스	• 대부분 수입, 1980년대 말부터 상용화 → 최근 가정용의 소비 급증 • 연소 시 다른 화석 연료보다 대기 오염 물질의 배출량이 적음

자료 1차 에너지 소비 구조의 변화 92쪽 470번 문제로 확인

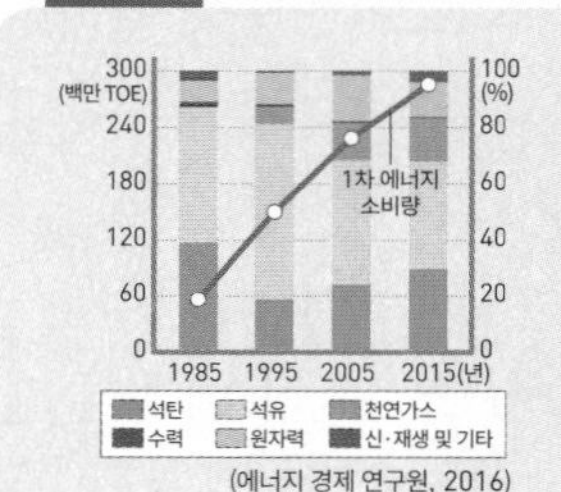

(에너지 경제 연구원, 2016)

분석 석유 중심으로 에너지 자원을 소비하는 우리나라의 1차 에너지 소비 비중은 2015년 기준으로 석유>석탄>천연가스>원자력>신·재생 에너지 및 기타>수력 순으로 나타난다. 천연가스는 1990년대 이후 비중이 증가하고 있으며, 신·재생 에너지 개발도 활발해지고 있다.

3 전력의 생산과 이용 93쪽 475번 문제로 확인

(1) 1차 에너지원별 발전량 석탄>원자력>천연가스>석유

(2) 발전 설비 용량과 발전량 비중 화력>원자력>수력

(3) 발전 양식별 특징

구분	입지	특징
화력	자연적 입지 제약이 작음	발전소의 건설비와 송전비가 저렴, 연료비 비쌈, 대기 오염 물질의 배출량이 많음
원자력	지반이 견고하고 냉각수 확보가 유리한 해안	발전 효율이 높음, 발전소의 건설비가 비쌈, 폐기물 및 방사능 유출 사고 위험
수력	유량이 풍부하고 낙차가 큰 하천의 중·상류	발전소의 입지 제약이 큼, 대기 오염 물질의 배출량이 적음, 계절별 전력 공급의 차이 발생, 댐 건설로 인한 환경 문제

3. 자원 문제와 신·재생 에너지

1 자원 문제의 발생 원인과 대책

부존 자원 빈약, 자원 소비 급증이 원인 → 에너지 절약형 산업 육성, 자원의 수입처 다변화, 신·재생 에너지의 개발 및 이용 확대 등 필요

2 신·재생 에너지의 발전 양식별 입지 특성

조력	조수 간만의 차이가 큰 곳 예 시화호 조력 발전소
풍력	바람이 많이 부는 곳 예 제주, 대관령, 영덕 등
태양광	일조량이 풍부한 곳 예 호남 지방의 서해안, 영남 내륙 지방 등

자료 지역별 생산 비중 94쪽 477번 문제로 확인

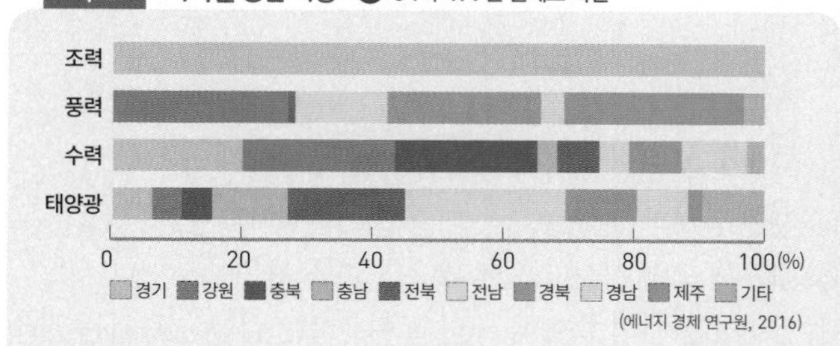

(에너지 경제 연구원, 2016)

분석 조력은 시화호 발전소가 있는 경기(안산)에서 전량 생산하며 풍력은 강원·경북·제주, 수력은 대하천의 중·상류가 있는 경기·강원·충북, 태양광은 일조량이 풍부한 전북·전남 등에서 생산 비중이 높다.

분석 기출 문제

» 바른답·알찬풀이 43쪽

핵심 개념 문제

•• 빈칸에 들어갈 알맞은 말을 쓰시오.

454 자원의 특성 중 (　　　　)은/는 특정 자원이 일부 지역에 편중하여 분포하는 것으로, 자원 민족주의의 등장 배경이 되기도 하였다.

455 고생대 평안 누층군에 주로 매장된 (　　　　)은/는 에너지 소비 구조의 변화로 소비량이 급감하여 대부분의 탄광이 폐쇄되었다.

456 (　　　　) 발전은 일조량이 풍부한 호남 지방의 서해안과 영남 내륙 지방에서 주로 이루어진다.

•• 다음 내용이 옳으면 ○표, 틀리면 ×표를 하시오.

457 현재 기준으로 우리나라의 에너지 소비 비중은 원자력 > 천연가스 > 석탄 > 석유 순으로 나타난다. (　　)

458 석회석은 시멘트 공업의 원료로 이용되며, 고생대 조선 누층군이 분포하는 강원도 남부와 충청북도 북부 등에 매장되어 있다. (　　)

459 신·재생 에너지 중 조력 발전은 바닷물의 흐름이 빠른 곳에 주로 입지한다. (　　)

•• 주요 에너지 자원의 특징을 바르게 연결하시오.

460 석유 • 　　• ㉠ 가정용 연료의 소비 구조 변화로 수요 감소

461 석탄 • 　　• ㉡ 다른 화석 에너지보다 연소 시 대기 오염 물질 배출량이 적음

462 천연가스 • 　　• ㉢ 1970년대 이후 중화학 공업의 발달과 교통수단의 증가로 소비 비중 증가

•• 발전 양식별 특징을 〈보기〉에서 고르시오.

463 수력 발전 (　　)

464 화력 발전 (　　)

465 원자력 발전 (　　)

[보기]
ㄱ. 연료비가 거의 들지 않는다.
ㄴ. 온실가스 배출량이 많은 편이다.
ㄷ. 낙차가 큰 하천 중·상류에 입지한다.
ㄹ. 발전 후 폐기물 처리 비용이 비싸다.
ㅁ. 소비지와의 인접도가 높아 송전 비용이 낮다.
ㅂ. 지반이 견고하고 냉각수 공급이 풍부한 곳에 입지한다.

1. 자원의 특성과 분류

빈출

466

㉠~㉤에 대한 옳은 설명을 〈보기〉에서 고른 것은?

자원은 우리의 생활이나 경제 활동에 유용하고 가치있는 것을 말한다. 자원은 ㉠ 과학 기술의 발달 정도, 경제적 수준 및 문화적 배경 등에 따라 가치가 달라지며, ㉡ 이용할 수 있는 총량이 한정되어 있다. 또 일부 자원은 지역적으로 고르게 분포하지 않고 ㉢ 특정 지역에 집중 분포한다. 자원은 좁은 의미의 자원과 ㉣ 넓은 의미의 자원으로 구분할 수 있으며, ㉤ 재생 가능성에 따라서도 구분할 수 있다.

[보기]
ㄱ. ㉠은 자원의 특성 중 유한성에 해당한다.
ㄴ. ㉡과 ㉢은 자원 민족주의의 발생 원인이 된다.
ㄷ. ㉣에는 기술, 노동력, 예술 등이 포함된다.
ㄹ. ㉤ 중 사용함에 따라 고갈되는 재생 불가능한 자원에는 철광석, 텅스텐 등이 있다.

① ㄱ, ㄴ　② ㄱ, ㄷ　③ ㄴ, ㄷ
④ ㄴ, ㄹ　⑤ ㄷ, ㄹ

467

그림은 재생 가능성에 따른 자원의 분류를 나타낸 것이다. A~C에 대한 설명으로 옳은 것은?

A	식물·동물·삼림·토양	비금속 광물	B	대기·물	C

← 고갈 가능　　　　무한대로 재생 가능 →

① A에는 풍력, 태양광, 조력 등이 있다.
② B는 사용함에 따라 고갈되는 재생 불가능한 자원이다.
③ C의 재생 수준은 사용량과 투자 정도에 따라 달라진다.
④ 우리나라의 경우 C보다 A의 연간 소비량이 많다.
⑤ C는 A보다 경제적 효율성이 높아 상업적으로 널리 이용된다.

 » 바른답·알찬풀이 43쪽

468

(가), (나)에 나타난 자원의 유형 변화를 그림의 A~E에서 고른 것은?

> (가) 강원도 ○○ 광업소는 1964년부터 운영되던 탄광으로, 3,000명이 넘는 광부가 2,500여 개의 갱도에서 연간 수십만 톤의 석탄을 생산하던 국내 최대 탄광이었지만, 2001년 10월 폐광되었다.
> (나) 태양광은 전력 생산에 시험적으로만 이용되었으나, 기술 개발과 대규모 투자 등으로 발전비가 낮아져 최근 태양광을 이용한 전력 생산과 거래가 급증하고 있다.

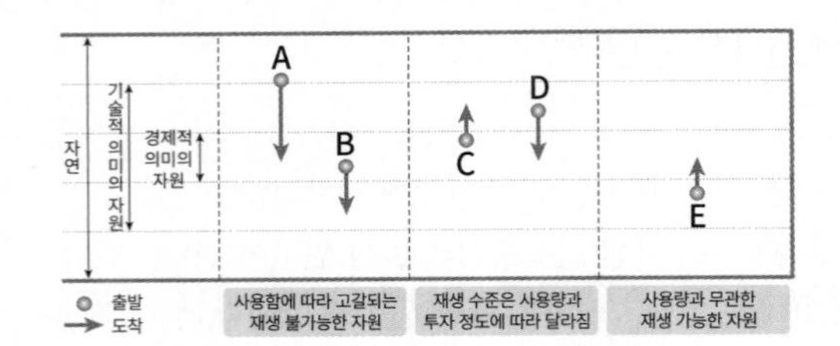

	(가)	(나)
①	A	C
②	A	D
③	B	C
④	B	E
⑤	D	E

2 자원의 분포와 이용

469

지도는 우리나라 광물 자원의 분포 현황을 나타낸 것이다. A~C 자원에 대한 옳은 설명을 〈보기〉에서 고른 것은? (단, A~C는 고령토, 석회석, 텅스텐 중 하나임.)

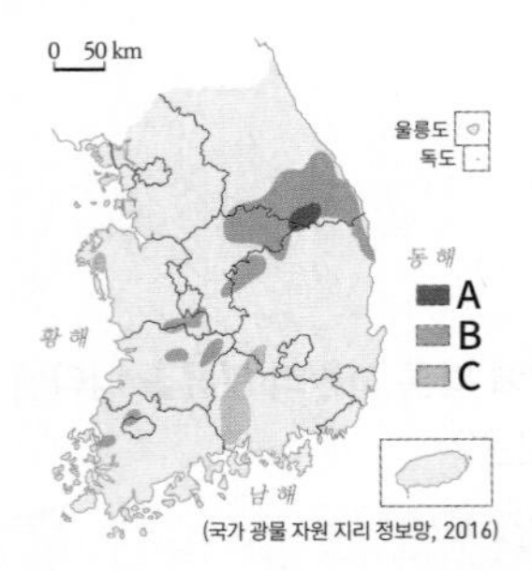

(국가 광물 자원 지리 정보망, 2016)

[보기]
ㄱ. A는 시멘트 공업의 원료로 이용된다.
ㄴ. B는 주로 고생대 지층에 매장되어 있다.
ㄷ. C는 도자기 및 내화 벽돌, 화장품 등의 원료로 사용된다.
ㄹ. C는 B보다 매장량이 많고, 가채 연수가 길다.

① ㄱ, ㄴ ② ㄱ, ㄷ ③ ㄴ, ㄷ
④ ㄴ, ㄹ ⑤ ㄷ, ㄹ

빈출 470

그래프는 1차 에너지 소비 구조의 변화를 나타낸 것이다. A~D에 대한 옳은 설명에만 '○'를 표시한 학생을 고른 것은?

100 (%) / 80 / 60 / 40 / 20 / 0
1970: 47.2, 29.6
1980: 61.1, 30.1, 2.0
1990: 53.8, 26.2, 3.2, 14.2
2000: 52.0, 22.2, 9.8, 14.1
2015(년): 38.1, 29.7, 15.2, 12.1
신·재생 및 기타 / 수력 / A / B / C / D
(에너지 경제 연구원, 각 연도)

질문	갑	을	병	정	무
(가) A는 대부분 수송용 연료로 이용된다.	○				
(나) B는 재생 에너지 자원에 속한다.	○	○	○		
(다) C는 가정용 연료로 가장 많이 이용된다.				○	
(라) D는 국내에서 거의 생산되지 않아 수입에 의존한다.	○	○			○
(마) C는 B보다 연소 시 대기 오염 물질을 많이 배출한다.			○	○	○

① 갑 ② 을 ③ 병 ④ 정 ⑤ 무

471

그래프는 1차 에너지의 지역별 생산 비중을 나타낸 것이다. (가)~(라)에 대한 옳은 설명을 〈보기〉에서 고른 것은? (단, (가)~(라)는 석탄, 수력, 원자력, 천연가스 중 하나임.)

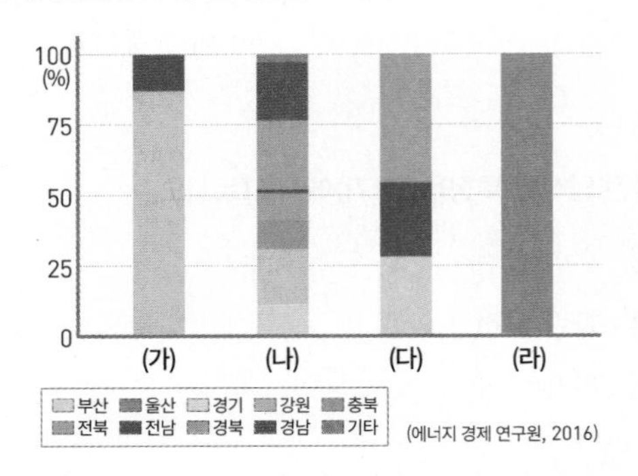

(에너지 경제 연구원, 2016)

[보기]
ㄱ. (가)-계절별 에너지 생산 비중의 차이가 가장 크다.
ㄴ. (나)-신생대 제3기층의 배사 구조에 주로 매장되어 있다.
ㄷ. (다)-연료 전량을 해외로부터 수입해 오고 있다.
ㄹ. (라)-냉동 액화 기술의 개발로 소비량이 급증하였다.

① ㄱ, ㄴ ② ㄱ, ㄷ ③ ㄴ, ㄷ
④ ㄴ, ㄹ ⑤ ㄷ, ㄹ

[472~473] 지도는 시도별 1차 에너지 소비량 및 구조를 나타낸 것이다. 물음에 답하시오.

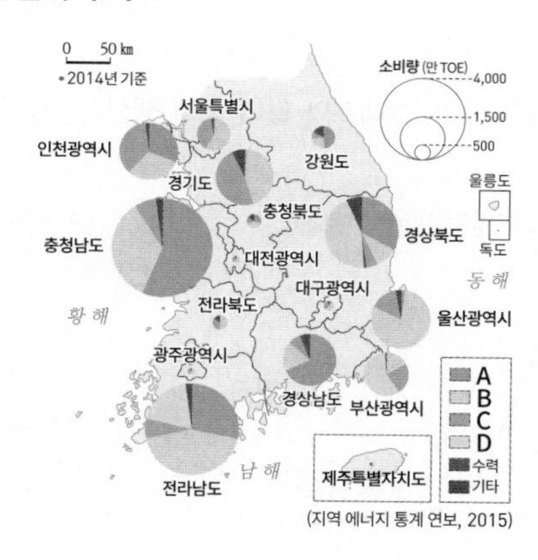

(지역 에너지 통계 연보, 2015)

472

A~D에 해당하는 에너지 자원으로 옳은 것은?

	A	B	C	D
①	석유	석탄	원자력	천연가스
②	석탄	석유	천연가스	원자력
③	석탄	천연가스	원자력	석유
④	원자력	석유	천연가스	석탄
⑤	천연가스	원자력	석탄	석유

473

A~D 에너지 자원에 대한 설명으로 옳은 것은?

① A는 대도시에서 소비 비중이 높다.
② B는 울산보다 경기도에서 소비 비중이 높다.
③ C는 수도권보다 영남권에서 주로 소비된다.
④ D를 이용한 발전소는 주로 해안가에 입지한다.
⑤ C는 B보다 에너지 소비량이 많다.

474

㉠, ㉡에 들어갈 발전 양식의 특성을 비교할 때 (가), (나)에 들어갈 내용으로 옳은 것은?

(㉠)은/는 석탄, 석유, 천연가스 등의 화석 연료를 연소시켜 전력을 생산하고, (㉡)은/는 소량의 우라늄으로 대용량의 전력을 생산한다.

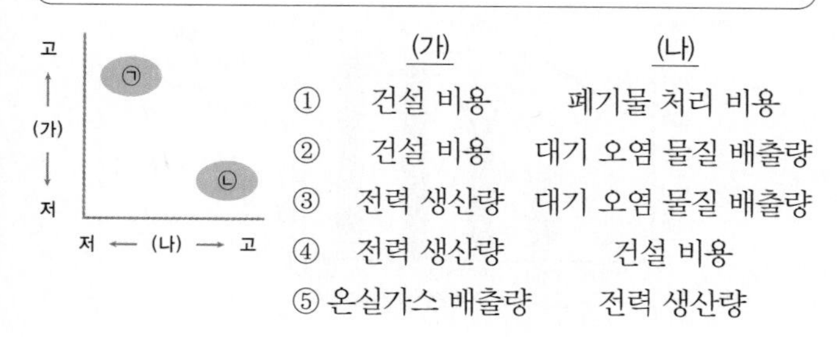

	(가)	(나)
①	건설 비용	폐기물 처리 비용
②	건설 비용	대기 오염 물질 배출량
③	전력 생산량	대기 오염 물질 배출량
④	전력 생산량	건설 비용
⑤	온실가스 배출량	전력 생산량

빈출

475

지도는 우리나라 주요 발전소의 분포를 나타낸 것이다. A~C 발전 방식에 대한 옳은 설명을 〈보기〉에서 고른 것은? (단, A~C는 수력, 화력, 원자력 중 하나임.)

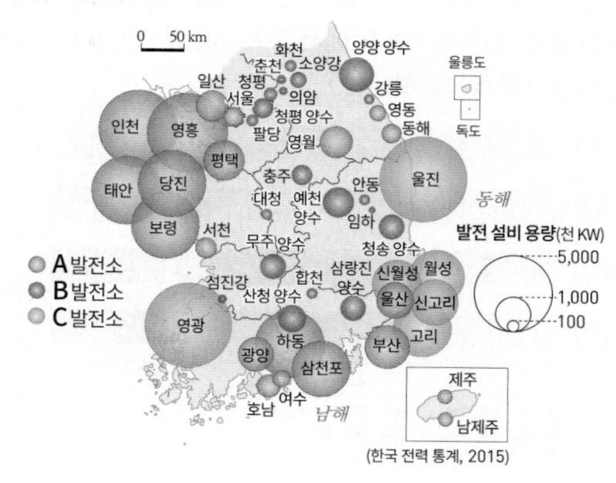

(한국 전력 통계, 2015)

[보기]
ㄱ. A는 B보다 기후 조건의 영향을 크게 받는다.
ㄴ. B는 A보다 안정적인 전력 생산이 가능하다.
ㄷ. C는 B보다 발전 설비 대비 발전량이 많다.
ㄹ. C는 발전 과정에서 냉각수가 필요하다.

① ㄱ, ㄴ ② ㄱ, ㄷ ③ ㄴ, ㄷ
④ ㄴ, ㄹ ⑤ ㄷ, ㄹ

476

표는 화석 에너지의 부문별 최종 소비량과 소비 비중을 나타낸 것이다. (가)~(다) 자원에 대한 설명으로 옳은 것은? (단, (가)~(다)는 석유, 석탄, 천연가스 중 하나임.)

(소비량 단위 : 천 TOE)

구분	(가)		(나)		(다)	
	소비량	비중(%)	소비량	비중(%)	소비량	비중(%)
산업용	25,568	97.6	57,909	57.5	9,808	35.8
수송용	1	0.003	38,830	38.6	1,128	4.1
가정용	437	1.7	2,470	25	11,822	43.2
상업·공공용	184	0.7	1,412	1.4	4,634	16.9
총 소비량	26,189	100.0	100,621	100.0	27,391	100.0

(통계청, 2016)

① (가)는 최근 가정용 소비가 급증하고 있다.
② (나)는 평안 누층군에서 주로 채굴된다.
③ (다)는 우리나라에서는 전혀 생산되지 않는다.
④ (가)는 (다)보다 발전에 이용될 때 배출되는 이산화 탄소의 양이 많다.
⑤ (나)는 (다)보다 우리나라에서의 사용 시기가 늦다.

3. 자원 문제와 신·재생 에너지

빈출

477

그래프는 신·재생 에너지의 도별 생산 비중을 나타낸 것이다. (가)~(라)에 대한 옳은 설명을 〈보기〉에서 고른 것은? (단, (가)~(라)는 수력, 조력, 풍력, 태양광 중 하나임.)

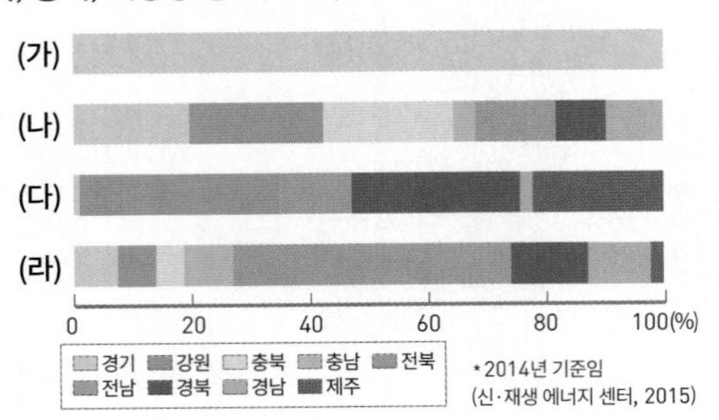

[보기]
ㄱ. (가)는 (나)보다 발전 가능 시간이 규칙적이다.
ㄴ. (나)는 (다)보다 상업용 전력 생산을 시작한 시기가 늦다.
ㄷ. (다)는 (라)보다 발전 과정에서 소음이 크게 발생한다.
ㄹ. (라)는 (가)보다 기상 조건의 영향을 적게 받는다.

① ㄱ, ㄴ ② ㄱ, ㄷ ③ ㄴ, ㄷ
④ ㄴ, ㄹ ⑤ ㄷ, ㄹ

478

지도는 신·재생 에너지를 이용하는 발전소의 분포를 나타낸 것이다. A~C 발전 방식에 대한 옳은 설명을 〈보기〉에서 고른 것은? (단, A~C는 조력, 풍력, 태양광 발전 방식 중 하나임.)

[보기]
ㄱ. A는 일조 시간이 긴 지역일수록 유리하다.
ㄴ. B는 물을 가두어 낙차를 이용하여 발전한다.
ㄷ. C의 발전소 입지 선정에서 풍속은 가장 중요한 정보이다.
ㄹ. A, C 모두 발전소 입지에 지형보다 기후의 영향이 크다.

① ㄱ, ㄴ ② ㄱ, ㄷ ③ ㄴ, ㄷ
④ ㄴ, ㄹ ⑤ ㄷ, ㄹ

1등급을 향한 서답형 문제

479

A 자원의 명칭을 쓰고, 그래프와 같이 국내 생산이 급감한 원인을 서술하시오.

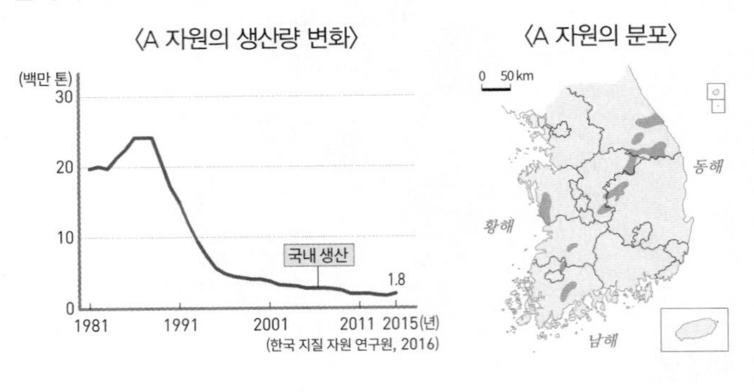

[480~481] 그래프는 1차 에너지원별 발전량 변화를 나타낸 것이다. 물음에 답하시오.

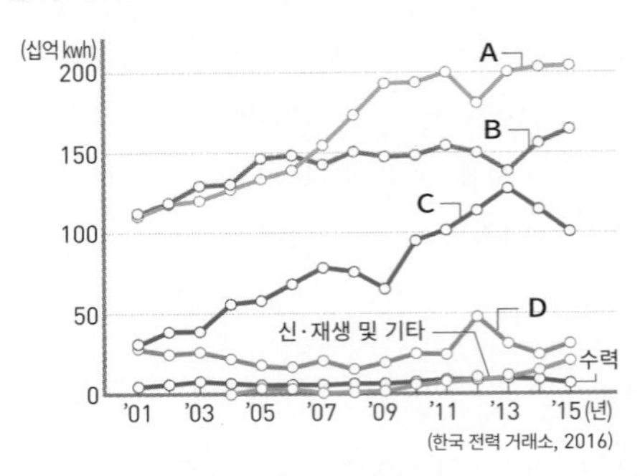

480

A~D 에너지의 명칭을 쓰시오.

481

발전량 변화 그래프를 보고 A~D 에너지를 이용한 수력, 화력, 원자력 발전의 비중 특징을 서술하시오.

482

그래프를 통해 알 수 있는 우리나라 에너지 수급의 문제점과 그 대책을 서술하시오.

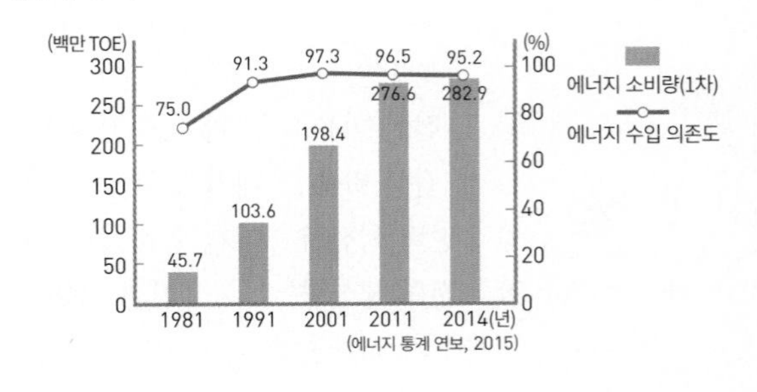

적중 1등급 문제

» 바른답·알찬풀이 44쪽

483

A~C에 대한 설명으로 옳은 것은? (단, A~C는 수력, 풍력, 태양광 중 하나임.)

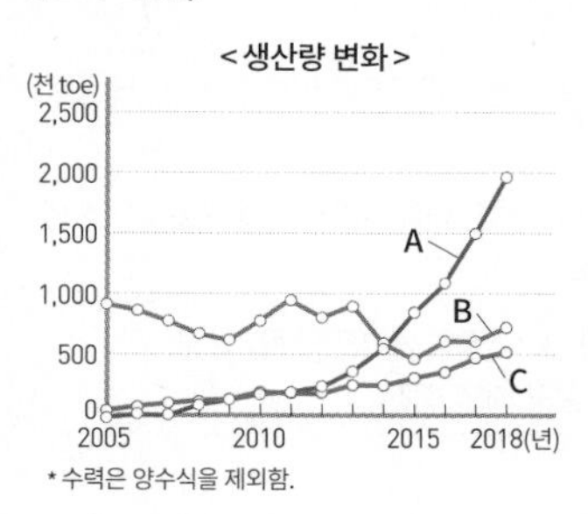

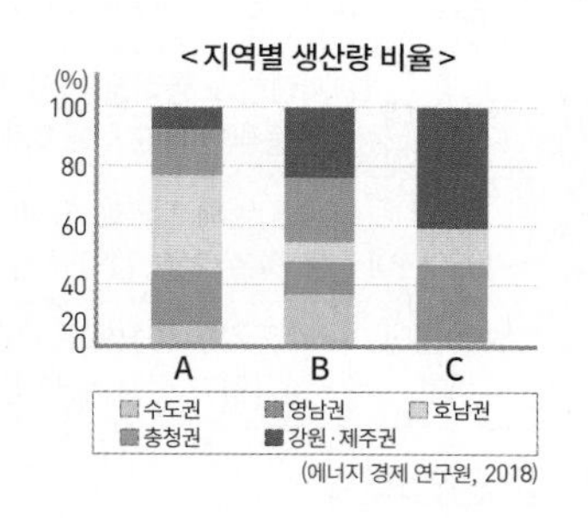

① A는 바람이 지속적으로 많이 부는 지역에서 생산이 유리하다.
② B는 하천 하류보다 하천 중·상류에서 발전이 유리하다.
③ C는 일조량이 많은 지역에서 생산이 유리하다.
④ A는 C보다 에너지 생산 시 소음이 많이 발생한다.
⑤ 2005년 대비 2018년 에너지 생산량이 가장 빠르게 증가한 것은 수력 발전이다.

484

㉠~㉢ 자원에 대한 옳은 설명을 <보기>에서 고른 것은?

- (㉠)은/는 백색을 띠거나 정제 후 백색을 갖게 되는 점토 광물이다. 주로 도자기 및 내화 벽돌, 종이, 화장품의 원료로 이용된다.
- (㉡)은/는 시멘트 공업의 주원료이며, 제철 공업에서도 사용된다. 주로 삼척, 단양 등지에 분포하고 있다.
- (㉢)은/는 제철 공업의 주원료로 산업이 발달하면서 수요가 급증하였다. 남한보다 북한에 주로 매장되어 있다.

[보기]

ㄱ. ㉠은 주로 고생대 조선 누층군에 분포한다.
ㄴ. ㉡은 수출 광물이었으나 값싼 중국산 수입으로 생산이 중단되었다.
ㄷ. ㉢은 주로 오스트레일리아, 브라질 등에서 수입한다.
ㄹ. ㉡은 ㉠보다 국내 가채 연수가 더 길다.

① ㄱ, ㄴ ② ㄱ, ㄷ ③ ㄴ, ㄷ
④ ㄴ, ㄹ ⑤ ㄷ, ㄹ

485

그래프는 (가)~(다) 에너지의 지역별 생산 비율을 나타낸 것이다. 이에 대한 설명으로 옳지 않은 것은? (단, (가)~(다)는 수력, 풍력, 원자력 발전 중 하나임.)

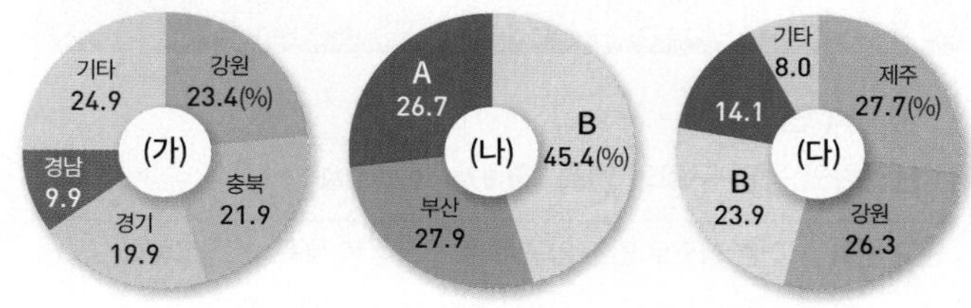

① (가)와 (다)는 신·재생 에너지이다.
② (나)는 (가)보다 계절별 발전량 차이가 크다.
③ (나)는 (가)보다 지반이 단단한 해안가에 입지하는 경향이 있다.
④ (나)는 (다)보다 원료의 해외 의존도가 높다.
⑤ A는 전라남도, B는 경상북도이다.

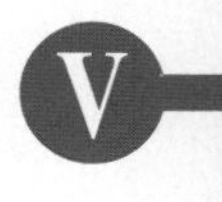

486

(가)~(다)는 지도에 표시된 세 지역의 1차 에너지원별 공급량을 나타낸 것이다. 이에 대한 설명으로 옳은 것은? (단, A~C는 석유, 석탄, 천연가스 중 하나임.)

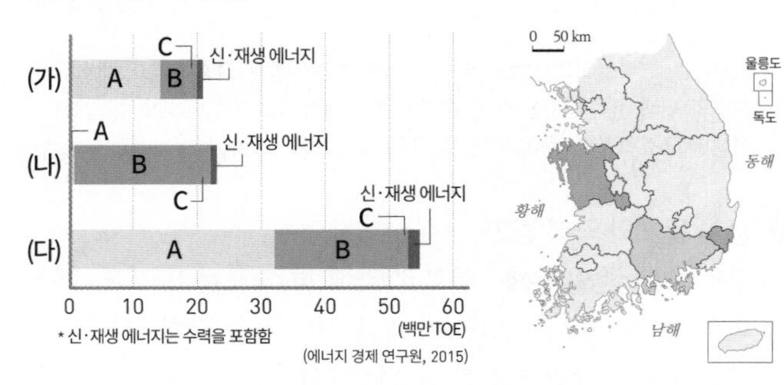

① 울산은 충남보다 1차 에너지원별 공급량에서 석탄이 차지하는 지역 내 비중이 크다.
② A는 제철 공업의 주요 연료로 이용된다.
③ B는 경남의 1차 에너지원별 공급량에서 가장 큰 비중을 차지한다.
④ C는 B보다 수송용으로 이용되는 비중이 크다.
⑤ 발전에 이용되는 1차 에너지의 비중은 A>B>C 순이다.

V 생산과 소비의 공간

12 농업과 공업의 변화

출제 포인트 ✔ 작물별 재배 면적 비중 비교 ✔ 우리나라 농촌의 변화 ✔ 우리나라의 공업 지역 ✔ 공업 분포도 분석

1. 농업의 변화와 농촌 문제

1 농업의 변화

(1) 산업화와 농업 구조의 변화 97쪽 502번 문제로 확인

인구 변화	이촌 향도로 인한 인구 유출 → 노동력 부족, 인구 고령화
경지 면적 변화	• 경지 면적 감소, 휴경지 증가, 경지 이용률 감소 • 경지 면적보다 농업 인구가 더 빠르게 감소함 → 가구당 경지 면적은 오히려 증가함
영농 방식의 변화	• 영농의 기계화, 영농 조합과 위탁 영농 회사 증가 • 상업적 농업 발달, 시설 재배 증가

(2) 주요 농산물의 생산과 소비 변화

쌀	• 중 · 남부의 평야 지역에서 주로 재배 • 식생활의 구조 변화, 농산물의 시장 개방 → 1인당 쌀 소비량과 재배 면적 감소
보리	• 주로 벼의 그루갈이 작물, 남부 지방에서 재배 • 수익성 감소, 외국 농산물의 수입 증대 → 재배 면적과 생산량 감소
원예 작물	• 식생활의 구조 변화에 따른 소비 증가로 생산량 증가 • 대도시 주변의 근교 농촌에서 시설 재배를 통한 집약적 재배, 교통 발달로 원교 농촌 지역에서도 재배 증가 • 경기도 일대를 중심으로 낙농업 발달

자료 작물별 재배 면적 비중 변화 97쪽 503번 문제로 확인

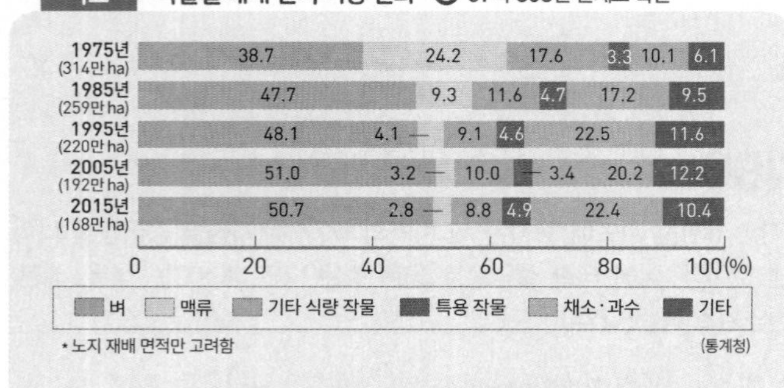

• 노지 재배 면적만 고려함 (통계청)

분석 그루갈이의 감소로 맥류의 재배 면적 비중은 감소하였고, 채소·과수의 재배 면적 비중은 크게 증가하였다. 이는 영농의 다각화와 상업화, 식생활 구조의 변화 등에 따른 것이다.

2 농촌 문제와 극복 방안

(1) 우리나라 농촌의 문제 인구 감소에 따른 노동력 부족, 복잡한 유통 구조와 불안정한 가격, 도시와 농촌 간의 소득 격차, 농산물 시장 개방에 따른 경쟁력 약화 등

(2) 농업 경쟁력 강화를 위한 노력

① 낙후된 생활 환경 개선, 영농의 기계화 지원 등
② 농산물 유통 구조 정비, 전자 상거래 등을 통한 직거래 확대
③ 지역 농업 클러스터 육성, 지역 축제 등을 통한 농업 경영의 다각화
④ 농산물의 브랜드화, 지리적 표시제 확대, 친환경 농업, 로컬 푸드 운동 등

2. 공업의 발달과 지역 변화

1 공업 구조의 변화 99쪽 508번 문제로 확인

1960년대	저렴한 노동력을 바탕으로 노동 집약적 경공업 발달 → 노동력이 풍부한 대도시에 집중
1970~1980년대	남동 임해 지역을 중심으로 제철, 석유 화학, 기계, 자동차, 조선 등 자본·기술 집약적 중화학 공업 발달
1990년대 이후	• 수도권을 중심으로 기술·지식 집약적 첨단 산업 발달 • 탈공업화 진행, 생산 공장의 해외 이전

2 공업의 특색

(1) 공업 구조의 고도화 노동 집약적 경공업 → 자본·기술 집약적 중화학 공업 → 기술·지식 집약적 첨단 산업 중심으로 변화

(2) 공업의 지역적 편재 수도권과 남동 임해 지역에 공업 집중

(3) 공업의 이중 구조 대기업과 중소기업 간의 격차가 큼

(4) 가공 무역의 발달 원료의 해외 의존도가 높음

자료 공업의 이중 구조 99쪽 510번 문제로 확인

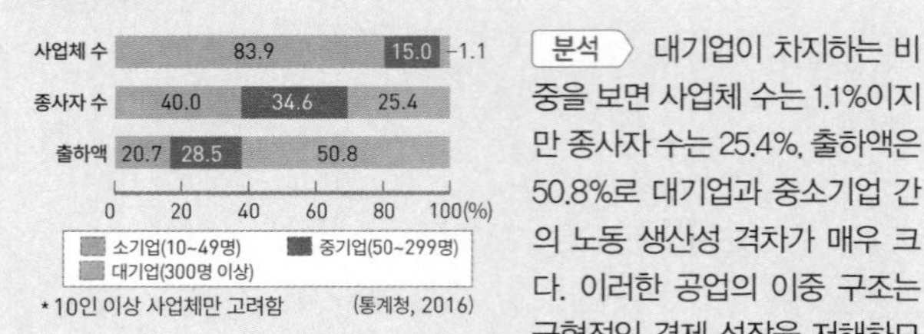

• 10인 이상 사업체만 고려함 (통계청, 2016)

분석 대기업이 차지하는 비중을 보면 사업체 수는 1.1%이지만 종사자 수는 25.4%, 출하액은 50.8%로 대기업과 중소기업 간의 노동 생산성 격차가 매우 크다. 이러한 공업의 이중 구조는 균형적인 경제 성장을 저해하므로 중소기업의 육성을 위한 정책 및 지원이 필요하다.

3 공업 지역의 형성 101쪽 516번 문제로 확인

수도권	• 우리나라 최대의 종합 공업 지역, 첨단 산업 발달 • 집적 불이익의 심화로 수도권 남서부, 충청권으로 공업 분산이 추진됨
태백산	풍부한 지하자원 → 원료 지향형 공업(시멘트 공업) 발달
충청	• 편리한 교통을 바탕으로 수도권의 공업이 분산·입지하고 있음 • 내륙에 첨단 산업, 해안에 중화학 공업 발달
호남	중국과의 교역 증가, 제2의 임해 공업 지역으로 성장 가능
영남 내륙	풍부한 노동력 → 섬유·전자 조립 등 노동력 지향 공업 발달
남동 임해	우리나라 최대의 중화학 공업 지역, 적환지 지향형 공업 발달

4 공업 입지 유형

원료 지향형	제조 과정에서 원료의 무게나 부피 감소, 원료가 쉽게 부패·변질
시장 지향형	제조 과정에서 제품의 무게나 부피 증가(음료, 가구), 제품의 변질이 쉬움(제빙, 제과), 소비자와의 잦은 접촉(인쇄)
적환지 지향형	부피가 크고 무거운 원료를 해외에서 수입(제철, 정유)
집적 지향형	계열화된 공업(석유 화학), 조립형 공업(자동차, 조선)
노동 지향형	생산비에서 노동비의 비중이 큼(섬유, 전자 조립)
입지 자유형	운송비에 비해 부가 가치가 큼(첨단 산업)

분석 기출 문제

» 바른답·알찬풀이 45쪽

•• 빈칸에 들어갈 알맞은 말을 쓰시오.

487 교통과 농업 기술 발달로 비닐하우스, 유리온실 등을 이용한 (　　　　)이/가 늘어났다.

488 (　　　　)은/는 특정 지역의 지리적 특성을 반영한 농산물을 지역의 명품으로 육성하는 제도이다.

489 제조 과정에서 원료의 무게나 부피가 감소하는 시멘트 공업은 (　　　　) 지향형 공업이고, 부피가 크거나 무거운 원료를 해외에서 수입하는 제철 공업은 (　　　　) 지향형 공업이다.

•• 다음 내용이 옳으면 ○표, 틀리면 ×표를 하시오.

490 도시 근로자 가구 소득 대비 농가 소득 비율이 점차 증가하고 있는데, 이는 이촌 향도 인구가 늘어나는 요인 중 하나이다. (　　)

491 우리나라는 1970~80년대에 자본·기술 집약적 중화학 공업이 남동 임해 지역을 중심으로 발달하였다. (　　)

492 우리나라는 공업의 주요 원료를 수입에 의존하여 국제 원자재 가격 변동에 민감하다. (　　)

•• ㉠~㉣ 중 알맞은 것을 고르시오.

493 산업화와 도시화로 경지 이용률은 (㉠ 낮아, ㉡ 높아)졌고, 농가 호당 경지 면적은 (㉢ 감소, ㉣ 증가)하였다.

494 주요 농산물의 1인당 소비량을 보면 쌀은 (㉠ 감소, ㉡ 증가)하고 있고, 채소·과일·축산·육류는 1970년 이후 대체로 (㉠ 감소, ㉡ 증가)하였다.

495 공업의 이중 구조로 대기업과 중소기업 간의 노동 생산성 격차가 (㉠ 작게, ㉡ 크게) 나타난다.

•• 공업 지역별 특징을 바르게 연결하시오.

496 충청 •   • ㉠ 우리나라 최대의 종합 공업 지역

497 호남 •   • ㉡ 편리한 육상 교통, 수도권과 인접

498 수도권 •   • ㉢ 시멘트 공업 등 원료 지향형 공업 발달

499 태백산 •   • ㉣ 중국과의 높은 접근성으로 높은 성장 가능성

500 남동 임해 •   • ㉤ 최대의 중화학 공업 지역, 적환지 지향형 공업 발달

501 영남 내륙 •   • ㉥ 과거 풍부한 노동력을 바탕으로 섬유·전자 조립 공업 발달

1. 농업의 변화와 농촌 문제

빈출
502

그래프를 통해 알 수 있는 우리나라 농촌의 변화 특성에 대한 설명으로 옳지 않은 것은?

〈농가 인구 변화〉

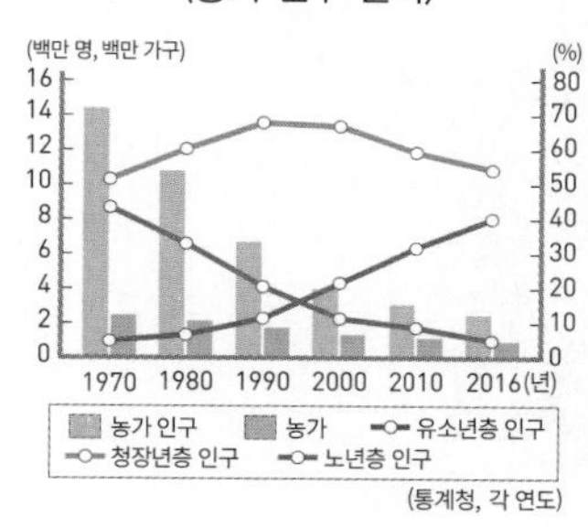

〈경지 면적과 이용률 변화〉

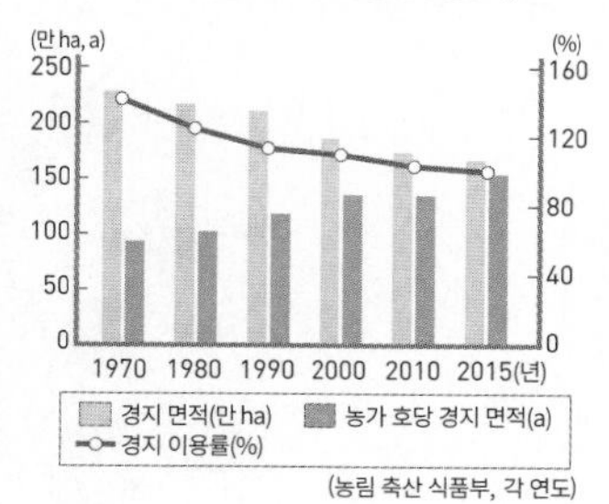

① 1990년 이후 노년층의 비중이 증가하였다.
② 경지 면적의 감소는 산업화·도시화와 관련 있다.
③ 그루갈이와 농가 인구의 감소로 경지 이용률이 감소하였다.
④ 농가 인구의 감소와 노년층 인구의 증가로 농촌의 노동력 부족 문제가 심화되었다.
⑤ 1970년 이후 농가 인구의 감소율이 경지 면적의 감소율보다 낮아 농가 호당 경지 면적이 증가하였다.

빈출
503

그래프는 우리나라의 작물별 재배 면적 비중 변화를 나타낸 것이다. A~C 작물에 대한 설명으로 옳은 것은? (단, A~C는 벼, 맥류, 채소·과수 중 하나임.)

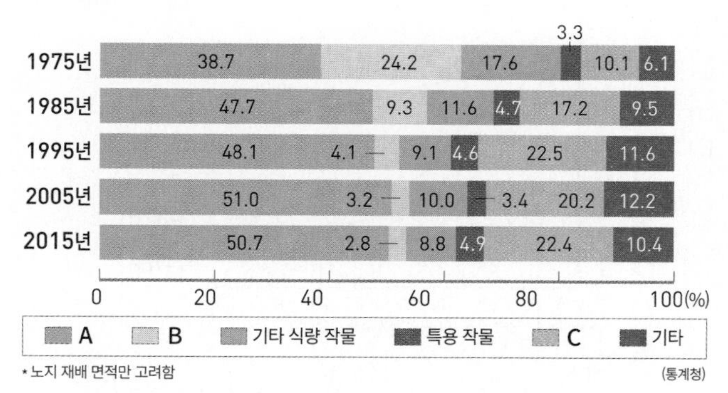

① A는 주로 시설 농업 방식으로 재배된다.
② B는 소득 증대로 재배 면적이 증가하고 있다.
③ C는 주로 논의 그루갈이 작물로 재배된다.
④ A는 B보다 자급률이 높다.
⑤ C는 A보다 1인당 소비량 증가율이 낮다.

504

지도는 도별 작물 재배 면적 및 비중을 나타낸 것이다. A~C에 대한 옳은 설명을 〈보기〉에서 고른 것은? (단, A~C는 과수, 채소, 식량 작물 중 하나임.)

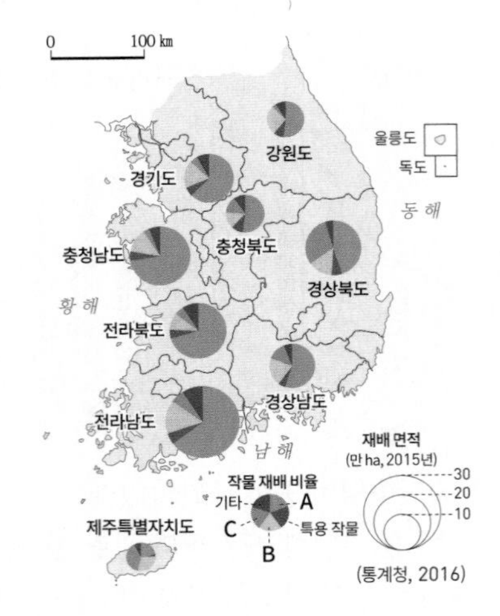

[보기]

ㄱ. 과수의 재배 면적은 제주가 가장 넓다.
ㄴ. 식량 작물의 재배 면적 비중은 제주가 가장 낮다.
ㄷ. B는 A보다 영농의 기계화에 유리하다.
ㄹ. B는 시설 재배로 재배되고, C는 주로 노지에서 재배된다.

① ㄱ, ㄴ ② ㄱ, ㄷ ③ ㄴ, ㄷ
④ ㄴ, ㄹ ⑤ ㄷ, ㄹ

505

그래프는 우리나라 농업의 변화를 나타낸 것이다. (가)~(다)에 해당하는 지표로 옳은 것은?

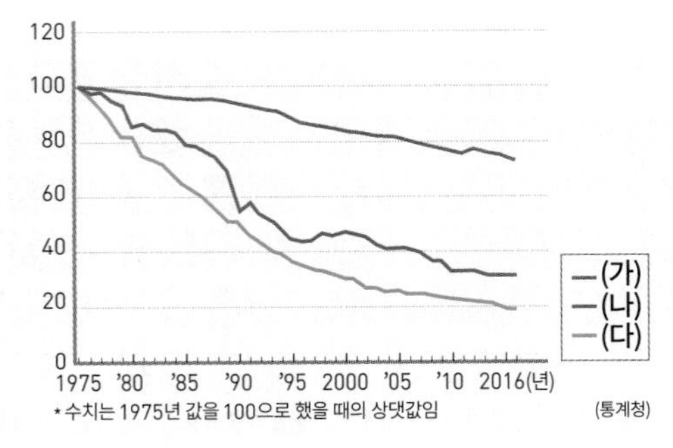

	(가)	(나)	(다)
①	경지 면적	전업농가 수	농가 인구
②	농가 인구	경지 면적	1인당 과수 소비량
③	전업농가 수	1인당 과수 소비량	농가당 경지 면적
④	농가당 경지 면적	전업농가 수	경지 면적
⑤	1인당 과수 소비량	농가 인구	농가당 경지 면적

506

다음은 학생이 작성한 서답형 문항의 답안지이다. 이 학생의 점수로 옳은 것은?

3학년 △반 □□번 이름 ○○○

〈문제〉 다음 글은 우리나라 농업의 발전 방향에 관한 것이다. 빈칸에 적절한 내용을 쓰시오.

농업이 당면한 문제를 해결하기 위해서는 낙후된 농촌의 생활 환경을 개선하고, 농가 (소득)을/를 높여야 한다. 그리고 영농 조합, 위탁 영농 회사 등을 통한 (영농 규모의 축소), 농산물 직거래, 로컬푸드 운동 등을 통한 (농산물 유통 구조 개선) 등의 노력이 필요하다. 또한 수입 농산물과의 차별화를 위해 유기 농업을 비롯한 (친환경) 농작물 재배를 확대하고, 보성 녹차와 횡성 한우 등과 같은 (지리적 표시제)의 확대 및 강화가 필요하다.

* 채점 기준 : 5점 만점, 틀린 부분이 있을 때 1점씩 감점함

① 1점 ② 2점 ③ 3점 ④ 4점 ⑤ 5점

507

㉠~㉣에 대한 옳은 설명만을 〈보기〉에서 있는 대로 고른 것은?

1960년대 이후 ㉠ 도시를 중심으로 공업이 빠르게 성장하면서, 국가 경제에서 농업이 차지하는 비중이 크게 줄어들고 있다. 이에 따라 ㉡ 농촌은 인구가 감소하여 노동력 부족과 인구의 고령화, 경지 이용률 감소 등의 문제가 나타났다. 한편, 도시는 인구가 급격히 증가하고 생활 수준이 향상되면서 ㉢ 농업의 상업화 경향이 확대되기도 하였다. 우리나라 농업이 새롭게 발전하기 위해서는 우선 농산물의 브랜드화와 고급화 정책이 필요하다. 또한 농산물 유통 구조 개선과 ㉣ 관광 휴양 공간으로서 농촌 자원의 활용 확대 등의 노력도 필요하다.

[보기]

ㄱ. ㉠으로 인해 농촌과 도시의 소득 격차가 축소되었다.
ㄴ. ㉡을 해결하기 위해 농촌에 새로운 농업 기술이 보급되고, 영농의 기계화가 촉진되었다.
ㄷ. ㉢으로 원예 농업의 비중은 증가하고, 곡물 재배 면적은 감소하였다.
ㄹ. ㉣로 인해 경관 농업과 농촌 체험 마을 등이 늘어났다.

① ㄱ, ㄴ ② ㄱ, ㄷ ③ ㄴ, ㄷ
④ ㄱ, ㄴ, ㄹ ⑤ ㄴ, ㄷ, ㄹ

2. 공업의 발달과 지역 변화

빈출
508

㉠~㉤에 들어갈 내용으로 옳지 않은 것은?

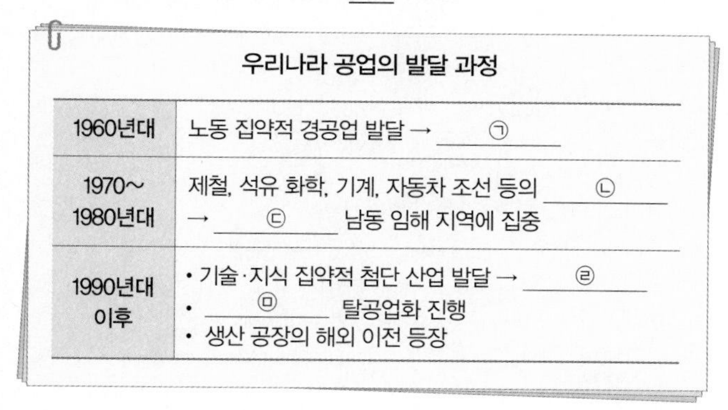
우리나라 공업의 발달 과정

1960년대	노동 집약적 경공업 발달 → ㉠
1970~1980년대	제철, 석유 화학, 기계, 자동차 조선 등의 ㉡ → ㉢ 남동 임해 지역에 집중
1990년대 이후	• 기술·지식 집약적 첨단 산업 발달 → ㉣ • ㉤ 탈공업화 진행 • 생산 공장의 해외 이전 등장

① ㉠ – 노동력이 풍부한 대도시에 집중
② ㉡ – 자본·기술 집약적 중화학 공업 발달
③ ㉢ – 원료의 수입과 제품의 수출에 유리한
④ ㉣ – 정보와 자본, 고급 인력 등이 풍부한 수도권을 중심으로 발달
⑤ ㉤ – 생산과 고용에서 서비스업 비중이 감소하고 제조업 비중이 증가하는

509

그래프는 업종별 공업 구조의 변화를 나타낸 것이다. 이에 대한 옳은 설명을 〈보기〉에서 고른 것은? (단, (가), (나)는 섬유, 기계·조립 금속 공업 중 하나임.)

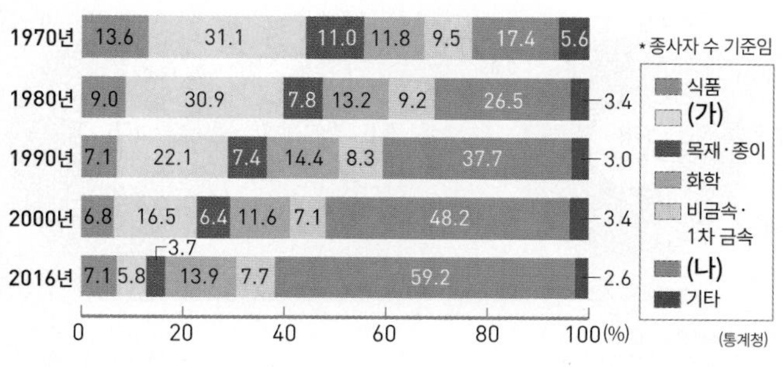

[보기]

ㄱ. 공업의 이중 구조가 심화되고 있다.
ㄴ. (가)는 경공업, (나)는 중화학 공업에 해당한다.
ㄷ. 1970년에 비해 1990년 식품 공업의 종사자 비중은 증가하였다.
ㄹ. 노동 집약적 공업에서 자본·기술 집약적 공업 중심으로 변화하고 있다.

① ㄱ, ㄴ　② ㄱ, ㄷ　③ ㄴ, ㄷ
④ ㄴ, ㄹ　⑤ ㄷ, ㄹ

빈출
510

그래프에 대한 옳은 설명을 〈보기〉에서 고른 것은? (단, A와 B는 대기업과 소기업, C와 D는 수도권과 영남권 중 하나임.)

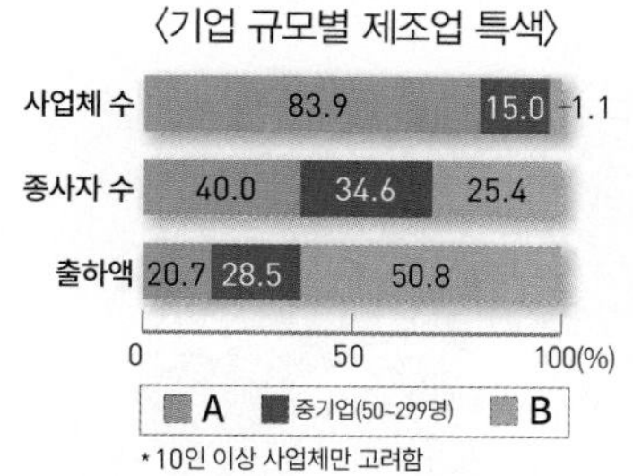

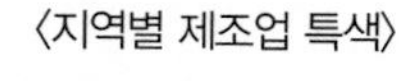

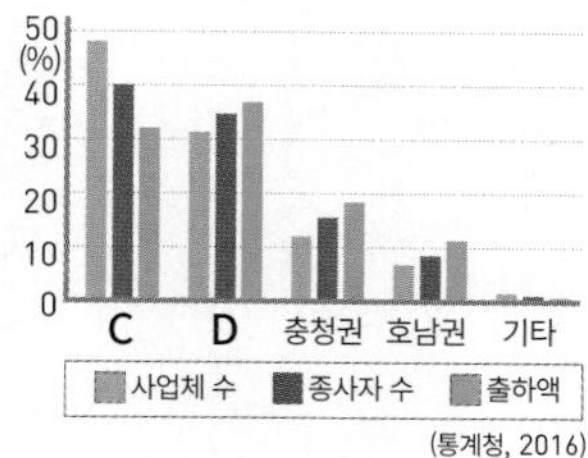

[보기]

ㄱ. A는 B보다 고용 효과가 높다.
ㄴ. B는 A보다 노동 생산성이 높다.
ㄷ. 충청권은 D에서 분산되는 공업 입지가 활발하다.
ㄹ. D는 C에 비해 중화학 공업의 발달이 두드러진다.

① ㄱ, ㄴ　② ㄱ, ㄷ　③ ㄴ, ㄷ
④ ㄴ, ㄹ　⑤ ㄷ, ㄹ

511

지도는 (가), (나) 공업의 지역별 종사자율을 나타낸 것이다. (가)에 대한 (나) 공업의 상대적인 특징을 그림에서 고른 것은? (단, (가), (나)는 섬유, 자동차, 1차 금속 공업 중 하나임.)

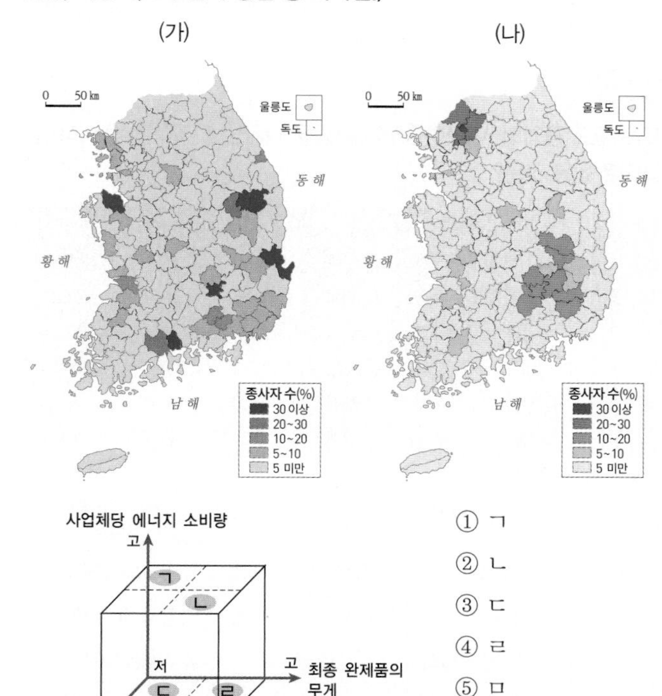

① ㄱ
② ㄴ
③ ㄷ
④ ㄹ
⑤ ㅁ

512

(가), (나) 제조업에 대한 옳은 설명을 〈보기〉에서 고른 것은?

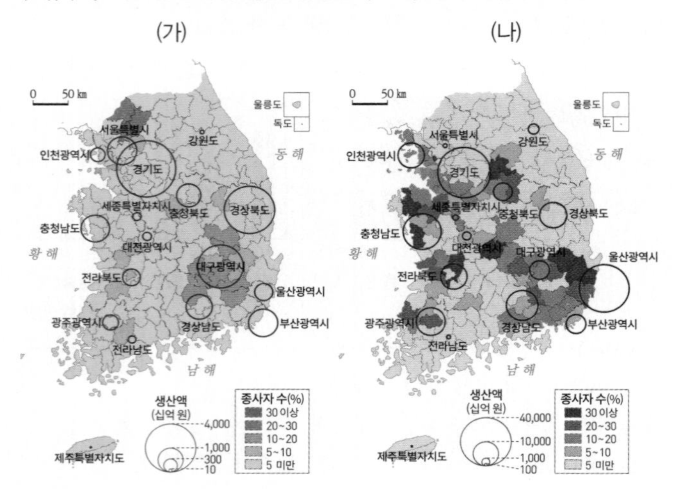

[보기]

ㄱ. (가)는 1990년대 이후 우리나라의 대표적인 수출 산업으로 부상하였다.
ㄴ. (나)는 많은 부품을 필요로 하는 계열화된 조립 공업이다.
ㄷ. (가)는 (나)보다 최종 생산 제품의 무게가 무겁다.
ㄹ. (나)는 (가)보다 전체 생산비에서 연구 개발비가 차지하는 비중이 크다.

① ㄱ, ㄴ ② ㄱ, ㄷ ③ ㄴ, ㄷ
④ ㄴ, ㄹ ⑤ ㄷ, ㄹ

513

표는 주요 공업의 시도별 출하액 비중을 나타낸 것이다. (가)~(다) 공업으로 옳은 것은?

순위	(가)		(나)		(다)	
	시·도	비중(%)	시·도	비중(%)	시·도	비중(%)
1	경기	26.5	경북	22.8	경기	23.2
2	경북	18.1	전남	13.7	울산	20.1
3	대구	15.1	충남	13.2	충남	11.6
4	부산	7.4	울산	13.0	경남	8.1
5	서울	6.2	경기	10.1	광주	7.2

*10인 이상 사업체만 고려함 (통계청, 2016)

	(가)	(나)	(다)
①	1차 금속	자동차 및 트레일러	섬유 제품(의복 제외)
②	1차 금속	섬유 제품(의복 제외)	자동차 및 트레일러
③	자동차 및 트레일러	1차 금속	섬유 제품(의복 제외)
④	섬유 제품(의복 제외)	1차 금속	자동차 및 트레일러
⑤	섬유 제품(의복 제외)	자동차 및 트레일러	1차 금속

514

지도는 시·도별 제조업 현황을 나타낸 것이다. 이에 대한 분석으로 옳지 않은 것은?

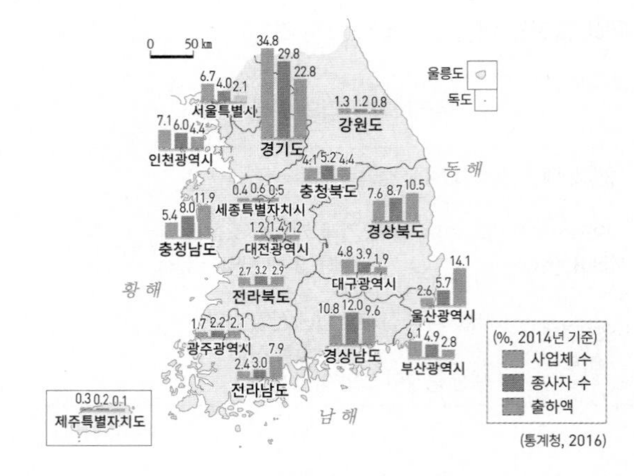

① 수도권은 영남권보다 제조업 출하액이 적다.
② 대구는 울산보다 제조업 사업체당 출하액이 많다.
③ 수도권은 비수도권보다 제조업 사업체 수가 적다.
④ 충북은 인천보다 제조업 사업체당 평균 종사자 수가 많다.
⑤ 울산은 부산보다 제조업 사업체 종사자 1인당 출하액이 많다.

515

그래프는 (가)~(다) 항만의 화물 품목별 운송 비중을 나타낸 것이다. (가)~(다) 항만의 위치를 지도의 A~C에서 고른 것은?

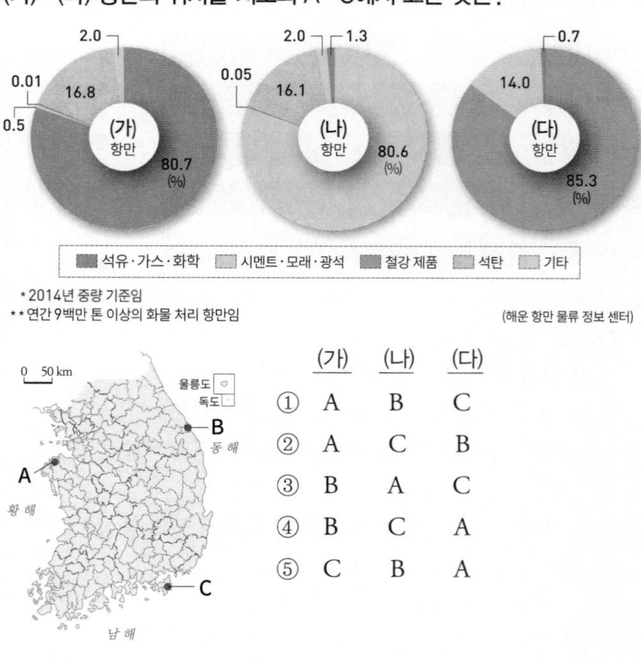

	(가)	(나)	(다)
①	A	B	C
②	A	C	B
③	B	A	C
④	B	C	A
⑤	C	B	A

빈출
516

(가), (나)에 해당하는 공업 지역을 지도의 A~D에서 고른 것은?

(가) 석회석을 원료로 하는 시멘트 공업 등 원료 지향 공업이 발달해 있지만, 다른 공업 지역보다 공업의 집적도가 낮다.
(나) 과거 풍부한 노동력을 바탕으로 섬유, 전자 조립 공업이 발달하였으며, 최근에는 기술 집약적인 첨단 산업 지역으로 변모하고 있다.

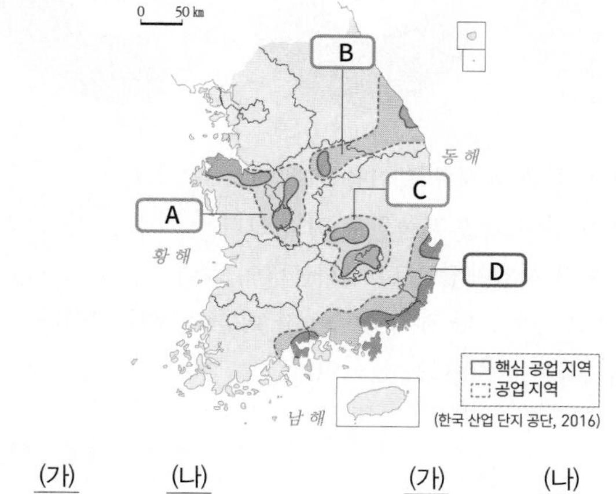

	(가)	(나)		(가)	(나)
①	A	B	②	A	C
③	B	C	④	C	D
⑤	D	A			

517

(가)~(다) 제조업에 대한 설명으로 옳지 않은 것은? (단, (가)~(다)는 1차 금속, 자동차 및 트레일러, 섬유 제품(의복 제외) 중 하나임.)

<부가 가치 및 종사자 비율>

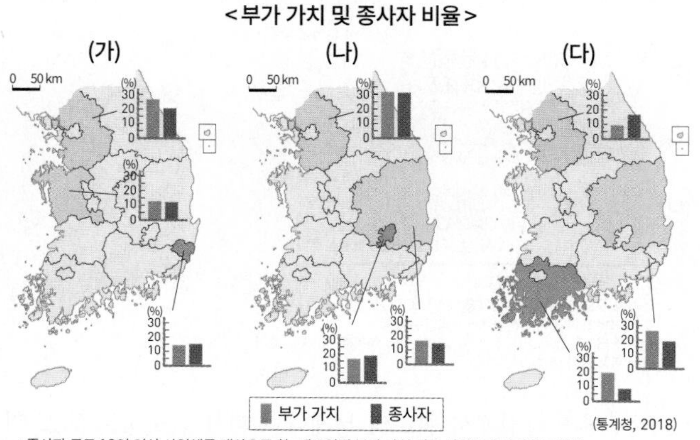

* 종사자 규모 10인 이상 사업체를 대상으로 함. 제조업별 부가 가치 기준 상위 3개 지역만 표현함. 부가 가치 및 종사자 비율은 전국 대비 각 지역의 비율임.

① (다)는 원료의 해외 의존도가 높아 주로 적환지에 입지한다.
② (가)는 (나)보다 총 매출액 대비 연구 개발비 비율이 높다.
③ (나)는 (가)보다 전국 출하액이 많다.
④ (다)의 제품은 (가)의 재료로 이용한다.
⑤ (다)는 (나)보다 2000년대 이후 수출액이 많다.

1등급을 향한 서답형 문제

[518~519] 그래프는 1인당 연간 농산물 소비량 변화를 나타낸 것이다. 물음에 답하시오.

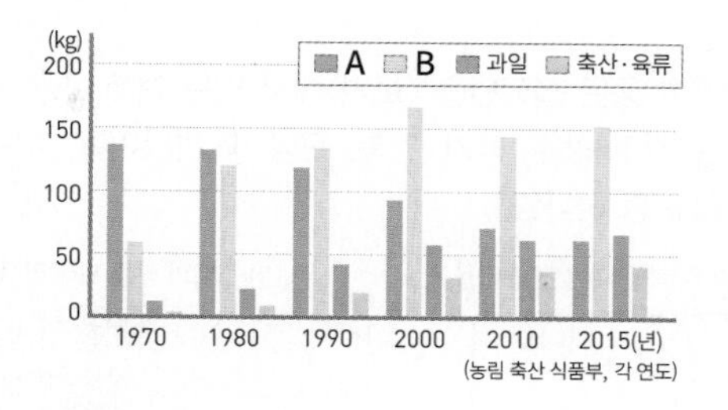

518

A, B에 해당하는 작물을 쓰시오.

519

위와 같은 변화가 나타나게 된 원인과, 이로 인해 나타났을 것으로 예상되는 농업 구조의 변화를 서술하시오.

520

그래프를 통해 알 수 있는 우리나라 공업 구조의 변화 특색을 서술하시오.

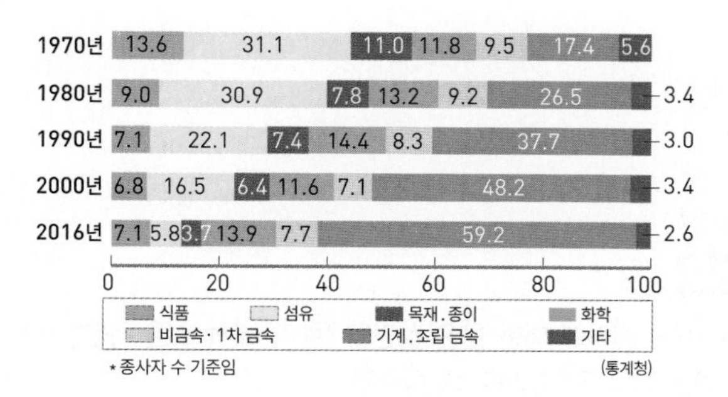

521

A 자원의 명칭을 쓰고, 이를 사용하는 공업과 그 입지 특색을 서술하시오.

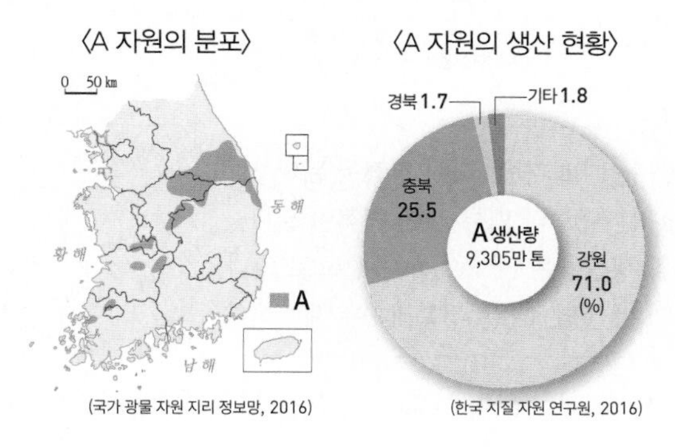

적중 1등급 문제

» 바른답·알찬풀이 47쪽

522

그래프에 대한 옳은 설명만을 〈보기〉에서 있는 대로 고른 것은? (단, (가)~(라)는 각각 강원, 경기, 경북, 전남 중 하나이며, A~C는 각각 벼, 맥류, 채소 중 하나임.)

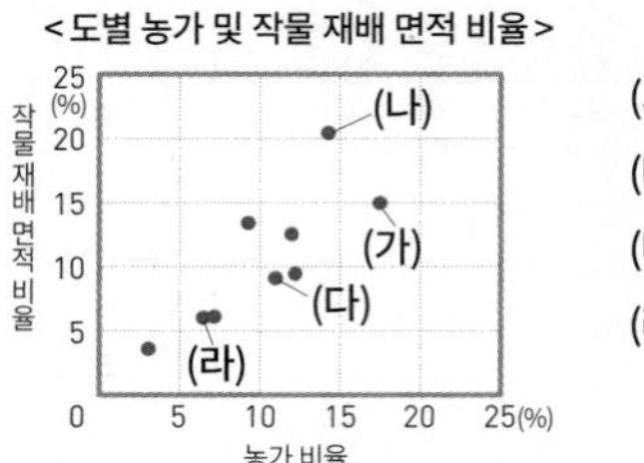

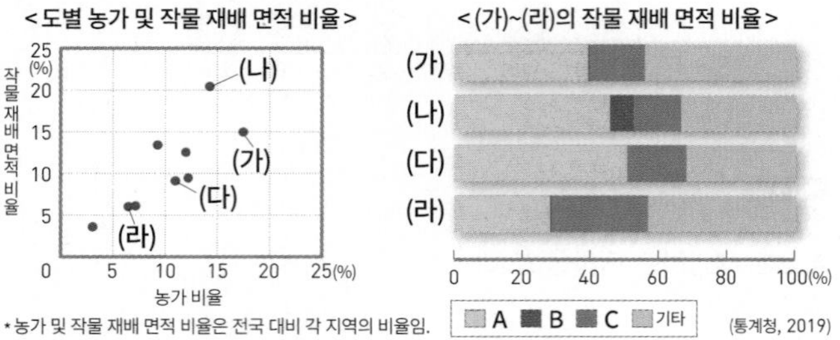

*농가 및 작물 재배 면적 비율은 전국 대비 각 지역의 비율임. (통계청, 2019)

[보기]

ㄱ. (다)는 (가)보다 겸업농가 비율이 높다.
ㄴ. C는 대도시 근교 농촌에서 시설 재배를 통해 집약적으로 재배된다.
ㄷ. A와 B는 식생활 구조 변화와 농산물 시장 개방 등으로 재배 면적이 감소하였다.
ㄹ. 농가당 작물 재배 면적 비율은 경기가 전남보다 크다.

① ㄱ, ㄴ ② ㄱ, ㄷ ③ ㄱ, ㄴ, ㄷ
④ ㄱ, ㄴ, ㄹ ⑤ ㄴ, ㄷ, ㄹ

523

(가)~(다) 지역에 대한 옳은 설명을 〈보기〉에서 고른 것은? (단, (가)~(다)는 경북, 전남, 제주 중 하나임.)

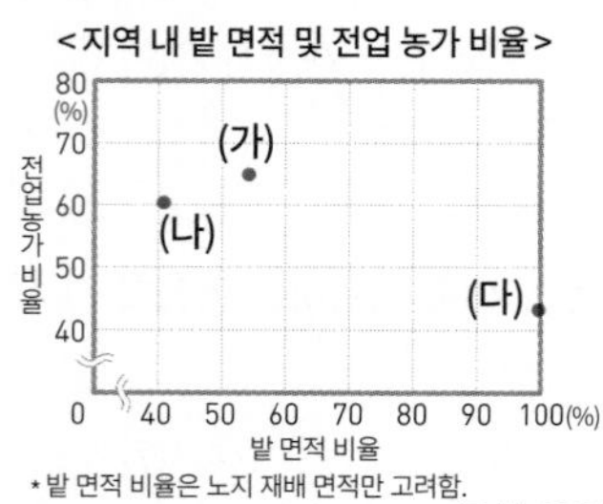

*밭 면적 비율은 노지 재배 면적만 고려함. (통계청, 2019)

[보기]

ㄱ. (가)는 (다)보다 총 재배 면적이 넓다.
ㄴ. (나)는 (다)보다 맥류 재배 면적이 넓다.
ㄷ. 쌀 생산량은 (가)>(다)>(나) 순으로 많다.
ㄹ. (가)는 전남, (나)는 경북, (다)는 제주이다

① ㄱ, ㄴ ② ㄱ, ㄷ ③ ㄴ, ㄷ ④ ㄴ, ㄹ ⑤ ㄷ, ㄹ

524

그래프는 세 제조업의 지역별 에너지 사용 비중과 총 에너지 사용량을 나타낸 것이다. (가)~(다)에 대한 설명으로 옳지 않은 것은? (단, (가)~(다)는 1차 금속, 자동차 및 트레일러, 섬유 제품(의복 제외) 제조업 중 하나이며, A~C는 경기, 울산, 전남 중 하나임.)

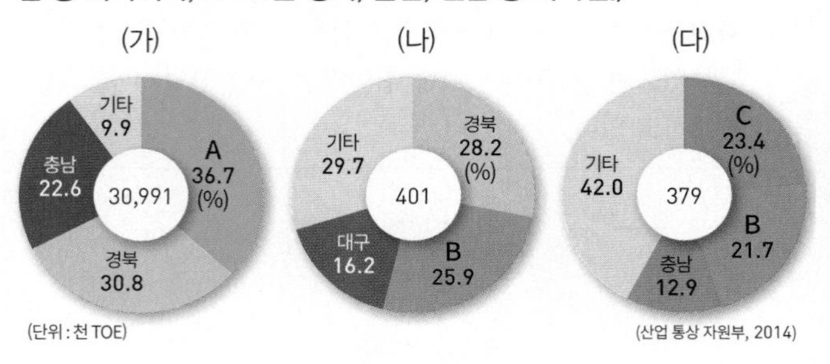

(산업 통상 자원부, 2014)

① (다)는 (가)의 제품을 재료로 이용한다.
② (다)는 (나)에 비해 최종 제품의 부피가 크다.
③ (가)는 (나)보다 사업체당 에너지 사용량이 많다.
④ C 지역은 A 지역보다 제조업 종사자 비중이 낮을 것이다.
⑤ A는 전남, B는 경기, C는 울산이다.

525

그래프는 지도에 표시된 세 지역의 제조업 업종별 출하액 비율을 나타낸 것이다. A~C에 대한 설명으로 옳지 않은 것은? (단, A~C는 전기 장비, 자동차 및 트레일러, 의복(액세서리, 모피 포함) 제조업 중 하나임.)

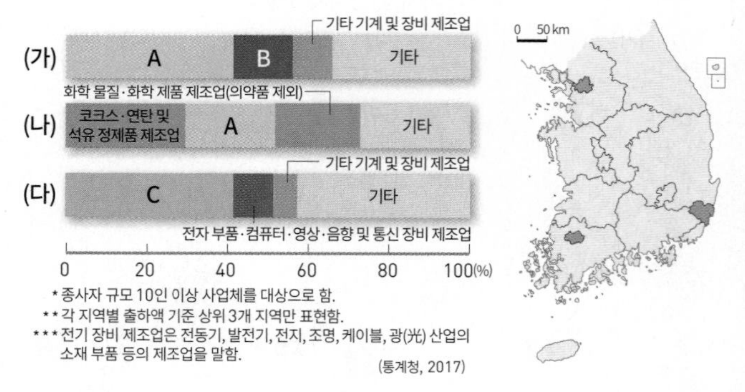

*종사자 규모 10인 이상 사업체를 대상으로 함.
**각 지역별 출하액 기준 상위 3개 지역만 표현함.
***전기 장비 제조업은 전동기, 발전기, 전지, 조명, 케이블, 광(光) 산업의 소재 부품 등의 제조업을 말함.
(통계청, 2017)

① B는 제조 과정에서 원료의 무게나 부피가 감소하는 원료 지향형 공업이다.
② C는 노동비 비중이 큰 산업으로 노동력이 풍부한 곳에 주로 입지한다.
③ A는 C보다 사업체당 종사자 수가 많다.
④ C는 A보다 우리나라 산업 발전을 주도한 시기가 이르다.
⑤ (가)와 (나)는 광역시이다.

526

그래프는 세 작물의 지역별 재배 면적을 나타낸 것이다. 이에 대한 옳은 설명을 <보기>에서 고른 것은? (단, (가)~(라)는 강원, 경기, 경남, 전남 중 하나이고, A~C는 벼, 맥류, 채소 중 하나임.)

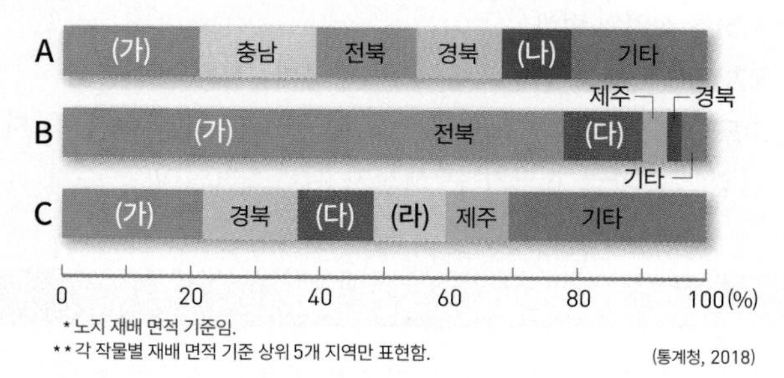

*노지 재배 면적 기준임.
**각 작물별 재배 면적 기준 상위 5개 지역만 표현함.
(통계청, 2018)

[보기]
ㄱ. (나)는 (가)보다 농경지를 집약적으로 이용한다.
ㄴ. (라)는 (가)보다 경지 면적 중 밭의 비율이 높다.
ㄷ. A는 주로 B의 그루갈이 작물로 재배된다.
ㄹ. C는 (라)보다 (나)에서 시설 재배 비율이 높다.

① ㄱ, ㄴ ② ㄱ, ㄷ ③ ㄱ, ㄴ, ㄷ
④ ㄱ, ㄴ, ㄹ ⑤ ㄴ, ㄷ, ㄹ

527

표를 통해 알 수 있는 2000년 대비 2017년 농촌의 변화 특색을 그림의 A~E에서 고른 것은?

구분	2000년	2017년
농가 인구(천 명)	4,031	2,422
농가 수(천 호)	1,383	1,042
전업농가 수(천 호)	902	585
경지 면적(천 ha)	1,889	1,621

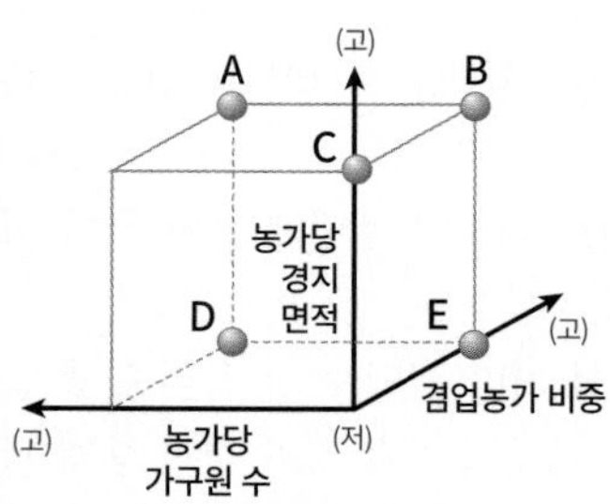

*고(저)는 증가(감소), 많음(적음), 높음(낮음)을 의미함

① A
② B
③ C
④ D
⑤ E

528

(가)~(마) 공업 지역에 대한 설명으로 옳은 것은?

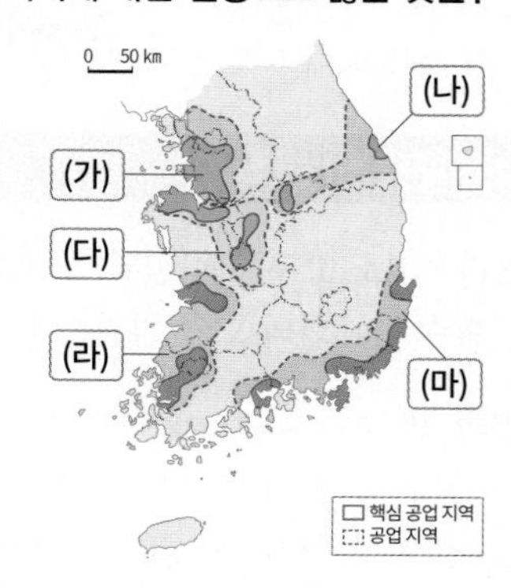

① (가) – 우리나라 최대의 종합 공업 지역으로 풍부한 자본과 노동력, 넓은 소비 시장 등을 바탕으로 발달하였다.
② (나) – 과거 풍부한 노동력을 바탕으로 섬유, 전자 조립 공업이 발달하였다.
③ (다) – 최근 집적 불이익 현상이 발생한 (마) 지역의 공업이 이전해왔다.
④ (라) – 정부의 정책과 원료 수입 및 제품 수풀에 유리한 조건을 바탕으로 우리나라 최대의 중화학 공업 지역으로 발달하였다.
⑤ (마) – 중국과의 교역 증가로 성장하고 있으며, 공업의 지역적 불균형 문제를 완화하기 위해 조성되었다.

529

그래프는 특별·광역시별 (가), (나) 제조업의 특성을 나타낸 것이다. 이에 대한 옳은 설명을 <보기>에서 고른 것은? (단, (가), (나)는 섬유(의복 제외), 자동차 및 트레일러 제조업 중 하나임.)

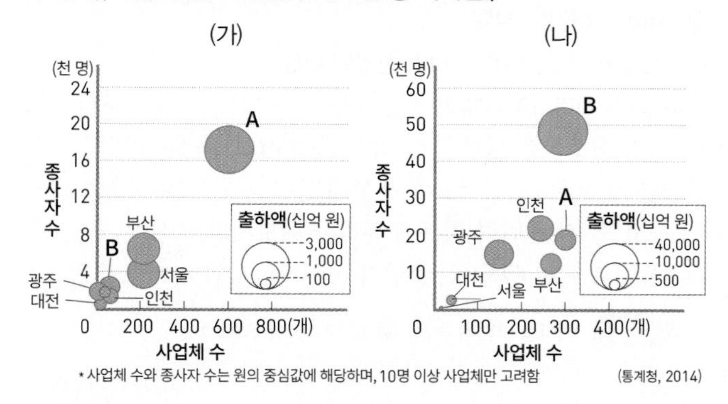

*사업체 수와 종사자 수는 원의 중심값에 해당하며, 10명 이상 사업체만 고려함
(통계청, 2014)

[보기]
ㄱ. A는 대구, B는 울산이다.
ㄴ. (가)의 종사자 1인당 출하액은 부산이 서울보다 많다.
ㄷ. (나)의 사업체당 종사자 수는 울산이 광주보다 많다.
ㄹ. (가)는 (나)보다 최종 제품의 무게가 무겁고 부피가 크다.

① ㄱ, ㄴ ② ㄱ, ㄷ ③ ㄴ, ㄷ
④ ㄴ, ㄹ ⑤ ㄷ, ㄹ

13 교통·통신의 발달과 서비스업의 변화

Ⅴ 생산과 소비의 공간

출제 포인트 ✓ 소매업태별 특성 비교 ✓ 소비자 서비스업과 생산자 서비스업 비교 ✓ 교통수단별 특징 비교

1. 상업 및 소비 공간의 변화

1 상업의 입지 조건 최소 요구치의 범위 ≤ 재화의 도달 범위 → 교통이 발달할수록 재화의 도달 범위는 확대됨

2 소비 공간의 변화 105쪽 546번 문제로 확인

(1) **정기 시장 쇠퇴** 인구 증가, 교통 발달 → 상설 시장 발달

(2) **유통 단계 감소** 전자 상거래의 활성화 → 택배 산업 발달

(3) **상권 확대** 교통 발달로 시공간의 제약 완화

(4) **다양한 소비 공간 증가** 생활 수준 향상으로 소비 행태 다양화

백화점	• 접근성이 좋은 도심과 부도심에 입지 • 고가의 제품을 판매하는 최고차 중심지의 역할 수행
편의점	일상생활에 필요한 기본 상품을 24시간 판매
대형 마트	• 도시 내 주거 지역을 중심으로 교외 지역까지 확산 • 다양한 생활용품과 저렴한 가격을 기반으로 빠르게 성장
무점포 소매업	• TV 홈쇼핑, 온라인 쇼핑, 소셜 커머스 등의 발달로 증가 • 택배 및 물류 산업의 성장 촉진

2. 서비스 산업의 고도화와 공간 변화

1 산업 구조의 변화 106쪽 549번 문제로 확인

전공업화 사회	1차 산업 비중이 높음, 우리나라 1960년대 이전
공업화 사회	2차 산업 비중 증가, 우리나라 1960년대 경제 개발 이후
탈공업화 사회	2차 산업 비중 감소, 3차 산업 비중 증가, 우리나라 1990년대 이후

2 서비스 산업의 발달

(1) **수요자 유형에 따른 서비스 산업의 분류**

① 소비자 서비스업 : 개인 소비자가 주로 이용 → 소비자의 이동 거리 최소화를 위한 분산 입지 예 소매업, 음식·숙박업 등

② 생산자 서비스업 : 기업의 생산 활동을 지원하는 서비스업 → 정보 및 전문 인력 획득에 유리한 대도시의 도심이나 부도심에 주로 입지 예 금융·보험업, 방송업, 사업 서비스업 등

자료 서비스 산업의 분포 107쪽 551번 문제로 확인

분석 소비자 서비스업은 소비자의 이동 거리를 최소화하기 위해 분산 입지하므로 인구 규모에 비례해 분포한다. 생산자 서비스업은 주 고객인 기업과의 접근성이 높고 정보 획득에 유리한 지역에 입지하므로 서울에서 비중이 가장 높고, 경기도에서도 집중도가 높게 나타나고 있다.

(2) **서비스 산업의 변화**

① 외부화 : 서비스 업종과 규모의 다양화, 기능의 전문화

② 고도화 : 지식 기반 산업이 경제 활동의 중심을 이룸 → 다른 산업으로 파급 효과가 큰 생산자 서비스업의 비중 증가

3. 교통·통신의 발달과 공간 변화

1 운송비 구조 총 운송비 = 기종점 비용 + 주행 비용

기종점 비용	• 터미널 유지비, 하역비와 같이 주행 거리와 무관한 고정 비용 • 항공>해운>철도>도로 순으로 큼
주행 비용	• 주행 거리에 따라 증가하는 비용 • 단위 거리당 운송비 체감률 : 해운>철도>도로 순으로 높음

2 교통수단별 특징

도로	• 기종점 비용이 가장 저렴, 주행 비용 증가율이 높음 → 단거리 수송 • 기동성과 문전 연결성 우수, 지형적 제약이 작음
철도	• 기종점 비용과 주행 비용이 도로와 해운 교통의 중간 • 정시성과 안전성이 우수, 지형적 제약이 큼
해운	• 기종점 비용이 비싸지만, 주행 비용 증가율이 낮음 • 대형 화물의 장거리 수송에 유리, 기상 조건의 제약이 큼
항공	• 기종점 비용과 주행 비용이 모두 비쌈 • 장거리 여객·고부가 가치 화물 수송에 이용, 기상 조건의 제약이 큼

자료 교통수단별 수송 분담률 107쪽 554번 문제로 확인

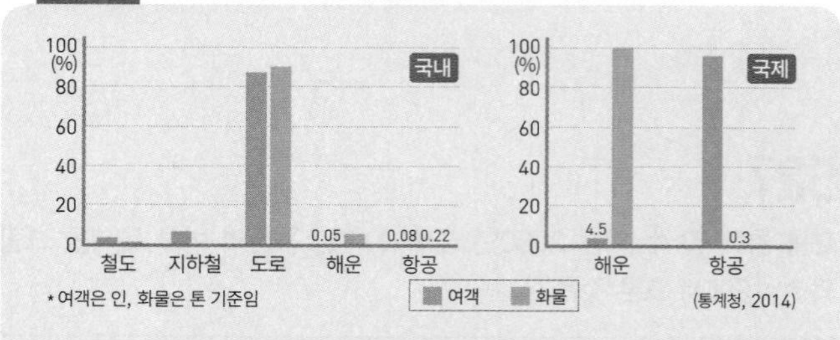

분석 국내 여객 수송 분담률은 도로>지하철>철도>항공>해운 순으로 높고, 국내 화물 수송 분담률은 도로>해운>철도>항공 순으로 높다. 국제 교통수단별 수송 분담률을 보면 여객 수송은 항공이 높고, 화물 수송은 해운이 높다.

3 교통·통신의 발달에 따른 변화

(1) **공간의 변화**

① 교통 발달 : 대도시 성장과 통근·통학권 등 생활권 확대로 대도시권 형성

② 통신 발달 : 무점포 상점 증가로 대도시 주변에 물류 단지·화물 터미널 입지 → 택배 산업 성장

(2) **생활의 변화** 재택근무와 지식 기반 산업 종사자 비중 증가, 유비쿼터스 시대 도래 등 → 교류 증가와 정보 획득 등의 장점, 정보 유출·사생활 침해·정보 격차 등의 문제점 대두

분석 기출 문제

» 바른답·알찬풀이 49쪽

핵심 개념 문제

•• 빈칸에 들어갈 알맞은 말을 쓰시오.

530 (　　　　)(이)란 중심지나 상점의 기능을 유지하기 위한 최소한의 수요를 말한다.

531 인구가 증가하고 교통이 발달하면서 (　　　　) 시장은 상설 시장으로 바뀌거나 사라지고 있다.

532 (　　　　) 서비스업은 기업과의 접근성이 높고 관련 정보 획득에 유리한 지역에 집중하려는 경향이 있다.

533 (　　　　) 비용은 운송비에서 주행 거리와 관계없이 일정하며, 운송 규모나 터미널 여건 등 교통수단마다 차이가 나타난다.

•• 다음 내용이 옳으면 ○표, 틀리면 ×표를 하시오.

534 상점이 입지하기 위해서는 최소 요구치의 범위보다 재화의 도달 범위가 크거나 같아야 한다. (　　)

535 생산자 서비스업은 수요자의 이동 거리 최소화를 위해 주거지를 중심으로 분산하여 입지하는 형태가 나타난다. (　　)

536 국내 여객 수송 분담률은 도로 > 지하철 > 철도 > 항공 > 해운 순으로 높게 나타난다. (　　)

537 국내 화물 수송 분담률은 도로 > 철도 > 해운 > 항공 순으로 높게 나타난다. (　　)

•• ㉠~㉥ 중 알맞은 것을 고르시오.

538 주로 일상용품을 다루는 상점은 전문 상품을 다루는 상점보다 상대적으로 그 수가 (㉠ 많고, ㉡ 적고), 공간적으로 (㉢ 분산, ㉣ 집중)되어 있다.

539 백화점은 편의점보다 최소 요구치가 (㉠ 작고, ㉡ 크고) 재화의 도달 범위가 (㉢ 넓으며, ㉣ 좁으며) 이용 빈도가 (㉤ 낮다, ㉥ 높다).

540 도·소매업과 음식업은 (㉠ 소비자, ㉡ 생산자) 서비스업, 금융업과 전문 서비스업은 (㉢ 소비자, ㉣ 생산자) 서비스업에 속한다.

•• 교통수단별 특징을 바르게 연결하시오.

541 도로 • 　　• ㉠ 기동성과 문전 연결성 우수

542 철도 • 　　• ㉡ 대형 화물의 장거리 수송에 유리

543 해운 • 　　• ㉢ 기종점 비용과 주행 비용이 모두 비쌈

544 항공 • 　　• ㉣ 정시성과 안전성 우수, 지형적 제약이 큼

1. 상업 및 소비 공간의 변화

545

그림은 어느 시장의 변화를 나타낸 것이다. (가), (나)에 대한 옳은 설명만을 〈보기〉에서 있는 대로 고른 것은?

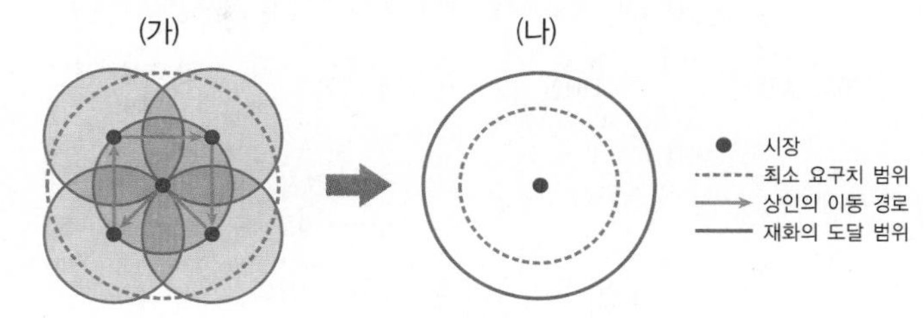

[보기]
ㄱ. (가)는 5일마다 열리는 정기 시장 형태에 해당한다.
ㄴ. (나)에는 서울의 남대문 시장, 통영의 중앙 시장 등이 있다.
ㄷ. (가)에서 (나)로의 변화는 교통 발달, 인구 증가 등과 관련 있다.
ㄹ. (가), (나) 모두 상인이 고객을 찾아 이동해야 한다.

① ㄱ, ㄴ　② ㄱ, ㄷ　③ ㄴ, ㄷ
④ ㄱ, ㄴ, ㄷ　⑤ ㄴ, ㄷ, ㄹ

빈출 546

지도는 (가), (나) 소매업태의 분포를 나타낸 것이다. 그래프의 A, B에 들어갈 내용으로 옳은 것은? (단, (가), (나)는 백화점, 편의점 중 하나임.)

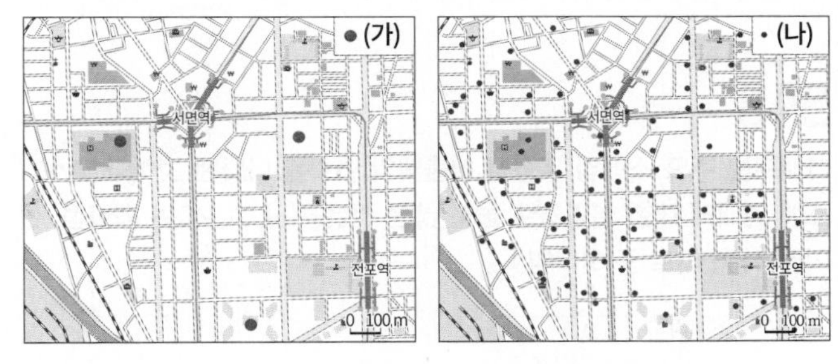

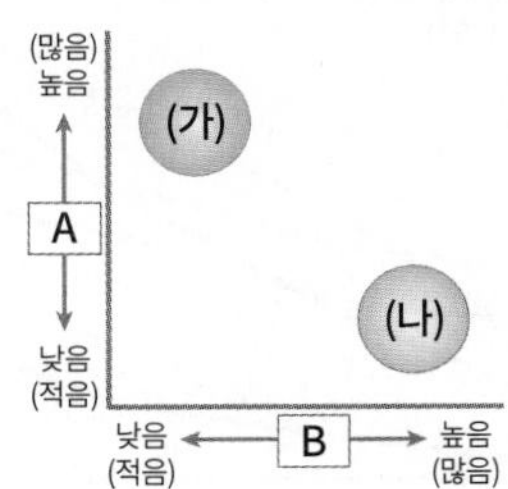

	(가)	(나)
①	점포 수	소비자의 이용 빈도
②	최소 요구치	평균 매출액
③	최소 요구치	소비자의 이용 빈도
④	평균 매출액	최소 요구치
⑤	소비자의 이용 빈도	점포 수

547

그림은 (가), (나) 상거래 방식을 모식적으로 나타낸 것이다. 이에 대한 설명으로 옳지 않은 것은?

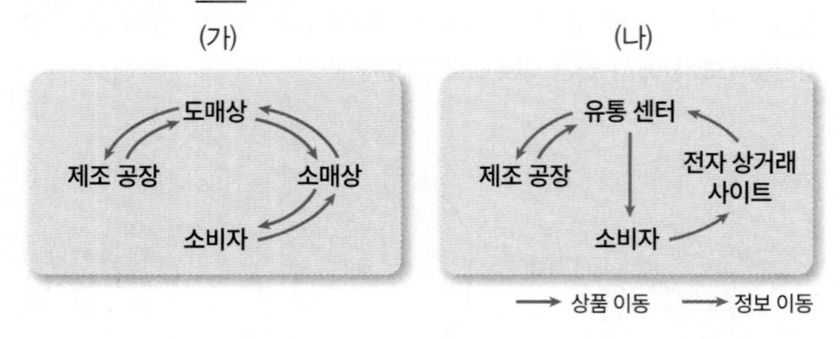

① (가)는 일정 시간에만 소비자가 이용할 수 있다.
② (나)는 유통 구조가 복잡하여 물류비가 비싸다.
③ (나)는 소비자와 대면 접촉 없이 상품을 판매할 수 있다.
④ (가)는 (나)보다 입지의 공간적 제약이 크다.
⑤ (나)는 (가)보다 매장 관리 비용이 적게 든다.

548

그래프는 주요 소매업 유형별 매출액의 변화를 나타낸 것이다. A~C 소매 업태에 대한 설명으로 옳지 않은 것은? (단, A~C는 백화점, 편의점, 대형 마트 중 하나임.)

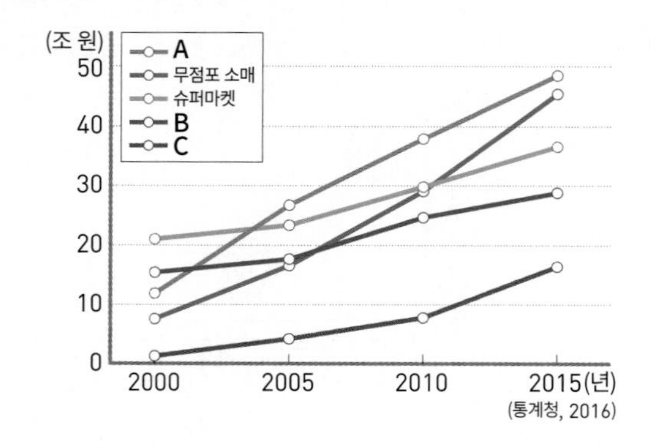

① A는 넓은 주차장과 다양한 편의 시설을 구비하고 있다.
② B는 주로 접근성이 높은 도심이나 부도심에 입지한다.
③ A는 B보다 전체 사업체 수가 많다.
④ B는 C보다 고급화된 다양한 제품을 취급한다.
⑤ C는 A보다 사업체 간의 평균 거리가 멀다.

2 서비스 산업의 고도화와 공간 변화

549 빈출

그래프는 우리나라 산업 구조의 변화를 나타낸 것이다. 이에 대한 설명으로 옳은 것은?

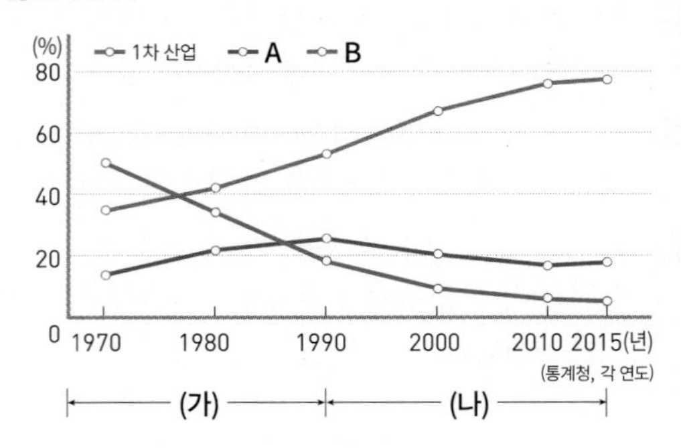

① A는 농업 중심 사회에서 비중이 높다.
② B는 기계화와 자동화의 수준이 높다.
③ (가) 시기는 지식과 정보가 주요 생산 요소이다.
④ (나) 시기에는 탈공업화의 경향이 나타나고 있다.
⑤ (가) 시기는 (나) 시기보다 전체 인구에서 도시 인구가 차지하는 비중이 높다.

550

그래프는 지역별 1차 산업과 3차 산업의 부가 가치 생산액 비율과 총 부가 가치를 나타낸 것이다. A~D로 옳은 것은?

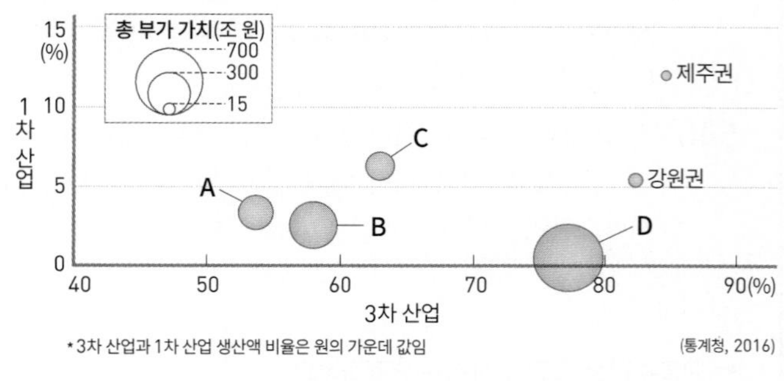

	A	B	C	D
①	영남권	충청권	수도권	호남권
②	영남권	수도권	호남권	충청권
③	충청권	호남권	수도권	영남권
④	충청권	영남권	호남권	수도권
⑤	호남권	충청권	영남권	수도권

빈출
551

지도는 서비스업의 분포를 나타낸 것이다. A, B 서비스업에 대한 옳은 설명을 〈보기〉에서 고른 것은? (단, A, B는 생산자 서비스업, 소비자 서비스업 중 하나임.)

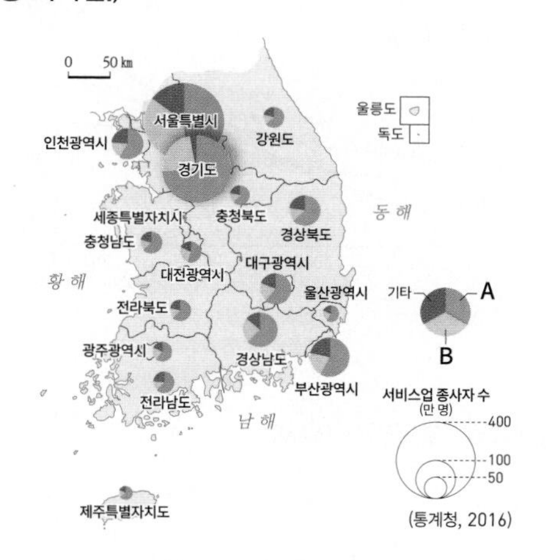

[보기]

ㄱ. A는 기업의 생산 활동을 지원하는 서비스업이다.
ㄴ. A는 B보다 업체 수가 많다.
ㄷ. A는 B보다 대체로 업체당 매출액이 많다.
ㄹ. B는 A보다 서울의 집중도가 높다.

① ㄱ, ㄴ ② ㄱ, ㄷ ③ ㄴ, ㄷ
④ ㄴ, ㄹ ⑤ ㄷ, ㄹ

552

그래프는 서비스업의 업종별 종사자 수 비율을 나타낸 것이다. (가)와 비교한 (나) 서비스업의 상대적 특징을 그림의 A~E에서 고른 것은?

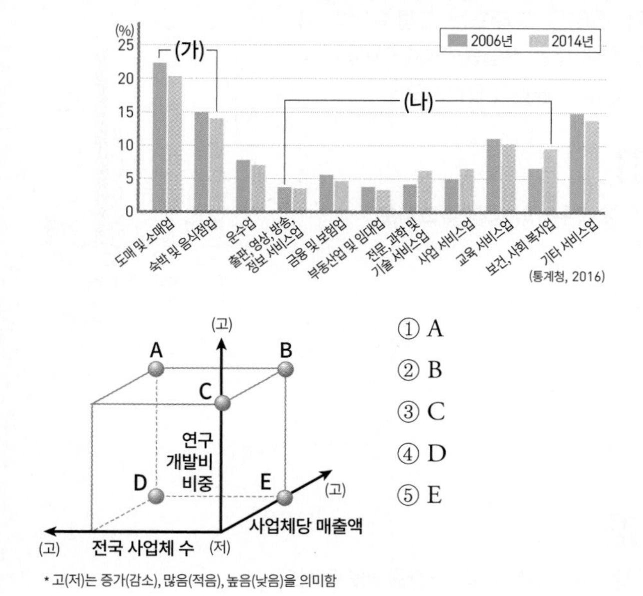

* 고(저)는 증가(감소), 많음(적음), 높음(낮음)을 의미함

① A
② B
③ C
④ D
⑤ E

3. 교통·통신의 발달과 공간 변화

[553~554] 그래프는 교통수단별 국내 화물 수송량의 비중 변화를 나타낸 것이다. 물음에 답하시오.

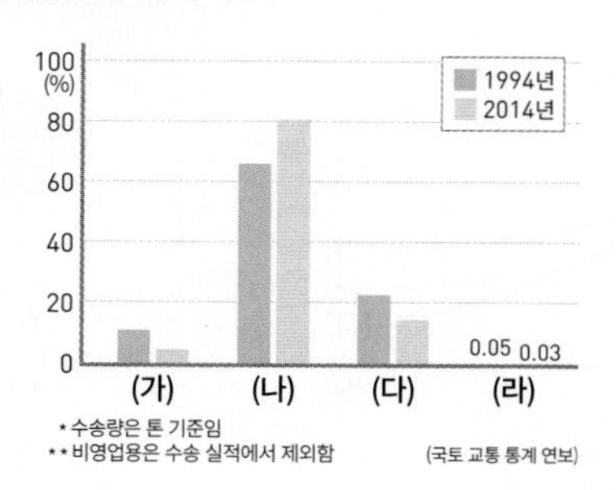

553

(가)~(라) 교통수단으로 옳은 것은?

	(가)	(나)	(다)	(라)
①	도로	철도	항공	해운
②	철도	도로	해운	항공
③	철도	해운	도로	항공
④	항공	도로	해운	철도
⑤	해운	철도	항공	도로

빈출
554

(가)~(라) 교통수단에 대한 설명으로 옳은 것은?

① (가)는 (나)에 비해 기종점 비용이 저렴하다.
② (나)는 (다)에 비해 기상에 따른 운행의 제약이 크다.
③ (다)는 (나)에 비해 문전 연결성이 우수하다.
④ (라)는 (가)보다 단거리 화물 수송에 유리하다.
⑤ (다), (라)는 국제 여객 및 화물 수송도 분담한다.

555

(가)~(라) 교통수단을 그래프의 A~D에서 고른 것은? (단, (가)~(라)는 도로, 철도, 항공, 해운 중 하나임.)

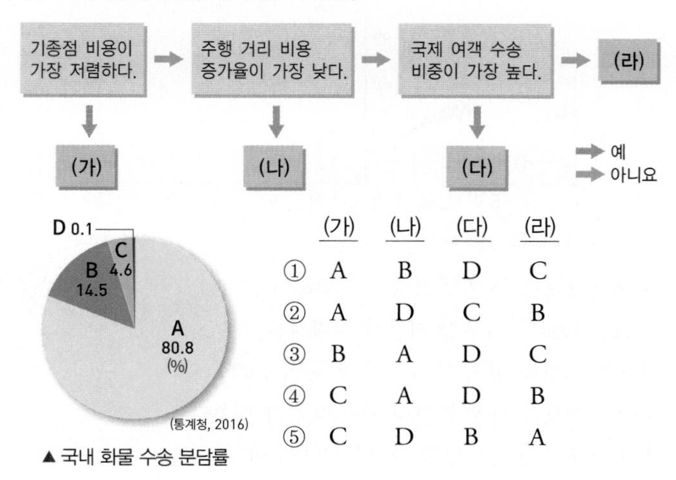

▲ 국내 화물 수송 분담률

	(가)	(나)	(다)	(라)
①	A	B	D	C
②	A	D	C	B
③	B	A	D	C
④	C	A	D	B
⑤	C	D	B	A

556

(가)~(다) 교통수단의 상대적인 특성이 그림과 같을 때 A, B에 들어갈 지표로 옳은 것은? (단, (가)~(다)는 도로, 철도, 해운 중 하나임.)

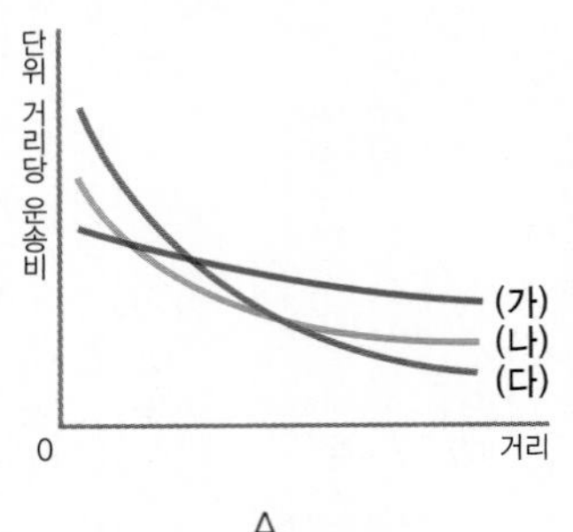

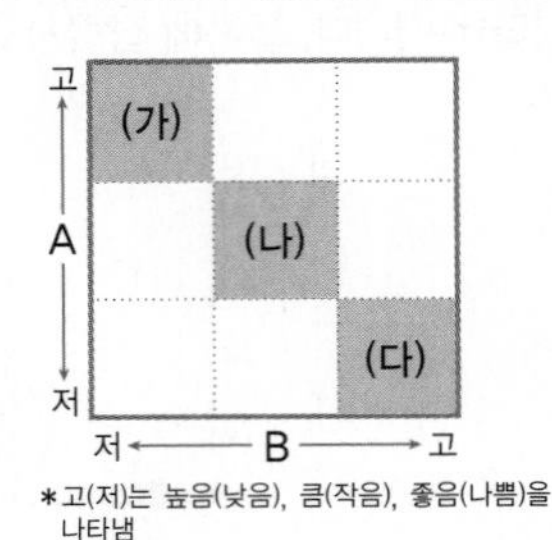

*고(저)는 높음(낮음), 큼(작음), 좋음(나쁨)을 나타냄

	A	B
①	기종점 비용	주행 비용 증가율
②	주행 비용 증가율	지형 조건의 제약
③	지형 조건의 제약	국내 여객 수송 분담률
④	국내 여객 수송 분담률	기종점 비용
⑤	국내 여객 수송 분담률	지형 조건의 제약

557

그래프는 교통수단별 국내 여객 및 화물 수송 분담률을 나타낸 것이다. A~E 교통수단에 대한 설명으로 옳지 않은 것은? (단, A~E는 도로, 철도, 항공, 해운, 지하철 중 하나임.)

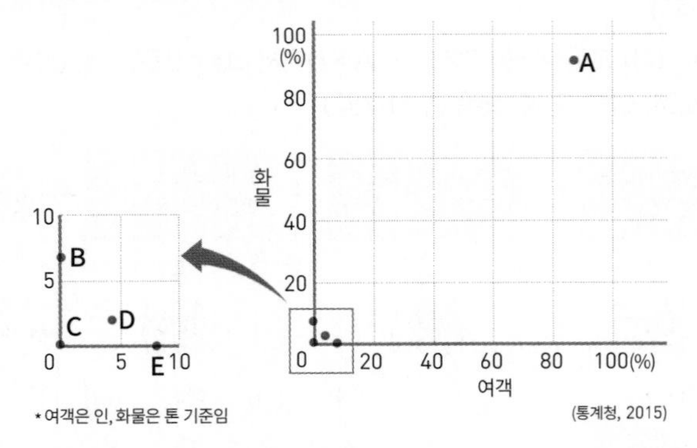

*여객은 인, 화물은 톤 기준임 (통계청, 2015)

① A는 B보다 문전 연결성이 우수하다.
② A는 D보다 기종점 비용이 저렴하다.
③ B는 C보다 국외 여객 수송 비중이 높다.
④ B는 E보다 기상 조건의 영향을 크게 받는다.
⑤ E는 A보다 정시성과 안전성이 우수하다.

1등급을 향한 서답형 문제

[558~559] 그래프는 소매 업태별 매출액 변화이다. 물음에 답하시오. (단, A~C는 백화점, 슈퍼마켓, 무점포 소매업 중 하나임.)

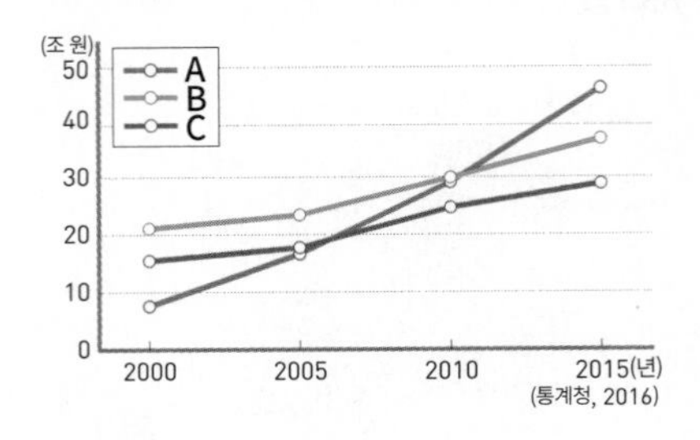

(통계청, 2016)

558

A~C 소매 업태가 무엇인지 쓰시오.

559

C와 비교한 B의 최소 요구치와 재화의 도달 범위의 특징을 서술하시오.

560

수요자 유형에 따라 서비스업을 분류하고 각각의 특징을 서술하시오.

[561~562] 그래프는 교통수단별 여객 및 화물 수송 분담률(국내+국제)을 나타낸 것이다. 물음에 답하시오.

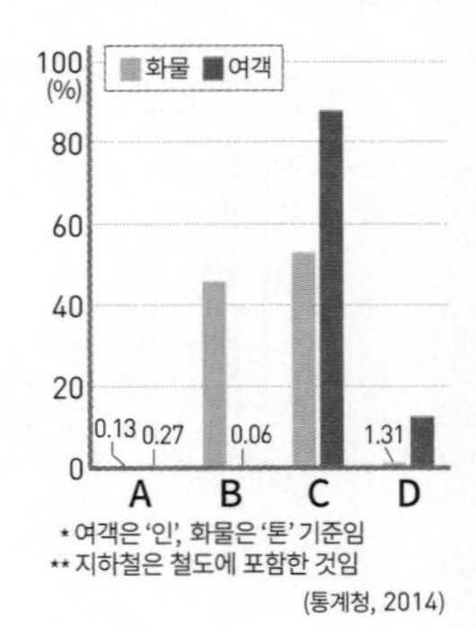

*여객은 '인', 화물은 '톤' 기준임
**지하철은 철도에 포함한 것임
(통계청, 2014)

561

A~D 교통수단의 명칭을 쓰시오.

562

B 교통수단의 화물 수송 특징을 서술하시오.

적중 1등급 문제

» 바른답·알찬풀이 50쪽

563

㉠의 시기별 최소 요구치의 범위와 재화의 도달 범위를 가장 적절하게 나타낸 그림은?

> ㉠ A 음식점의 개업 직후에는 주변 아파트에 입주가 이루어지지 않았으며, 대중교통이 발달하지 않아 적자를 기록하였다. 개업하고 1년이 지난 지금은 아파트에 많은 사람들이 살게 되었고, 대중교통이 발달하면서 멀리서도 찾는 손님이 많아져 흑자를 기록하게 되었다.

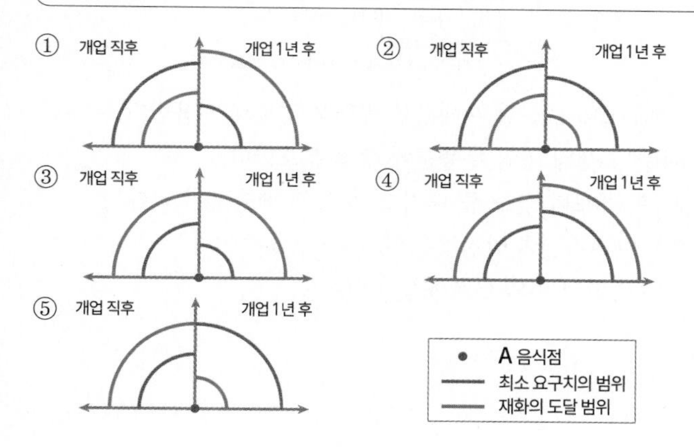

564

그래프는 교통수단별 국내 수송 분담률을 나타낸 것이다. A~C 교통수단에 대한 설명으로 옳은 것은? (단, A~C는 도로, 해운, 철도(지하철 포함) 중 하나임.)

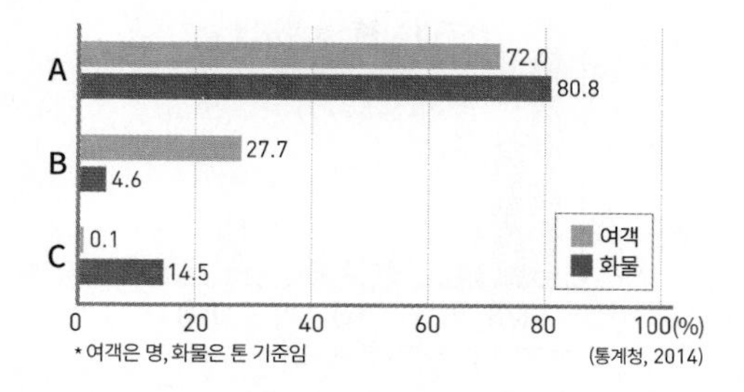

* 여객은 명, 화물은 톤 기준임 (통계청, 2014)

① A는 C보다 단위 거리당 운송비 체감률이 높다.
② B는 A보다 1회 평균 이용객 수가 많다.
③ B는 C보다 주행 거리 비용 증가율이 낮다.
④ C는 A보다 문전 연결성이 우수하다.
⑤ 기종점 비용은 A > B > C 순으로 높다.

565

그래프는 지역별 (가), (나) 서비스업 분포를 나타낸 것이다. 이에 대한 설명으로 옳은 것은? (단, (가), (나)는 전문 서비스업, 소매업(자동차 제외) 중 하나임.)

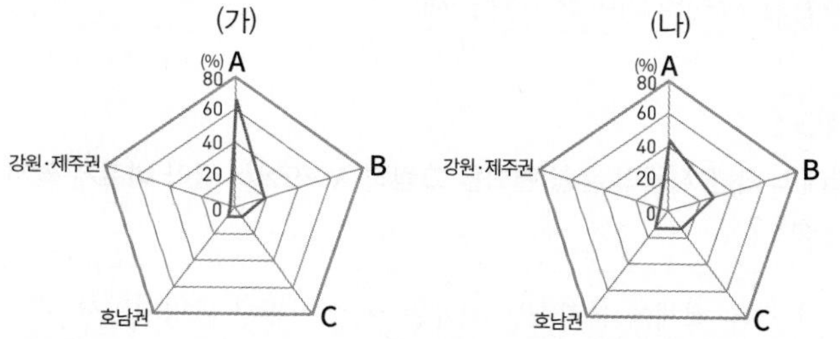

* 서비스업 비중은 사업체 수 기준이고, 전국 대비 지역별 비중을 나타낸 것이며, 전문 서비스업에는 법률, 회계, 광고업 등이 포함됨 (통계청, 2016)

① (가)는 (나)보다 서비스의 공급 범위가 좁다.
② (가)는 (나)보다 기업과의 거래 비중이 높다.
③ (나)는 (가)보다 업체당 종사자 수가 많다.
④ (나)는 (가)보다 탈공업화 사회로 갈수록 종사자 수가 늘어난다.
⑤ A는 수도권, B는 충청권, C는 영남권이다.

566

(가)~(다) 소매 업태에 대한 설명으로 옳은 것은? (단, (가)~(다)는 백화점, 편의점, 무점포 소매업체 중 하나임.)

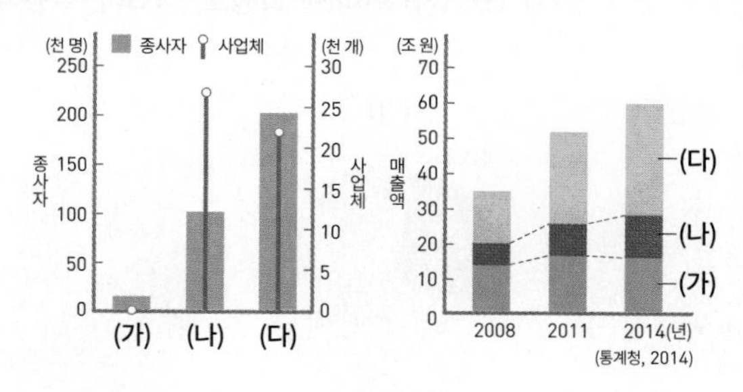

(통계청, 2014)

① (가)는 (나)보다 재화의 도달 범위가 작다.
② (가)는 (다)보다 2008년부터 2014년까지 매출액 증가율이 높다.
③ (나)는 (가)보다 1회 이용당 평균 구매 금액이 크다.
④ (나)는 (가)보다 2014년에 특별시·광역시에 분포하는 사업체 수 비중이 높다.
⑤ (가)~(다) 중 2014년에 종사자당 매출액은 (가)가 가장 많다.

11 자원의 의미와 자원 문제

567

글에 나타난 자원의 유형 변화를 그림의 A~E에서 골라 바르게 짝지은 것은?

(가) 검은 액체에 불과했던 석유는 내연 기관이 발명되면서 자원으로서의 가치가 상승하였다.
(나) 1990년 이후 값싼 중국산 텅스텐 수입으로 수익성이 악화되어 우리나라 텅스텐 광산이 폐광되었다.

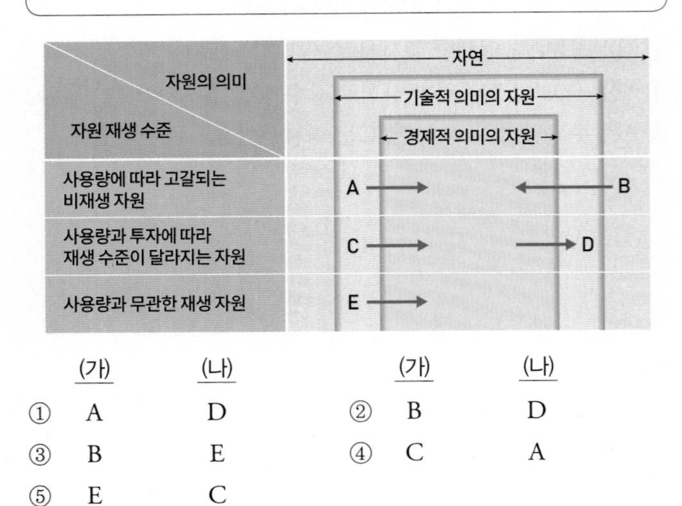

	(가)	(나)		(가)	(나)
①	A	D	②	B	D
③	B	E	④	C	A
⑤	E	C			

568

그래프는 (가)~(다) 광물 자원의 생산 현황을 나타낸 것이다. 이에 대한 설명으로 옳은 것은? (단, (가)~(다)는 고령토, 석회석, 철광석 중 하나임.)

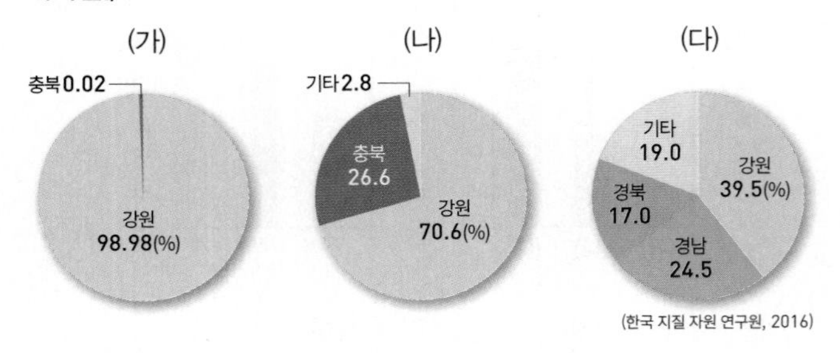

(한국 지질 자원 연구원, 2016)

① (가)는 도자기 및 내화 벽돌, 종이, 화장품의 원료이다.
② (나)는 주로 특수강 및 합금용 원료로 이용한다.
③ (다)는 고생대 조선 누층군에 많이 매장되어 있다.
④ (나)는 (다)보다 가채연수가 길다.
⑤ (가)~(다) 중 국내 생산량은 (가)가 가장 많다.

569

그래프는 주요 1차 에너지의 시·도별 생산 비율을 나타낸 것이다. 이에 대한 설명으로 옳은 것은? (단, (가)~(다)는 석탄, 원자력, 천연가스 중 하나이며, A~C는 강원, 울산, 전남 중 하나임.)

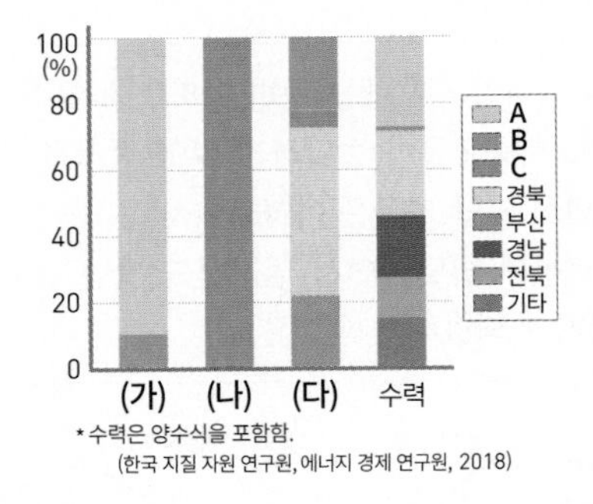

* 수력은 양수식을 포함함.
(한국 지질 자원 연구원, 에너지 경제 연구원, 2018)

① (가)의 국내 생산량은 대부분 공업용 연료로 사용한다.
② (다)는 고생대 평안 누층군에 주로 분포한다.
③ (나)는 (가)보다 연소 중 대기 오염 물질 배출량이 적다.
④ 1차 에너지원별 발전량은 (다)>(나)>(가) 순이다.
⑤ A는 광역시, B와 C는 도(道)이다.

570

그래프는 (가)~(다) 화석 에너지의 부문별 소비량을 나타낸 것이다. 이에 대한 설명으로 옳은 것은? (단, (가)~(다)는 석유, 석탄, 천연가스 중 하나임.)

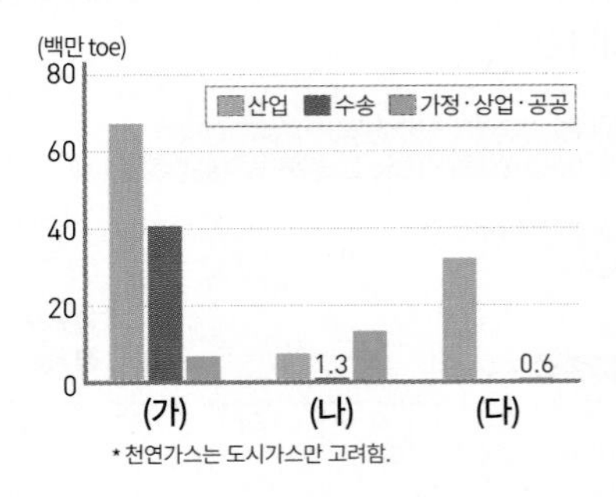

* 천연가스는 도시가스만 고려함.

① (가)는 1차 에너지원별 발전량이 가장 많다.
② (나)는 1차 에너지 소비량이 가장 많다.
③ (가)는 (다)보다 해외 수입 의존도가 높다.
④ (나)는 (다)보다 본격적으로 상용화된 시기가 이르다.
⑤ (다)는 (나)보다 화력 발전에 이용되는 비중이 적다.

571

그림은 우리나라의 1차 에너지 공급 및 소비 구조를 나타낸 것이다. 이에 대한 옳은 설명을 〈보기〉에서 고른 것은?

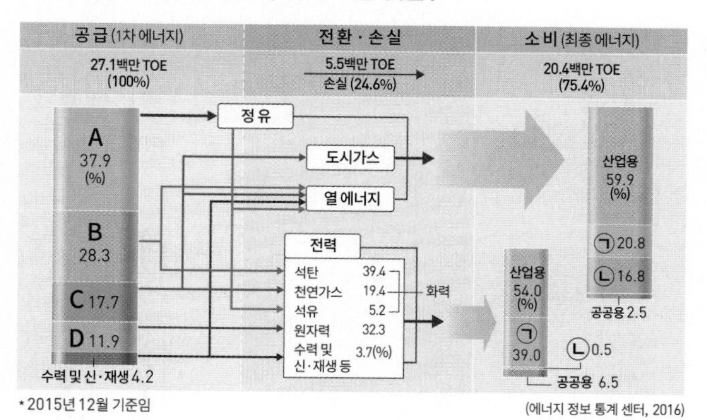

*2015년 12월 기준임

(에너지 정보 통계 센터, 2016)

[보기]

ㄱ. A는 수송용 연료보다 전력 생산용으로 많이 이용된다.
ㄴ. B는 C보다 전력 생산 과정에서 대기 오염 물질의 발생량이 많다.
ㄷ. C는 D보다 방사성 폐기물의 배출량이 많다.
ㄹ. ㉠은 가정·상업용, ㉡은 수송용이다.

① ㄱ, ㄴ ② ㄱ, ㄷ ③ ㄴ, ㄷ
④ ㄴ, ㄹ ⑤ ㄷ, ㄹ

572

그래프는 우리나라 신·재생 에너지의 발전량 변화를 나타낸 것이다. 이에 대한 옳은 설명만을 〈보기〉에서 있는대로 고른 것은? (단, A~D는 수력, 조력, 풍력, 태양광 중 하나임.)

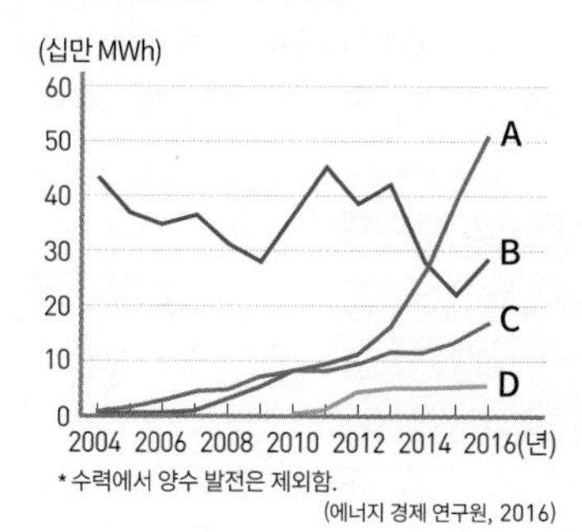

*수력에서 양수 발전은 제외함.

(에너지 경제 연구원, 2016)

[보기]

ㄱ. A는 일조 시수가 긴 곳에 입지하는 것이 유리하다.
ㄴ. B는 주로 대도시 지역에 입지한다.
ㄷ. D는 동해안이 서해안보다 유리하다.
ㄹ. 연간 발전량에서 겨울철 발전량이 차지하는 비중은 C가 B보다 높다.

① ㄱ, ㄴ ② ㄱ, ㄹ ③ ㄴ, ㄷ
④ ㄱ, ㄴ, ㄹ ⑤ ㄴ, ㄷ, ㄹ

573

그래프는 신·재생 에너지의 지역별 생산 비중을 나타낸 것이다. 이에 대한 설명으로 옳지 않은 것은? (단, (가)~(라)는 수력, 조력, 풍력, 태양광 중 하나임.)

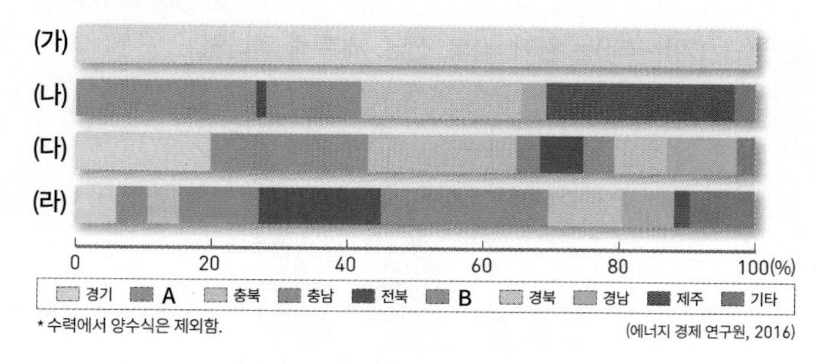

*수력에서 양수식은 제외함.

(에너지 경제 연구원, 2016)

① (나)는 바람이 지속적으로 많이 부는 지역에서 생산이 유리하다.
② (다)는 낙차가 크고 유량이 풍부한 지역에서 생산이 유리하다.
③ (다)는 (라)보다 상업용 발전에 이용된 시기가 이르다.
④ (가)~(라) 중 발전 시 기상 조건의 영향을 가장 적게 받는 것은 (가)이다.
⑤ A는 전남, B는 강원이다.

[574~575] 지도는 주요 발전소의 분포를 나타낸 것이다. 물음에 답하시오.

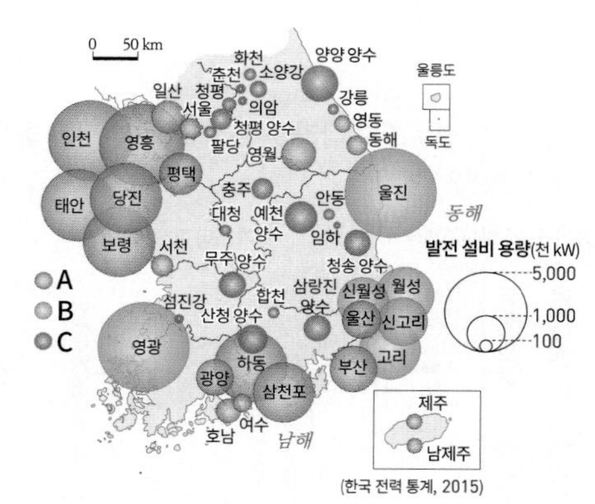

(한국 전력 통계, 2015)

574

A~C에 해당하는 발전 방식의 명칭을 쓰시오.

575 서술형

B 발전 방식의 장점과 단점을 서술하시오.

12 농업과 공업의 변화

576

(가)~(라) 지역의 농업 특성에 대한 옳은 설명을 <보기>에서 고른 것은? (단, (가)~(라)는 경기, 경북, 전남, 제주 중 하나임.)

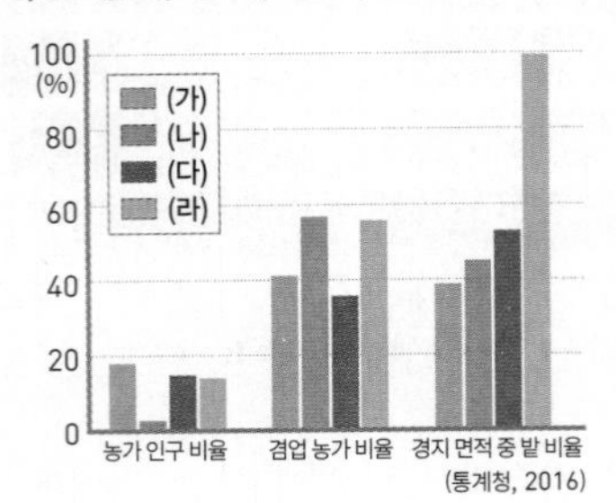

[보기]
ㄱ. (가)는 (나)보다 주곡 작물 면적이 좁다.
ㄴ. (가)는 (라)보다 논 면적이 넓다.
ㄷ. (나)는 (가)보다 전업 농가 비율이 높다.
ㄹ. (다)는 (가)보다 도(道) 내 산지 비율이 더 높다.

① ㄱ, ㄴ ② ㄱ, ㄷ ③ ㄴ, ㄷ
④ ㄴ, ㄹ ⑤ ㄷ, ㄹ

577

그래프를 통해 알 수 있는 우리나라 농촌의 변화에 대한 옳은 설명을 <보기>에서 고른 것은?

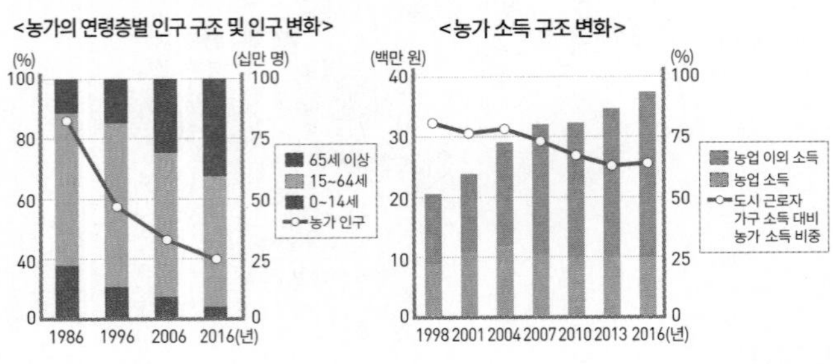

[보기]
ㄱ. 농가의 인구 부양비는 증가하였다.
ㄴ. 농촌에서 노동력 부족 문제가 발생하였다.
ㄷ. 농가 소득 구조의 문제는 과거보다 소득이 감소하는 것이다.
ㄹ. 농업 이외 소득 증가로 도시와의 소득 격차는 계속 감소하고 있다.

① ㄱ, ㄴ ② ㄱ, ㄷ ③ ㄴ, ㄷ
④ ㄴ, ㄹ ⑤ ㄷ, ㄹ

578

(가)~(라) 작물에 대한 설명으로 옳은 것은? (단, (가)~(라)는 벼, 과수, 채소, 보리(맥류) 중 하나임.)

<도(道)별 작물 재배 면적 현황>

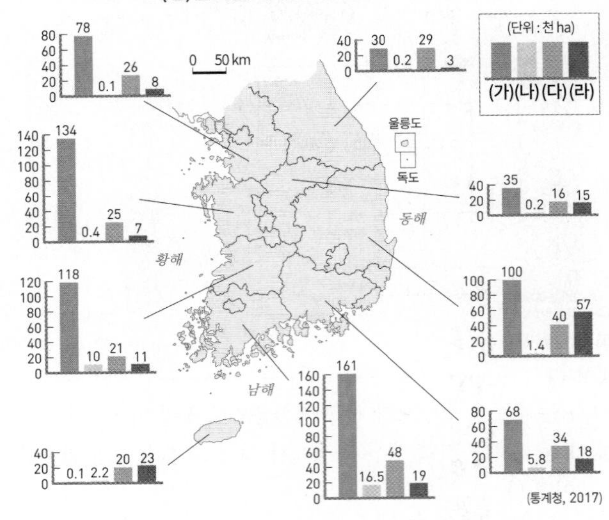

① (다)는 경기도에서는 시설 재배, 강원도에서는 노지 재배 비중이 더 높다.
② (가)는 주로 봄철, (나)는 주로 가을철에 수확한다.
③ (가)는 (라)보다 해외 의존도가 높다.
④ (다)는 주로 논에서, (라)는 주로 밭에서 재배한다.
⑤ (라)는 (나)의 그루갈이 작물로 재배된다.

579

자료에 대한 옳은 설명을 <보기>에서 고른 것은? (단, (가)~(라)는 강원, 경북, 전남, 제주 중 하나이며, A~C는 쌀, 과수, 채소 중 하나임.)

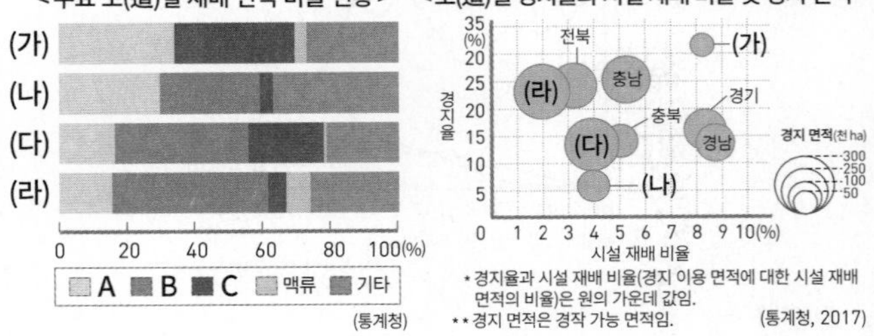

[보기]
ㄱ. 국내 총 생산량은 A가 B보다 적다.
ㄴ. C의 재배 면적은 (가)가 (다)보다 넓다.
ㄷ. (나)는 (가)보다 고랭지 농업이 이루어지는 면적이 넓다.
ㄹ. (라)는 (가)보다 지역 내 경지 면적에서 밭이 차지하는 면적의 비율이 높다.

① ㄱ, ㄴ ② ㄱ, ㄷ ③ ㄴ, ㄷ ④ ㄴ, ㄹ ⑤ ㄷ, ㄹ

580

(가)~(다)에 대한 옳은 설명을 <보기>에서 고른 것은? (단, (가)~(다)는 쌀, 보리, 옥수수 중 하나임.)

[보기]

ㄱ. (가)의 최대 생산지는 경상남도이다.
ㄴ. (나)는 (다)보다 영동 지방에서 재배되는 비중이 높다.
ㄷ. (다)는 (가)보다 가축의 사료로 이용되는 비중이 높다.
ㄹ. (가)는 쌀, (나)는 보리, (다)는 옥수수이다.

① ㄱ, ㄴ ② ㄱ, ㄷ ③ ㄴ, ㄷ
④ ㄴ, ㄹ ⑤ ㄷ, ㄹ

581

그래프에 대한 설명으로 옳은 것은? (단, (가), (나)는 경기, 경북 중 하나이며, A~C는 1차 금속, 자동차 및 트레일러, 섬유 제품(의복 제외) 제조업 중 하나임.)

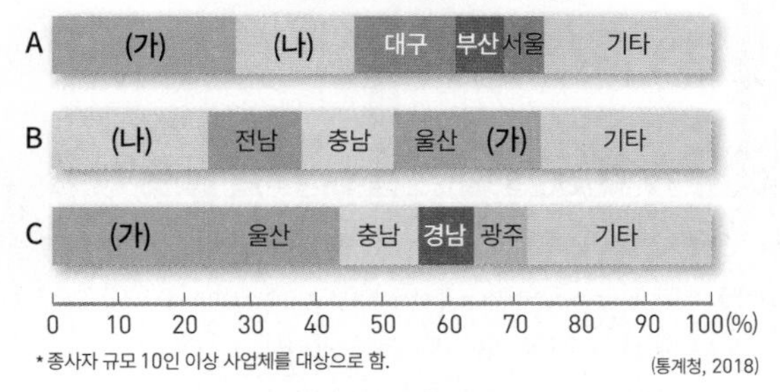

① (가)는 경북, (나)는 경기이다.
② A는 대규모 원료를 수입하는 적환지 지향형 공업이다.
③ B는 A보다 전국 출하액에서 수도권이 차지하는 비중이 높다.
④ B의 최종 제품은 C의 주요 재료로 이용된다.
⑤ C는 A보다 총 생산비에서 인건비가 차지하는 비율이 높다.

582

(가)~(다) 도시의 제조업별 출하액 비율로 옳은 것은?

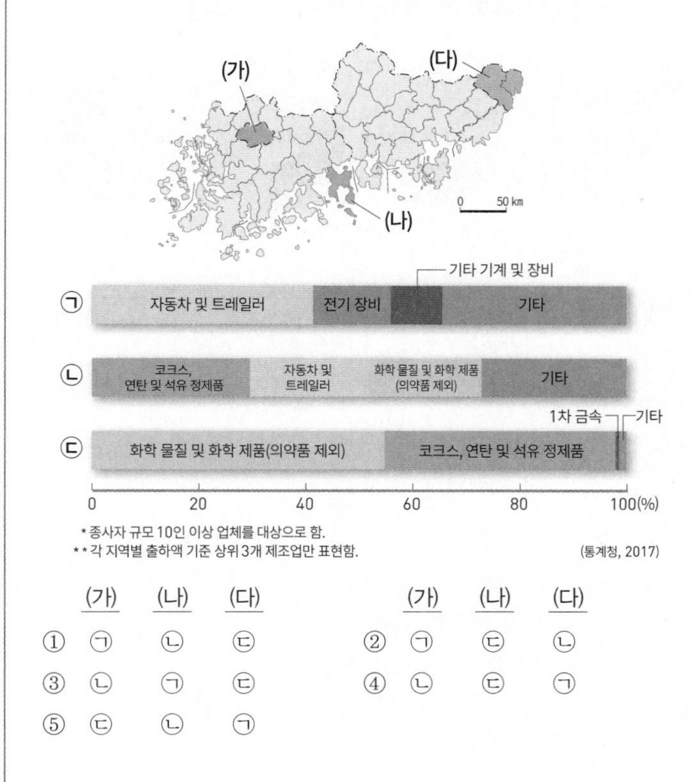

	(가)	(나)	(다)
①	㉠	㉡	㉢
②	㉠	㉢	㉡
③	㉡	㉠	㉢
④	㉡	㉢	㉠
⑤	㉢	㉡	㉠

583

(가)~(다)는 지역의 제조업 업종별 종사자 수 비율을 나타낸 것이다. 이에 대한 설명으로 옳지 않은 것은? (단, A~D는 1차 금속, 기타 운송 장비, 기타 기계 및 장비, 자동차 및 트레일러 중 하나임.)

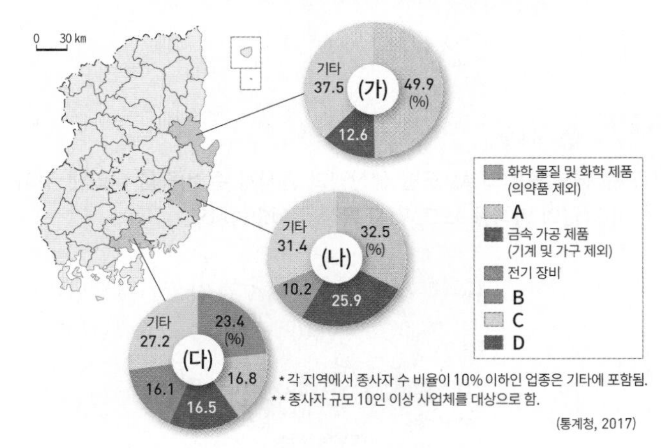

① (나)는 광역시이다.
② (다)는 (가)보다 인구가 많다.
③ C는 집적 지향형 제조업이다.
④ A는 C보다 원료의 해외 의존도가 높다.
⑤ B는 D보다 부가 가치가 크고 입지가 자유로운 제조업이다.

584

(가)~(라)는 지도에 표시된 네 지역의 제조업 출하액 비중을 나타낸 것이다. 이에 대한 옳은 설명을 〈보기〉에서 고른 것은?

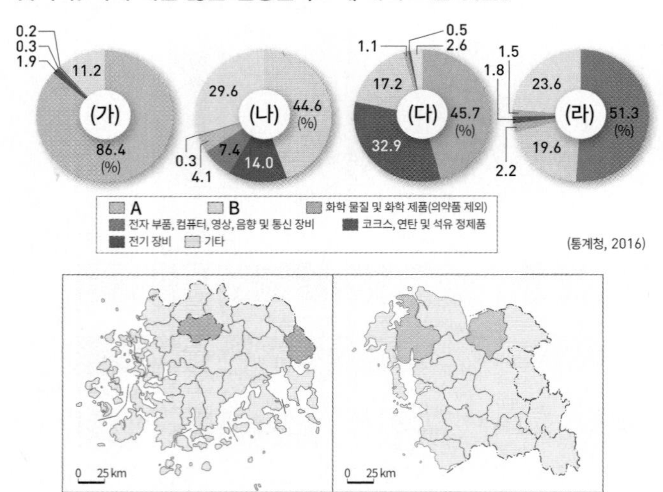

[보기]

ㄱ. (가)와 (다)는 같은 도(道) 지역이다.
ㄴ. (나)와 (라)는 내륙에 위치한다.
ㄷ. A는 노동 집약적 경공업에 해당한다.
ㄹ. B는 관련 산업 간의 집적이 크게 이루어져 있다.

① ㄱ, ㄴ ② ㄱ, ㄷ ③ ㄴ, ㄷ
④ ㄴ, ㄹ ⑤ ㄷ, ㄹ

585 서술형

지도는 어느 공업의 시·도별 생산액과 종사자 수 비중을 나타낸 것이다. 이 공업의 명칭을 쓰고, 입지 특징을 서술하시오.

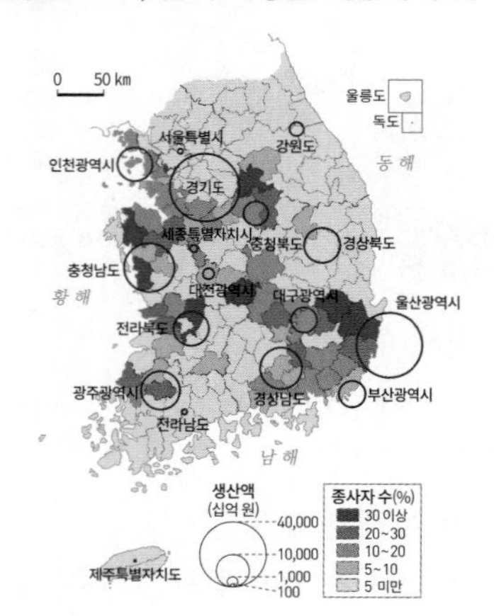

13 교통·통신의 발달과 서비스업의 변화

586

A~C 소매업태에 대한 설명으로 옳은 것은? (단, A~C는 백화점, 편의점, 대형 마트 중 하나임.)

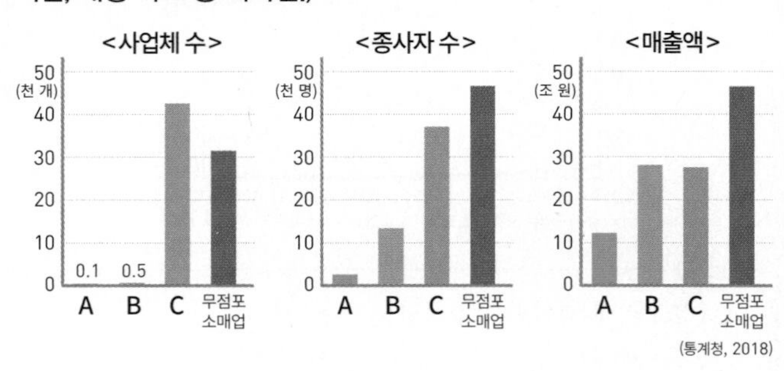

① A는 C보다 사업체당 매출액이 적다.
② A는 C보다 소비자의 평균 이용 빈도가 높다.
③ B는 A보다 1인당 구매 단가가 높다.
④ B는 C보다 종사자 1인당 매출액이 적다.
⑤ A는 백화점, B는 대형 마트, C는 편의점이다.

587

그래프는 (가), (나) 서비스업의 시·도별 종사자 수 비중을 나타낸 것이다. 이에 대한 옳은 설명만을 〈보기〉에서 있는 대로 고른 것은? (단, (가), (나)는 금융업, 소매업(자동차 제외) 중 하나임.)

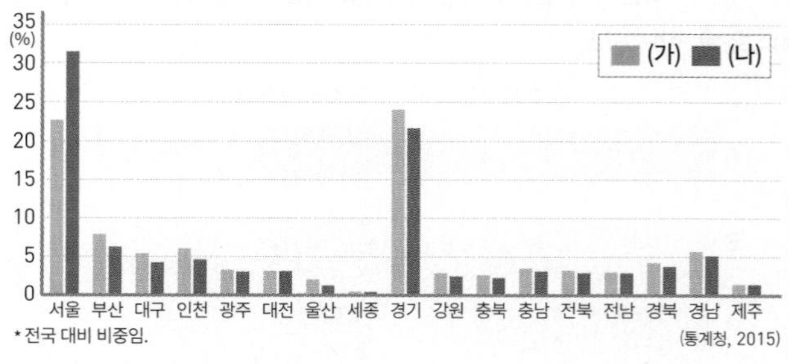

[보기]

ㄱ. (가)는 (나)보다 전국 종사자 수가 많다.
ㄴ. (가)는 (나)보다 사업체당 매출액이 많다.
ㄷ. (나)는 (가)보다 기업과의 거래 비중이 높다.
ㄹ. (가)는 분산 입지, (나)는 도심에 입지하는 경향이 있다.

① ㄱ, ㄷ ② ㄴ, ㄹ ③ ㄱ, ㄴ, ㄷ
④ ㄱ, ㄷ, ㄹ ⑤ ㄴ, ㄷ, ㄹ

588

그래프는 우리나라 교통수단별 수송 분담률이다. 이에 대한 설명으로 옳은 것은? (단, A~E는 도로, 철도, 항공, 해운, 지하철 중 하나이며, ㉠~㉣은 도로, 철도, 항공, 해운 중 하나임.)

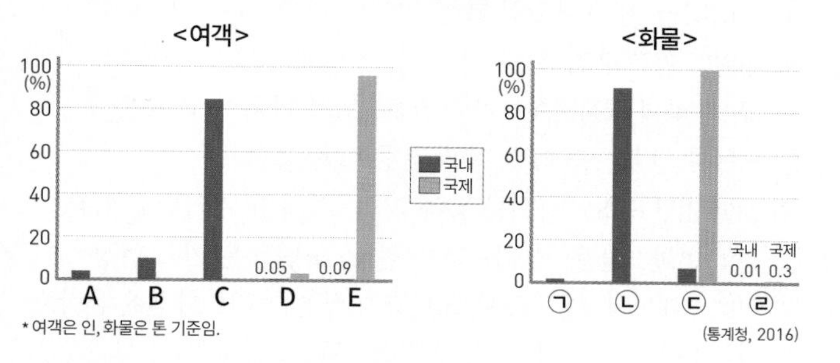

* 여객은 인, 화물은 톤 기준임.
(통계청, 2016)

① ㉠은 ㉣보다 평균 운행 속도가 빠르다.
② ㉡은 ㉢보다 기종점 비용이 저렴하다.
③ A는 화물 수송 분담이 없는 교통 수단이다.
④ B는 D보다 기상 조건의 영향을 많이 받는다.
⑤ C는 E보다 1회 수송 가능 인원수가 많다.

589

그래프는 우리나라 산업별 종사자 비중의 변화를 나타낸 것이다. (가)~(다)에 대한 옳은 설명만을 〈보기〉에서 있는 대로 고른 것은? (단, (가)~(다)는 1차, 2차, 3차 산업 중 하나임.)

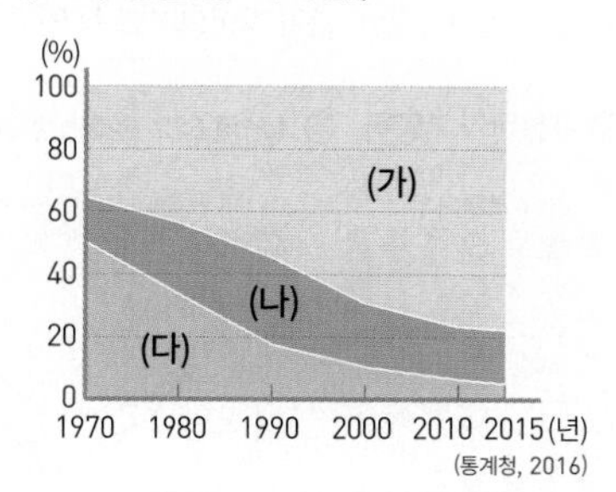

(통계청, 2016)

[보기]

ㄱ. (가)에서는 토지가 지식·정보보다 중요한 생산 요소이다.
ㄴ. 우리나라 시·도 중 지역 내 (나)의 비율이 가장 높은 지역은 울산이다.
ㄷ. 전남은 서울보다 (다)에 종사하는 인구 비중이 높다.
ㄹ. (나)에서 (가) 중심으로 산업 구조가 변화하는 현상을 탈공업화 현상이라고 한다.

① ㄱ, ㄷ　② ㄴ, ㄹ　③ ㄱ, ㄴ, ㄷ
④ ㄱ, ㄴ, ㄹ　⑤ ㄴ, ㄷ, ㄹ

590

(가), (나)는 A, B 범위에 따른 중심지 성립 여부를 나타낸 것이다. 이에 대한 설명으로 옳은 것은? (단, (가)는 중심지가 성립하고, (나)는 중심지 성립이 불가능함.)

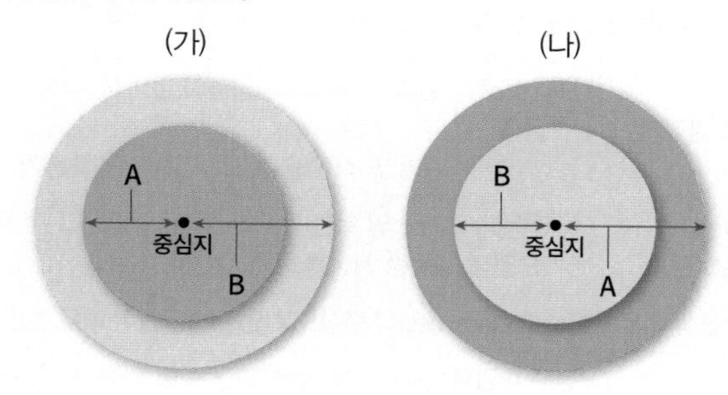

① 인구 밀도가 증가하면 대체로 A의 범위는 확대된다.
② 교통이 발달하면 대체로 B의 범위는 축소된다.
③ 구매력이 향상되면 대체로 B의 범위는 축소된다.
④ A는 최소 요구치의 범위, B는 재화의 도달 범위이다.
⑤ 고차 중심지일수록 A의 범위는 크고, B의 범위는 작다.

[591~592] 그래프는 교통수단별 운송비 구조를 나타낸 것이다. 물음에 답하시오.

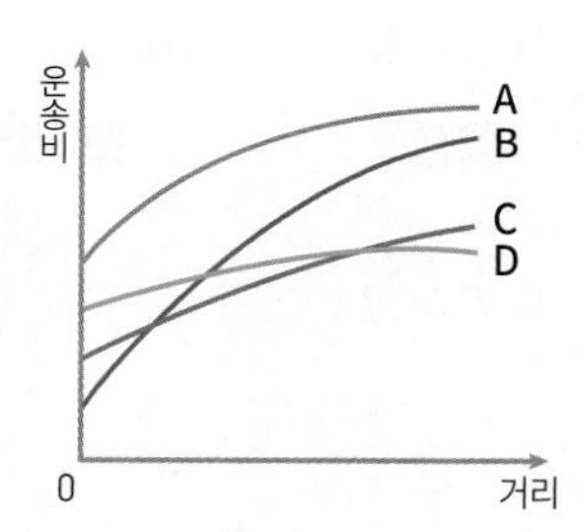

591

A~D 교통수단의 명칭을 쓰시오.

592 서술형

B, C 교통수단의 장점을 각각 서술하시오.

Ⅵ 인구 변화와 다문화 공간

14 인구 분포와 인구 구조의 변화

출제 포인트 ✓ 우리나라의 인구 성장 과정 ✓ 우리나라 인구 구조의 변화 ✓ 인구 부양비의 변화

1. 우리나라 인구 분포의 특성

1 우리나라의 인구 성장 과정 117쪽 608번 문제로 확인

일제 강점기	• 근대 의료 기술의 보급으로 사망률이 낮아짐, 다산감사(인구 급증) • 농경지 면적 증가 및 식량 증산으로 인구 부양력 증가
광복~ 6·25 전쟁	• 해외 동포의 귀국 및 북한 동포의 월남(인구의 사회적 증가) • 6·25 전쟁 기간 중 사망률 증가(자연적 감소)
6·25 전쟁 이후	출산 붐(baby boom) 현상으로 인구 증가율이 매우 높음
1960년대 초 ~1980년대	• 인구 부양력 증가, 의학 발달, 평균 수명 연장, 감산소사(인구 증가 둔화) • 정부 주도의 적극적인 출산 억제 정책(가족계획 사업) 시행
2000년대 이후	낮은 출생률과 사망률(소산소사) → 인구 성장 둔화 → 정부의 출산 장려 정책 실시

2 우리나라의 인구 분포

(1) **인구 분포에 영향을 미치는 요인** 자연적 요인(기후, 지형, 토양, 자원 등)과 인문·사회적 요인(산업, 경제, 문화, 교통 등)

(2) **우리나라 인구 분포의 특징**

1960년대 이전	• 1차 산업 종사자 비중이 높음 → 자연적 요인의 영향이 큼 • 기후가 온화한 남서부 평야 지대에 인구 밀집 • 겨울이 길고 추운 북동부 산간 지역은 인구 희박
산업화 이후	• 인문·사회적 요인의 영향이 커짐 • 일자리가 많은 대도시와 공업 지역에 인구 밀집 → 수도권은 과밀화, 산간 지대와 농어촌 지역은 인구 희박

자료 인구 분포의 변화 118쪽 609번 문제로 확인

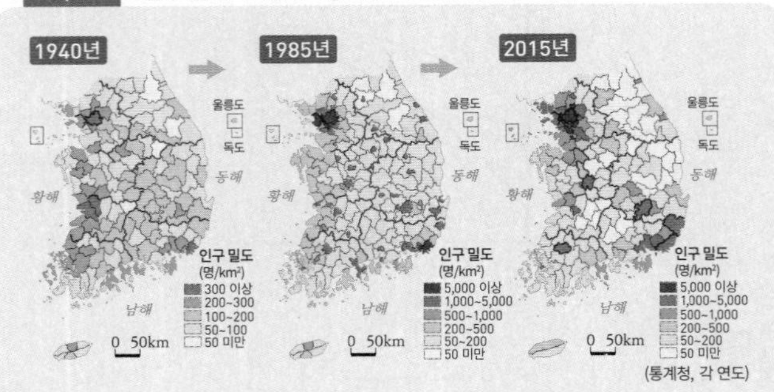

분석 1960년대 이후 산업화와 도시화의 진행으로 수도권과 영남권의 도시를 중심으로 인구가 증가하고 촌락의 인구는 감소하였다. 이에 따라 인구 중심점(어떤 지역에 사는 모든 사람과의 거리의 합이 가장 작은 지점)이 남서부 지역에서 북서부 지역으로 점차 이동하고 있다.

3 우리나라의 인구 이동 118쪽 612번 문제로 확인

(1) **일제 강점기** 광공업이 발달한 북부 지방과 일본·중국·러시아 등 해외로 이주

(2) **1970~80년대** 산업화의 진행 → 이촌 향도 현상 활발

(3) **1990년대 이후** 수도권과 대도시로 인구 집중, 교외화 현상

2. 우리나라 인구 구조의 변화

1 우리나라 인구 구조의 특성

(1) **연령별 인구 구조** 출생과 사망, 전입과 전출로 결정

① 유소년층과 청장년층 : 비중 감소, 도시 거주 비율 높음

② 노년층 : 비중 증가, 농어촌 거주 비율 높음

(2) **성별 인구 구조** 성비를 통해 파악, 연령별·지역별로 다름

① 성비 변화 : 출생 시에는 남초 현상, 노년층은 여초 현상

② 여초 : 대도시, 관광 도시, 노년층 여성 인구 비중이 높은 촌락 등

③ 남초 : 중화학 공업 도시, 휴전선 부근의 군사 도시 등

자료 지역별 성비 분포 119쪽 615번 문제로 확인

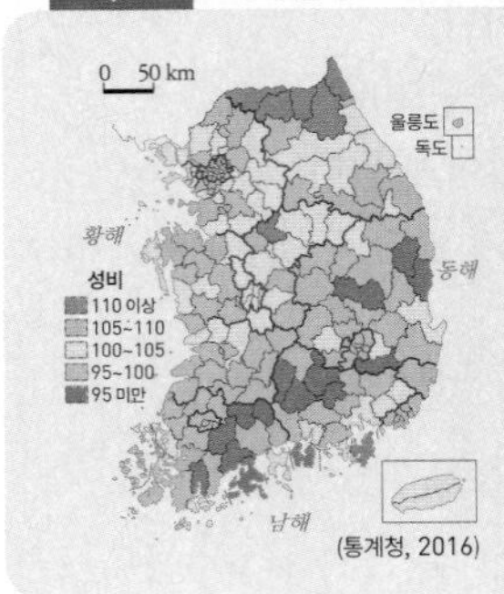

분석 성비는 여자 100명에 관한 남자의 수를 의미하는 것으로, 100 이상이면 남초, 100 미만이면 여초로 구분한다. 군부대가 많은 경기도 및 강원도 북부 지역과 중화학 공업이 발달한 거제·울산·서산·당진 등의 도시는 남초 현상이 뚜렷하다. 반면 대도시와 관광 도시는 여초 현상이 뚜렷하며, 촌락 지역은 노년층에서 여초 현상이 나타난다.

2 우리나라 인구 구조의 변화

1960년대 이전	높은 출생률과 사망률 → 인구 비율이 유소년층은 높고 노년층은 낮음 → 피라미드형 인구 구조
1990년대 후반	출생률과 사망률 감소 → 유소년층의 인구 비율 감소와 중위 연령 상승 → 종형 인구 구조, 점차 방추형으로 변화함
2060년경	저출산으로 유소년층 인구 비율은 감소하고 노년층 인구 비율은 증가함 → 인구 부양비 증가, 역피라미드형 인구 구조

자료 인구 구성비와 부양비 121쪽 622, 623번 문제로 확인

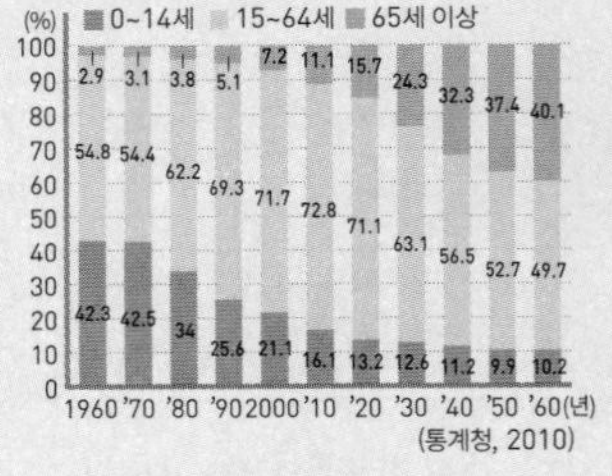

▲ 연령층별 인구 구성비의 변화

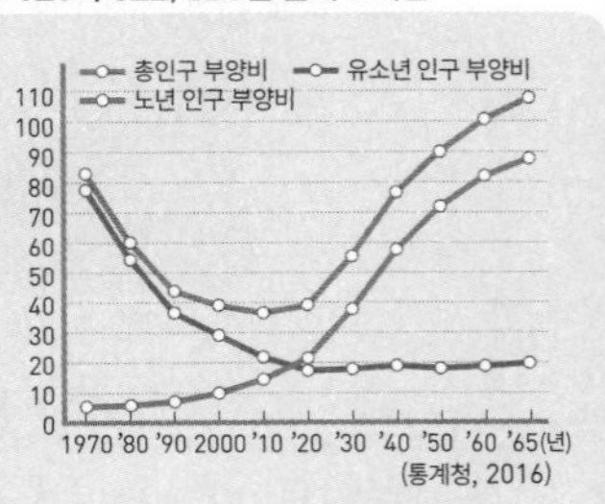

▲ 인구 부양비의 변화

분석 우리나라는 1960년 이후부터 지속적으로 출생률이 낮아지면서 유소년층 인구 비율이 감소하였으며, 평균 수명이 증가하면서 노년층 인구 비율이 증가하고 있다. 유소년층 인구 비중이 줄어들면서 유소년 인구 부양비가 감소하고, 노년층 인구 비중이 증가하면서 노년 인구 부양비는 증가하고 있다. 유소년 부양비는 (유소년층 인구÷청장년층 인구)×100, 노년 부양비는 (노년층 인구÷청장년층 인구)×100, 노령화 지수는 (노년층 인구÷유소년층 인구)×100, 총 부양비는 (유소년층 인구+노년층 인구)÷청장년층 인구×100이다.

분석 기출 문제

» 바른답·알찬풀이 53쪽

핵심 개념 문제

•• 빈칸에 들어갈 알맞은 말을 쓰시오.

593 (   )은/는 출생률이 급격히 증가하는 현상으로, 대체로 전쟁이나 불경기가 끝난 후 경제적·사회적으로 안정된 상황에서 나타난다.

594 총인구 부양비는 (   ) 인구 부양비에 (   ) 인구 부양비를 더한 값이다.

•• 다음 내용이 옳으면 ○표, 틀리면 ×표를 하시오.

595 1906년대 이전에는 남서부 평야 지대에 인구가 밀집했으나, 산업화 이후에는 대도시와 공업 지역에 인구가 밀집하였다. (   )

596 1960년대까지 우리나라의 연령별 인구 구조는 방추형 인구 구조를 보였다. (   )

597 우리나라는 1990년대 후반에 출생률이 높아지고 사망률이 낮아져서 인구 성장률이 높아졌다. (   )

•• 우리나라 인구 이동의 시기와 특징을 바르게 연결하시오.

598 일제 강점기 •　　　　• ㉠ 교외화 현상

599 1970~80년대 •　　　　• ㉡ 이촌 향도 현상

600 1990년대 이후 •　　　　• ㉢ 북부 지방으로 이동

•• ㉠, ㉡ 중 알맞은 것을 고르시오.

601 근대 의학 기술의 보급으로 일제 강점기에는 (㉠ 출생률, ㉡ 사망률)이 낮아졌다.

602 1960년대 초부터 1980년대까지는 정부 주도의 (㉠ 출산 억제, ㉡ 출산 장려) 정책이 실시되었다.

603 군부대가 많은 경기도 및 강원도 북부 지역과 중화학 공업 지역에는 (㉠ 남초, ㉡ 여초) 현상이 나타난다.

•• 시기별 인구 구조의 특징을 〈보기〉에서 고르시오.

604 1960년대 이전 (   )

605 1990년대 후반 (   )

606 2060년경 (   )

[보기]
ㄱ. 역피라미드형 인구 구조가 나타남
ㄴ. 인구 비율이 유소년층은 높고 노년층은 낮음
ㄷ. 출생률과 사망률의 감소로 종형 인구 구조가 나타남

1. 우리나라 인구 분포의 특성

607

그래프는 인구 변천 모형을 나타낸 것이다. 이에 대한 설명으로 옳지 않은 것은?

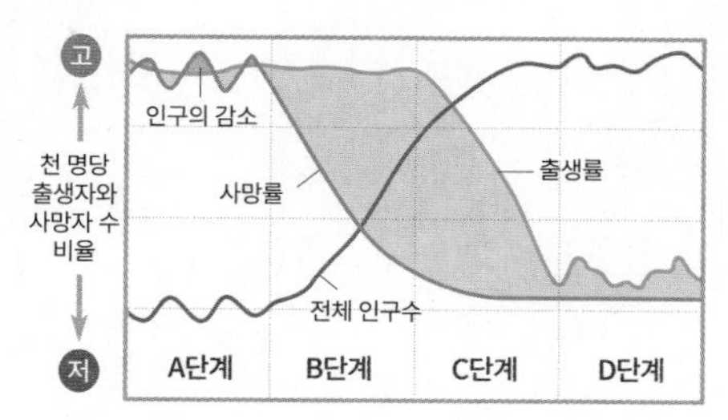

① A단계 – 출생률과 사망률이 모두 높아 인구가 정체한다.
② B단계 – 경제 성장 및 의학 기술 발달의 영향을 받는다.
③ C단계 – 출생률이 감소하는 시기이다.
④ D단계 – 주로 선진국이 해당하는 단계이다.
⑤ 사회·경제의 발전 과정에서 나타나는 인구의 사회적 증감의 영향을 잘 보여준다.

빈출
608

표는 우리나라의 인구 성장 과정을 정리한 것이다. ㉠~㉥에 대한 설명으로 옳지 않은 것은?

조선 시대 이전	㉠ 인구 부양력이 낮아 사망률이 높음
일제 강점기	• 근대 의학의 보급으로 사망률이 낮아짐 • ㉡ 인구 부양력이 높아짐
광복 ~1960년대 초반	• 광복~1950년대 초 : ㉢ 해외 동포의 귀국과 북한 주민의 월남으로 인구가 증가함 • 6·25 전쟁 이후 : ㉣ 출산 붐 현상이 나타남
1960년대 초 ~1980년대	정부 주도의 적극적인 ㉤ 가족계획 사업 시행
2000년대 이후	• ㉥ 낮은 출생률과 사망률이 나타나는 시기 • 정부의 출산 장려 정책 실시

① ㉠ – 질병과 기근, 낮은 토지 생산성이 주요 원인이다.
② ㉡ – 경지 면적 증가와 식량 증산 등이 원인이다.
③ ㉢, ㉣ – 인구의 사회적 증가 현상에 해당한다.
④ ㉤ – 출산율을 낮추기 위해 시행한 정책이다.
⑤ ㉥ – 인구 성장 둔화의 원인이며, 앞으로 생산 가능 인구의 감소가 예상된다.

[609~610] (가)~(다)는 우리나라의 시기별 인구 분포를 나타낸 것이다. 물음에 답하시오.

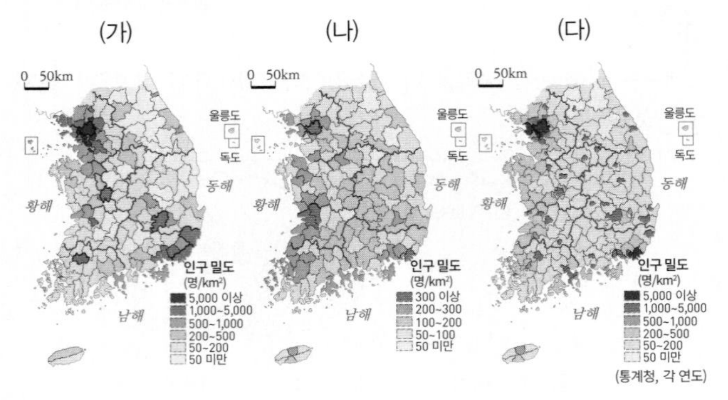

빈출
609

(가)~(다) 인구 분포를 이른 순서대로 나열한 것은?

① (가) → (다) → (나)
② (나) → (가) → (다)
③ (나) → (다) → (가)
④ (다) → (가) → (나)
⑤ (다) → (나) → (가)

610

(가), (나) 시기의 인구 분포 요인을 〈보기〉에서 고른 것은?

[보기]
ㄱ. 농업에 유리한 기후 및 지형 조건
ㄴ. 산지와 평야의 분포에 따른 인구 분포
ㄷ. 도시화 및 산업화에 따른 인구의 재배치
ㄹ. 2·3차 산업이 발달한 대도시 및 수도권 일대에 밀집

	(가)	(나)
①	ㄱ, ㄴ	ㄷ, ㄹ
②	ㄱ, ㄷ	ㄴ, ㄹ
③	ㄴ, ㄷ	ㄱ, ㄹ
④	ㄴ, ㄹ	ㄱ, ㄷ
⑤	ㄷ, ㄹ	ㄱ, ㄴ

611

우리나라의 인구 피라미드가 다음과 같이 변화한다고 할 때, 변화 양상이 나머지와 다른 하나는?

1960년	2015년	2060년
피라미드형	종형	역피라미드형

① 중위 연령
② 기대 수명
③ 노년층 비율
④ 노년 인구 부양비
⑤ 유소년층 인구 비율

빈출
612

(가), (나) 시기의 국내 인구 이동에 대한 옳은 설명을 〈보기〉에서 고른 것은? (단, (가), (나)는 1970년과 2000년 중 하나임.)

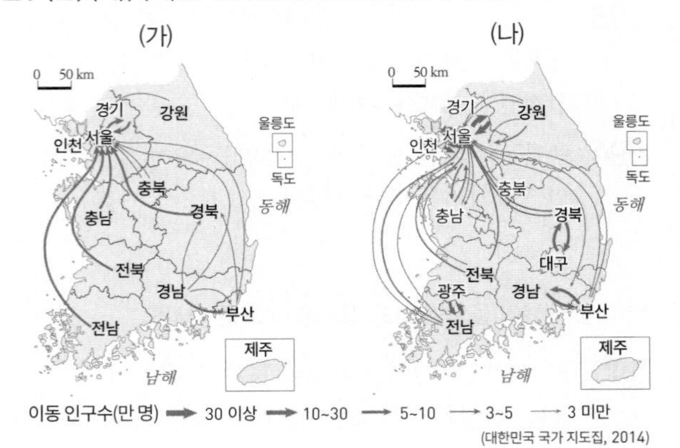

[보기]
ㄱ. (가)는 (나)보다 이른 시기의 인구 이동을 보여 준다.
ㄴ. (가) 시기에는 급격한 도시화의 영향으로 인해 대도시로의 인구 이동이 뚜렷하다.
ㄷ. (나) 시기에는 촌락 및 지방 소도시에서 서울로의 집중 현상이 뚜렷하다.
ㄹ. 거주지의 교외화 및 대도시권의 확대 과정은 (나) 시기보다 (가) 시기에 뚜렷하게 나타난다.

① ㄱ, ㄴ
② ㄱ, ㄷ
③ ㄴ, ㄷ
④ ㄴ, ㄹ
⑤ ㄷ, ㄹ

613

지도는 우리나라의 인구 순이동률을 나타낸 것이다. 이를 통해 추론할 수 있는 내용을 〈보기〉에서 고른 것은?

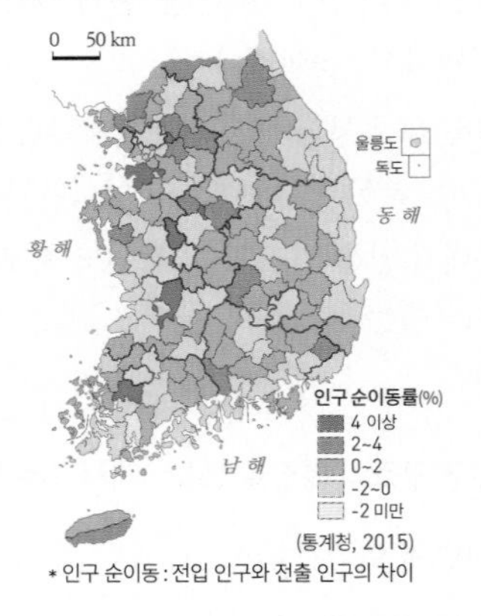

* 인구 순이동 : 전입 인구와 전출 인구의 차이

[보기]
ㄱ. 서울은 교외화 현상이 확대되었을 것이다.
ㄴ. 강원과 경북 지역의 인구 유입이 증가하였을 것이다.
ㄷ. 경기도에서 서울로의 출퇴근 인구가 증가하였을 것이다.
ㄹ. 대도시와 인접한 근교 지역의 인구가 감소하였을 것이다.

① ㄱ, ㄴ
② ㄱ, ㄷ
③ ㄴ, ㄷ
④ ㄴ, ㄹ
⑤ ㄷ, ㄹ

2. 우리나라 인구 구조의 변화

614

㉠~㉢ 시기의 인구 구조에 대한 옳은 설명을 〈보기〉에서 고른 것은?

> ㉠ 1960년 농촌의 한 시골에서 태어난 김○○ 씨. 그가 태어날 당시 1인당 국민 소득은 79달러였고, 초등학교에 다니던 시기의 학급당 평균 학생 수는 65명에 육박하였다. 성인이 된 그는 '산업 일꾼'으로 불리면서 열심히 일을 하였고, 1990년대 말 외환 위기를 지나 ㉡ 2000년대 중반에 실직의 고비를 넘겼다. 현재 그는 정년이 얼마 남지 않았다. ㉢ 앞으로 40년 후에도 건강하게 살아야 할텐데, 그의 고민은 깊어만 간다.

[보기]

ㄱ. ㉠ 시기에는 ㉡, ㉢ 시기보다 출생률이 높았다.
ㄴ. 노년층 인구 비율은 ㉢>㉡>㉠ 순으로 나타난다.
ㄷ. 도시화율은 ㉠ 시기에 가장 높고 ㉢ 시기에 가장 낮다.
ㄹ. 이촌 향도는 ㉠ 시기보다 ㉡ 시기에 활발하였다.

① ㄱ, ㄴ　② ㄱ, ㄷ　③ ㄴ, ㄷ
④ ㄴ, ㄹ　⑤ ㄷ, ㄹ

빈출
615

(가), (나)에 나타난 인구 지표에 대한 설명으로 옳은 것은?

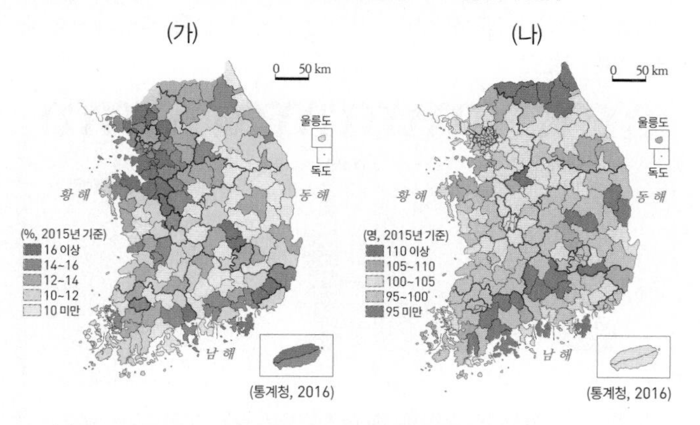

① (가)는 65세 이상 인구의 비율을 나타낸 것이다.
② (나)는 남성 100명 당 여성의 수를 나타낸 것이다.
③ (가)의 수치가 높은 지역은 실버산업 육성이 시급하다.
④ (나)의 수치가 높은 지역은 노년 인구 부양비가 높게 나타난다.
⑤ (나)의 수치가 높은 지역은 중화학 공업이 발달하거나 군사 시설이 밀집한 곳이다.

616

(가), (나) 지역의 인구 피라미드에 대한 설명으로 옳은 것은? (단, (가), (나)는 전라남도, 울산광역시 중 하나임.)

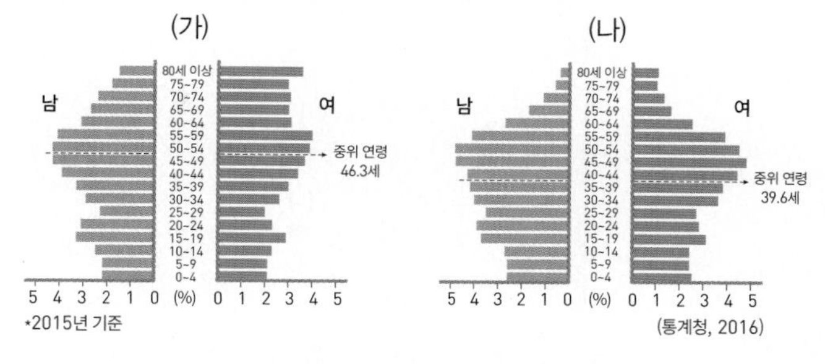

① (나)는 생산 연령층의 남초 현상이 나타나는 곳으로 중화학 공업이 발달한 지역이다.
② (가)는 (나)보다 노년 인구 부양 부담이 작다.
③ (가)는 (나)보다 생산 연령층의 인구 비중이 높게 나타난다.
④ (나)는 (가)보다 노년층의 여초 현상이 두드러진다.
⑤ (가)는 별형, (나)는 표주박형의 인구 피라미드에 가깝다.

617

A~C 지역의 인구 수치가 그래프와 같을 때, (가), (나)에 들어갈 항목으로 옳은 것은?

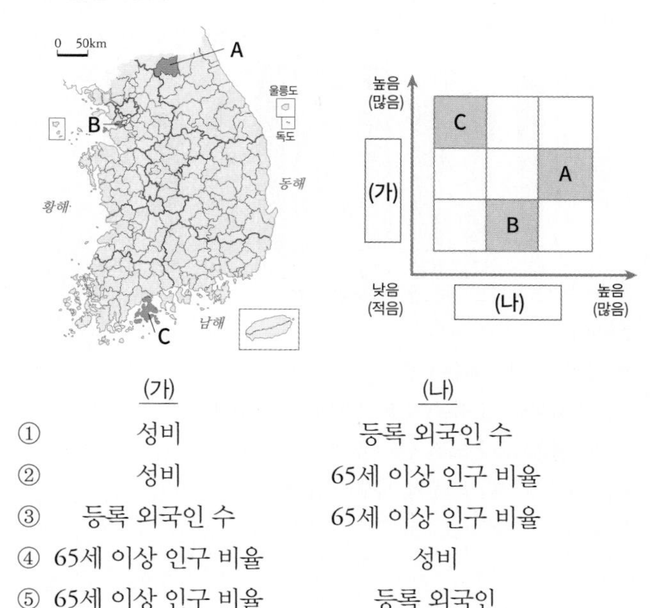

	(가)	(나)
①	성비	등록 외국인 수
②	성비	65세 이상 인구 비율
③	등록 외국인 수	65세 이상 인구 비율
④	65세 이상 인구 비율	성비
⑤	65세 이상 인구 비율	등록 외국인

618

그래프는 (가), (나) 지역의 인구 특성을 나타낸 것이다. (가)에 비해 (나) 지역에서 높게 나타나는 지표를 <보기>에서 고른 것은?

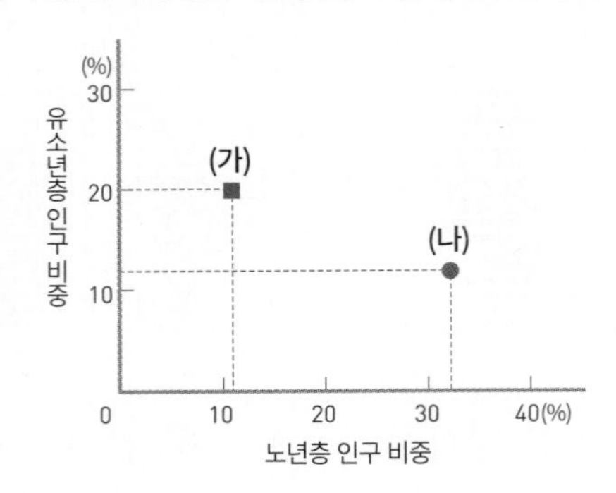

[보기]
ㄱ. 중위 연령
ㄴ. 노년 인구 부양비
ㄷ. 유소년 인구 부양비
ㄹ. 청장년층의 인구 비중

① ㄱ, ㄴ ② ㄱ, ㄷ ③ ㄴ, ㄷ
④ ㄴ, ㄹ ⑤ ㄷ, ㄹ

619

(가)~(라) 지역에 대한 옳은 설명만을 <보기>에서 있는대로 고른 것은? (단, (가) ~(라)는 경기, 울산, 전남, 충북 중 하나임.)

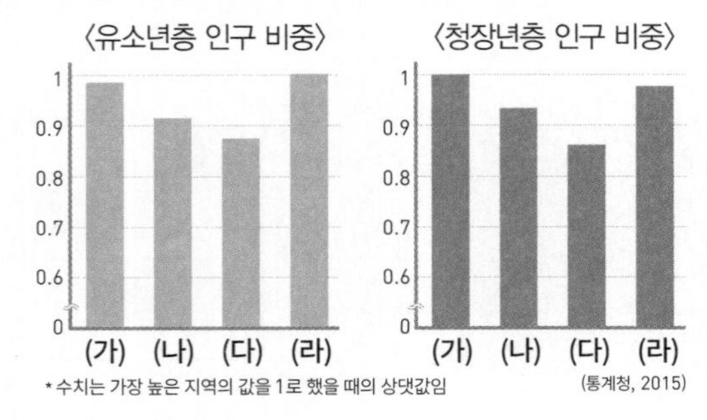

[보기]
ㄱ. 총인구 부양비는 (다)가 가장 높다.
ㄴ. (가)는 (라)보다 유소년 인구 부양비가 높다.
ㄷ. (나)는 (다)보다 노년 인구 부양비가 높다.
ㄹ. (다)는 (라)보다 노령화 지수가 높다.

① ㄱ, ㄴ ② ㄱ, ㄹ ③ ㄴ, ㄷ
④ ㄱ, ㄴ, ㄹ ⑤ ㄴ, ㄷ, ㄹ

620

그래프는 시도별 인구 부양비를 나타낸 것이다. A~D 지역으로 옳은 것은?

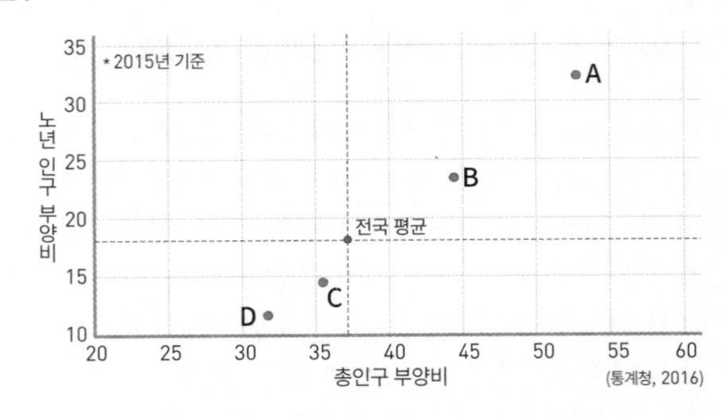

	A	B	C	D
①	경기	울산	전남	충남
②	울산	전남	경기	충남
③	울산	충남	전남	경기
④	전남	경기	울산	충남
⑤	전남	충남	경기	울산

621

다음은 유란이가 정리한 우리나라의 인구 구조 변화이다. ㉠~㉤ 중 옳지 않은 것은?

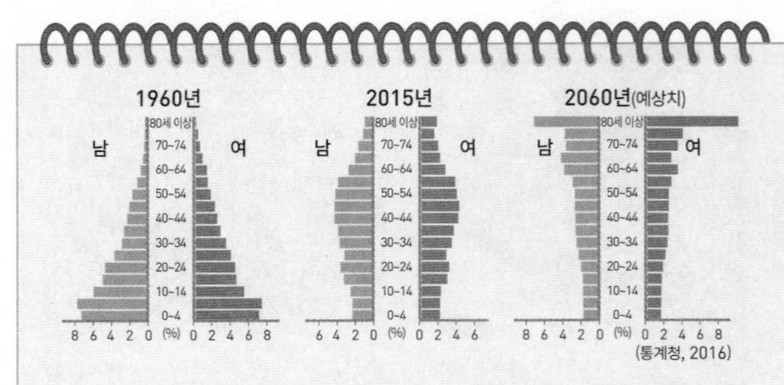

우리나라는 1960년대까지 출생률과 사망률이 높은 ㉠ 피라미드형의 인구 구조가 나타났고, 2010년대에는 출생률과 사망률이 낮아지면서 인구 구조가 ㉡ 종형으로 변화하였으며, 2060년에는 점차 ㉢ 역피라미드형으로 변화할 것이다. 그 결과 ㉣ 합계 출산율은 점차 높아졌으며, 이러한 추세가 지속된다면 ㉤ 총인구가 감소하게 된다.

① ㉠ ② ㉡ ③ ㉢ ④ ㉣ ⑤ ㉤

622

그래프는 우리나라의 인구 구성 비율 변화를 나타낸 것이다. 1985년과 비교한 2015년의 상대적 특성을 그림의 A~E에서 고른 것은?

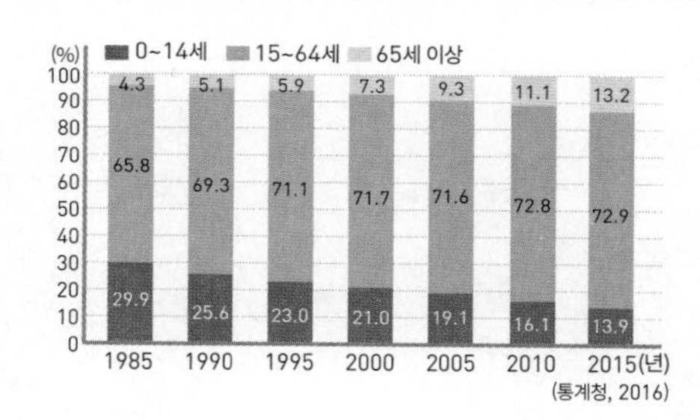

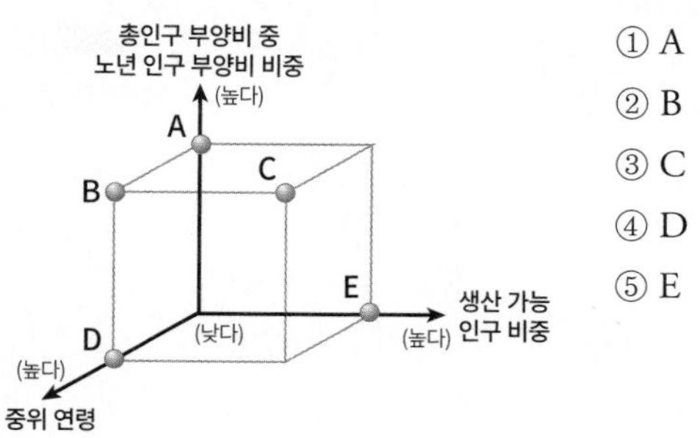

① A
② B
③ C
④ D
⑤ E

빈출

623

그래프는 우리나라의 인구 부양비 변화를 나타낸 것이다. 이에 대한 옳은 설명을 〈보기〉에서 고른 것은?

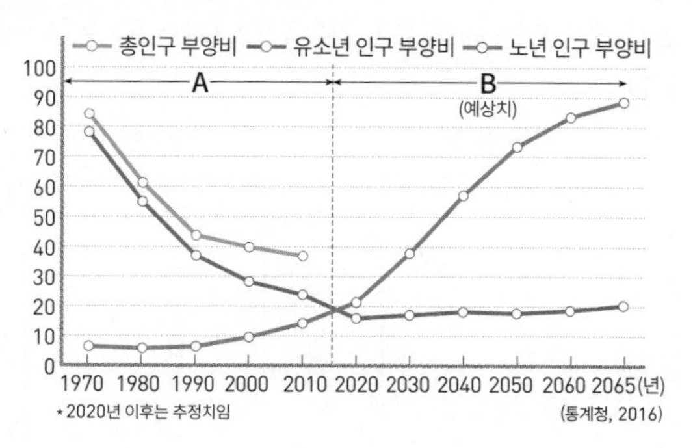

[보기]

ㄱ. A 시기에는 청장년층의 인구 비중이 가장 높았다.
ㄴ. 2020년대 이후에는 노령화 지수가 100을 훨씬 넘는다.
ㄷ. B 시기에는 청장년층보다 노년층의 인구가 더 많아진다.
ㄹ. B 시기에 노년층 인구의 증가는 인구의 사회적 증감에 기인한다.

① ㄱ, ㄴ ② ㄱ, ㄷ ③ ㄴ, ㄷ
④ ㄴ, ㄹ ⑤ ㄷ, ㄹ

1등급을 향한 서답형 문제

624

인구 분포에 영향을 미치는 요인을 두 가지 측면에서 서술하시오.

625

지도는 우리나라 인구 중심점의 변화를 나타낸 것이다. 이를 통해 파악할 수 있는 인구 분포의 변화 특성을 서술하시오.

626

그래프는 연령별 인구 구성비의 변화를 나타낸 것이다. 2060년에 예상되는 인구 구성의 특징을 서술하시오.

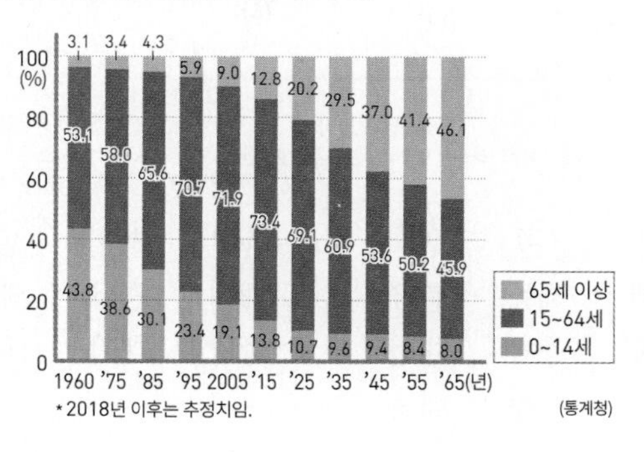

적중 1등급 문제

» 바른답·알찬풀이 55쪽

627

그래프는 연령층별 인구 비율을 나타낸 것이다. (가)~(다) 지역에 대한 옳은 설명을 〈보기〉에서 고른 것은? (단, (가)~(다)는 경북, 서울, 세종 중 하나임.)

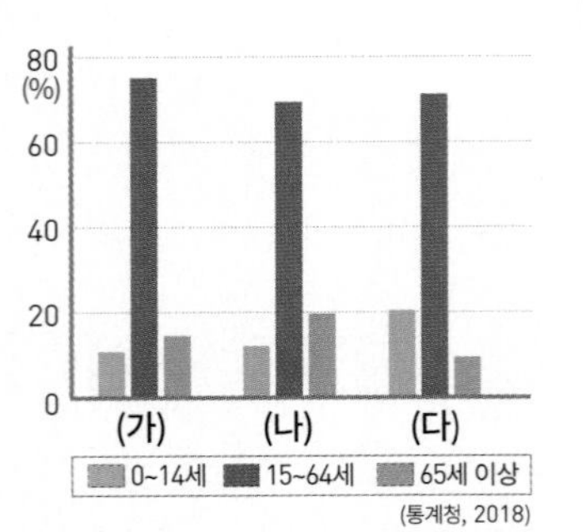

[보기]
ㄱ. (가)는 세종, (나)는 서울이다.
ㄴ. 유소년 부양비는 (나)보다 (다)가 높다.
ㄷ. 노령화 지수는 (다)>(가)>(나) 순으로 높다.
ㄹ. 총 부양비는 (가)가 가장 낮고 (나)가 가장 높다.

① ㄱ, ㄴ ② ㄱ, ㄷ ③ ㄴ, ㄷ
④ ㄴ, ㄹ ⑤ ㄷ, ㄹ

628

그래프는 지역별 노년 부양비와 유소년 부양비를 나타낸 것이다. (가)~(다) 지역으로 옳은 것은?

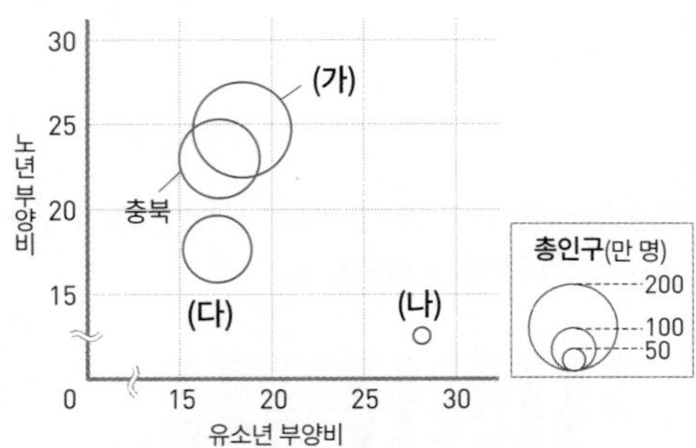

• 유소년 부양비와 노년 부양비는 원의 가운데 값임.
(통계청, 2015)

	(가)	(나)	(다)		(가)	(나)	(다)
①	대전	세종	충남	②	대전	충남	세종
③	세종	충남	대전	④	충남	대전	세종
⑤	충남	세종	대전				

629

(가), (나)에 해당하는 인구 부양비로 옳은 것은?

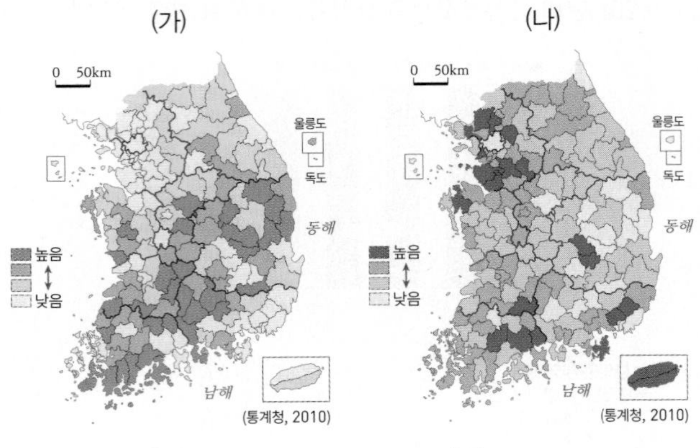

	(가)	(나)
①	총인구 부양비	유소년 인구 부양비
②	총인구 부양비	노년 인구 부양비
③	노년 인구 부양비	총인구 부양비
④	노년 인구 부양비	유소년 인구 부양비
⑤	유소년 인구 부양비	노년 인구 부양비

630

그래프는 세 지역의 인구 구조를 나타낸 것이다. 이에 대한 옳은 설명만을 〈보기〉에서 있는 대로 고른 것은? (단, (가)~(다)는 A~C 지역 중 하나임.)

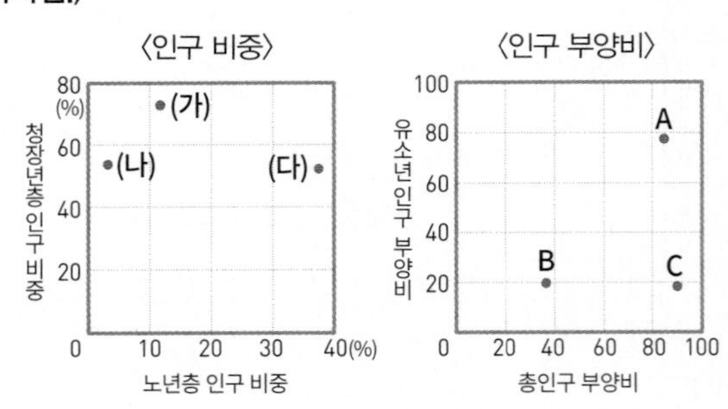

[보기]
ㄱ. (가)는 B, (나)는 A에 해당한다.
ㄴ. B는 A보다 노년 인구 부양비가 높다.
ㄷ. 유소년층 인구 비중은 (나)가 가장 높다.
ㄹ. 노령화 지수는 A가 가장 높고, C가 가장 낮다.

① ㄱ, ㄴ ② ㄴ, ㄷ ③ ㄷ, ㄹ
④ ㄱ, ㄴ, ㄷ ⑤ ㄴ, ㄷ, ㄹ

631

그래프에 대한 옳은 분석을 〈보기〉에서 고른 것은? (단, A~D는 ㉠~㉣ 중 하나임.)

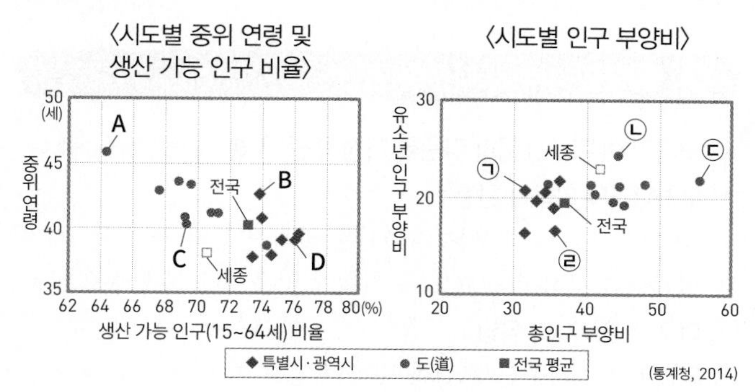

[보기]

ㄱ. A와 ㉡은 동일한 지역이다.
ㄴ. B는 D보다 노년층 인구 비율이 높다.
ㄷ. C는 전국 평균보다 총인구 부양비는 낮고, 유소년 인구 부양비가 높다.
ㄹ. 노년 인구 부양비는 ㉡이 ㉠보다 높다.

① ㄱ, ㄴ ② ㄱ, ㄷ ③ ㄴ, ㄷ
④ ㄴ, ㄹ ⑤ ㄷ, ㄹ

632

그래프는 지도에 표시된 세 지역의 인구 특성을 나타낸 것이다. (가)~(다) 지역에 대한 옳은 설명을 〈보기〉에서 고른 것은?

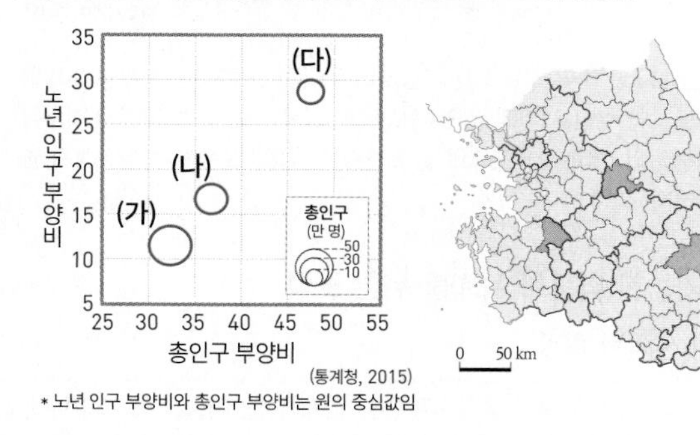

* 노년 인구 부양비와 총인구 부양비는 원의 중심값임

[보기]

ㄱ. (가)는 (나)보다 유소년층 인구가 많다.
ㄴ. (나)는 (다)보다 노령화 지수가 높다.
ㄷ. 인구 밀도는 (가)>(나)>(다) 순으로 높다.
ㄹ. 청장년층의 인구 비중은 (다)>(나)>(가) 순으로 높다.

① ㄱ, ㄴ ② ㄱ, ㄷ ③ ㄴ, ㄷ
④ ㄴ, ㄹ ⑤ ㄷ, ㄹ

633

그래프는 시도별 인구 구조를 나타낸 것이다. 이에 대한 옳은 분석을 〈보기〉에서 고른 것은?

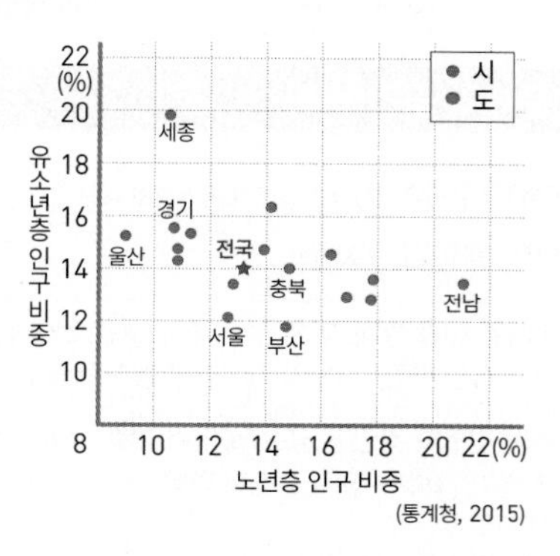

[보기]

ㄱ. 세종은 총인구 부양비가 가장 높다.
ㄴ. 서울은 부산보다 총인구 부양비가 낮다.
ㄷ. 울산은 청장년층 인구 비중이 가장 높다.
ㄹ. 인천, 대구, 광주, 대전은 전국 평균보다 총인구 부양비가 모두 높다.

① ㄱ, ㄴ ② ㄱ, ㄷ ③ ㄴ, ㄷ
④ ㄴ, ㄹ ⑤ ㄷ, ㄹ

634

그래프는 시도별 인구 부양비를 나타낸 것이다. A~C 지역으로 옳은 것은?

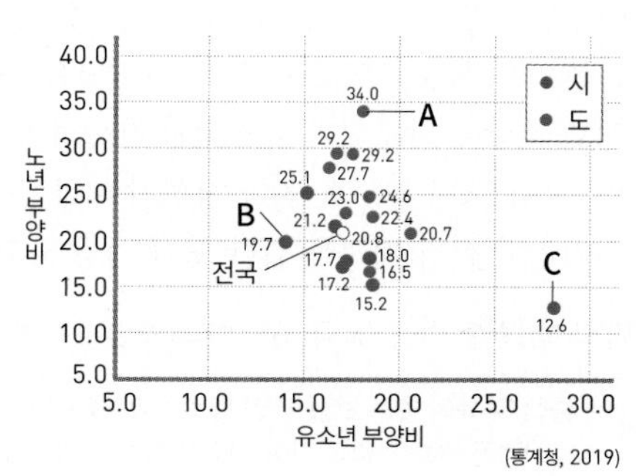

	A	B	C		A	B	C
①	경기	부산	서울	②	전남	서울	세종
③	전남	세종	서울	④	제주	부산	서울
⑤	제주	서울	부산				

15 인구 문제와 다문화 공간의 등장

Ⅵ 인구 변화와 다문화 공간

출제 포인트 / 저출산·고령화 현상의 문제점과 대책 / 국내에 거주하는 외국인의 분포 특징

1. 인구 문제와 공간 변화

1 저출산·고령화 현상 125쪽 648번 문제로 확인

(1) 저출산 현상의 원인과 문제점

원인	여성의 사회 진출 확대, 미혼 인구 증가, 초혼 연령 상승, 결혼과 가족에 대한 가치관 변화, 자녀 양육비 부담 증가 등으로 합계 출산율 감소
문제점	생산 가능 인구와 총인구 감소, 노동력 부족, 소비 감소 및 투자 위축에 따른 경기 침체 → 국가 경쟁력 약화

(2) 고령화 현상의 원인과 문제점

원인	의학 기술의 발달과 경제 성장에 따른 생활 수준의 향상으로 사망률 감소, 기대 수명 증가 → 저출산으로 인한 유소년 인구 비중 감소
문제점	노년층 부양을 위한 사회적 비용 증가, 세대 간 갈등 초래, 노동 생산성 저하로 인한 국가 경제의 활력 저하 우려

자료 저출산·고령화 현상 125쪽 649번 문제로 확인

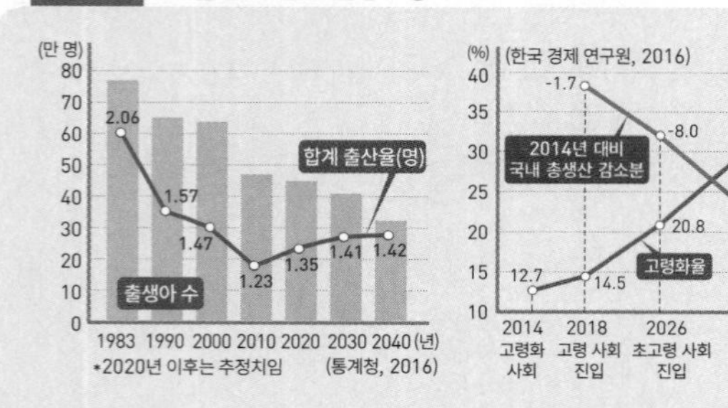

분석 우리나라의 합계 출산율은 1983년 2.06명에서 2015년 1.24명으로 크게 감소하였으며, 출생아 수도 빠르게 감소하고 있다. 인구 대체 수준인 합계 출산율은 2.1명으로 2015년의 합계 출산율인 1.24명과 차이가 크게 나타난다. 우리나라는 노년 인구 비율이 빠르게 증가하면서 2026년에는 초고령 사회로 진입하고 2050년에는 노년 인구 비중이 35%를 넘을 것으로 예상된다. 이에 반해 국내 총생산은 지속적으로 감소해 국가 재정 상황에 많은 부담이 될 수 있다.

(3) 저출산·고령화에 따른 공간의 변화

① 도시 내에서 보건·의료 시설, 소비 및 문화 시설 등이 갖추어진 지역에 인구 밀집 → 일부 농촌과 지방 중소도시 쇠퇴

② 노인 거주 지역은 상대적으로 경제 수준이 낮음 → 교통, 복지, 사회적 관계망이 낙후되거나 소외될 가능성이 높음

③ 유소년 인구보다 노년 인구를 위한 시설에 대한 수요 증가

④ 노인 밀집 지역의 환경 개선을 위한 도시 재생 사업 진행

2 인구 문제의 해결을 위한 노력 126쪽 654번 문제로 확인

저출산 현상의 해결 노력	• 출산 및 육아 휴직 보장, 직장 내 보육 시설 확대, 양육비 지원 • 양성평등 문화 확립과 가족 친화적 사회 분위기 조성 • 다자녀 가구 우대, 출산과 양육 지원 정책 추진
고령화 사회에 대비 노력	• 정년 연장, 재취업의 기회 확대 추진, 임금 피크제 등 • 안정적인 노후 생활을 위한 지속 가능한 연금 제도 정착 • 복지 정책과 편의 시설 확대, 실버산업 육성, 고령 친화적인 생활 환경 조성

2. 외국인 이주와 다문화 공간

1 외국인 이주자 유입과 다문화 가정의 증가 127쪽 656번 문제로 확인

(1) 우리나라의 외국인 현황

① 2015년 기준 국내 체류 외국인은 전체 인구의 약 3.7% 차지

② 일자리를 구하기 쉽고 교육 기회가 많은 수도권에 주로 분포

(2) 외국인 근로자의 유입

① 유입 배경 : 저출산·고령화 및 3D 업종 기피 현상에 따른 노동력 부족, 고학력화와 생활 수준 향상, 임금 상승 등

② 외국인 근로자 현황 : 1990년대 후반부터 유입 증가

- 중국, 동남아시아, 남부 아시아 지역에서 저임금 노동자 유입
- 주로 대도시와 그 주변 지역, 공업 도시에 거주
- 최근 전문 직종의 고임금 외국인 근로자의 유입 증가

(3) 국제결혼에 따른 다문화 가정의 증가

① 증가 배경 : 농촌 지역 여성의 유출로 인한 결혼 적령기 인구의 성비 불균형 심화, 외국인에 대한 거부감 감소 등

② 국제결혼 현황 : 1990년대부터 농촌을 중심으로 외국인 여성과의 국제결혼 활발, 2015년 기준 국제결혼의 비율은 약 10%

자료 국내에 거주하는 외국인의 분포 127쪽 657번 문제로 확인

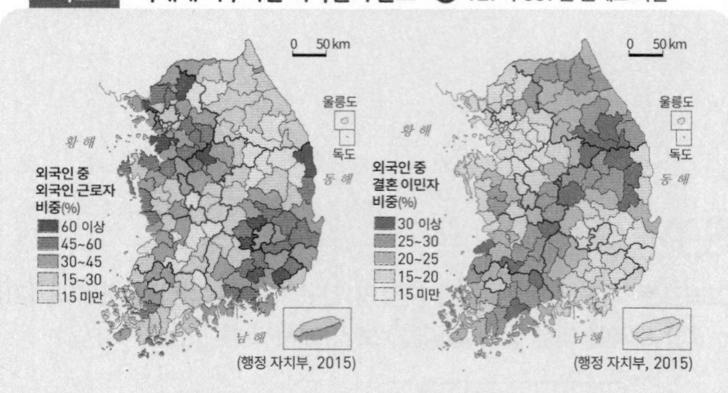

분석 1990년대부터 유입된 저임금의 외국인 근로자는 주로 공업이 발달한 대도시와 주변 지역에 집중 분포한다. 외국인 중 결혼 이민자 비중은 결혼 적령기의 성비 불균형으로 남초 현상이 나타나는 촌락 지역에서 높게 나타난다.

2 지속 가능한 다문화 사회를 위한 노력

(1) 다문화 사회의 영향

긍정적 영향	저렴한 노동력의 유입으로 인한 경제 성장, 저출산 및 고령화에 대한 대안, 다양한 문화적 자산 공유, 초국가적 네트워크 형성 등 → 우리나라의 새로운 성장 동력 확보
부정적 영향	외국인 근로자와 국내 근로자의 일자리 경쟁, 민족주의와 인종주의에 따른 사회적 편견과 차별, 다문화 가정 자녀의 정체성 혼란과 사회 부적응 등 → 갈등과 대립 발생

(2) 다문화 사회를 위한 발전 노력

① 다문화주의와 문화 상대주의적 관점으로의 의식 변화 노력

② 다문화 가정을 지원하는 사회적 통합 시스템 구축

분석 기출 문제

» 바른답·알찬풀이 57쪽

핵심 개념 문제

•• 빈칸에 들어갈 알맞은 말을 쓰시오.

635 (　　　　)(이)란 전체 인구에서 노년층이 차지하는 비중이 높아지는 현상으로, 7% 이상이면 고령화 사회, 14% 이상이면 고령 사회, 20% 이상이면 초고령 사회라고 한다.

636 우리나라는 1960년대 이후 추진된 출산 억제 정책으로 인해 (　　　　)이/가 꾸준히 감소하였으며, 저출산 현상이 지속되고 있다.

637 우리나라에 체류하는 외국인은 주로 일자리를 구하기 쉽고 교육의 기회가 많은 (　　　　)에 분포하고 있다.

•• 다음 내용이 옳으면 ○표, 틀리면 ×표를 하시오.

638 여성의 사회 진출 확대, 초혼 연령 상승, 자녀 양육비 부담 증가 등의 원인으로 출산율이 감소하고 있다. (　　)

639 고령화는 비경제 활동 인구인 노년층 부양을 위한 사회적 비용을 감소시키는 효과를 가져 온다. (　　)

•• 인구 현상과 그 대책을 바르게 연결하시오.

640 고령화 • 　　　　• ㉠ 문화 상대주의적 태도

641 저출산 • 　　　　• ㉡ 실버산업의 육성

642 다문화 • 　　　　• ㉢ 자녀 양육비 지원

•• ㉠, ㉡ 중 알맞은 것을 고르시오.

643 우리나라는 고령화 현상이 빠르게 진행되고 있으며, 고령화는 출생률 (㉠ 감소, ㉡ 증가)가 지속될 때 심화된다.

644 고령화 현상으로 인해 (㉠ 유소년층, ㉡ 노년층)을 위한 문화, 교육, 복지 시설에 관한 수요가 상대적으로 증가하고 있다.

645 1990년대부터 유입된 외국인 중 외국인 근로자는 주로 (㉠ 농촌, ㉡ 대도시와 그 주변) 지역에 집중 분포해 있다.

•• 다문화 사회의 긍정적 영향에 '긍', 부정적 영향에 '부'로 표시 하시오.

646 저렴한 노동력의 국내 유입은 저출산·고령화에 대한 대안이 될 수 있다. (　　)

647 다문화 가정 자녀의 정체성 혼란과 사회 부적응 등의 문제가 나타난다. (　　)

1. 인구 문제와 공간 변화

빈출
648

다음과 같은 현상이 나타난 배경으로 옳지 않은 것은?

> 우리나라는 합계 출산율이 2001년에 1.29명으로 낮아져 초저 출산 국가로 분류되었으며, 2017년 기준 1.05명으로 경제 협력 개발 기구(OECD) 국가 내에서도 최저 수준이다.

① 여성의 사회 진출 확대
② 결혼과 가족에 대한 가치관 변화
③ 미혼 인구의 증가 및 초혼 연령의 상승
④ 자녀 양육비와 사교육비 부담에 따른 출산 기피
⑤ 노동력 부족, 소비 감소와 투자 위축에 따른 경기 침체

빈출
649

그래프를 통해 파악할 수 있는 인구 문제에 대한 적절한 대책을 〈보기〉에서 고른 것은?

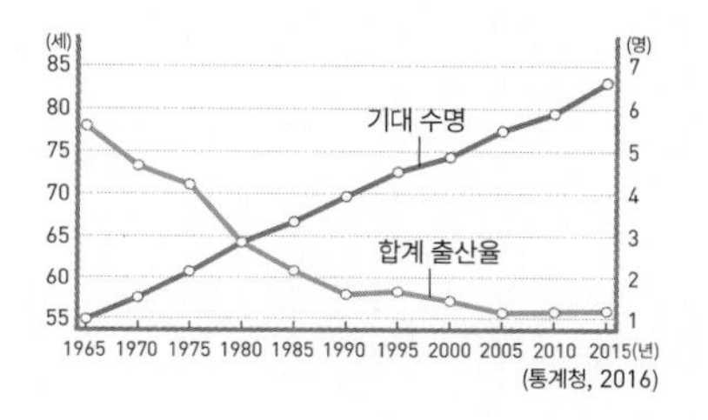

(통계청, 2016)

[보기]
ㄱ. 다자녀 가구에 양육비와 교육비를 지원한다.
ㄴ. 실버산업을 육성하고 노인 일자리를 창출한다.
ㄷ. 정년 단축을 통해 청년층의 취업 기회를 확대한다.
ㄹ. 도시 지역에 더 나은 일자리와 교육 환경을 조성한다.

① ㄱ, ㄴ　② ㄱ, ㄷ　③ ㄴ, ㄷ　④ ㄴ, ㄹ　⑤ ㄷ, ㄹ

650

㉠에 들어갈 용어로 옳은 것은?

> 우리나라의 (㉠)은/는 수치가 1980년 21.7에서 2018년 43.1로 높아져 상승 속도가 매우 빠르다. 이는 출생률 감소에 따른 유소년층 인구 비율 감소와 평균 수명 증가 등으로 인한 고령화 때문이다.

① 성비　② 평균 연령
③ 중위 연령　④ 유소년 부양비
⑤ 청장년층 비율

651

(가), (나) 포스터를 통해 파악할 수 있는 시기별 인구 정책의 특징만을 〈보기〉에서 있는 대로 고른 것은?

(가) (나)

가가호호 아이둘셋
하하호호 희망한국

[보기]

ㄱ. (가)는 출산율을 낮추기 위한 정책이다.
ㄴ. (가)는 성비 불균형을 완화하기 위한 정책이다.
ㄷ. (나)는 2010년대에 시행되고 있는 정책이다.
ㄹ. 현재의 인구 문제 해결을 위해 (나) 정책과 더불어 결혼 장려 정책이 필요하다.

① ㄱ, ㄴ ② ㄱ, ㄷ ③ ㄴ, ㄹ
④ ㄱ, ㄷ, ㄹ ⑤ ㄴ, ㄷ, ㄹ

652

다음은 한국지리 수업에서 학생이 작성한 형성 평가지이다. 옳게 답한 질문을 고른 것은?

〈형성 평가〉

○반 ○번 이름 ○○○

※ 옳은 진술이면 '예', 틀린 진술이면 '아니요'에 ✔표를 하시오.

〈질문1〉 양육 및 교육 비용의 증가는 출산율 저하를 유발하는 요인이다. 예 ☐ 아니요 ☑

〈질문2〉 고령화 사회에 대비하기 위해서는 정년 단축, 복지 확대 등의 정책을 마련해야 한다. 예 ☑ 아니요 ☐

〈질문3〉 출생률 감소에 따른 유소년층 인구 비율의 감소도 고령화 문제를 심화시키는 요인이 된다. 예 ☑ 아니요 ☐

〈질문4〉 우리나라는 현재 인구 유지 수준의 합계 출산율을 유지하고 있으나, 곧 그 이하로 떨어질 것으로 예상되고 있다. 예 ☐ 아니요 ☑

① 질문 1, 2 ② 질문 1, 3 ③ 질문 2, 3
④ 질문 2, 4 ⑤ 질문 3, 4

[653~654] 자료를 보고 물음에 답하시오.

전체 인구에서 노년층이 7% 이상인 고령화 사회에서 20% 이상인 초고령 사회로 변화하기까지 프랑스는 154년, 일본은 36년이 걸렸다. 그러나 우리나라는 고령화 사회에서 초고령 사회에 도달하기까지 26년이 걸릴 것으로 예상된다.

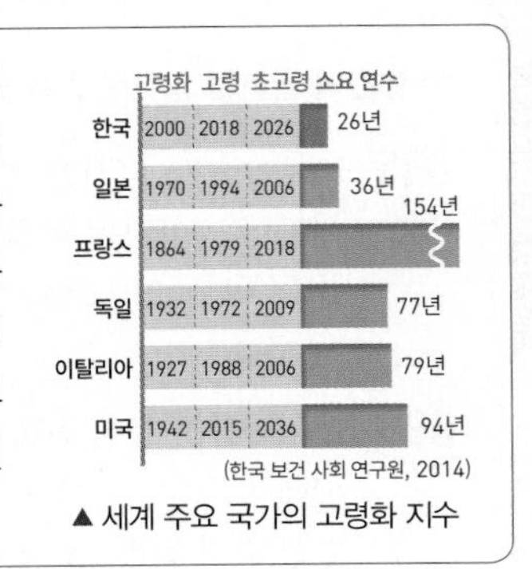

▲ 세계 주요 국가의 고령화 지수

653

그래프에 대한 설명으로 옳지 않은 것은?

① 프랑스는 고령화의 진행 속도가 가장 느렸다.
② 독일이 가장 먼저 고령화 사회에 진입하였다.
③ 일본과 이탈리아는 현재 초고령 사회에 해당한다.
④ 미국은 우리나라보다 초고령 사회에 늦게 진입하게 된다.
⑤ 우리나라는 고령화 사회에서 초고령 사회로 넘어가는 시간이 가장 짧다.

빈출

654

자료와 같은 현상에 직접적으로 대처하기 위한 정부의 정책으로 옳지 않은 것은?

① 공적 연금 강화
② 사회적 복지 비용 축소
③ 대기업의 정년 연장 의무화
④ 노인의 재취업 기회 및 교육 확대
⑤ 노년 인구에 대한 강제 퇴직 금지

655

그래프는 우리나라의 인구 부양비 변화 추이를 나타낸 것이다. 이에 대한 추론으로 옳지 않은 것은?

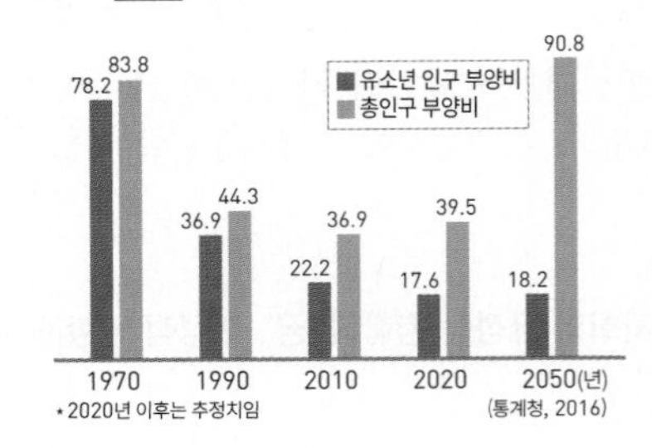

① 2020년의 노령화 지수는 100을 넘는다.
② 고령화 현상이 점차 심각해짐을 보여준다.
③ 2010년보다 2050년에 중위 연령이 높을 것이다.
④ 2020년의 노년 인구 부양비는 1970년의 10배 이상이다.
⑤ 청장년층의 인구 비중은 2010년 이후 점차 낮아질 것이다.

2 외국인 이주와 다문화 공간

빈출
656
그래프는 어느 인구 집단의 인구 피라미드이다. 이 인구 집단의 특성으로 가장 적절한 것은?

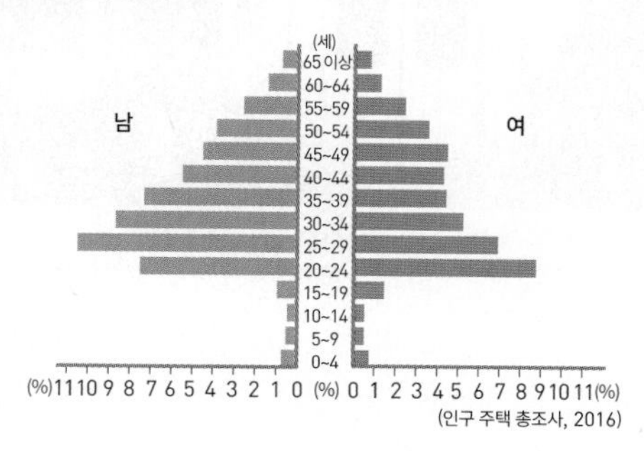

① 국내 거주 외국인
② 농어촌 거주 독신자
③ 도시에서 농촌으로 귀촌한 인구
④ 2001~2010년 간 이민 유입 인구
⑤ 2001~2010년 간 수도권 유입 인구

빈출
657
다음 수업 장면에서 교사의 질문에 옳게 답한 학생을 고른 것은?

교사 : 지도는 어떤 인구 관련 지표의 분포를 나타낸 것입니다. (가), (나) 지도의 공통적인 키워드는 무엇일까요?

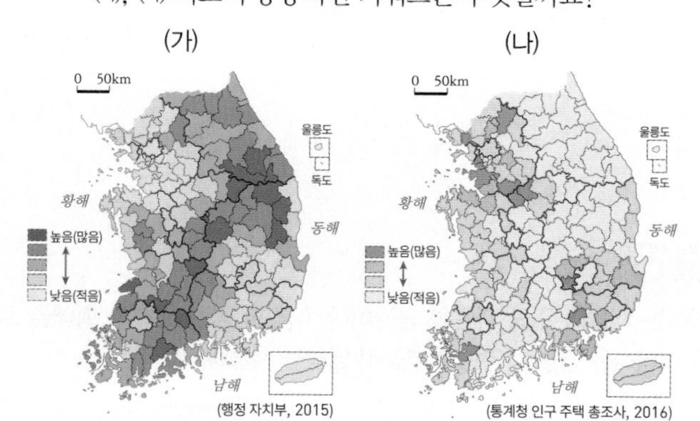

갑 : '성비'입니다.
을 : '외국인'입니다.
병 : '이촌 향도'입니다.
정 : '노년 인구'입니다.
무 : '유소년 인구'입니다.

① 갑 ② 을 ③ 병 ④ 정 ⑤ 무

658
그래프는 국내 체류 외국인의 국가별 현황을 나타낸 것이다. 이를 통해 유추할 수 있는 외국인 이주자의 특징으로 옳지 않은 것은?

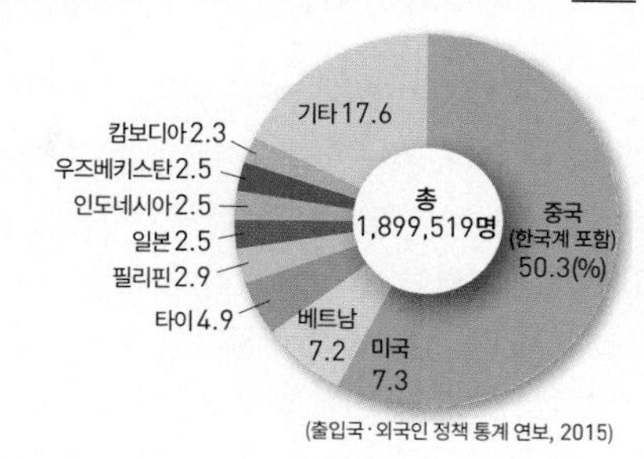

① 대기업 종사자의 비중이 높다.
② 단순 기능 인력의 비중이 높다.
③ 3D 업종 종사자의 비중이 높다.
④ 아시아 국가 출신의 근로자가 많다.
⑤ 최근 고임금 근로자의 유입도 증가하고 있다.

[659~660] 그래프를 보고 물음에 답하시오.

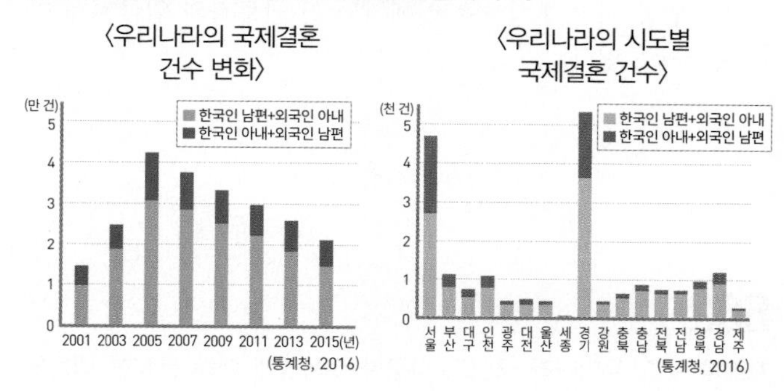

659
그래프를 분석한 내용으로 옳은 것은?

① 결혼 이민자는 남성보다 여성이 많다.
② 국제결혼 건수가 가장 많은 곳은 서울이다.
③ 대도시일수록 성비 불균형 현상이 심각하다.
④ 2000년대 들어서면서 국제결혼이 계속 증가 추세이다.
⑤ 한국인 아내와 외국인 남편의 국제결혼 건수가 가장 많은 곳은 경기이다.

660
그래프와 같은 현상으로 인해 나타나는 사회적 변화를 〈보기〉에서 고른 것은?

[보기]
ㄱ. 인종주의의 확산
ㄴ. 다문화 가정의 증가
ㄷ. 다문화 공간의 확대
ㄹ. 다문화 수용성의 감소

① ㄱ, ㄴ ② ㄱ, ㄷ ③ ㄴ, ㄷ ④ ㄴ, ㄹ ⑤ ㄷ, ㄹ

661

신문 기사를 통해 파악할 수 있는 시사점으로 가장 적절한 것은?

ㅇㅇ신문 20ㅇㅇ년 ㅇ월 ㅇ일

새벽 4시, 경기도 ◯◯ 시장 입구, 수도권 최대의 건설 일용직 인력 시장이 열리는 곳이다. 어둠이 채 가시지 않은 이른 시간인데도 많은 사람이 몰려들기 시작하였다. 이들 대부분은 국내 노동자가 아니다. 10명 중 7명이 중국, 베트남 등 동남아시아 국적의 외국인이다. 길게 늘어선 승합차 안에서는 일자리를 얻은 외국인 노동자들이 어디론가 떠날 채비를 하고 있었다. 이 날 일감을 얻은 사람 중 대부분은 외국인이다. 건설 경기가 활기를 띠는데도 인력 시장이 외국인 노동자들을 중심으로 운영되면서, 국내 일용직 노동자들은 일거리가 없어 허탕치는 날이 늘어만 간다.

① 외국인에 대한 사회적 편견과 차별이 심각하다.
② 국내 거주 외국인의 수도권 집중 현상이 뚜렷하다.
③ 외국인과 내국인 간의 일자리 경쟁이 발생하고 있다.
④ 의사소통이 어려운 외국인의 사회 부적응 문제가 발생한다.
⑤ 3D 업종 기피 현상으로 인해 외국인 근로자의 임금 수준이 상승하고 있다.

662

자료를 보고 우리나라 국민의 다문화 수용성에 대해 분석한 내용을 〈보기〉에서 고른 것은?

〈2015년 국민 다문화 수용성 관련 국제 지표 항목〉

(단위 : %)

구분	한국	미국	독일	스웨덴
일자리가 귀할 때 자국민 우선 고용에 찬성한다.	60.4	50.5	41.5	14.5
외국인 근로자나 이민자를 이웃으로 삼고 싶지 않다.	31.8	13.7	21.5	3.5
자신을 세계 시민으로 생각한다.	55.3	69.1	62.3	82.0

(여성 가족부, 2016)

[보기]
ㄱ. 다문화 수용성이 선진국에 비해 낮은 편이다.
ㄴ. 민족보다 국적으로 정체성을 통합하고자 한다.
ㄷ. 다문화를 대하는 자세에 이중적 평가가 드러난다.
ㄹ. 단일 민족 국가에 대한 포용과 인식이 낮은 편이다.

① ㄱ, ㄴ ② ㄱ, ㄷ ③ ㄴ, ㄷ
④ ㄴ, ㄹ ⑤ ㄷ, ㄹ

1등급을 향한 서답형 문제

663

다음 공익 광고를 통해 파악할 수 있는 인구 문제와 대책을 서술하시오.

664

㉠에 들어갈 내용을 두 가지 서술하시오.

저출산 현상의 원인은 여성의 사회 진출 확대, 미혼 인구의 증가, 결혼과 가족에 대한 가치관 변화 등 사회·경제적 여건과 관련이 있다. 특히 우리나라는 자녀 보육비와 사교육비 부담이 커지면서 출산 기피 현상이 더욱 심화되고 있다. 따라서 저출산 현상이 오랫동안 지속될 경우 ______㉠______.

665

지도는 서울의 주요 다문화 공간이다. 이러한 공간 변화가 확대될 경우 나타나는 긍정적 영향과 부정적 영향을 서술하시오.

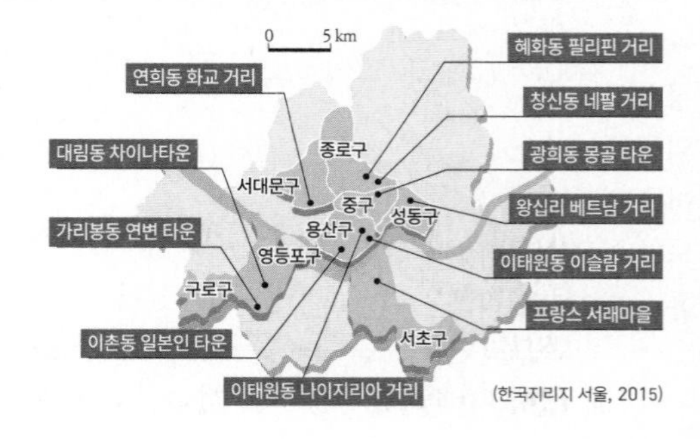

(한국지리지 서울, 2015)

적중 1등급 문제

» 바른답·알찬풀이 58쪽

666

그래프는 지도에 표시된 세 지역의 지역 내 외국인 주민의 유형별 비율을 나타낸 것이다. (가)~(다) 지역을 지도의 A~C에서 고른 것은?

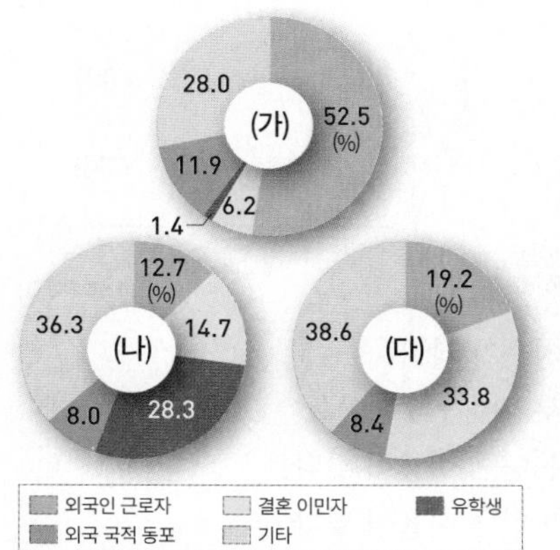

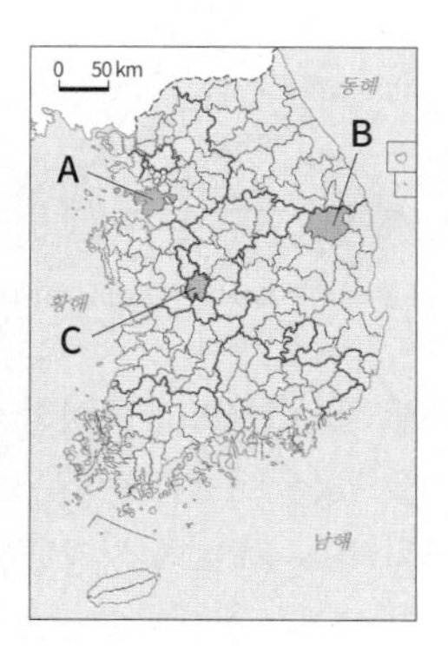

* 외국인 주민은 한국 국적을 가지지 않은 자만 해당함.

(행정 안전부, 2018)

	(가)	(나)	(다)		(가)	(나)	(다)
①	A	B	C	②	A	C	B
③	B	A	C	④	B	C	A
⑤	C	A	B				

667

다음은 한국지리 수업 장면이다. 교사의 질문에 옳게 답한 학생을 고른 것은?

구분	(가)	전국
성비	94.6	100.5
중위 연령(세)	59.6	12.7
유소년층 인구 비율(%)	7.2	12.7
순 이동(명)	-143	0

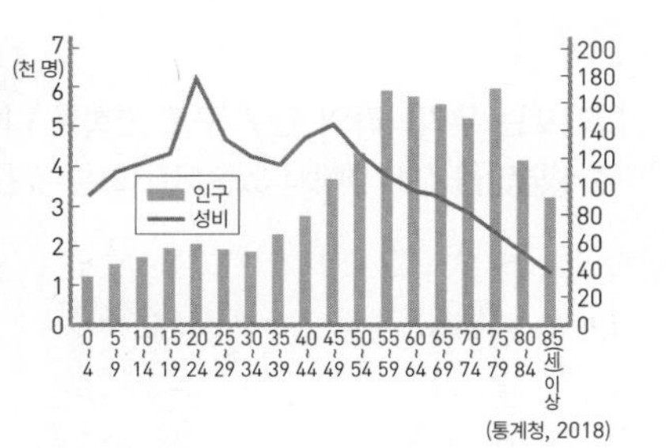

(통계청, 2018)

교사 : ㈎ 시(군)의 인구 자료를 보고 이 지역의 2018년 인구 특성에 대해 이야기해 보세요.
갑 : 노령화 지수가 300보다 커서 고령화 현상이 심하게 나타납니다.
을 : 65세 이상에서는 여초 현상이 심하게 나타납니다.
병 : 인구가 자연적으로는 감소하지만 사회적으로는 증가합니다.
정 : 청장년층에서 외국인 여성과의 결혼이 증가하면서 남초 현상이 심화되었습니다.

① 갑, 을 ② 갑, 병 ③ 을, 병
④ 을, 정 ⑤ 병, 정

668

자료는 시도별 국제결혼 비율을 나타낸 것이다. (가)~(다)에 해당하는 시도로 옳은 것은?

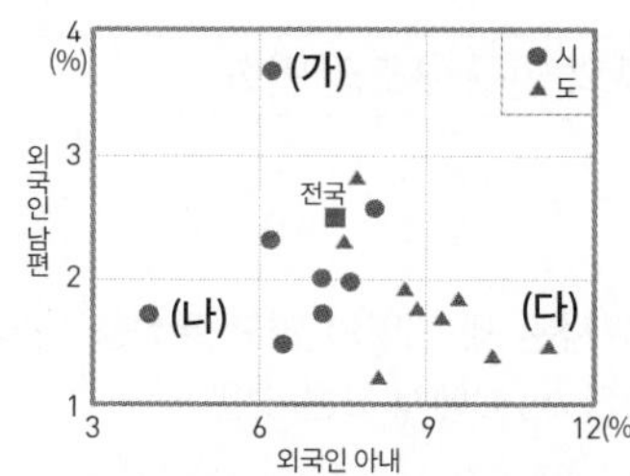

* 외국인 남편(아내)은 시·도별 총 결혼 건수에서 내국인 여성(남성)과 외국인 남편(아내)이 결혼한 건수가 차지하는 비율을 나타냄.

(통계청, 2019)

	(가)	(나)	(다)		(가)	(나)	(다)
①	부산	서울	경기	②	서울	세종	경기
③	서울	세종	제주	④	세종	서울	경기
⑤	세종	서울	제주				

669

그래프와 같은 변화가 지속될 때 나타날 수 있는 현상을 〈보기〉에서 고른 것은?

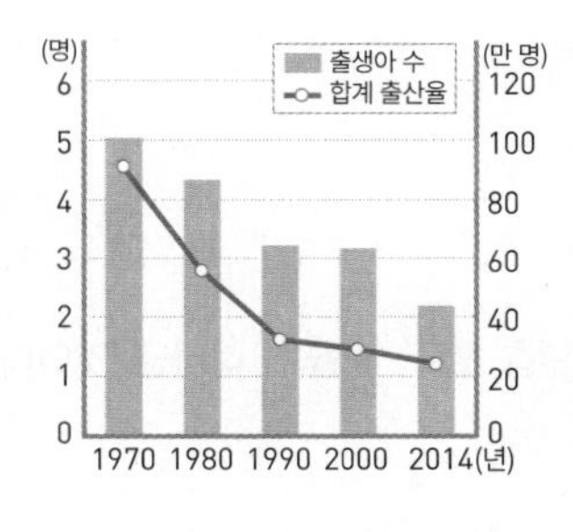

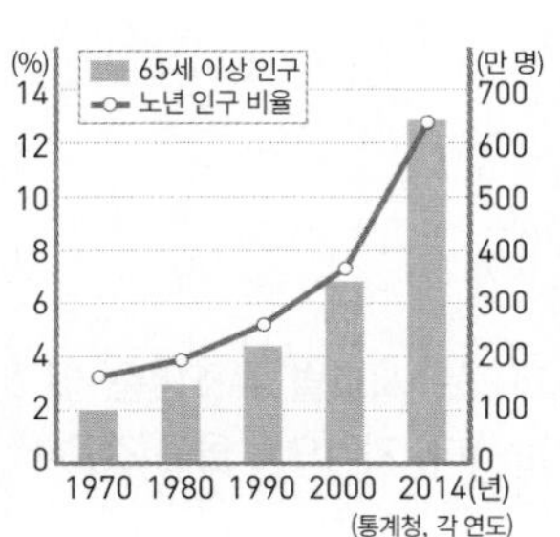

(통계청, 각 연도)

[보기]

ㄱ. 인구 부양력 향상으로 전체 인구가 증가할 것이다.
ㄴ. 생산 가능 인구가 감소하여 노동력 부족 문제가 대두될 것이다.
ㄷ. 전체 인구 중 노년층 인구 비중이 증가하여 중위 연령이 높아질 것이다.
ㄹ. 유소년 인구 부양비와 비슷한 수준까지 노년 인구 부양비가 증가할 것이다.

① ㄱ, ㄴ ② ㄱ, ㄷ ③ ㄴ, ㄷ
④ ㄴ, ㄹ ⑤ ㄷ, ㄹ

단원 마무리 문제

14 인구 분포와 인구 구조의 변화

670

그래프는 지도에 표시된 세 지역의 인구 특성을 나타낸 것이다. (가)~(다) 지역을 지도의 A~C에서 고른 것은?

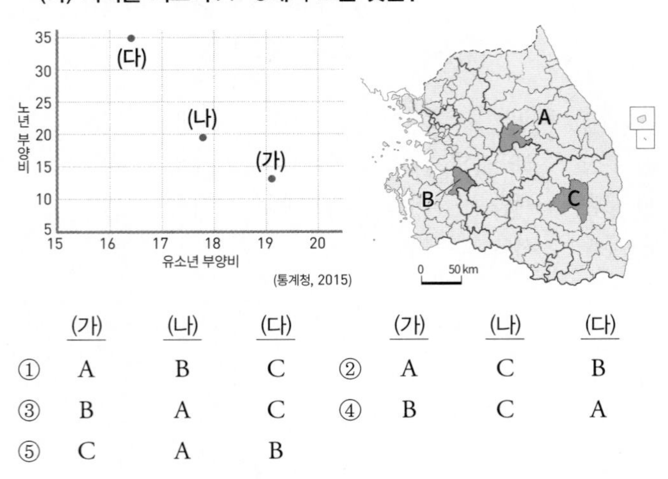

	(가)	(나)	(다)
①	A	B	C
②	A	C	B
③	B	A	C
④	B	C	A
⑤	C	A	B

671

그래프는 시도별 유소년층 및 노년층 인구 비율을 나타낸 것이다. (가)~(다) 지역으로 옳은 것은?

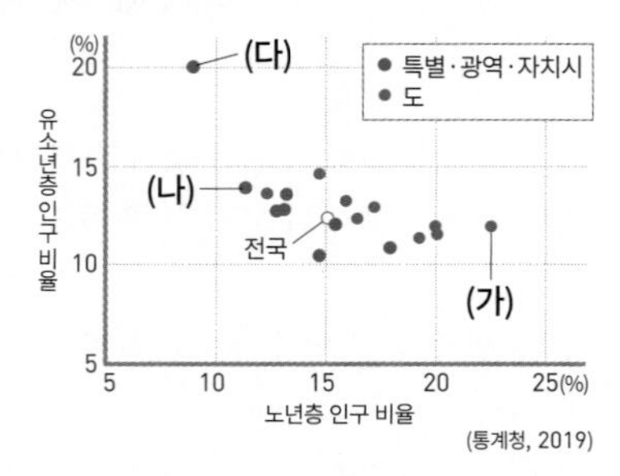

	(가)	(나)	(다)
①	경기	울산	세종
②	전남	세종	울산
③	전남	울산	세종
④	제주	세종	울산
⑤	제주	울산	세종

672

(가)~(다) 지역에 대한 설명으로 옳은 것은? (단, (가)~(다)는 경남, 부산, 울산 중 하나임.)

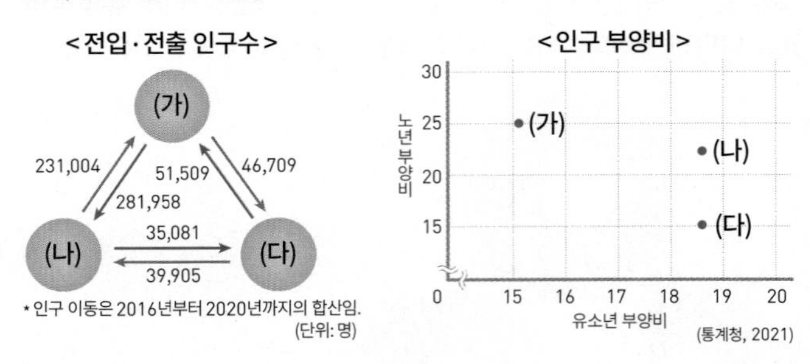

① (가)는 (나)보다 노령화 지수가 낮다.
② (가)는 (다)보다 총인구 부양비가 낮다.
③ (가)는 (다)보다 청장년층 인구 비중이 낮다.
④ (다)는 (가)보다 유소년층 인구 비율이 낮다.
⑤ (가)는 경남, (나)는 부산, (다)는 울산이다.

673

그래프는 우리나라의 인구 구조 변화를 나타낸 것이다. 이에 대한 옳은 설명만을 〈보기〉에서 있는대로 고른 것은?

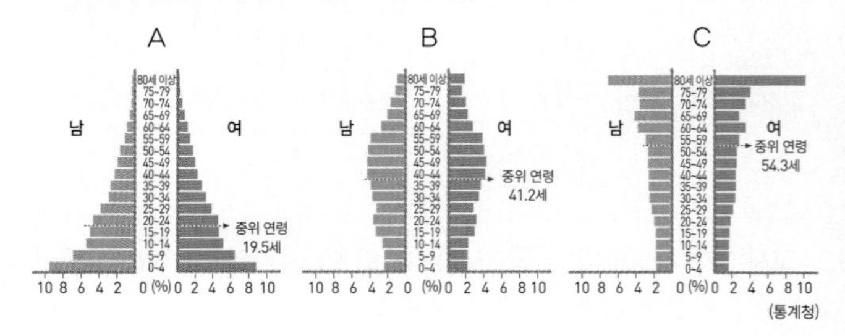

[보기]

ㄱ. A 시기는 출생률과 사망률이 높다.
ㄴ. 인구 부양비는 B 시기에 가장 높게 나타난다.
ㄷ. A~C를 시기별로 나열하면 B→A→C 순이다.
ㄹ. 고령 인구의 증가에 따른 문제는 C 시기에 가장 크게 나타난다.

① ㄱ, ㄴ ② ㄱ, ㄹ ③ ㄴ, ㄷ
④ ㄱ, ㄴ, ㄹ ⑤ ㄴ, ㄷ, ㄹ

674

(가)~(다) 지역을 지도의 A~C에서 고른 것은?

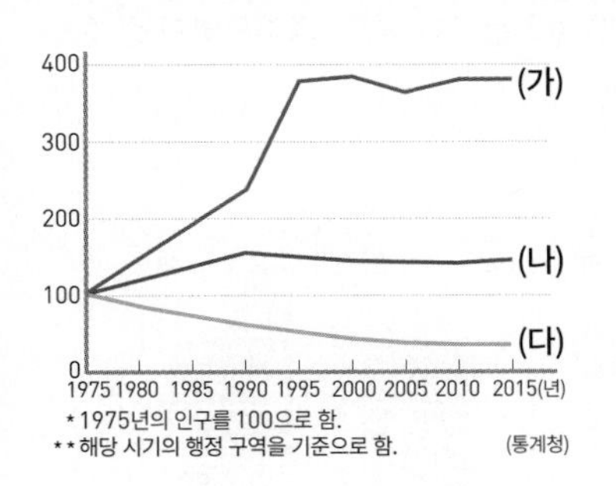

* 1975년의 인구를 100으로 함.
** 해당 시기의 행정 구역을 기준으로 함. (통계청)

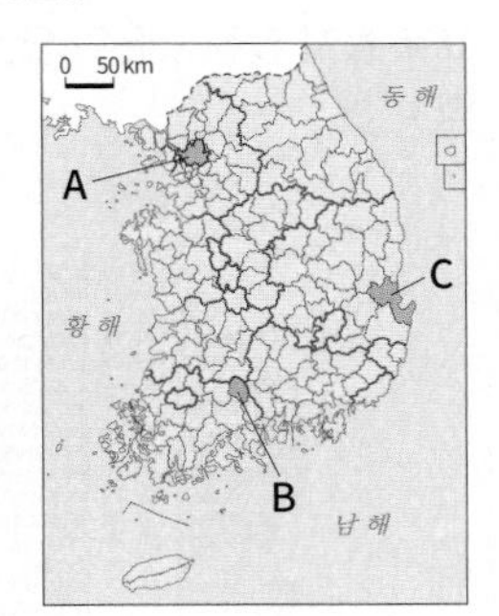

	(가)	(나)	(다)
①	A	B	C
②	A	C	B
③	B	A	C
④	B	C	A
⑤	C	A	B

675

그래프는 인구 구성 비율의 변화를 나타낸 것이다. 이에 대한 옳은 설명을 〈보기〉에서 고른 것은?

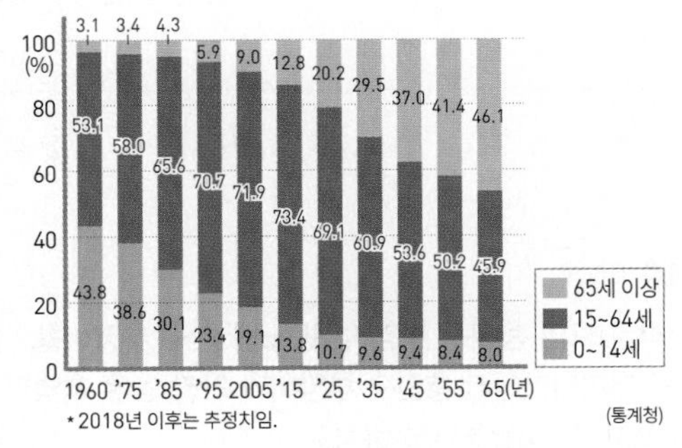

* 2018년 이후는 추정치임. (통계청)

[보기]

ㄱ. 2015년에는 노령화 지수가 100을 넘어섰다.
ㄴ. 1985년에 비해 2015년에는 총 부양비가 감소하였다.
ㄷ. 2065년에는 총 부양비가 100을 넘을 것으로 전망된다.
ㄹ. 2065년 이후 우리나라는 초고령 사회에 처음 진입하게 된다.

① ㄱ, ㄴ ② ㄱ, ㄷ ③ ㄴ, ㄷ
④ ㄴ, ㄹ ⑤ ㄷ, ㄹ

[676~677] 다음은 〈글자 카드〉를 활용한 한국지리 수업 활동이다. 물음에 답하시오.

교사 : 다음 내용이 의미하는 용어를 〈글자 카드〉에서 찾아 하나씩 빼세요.
- 생산 연령 인구가 급감하는 현상
- 생산 연령 인구에 대한 비생산 연령 인구 비율 …· (가)

인	책	벽	려	양	장	구
부	산	구	인	출	절	비

교사 : 〈글자 카드〉에서 빼고 남은 글자를 모두 활용하여 만들 수 있는 인구 관련 용어에 대해 설명해 보세요.
학생 : (나) 입니다.
교사 : 예, 맞습니다.

676

(가)에 대한 옳은 설명을 〈보기〉에서 고른 것은?

[보기]

ㄱ. 우리나라는 노년 인구 부양비가 점차 감소하고 있다.
ㄴ. 총인구 부양비는 노년 인구 부양비와 유소년 인구 부양비의 합으로 계산한다.
ㄷ. 노년 인구 부양비가 유소년 인구 부양비보다 크면 노령화 지수가 100 이상이다.
ㄹ. 저출산 현상이 지속되면 유소년 인구 부양비가 감소하여 국가 경쟁력이 높아진다.

① ㄱ, ㄴ ② ㄱ, ㄷ ③ ㄴ, ㄷ
④ ㄴ, ㄹ ⑤ ㄷ, ㄹ

677

(나)에 들어갈 내용으로 옳은 것은?

① 기대 수명을 늘리기 위한 인구 정책
② 합계 출산율을 높이기 위한 인구 정책
③ 국제결혼을 활성화시키기 위한 인구 정책
④ 고령 친화 산업을 육성하기 위한 인구 정책
⑤ 다문화 사회의 지속 가능한 발전을 위한 인구 정책

678

(가), (나) 그래프의 제목으로 옳은 것은?

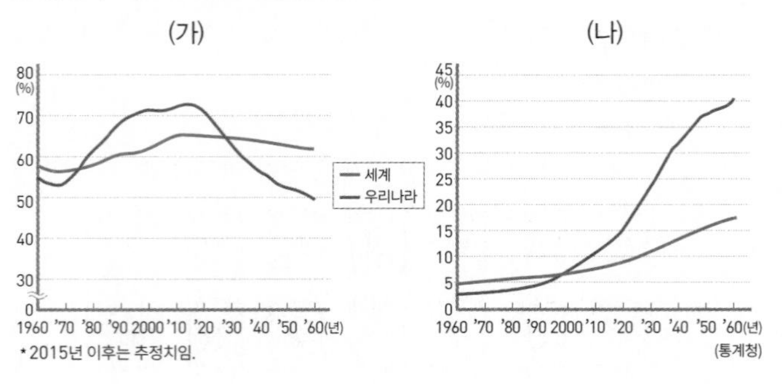

	(가)	(나)
①	노년층 인구 비율	청장년층 인구 비율
②	노년층 인구 비율	유소년층 인구 비율
③	유소년층 인구 비율	노년층 인구 비율
④	청장년층 인구 비율	노년층 인구 비율
⑤	청장년층 인구 비율	유소년층 인구 비율

679

자료는 시기별 인구 정책 포스터이다. (가)~(다) 시기의 인구 특징에 대한 설명으로 옳지 않은 것은?

(가) (나) (다)

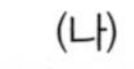
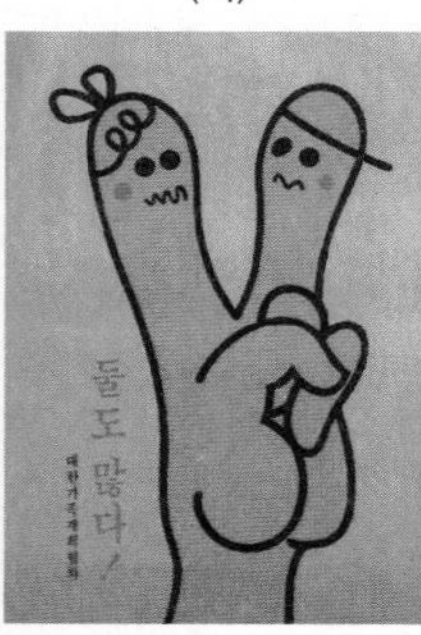

① (가) 시기의 가장 중요한 인구 문제는 '출생 성비 불균형'이었다.
② (가) 시기에는 인구의 질적인 문제보다 양적인 팽창이 문제시되었다.
③ (나) 시기에는 '급속한 인구 증가'가 가장 큰 인구 문제였다.
④ (나) 시기는 (다) 시기보다 이르다.
⑤ 인구 규모는 (다) 시기에 가장 크게 나타난다.

680

인구 피라미드에서 (나) 지역에 비해 (가) 지역에서 높게 나타나는 지표로 옳지 않은 것은? (단, (가), (나)는 전라남도, 광주광역시 중 하나임.)

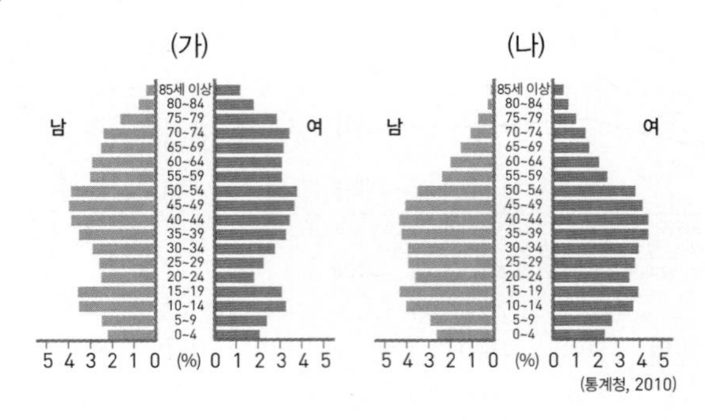

① 중위 연령
② 노년층 성비
③ 총인구 부양비
④ 농업 인구 비율
⑤ 노년 인구 부양비

681

우리나라의 연령층별 인구 자료에 대한 옳은 설명을 〈보기〉에서 고른 것은?

구분	유소년층 인구 비중	노년층 인구 비중
2010년	16.1%	11.1%
2019년	12.3%	15.1%

(통계청)

[보기]
ㄱ. 두 시기 모두 총인구 부양비는 100 이상이다.
ㄴ. 2010년~2019년 사이에 총인구 부양비는 증가하였다.
ㄷ. 2010년~2019년 사이에 노령화 지수가 100을 넘어섰다.
ㄹ. 2010년~2019년 사이에 저출산·고령화 문제가 다소 완화되었다.

① ㄱ, ㄴ ② ㄱ, ㄷ ③ ㄴ, ㄷ ④ ㄴ, ㄹ ⑤ ㄷ, ㄹ

682 서술형

그래프는 각 시도의 총인구 부양비 및 노년 인구 부양비를 나타낸 것이다. 이 중 우리나라에서 총인구 부양비가 가장 높은 지역과 가장 낮은 지역을 쓰고, 그 이유를 서술하시오.

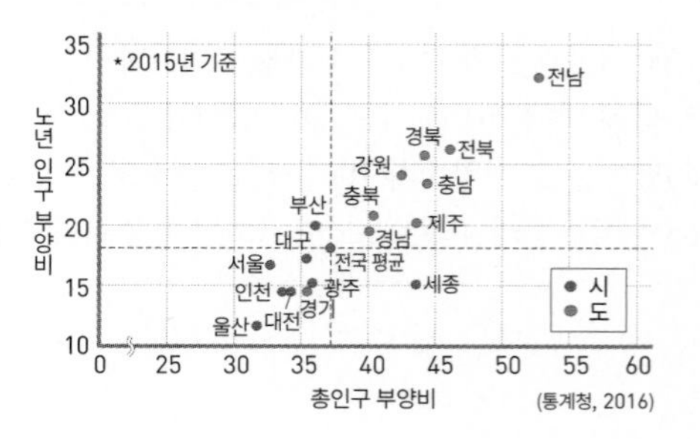

15 인구 문제와 다문화 공간의 등장

683

그래프는 우리나라의 해당 연령 여성 인구 1,000명당 출생아 수를 나타낸 것이다. 이러한 추세가 지속될 때 나타날 수 있는 현상을 〈보기〉에서 고른 것은?

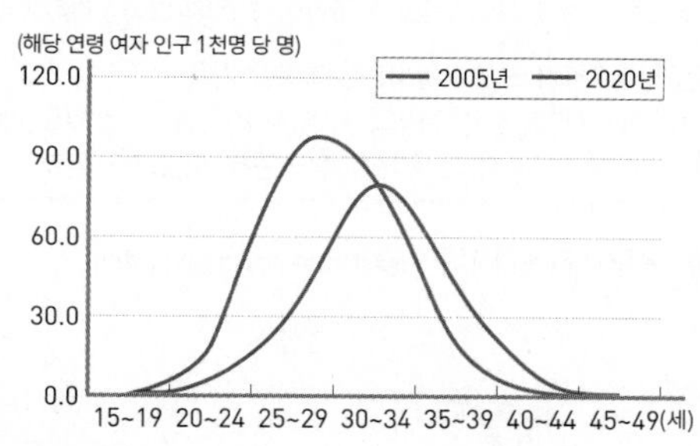

[보기]
ㄱ. 초등학교 학생 수가 감소하게 된다.
ㄴ. 피라미드형의 인구 구조로 변화하게 된다.
ㄷ. 평균 출산 연령 상승으로 출생아 수가 감소하게 된다.
ㄹ. 유소년 부양비 증가가 총 부양비 증가를 주도하게 된다.

① ㄱ, ㄴ ② ㄱ, ㄷ ③ ㄴ, ㄷ
④ ㄴ, ㄹ ⑤ ㄷ, ㄹ

684

다음 지도는 어느 인구 지표 상위와 하위 10개 지역을 나타낸 것이다. 지도에 표현된 인구 지표로 옳은 것은?

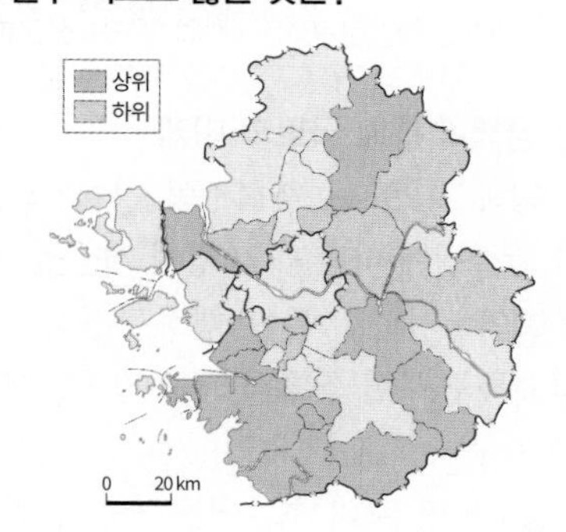

① 중위 연령 ② 총 부양비
③ 인구 밀도 ④ 노령화 지수
⑤ 외국인 비율

685

(가), (나)는 국내에 거주하는 내국인과 외국인의 연령별 비중과 성비를 나타낸 것이다. 이에 대한 옳은 설명을 〈보기〉에서 고른 것은?

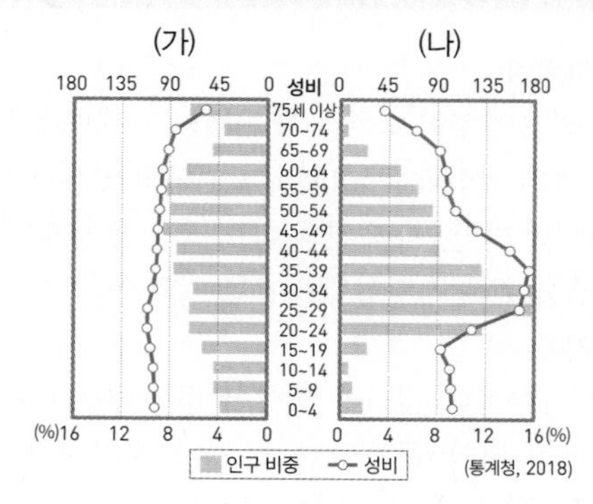

[보기]
ㄱ. (가)는 외국인, (나)는 내국인의 인구 구조이다.
ㄴ. 성비 불균형은 내국인보다 외국인이 크게 나타난다.
ㄷ. (나)에서 유소년층의 비중이 적은 것은 낮은 출산율 때문이다.
ㄹ. 인구의 자연적 증감에 따른 영향은 (나)보다 (가)에서 크게 나타난다.

① ㄱ, ㄴ ② ㄱ, ㄷ ③ ㄴ, ㄷ
④ ㄴ, ㄹ ⑤ ㄷ, ㄹ

[686~687] 다음 글을 읽고 물음에 답하시오.

우리나라는 1960년에 노년층 인구 비율이 2.9%에 불과하였지만, 2000년에는 7.2%를 넘어섰으며, 2026년에는 20%에 도달할 것으로 예상된다. ㉠ 저출산과 고령화 현상은 사회 전반에 다양한 영향을 미치는데, 특히 노년층 인구 비율이 높아질수록 사회 보장 부담이 증가한다. 따라서 정부는 ㉡ 고령화 사회에 대처할 수 있는 방안을 신속히 강구해야 한다.

686

㉠ 현상이 심화되는 이유를 두 가지 쓰시오.

687 서술형

㉡의 구체적인 방안을 두 가지 서술하시오.

16 지역의 의미와 구분, 북한 지역

Ⅶ 우리나라의 지역 이해

✓ 출제 포인트 ✓ 전통적인 지역 구분 ✓ 북한의 지형과 기후 ✓ 북한 주요 도시의 특징

1. 지역의 의미와 지역 구분

1 지역과 지역성

(1) **지역** 지리적 특성이 다른 곳과 구별되는 지표상의 공간 범위

(2) **지역성** 다른 지역과 구분되는 그 지역의 고유한 특성

① 교통·통신의 발달, 지역 간의 상호 작용 등에 따라 변화함

② 지역 발전을 위해 지역성을 활용한 지역 이미지 브랜드화

(3) **지역의 구분**

① 동질 지역 : 특정한 지리적 현상이 동일하게 분포하는 공간 범위 예 기후 지역, 문화권, 농업 지역, 문화 지역 등

② 기능 지역 : 중심 기능이 영향을 미치는 범위 예 상품의 배달 범위, 통근권, 통학권, 상권 등

③ 점이 지대 : 서로 인접한 두 지역의 특성이 함께 섞여 나타나는 지역 → 지역 간 경계에 나타남

자료 동질 지역과 기능 지역 135쪽 703번 문제로 확인

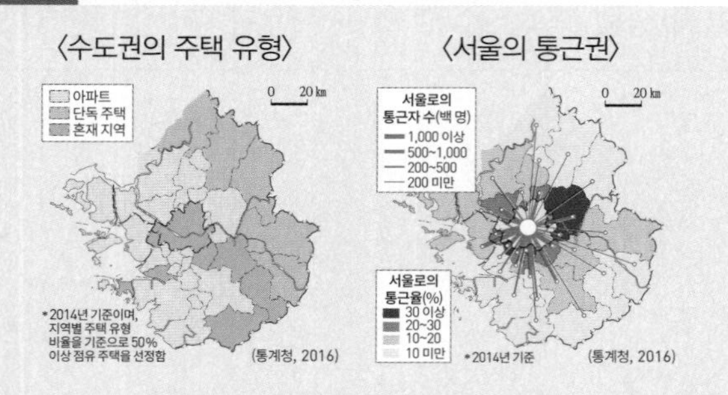

분석 수도권의 주택 유형은 동일한 특성에 따라 구분하였으므로 동질 지역이다. 서울의 통근권은 중심지인 서울과 서울 주변 지역의 기능적 연계성을 나타내고 있으므로 기능 지역이다.

2 우리나라의 지역 구분 136쪽 705번 문제로 확인

(1) **전통적인 지역 구분** 산줄기, 고개, 하천 등의 지형지물이나 시설물을 기준으로 구분

구분		행정 구역	구분 경계 및 위치
북부	관북 지방	함경남·북도	철령관의 북쪽
	관서 지방	평안남·북도	철령관의 서쪽
	해서 지방	황해도	한양을 기준으로 바다 건너 서쪽
중부	관동 지방	강원도	철령관의 동쪽, 대관령을 경계로 영서와 영동 지방으로 구분
	경기 지방	경기도	도읍지인 한양을 둘러싸고 있는 곳
	호서 지방	충청남·북도	호강(금강) 상류 또는 제천 의림지의 서쪽
남부	호남 지방	전라남·북도	호강(금강) 또는 김제 벽골제의 남쪽
	영남 지방	경상남·북도	조령(문경새재)의 남쪽

(2) **오늘날의 지역 구분** 행정적 기준에 따라 특별시·광역시·도·특별자치시·특별자치도 등으로 구분함

2. 북한 지역의 특성과 통일 국토의 미래

1 북한의 자연환경

지형	• 북동부에 마천령·함경산맥, 백두산과 개마고원 등 높은 산지 분포 • 대하천은 주로 황해로 유입 → 대하천 주변에 평야 발달
기후	• 기온의 연교차가 크고 겨울이 긴 대륙성 기후 • 지형적 요인에 따른 강수량의 지역 차이가 큼 → 강원도 해안과 청천강 중·상류는 다우지, 대동강 하류와 관북 지방은 소우지

자료 북한의 지형과 기후 136쪽 707번 문제로 확인

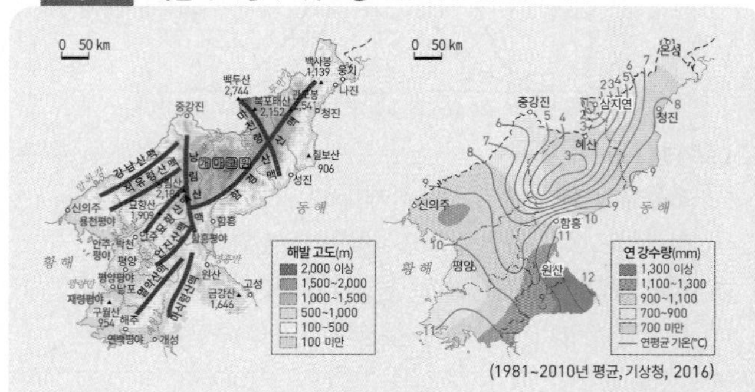

분석 북한은 낭림산맥을 중심으로 북동쪽으로 험준한 산지가 많고 개마고원이 분포한다. 개마고원 일대는 겨울이 매우 춥고, 지형과 바다의 영향으로 동위도상 동해안이 서해안보다 겨울 기온이 높다.

2 북한의 인문 환경 137쪽 710번 문제로 확인

인구	• 서부의 평야 지대와 동해안의 해안 평야에 인구가 밀집해 있음 • 출산 제한 정책을 실시하여 인구 증가율 감소 → 최근 저출산 문제로 출산 장려 정책 추진
도시	• 주로 서부 평야 지대와 동해 연안에 분포 • 평양(북한 최대의 도시), 남포(평양의 외항·서해 갑문 설치), 청진·원산(일제 강점기부터 공업 도시로 성장)
자원	지하자원 풍부, 에너지 소비에서 석탄의 비중이 가장 높음, 전력 생산에서 수력 발전(압록강, 장진강, 부전강 등) 비중이 높음
교통	철도 교통이 육상 수송의 중심, 도로 교통은 철도역과 주변 사이를 연결
산업	• 농업 : 밭농사 중심 • 군수 산업과 연계된 중공업 중심 → 산업 구조의 불균형 발생

3 북한의 개방 정책과 통일 국토의 미래

(1) **북한의 개방 정책** 1990년 사회주의 경제권의 붕괴로 산업 연관 관계가 단절됨에 따라 대외 경제 개방을 모색함

(2) **북한의 개방 지역** 신의주 특별 행정구(중국 홍콩을 모델로 함), 나선 경제특구(북한 최초의 개방 지역), 개성 공업 지구, 금강산 관광 지구

(3) **남북 교류 현황** 남북 교역 초기에는 단순 상품 교역 → 이후 위탁 가공 교역, 대북 직접 투자 등으로 확대

(4) **통일 국토의 미래** 경제적 상호 보완 효과, 국토의 효율적 이용과 균형적 발전, 평화 지대 구축 등

분석 기출 문제

» 바른답·알찬풀이 61쪽

핵심 개념 문제

•• 빈칸에 들어갈 알맞은 말을 쓰시오.

688 (   )은/는 다른 지역과 구분되는 지역의 고유한 속성으로, 자연환경과 인문 환경이 결합되어 형성된다.

689 (   )은/는 서로 인접한 두 지역의 특성이 혼재되어 나타나는 지역이다.

690 북한은 남한보다 겨울이 춥고 길며 여름은 짧고 서늘한 (   ) 기후가 나타난다.

691 북한은 에너지 소비에서 (   )이/가 가장 큰 비중을 차지한다.

•• 다음 내용이 옳으면 ○표, 틀리면 ×표를 하시오.

692 우리나라의 전통적 지역 구분에서 강원도와 함경도 사이의 철령을 기준으로 그 북쪽을 관북, 서쪽을 관서, 동쪽을 관동 지방으로 구분하였다. (   )

693 북한의 하천은 황해로 유입하는 두만강을 제외하면 대부분 유로가 짧고 경사가 급하여 해안가를 따라 소규모의 평야가 발달한다. (   )

694 북한의 교통 체계에서 육상 수송의 중심은 도로이다. (   )

•• ㉠, ㉡ 중 알맞은 것을 고르시오.

695 지역을 구분할 때 (㉠ 기능 지역, ㉡ 동질 지역)은 중심지와 그 중심지의 영향을 받는 배후 지역이 기능적으로 결합되어 있는 공간 범위이다.

696 북한의 지형을 살펴보면 낭림산맥의 서남쪽으로 갈수록 산지의 해발 고도가 (㉠ 낮아진다, ㉡ 높아진다).

697 북한은 산지와 경사지가 많고 작물의 생장 가능 기간이 짧아 토지 생산성이 (㉠ 낮다, ㉡ 높다).

•• 북한의 대표적인 도시와 그 특징을 바르게 연결하시오.

698 평양 • • ㉠ 평양의 관문 도시, 서해 갑문 설치

699 남포 • • ㉡ 중국과의 교역 통로이자 철도 교통의 중심지

700 원산 • • ㉢ 북한 최대의 도시, 정치·경제·사회의 중심지

701 신의주 • • ㉣ 경원선의 종착지, 일제 강점기에 공업 도시로 성장

1. 지역의 의미와 지역 구분

702

다음은 미래가 수업 시간에 자신이 살고 있는 지역을 소개한 내용의 일부이다. 이에 대한 설명으로 옳지 않은 것은?

우리 마을은 대한민국에, 그리고 강원도에, 그리고 영월군에, 그리고 한반도면 옹정리에 위치한 선암 마을입니다. 우리 마을은 평창강 끝머리에 있으며, 사진과 같은 한반도 지형이 유명해져 과거에 비해 관광객이 많아졌습니다.

① 규모에 따라 지역을 구분하여 설명하였다.
② 정치·행정적인 지역 구분 방식을 사용하고 있다.
③ 지역의 자연 및 인문 환경에 대해 설명하고 있다.
④ 공통적인 특성이 나타나는 지표 공간에 대해 설명하고 있다.
⑤ 관광객의 유입 증가로 기존의 지역 고유의 특성이 더욱 강화될 것이다.

빈출
703

(가), (나)는 서울의 노원구를 다른 기준으로 구분한 것이다. 이에 대한 옳은 설명만을 〈보기〉에서 있는 대로 고른 것은?

(가)

▲ 동(洞)별 행정 구역

(나)

▲ ○○치킨 매장 분포

[보기]
ㄱ. (가)는 동일한 지리적 현상이 나타나는 범위를 표현하였다.
ㄴ. (나)는 중심지와 주변 지역의 공간 관계 파악에 유리하다.
ㄷ. (가)는 (나)보다 교통 발달에 따라 범위가 더 크게 변화한다.
ㄹ. (나)는 (가)보다 지역 간의 상호 작용이 더 크게 영향을 미친다.

① ㄱ, ㄴ ② ㄱ, ㄷ ③ ㄱ, ㄴ, ㄷ
④ ㄱ, ㄴ, ㄹ ⑤ ㄴ, ㄷ, ㄹ

704

그림은 지역 구분을 모식적으로 나타낸 것이다. (가) 지역에 대한 옳은 설명을 〈보기〉에서 고른 것은?

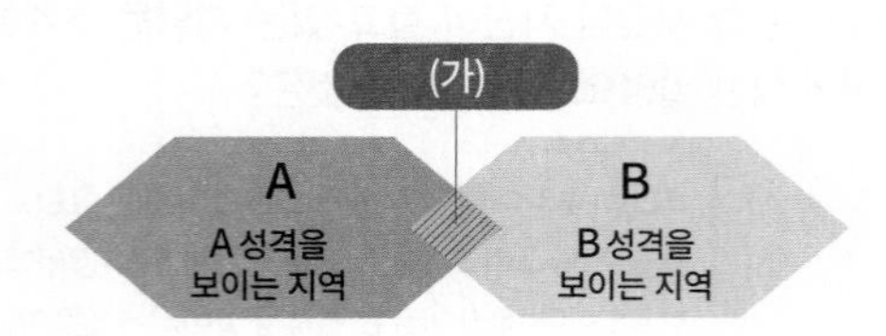

[보기]
ㄱ. 교통의 발달로 (가) 지역의 범위가 축소되고 있다.
ㄴ. (가)는 지역과 지역을 구분하는 경계의 의미를 지니고 있다.
ㄷ. (가)에서는 성격이 다른 두 지역의 특성이 함께 섞여 나타난다.
ㄹ. 평야 지역보다 산맥이 발달한 지역에서 (가) 지역이 상대적으로 넓게 나타난다.

① ㄱ, ㄴ ② ㄱ, ㄷ ③ ㄴ, ㄷ
④ ㄴ, ㄹ ⑤ ㄷ, ㄹ

빈출
705

A~D에 대한 옳은 설명만을 〈보기〉에서 있는 대로 고른 것은?

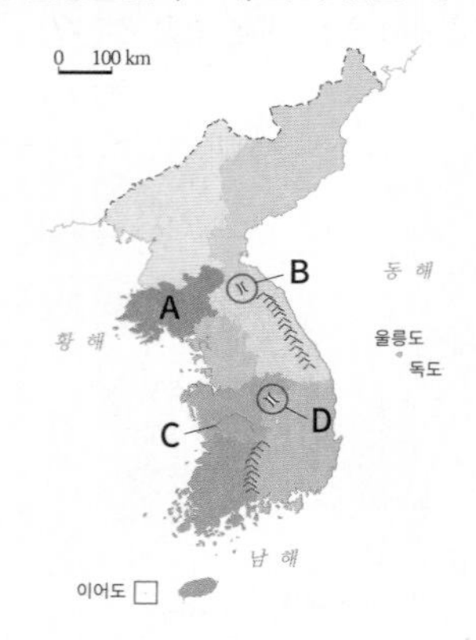

[보기]
ㄱ. A – 한양을 기준으로 바다 건너 서쪽에 위치한다.
ㄴ. B – 영동과 영서 지방을 구분하는 경계가 된다.
ㄷ. C – 호서와 호남을 구분하는 경계가 되는 강이다.
ㄹ. D – 과거 한양을 가던 주요 길목으로, 영남 지방의 구분 기준이다.

① ㄱ, ㄴ ② ㄱ, ㄷ ③ ㄱ, ㄴ, ㄷ
④ ㄱ, ㄷ, ㄹ ⑤ ㄴ, ㄷ, ㄹ

706

지도에 대한 옳은 설명을 〈보기〉에서 고른 것은?

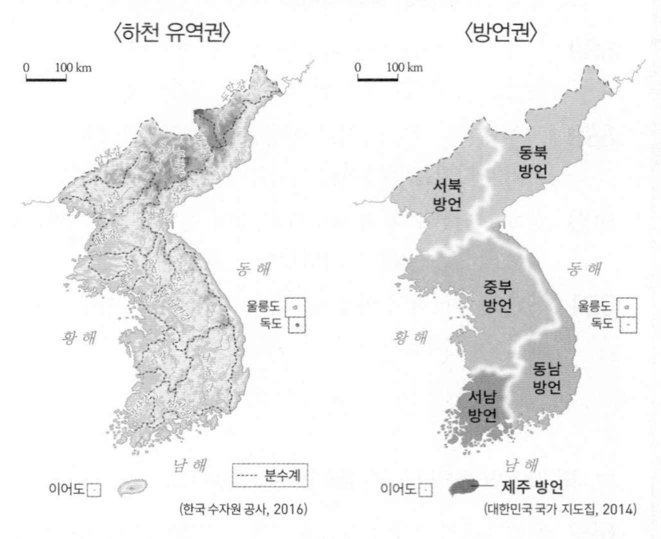

(한국 수자원 공사, 2016) (대한민국 국가 지도집, 2014)

[보기]
ㄱ. 백두대간은 문화 교류에 장애로 작용하였을 것이다.
ㄴ. 자연환경이 인문적 요소에 미치는 영향을 알 수 있다.
ㄷ. 방언권은 행정적 기준에 따른 오늘날의 지역 구분과 일치한다.
ㄹ. 하천 유역권과 방언권 모두 기능 지역의 측면에서 우리나라를 구분한 것이다.

① ㄱ, ㄴ ② ㄱ, ㄷ ③ ㄴ, ㄷ
④ ㄴ, ㄹ ⑤ ㄷ, ㄹ

2. 북한 지역의 특성과 통일 국토의 미래

빈출
707

A~E 지역에 대한 설명으로 옳지 않은 것은?

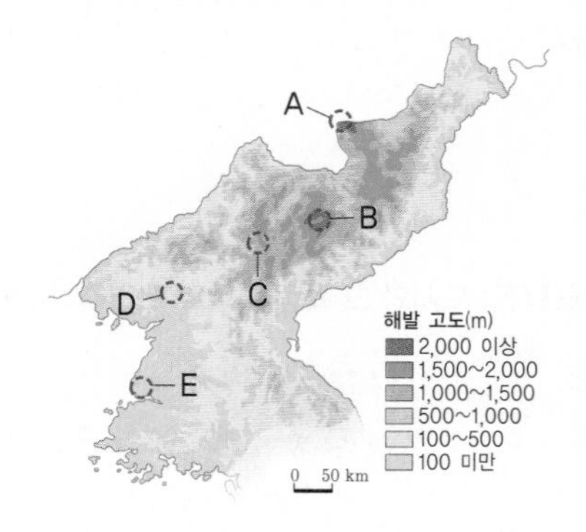

① A – 우리나라에서 해발 고도가 가장 높은 산이 위치한다.
② B – 해발 고도가 높으므로 인구 밀도가 낮을 것이다.
③ C – 오랜 침식을 받아 형성된 2차 산맥의 일부이다.
④ D – 지형과 풍향의 영향으로 다우지를 이룬다.
⑤ E – 일조량이 풍부하여 천일제염업과 과일 생산에 유리하다.

708

(가)~(라) 기후가 나타나는 지역을 지도의 A~D에서 고른 것은?

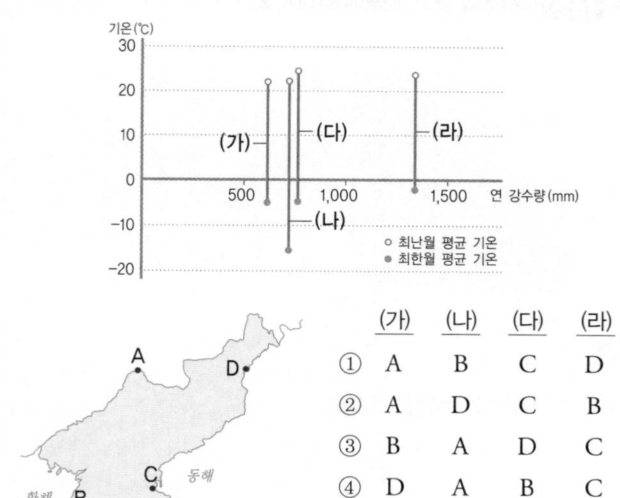

	(가)	(나)	(다)	(라)
①	A	B	C	D
②	A	D	C	B
③	B	A	D	C
④	D	A	B	C
⑤	D	C	B	A

709

그래프는 남북한의 식량 작물별 생산 비중을 나타낸 것이다. 이에 대한 옳은 설명만을 〈보기〉에서 있는 대로 고른 것은?

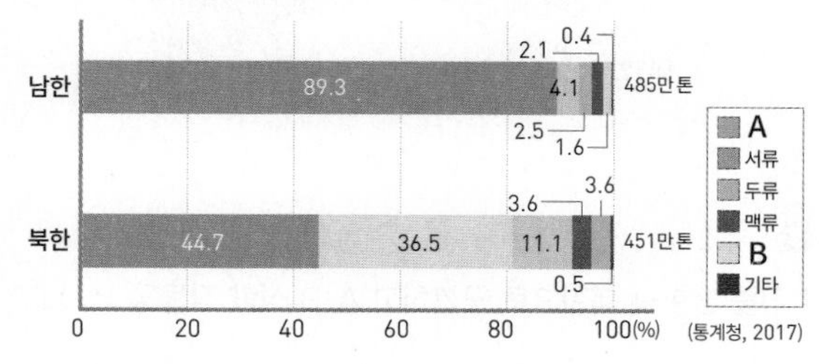

[보기]

ㄱ. 남한은 북한보다 맥류의 총 생산량이 많다.

ㄴ. 북한은 남한에 비해 밭작물의 재배 비중이 높다.

ㄷ. A는 쌀로 남한이 북한보다 생산량이 많다.

ㄹ. B는 옥수수로 북한이 남한보다 생산량이 많다.

① ㄱ, ㄴ　② ㄱ, ㄷ　③ ㄴ, ㄷ

④ ㄱ, ㄴ, ㄹ　⑤ ㄴ, ㄷ, ㄹ

빈출

710

지도는 북한의 전력 자원 분포를 나타낸 것이다. A, B 발전 양식에 대한 옳은 설명을 〈보기〉에서 고른 것은? (단, A, B는 수력, 화력 발전 양식 중 하나임.)

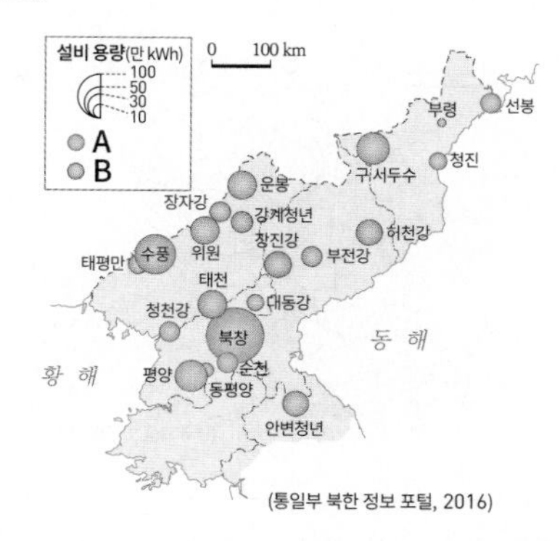

(통일부 북한 정보 포털, 2016)

[보기]

ㄱ. A의 연료는 북한의 경우 전량 수입에 의존하고 있다.

ㄴ. A는 B보다 발전소 입지의 자연적 제약이 작다.

ㄷ. B는 A보다 발전 과정에서 대기 오염 물질 배출량이 많다.

ㄹ. B는 A보다 남한의 전력 생산에서 차지하는 비중이 작다.

① ㄱ, ㄴ　② ㄱ, ㄷ　③ ㄴ, ㄷ

④ ㄴ, ㄹ　⑤ ㄷ, ㄹ

711

그래프는 남북한의 1차 에너지 소비 구조를 나타낸 것이다. A~E 에너지에 대한 설명으로 옳은 것은? (단, A~E는 석유, 석탄, 수력, 원자력, 천연가스 중 하나임.)

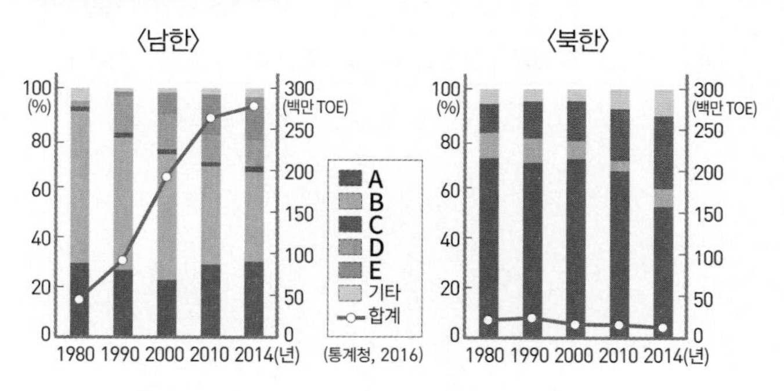

① A는 북한이 남한보다 에너지 소비 비중이 낮다.

② B는 D에 비해 남한의 경우 전력 생산에 이용되는 비중이 높다.

③ C는 A에 비해 고갈 가능성이 높다.

④ D는 C에 비해 상업적으로 이용된 시기가 이르다.

⑤ A, B, E는 화석 연료에 해당한다.

712

지도는 북한의 육상 교통망을 나타낸 것이다. 이에 대한 옳은 설명을 〈보기〉에서 고른 것은?

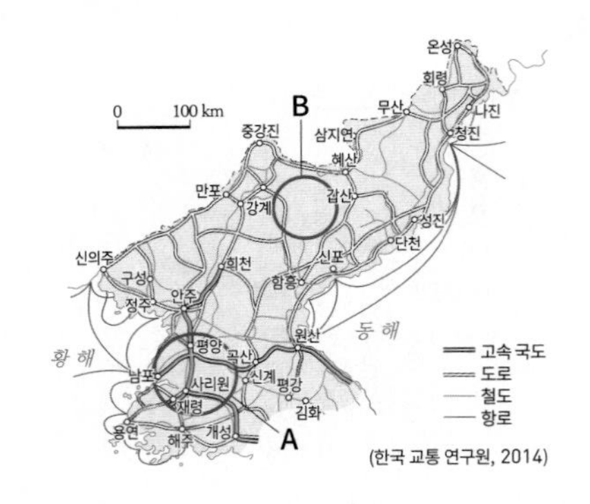

(한국 교통 연구원, 2014)

[보기]

ㄱ. 도로가 철도보다 여객 및 화물 수송의 분담률이 높다.
ㄴ. 고속 국도는 평야의 대도시와 그 주변에 주로 분포한다.
ㄷ. 북한은 남부 지역보다 북부 지역의 교통이 발달하였다.
ㄹ. A 지역과 B 지역의 교통망 차이는 지형의 영향이 반영된 것이다.

① ㄱ, ㄴ ② ㄱ, ㄷ ③ ㄴ, ㄷ
④ ㄴ, ㄹ ⑤ ㄷ, ㄹ

713

(가)~(다)에서 설명하는 지역을 지도의 A~E에서 고른 것은?

(가)	홍콩처럼 개발하기 위해 외자 유치 및 교역 확대를 유도함
(나)	유엔 개발 계획(UNDP)의 지원을 받은 북한 최초의 경제 개방 지역
(다)	이산가족 상봉과 같은 남북 교류의 장으로도 이용되는 관광 지구

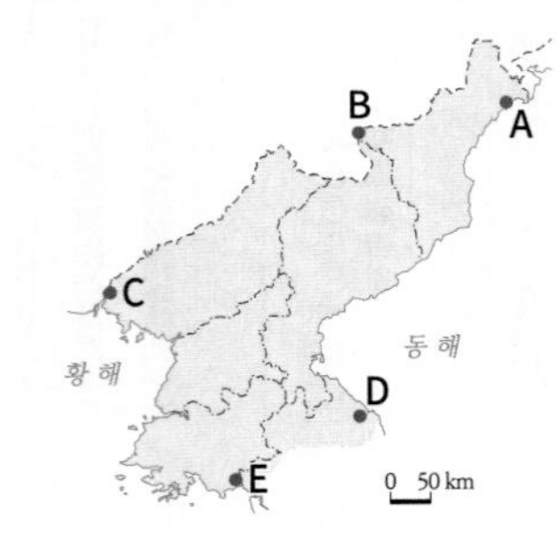

	(가)	(나)	(다)
①	A	C	B
②	B	A	C
③	C	A	D
④	D	E	A
⑤	E	B	D

1등급을 향한 서답형 문제

[714~715] 지도를 보고 물음에 답하시오.

(가) (나)

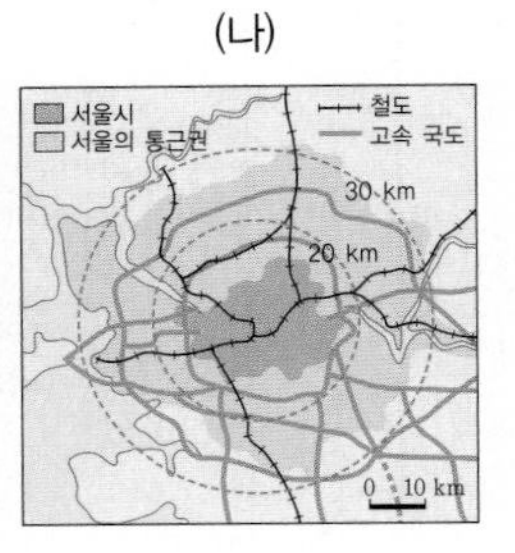

714

(가), (나) 지역 구분의 유형을 쓰시오.

715

(가), (나) 지역 구분 유형의 특징과 사례를 서술하시오.

[716~717] 그래프는 남북한의 식량 작물 생산 현황을 나타낸 것이다. 물음에 답하시오.

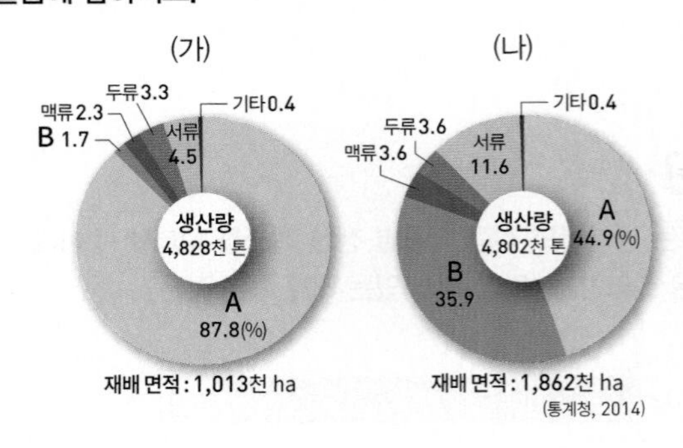

(통계청, 2014)

716

(가), (나)를 남한과 북한으로 구분하고 A, B 식량 작물을 쓰시오.

717

A, B 작물의 생산량이 차이나는 이유를 남한과 북한의 자연 조건과 관련하여 비교·서술하시오.

적중 1등급 문제

» 바른답·알찬풀이 62쪽

718

(가)~(다) 지역의 기후 특성에 대한 설명으로 옳지 않은 것은? (단, (가)~(다)는 지도에 표시된 A~C 지역 중 하나임.)

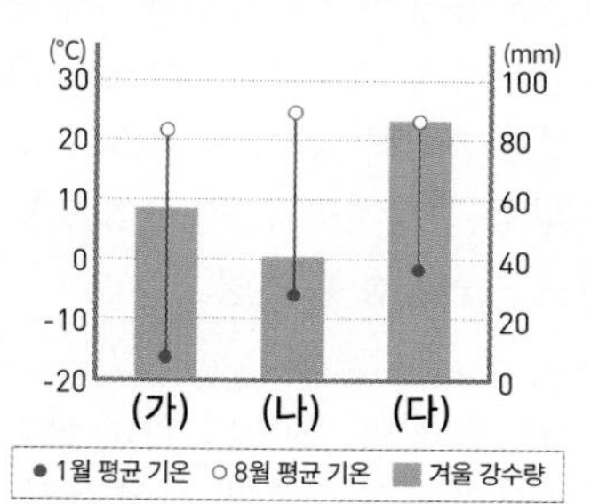

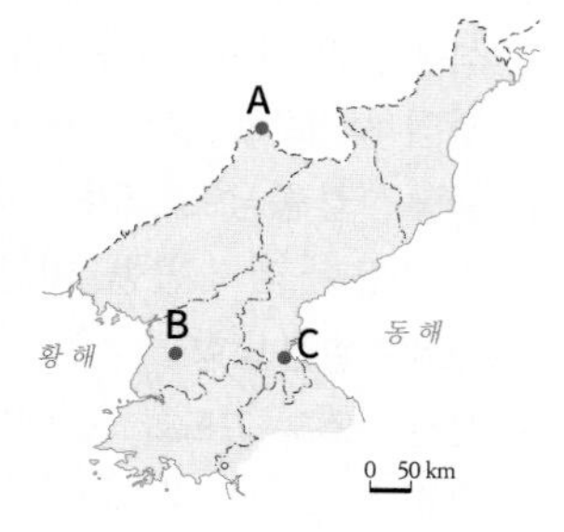

① A는 B보다 1월 평균 기온이 높다.
② B는 C보다 기온의 연교차가 크다.
③ (가)는 (나)보다 고위도 지역이다.
④ (가)는 내륙, (다)는 해안에 위치한다.
⑤ (가)는 A, (나)는 B, (다)는 C이다.

719

그래프는 주요 식량 작물별 남북한 생산량 비율을 나타낸 것이다. 이에 대한 옳은 설명을 〈보기〉에서 고른 것은? (단, A~C는 쌀, 옥수수, 서류(감자 등) 중 하나임.)

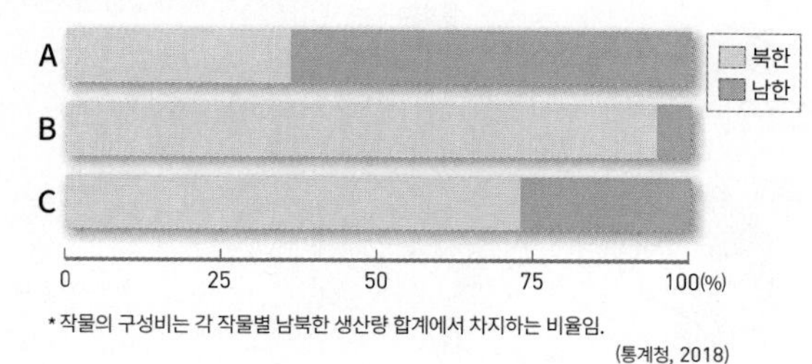

* 작물의 구성비는 각 작물별 남북한 생산량 합계에서 차지하는 비율임.
(통계청, 2018)

[보기]

ㄱ. 북한에서 A는 관서 지방의 평야 지대에서 주로 생산된다.
ㄴ. A는 논에서, B와 C는 밭에서 주로 생산된다.
ㄷ. C는 A의 그루갈이 작물로 재배된다.
ㄹ. 북한은 작물의 생장 가능 기간이 길어 C보다 B의 생산량이 많다.

① ㄱ, ㄴ ② ㄱ, ㄷ ③ ㄴ, ㄷ
④ ㄴ, ㄹ ⑤ ㄷ, ㄹ

720

그래프는 지도에 표시된 네 지역의 기후 특성을 나타낸 것이다. (가)~(라)에 해당하는 지역을 A~D에서 고른 것은?

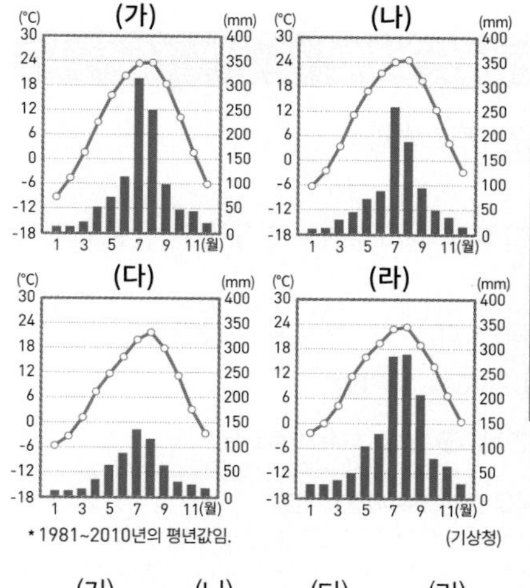

* 1981~2010년의 평년값임.
(기상청)

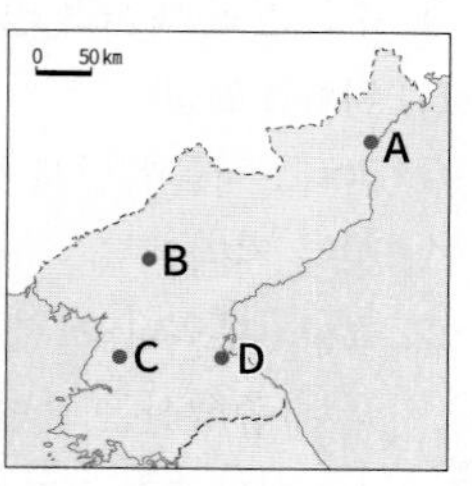

	(가)	(나)	(다)	(라)
①	A	B	C	D
②	A	D	C	B
③	B	C	A	D
④	B	D	C	A
⑤	C	A	D	B

721

지도는 전통적인 지역 구분을 나타낸 것이다. 이에 대한 설명으로 옳은 것은?

① 도시 계층에 따라 지역을 구분하였다.
② 해서 지방의 주요 도시는 개성과 양주이다.
③ 관북 지방은 철령을 기준으로 북쪽에 위치한 지역이다.
④ 한강을 기준으로 남쪽은 호남 지방, 서쪽은 호서 지방이다.
⑤ 관동 지방은 조령을 기준으로 영동 지방과 영서 지방으로 구분된다.

17 수도권, 강원 지방, 충청 지방

Ⅶ 우리나라의 지역 이해

✓ 출제 포인트 ✓ 수도권의 산업 특성 ✓ 영동 지방과 영서 지방 비교 ✓ 충청 지방의 주요 도시 특징

1. 인구와 기능이 집중한 수도권

1 수도권의 특성과 공간 구조 변화

(1) 위치와 특성

① 위치 : 서울특별시·인천광역시·경기도로 구성된 한반도의 중서부 지역

② 특성 : 우리나라 전체 면적의 약 12%에 불과하지만, 인구와 국내 총생산은 절반 정도를 차지함

(2) 수도권의 공간 구조 변화 141쪽 734번 문제로 확인

산업	• 1960년대 서울을 중심으로 제조업 발달 • 1970~80년대 서울의 외곽 지역으로 분산 및 산업 성장 가속화 • 탈공업화 진행 : 2차 산업 감소 → 생산자 서비스업을 중심으로 3차 산업 급성장 • 지식 기반 산업의 공간적 분화 : 지식 기반 제조업은 경기·인천에, 지식 기반 서비스업은 주로 서울에 입지
문화 시설	• 1960년대 서울을 중심으로 여가·스포츠 공간·교육 기관 등의 시설이 집중 분포 • 최근 다양한 문화 시설이 경기와 인천으로 확산

2 수도권의 문제점과 해결 방안

문제점	• 집적 불이익 발생 : 주거 환경 악화, 교통 혼잡, 지가 상승, 환경오염 심화 등 • 국토 공간의 불균형 : 지역 간 갈등 발생
해결 방안	• 수도권 정비 계획을 수립하여 서울 중심의 도시 구조 탈피 → 다핵 연계형 공간 구조로 전환 • 과밀 부담금 제도와 수도권 공장 총량제 시행

2. 자연이 빛나는 강원 지방

1 영동 지방 및 영서 지방

(1) 자연환경 143쪽 739번 문제로 확인

구분	영서 지방	영동 지방
지형	• 대체로 경사가 완만하고, 고위 평탄면과 침식 분지가 발달 • 감입 곡류 하천 발달	• 동서 폭이 좁고 영서 지방에 비해 급경사가 나타남 • 해안가에 소규모 평야 발달
기후	• 북서 계절풍에 의해 영동 지방보다 겨울철 기온이 낮음 • 고위 평탄면 등 해발 고도가 높은 곳의 여름철 기온이 낮음	• 동해와 태백산맥의 영향으로 겨울철 기온이 온화함 • 북동 기류의 영향으로 강설량이 많음

(2) 인문 환경

구분	영서 지방	영동 지방
언어	수도권과 유사한 방언 사용	북부 지방이나 영남 지방과 비슷한 방언 사용
생활	• 감자, 옥수수 등의 밭농사 중심 • 고랭지 농업, 목축업 발달	• 반농반어촌 • 해안 지형을 이용한 관광 산업

2 강원 지방의 산업 구조 변화와 발전 방향

(1) 산업 구조의 변화 143쪽 741번 문제로 확인

① 농·목축업 발달 : 고위 평탄면을 활용한 고랭지 농업과 목축업

② 석탄 산업 쇠퇴 : 지하자원이 풍부하게 매장되어 남한 제1의 광업 지역으로 성장 → 석탄 산업 합리화 정책으로 쇠퇴

③ 관광 산업 중심으로 전환 : 탄광촌을 관광지로 복원, 산업 철도를 이용한 레저 활동, 아름다운 자연환경 홍보 등

(2) 새로운 발전 방향

① 산업 구조의 고도화 : 춘천의 바이오 산업, 원주의 의료 산업 클러스터, 강릉의 해양 신소재 산업 등 지식 기반 산업 육성

② 관광 산업 특화 : 고위 평탄면을 이용한 목장, 석회동굴과 같은 카르스트 지형, 동해안의 해수욕장 등

3. 빠르게 성장하는 충청 지방

1 위치

대전광역시, 세종특별자치시, 충청북도, 충청남도로 구성 → 교통·물류의 중심지

2 지역 구조의 변화

(1) 산업 구조의 변화 수도권 규제에 따른 수도권 공업의 이전

서해안 지역	서산(석유 화학), 당진(제철), 아산(IT, 자동차) 등 공업 발달
내륙 지역	오송 생명 과학 단지, 오창 과학 산업 단지, 대덕 연구 개발 특구 등 지식 첨단 산업 발달
충북 경제 자유 구역	충주와 청주 일대에 바이오 메디컬, 복합 항공 산업, 친환경 생태 클러스터 등 첨단 산업 집적

자료 충청 지방의 산업 입지 144쪽 745번 문제로 확인

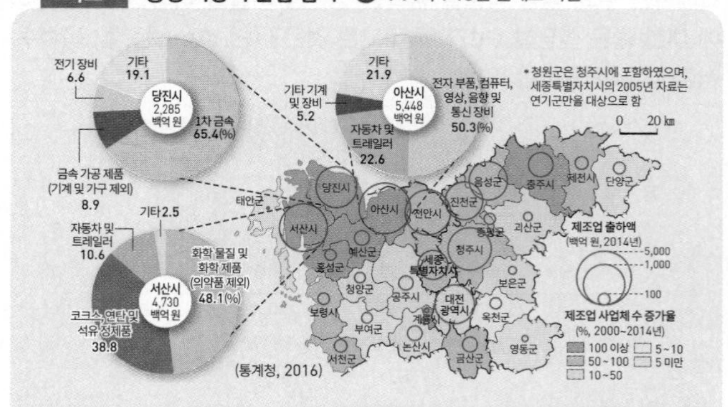

분석 수도권의 공업 기능이 충청 지방으로 이전함에 따라 충청 지방 제조업의 지역 내 총 생산액과 제조업 종사자 수가 크게 증가하였다.

(2) 도시의 성장 145쪽 747번 문제로 확인

세종특별자치시	수도권의 행정 기능 분담
기업 도시	충주(지식 기반형 산업), 태안(관광 레저형 산업)
혁신 도시	진천·음성(정부 기관 이전, 산·학·연·관의 협력), 내포
내포 신도시	충청남도의 지방 행정 기능 이전

분석 기출 문제

» 바른답·알찬풀이 63쪽

핵심 개념 문제

•• 빈칸에 들어갈 알맞은 말을 쓰시오.

722 수도권은 2000년대 이후 첨단 산업과 같이 지식을 활용하여 고부가 가치를 창출하는 (　　　　　)이/가 성장하였다.

723 강원도는 (　　　　　)을/를 경계로 영서 지방과 영동 지방으로 나눌 수 있다.

724 1980년대 이후 가정용 연료 변화와 (　　　　　) 정책으로 강원도의 석탄 산업이 쇠퇴하였다.

725 충청 지방에서 도청 소재지의 이전을 위해 조성된 신도시는 (　　　　　) 신도시이다.

•• 다음 내용이 옳으면 ○표, 틀리면 ×표를 하시오.

726 수도권의 지식 기반 산업은 공간적으로 분화되어 나타나는데, 서울은 지식 기반 서비스업이, 인천과 경기도는 지식 기반 제조업이 발달하였다. (　　)

727 충청 지방은 수도권과 인접한 시·군과 행정 복합 도시인 세종특별자치시의 인구가 크게 증가하고 있다. (　　)

728 원주는 강원도의 도청 소재지이며, 바이오 산업이 발달해 있다. (　　)

•• ㉠~㉢ 중 알맞은 것을 고르시오.

729 충청 지방의 당진은 (㉠ 제철, ㉡ 자동차, ㉢ 석유 화학) 공업, 서산은 (㉠ 제철, ㉡ 자동차, ㉢ 석유 화학) 공업, 아산은 (㉠ 제철, ㉡ 자동차, ㉢ 석유 화학) 공업이 발달하였다.

730 정부 기관의 이전과 산·학·연·관의 협력이 나타나는 진천·음성은 (㉠ 기업 도시, ㉡ 혁신 도시)이고, 지식 기반형 산업이 발달한 충주와 관광 레저형 산업이 발달한 태안은 (㉠ 기업 도시, ㉡ 혁신 도시)이다.

•• 영서 지방과 영동 지방의 특징을 바르게 연결하시오.

731 영서 지방 •

732 영동 지방 •

- • ㉠ 고랭지 작물 재배
- • ㉡ 연교차가 큰 대륙성 기후
- • ㉢ 급경사의 산지와 좁은 해안 평야
- • ㉣ 완만한 경사의 고위 평탄면 발달
- • ㉤ 북동 기류의 영향으로 강설량 많음
- • ㉥ 동해와 태백산맥의 영향으로 겨울 기온이 온화함

1. 인구와 기능이 집중한 수도권

733

그래프는 수도권과 서울의 집중도를 나타낸 것이다. 이에 대한 분석으로 옳은 내용을 〈보기〉에서 고른 것은?

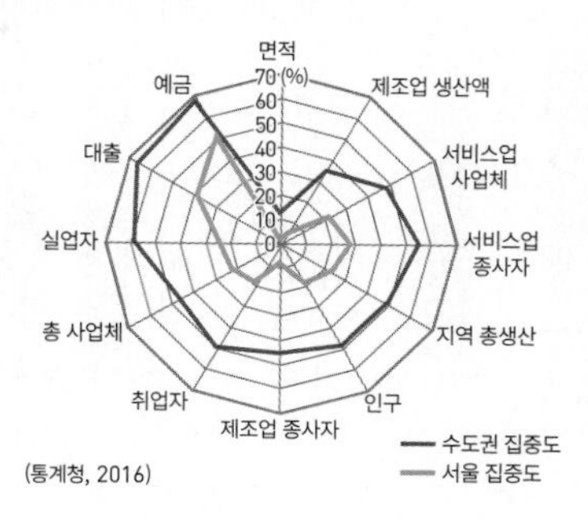

[보기]
ㄱ. 총 사업체는 서울보다 경기·인천의 집중도가 더 높다.
ㄴ. 제조업 1인당 생산액은 비수도권이 수도권보다 많다.
ㄷ. 취업자 집중도는 서울>경기·인천>비수도권 순으로 높다.
ㄹ. 비수도권은 서비스업 사업체 집중도보다 서비스업 종사자 집중도가 더 높다.

① ㄱ, ㄴ　② ㄱ, ㄷ　③ ㄴ, ㄷ　④ ㄴ, ㄹ　⑤ ㄷ, ㄹ

빈출 **734**

그래프는 수도권의 산업 현황을 나타낸 것이다. 이에 대한 옳은 설명을 〈보기〉에서 고른 것은?

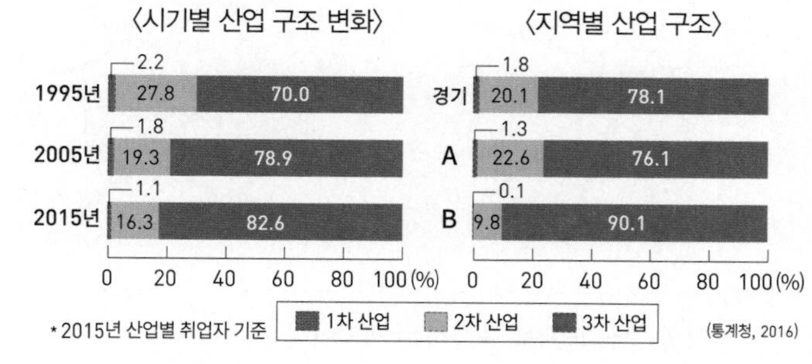

[보기]
ㄱ. 수도권의 제조업 비중은 감소하고 있다.
ㄴ. 경기는 A보다 2차 산업 종사자 수가 많다.
ㄷ. A는 수도권 내 2차 산업 비중이 가장 높으므로 서울이다.
ㄹ. B는 수도권 내 1차 산업 종사자 비중이 가장 낮으므로 인천이다.

① ㄱ, ㄴ　② ㄱ, ㄷ　③ ㄴ, ㄷ　④ ㄴ, ㄹ　⑤ ㄷ, ㄹ

735

그래프의 A~C에 해당하는 지역으로 옳은 것은?

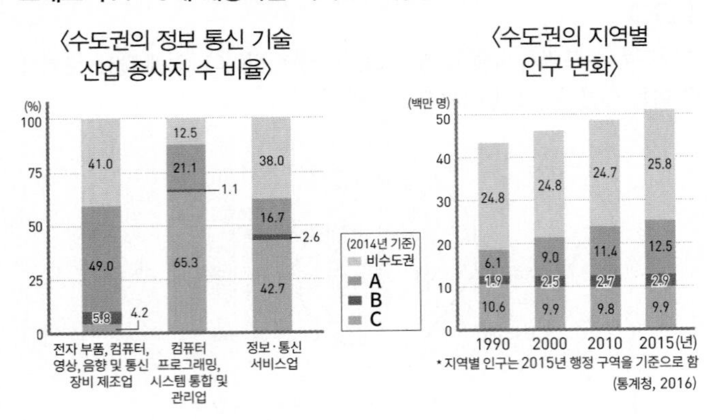

	A	B	C
①	경기	서울	인천
②	경기	인천	서울
③	서울	경기	인천
④	서울	인천	경기
⑤	인천	경기	서울

736

지도는 우리나라의 제3차 수도권 정비 계획을 나타낸 것이다. 수도권의 공간 구조 개편 후에 대한 옳은 설명만을 〈보기〉에서 있는 대로 고른 것은?

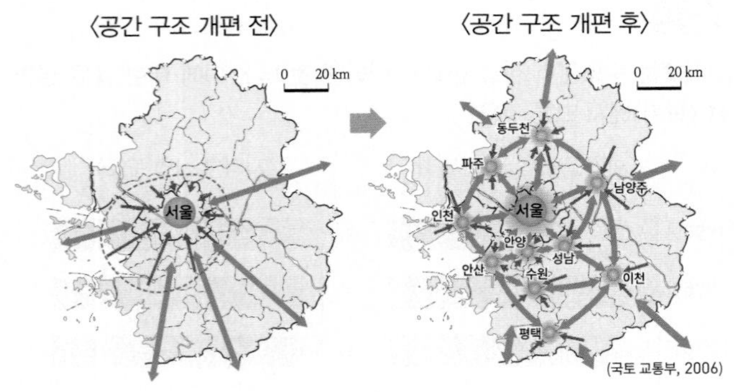

[보기]

ㄱ. 지역별 중심 도시를 육성하는 계획이다.
ㄴ. 변화되는 공간 구조에 맞게 방사형 교통망으로 개편하고 있다.
ㄷ. 자립적 다핵 연계형 공간 구조로 전환하려는 목표로 진행하고 있다.
ㄹ. 서울과 주변 지역의 과밀화를 완화하기 위해 도시권별 자족성을 증대하는 것이 목적이다.

① ㄱ, ㄴ ② ㄱ, ㄷ ③ ㄱ, ㄴ, ㄷ
④ ㄱ, ㄷ, ㄹ ⑤ ㄴ, ㄷ, ㄹ

737

A~E 지역에 대한 설명으로 옳은 것은?

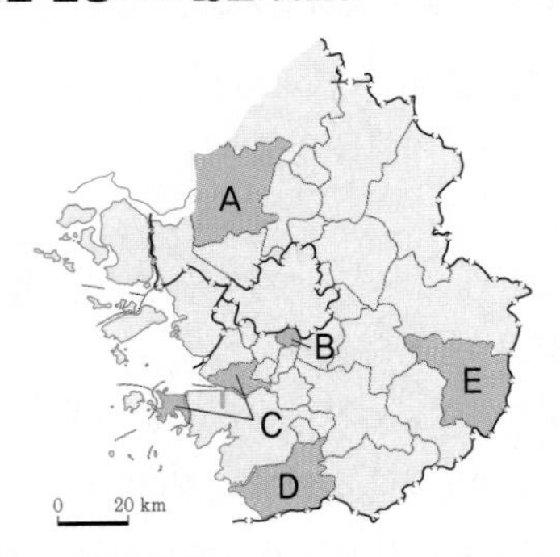

① A – 남한과 북한을 연결하는 교통 요충지로서의 역할이 기대되며, 서울의 행정 기능을 분담하고 있다.
② B – 서울의 위성 도시로 대규모 산업 단지가 조성되어 제조업 종사자 비중이 높다.
③ C – 외국인 근로자의 유입으로 '국경 없는 마을'이 형성되었다.
④ D – 벼농사가 활발하게 이루어지며 매년 도자기 축제가 열린다.
⑤ E – 수도권 남부의 물류 기능의 중심지로서 경제 자유 구역이 지정된 곳이 있다.

738

(가), (나) 지역의 특징을 비교한 그래프의 A, B에 들어갈 내용으로 옳은 것은?

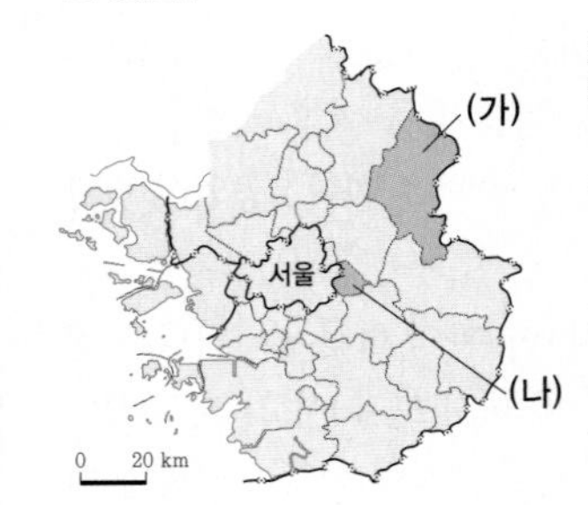

구분	(가)	(나)
인구(명)	59,391	183,905
통근·통학 유입 인구(명)	7,173	36,981
통근·통학 유출 인구(명)	4,778	58,448

(통계청, 2018)

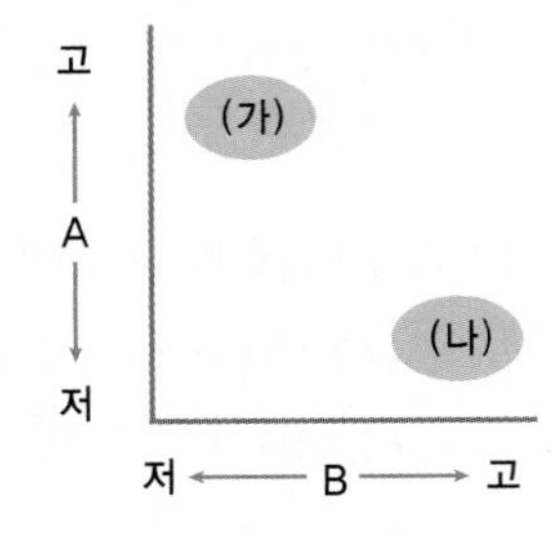

	A	B
①	평균 지가	인구 밀도
②	평균 지가	농업 종사자 비중
③	인구 밀도	평균 지가
④	주간 인구 지수	인구 밀도
⑤	주간 인구 지수	농업 종사자 비중

2. 자연이 빛나는 강원 지방

빈출
739

A~C 지역의 상대적인 기후 값에 대한 비교로 옳은 것은?

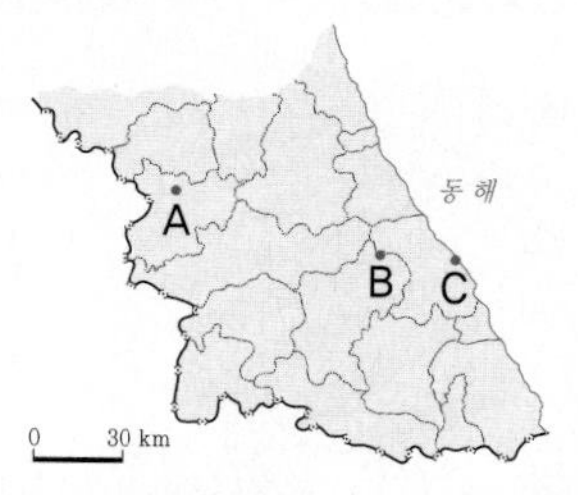

	관점	A	B	C
①	연 강수량	고	중	저
②	기온의 연교차	고	중	저
③	최한월 평균 기온	저	고	중
④	최난월 평균 기온	저	고	중
⑤	여름철 강수 집중률	저	고	중

740

그래프에 대한 옳은 설명만을 〈보기〉에서 있는 대로 고른 것은?

〈광산 도시의 인구 변화〉

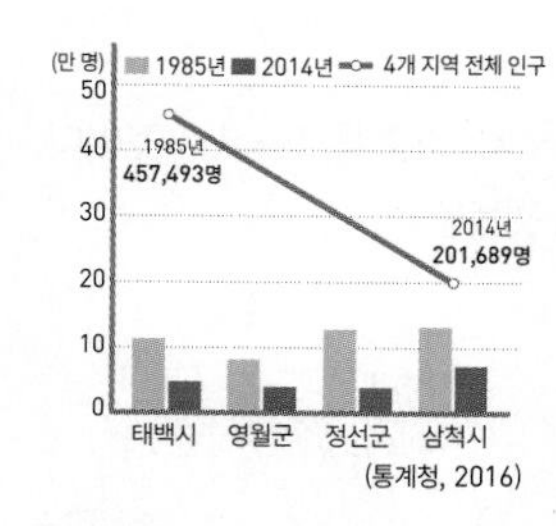

〈태백시의 산업별 종사자 비율 변화〉

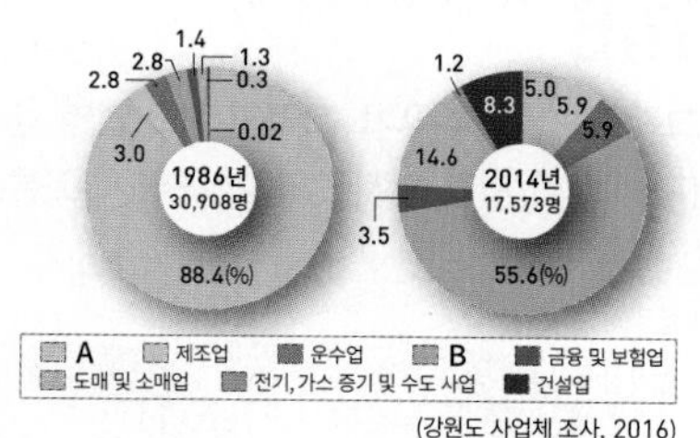

[보기]

ㄱ. A는 광업, B는 기타 서비스업이다.
ㄴ. 태백시는 B 산업의 발달로 전체 인구가 증가하였다.
ㄷ. 광산 도시의 인구 변화는 석탄 산업 합리화 정책과 관련이 있다.
ㄹ. 광산 도시의 인구 변화는 A 산업의 종사자 비율 변화와 관련 있다.

① ㄴ ② ㄱ, ㄴ ③ ㄷ, ㄹ
④ ㄱ, ㄷ, ㄹ ⑤ ㄴ, ㄷ, ㄹ

빈출
741

A 자원에 대한 설명으로 옳은 것은?

〈A의 분포〉 〈강원도의 A 생산량 변화〉

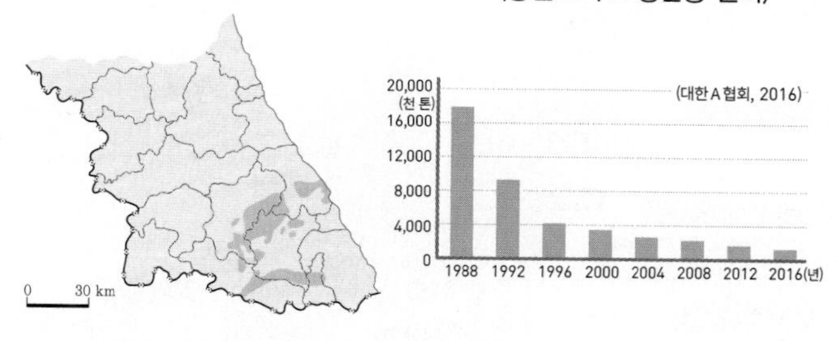

① 신생대 지층에 주로 매장되어 있다.
② 내화 벽돌 및 도자기의 원료로 이용된다.
③ 냉동 액화 기술의 발달로 소비량이 급증하였다.
④ 원료 지향형 공업인 시멘트 공업의 원료로 이용된다.
⑤ 가정용 에너지의 소비 구조 변화로 생산량이 감소하였다.

742

(가)~(라)의 특징이 나타나는 지역을 지도의 A~D에서 고른 것은?

(가) 환선굴과 같은 빼어난 경관의 석회동굴로 유명하다.
(나) 통일 전망대에서 금강산의 대표적인 봉우리를 볼 수 있다.
(다) 강원도의 도청 소재지로 인공 호수를 방문하는 관광객이 많은 곳이다.
(라) 고랭지 농업과 목축업이 활발하며, 2018년 동계 올림픽을 개최한 곳이다.

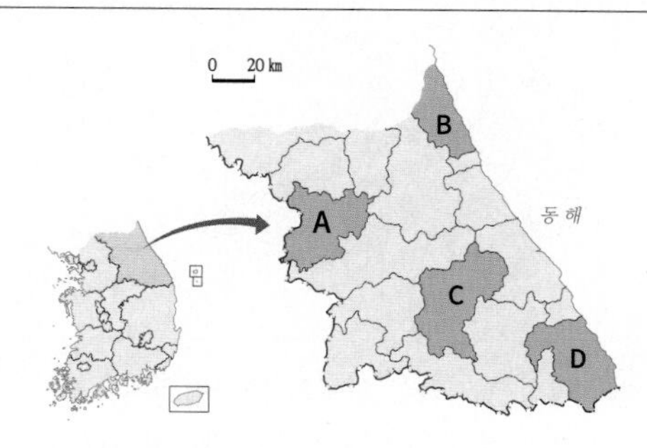

	(가)	(나)	(다)	(라)
①	A	B	C	D
②	B	D	A	C
③	C	B	A	D
④	D	B	A	C
⑤	D	C	B	A

743

지도는 강원 지방의 주력 첨단 산업과 관광 자원을 나타낸 것이다. 이에 대한 추론으로 옳은 내용을 〈보기〉에서 고른 것은?

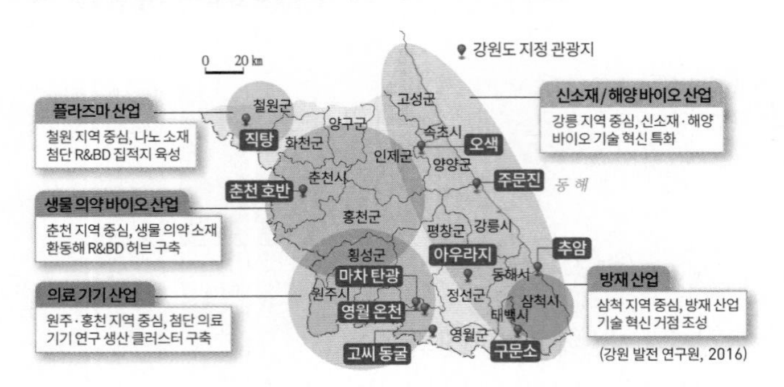

[보기]
ㄱ. 강원 지방은 광업의 산업 특화도가 더욱 강화될 것이다.
ㄴ. 수도권의 지식 산업 기능 강화를 위해 강원도에 관련 산업을 집중시킨 것이다.
ㄷ. 강원 지방은 지식을 기반으로 한 첨단 산업 육성으로 산업 구조가 점차 고도화될 것이다.
ㄹ. 강원 지방은 지식 기반 산업의 유치를 통해 지역 경제를 활성화시키기 위해 노력하고 있을 것이다.

① ㄱ, ㄴ ② ㄱ, ㄷ ③ ㄴ, ㄷ ④ ㄴ, ㄹ ⑤ ㄷ, ㄹ

3. 빠르게 성장하는 충청 지방

744

지도는 충청 지방의 주요 교통 체계와 시·군별 인구 변화를 나타낸 것이다. 이에 대한 옳은 설명을 〈보기〉에서 고른 것은?

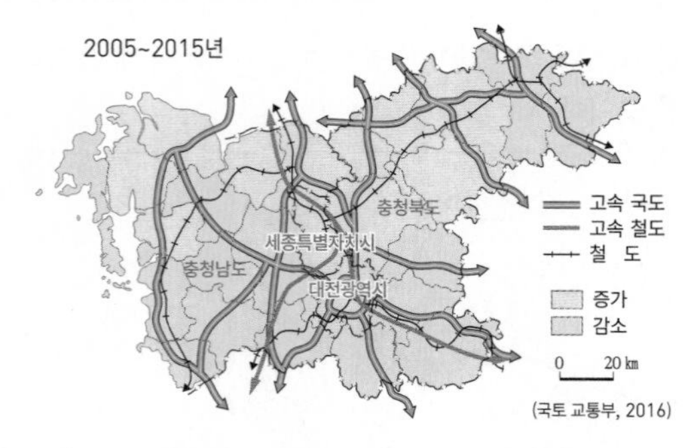

[보기]
ㄱ. 수도권과 인접한 지역은 인구가 증가하였다.
ㄴ. 호남 지방과 인접한 지역은 인구가 감소하였다.
ㄷ. 인구 증가 지역은 인구 감소 지역보다 중위 연령이 높다.
ㄹ. 경부축과 호남축의 교통망이 만나는 곳은 인구가 감소하였다.

① ㄱ, ㄴ ② ㄱ, ㄷ ③ ㄴ, ㄷ ④ ㄴ, ㄹ ⑤ ㄷ, ㄹ

빈출

745

지도는 충청 지방의 제조업 현황을 나타낸 것이다. 이에 대한 추론으로 옳은 내용을 〈보기〉에서 고른 것은?

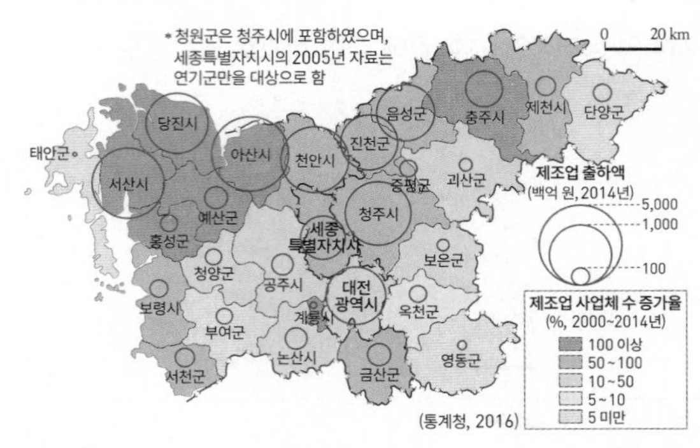

[보기]
ㄱ. 상대적으로 대전은 공업화, 당진은 탈공업화가 진행되고 있다.
ㄴ. 제조업 성장으로 충청 지방 내의 지역 격차가 완화되고 있을 것이다.
ㄷ. 이러한 현상은 충청 지방의 지리적 위치의 이점 및 교통의 발달과 관련 있다.
ㄹ. 수도권과 인접한 지역이 호남권과 인접한 지역보다 제조업 성장이 두드러진다.

① ㄱ, ㄴ ② ㄱ, ㄷ ③ ㄴ, ㄷ ④ ㄴ, ㄹ ⑤ ㄷ, ㄹ

746

그래프는 (가)~(다) 지역의 제조업별 종사자 비중을 나타낸 것이다. (가)~(다) 지역을 지도의 A~E에서 고른 것은?

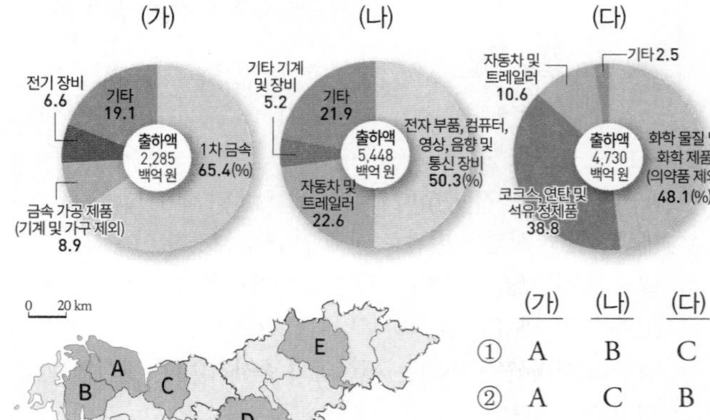

	(가)	(나)	(다)
①	A	B	C
②	A	C	B
③	B	C	D
④	D	A	E
⑤	E	D	A

빈출
747

A~E 지역에 대한 설명으로 옳은 것은?

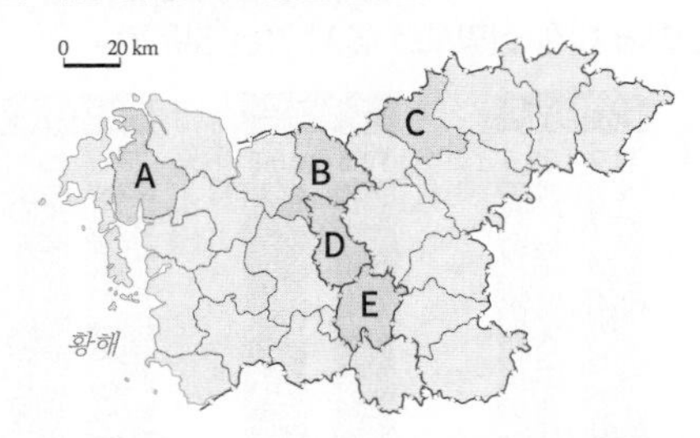

① A - 입지상의 이점으로 제철 공업이 발달하였다.
② B - 충청권의 균형 발전을 위해 도청이 이전한 곳이다.
③ C - 공공 기관 이전을 통해 지역 발전을 유도하는 혁신 도시가 위치한다.
④ D - 유명 대학과 연구소, 산업체가 연계된 첨단 과학 기술 개발 지역이다.
⑤ E - 행정 중심 복합 도시로, 최근 인구 유입이 많다.

748

(가)~(마) 지역에 대한 탐구 주제 선정이 적절하지 않은 모둠을 고른 것은?

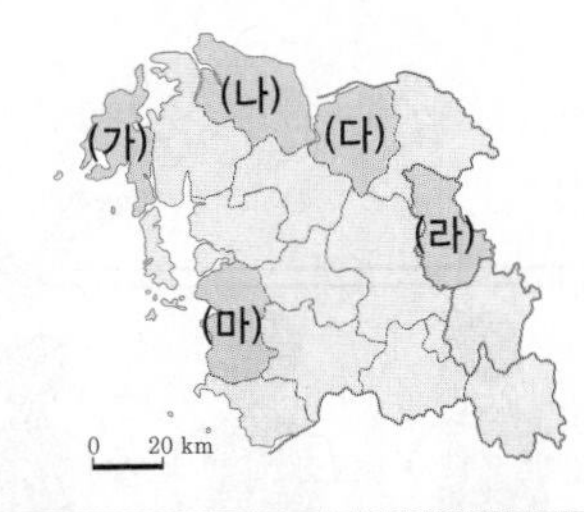

모둠	조사 지역	탐구 주제
A	(가)	북서 계절풍이 해안 사구 발달에 끼친 영향
B	(나)	공업 발달이 지역 경제에 끼친 영향
C	(다)	수도권 전철 확장과 지역 변화
D	(라)	도청 소재지 이전에 따른 지역 변화
E	(마)	석탄 박물관과 머드 축제를 활용한 관광 산업

① A ② B ③ C ④ D ⑤ E

1등급을 향한 서답형 문제

[749~750] 자료를 보고 물음에 답하시오.

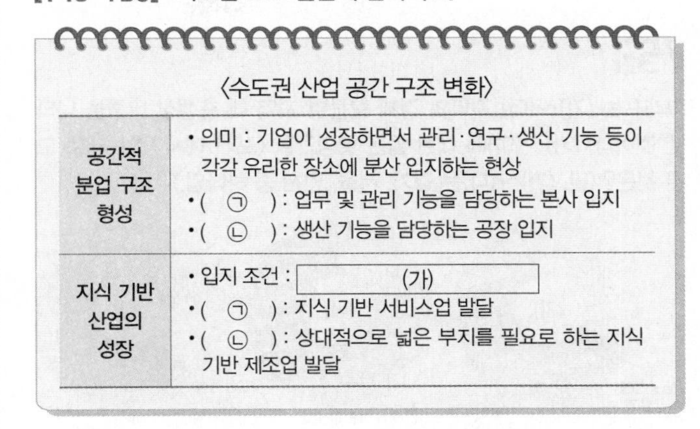

〈수도권 산업 공간 구조 변화〉

공간적 분업 구조 형성	• 의미 : 기업이 성장하면서 관리·연구·생산 기능 등이 각각 유리한 장소에 분산 입지하는 현상 •(㉠) : 업무 및 관리 기능을 담당하는 본사 입지 •(㉡) : 생산 기능을 담당하는 공장 입지
지식 기반 산업의 성장	• 입지 조건 : (가) •(㉠) : 지식 기반 서비스업 발달 •(㉡) : 상대적으로 넓은 부지를 필요로 하는 지식 기반 제조업 발달

749

㉠, ㉡에 들어갈 지역을 쓰시오.

750

(가)에 들어갈 내용을 두 가지 요소를 들어 서술하시오.

751

지도는 강원도의 1월 평균 기온 분포를 나타낸 것이다. A, B 지역의 기온 특색을 비교해 보고, 그 이유를 서술하시오.

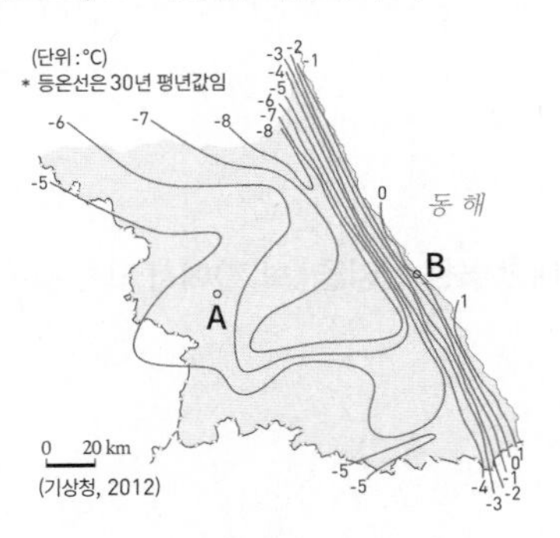

752

그래프는 충청 지방의 고속 철도 이용 구간별 통근 비율을 나타낸 것이다. 서울로의 통근 비율이 가장 높은 곳을 쓰고, 이러한 현상이 나타나는 원인을 서술하시오.

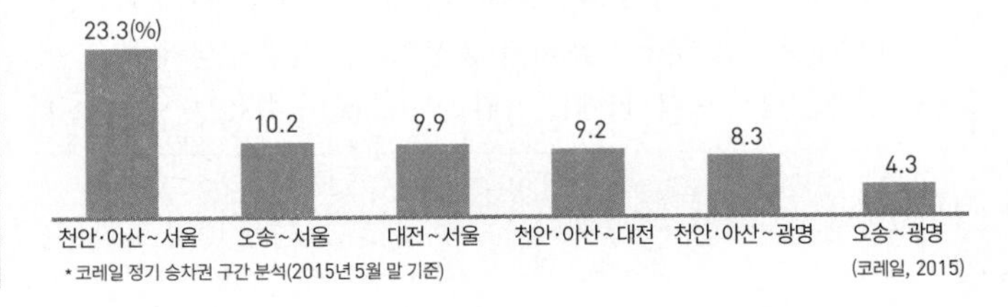

적중 1등급 문제

» 바른답·알찬풀이 65쪽

753

그래프는 (가)~(다) 지역의 경제 활동별 지역 내 총생산 비중을 나타낸 것이다. (가)~(다)에 대한 옳은 설명만을 <보기>에서 있는 대로 고른 것은? (단, (가)~(다)는 경기, 서울, 인천 중 하나임.)

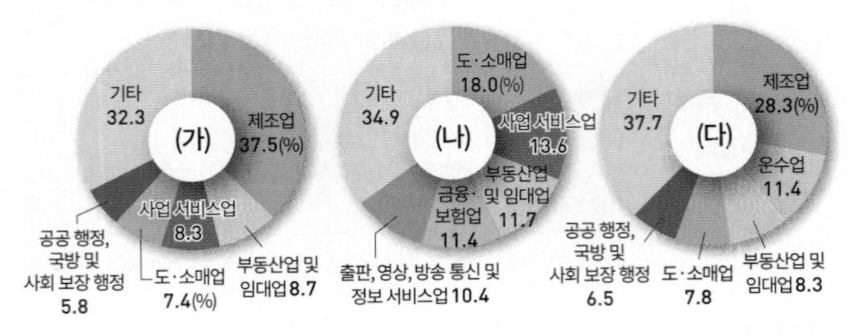

[보기]

ㄱ. (가)에는 정보 통신 기기, 반도체 등의 지식 기반 제조업이 집중적으로 분포한다.

ㄴ. (나)에는 연구 개발, 사업 지원 등의 지식 기반 서비스업이 집중적으로 분포한다.

ㄷ. (다)에는 국가 정책에 의해 공단이 조성되어 있어 현재 노동 집약적 공업이 주로 발달하였다.

ㄹ. 지가 상승과 환경 오염, 교통 혼잡 등의 문제로 (나) 지역의 공장이 (가) 지역으로 일부 이전하였다.

① ㄱ, ㄴ ② ㄱ, ㄷ ③ ㄴ, ㄹ
④ ㄱ, ㄴ, ㄹ ⑤ ㄴ, ㄷ, ㄹ

754

A~H 지역에 대한 옳은 설명을 <보기>에서 고른 것은?

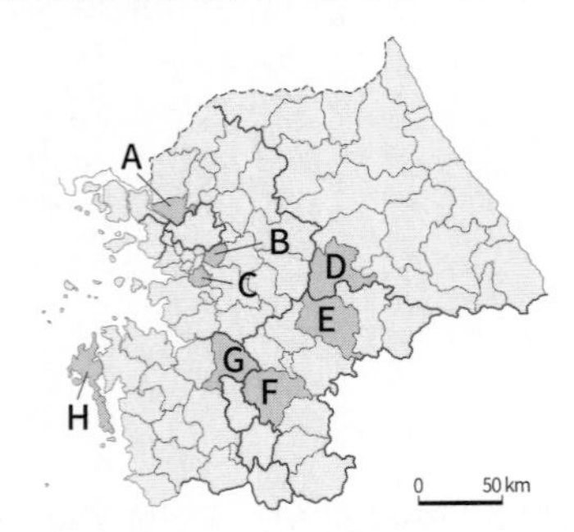

[보기]

ㄱ. A와 B에는 1990년대에 조성된 1기 신도시가 있다.

ㄴ. C와 D는 각각 경기도와 강원도의 도청 소재지이다.

ㄷ. E와 F 지명의 첫 글자를 따서 '충청'이라는 지명이 생겨났다.

ㄹ. G에는 혁신 도시, H에는 기업 도시가 들어섰다.

① ㄱ, ㄴ ② ㄱ, ㄷ ③ ㄴ, ㄷ
④ ㄴ, ㄹ ⑤ ㄷ, ㄹ

755

그래프는 충청 지방의 지역 총생산 및 산업별 생산액 비중 변화를 나타낸 것이다. 이에 대한 설명으로 옳지 않은 것은?

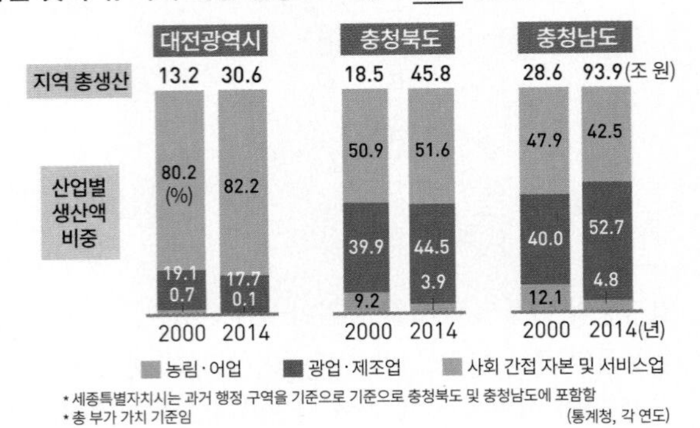

① 대전은 2000년보다 2014년의 광업·제조업 생산액이 많다.

② 충청남도는 2000년보다 2014년의 농림·어업 생산액이 감소하였다.

③ 충청남도는 2000년 대비 2014년의 지역 총생산이 가장 큰 비중으로 증가하였다.

④ 충청남도는 충청북도보다 2000년 대비 2014년의 광업·제조업의 생산액이 크게 증가하였다.

⑤ 2014년 기준 대전광역시와 충청북도는 사회 간접 자본 및 서비스업의 생산액 비중이 2000년보다 증가하였다.

756

한국지리 수업 장면에서 교사의 질문에 옳게 답한 학생을 고른 것은?

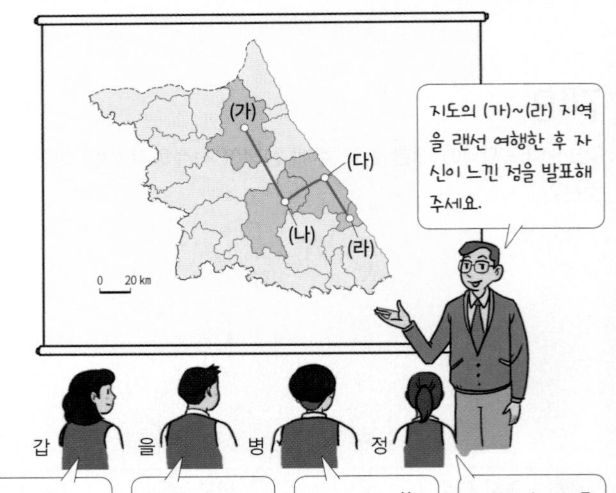

- 갑: (가)로 여행을 떠난다면 대암산 용늪에 가고 내린천 래프팅을 해보고 싶다는 생각이 들었습니다.
- 을: (나)에서는 양떼 목장이 인상적이었습니다. 마치 외국에 간 것 같은 기분이 들었습니다.
- 병: (다)에서는 봉우리가 울타리를 만든 것과 같이 생겼다는 화강암 봉우리가 매우 인상적이었습니다.
- 정: (라)에서는 전국 제일의 해돋이 명소로 유명한 정동진과 경포호의 경치가 너무 좋아 보였습니다.

① 갑, 을 ② 갑, 병 ③ 을, 병
④ 을, 정 ⑤ 병, 정

757

(가)~(다) 지역을 지도의 A~E에서 고른 것은?

(가)	• 서울의 인구 및 산업을 분산시키기 위해 조성한 신도시로, 외국인 근로자가 많이 근무한다. • 국내 최초로 건설된 조력 발전소가 가동 중에 있다.
(나)	• 하천을 따라 나타나는 화산 지형이 유네스코 세계 지질 공원으로 등재되어 있다. • 30만년 전 구석기인들이 살았던 곳으로 동아시아 최초로 주먹도끼가 발견된 세계적인 구석기 유적이 있다.
(다)	• 2기 신도시로 조성된 광교 신도시가 있다. • 세계 문화유산으로 등재된 화성(華城)이 있다.

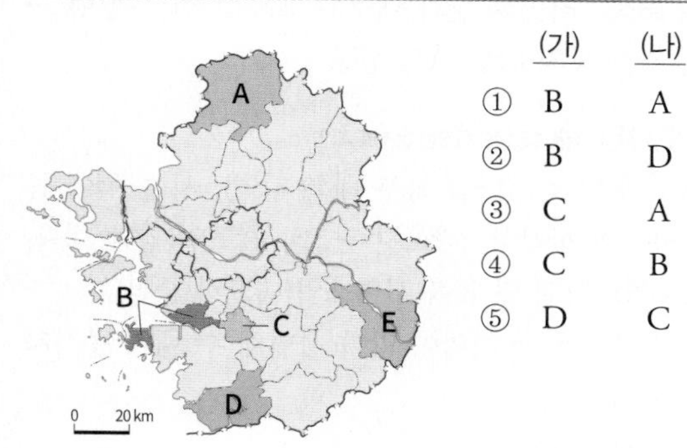

	(가)	(나)	(다)
①	B	A	C
②	B	D	A
③	C	A	E
④	C	B	E
⑤	D	C	B

758

그래프는 세 시·도의 전국 대비 제조업과 서비스업 비율을 나타낸 것이다. 이에 대한 옳은 설명을 〈보기〉에서 고른 것은? (단, (가), (나)는 제조업, 서비스업 중 하나이며, A~C는 경기, 서울, 인천 중 하나임.)

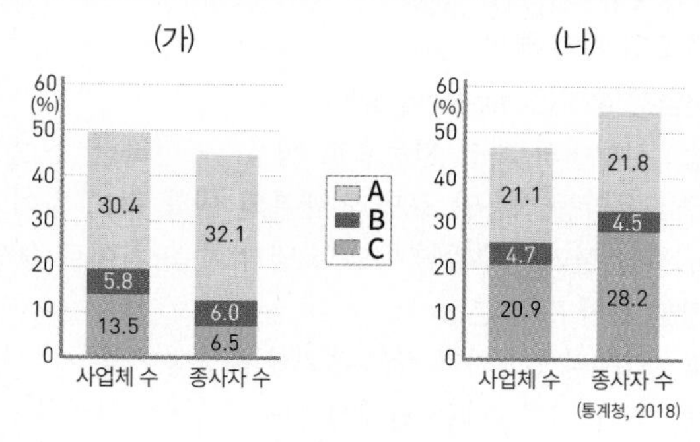

[보기]

ㄱ. (가)는 제조업, (나)는 서비스업이다.
ㄴ. 인구는 A가 가장 많고 B가 가장 적다.
ㄷ. 서비스업의 사업체당 종사자 수는 경기가 가장 많다.
ㄹ. 제조업의 사업체당 종사자 수는 수도권이 비수도권보다 많다.

① ㄱ, ㄴ ② ㄱ, ㄷ ③ ㄴ, ㄷ
④ ㄴ, ㄹ ⑤ ㄷ, ㄹ

759

A~E 지역에 대한 설명으로 옳지 않은 것은?

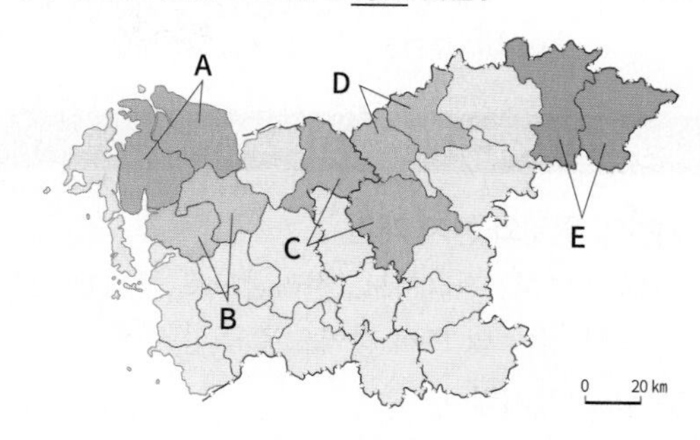

① A는 1990년대 후반부터 신산업 지대로 개발되어 제철, 석유 화학 같은 중화학 공업이 발달하였다.
② B는 상대적으로 개발이 덜된 지역이었지만 내포 신도시가 조성되고 도청이 이전하면서 새롭게 성장하고 있는 지역이다.
③ C는 교통이 매우 편리한 지역으로 수도권과 전철로 연결되면서 인구가 빠르게 증가하고 있는 지역이다.
④ D는 혁신 도시로 지정되면서 수도권으로부터 다양한 기관들이 이전되었고 이와 더불어 인구 유입도 증가하게 되었다.
⑤ E는 카르스트 지형을 관찰할 수 있는 지역으로, 석회석을 가공하여 시멘트를 생산하는 공업이 발달하였다.

760

강원 지방 답사 계획서의 일부이다. (가), (나)에 해당하는 지역을 지도의 A~E에서 고른 것은?

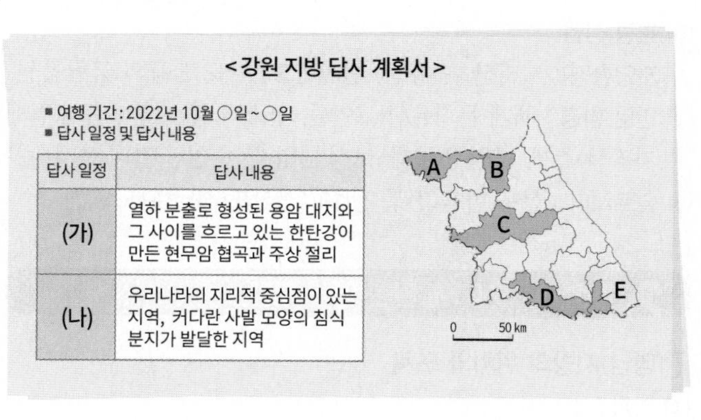
<강원 지방 답사 계획서>

■ 여행 기간 : 2022년 10월 ○일 ~ ○일
■ 답사 일정 및 답사 내용

답사 일정	답사 내용
(가)	열하 분출로 형성된 용암 대지와 그 사이를 흐르고 있는 한탄강이 만든 현무암 협곡과 주상 절리
(나)	우리나라의 지리적 중심점이 있는 지역, 커다란 사발 모양의 침식 분지가 발달한 지역

	(가)	(나)		(가)	(나)		(가)	(나)
①	A	B	②	B	C	③	C	D
④	D	E	⑤	E	A			

18 호남 지방, 영남 지방, 제주도

Ⅶ 우리나라의 지역 이해

✓ 출제 포인트 ✓ 호남 지방과 영남 지방의 주요 도시 특징 ✓ 호남 지방과 영남 지방의 공업 분포 특징 ✓ 제주도의 자연환경

1. 다양한 산업이 발전하는 호남 지방

1 호남 지방의 위치와 농지 개간

(1) 위치 광주광역시, 전라북도, 전라남도로 구성된 동부 산지 지역, 서남부 평야 및 도서 지역으로 구성

(2) 농지 개간과 간척 사업

① 호남평야와 나주평야 : 국내 최대의 벼 생산지

② 대규모 간척 사업 : 농경지 증가로 쌀 자급률 증대에 기여함

2 호남 지방의 산업 구조 변화 149쪽 773번 문제로 확인

(1) 1차 산업 전국 평균에 비해 1차 산업 종사자 비중이 높음

(2) 공업의 발달

1970년대	여수 석유 화학 산업 단지 조성
1980년대	광양만 일대에 제철 공업 단지 건설
1990년대	중국 교역 확대를 위한 대불 산업 단지, 군산 산업 단지 조성
최근	새만금·군산·광양만권을 경제 자유 구역으로 지정, 혁신 도시(전주·완주, 나주 일대) 등 첨단 산업 육성

자료 호남 지방의 공업 구조 150쪽 775번 문제로 확인

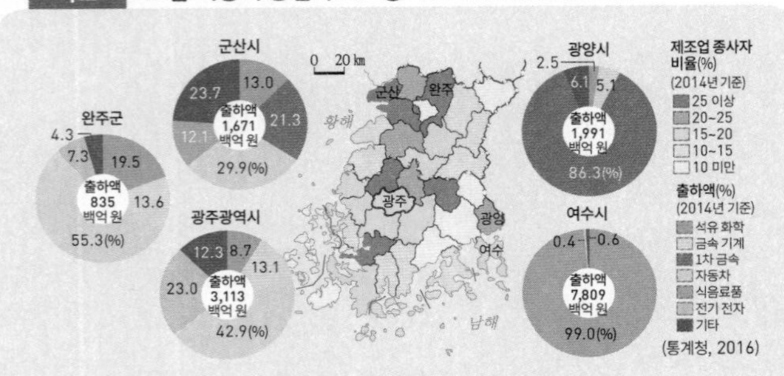

분석 1970년대는 여수 국가 산업 단지를 중심으로 석유 화학 공업이, 1980년대는 광양에 제철 공업 단지가 건설되면서 중화학 공업이 발달하였다. 광주는 자동차 공업과 광(光) 산업으로 공업 구조의 고도화를 꾀하고 있다. 광양은 1차 금속의 출하액이, 광주는 자동차의 출하액이 높게 나타난다.

(3) 관광 산업

① 자연환경 : 지리산, 덕유산, 변산반도, 다도해 등의 국립공원

② 인문 환경 : 세계 문화유산(고인돌, 판소리 등), 지역 축제(김제 지평선 축제, 남원 춘향제, 보성 다향제, 순천만 갈대 축제 등)

③ 슬로시티 : 한옥 마을(전북 전주), 청산도(전남 완도) 등

2. 산업과 도시가 발달한 영남 지방

1 영남 지방의 위치와 도시

(1) 위치

① 부산광역시, 대구광역시, 울산광역시, 경상북도, 경상남도

② 태백산맥과 소백산맥으로 둘러싸여 있으며, 낙동강 주변에 작은 평야와 분지가 분포함

(2) 주요 대도시

부산	우리나라 제2의 도시, 영상·국제 물류·금융 산업 중심
대구	섬유 산업의 첨단화, 금속·기계 공업 비중 증가
울산	자동차, 조선, 석유 화학 등 중화학 공업 발달
창원	기계 공업 발달, 진해·마산과 통합

(3) 인구 분포의 특징 최근 부산과 대구의 교외화 현상 진행 → 양산·김해, 경산 등의 위성 도시 성장

2 영남 지방의 산업 151쪽 779번 문제로 확인

(1) 산업의 분포 과수 농업(영남 북부 내륙 지역), 시설·원예 농업(낙동강 하구의 삼각주, 대도시 근교), 제조업(영남 내륙, 남동 임해 지역), 상업 및 교육 서비스업(대도시 중심)

(2) 공업의 특징 규모가 큰 기업이 많아 사업체 수 대비 종사자 수와 출하액이 많음

(3) 공업의 발달 과정

① 1960년대 : 노동력이 풍부한 부산·대구 중심의 경공업 발달

② 1970년대 : 대규모 국가 산업 단지 조성으로 중화학 공업 발달

(4) 주요 공업 지역

영남 내륙	• 풍부한 노동력과 편리한 육상 교통을 바탕으로 경공업 발달 • 대구(섬유·기계), 구미(전자)
남동 임해	• 항만 건설에 유리한 입지, 정부의 중화학 공업 육성 정책에 의해 우리나라 최대의 중화학 공업 지역으로 성장 • 포항(제철), 울산(조선·자동차·석유 화학), 거제(조선), 창원(기계)

3. 세계적인 관광지로 발전하는 제주도

1 제주도의 지역 특성

(1) 자연환경 152쪽 783번 문제로 확인

① 지형 : 신생대의 화산 활동으로 형성 → 한라산, 오름(기생 화산), 용암동굴(용암 표면과 내부의 냉각 속도 차이로 형성), 주상 절리(현무암질 용암의 냉각·수축 차이로 형성) 등 다양한 화산 지형 분포

② 기후 : 기온의 연교차가 작고 온화한 해양성 기후

③ 식생 : 해안 저지대에는 난대성 식물이 자람, 식생의 수직적 분포

(2) 독특한 문화

① 기반암인 현무암의 영향으로 하천 발달이 미약함 → 전통 취락은 용천대를 따라 해안가에 위치함, 밭농사 발달

② 강한 바람에 대비해 지붕에 줄을 고정, 현무암을 이용한 돌담

2 제주도의 현황

국제 자유 도시 지정(2002년), 제주특별자치도로 승격(2006년), 생물권 보존 지역·세계 자연유산·세계 지질 공원 지정, MICE 산업 등 고부가 가치 관광 산업 확충

분석 기출 문제

» 바른답·알찬풀이 67쪽

핵심 개념 문제

•• 빈칸에 들어갈 알맞은 말을 쓰시오.

761 호남 지방은 대규모 (   ) 사업을 통해 김제시 광활면, 부안군 계화도 등지에서 농경 활동을 하고 있다.

762 (   )(이)란 느림의 철학을 바탕으로 자연 생태 환경과 전통문화를 지키는 삶을 추구하는 도시로, 신안군 증도와 완도군 청산도, 전주 한옥 마을이 대표적이다.

763 (   )은/는 소규모 화산 폭발로 형성된 화산 지형으로, 제주도에는 약 400여 개가 분포한다.

•• 다음 내용이 옳으면 ○표, 틀리면 ×표를 하시오.

764 호남 지방은 전국 평균보다 종사자 비중이 1차 산업은 높고 제조업이나 서비스업은 상대적으로 낮다. (   )

765 울산광역시는 섬유 산업의 첨단화를 추진 중이며, 최근에는 금속·기계 공업의 비중이 높아지고 있다. (   )

766 제주도는 연중 강수량이 풍부하고 토지가 비옥해 벼농사가 발달하였다. (   )

•• ㉠~㉣ 중 알맞은 것을 고르시오.

767 여수는 (㉠ 1차 금속, ㉡ 자동차 및 트레일러, ㉢ 석유 화학 및 정유) 공업이, 광양은 (㉠ 1차 금속, ㉡ 자동차 및 트레일러, ㉢ 석유 화학 및 정유) 공업이, 광주와 군산은 (㉠ 1차 금속, ㉡ 자동차 및 트레일러, ㉢ 석유 화학 및 정유) 공업이 발달하였다.

768 (㉠ 용암동굴, ㉡ 주상 절리)은/는 현무암질 용암이 지표를 따라 흘러내릴 때 표면과 내부의 냉각 속도 차이로 형성되는 지형이다.

769 자동차, 석유 화학, 조선 공업 등의 중화학 공업이 발달한 도시는 (㉠ 울산, ㉡ 창원)이고, 국제 탈춤 페스티벌이 개최되고, 하회 마을이 세계 문화유산으로 지정된 도시는 (㉢ 경주, ㉣ 안동)이다.

•• 영남 지방 주요 공업 지역의 특징을 바르게 연결하시오.

770 남동 임해 공업 지역 •

771 영남 내륙 공업 지역 •

• ㉠ 경공업 발달
• ㉡ 중화학 공업 발달
• ㉢ 풍부한 노동력, 편리한 육상 교통 조건
• ㉣ 정부의 정책 지원과 편리한 해상 교통 조건

1. 다양한 산업이 발전하는 호남 지방

772

㉠~㉤에 대한 설명으로 옳지 않은 것은?

> 호남 지방은 북쪽으로는 ㉠ 하천을 경계로 충청 지방과 접하고, ㉡ 동쪽으로는 소백산맥이 경계를 이룬다. 행정 구역상 광주광역시와 ㉢ 전라북도, 전라남도를 포함하고 있다. ㉣ 우리나라 최대의 곡창 지대이며, 넓은 평야가 발달했을 뿐만 아니라 수심이 얕고 해안선이 복잡한 황·남해를 접하고 있다. 또한 호남 지방에서는 ㉤ 잘 보존된 자연환경과 전통문화를 활용한 축제들이 발달하였다.

① ㉠의 하천은 금강이다.
② ㉡과 경계를 이루는 지역은 영남 지방이다.
③ ㉢은 전주와 나주의 앞 글자에서 유래한 명칭들이다.
④ ㉣로 인해 다른 지역에 비해 1차 산업 종사자 비중이 높다.
⑤ ㉤에는 세계 소리 축제, 지평선 축제, 산천어 축제 등이 대표적이다.

빈출
773

그래프는 호남 지방의 산업별 생산액 비중 변화를 나타낸 것이다. 이에 대한 옳은 설명을 〈보기〉에서 고른 것은?

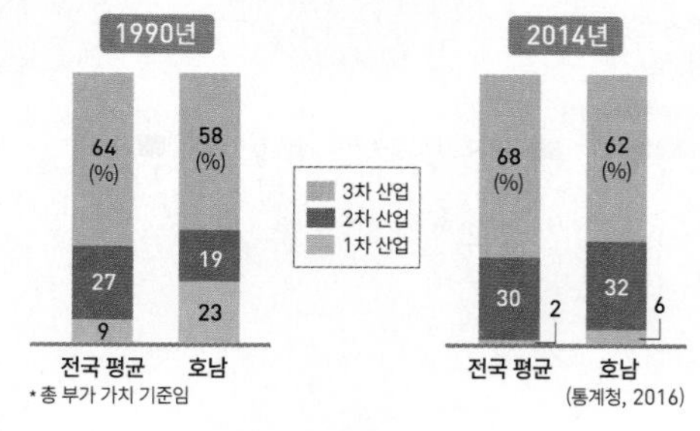

[보기]
ㄱ. 호남 지방은 1990년에 비해 2014년에 산업 구조가 고도화되었다.
ㄴ. 2014년 2차 산업의 생산액 비중은 호남 지방이 전국 평균보다 높다.
ㄷ. 호남 지방은 1990년 대비 2014년 1차 산업의 생산액 비중 변화가 가장 작다.
ㄹ. 호남 지방은 1990년 대비 2014년 3차 산업의 생산액 비중 증가율이 가장 높다.

① ㄱ, ㄴ ② ㄱ, ㄷ ③ ㄴ, ㄷ
④ ㄴ, ㄹ ⑤ ㄷ, ㄹ

774

(가), (나) 지역을 지도의 A~D에서 고른 것은?

(가) 일제 강점기에 미곡 적출항으로 번성하였으나 광복 이후 쇠퇴하였다. 이 지역 인근에 새만금 경제 자유 구역이 조성되는 등 개발이 활발해지고 있다.
(나) 2012년 우리나라에서 두 번째로 국제 박람회를 개최한 지역으로 석유 화학 공업이 발달하였다. 조선 시대 전라좌수영의 본영이었던 진남관이 유명하다.

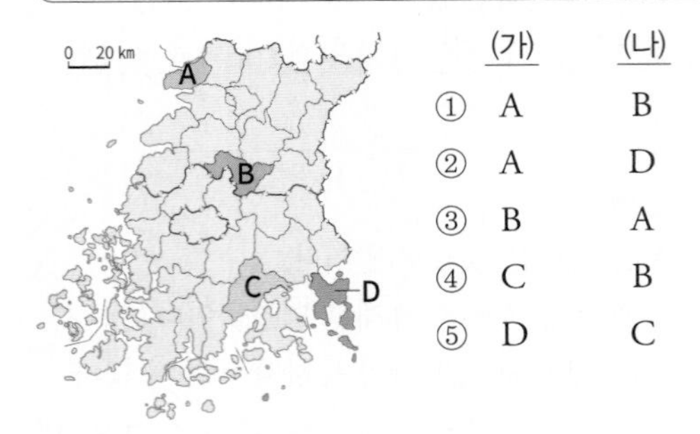

빈출 775

그래프는 (가)~(다) 도시의 제조업 업종별 출하액 비중을 나타낸 것이다. 이에 대한 설명으로 옳지 않은 것은? (단, (가)~(다)는 A~C 중 하나임.)

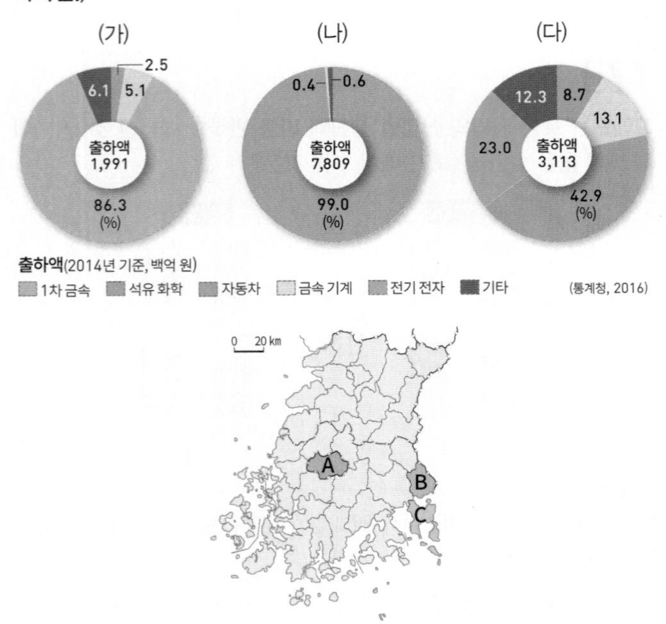

① A는 많은 부품을 조립하여 완제품을 생산하는 공업이 발달하였다.
② B는 제철 공업이 발달하였다.
③ C는 원료의 대부분을 수입에 의존하는 공업이 발달하였다.
④ A는 C 지역보다 고용 창출 효과가 큰 제조업이 상대적으로 더 발달하였다.
⑤ (가)는 A, (나)는 B, (다)는 C 지역이다.

776

그래프는 호남 지역의 지역별 제조업 출하액 비중을 나타낸 것이다. (가)~(다)에 대한 옳은 설명만을 〈보기〉에서 있는 대로 고른 것은? (단, (가)~(다)는 광주, 전남, 전북 중 하나임.)

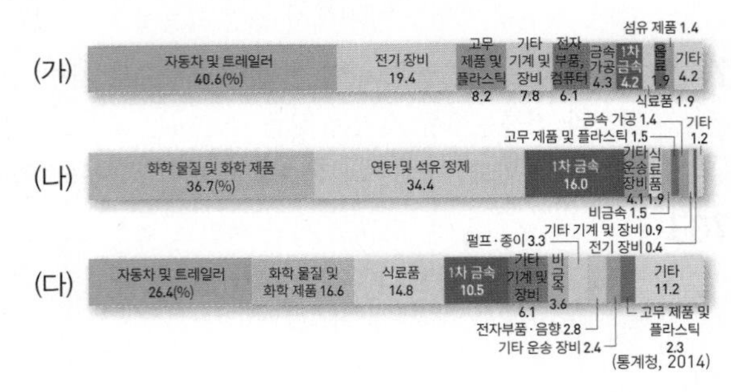

[보기]

ㄱ. (가)는 친환경 녹색 산업으로 주목받는 광(光) 산업을 전략적으로 육성하고 있다.
ㄴ. (나)는 경관이 아름다운 다도해 해상 국립 공원을 활용한 관광 산업이 발달하였다.
ㄷ. (다)는 우리나라 최대의 간척 사업을 통해 다양한 용도로 활용할 계획이다.
ㄹ. (가)와 (나)에는 경제 자유 구역이 지정되어 있어 지역 개발을 선도하고 있다.

① ㄱ, ㄴ ② ㄱ, ㄷ ③ ㄱ, ㄴ, ㄷ
④ ㄱ, ㄴ, ㄹ ⑤ ㄴ, ㄷ, ㄹ

2. 산업과 도시가 발달한 영남 지방

777

그래프는 우리나라의 지역별 공업 비중을 나타낸 것이다. 이에 대한 옳은 설명을 〈보기〉에서 고른 것은?

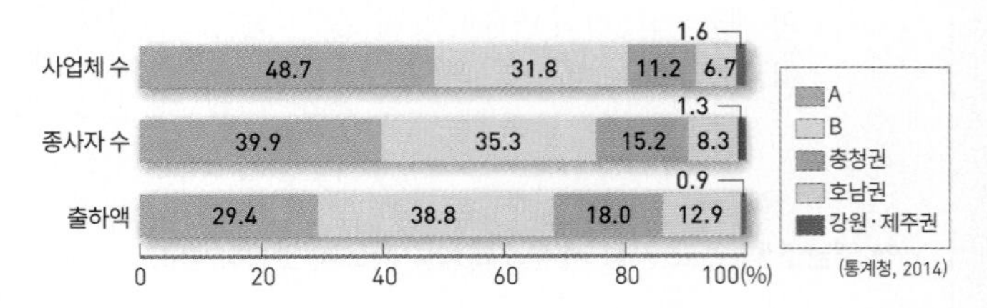

[보기]

ㄱ. A는 B보다 사업체당 종사자 수가 많다.
ㄴ. A는 B보다 생산자 서비스업 비중이 낮다.
ㄷ. B는 A보다 규모가 큰 공장이 많다.
ㄹ. B는 A보다 사업체당 출하액이 많다.

① ㄱ, ㄴ ② ㄱ, ㄷ ③ ㄴ, ㄷ
④ ㄴ, ㄹ ⑤ ㄷ, ㄹ

778

다음은 학생이 작성한 답사 보고서의 일부이다. 학생이 답사한 경로로 옳은 것은?

〈영남 지방 답사기〉

- 1일차 : 이곳은 2010년 유네스코 세계 문화유산으로 지정된 마을로 별신굿 탈놀이를 볼 수 있고, 간고등어와 삼베로 유명하다.
- 2일차 : 이곳은 1998년 람사르 협약 보존 습지로 지정된 국내 최대 습지이다.
- 3일차 : 매년 이곳에서는 국제 영화제가 열린다. 과거 신발 산업이 발달하였던 곳으로, 2005년에는 이 지역에서 APEC 정상 회담이 열렸다.

	1일차	2일차	3일차
①	A	B	C
②	A	D	C
③	B	A	C
④	B	D	E
⑤	D	C	E

779

빈출

지도는 영남 지방 주요 도시의 제조업 종사자 수를 나타낸 것이다. A~E에 대한 설명으로 옳은 것은? (단, A~E는 기타 운송 장비, 자동차 및 트레일러, (섬유, 의복, 가방, 신발), (1차 금속, 금속 가공품), (화학 물질 및 제품, 코크스, 연탄, 석유 정제품 중 하나임.)

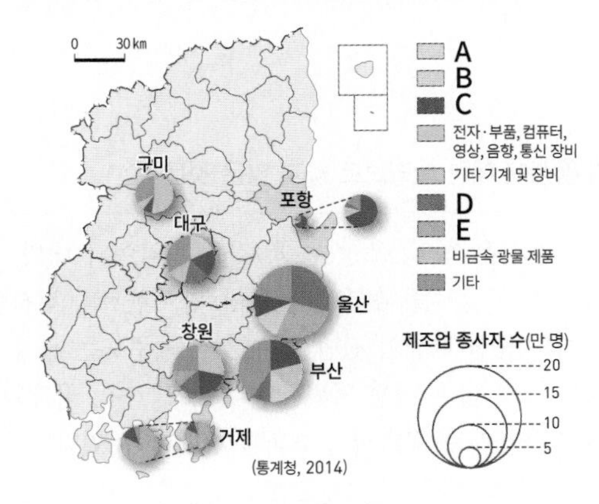

① A – 원료의 수입과 제품의 수출에 유리한 곳에 주로 입지한다.
② B – 종합 조립 공업이며, 전후방 연계 효과가 큰 공업이다.
③ C – 운송비보다 부가 가치가 커서 입지가 자유로운 편이다.
④ D – 원료 지향형 공업으로 원료 산지에 공장이 입지한다.
⑤ E – 노동비가 저렴한 지역으로 공장 이전이 나타나고 있다.

780

A~E 지역 특성을 고려한 탐구 학습 주제로 적절한 것은?

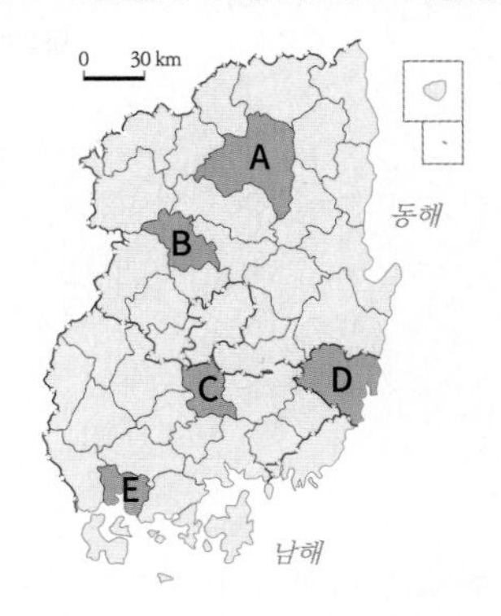

① A – 국제 탈춤 페스티벌 개최와 외국인 관광객 유치 실태
② B – 도청 소재지 이전에 따른 지역 발전 현황
③ C – 방사성 폐기물 처리장의 입지와 지역 경관 변화
④ D – 섬유 공업 발달과 성비 구성의 변화
⑤ E – 광업 쇠퇴에 따른 지역 산업의 구조 변화

781

A, B 지역의 상대적 특성을 그래프로 나타낼 때 (가), (나)에 들어갈 지표로 적절한 것은?

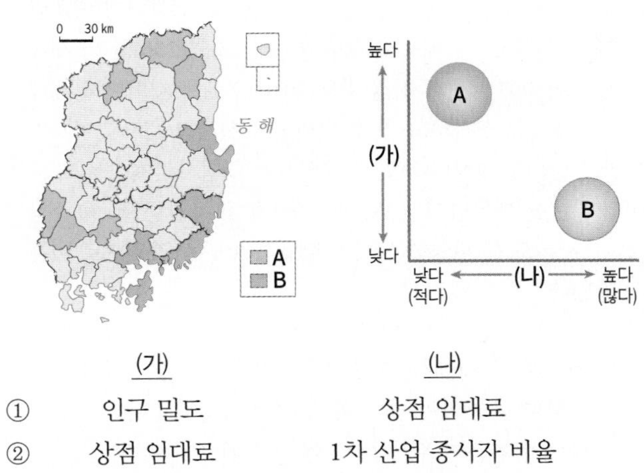

	(가)	(나)
①	인구 밀도	상점 임대료
②	상점 임대료	1차 산업 종사자 비율
③	제조업 매출액	고령 인구 비율
④	고령 인구 비율	제조업 사업체 수
⑤	1차 산업 종사자 비율	고령 인구 비율

782

A~E 지역에 대한 설명으로 옳지 않은 것은?

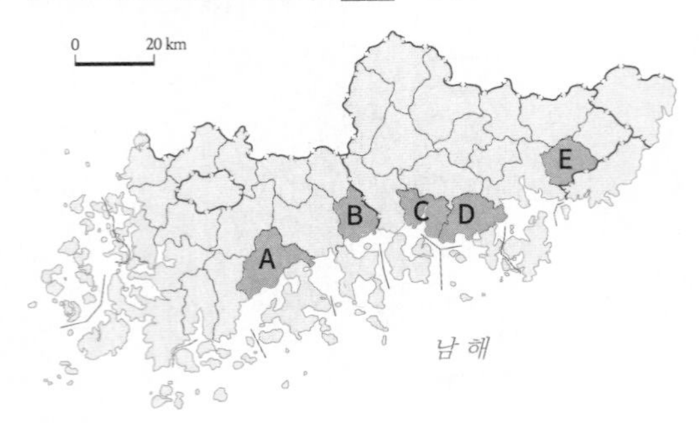

① A－우리나라 최초로 지리적 표시제에 등록된 지역 특산물이 있다.
② B－1차 금속 제조업이 발달한 지역으로, 산업 특성상 전체 인구 중 남성 인구 비율이 높게 나타난다.
③ C－마산, 김해와 통합시가 되어 인구가 크게 증가하였다.
④ D－공룡 발자국 화석을 활용한 관광 자원을 개발하였다.
⑤ E－대도시와 접하고 있는 지역으로 인구 유입이 활발하다.

3. 세계적인 관광지로 발전하는 제주도

빈출

783

㉠~㉦에 대한 설명으로 옳은 것은?

제주도는 신생대 화산 활동으로 형성되었다. 독특하고 아름다운 자연환경으로 유네스코 생물권 보전 지역(2002), ㉠ 세계자연유산(2007), 세계 지질 공원(2010)으로 등재되면서 세계적인 관광지로 성장하고 있다. 한라산은 전체적으로 ㉡ 경사가 완만한 방패형 화산이지만, ㉢ 중앙부는 급경사의 종 모양으로 정상에는 ㉣ 백록담이 있다. 섬 곳곳에 ㉤ 용암동굴, ㉥ 주상절리, ㉦ 폭포 등 다양한 지형이 발달하여 관광 자원으로 이용되고 있다.

① ㉠－제주도 섬 전체가 세계 자연유산으로 지정되었다.
② ㉡－㉢보다 유동성이 큰 용암에 의해 형성되었다.
③ ㉣－화구가 함몰한 뒤 물이 고여 형성된 호수이다.
④ ㉤－석순, 석주, 종유석 등이 발달하여 관광 자원으로 활용한다.
⑤ ㉦－㉥의 발달에 큰 영향을 미쳤다.

784

그림은 한라산 식생의 수직적 분포를 나타낸 것이다. 이와 같은 식생 분포가 나타나는 원인으로 가장 적절한 것은?

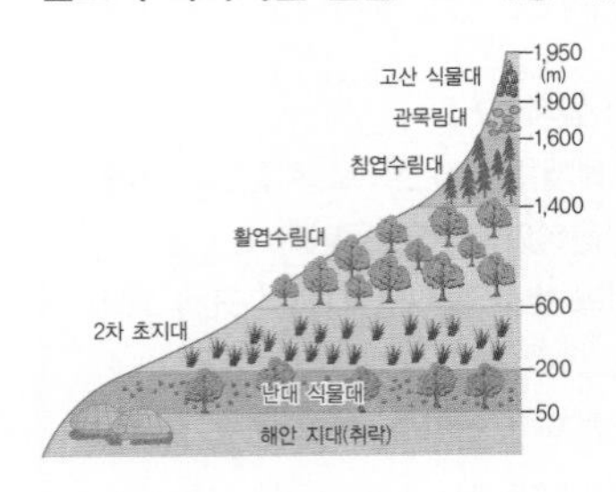

① 위도의 차이
② 기반암의 차이
③ 해발 고도의 차이
④ 지면의 경사도 차이
⑤ 토양층 풍화 정도의 차이

빈출

785

자료는 제주도의 전통 가옥에 관한 것이다. 이에 대한 옳은 설명을 〈보기〉에서 고른 것은?

〈전통 가옥 경관〉

〈전통 가옥 구조〉

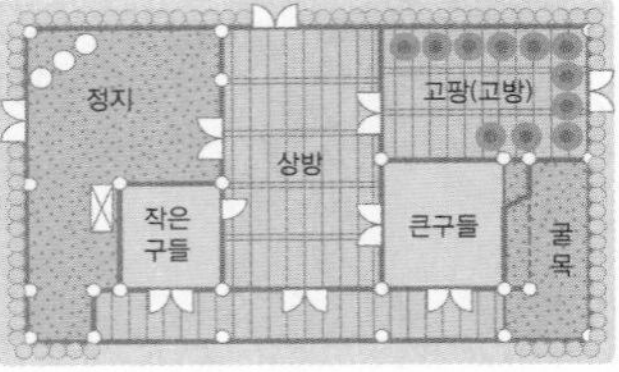

[보기]
ㄱ. 상방은 안방을, 고팡은 부엌을 의미한다.
ㄴ. 주요 기반암인 현무암을 이용하여 돌담을 만들었다.
ㄷ. 지붕은 주변에서 쉽게 구할 수 있는 볏짚을 활용하였다.
ㄹ. 겨울이 따뜻하여 난방 시설과 취사 시설이 분리되어 있다.

① ㄱ, ㄴ ② ㄱ, ㄷ ③ ㄴ, ㄷ
④ ㄴ, ㄹ ⑤ ㄷ, ㄹ

786

㉠ 산업의 특성에 대한 설명으로 옳지 않은 것은?

(㉠) 산업은 회의, 포상 여행, 각종 협약이나 대회, 전시 등의 영문자 첫 글자를 따서 만든 용어로, 이벤트와 전시를 포함하는 회의 중심의 산업 전반을 뜻한다. 제주도는 관광 업종의 비중이 크고 많은 관광 자원을 보유하고 있어, 국제회의를 개최할 때 관광과 연계한 파급 효과를 기대할 수 있다.

① 고부가 가치 관광 산업이다.
② 서비스업 발전에 큰 영향을 미친다.
③ 지역 브랜드와 이미지 제고에 기여한다.
④ 기존 관광 및 문화 자원의 활용도를 높일 수 있다.
⑤ 제조업에 비해 자원 소모가 많고, 환경 오염이 심화된다.

787

그래프는 제주도의 산업 특징을 나타낸 것이다. 이에 대한 옳은 설명을 〈보기〉에서 고른 것은?

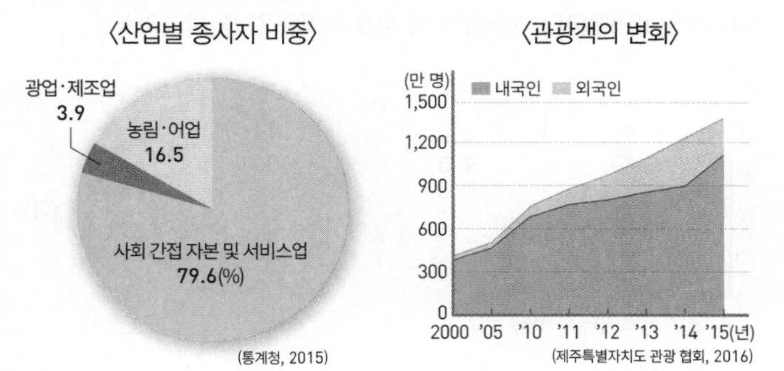

[보기]

ㄱ. 1차 산업보다 제조업이 발달하였을 것이다.
ㄴ. 소비자 서비스업의 생산액이 증가하였을 것이다.
ㄷ. 외국인을 위한 편의 시설의 수가 증가하였을 것이다.
ㄹ. 균형 발전을 위한 정부 지원을 바탕으로 3차 산업이 발달하였을 것이다.

① ㄱ, ㄴ ② ㄱ, ㄷ ③ ㄴ, ㄷ
④ ㄴ, ㄹ ⑤ ㄷ, ㄹ

788

지도는 제주도 도시 공간 구조 계획(안)이다. 제주도의 변화에 대한 추론으로 옳지 않은 것은?

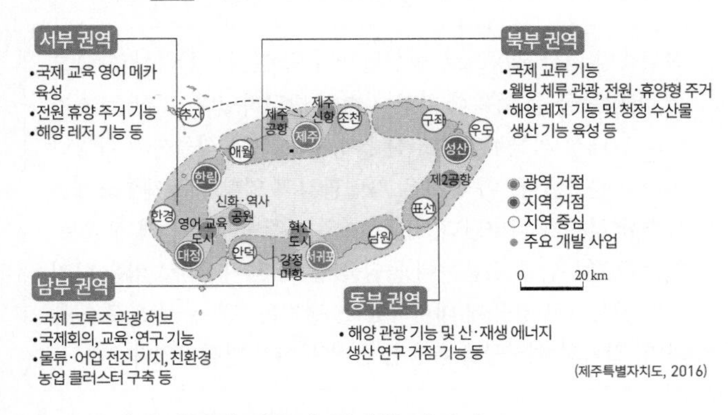

① 중공업의 생산액 비중이 증가할 것이다.
② 각종 국제회의의 개최 빈도가 증가할 것이다.
③ 서부 권역의 교육·휴양 기능이 확충될 것이다.
④ 의료 및 생물 관련 연구 시설의 수가 증가할 것이다.
⑤ 회의 및 업무 목적으로 방문하는 사람이 증가할 것이다.

1등급을 향한 서답형 문제

789

호남 지방에서 ㉠을 극복한 방법을 두 가지 서술하시오.

호남 지방은 우리나라 최대의 곡창 지대로 만경강, 동진강 주변의 호남평야와 영산강 주변의 나주평야를 중심으로 대규모 농경지가 조성되어 있다. 이 지역은 평야가 넓지만 하천 유역이 좁아 ㉠ 유량이 부족한 어려움 등이 있었다.

790

A, B 공업 지역의 명칭을 쓰고, 각 공업 지역의 발달 배경과 공업 유형의 특징을 서술하시오.

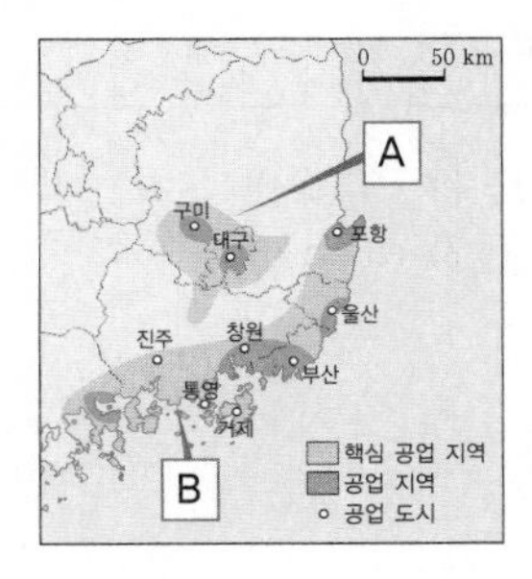

791

지도를 보고 제주도의 취락 입지 특징과 그 원인을 서술하시오.

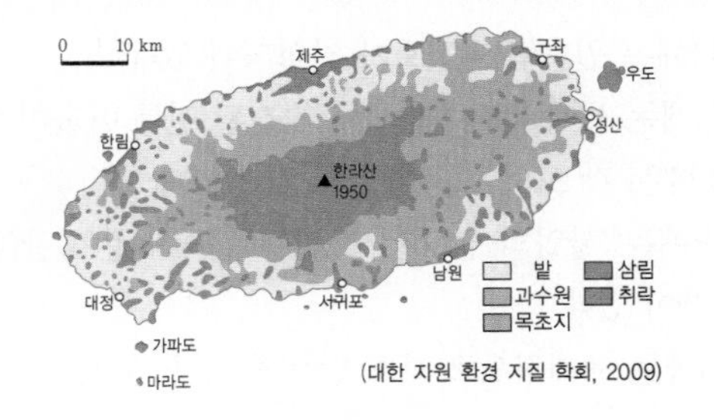

적중 1등급 문제

≫ 바른답·알찬풀이 69쪽

792

표는 지표별 광역시의 순위를 나타낸 것이다. (가)~(다)에 대한 옳은 설명을 〈보기〉에서 고른 것은? (단, (가)~(다)는 지도의 A~C 지역 중 하나임.)

순위 \ 지표	인구	지역 내 총생산	인당 지역 내 총생산
1위	(가)	(가)	(다)
2위	인천	인천	인천
3위	(나)	(다)	◇◇
4위	◇◇	(나)	△△
5위	△△	◇◇	(가)
6위	(다)	△△	(나)

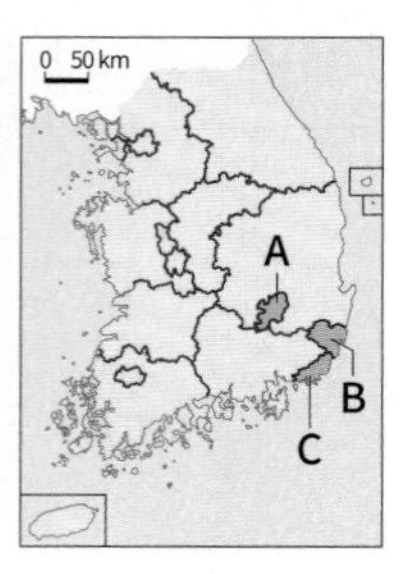

[보기]

ㄱ. (가)는 C, (나)는 A, (다)는 B이다.
ㄴ. (가)는 우리나라 최대의 무역항으로 항만을 중심으로 물류 산업이 발달하였다.
ㄷ. (나)는 조선·자동차·정유 공업이 입지하면서 인구가 급성장하였다.
ㄹ. (다)는 전통적인 섬유 공업이 쇠퇴하자, 고부가 가치 산업 비중을 높이고 있다.

① ㄱ, ㄴ　② ㄱ, ㄷ　③ ㄴ, ㄷ
④ ㄴ, ㄹ　⑤ ㄷ, ㄹ

793

A~H 지역에 대한 설명으로 옳은 것은?

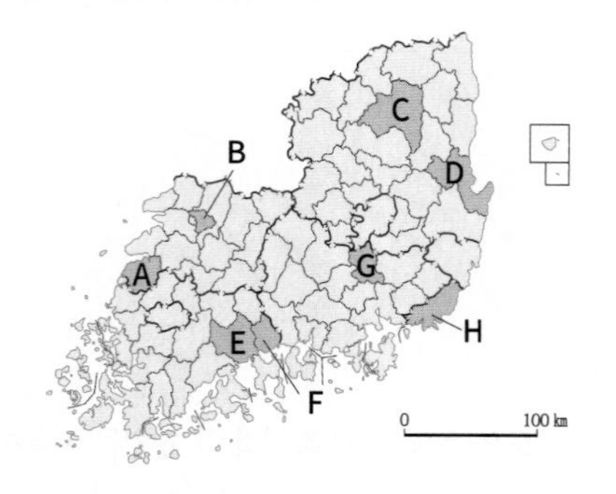

① A와 H에는 원자력 발전소가 건설되어 있다.
② B와 C에는 세계 문화유산으로 지정된 전통 마을이 있다.
③ C와 E에는 각 도의 도청이 위치하고 있다.
④ D와 F에는 '산업의 쌀'이라 불리는 원자재를 생산하는 대규모 공장이 있다.
⑤ F와 G에는 세계적으로 보호 받는 습지가 있다.

794

그래프는 (가)~(다) 지역의 제조업 업종별 출하액을 나타낸 것이다. A~C 공업에 대한 설명으로 옳지 <u>않은</u> 것은? (단, A~C는 1차 금속, 자동차 및 트레일러, 석유 화학 및 코크스 제조업 중 하나임.)

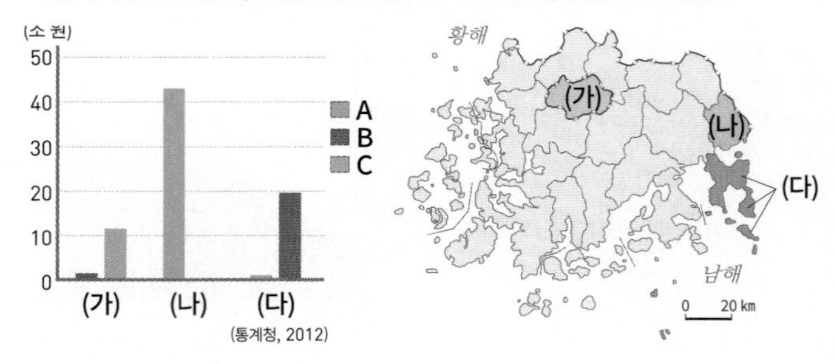

① A는 원료 수입에 유리한 항만에 입지해 있다.
② B는 계열화된 공장이 집적한다.
③ C는 국제 주문 생산 비중이 높다.
④ A의 완제품은 C의 원자재로 활용한다.
⑤ B는 C보다 원료의 해외 의존도가 높다.

795

㉠~㉤에 대한 설명으로 옳지 <u>않은</u> 것은?

신생대의 화산 활동으로 형성된 제주도에는 ㉠ <u>한라산</u>과 ㉡ <u>오름</u>, 용암동굴 등 독특한 화산 지형이 발달하였다. 또한 ㉢ <u>저지대의 난대성 식물</u>부터 한라산 정상부의 고산 식물까지 다양한 식생이 분포한다. 이와 같은 자연환경의 영향으로 제주도에는 독특한 문화가 나타난다. 전통 가옥은 주변에서 쉽게 구할 수 있는 ㉣ <u>현무암</u>을 이용하여 돌담을 쌓고, ㉤ <u>새(띠)</u>로 엮은 나지막한 지붕으로 강풍에 대비하였다. 경지는 대부분 밭으로 이용하며, 잡곡과 해산물을 활용한 음식 문화가 발달하였다.

① ㉠ – 유네스코 세계 자연유산으로 등재되었다.
② ㉡ – 대부분의 ㉡은 ㉠보다 나중에 형성되었다.
③ ㉢ – '상록 활엽수림'의 특징을 갖는다.
④ ㉣ – 제주도의 기반암으로 절리가 많아 투수성이 높다.
⑤ ㉤ – 논에서 벼를 수확한 뒤의 짚을 의미한다.

796

답사 계획서를 보고 답사 지역을 지도의 A~F에서 고른 것은?

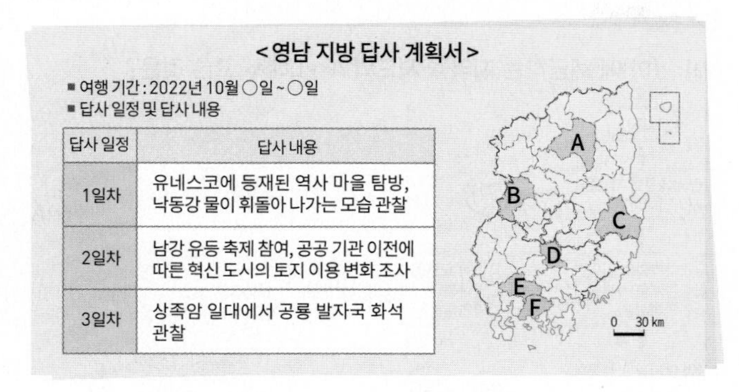

<영남 지방 답사 계획서>

■ 여행 기간 : 2022년 10월 ○일 ~ ○일
■ 답사 일정 및 답사 내용

답사 일정	답사 내용
1일차	유네스코에 등재된 역사 마을 탐방, 낙동강 물이 휘돌아 나가는 모습 관찰
2일차	남강 유등 축제 참여, 공공 기관 이전에 따른 혁신 도시의 토지 이용 변화 조사
3일차	상족암 일대에서 공룡 발자국 화석 관찰

	1일차	2일차	3일차		1일차	2일차	3일차
①	A	B	F	②	A	E	F
③	B	D	E	④	C	B	F
⑤	C	D	B				

797

A ~ C 지역을 여행하고 기록한 내용을 〈보기〉에서 고른 것은?

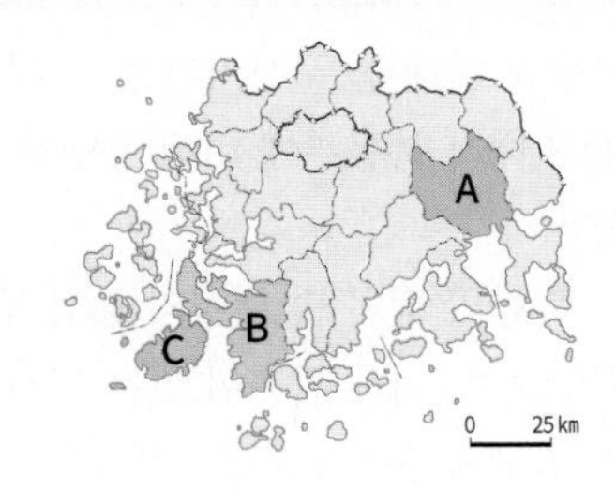

[보기]

ㄱ. 한반도에서 육지부로는 최남단이라는 마을에 가서 땅끝임을 알리는 기념비를 보았다.
ㄴ. 국제 정원 박람회가 열렸던 곳을 둘러보고 넓게 펼쳐진 갯벌과 갈대밭에서 트래킹을 즐겼다.
ㄷ. 우리나라의 대표적인 토종견을 보호하기 위한 시설을 견학하고 명량해전의 전장이었던 울돌목을 살펴보았다.

	A	B	C		A	B	C
①	ㄱ	ㄴ	ㄷ	②	ㄱ	ㄷ	ㄴ
③	ㄴ	ㄱ	ㄷ	④	ㄷ	ㄱ	ㄴ
⑤	ㄷ	ㄴ	ㄱ				

798

㉠ 지역의 제조업별 출하액 비율 그래프로 옳은 것은?

(㉠)은/는 자동차·조선·정유 공업이 입지하면서 인구가 급성장하여 1997년에 광역시로 승격되었다. 우리나라 제1의 중화학 공업 도시로, 최근에는 공업에 첨단 과학과 지속 가능한 성장의 개념을 접목하여 산업 구조 고도화를 꾀하고 있다.

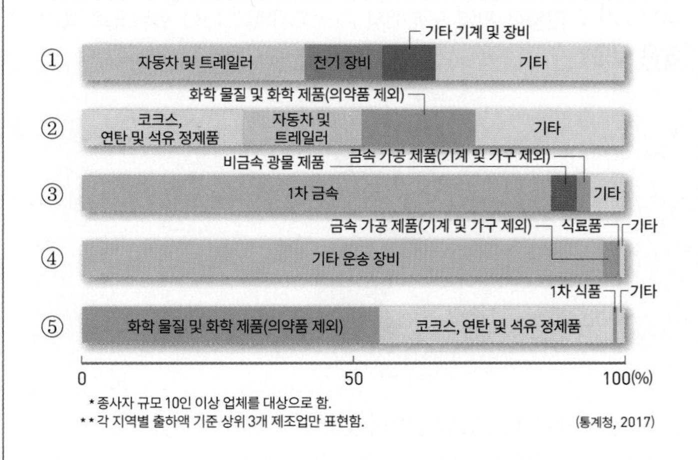

799

㉠, ㉡ 도시를 지도의 A~E에서 고른 것은?

- (㉠)은/는 전라도라는 지명의 유래가 된 도시 중 하나이다. 전라북도에서 인구가 가장 많으며 도청 소재지이기도 한 이 도시에는 슬로시티로 지정된 한옥 마을이 있어 많은 여행객이 찾는다.
- (㉡)은/는 경상도라는 지명의 유래가 된 도시 중 하나이다. 영남 지방을 관통하여 흐르는 낙동강의 명칭도 이 도시와 관련이 있다. 예로부터 쌀, 누에고치, 곶감이 유명하여 삼백(三白)의 고장으로 불린다.

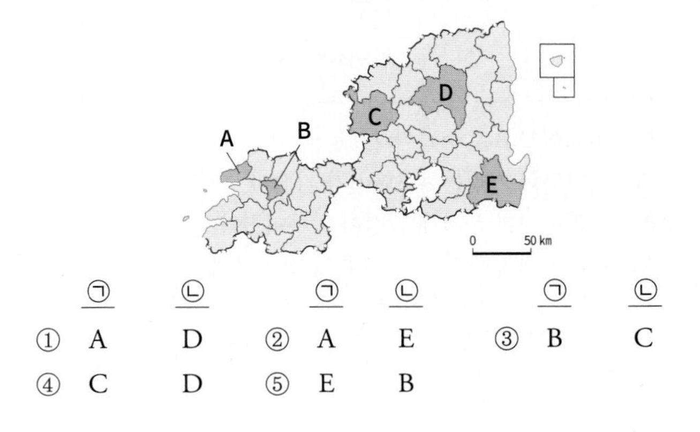

	㉠	㉡		㉠	㉡		㉠	㉡
①	A	D	②	A	E	③	B	C
④	C	D	⑤	E	B			

단원 마무리 문제

16 지역의 의미와 구분, 북한 지역

800

우리나라의 전통적 지역 구분에서 A~D 지역에 대한 설명으로 옳지 않은 것은?

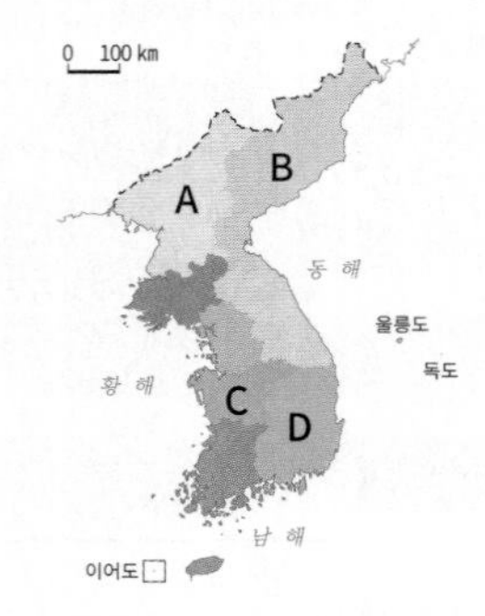

① A와 B 사이에는 낭림산맥이 있다.
② A와 B의 명칭에 포함된 '관(關)'은 철령관이다.
③ C는 금강 상류의 서쪽으로, '호서 지방'이라고 불린다.
④ D의 명칭은 '대관령 남쪽 지방'이라는 의미이다.
⑤ 위와 같은 지역 구분은 산줄기, 고개, 하천 등을 기준으로 이루어졌다.

801

지도는 북한의 주요 발전 설비 분포를 나타낸 것이다. A, B에 대한 옳은 설명을 〈보기〉에서 고른 것은?

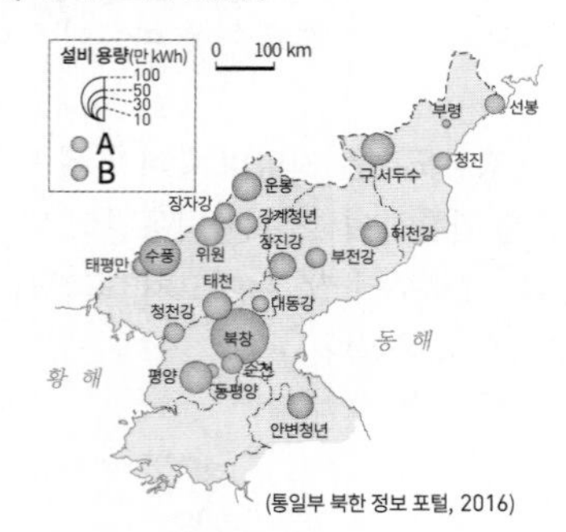

(통일부 북한 정보 포털, 2016)

[보기]
ㄱ. A는 화력이고 B는 수력이다.
ㄴ. 대소비지와의 거리는 A보다 B가 가깝다.
ㄷ. B는 A보다 이른 시기에 발전이 이루어졌다.
ㄹ. A는 B보다 지형과 기후 조건의 영향을 크게 받는다.

① ㄱ, ㄴ ② ㄱ, ㄷ ③ ㄴ, ㄷ
④ ㄴ, ㄹ ⑤ ㄷ, ㄹ

802

(가)~(마)에 해당하는 지역을 지도의 A~E에서 고른 것은?

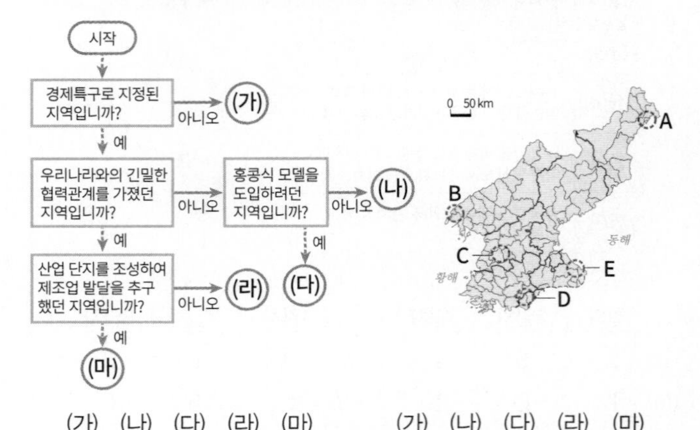

	(가)	(나)	(다)	(라)	(마)
①	A	B	C	D	E
②	A	D	B	E	C
③	C	A	B	E	D
④	C	B	D	A	E
⑤	D	A	B	E	C

803

㉠~㉤에 대한 설명으로 옳지 않은 것은?

> ㉠ 북한은 남한보다 인구가 적고, 인구 밀도가 낮다. 북한의 도시와 인구는 ㉡ 서부의 평야 지대를 중심으로 집중 분포하고 있고, 동해안의 해안 평야를 따라서도 인구가 많이 분포한다. 관서 지방에는 북한 최대의 도시인 (㉢)을/를 비롯하여 그 주변에 평성과 사리원, ㉣ 남포와 같은 도시가 있으며, 관북 지방에는 동해안을 따라 ㉤ 함흥과 청진 등의 도시가 있다.

① ㉠은 북한이 남한에 비해 높은 산지가 많기 때문이다.
② ㉡은 서부 평야 지대가 북동부에 비해 농업과 공업이 발달하였기 때문이다.
③ ㉢은 평양으로, 북한의 정치 및 행정의 중심 도시이다.
④ ㉣은 평양의 외항으로, 서해 갑문이 있는 도시이다.
⑤ ㉤은 강계 공업 지구의 중심 도시로, 북한의 기계 및 군수 공업의 중심지이다.

804 서술형

그래프를 통해 알 수 있는 남한과 비교한 북한의 농업 특징을 자연환경과 연관지어 서술하시오.

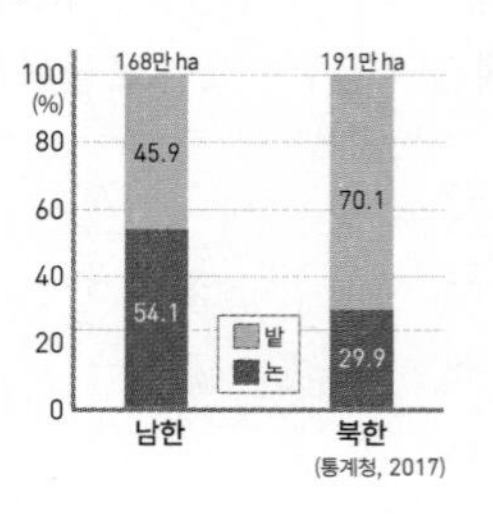

(통계청, 2017)

17 수도권, 강원 지방, 충청 지방

805

A~E 지역에 대한 탐구 주제로 옳지 않은 것은?

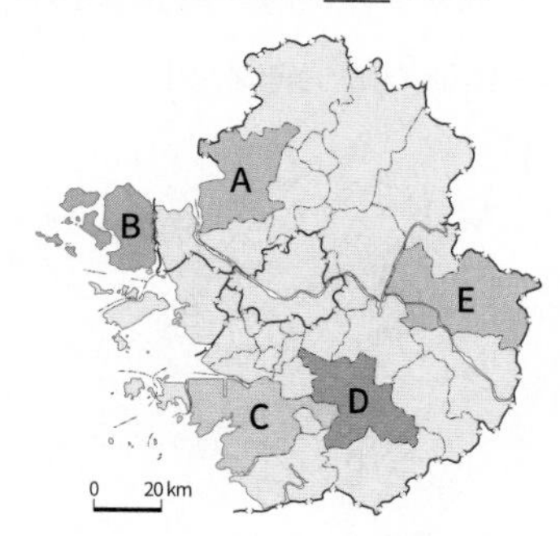

① A - 2기 신도시 건설에 따른 인구 규모의 변화
② B - 세계 문화유산의 분포와 보전 현황
③ C - 수도권 제2의 항만 건설이 제조업에 미친 영향
④ D - 서울로의 지하철 개통이 인구 증가에 미친 영향
⑤ E - 수도권 제1의 상수원을 보호하기 위한 노력

806

㉠~㉤에 대한 설명으로 옳지 않은 것은?

> ㉠ 1980년대 이후 수도권의 과밀화가 심화되어, ㉡ 수도권의 산업 집중을 억제하기 위한 다양한 정책이 추진되면서 ㉢ 많은 제조업체가 비수도권 지역으로 이전하였다. 특히 서울의 제조업체가 다른 지역으로 이전하면서 서울은 ㉣ 탈공업화 현상이 나타나고 있다. 우리나라의 산업 구조가 기술 집약적 산업 구조로 재편되면서, ㉤ 수도권이 지식 기반 산업의 입지에 가장 유리한 지역으로 등장하였다.

① ㉠으로 지가 상승과 용수 부족 등의 집적 불이익이 나타났다.
② ㉡에는 수도권 정비 계획, 수도권 공장 총량제 등이 있다.
③ ㉢의 경우 영남 지방으로 공장 이전이 가장 활발하다.
④ ㉣은 2차 산업 종사자 비중이 감소하고 3차 산업 종사자 비중이 증가하는 현상이다.
⑤ ㉤은 수도권에 고급 인력과 학술·연구 기능 등이 집중되어 있기 때문이다.

807

그래프는 수도권에 위치한 세 시도의 전국 대비 비율을 나타낸 것이다. A~C로 옳은 것은?

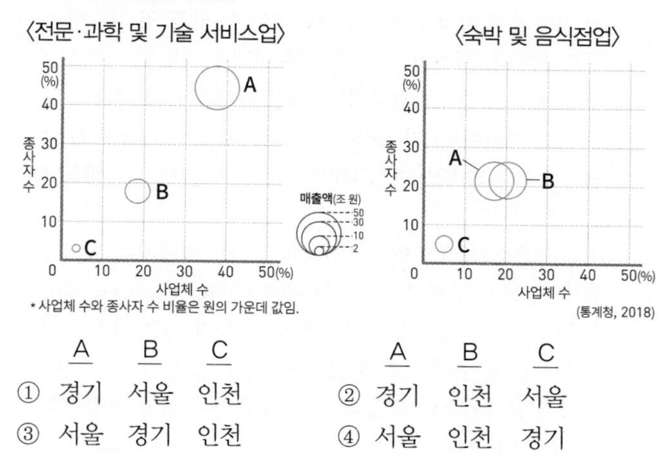

	A	B	C
①	경기	서울	인천
②	경기	인천	서울
③	서울	경기	인천
④	서울	인천	경기
⑤	인천	경기	서울

808

다음은 어느 지역에 관해 스무고개를 하고 있는 장면이다. (가)에 들어갈 내용으로 옳은 것은?

	학생	교사
한 고개 :	남한의 중심부에 위치한 지역입니까?	→ 아니요
두 고개 :	서울과 인천, 경기도를 포함합니까?	→ 아니요
세 고개 :	(가)	→ 예
네 고개 :	태백산맥을 경계로 영서와 영동으로 구분됩니까?	→ 예
	⋮	⋮

① 남한 제1의 광업 지역입니까?
② 수도권과 남부 지방을 이어 주는 곳에 위치합니까?
③ 우리나라 최대의 중화학 공업 지역을 이루고 있습니까?
④ 우리나라의 정치·경제·행정의 중심지 기능을 하고 있습니까?
⑤ 외교, 국방 등을 제외한 대부분의 자치권을 보장받고 있습니까?

809

(가), (나)에서 설명하는 지역을 지도의 A~D에서 고른 것은?

(가) 이 지역의 고위 평탄면은 연평균 기온이 낮고 연 강수량은 많은 편이다. 이러한 지형 및 기후 환경을 바탕으로 목축업과 고랭지 농업이 발달하였다. 또한 이 지역은 적설량이 많고 적설 기간이 긴 기후 특성을 활용하여 동계 스포츠의 중심지로 성장해 왔으며, 2018년에는 동계 올림픽이 개최되기도 하였다.

(나) 이 지역은 전체가 1,000m 이상의 산지로 병풍처럼 둘러싸인 고원 분지 형태의 지역으로 해발 650m 정도이다. 매봉산 천의봉을 분수령으로 하여 한강, 낙동강, 오십천의 발원지를 이룬다. 평야는 거의 없으나 완만한 경사의 고위 평탄면이 발달하였으며 고생대 조선 누층군과 평안 누층군의 지층이 분포한다.

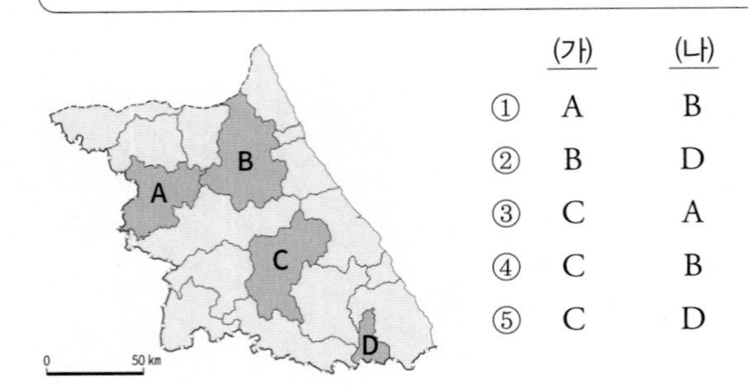

	(가)	(나)
①	A	B
②	B	D
③	C	A
④	C	B
⑤	C	D

810

(가)~(다)에 해당하는 지역을 지도의 A~C에서 고른 것은?

충청권 조별 발표 주제

지역	주제
(가)	• 폐광 지역을 활용한 석탄 박물관 • 머드 축제 개최의 자연 조건과 관광객 변화 추이
(나)	• 제철 공업의 발달에 따른 토지 이용 변화 • 공업 발달에 따른 산업별 종사자 수 변화
(다)	• 2014년 7월 도농 통합시 출범에 따른 지역 변화 • 생명 과학 단지와 KTX 분기점으로서의 역할

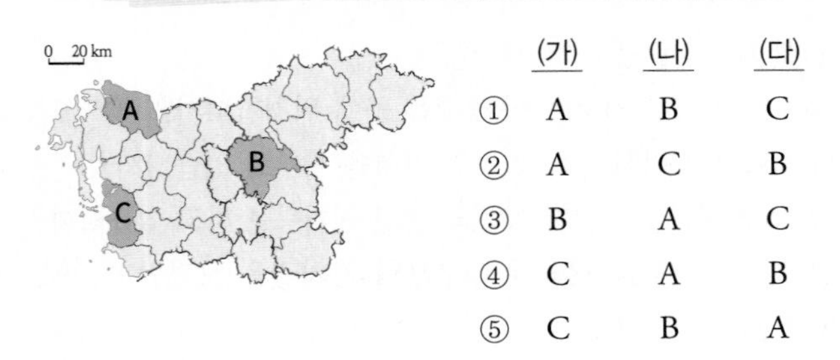

	(가)	(나)	(다)
①	A	B	C
②	A	C	B
③	B	A	C
④	C	A	B
⑤	C	B	A

811

온라인 수업 장면 중 옳지 않은 댓글을 쓴 학생을 고른 것은?

파일(F) 편집(E) 보기(V) 즐겨찾기(A) 도구(T) 도움말(H)

다음 지도의 A~E 지역에 대해서 설명해 보세요.

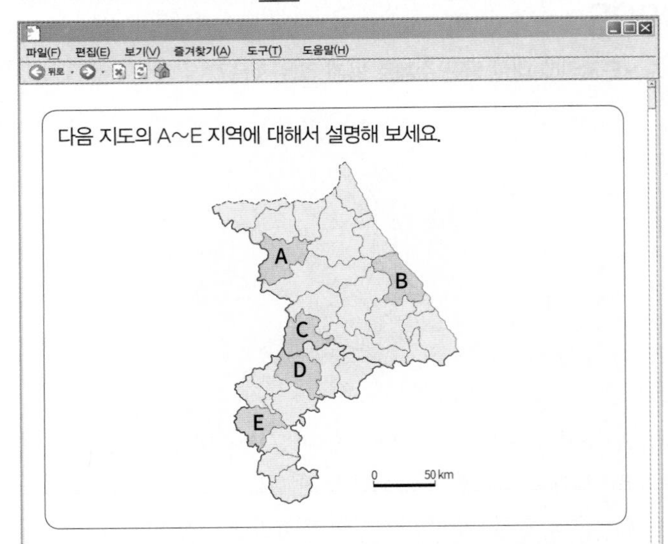

↳ 갑 : A는 도청이 위치한 도시로 강원도에서 가장 인구가 많습니다.
↳ 을 : B는 영동 지방 최대의 도시로 경포호가 유명하며, 관광 산업이 발달했습니다.
↳ 병 : C는 '강원'이라는 지명의 유래가 된 도시 중 하나로, 의료 기기 산업 클러스터가 조성되었습니다.
↳ 정 : D는 '충청'이라는 지명의 유래가 된 도시 중 하나로 남한강이 도시의 중앙부를 관통하여 흐릅니다.
↳ 무 : E는 도청이 위치한 도시로 다수의 고속 국도가 교차하며 국제공항이 있습니다.

① 갑 ② 을 ③ 병 ④ 정 ⑤ 무

812 서술형

㉠에 들어갈 내용을 두 가지 서술하시오.

수도권은 한반도의 심장부로서 우리나라 기능의 많은 부분이 집중되어 있다. 오늘날 지나친 집중의 영향으로 ㉠ 등 집적 불이익이 나타나고 있다.

18 호남 지방, 영남 지방, 제주도

813

A~E 지역에 대한 옳은 설명만을 〈보기〉에서 있는 대로 고른 것은?

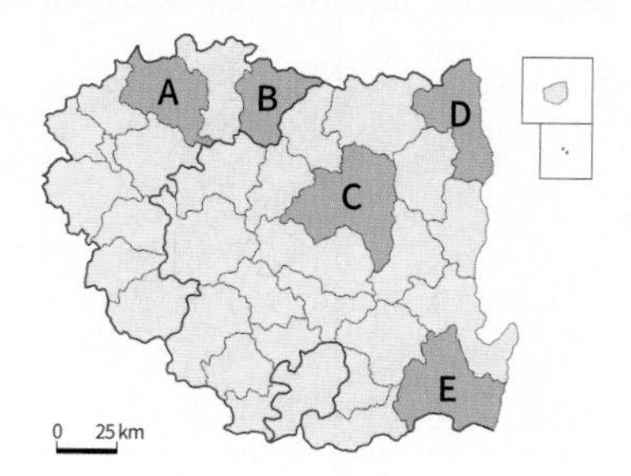

[보기]

ㄱ. A는 기업 도시, B는 혁신 도시로 지정된 지역이다.
ㄴ. B와 D에서는 카르스트 지형을 관찰할 수 있다.
ㄷ. C와 E에는 세계 문화유산으로 등재된 역사 마을이 있다.
ㄹ. D와 E에는 현재 가동 중인 원자력 발전소가 있다.

① ㄱ, ㄴ　② ㄱ, ㄷ　③ ㄴ, ㄷ
④ ㄱ, ㄷ, ㄹ　⑤ ㄴ, ㄷ, ㄹ

814

(가)~(다) 지역에 대한 옳은 설명을 〈보기〉에서 고른 것은?

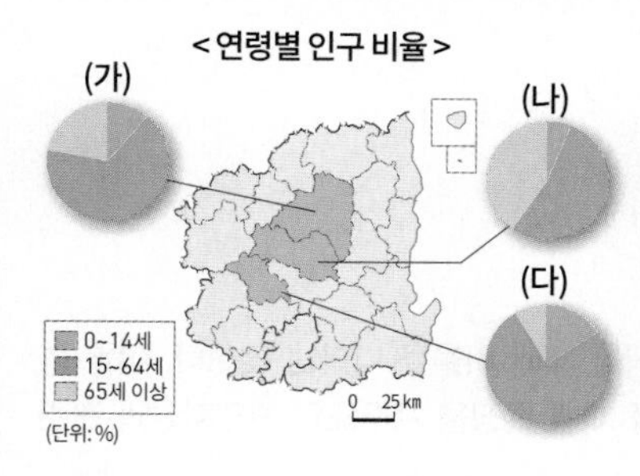

(단위: %)

<지역 내 주요 산업별 취업자 수 비율>

지역	광업·제조업	사업·개인·공공 서비스 및 기타
(가)	5	37
(나)	4	20
(다)	39	24

(통계청, 2018)

[보기]

ㄱ. 총 부양비는 (다)>(가)>(나) 순으로 높다.
ㄴ. 노령화 지수는 (나)가 가장 높고 (다)가 가장 낮다.
ㄷ. (가)~(다) 중 인구 규모가 가장 큰 지역은 (가)이다.
ㄹ. (가)~(다) 중 1차 산업 취업자 수 비율은 (나)가 가장 높다.

① ㄱ, ㄴ　② ㄱ, ㄷ　③ ㄴ, ㄷ
④ ㄴ, ㄹ　⑤ ㄷ, ㄹ

815

그래프의 (나) 지역에 대한 (가) 지역의 상대적 특성으로 옳은 것은? (단, (가), (나)는 지도에 표시된 두 지역 중 하나임.)

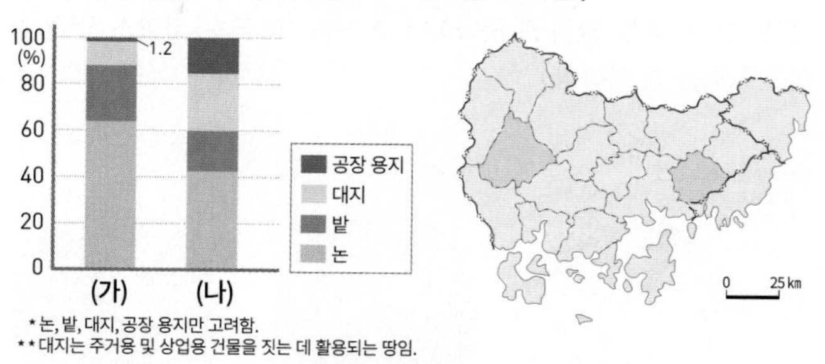

* 논, 밭, 대지, 공장 용지만 고려함.
** 대지는 주거용 및 상업용 건물을 짓는 데 활용되는 땅임.
(통계청, 2018)

① 인구 밀도가 높다.
② 제조업 종사자 수가 많다.
③ 지역 내 대형 마트 수가 많다.
④ 1차 산업 종사자 비율이 높다.
⑤ 부산으로 통근·통학하는 인구가 많다.

816

A~E 지역에 대한 탐구 학습 주제로 옳지 않은 것은?

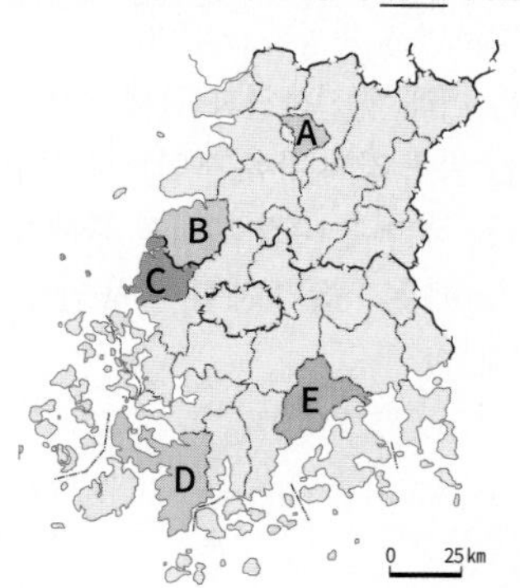

① A – 세계 문화유산에 등재된 한옥 마을의 특징 파악
② B – 고인돌 유적지의 문화재 보존 방안
③ C – 원자력 발전소 건설로 인한 토지 이용 변화
④ D – 땅끝 마을을 활용한 장소 마케팅 전략
⑤ E – 지리적 표시제 제1호로 지정된 녹차 재배지 조사

817

그래프는 영남권에 위치한 세 도시의 제조업 관련 자료이다. (가)~(다) 지역에 대한 옳은 설명을 〈보기〉에서 고른 것은? (단, (가)~(다)는 울산, 포항, 창원 중 하나이며, A, B는 1차 금속, 코크스·연탄 및 석유 정제품 중 하나임.)

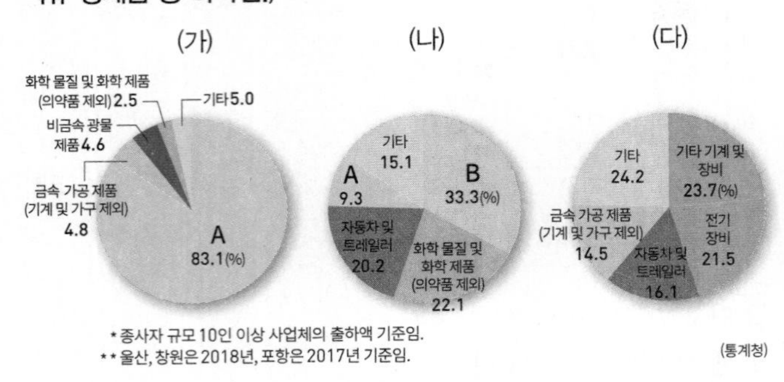

* 종사자 규모 10인 이상 사업체의 출하액 기준임.
** 울산, 창원은 2018년, 포항은 2017년 기준임.
(통계청)

[보기]

ㄱ. A는 코크스·연탄 및 석유 정제품, B는 1차 금속이다.
ㄴ. 제조업 출하액 규모는 (가)>(나)>(다) 순으로 크다.
ㄷ. 기초 소재 중에서 강철의 생산 기능은 (가)가 가장 강하다.
ㄹ. 세 지역 모두 원료 수입과 제품 수출에 유리한 항구와 인접하고 있다.

① ㄱ, ㄴ ② ㄱ, ㄷ ③ ㄴ, ㄷ
④ ㄴ, ㄹ ⑤ ㄷ, ㄹ

818

㉠~㉢에 해당하는 지역을 지도의 A~E에서 고른 것은?

• (㉠)은/는 광(光) 산업, 자동차 산업, 가전 제품 산업을 중심으로 한 제조업을 육성하고 있다.
• (㉡)은/는 미래형 신산업과 국제 해양 관광 레저 산업의 집중 육성을 위해 경제 자유 구역으로 지정되었다.
• (㉢)에서는 해마다 10월 지평선 축제가 열리고, 벼 베기 및 탈곡하기, 메뚜기 잡기 체험 등 농업과 관련된 체험 활동을 할 수 있다.

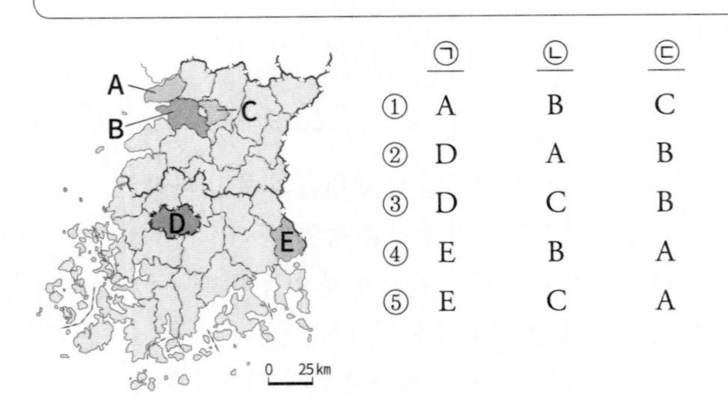

	㉠	㉡	㉢
①	A	B	C
②	D	A	B
③	D	C	B
④	E	B	A
⑤	E	C	A

819

한국지리 형성 평가 자료에서 모든 질문에 옳게 답한 학생을 고른 것은?

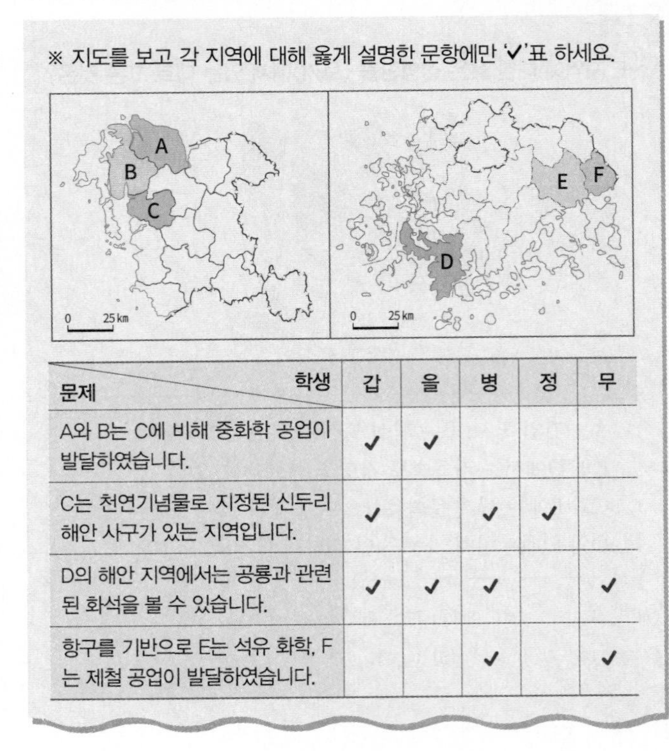

문제 \ 학생	갑	을	병	정	무
A와 B는 C에 비해 중화학 공업이 발달하였습니다.	✓	✓			
C는 천연기념물로 지정된 신두리 해안 사구가 있는 지역입니다.	✓		✓	✓	
D의 해안 지역에서는 공룡과 관련된 화석을 볼 수 있습니다.	✓	✓	✓		✓
항구를 기반으로 E는 석유 화학, F는 제철 공업이 발달하였습니다.			✓		✓

① 갑 ② 을 ③ 병 ④ 정 ⑤ 무

820 서술형

그래프는 전국과 제주도의 작물 재배 비율을 나타낸 것이다. 이를 통해 알 수 있는 제주도의 작물 재배 특징을 제주도의 자연환경과 관련지어 서술하시오.

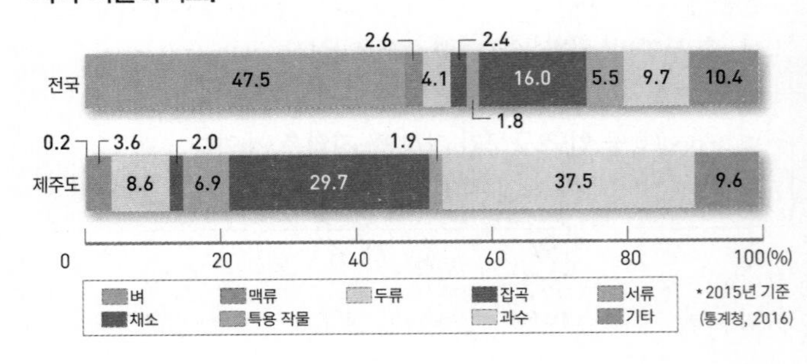

* 2015년 기준
(통계청, 2016)

녇답 체크 후 틀
녇답 • 알찬풀이
확인하세요.

기출 분석 문제집

1등급 만들기

한국지리
820제

빠른답 체크
Speed Check

◀ 이곳을 열면 정답을 바로 확인할 수 있습니다.

기출 분석 문제집

1등급 만들기

❶ 핵심 개념 잡기
시험 출제 원리를 꿰뚫는 핵심 개념을 잡는다!

❷ 1등급 도전하기
선별한 고빈출 문제로 실전 감각을 키운다!

❸ 1등급 달성하기
응용 및 고난도 문제로 1등급 노하우를 터득한다!

1등급 만들기로, 실전에서 완벽한 1등급 달성!

- **국어** 문학, 독서
- **수학** 고등 수학(상), 고등 수학(하),
수학 Ⅰ, 수학 Ⅱ, 확률과 통계, 미적분, 기하
- **사회** 통합사회, 한국사, 한국지리, 세계지리,
생활과 윤리, 윤리와 사상, 사회·문화,
정치와 법, 경제, 세계사, 동아시아사
- **과학** 통합과학, 물리학 Ⅰ, 화학 Ⅰ, 생명과학 Ⅰ, 지구과학 Ⅰ,
물리학 Ⅱ, 화학 Ⅱ, 생명과학 Ⅱ, 지구과학 Ⅱ

고등 도서안내

개념서

비주얼 개념서

룩 LOOK

이미지 연상으로 필수 개념을 쉽게 익히는
비주얼 개념서

국어 문법
영어 분석독해

내신 필수 개념서

개념 학습과 유형 학습으로
내신 잡는 필수 개념서

사회 통합사회, 한국사, 한국지리, 사회·문화,
생활과 윤리, 윤리와 사상
과학 통합과학, 물리학 I , 화학 I ,
생명과학 I , 지구과학 I

기본서

문학

손쉬운

작품 이해에서 문제 해결까지
손쉬운 비법을 담은 문학 입문서

현대 문학, 고전 문학

수학

수학중심

개념과 유형을 한 번에 잡는 강력한
개념 기본서

고등 수학(상), 고등 수학(하),
수학 I , 수학 II , 확률과 통계, 미적분, 기하

유형중심

체계적인 유형별 학습으로 실전에서 더욱 강력한
문제 기본서

고등 수학(상), 고등 수학(하),
수학 I , 수학 II , 확률과 통계, 미적분

1등급 만들기

한국지리 820제

바른답·알찬풀이

Mirae N 에듀

바른답·알찬풀이

STUDY POINT

바로잡기

자세한 오답풀이로 문제를 쉽게 이해할 수 있습니다.

1등급 자료 분석

까다롭고 어려운 자료의 분석 노하우를 익힐 수 있습니다.

1등급 정리 노트

시험에 꼭 나오는 핵심 개념을 다시 한 번 정리할 수 있습니다.

1등급 만들기

한국지리 820제

바른답·알찬풀이

Ⅰ 국토 인식과 지리 정보

01 우리나라의 위치와 영역

분석 기출 문제 7~10쪽

[핵심 개념 문제]

001 중위도 **002** ㉠ 135 ㉡ 빠르다 **003** 관계적 **004** ×
005 ○ **006** ○ **007** ㉠ **008** ㉠ **009** 영토 **010** 영해
011 영공 **012** 배타적 경제 수역 **013** ㉡ **014** ㉠ **015** ㉢

016 ② **017** ④ **018** ① **019** ④ **020** ① **021** ⑤ **022** ①
023 ① **024** ③ **025** ② **026** ⑤ **027** ③

1등급을 향한 서답형 문제

028 예시 답안 우루과이는 남반구의 중위도에 위치하므로, 우리나라와 계절이 반대이다. 따라서 우리나라가 여름일 때 우루과이는 겨울이므로 날씨가 쌀쌀하다. **029** 예시 답안 (라) 수역은 우리나라의 영해이며, 그 상공은 우리나라의 영공에 해당한다. 따라서 우리나라의 영공에서 허락 없이 중국의 헬리콥터가 이동하는 것은 불법이다. **030** 예시 답안 독도, 독도 주변 바다에는 메탄 하이드레이트가 분포하며, 주변 해역이 조경 수역을 이루어 어족 자원이 풍부하다.

016

우리나라의 수리적 위치는 북위 33°~43°, 동경 124°~132°이다. 표준 경선인 동경 135° 선은 최동단인 독도보다 동쪽에 위치한다.

바로잡기 ① 우리나라는 동경 135°를 표준 경선으로 사용하므로 태양이 135°에 남중할 때 우리나라는 12시이다. 동경 127° 30′는 동경 135°보다 7° 30′ 서쪽에 위치한다. 따라서 태양이 ㉠에 남중하는 시각은 오후 12시 30분이다. ③ 경도가 7.5° 서쪽으로 이동하므로 영국과의 표준시 차이는 30분 줄어든다. ④ 서반구에 위치하는 미국보다는 우리나라와 경도가 비슷한 오스트레일리아와의 시차가 작다. ⑤ 날짜 변경선이 지나는 곳은 태평양 상이다. 런던은 본초 자오선이 지난다.

017

수리적 위치 중에서 위도는 기후와 식생, 토양, 계절 등에 미치는 영향이 크다. 경도는 표준시를 결정하는 데 큰 영향을 미치며, 우리나라는 본초 자오선이 지나는 영국보다 9시간이 빠르다. 한편, 우리나라는 유라시아 대륙의 동쪽에 위치한 지리적 위치 특성으로 인해 대륙성 기후와 계절풍 기후가 나타난다.

바로잡기 ④ 대척점은 한 지점의 지구 반대편 지점으로, 대척점의 위치를 정확하게 알기 위해서는 수리적 위치인 경도와 위도를 파악해야 한다.

018

우리나라는 북반구 중위도에 위치해 있어 계절 변화가 뚜렷하며, 동경 124°~132°에 위치하여 영국보다 빠른 표준시를 채택하고 있다. 우리나라의 표준 경선은 동경 135°로 중앙 경선(동경 127° 30′)보다 동쪽에 있다. 지도에서 A는 우리나라의 극남인 마라도이고, B는 극동인 독도이다. 마라도는 독도보다 태양의 남중 시점이 늦는데, 이는 마라도가 독도의 서쪽에 위치하기 때문이다. 동쪽에 위치할수록 태양의 남중 시각이 이르다.

바로잡기 ① 우리나라의 극남인 A의 마라도와 극동인 B의 독도 모두 사람들이 거주하는 유인도이다.

019

위도는 기후에 미치는 영향이 매우 크며, 그로 인해 계절과 식생, 토양 등도 영향을 받게 된다. 우리나라는 북반구의 중위도에 위치하고 있어 냉·온대 기후가 나타나며, 계절의 변화가 뚜렷한 편이다. 표준시를 결정하기 위한 우리나라의 표준 경선은 동경 135°이며, 세계 표준시보다 9시간 빠르다.

바로잡기 ④ ㉣ 동경 135°가 우리나라를 지나가지는 않지만, 우리나라의 표준 경선에 해당한다. 한때 우리나라도 127° 30′을 표준 경선으로 사용하기도 하였으나, 지금은 동경 135°를 표준 경선으로 삼고 있다.

020

영해는 일반적으로 기선으로부터 12해리까지의 수역이다. 동해안, 제주도, 울릉도, 독도 등은 통상 기선에서 12해리까지를 영해로 설정한다. 서·남해안은 해안선이 복잡하고 섬이 많아 직선 기선에서 12해리까지를 영해로 설정한다. 다만 일본과 가까운 대한 해협에서는 공해 확보를 위해 직선 기선에서 3해리까지만 영해로 설정한다. A, B는 영해선 밖에 위치하며, 배타적 경제 수역에 해당한다. 반면, C는 영해선 안쪽에 위치한 지점으로 영해에 속하지만, 외국 선박의 무해 통항권은 인정된다.

바로잡기 ㄷ. 배타적 경제 수역은 영해 설정의 기선으로부터 200해리에 이르는 수역 중 영해를 제외한 수역이므로 영해선 안쪽에 위치한 C는 포함되지 않는다. ㄹ. B는 대한 해협에 위치한 지점으로 직선 기선으로부터 3해리를 적용하는 수역이다.

021

그림의 (가)는 배타적 경제 수역, (나)는 직선 기선으로부터 12해리까지의 영해, (다)는 영토와 영해의 상공인 영공, (라)는 통상 기선으로부터 12해리까지의 영해에 해당한다. 배타적 경제 수역은 영해 기선에서 200해리의 바다 중 영해를 제외한 바다로, 영해가 끝나는 선으로부터 188해리까지의 범위가 된다. 통상 기선의 영해 기준선은 썰물 때 바다와 육지의 경계선인 최저 조위선이 된다.

바로잡기 ⑤ (나)의 영해는 직선 기선으로부터 12해리까지의 바다이고, (라)의 영해는 통상 기선으로부터 12해리까지의 바다이다. 따라서 (나)와 (라)에서 영해 폭은 같다.

1등급 정리 노트 우리나라의 영역

영토	한반도와 그 부속 도서, 총 면적은 약 22.3만 km^2(남한은 약 10만 km^2)
영해	• 동해안, 제주도, 울릉도, 독도 등 : 통상 기선에서 12해리까지 • 서·남해안 : 직선 기선에서 12해리까지 • 대한 해협 : 직선 기선에서 3해리까지
영공	영토와 영해의 수직 상공(일반적으로 대기권으로 한정)

022

제시된 법 조항을 보면 영해의 폭은 기선으로부터 12해리까지가 원

칙이나, 폭이 좁은 대한 해협의 경우 지리적 특수성에 의해 직선 기선으로부터 3해리만을 영해로 인정하고 있다. 통상 기선의 경우 해안선이 비교적 단조로운 동해안과 육지에서 멀리 떨어져 있는 섬들에서 적용되고 있다. 직선 기선은 해안선의 드나듦이 복잡한 서·남해안에서 적용되고 있다. 외국 선박의 경우 영해 내에서 무해 통항을 하는 경우 통항권이 보장된다.

바로잡기 ㉠은 영해로 배타적 경제 수역에서는 영해가 제외된다.

023

(가)는 통상 기선 적용에 따른 영해 범위 설정에 관한 모식도이고, (나)는 직선 기선 적용에 따른 영해 범위 설정에 관한 모식도이다. 통상 기선을 적용하는 경우 바닷물이 가장 많이 빠져 나가는 썰물 때 해안선인 최저 조위선이 기준선이 되며, 섬이 많은 서해안과 남해안 일대는 직선 기선을 적용한다.

바로잡기 ㄷ. C는 직선 기선 안쪽 바다로 영해가 아닌 내수에 해당한다. ㄹ. C에서 간척 사업이 이루어지더라도 직선 기선의 이동이 이루어지지 않으므로 D의 영해 범위는 달라지지 않는다.

024

우리나라와 일본, 중국은 200해리 배타적 경제 수역을 설정할 경우 중복되는 수역이 발생하여 어업 협정을 맺었다. 이를 통해 우리나라와 중국은 한·중 잠정 조치 수역(A)을 설정하였고, 우리나라와 일본은 한·일 중간 수역(D)을 설정하였다. B는 우리나라의 영해로 수직 상공은 우리나라의 영공이다. C는 우리나라의 배타적 경제 수역으로 우리나라 어선만 어업 활동을 할 수 있다.

바로잡기 ㄱ. A에서는 우리나라와 중국 어선의 어업 활동이 가능하다. ㄹ. D에서는 러시아 화물선이 자유롭게 통행을 할 수 있다. 배타적 경제 수역에서는 외국 화물선이 항해하는 것은 가능하다.

025

제시문에서 (가)는 직선 기선 안쪽에 위치한 바다인 내수에 관한 설명이다. 내수는 영해는 아니지만, 우리나라의 주권이 미치는 곳이다. 지도에서 내수는 영일만 안쪽 바다(A)와 울산만 안쪽 바다가 해당한다. (나)는 우리나라와 일본 사이의 거리가 가까워 직선 기선으로부터 12해리가 아닌 3해리까지만을 영해로 적용하는 곳으로, 이에 해당하는 곳은 지도에서 C의 대한 해협 일대이다. B는 통상 기선으로부터 12해리의 영해와 직선 기선으로부터 12해리의 영해가 함께 나타나는 곳이다.

026

제시된 고지도는 일본에서 제작된『삼국접양지도』이다. 이 지도의 독도 부분에는 일본어로 '조선의 것'이라고 적혀 있으며, 독도는 울릉도와 함께 우리나라와 같은 색깔로 채색되어 있다. 독도는 동도와 서도 및 89개의 부속 도서로 이루어져 있으며, 신라 시대 이사부에 의해 복속되어 우리나라의 영토가 되었다.

바로잡기 ㄱ. 독도는 동경 132° 정도의 지역에 위치하므로, 표준 경선인 동경 135° 선의 서쪽에 위치한다. ㄴ. 우리나라에서 세계 자연 유산으로 등록된 곳은 제주도의 일부 지역이다.

1등급 정리 노트 독도의 특징

구분	내용
지리적 특색	• 우리나라의 최동단, 신생대 제3기 화산 활동으로 형성 • 동도와 서도 및 89개의 부속 도서로 구성
가치	• 영역적 가치 : 우리나라의 극동, 동해 중앙에 위치해 동해상의 활동 거점 확보에 유리 • 경제적 가치 : 조경 수역으로 어족 자원이 풍부함, 해양 에너지 등의 개발 가능 • 생태·환경적 가치 : 해저 화산의 진화 과정이 잘 나타남, 천연 보호 구역으로 지정
역사	• 신라 시대 이사부가 우산국을 편입한 후 우리 영토가 됨 • 여러 고지도와 고문헌에 우리 영토로 표기됨

027

(가)는 울릉도와 거의 동위도에 위치한 동해안의 항구 도시 동해시이다. (나)는 울릉도, (다)는 독도이다. 독도는 우리 영토의 극동으로 주민들과 독도 경비 대원 등이 거주하고 있으며, 주민 숙소와 등대, 접안 시설 등이 있다. 한편 맑은 날에는 울릉도 저동의 '내수전'이라는 곳에서 독도를 맨눈으로 볼 수 있을 만큼 우리나라와 가깝다.

바로잡기 ㄱ. 동해에서 울릉도로 갈 때 한국 측 배타적 경제 수역을 통과하게 되므로 우리나라의 영해를 벗어난다. ㄴ. 동해안, 울릉도, 독도에서는 통상 기선을 적용한다.

028

남아메리카의 우루과이는 남반구의 중위도에 위치하므로, 우리나라와 계절이 반대로 나타난다.

채점 기준	수준
우루과이와 우리나라가 각각 남반구와 북반구에 위치함에 따라 계절이 반대라는 내용을 바르게 서술한 경우	상
계절이 반대라고만 서술한 경우	하

029

(가)는 한·중 잠정 조치 수역, (나)는 한국 측 배타적 경제 수역, (다)는 한·일 중간 수역, (라)는 영해, (마)는 내수이다. (라)에서 영해의 상공은 우리나라의 영공에 해당한다.

채점 기준	수준
적법하지 않은 활동이 이루어진 해역을 쓰고, 그 이유를 바르게 설명한 경우	상
적법하지 않은 활동이 이루어진 해역을 쓰고, 그 이유를 설명하였으나 내용이 미흡한 경우	중
적법하지 않은 활동이 이루어진 해역만 바르게 쓴 경우	하

030

독도는 신생대 제3기에 형성된 화산섬으로, 울릉도와 제주도보다 형성 시기가 이르다. 독도 주변 해역은 조경 수역을 이루고 있고, 메탄 하이드레이트가 분포하고, 해양 심층수도 풍부하다.

채점 기준	수준
독도라고 쓰고, 독도 주변 바다의 경제적 가치를 두 가지 이상 바르게 서술한 경우	상
독도라는 것만 바르게 쓰고 경제적 가치에 대한 서술이 미흡한 경우	하

11쪽

031 ⑤ 032 ⑤ 033 ① 034 ⑤

031 우리나라의 수리적 위치 분석하기

1등급 자료 분석 우리 국토의 여러 지역

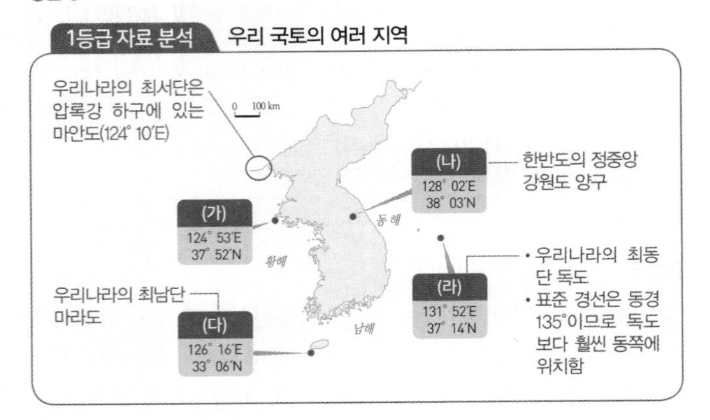

㈎는 백령도, ㈏는 양구, ㈐는 마라도, ㈑는 독도이다. ㄷ. 일출과 일몰 시각은 가장 동쪽에 위치한 ㈑ 독도가 가장 빠르고, 지도에서 가장 서쪽에 위치한 ㈎ 백령도가 가장 늦다. ㄹ. 우리나라의 표준 경선은 동경 135°로, 우리나라의 영토보다 동쪽에 위치하므로 가장 가까운 지점은 ㈑이다.

바로잡기 ㄱ. (가)는 극서에 해당하지 않는다. 우리나라의 극서는 평안북도 용천군 마안도(비단섬)이다. ㄴ. (나)는 우리나라 영토의 4극단을 기준으로 했을 때 중앙에 위치한 지점이다.

032 우리나라 영해 설정과 배타적 경제 수역 파악하기

1등급 자료 분석 통상 기선과 직선 기선

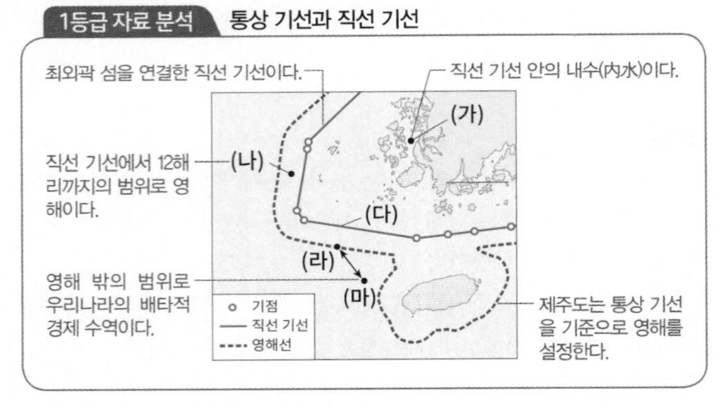

우리나라의 동해안, 제주도, 울릉도, 독도 등은 통상 기선에서 12해리까지를 영해로 설정한다. 서·남해안은 해안선이 복잡하고 섬이 많아 직선 기선에서 12해리까지를 영해로 설정한다. ㈎는 내수, ㈏는 영해, ㈐는 직선 기선이며, ㈑와 ㈒의 최단 경로는 배타적 경제 수역에 포함된다. ㄷ. ㈐는 영해 설정을 위해 최외곽 섬을 직선으로 연결한 가상의 선인 직선 기선이다. ㄹ. 영해는 주권이 미치는 공간 범위이다. ㈑와 ㈒의 경우 최단 거리로 이동할 경우 우리나라의 영해 밖 범위인 배타적 경제 수역을 지나게 된다.

바로잡기 ㄱ. (가)에서 간척 사업이 이루어지면 직선 기선에는 영향을 주지 않기 때문에 영해의 기준선이 변경되지 않는다. ㄴ. (나)는 우리나라 영해에 해당하는 곳으로 우리나라의 주권이 영향을 미치기 때문에 외국 선박의 경제활동이 불가능하다.

033 마라도와 독도 비교 분석하기

1등급 자료 분석 마라도와 독도의 지리적 특성

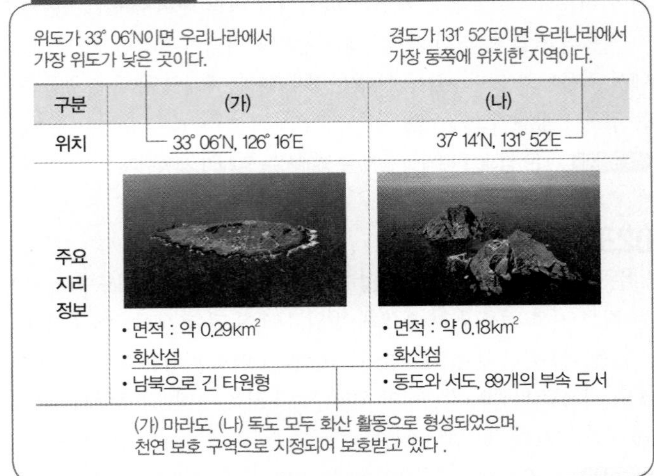

구분	(가)	(나)
위치	33° 06′N, 126° 16′E	37° 14′N, 131° 52′E
주요 지리 정보	• 면적 : 약 0.29km² • 화산섬 • 남북으로 긴 타원형	• 면적 : 약 0.18km² • 화산섬 • 동도와 서도, 89개의 부속 도서

㈎는 북위 33°에 인접한 섬으로 국토 최남단인 마라도에 해당한다. ㈏는 동경 132°에 인접한 섬으로 국토 최동단인 독도에 해당한다. 마라도는 독도보다 위도가 낮으므로 연평균 기온이 높다. 두 섬 모두 화산 활동으로 형성된 화산섬으로 천연 보호 구역으로 지정되어 있으며, 통상 기선을 적용하여 영해를 설정하고 있다. 일출과 일몰 시각은 동쪽에 위치한 독도가 모두 빠르다.

바로잡기 ① (나) 독도는 동해상에 위치하지만, (가) 마라도는 남해상에 위치한다.

034 영해 설정과 배타적 경제 수역 파악하기

1등급 자료 분석 영해와 배타적 경제 수역

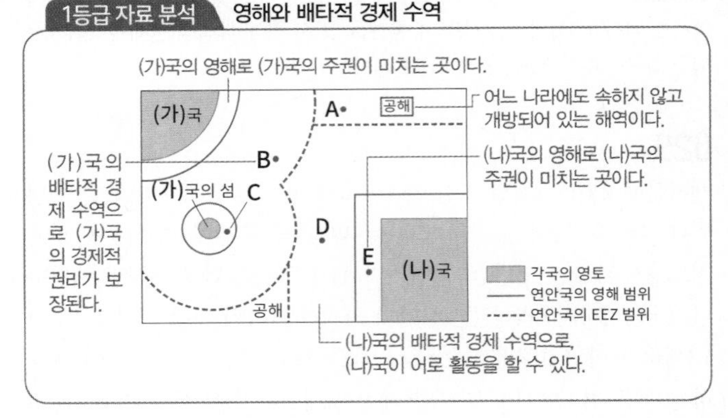

영해는 연안국의 주권이 영향을 미치는 범위로 다른 국가가 불법적으로 침입할 수 없다. C는 ㈎국의 영해, E는 ㈏국의 영해이다. 배타적 경제 수역은 연안국의 경제적 권리를 인정하는 범위로 다른 국가가 천연자원의 탐사·개발, 해양 에너지 생산, 인공 섬 및 기타 구조물 설치 등의 활동을 할 수 없다. 그러나 모든 국가는 다른 국가의 배타적 경제 수역에서 항행, 비행, 해저 전선 부설 등의 활동을 할 수 있다. B는 ㈎국의 배타적 경제 수역, D는 ㈏국의 배타적 경제 수역이다. 공해는 공공의 바다란 의미로 특정 나라에 속하지 않아 세계 어느 나라에게도 개방되어 있는 바다의 영역을 말한다. 그림에서 A가 공해이다.

바로잡기 ⑤ E는 (나)국의 영해로 (나)국의 주권이 미치는 범위 안이다. 따라서 (가)국은 E에서 인공 섬 설치 등 경제적 활동을 할 수 없다.

02 국토 인식의 변화와 지리 정보

분석 기출 문제 13~16쪽

[핵심 개념 문제]

035 풍수지리 036 택리지 037 ㉠ 목판본 ㉡ 10 038 ㉠
039 ㉡ 040 ㉠ 041 × 042 × 043 ○ 044 ㉠ 045 ㉢
046 ㉡ 047 ㄱ 048 ㄷ

049 ① 050 ① 051 ② 052 ④ 053 ④ 054 ④ 055 ①
056 ① 057 ④ 058 ③ 059 ⑤ 060 ④

1등급을 향한 서답형 문제

061 예시 답안 ㉠은 경제적 요소를 다루고 있으므로 가거지의 조건 중 생리에 해당하고, ㉡은 풍수지리적 요소를 다루고 있으므로 가거지의 조건 중 지리에 해당한다. **062** 예시 답안 (가) 대동여지도는 오늘날 지도의 범례에 해당하는 지도표를 사용하여 다양한 정보가 체계적으로 수록되어 있다. (나) 대동여지도는 분첩 절첩식으로 이루어져 있어 휴대하기에 간편하다. **063** 예시 답안 중첩 분석, 특정 주제도를 제작하거나 조건에 맞는 지역을 검색하고, 최적 입지를 선정하는 데 활용할 수 있다.

049

그림은 풍수지리 사상의 명당도이다. 풍수지리 사상은 지모(地母) 사상과 음양오행설을 기반으로 한 전통 지리 사상으로, 우리 조상들은 명당에 자리를 잡으면 땅의 좋은 기운을 받아 복을 얻을 수 있다고 생각하였다. 좋은 터전인 명당은 배산임수 지점에 해당한다. 이러한 풍수지리 사상은 고려의 개경과 조선의 한양 입지에도 영향을 주었다.

바로잡기 ① 풍수지리 사상은 지세를 파악하여 명당을 찾고자 하는 것으로 인간과 자연의 조화로운 삶을 추구하였다고 할 수 있다.

050

조선 초기에는 통치에 필요한 다양한 자료를 연혁, 토지, 호구, 성씨, 인물 등의 항목별로 묶어 백과사전식으로 기술한 관찬 지리지를 편찬하였는데, (나)의 『신증동국여지승람』이 대표적이다. 조선 후기에는 실학자들이 국토의 실체를 객관적으로 밝히기 위해 특정 주제를 종합적이고 체계적으로 고찰하여 설명식으로 기술한 사찬 지리지를 많이 편찬하였다. 서술된 방식을 살펴볼 때 (가)는 『택리지』임을 알 수 있다. 『택리지』는 '사람이 살만한 곳에 관한 논의'를 주제로 한 인문 지리서로, 사민총론, 팔도총론, 복거총론, 총론 등으로 이루어져 있다.

바로잡기 ②, ⑤ (나)에 대한 설명이다. ③ (가)에 대한 설명이다. ④ (나) 『신증동국여지승람』만 백과사전식으로 기술되어 있다.

1등급 정리 노트 관찬 지리지와 사찬 지리지

구분	내용
관찬 지리지	• 조선 전기에 국가 경영과 지방 통치 목적으로 국가에서 제작함 • 정치, 사회, 경제, 인문 등의 내용을 백과사전식으로 나열함 예 『신증동국여지승람』, 『세종실록지리지』
사찬 지리지	• 조선 후기에 개인이 국토에 관한 관심을 바탕으로 제작함 • 국토의 모습을 설명식으로 기술함 예 이중환 『택리지』, 정약용 『아방강역고』

051

(가)의 혼일강리역대국도지도와 (나)의 천하도에는 모두 중심부에 중국을 표현해 중화사상이 나타나 있는데, 중화사상이란 중국이 세계의 중심이라고 보는 것이다. 혼일강리역대국도지도에는 우리나라, 중국, 일본, 유럽, 아프리카, 서남아시아가 표현되어 있고, 천하도는 세계가 원형으로 표현되어 있다. 천하도에 비해 혼일강리역대국도지도에서는 한반도 부분이 비교적 정확하게 표현되어 있다.

바로잡기 ㄴ, ㄹ. (가)의 혼일강리역대국도지도는 조선 초기 국가의 고위 관리들이 주도하여 만든 반면, (나)의 천하도는 조선 중기 이후 민간에서 장식용 등으로 다양하게 만들었다.

052

이중환의 『택리지』는 조선 후기의 사찬 지리지로, 우리나라의 산세와 위치, 팔도의 위치와 역사적 배경 등을 종합적으로 서술하였다. 사민총론, 팔도총론, 복거총론, 총론으로 구성되어 있으며, 사람이 살 만한 가거지의 조건을 지리, 생리, 인심, 산수 네 가지로 제시하였다.

바로잡기 ④ 경제적으로 유리한 곳에 대한 내용은 복거총론 중 '생리(生利)' 편에 제시되어 있다. '생리'편에는 비옥한 땅, 교역에 유리한 곳 등이 사람이 거주하기에 좋은 지역으로 나타나 있다. 지리가 좋은 곳은 풍수지리 사상의 명당이다.

053

대동여지도는 지도표를 이용하여 14개 항목을 22종의 기호로 표시하였다. 성이 있는 읍치가 지도 중앙에 위치하고 있는데, 읍치 북쪽의 산에는 고산성이 기호로 표시되어 있다. 역참은 읍치 북동쪽에 있는데, 10리 눈금 안에 표시되어 있다. 창고는 도로와 하천 주변에 여러 개가 위치해 있다. 읍치 남쪽으로는 하천이 그려져 있는데, 쌍선으로 그려진 것으로 보아 배가 다닐 수 있는 하천이다.

바로잡기 ④ 봉수는 산 위에 불꽃 모양의 기호를 이용하여 표현되는데, 읍치 남쪽으로는 이러한 기호가 표현되어 있지 않다.

1등급 정리 노트 대동여지도의 특징

구분	내용
분첩 절첩식	남북을 22단으로 나누고(분첩), 동서를 19면으로 접을 수 있게(절첩) 함 → 휴대와 열람에 유리
축척 개념 도입	10리마다 방점을 찍어 실제 거리를 나타냄
목판본	대량으로 인쇄할 수 있음
산줄기 표현	• 산지를 이어진 산줄기 형태로 표현함 → 분수계 파악에 용이 • 산의 크기를 선의 굵기로 표현함, 해발 고도는 알 수 없음
하천 표현	배가 다닐 수 있는 하천(쌍선)과 배가 다닐 수 없는 하천(단선)을 구분해서 표현함

054

(가)는 1960년대 이후 이루어진 계화 간척 사업에 관한 것이고, (나)는 울산의 공업탑에 관한 것으로 우리나라 산업화의 상징이다. (가), (나) 시기에는 국토 개발에서 경제 성장을 위해 효율성을 추구하면서 대규모 토목 사업이 이루어졌다. 이로 인해 경제가 성장하였지만 자연이 훼손되고 지역 간 경제적 격차가 커지는 부작용이 발생하기도 하

였다. 이 시기의 국토관은 자연보다 인간을 강조한 관점임을 알 수 있다.

바로잡기 ④ 갯벌을 간척지로 만든 것을 통해 생태적 가치보다 경제적 가치를 강조하였다는 것을 알 수 있다.

055

㈎는 공간 정보, ㈏는 속성 정보, ㈐는 관계 정보를 나타낸다. 공간 정보는 공간 속에 분포하는 어떤 장소나 현상의 위치 및 형태에 대한 정보로 위도, 경도 등의 표현에 사용된다. 속성 정보는 자연적·인문적 특성에 관한 지리 정보로 수치로 표현되는 경우가 많다.

바로잡기 ㄷ. (다)는 관계 정보로 지역 간 인접성, 계층성, 연결성 등을 표현하는 데 유리하다. 서울의 평균 기온은 지역의 특성과 관련된 것으로 속성 정보에 해당한다. ㄹ. 지역의 지리 정보는 시간이 지나면서 변화한다.

056

㈎는 지형도, ㈏는 위성 사진이다. 지형도는 방위, 축척, 기호, 등고선 등을 사용하여 다양한 지리 정보를 한눈에 파악할 수 있다. 한편, 위성 사진은 인간이 접근하기 어려운 지역이나 매우 넓은 지역의 정보를 주기적으로 수집할 수 있다는 장점이 있다.

바로잡기 ㄷ. 초기 자본은 인공위성을 하늘 위로 쏘아올리는 동시에 각종 컴퓨터 프로그램을 구축해야 자료를 얻을 수 있는 위성 사진이 지형도 제작보다 더 많이 든다. ㄹ. 행정 구역 경계는 지형도 상에서 한눈에 파악할 수 있다. 위성 사진은 인공위성에서 1차적인 지형적 특징만 보내기 때문에 2차적으로 행정 구역도를 중첩해야만 정보를 얻을 수 있다.

057

인공위성을 활용하여 원격 탐사를 하는 경우 동일한 지역의 정보를 주기적으로 얻을 수 있다는 장점이 있으며, 인간이 접근하기 어려운 지역의 자료를 확보하는 데도 유리하다.

바로잡기 ㄱ. 인공위성의 1차적인 자료는 대부분 일반인에게 공개되지 않기 때문에 일반인이 자료를 수집하기는 어려운 편이다. ㄷ. 위성 사진을 통해 행정 구역의 경계를 직접적으로 파악하기에는 무리가 있다. 반면 지형도에는 각 행정 구역이 제시되어 있기 때문에 상대적으로 행정 구역의 경계를 파악하는 데 유리하다.

058

제시된 정보 중 ㈎에서 김장 시기는 대략적인 추세를 알려 주는 것으로 등치선도로 표현하는 것이 적당하다. ㈏는 시도별 인구의 증감을 나타내므로 단계 구분도가 적절하다. 등치선도는 같은 값을 갖는 지점을 선으로 연결하여 표현한 것(ㄴ)이고, 단계 구분도는 통계 값을 몇 단계로 구분하고, 음영·패턴을 달리하여 표현한 것(ㄷ)이다.

바로잡기 ㄱ. 점묘도에 대한 설명이다. ㄹ. 유선도에 대한 설명이다.

059

쓰레기 소각장의 최적 입지는 각 조건을 모두 충족하는 곳이어야 한다. 우선 해발 고가 250m 미만인 곳은 B, C, D, E이며, 하천으로부터 500m 이상 떨어진 곳은 C, D, E이다. 도로와의 거리가 500m 이내인 곳은 B, C, E이며, 마지막으로 주풍향이 주거지에 영향을 주지 않는 곳은 A, E이다. 이 모든 조건을 만족하는 것은 E이다. 따라서 E가 쓰레기 소각장의 최적 입지가 된다.

060

지역 조사 과정에서 ㈏ 야외 조사 단계에는 해당 지역을 직접 방문하여 실내 조사를 통해 얻은 지리 정보를 보완하고 그 외에 필요한 자료를 수집한다. 따라서 해당 지역 주민들을 만나 경전철로 인한 변화에 대해 면담 및 설문 조사를 하는 것은 적절한 활동이 될 수 있다. ㈑ 도표 및 주제도 작성에서 각 구(區)의 연령별 만족도는 연령별 규모의 비교 분석이 되어야 하기 때문에 원이나 막대 등의 기호를 활용한 도형 표현도로 작성하는 것이 적절하다.

바로잡기 ㄱ. 수집된 자료를 토대로 경전철 건설 이후 변화 내용을 정리하는 것은 보고서 작성과 관련이 깊다. (가) 실내 조사 단계에는 각종 통계 자료와 지도, 문헌 자료, 인터넷 등을 활용하여 지리 정보를 수집한다. ㄷ. 홈페이지에서 경전철 노선도를 확인하고 조사 경로도를 작성하는 것은 실내 조사와 관련이 깊다. (다) 지리 정보 분석 단계는 수집한 지리 정보를 조사 목적에 따라 분석한다.

061

이중환의 『택리지』에서 가거지의 조건 중 지리는 풍수지리 사상의 명당, 생리는 경제적 기반이 유리한 곳(토양이 비옥하고, 교통이 편리한 곳), 인심은 이웃의 인심이 좋은 곳, 산수는 자연환경이 아름다운 곳을 의미한다.

채점 기준	수준
㉠, ㉡에 관한 내용을 가거지의 조건과 관련하여 바르게 서술한 경우	상
㉠, ㉡에 관한 내용을 바르게 서술하였으나, 가거지의 조건과 관련 짓지 못한 경우	중
㉠, ㉡ 중 한 가지만 가거지의 조건과 관련하여 바르게 서술한 경우	하

062

㈎는 대동여지도의 지도표를 통해 다양한 정보가 체계적으로 수록되어 있음을 알 수 있다. ㈏는 대동여지도의 1첩을 나타낸 것으로, 이를 통해 분첩 절첩식으로 되어 있어 휴대하기에 간편하다는 사실을 알 수 있다.

채점 기준	수준
(가), (나)와 관련하여 대동여지도의 특징을 바르게 서술한 경우	상
(가), (나) 중 한 가지 내용과 관련된 대동여지도의 특징을 서술한 경우	하

063

지리 정보 체계(GIS)는 컴퓨터를 활용해 지리 정보를 입력·저장하고 이를 가공·처리·활용할 수 있도록 만든 종합 정보 시스템이다.

채점 기준	수준
중첩 분석이라고 쓰고 활용 방법을 바르게 서술한 경우	상
중첩 분석이라고 쓰고 활용 방법을 서술하였으나, 설명이 미흡한 경우	하

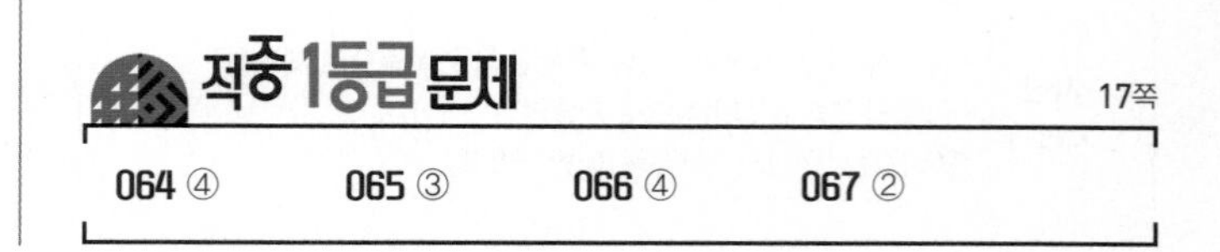

적중 1등급 문제

17쪽

064 ④ 065 ③ 066 ④ 067 ②

064 대동여지도 읽기

1등급 자료 분석 대동여지도 분석

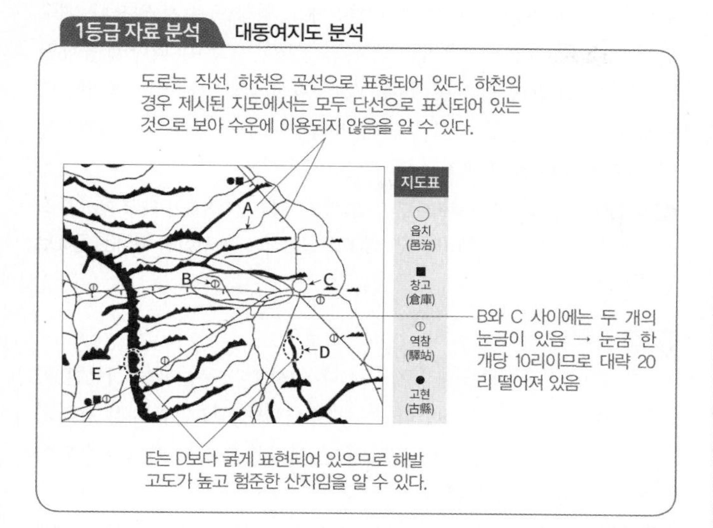

제시된 지도는 대동여지도의 일부이다. 지도에서 B는 역참이고 C는 읍치인데, 둘 사이에는 도로에 두 개의 눈금이 있으므로 대략 거리가 20리 정도 떨어져 있음을 알 수 있다. 당시에는 정확한 해발 고도를 표현하기 어려웠으므로 산지의 높낮이는 선의 굵기를 달리하여 비교하였으므로 더 굵게 표현된 E는 D보다 높고 험준한 산지이다.

바로잡기 ㄱ. A 하천의 경우 산지와 하천의 분포 등을 고려할 때 서쪽 산지에서 발원하여 북동쪽으로 흐르는 하천임을 알 수 있다. ㄷ. C 읍치 주변의 하천들은 모두 단선으로 표현되어 있으므로 수운으로 이용하기 어려운 하천이다.

065 조선 전기와 후기의 지리지 비교하기

1등급 자료 분석 조선 전기와 후기의 지리지

─ 항목을 구분한 백과사전식 서술 형태

(가)【관원】목사·판관·교수 각 1인

【군명】탐라·탁라·탐모라·동영주

【풍속】초목과 곤충은 겨울이 지나도 죽지 않으며 폭풍이 자주 인다. 또 초가가 많고 빈천한 백성들은 ㉠ 부엌과 온돌이 없고 땅바닥에서 자고 거처한다.

└ 온돌은 우리나라 겨울의 대표적인 난방 시설로 온돌이 없다는 것은 겨울이 따뜻한 곳이라는 의미이다.

(나) 태백산과 소백산 또한 토산이지만, 흙빛이 모두 수려하다. 태백

└ 주관적인 견해를 포함하여 설명식 서술 방식을 사용하였다.

산에는 황지라는 훌륭한 곳이 있다. 산 위에 들판이 펼쳐져 두메 사람들이 제법 마을을 이루었다. ㉡ 화전을 일구어 살고 있었으나 지세가 높고 서리가 일찍 내린다.

화전은 식물을 태워 그 재를 거름으로 사용하여 농사짓는 방법으로 경제적 조건인 생리에 해당한다.

(가)는 조선 전기의 관찬 지리지, (나)는 조선 후기의 사찬 지리지이다. 조선 전기에는 효율적인 통치를 위한 다양한 기초 자료 확보를 위해 국가 주도로 지리지를 제작하였다. 따라서 각 지역의 산천, 인구, 산업 등이 백과사전식으로 정확하고 상세히 기술되었다. 반면 조선 후기에는 국토와 역사에 대한 개인적인 관심이 증가하여 실학자들을 중심으로 지리지가 편찬되었다. 이 시기는 실학사상의 영향으로 객관적이고 주체적으로 지리지를 제작하였다.

바로잡기 ① (가)는 조선 전기, (나)는 조선 후기에 편찬된 지리지이다. ② (가)는 국가 통치의 기초 자료로 사용하기 위해 정확한 사실을 중심으로 기록하였고, (나)는 조선 후기 실학사상을 바탕으로 개인의 주관적 견해를 포함해 서술하였다. ④ 온돌은 난방 시설로 온돌이 없다는 것은 겨울에 난방이 많이 필요하지 않은 남쪽 지역임을 알 수 있다. ⑤ 화전은 경제적 생활과 관련 있는 것으로 가거지의 조건 중 생리이다.

066 중첩 분석을 이용하여 입지 선정하기

1등급 자료 분석 최적 입지 선정

고도 정보(m)

40	45	55	50	40
40	㉟	60	(55)	50
55	65	(80)	75	70
60	(50)	85	(90)	85
55	60	85	85	80

· 50m 미만 : 1점
· 50~80m 미만 : 2점
· 80m 이상 : 3점

고도 점수에서 A가 1점으로 가장 낮고, C와 E가 3점으로 가장 높다.

생태 등급 정보(등급)

4	4	3	3	3
4	③	3	③	3
4	4	③	3	3
4	④	2	②	2
4	4	2	4	2

· 2등급 : 1점
· 3등급 : 2점
· 4등급 : 3점

생태 등급 점수는 E가 1점으로 가장 낮고, D가 3점으로 가장 높다.

<입지 후보지>

A, B, C, D, E (1점, 2점, 3점, 4점, 5점)

〈조건1〉과 〈조건2〉를 만족하는 입지 후보지는 C이다.

고도 점수와 생태 등급 점수의 합계는 C와 D가 동일하게 가장 높지만, D는 〈조건2〉를 만족하지 못한다.

A~E 중 생태 등급 정보는 D가 3점으로 가장 높고, E가 1점으로 가장 낮다. 또한, A~E 후보지와 인접한 주변 면들의 고도 정보를 비교해 볼 때, A와 D는 이웃한 8개 면들에 비해 고도가 낮기 때문에 〈조건 2〉를 만족하지 못한다.

바로잡기 ㄱ. 고도 점수에서는 C와 E가 3점에 해당한다. ㄷ. B, C, E의 고도 점수는 각각 2, 3, 3점이고, 생태 등급 점수는 각각 2, 2, 1점이다. 따라서 B, C, E는 합계가 각각 4, 5, 4점으로 셋 중 가장 점수가 높은 곳은 C이다.

067 지리 조사의 과정 이해하기

1등급 자료 분석 지리 조사 과정

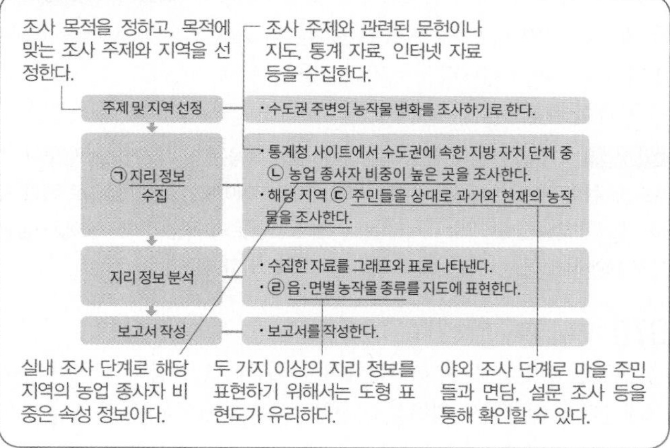

지리 정보 수집 방법은 실내 조사와 야외 조사로 나뉘는데, 실내 조사 단계에서는 조사 주제 및 지역과 관련된 지도, 문헌, 통계 자료 등을 통해 지리 정보를 수집한다. 야외 조사 단계에서는 실내 조사에서 파악한 지리 정보를 확인하고, 현장에서 관찰, 측정, 면담, 설문, 사진 및 동영상 촬영 등을 통해 지리 정보를 수집한다.

바로잡기 ㄴ. 농업 종사자 비중은 장소의 인문적 특성을 나타내는 속성 정보이다. 공간 정보는 주로 주소, 위도와 경도 등으로 표현된다. ㄹ. 점묘도는 지리 정보의 분포를 표현할 때 유리하다. 두 가지 이상의 지리 정보를 표현하기 위해서는 도형 표현도가 유리하다.

단원 마무리 문제

18~21쪽

01 우리나라의 위치와 영역

068 ⑤ **069** ① **070** ⑤ **071** ③ **072** ④ **073** 해안선이 복잡하거나 섬이 많은 수역 **074** 예시 답안 ㉠ 통상 기선이 적용되는 수역은 동해안 대부분, 제주도, 울릉도, 독도 주변이다. ㉡ 직선 기선은 우리나라 서·남해안, 동해안 중 영일만과 울산만, 대한 해협에서 적용된다.

02 국토 인식의 변화와 지리 정보

075 ④ **076** ⑤ **077** ② **078** ③ **079** ① **080** ② **081** ④ **082** ① **083** ① **084** 배산임수 취락 **085** 예시 답안 산지의 남사면에 입지하는 경우가 많아 겨울철 차가운 북서풍을 막아주고 일조량이 풍부하다. 그리고 마을 앞에 하천이 흘러 물을 얻기 쉽고 하천 주변을 농경지로 활용할 수 있다.

068

수리적 위치는 위도와 경도로 표현하고, 지리적 위치는 대륙·해양 등 지형지물로 표현한다. (가)는 수리적 위치의 위도, (나)는 수리적 위치의 경도, (다)는 대륙 동안에 위치한 지리적 위치, (라)는 반도적 위치 특성을 나타낸다. ㄷ. 우리나라는 유라시아 대륙의 동안에 위치하여 계절풍 기후가 나타나고 대륙의 영향을 받아 기온의 연교차가 크다. ㄹ. 우리나라는 반도국으로 대륙과 해양의 문화가 융합되면서 발달하였다.

바로잡기 ㄱ. 표준시는 (나) 경도 상의 위치와 관련된다. ㄴ. 계절 변화는 (가) 위도 상의 위치와 관련된다.

069

(가)는 우리나라 극북인 함경북도 온성군 풍서리, (나)는 극서인 평안북도 용천군 마안도, (다)는 극동인 경상북도 울릉군 독도, (라)는 이어도이다. ① (나)는 우리나라에서 가장 서쪽에 위치하는 곳으로 일출과 일몰 시각이 가장 늦다.

바로잡기 ② (다)는 영해 설정에 통상 기선이 적용된다. ③ (가)는 (라)보다 고위도에 위치하므로 연평균 기온이 낮다. ④ (라) 이어도는 수중 암초로 해양 과학 기지가 건설된 곳이다. ⑤ (라)는 우리나라 영토의 극남인 마라도에서 남쪽으로 149km 떨어진 이어도로, 우리나라의 영토가 아니다.

070

㉠은 직선 기선으로, 우리나라에서는 해안선이 복잡하고 섬이 많은 서해안과 남해안에서 영해를 설정할 때 주로 사용한다. 동해안의 영일만과 울산만에서는 예외적으로 직선 기선을 적용하며, 울릉도와 독도에서는 통상 기선을 적용한다. 직선 기선은 육지에서 가장 먼 섬을 이은 가상의 선이며, 직선 기선과 육지 사이의 수역은 내수에 포함된다.

바로잡기 ⑤ 기선에서 12해리까지는 연안국의 영해로 주권을 인정받는다. 경제적 권리만 인정받는 범위는 배타적 경제 수역이다.

071

우리나라 서해안은 섬이 많고 해안선이 복잡하기 때문에 직선 기선으로부터 12해리를 영해로 설정한다. ㉠은 직선 기선에서 12해리 범위인 서해안의 영해 설정 방식으로. ㉡은 직선 기선 안의 내수(內水)이다. 간척 사업을 하면 영해의 범위에는 영향을 주지 않으나 내수 안의 육지가 늘어나 내수의 범위는 감소한다. ㉢은 우리나라 동해안의 영해 설정 방식으로, 동해안은 통상 기선에서 12해리의 범위를 영해로 설정한다. 통상 기선은 연안의 최저 조위선(썰물 때 드러난 해안선)에 해당하는 선이다.

바로잡기 ㄹ. ㉣은 대한 해협으로 우리나라와 일본 간 거리가 매우 가까워 직선 기선으로부터 각각 3해리까지만 영해로 설정하고 그 사이의 해역은 공해로 남겨두었다.

072

A는 독도이다. 독도는 신라 지증왕 때 이사부가 우산국을 정복한 이후 우리나라의 영토가 되었다. 독도는 신생대 제3기에 해저 용암의 분출로 형성된 화산섬이며, 독도 주변 해역은 조경 수역이 형성되어 있어 어족 자원이 풍부하다.

바로잡기 ㄴ. 독도는 해저 화산 진화 과정 연구의 표본으로 지질학적 가치를 인정받고 있으나 세계 자연 유산으로 등재되지는 않았다. 독도는 섬 전체가 천연 보호 구역으로 지정되어 있다.

073

해안선의 굴곡이 매우 심하거나 해안 가까이 섬이 많은 경우, 통상 기선을 적용하기 곤란할 수도 있다. 이러한 경우 가장 외곽에 있는 섬들이나 해안선의 심한 돌출부 등 지형상 적절한 지점을 연결한 가상의 직선을 만들어 기선으로 사용한다.

074

해안선이 단조로운 동해안 대부분, 제주도, 울릉도, 독도 주변 수역에서는 통상 기선을 적용한다. 해안선의 굴곡이 매우 심하거나 해안 가까이 섬이 많은 우리나라 서·남해안, 동해안 중 영일만과 울산만, 대한 해협에서는 직선 기선을 적용한다.

채점 기준	수준
통상 기선과 직선 기선을 정확히 구분하고 적용되는 수역 모두 서술한 경우	상
통상 기선과 직선 기선을 정확히 구분하였으나 적용되는 수역을 정확히 서술하지 못한 경우	중
통상 기선과 직선 기선을 정확히 구분하지 못하고 적용되는 수역을 한 가지만 서술한 경우	하

075

(가)는 『신증동국여지승람』으로 조선 전기에 국가 주도로 제작된 관찬 지리지이고, (나)는 『택리지』로 조선 후기에 제작된 사찬 지리지이다. 『택리지』는 실학사상의 영향을 받아 국토의 실체를 객관적으로 밝히려는 태도가 담겨 있다.

바로잡기 ① 『신증동국여지승람』은 조선 중종(1530년) 때 제작되었다. ② 사민총론, 복거총론 등으로 구성된 지리지는 『택리지』이다. ③ ㉠은 가거지의 네 가지 조건 중 지리(地理)와 관련된다. ⑤ (가)는 관찬 지리지, (나)는 사찬 지리지이다.

076

(가)는 천하도, (나)는 혼일강리역대국도지도이다. 천하도는 조선 중기 유행한 세계 지도로 중국을 중심에 두고 원형으로 세계를 그렸

으며, 가장 안쪽부터 내대륙-내해-외대륙-외해의 구조로 그려져 있다. 외대륙에는 상상의 국가와 지명이 등장한다. 혼일강리역대국도지도는 조선 전기 국가 주도로 제작된 세계 지도로 중앙에 중국을 크게 그려 중화사상을 반영하고 있다. 또한 상대적으로 조선의 면적을 크게 표현하였으며 인도, 아라비아 반도, 유럽, 아프리카가 나타나 있다. (가), (나) 모두 중국을 중앙에 위치시킨 중화사상이 반영된 지도이다.

바로잡기 ① 최초로 축척을 사용한 지도는 정상기의 동국지도이다. ② 혼일강리역대국도지도에는 경도와 위도가 표현되어 있지 않다. ③ 혼일강리역대국도지도는 1402년에 제작된 지도로 신대륙은 표현되어 있지 않다. ④ 상상의 세계를 표현한 지도는 천하도만 해당된다.

077

제시문은 김정호가 제작한 대동여지도에 대한 설명이다. 대동여지도는 목판본으로 제작하여 대량 인쇄가 가능하였다. 분첩절첩식으로 우리나라를 남북 22첩으로 나누고 각 첩을 펴고 접을 수 있게 만들어 휴대가 용이하도록 하였다. 그리고 역참, 창고, 봉수대 등의 기호를 사용하여 다양한 지리 정보를 간략히 표현하였고 주요 도로 위에 10리마다 방점을 찍어 실제 거리 계산이 가능하도록 하였다.

바로잡기 ② 도로와 하천은 모두 선으로 표시하였는데, 이를 구분하기 위해서 도로는 대체로 직선에 가깝게 표현하고, 하천은 곡선으로 표현하였다.

078

조선 후기 대표적인 사찬 지리지인 택리지의 복거총론에서는 사람이 살 만한 장소인 가거지에 대한 내용을 다룬다. 가거지의 선정 기준으로 지리(地理), 인심(人心), 산수(山水), 생리(生利)를 제시하였다. 지리는 풍수지리의 명당(ㄴ), 인심은 마을 사람들의 인심과 풍속이 좋은 곳(ㄹ), 산수는 경치가 아름다운 곳(ㄱ), 생리는 경제활동이 유리한 곳(ㄷ)을 의미한다.

079

제시된 지도는 대동여지도의 일부이다. ② 도로는 직선으로 표현하고 있으며 A에는 8개의 도로가, B에는 4개의 도로가 지나고 있다. 따라서 A는 B보다 육상 교통이 발달한 곳이다. ③ 도로의 10리마다 방점이 있으므로 A에서 B까지의 거리는 약 30리라는 것을 알 수 있다. ④ 하천은 곡선으로 표현했는데 쌍선은 배가 지날 수 있는 하천, 단선은 배가 지날 수 없는 하천을 의미한다. B에서 C까지 최단 거리로 이동하기 위해서는 쌍선의 하천과 단선의 하천을 건너야만 한다. ⑤ 대동여지도에서는 위쪽이 북쪽이다. C는 북서쪽에 산이 있어 겨울철 북서 계절풍을 막아준다. 반면 A의 북쪽에는 하천이 흐르고 있어 북서 계절풍을 차단하기 어렵다.

바로잡기 ① A와 B 사이의 하천은 단선으로 선박 운항이 불가능하다. 지도에서 쌍선으로 표시된 하천이 선박 운항이 가능하다.

080

A는 지역별 단풍 개시일로, 동일한 날짜 선을 연결하기 때문에 등치선도(㉠)가 적절하다. B는 지역별 사과 과수원 분포로, 일정한 크기의 통계값을 점을 찍어 표현하는 점묘도(㉣)가 적절하다. C는 행정 구역별 노년 인구 비율로, 행정 구역 단위별 지리 정보를 단계적으로 표현하는 단계 구분도(㉡)가 적절하다. D는 출신 국가별 외국인 거주자 수로, 출신 국가와 외국인 거주자라는 두 가지 이상의 정보를 표현해야 하기 때문에 도형 표현도(㉢)가 적절하다.

081

제시문은 '제주도의 취락 분포'라는 주제로 보고서를 쓸 때의 수업 장면을 나타낸 것이다. ㄱ. 보고서에 들어갈 '제주도의 취락 분포' 지도는 취락의 분포를 나타내야 하기 때문에 통계 지도 중 점묘도가 가장 효과적이다. ㄴ. 최근 원격 탐사 기술의 발달로 제주도 취락 분포의 위성 사진과 같은 자료 확보가 가능해졌다. ㄷ. 제주도 지역 주민들과의 면담은 (가) 야외 조사 단계에서 나타나는 활동이다. 야외 조사 단계에서는 조사 지역을 방문하여 관찰, 측정, 면담, 촬영 등을 통해 지리 정보를 수집한다.

바로잡기 ㄹ. 야외 조사 경로와 일정 계획, 설문지 제작 등은 실내 조사 단계에 해당된다.

082

(가)는 1960년대 이후 경제 개발이 추진되면서 국토를 적극적으로 개발·이용하여 삶의 질을 높이려는 국토관이다. (나)는 자연과 인간이 조화를 이루고, 개발과 보존이 조화와 균형을 이루는 최근의 생태 지향적 국토관이다. (가)는 (나)에 비해 효율성 우선의 개발의 성격이 강하며, 우리나라에 영향을 미친 시기가 이르고, 생태 지향성이 약하다. 그림에서 이에 해당되는 곳은 A이다.

083

각 지점별 점수를 구하여 합산한 표에서 가장 높은 점수인 A지점이 최적 입지 지점이다.

지역	지가	일조 시간	소비지로부터의 거리	계
A	2	3	3	8
B	2	2	2	6
C	2	2	2	6
D	3	1	2	6
E	2	2	1	5

084

지형도에서 북쪽에 등고선 간격이 좁은 산지가 있고, 남쪽에 하천과 들이 있는 취락은 배산임수 취락이다.

085

배산임수 취락은 북쪽에 높은 산지가 있어 북서 계절풍을 차단하고 산지의 남사면에 위치해 일조량이 많다. 또한 남쪽에 넓은 평지가 있고 하천에서 물을 구할 수 있기 때문에 농사 짓기에 유리하다.

채점 기준	수준
배산임수 취락의 장점 두 가지를 모두 옳게 서술한 경우	상
배산임수 취락의 장점을 한 가지만 옳게 서술한 경우	하

Ⅱ 지형 환경과 인간 생활

03 한반도의 형성과 산지의 모습

분석 기출 문제

23~27쪽

[핵심 개념 문제]

086 편마암 **087** ㉠ 석회암 ㉡ 무연탄 **088** 대보 조산 운동
089 고위 평탄면 **090** ㉠ **091** ㉢ **092** ㉡ **093** ○ **094** ○
095 × **096** × **097** ㉠, ㉢ **098** ㉡ **099** ㉠

100 ⑤ **101** ⑤ **102** ④ **103** ① **104** ⑤ **105** ⑤ **106** ④
107 ② **108** ④ **109** ④ **110** ③ **111** ② **112** ⑤ **113** ⑤
114 ① **115** ② **116** ① **117** ①

1등급을 향한 서답형 문제

118 예시 답안 무연탄, 무연탄은 고생대 평안계 지층에 매장되어 있는데, 고생대 평안계 지층은 평남 분지와 옥천 습곡대에 주로 분포한다.

119 예시 답안 해발 고도가 높은 산지는 동쪽에 분포하고 저산성 산지는 서쪽에 분포한다. 높은 산지가 동쪽에 치우쳐 있어 동해안 쪽은 경사가 급하다 등

120 고위 평탄면 **121** 예시 답안 한반도가 평탄하였다는 것

100

A는 변성암, B는 중생대의 화강암, C는 신생대의 분출암, D는 고생대의 퇴적암, E는 신생대의 퇴적암이다. 변성암은 퇴적암이나 화강암이 오랜 기간 열과 압력을 받아 성질이 변성된 암석이다. 화강암은 지표의 침식으로 인해 지표면 위로 노출되면 돌산과 침식 분지를 형성한다. 신생대의 분출암인 현무암은 절리가 발달하여 지표수가 부족하다. 고생대 전기의 해성층인 석회암은 산호초나 조개껍데기가 굳어져 형성된 암석이다.

바로잡기 ⑤ E는 신생대의 퇴적암이다. 삼엽충은 고생대, 공룡 발자국은 중생대 화석에서 발견된다.

101

변성암은 화성암과 퇴적암이 열과 압력 등에 의해 본래의 성질이 변한 암석으로, 편마암이 대표적이다. 편마암은 우리나라에서 가장 먼저 형성된 시·원생대 지층인 평북·개마 지괴(B), 경기 지괴(D), 영남 지괴(F)에 주로 분포한다.

바로잡기 A는 두만 지괴와 길주·명천 지괴로, 신생대 제3기 퇴적층이 주로 분포하는데, 갈탄이 매장되어 있다. C는 평남 분지, E는 옥천 습곡대로, 고생대 퇴적층이 분포하며, 주로 석회암과 무연탄이 매장되어 있다. G는 경상 분지로 중생대 퇴적층에 해당한다.

102

(가)는 시생대 변성암의 분포를 나타낸 것이고, (나)는 중생대 화강암의 분포를 나타낸 것이다. 시생대 변성암은 (가)에서와 같이 평북·개마 지괴, 경기 지괴 등지에 집중적으로 분포하는 반면, (나)에서 중생대 화강암은 중국 방향의 구조선을 따라 많이 분포한다. 변성암은 시생대 암석이고 화강암은 중생대 암석이므로 (가)가 (나)보다 형성 시기가 이르다. 한편, 변성암이 산지를 이루면 풍화층이 두터워 흙산을 이루는 반면, 화강암이 산지를 이루면 풍화층이 얇아 돌산을 이룬다. 화강암은 변성암에 비해 불탑을 만드는 데 많이 이용되었다.

바로잡기 ④ (가)는 시생대의 변성암이고, (나)는 중생대의 화강암이다. 화강암은 대보 조산 운동, 불국사 변동 등에 의해 형성되었다.

103

(가)는 충청북도 북동부의 석회동굴, (나)는 강원도 북동부의 돌산인 설악산, (다)는 제주도 남부 서귀포의 주상 절리이다. (가)는 고생대에 형성된 석회암으로 이루어져 있고, (나)는 중생대에 형성된 화강암으로 이루어져 있으며, (다)는 신생대에 형성된 화산암의 일종인 현무암으로 이루어져 있다. 따라서 (가) → (나) → (다)의 순서로 형성되었다.

104

A는 경상 누층군이다. B는 변성 작용이다. 이러한 작용으로 인해 시원생대 이후 오랫동안 열과 압력을 받아 암석의 성질이 바뀐 변성암이 형성되었다. C는 대보 조산 운동이다. 대보 조산 운동은 우리나라에서 가장 격렬했던 지각 운동으로 우리나라 전역에 화강암을 형성하였다. D는 화산 활동이다. 신생대 제3기 말에서 제4기 초에는 화산 활동에 의해 제주도, 백두산, 울릉도, 독도 등이 형성되었다. ㄴ. 화성암이나 퇴적암이 오랜 열과 압력을 통해 변성 작용을 받으면 변성암이 형성된다. ㄷ. 중생대 대보 조산 운동으로 관입한 화강암이 침식에 의해 지표에 노출되면서 돌산이나 침식 분지가 형성되었다. ㄹ. 신생대의 화산 활동으로 백두산, 제주도, 울릉도, 독도 등지에 화산 지형이 형성되었다.

바로잡기 ㄱ. 무연탄이 매장되어 있는 육성층은 고생대의 평안계 지층이다.

105

㉠은 고생대 전기 퇴적층인 조선 누층군에 해당한다. ㉡은 중생대 초기 지각 변동인 송림 변동이고, ㉢은 중생대 중기 대규모 지각 변동인 대보 조산 운동이다. 중생대 지각 변동으로 인해 대량의 마그마가 관입하였고, 이와 관련하여 화강암(㉣)이 형성되었다. ㉤은 신생대에 발생하였던 지각 변동인 경동성 요곡 운동으로, 북부 지방에서는 함경산맥 등이 형성되었다.

바로잡기 ① 고생대 조선계 지층으로 석회암이 널리 분포한다. ② 송림 변동은 랴오둥 방향의 구조선을 만들었다. ③ 영남 지역을 중심으로 발생한 지각 변동은 불국사 변동이다. 대보 조산 운동은 중·남부 지방을 중심으로 영향을 끼쳤다. ④ 화강암은 돌산을 이루며, 돌산에서는 나무가 잘 자라지 않는다.

1등급 정리 노트 **한반도의 주요 지각 변동**

중생대	송림 변동	중생대 초기, 북부 지방 중심, 랴오둥 방향의 구조선 형성
	대보 조산 운동	중생대 중기, 전국적 규모, 중국 방향의 구조선 형성, 대규모 화강암 관입
	불국사 변동	중생대 말기, 영남 지방 중심, 불국사 화강암 관입
신생대 경동성 요곡 운동		• 신생대 제3기 이후 동해안 지역을 축으로 한 비대칭적 융기 운동 → 태백·함경산맥 형성 • 고위 평탄면, 감입 곡류 하천, 하안 단구·해안 단구 등의 지형 발달

106

그림은 동해가 형성되면서 한반도와 일본 열도가 횡압력을 받고 있는 모습을 나타낸 것이다. 한반도는 횡압력을 받으면서 융기가 이루어졌는데, 이와 관련하여 고위 평탄면, 하안 단구와 해안 단구, 감입 곡류 하천 등이 형성되었다. 동해안에 위치한 계단 형태의 지형이 해안 단구에 해당하고, 강원도 지역의 높은 산지 사이를 흐르는 하천이 감입 곡류 하천에 해당한다.

바로잡기 ㄱ. 전라남도 일대의 평탄한 벌판은 범람원일 가능성이 높다. ㄷ. 강원도 양구군의 가마솥 형태의 지형은 해안면의 침식 분지를 묘사한 것이다.

107

그래프는 (가) 방향으로 가면서 최종 빙기에서 빙하 최성기를 거쳐 후빙기로 진행하는 해수면 상태를 나타낸 것이다. 최종 빙기 때는 기후가 한랭하여 하천 상류에서는 강수량이 적어서 퇴적물의 공급량에 비해 퇴적물을 운반할 수 있는 유량이 줄어들어 퇴적 작용이 활발하였다. 후빙기에는 상대적으로 기후가 온난 습윤해져 하천 상류에서는 운반 물질의 양에 비해 하천의 유량이 많아 침식 작용이 활발한 반면, 하천 하류에서는 해수면이 높아지면서 퇴적 작용이 활발해져 충적 평야가 형성되었다. 서·남해안의 수많은 반도와 섬도 후빙기 이후 해수면 상승으로 형성되었다.

바로잡기 ㄴ. 후빙기에는 하천 상류의 유량이 증가하면서 침식 작용이 활발해져 계곡의 경사는 완만해졌을 것이다. ㄹ. 빙기에 기온이 낮아지면 유량이 감소하여 해수면이 낮아진다. 이로 인해 수심이 얕은 바다는 육지로 연결되어 우리나라와 일본 사이를 육지로 이동할 수 있었을 것이다.

108

(가)는 오늘날보다 기온이 낮았던 빙기로, 지금보다 한랭 건조하여 식생이 결핍되었을 뿐만 아니라 해수면이 오늘날보다 낮았다. (나)는 오늘날과 기온이 비슷한 후빙기로, 이 시기에는 기후 환경이 온난 습윤해지면서 나무가 잘 자랐다. 간빙기로 접어들면서 해수면이 상승하였는데, 이로 인해 침식 기준면도 높아졌고, 후빙기에는 해수면 상승으로 산지의 해발 고도가 낮아졌다. 또한 침식 기준면이 높아지면서 하천 하류 지역에서 토사의 퇴적 작용이 활발해졌다.

바로잡기 ④ 후빙기에는 빙기보다 기온이 높으므로 물리적 풍화 작용보다는 화학적 풍화 작용이 활발하였다.

109

지질 시대별 지체 구조를 나타낸 지도에서 (가)는 중생대, (나)는 시·원생대, (다)는 고생대, (라)는 신생대의 지체 구조이다. (라)의 신생대 제3기 말에서 제4기 초에는 화산 활동이 일어나 백두산, 제주도, 울릉도, 독도 등지에서 다양한 화산암이 형성되었으며, 마그마가 빠르게 식으면서 짙은 흑갈색의 다공질 현무암이 형성되었다.

바로잡기 ① 장기간 변성 작용을 받은 시·원생대의 암석은 (나)에 해당된다. ② 불국사 변동은 중생대에 일어난 지각 변동으로 (가)에 해당된다. ③ (다)는 고생대에 해당되는데, 대보 조산 운동은 중생대에 일어났다. ⑤ 오래된 순서로 지질 시대를 배열하면 (나)-(다)-(가)-(라)이다.

110

우리나라는 중생대 대규모 지각 변동으로 지질 구조선이 형성되었고, 마그마 관입 이후 오랜 기간 침식을 받아 지형이 평탄해졌다. 신생대 제3기 경동성 요곡 운동으로 1차 산맥의 골격이 형성되었으며, 구조선을 따라 하곡이 발달하고 차별 침식에 의해 2차 산맥이 형성되었다.

바로잡기 ㄱ. 지질 구조선은 중생대에 있었던 대규모 지각 변동으로 형성되었다. ㄹ. 하곡을 따라 차별 침식이 일어나면서 2차 산맥을 형성하였다. 1차 산맥은 신생대 제3기 경동성 요곡 운동으로 형성되었다.

111

(가)는 광주산맥, (다)는 차령산맥으로 지질 구조선을 따라 차별 침식에 의해 남아 있는 산지로 2차 산맥이다. (나)는 태백산맥, (라)는 소백산맥으로 경동성 요곡 운동에 의해 융기한 산맥으로, 1차 산맥이다. (마)는 흙산인 지리산이다. 1차 산맥은 동해 확장에 의한 경동성 요곡 운동에 의해 융기한 산맥이고, 2차 산맥은 지질 구조선을 따라 차별 침식에 의해 남아 있는 산지이다.

바로잡기 ① (가) 산맥은 중생대의 대규모 지각 변동으로 형성된 지질 구조선을 따라 차별 침식이 이루어져 형성된 것이다. ③ (다)는 2차 산맥으로 차별 침식에 의해 형성되었고, (라)는 1차 산맥으로 경동성 요곡 운동의 영향으로 형성되었다. ④ (라) 산맥은 경동성 요곡 운동에 의한 융기 작용으로 형성되었다. ⑤ 지리산은 흙산으로, 기반암은 시·원생대에 형성된 편마암이다.

112

우리나라의 지질 구조선은 중생대에 있었던 여러 번의 지각 운동에 의해 형성되었다. 지질 구조선은 지각의 벌어진 틈이 길게 연결되어 발달하는데, 형태는 절리에서 단층선까지 다양한 규모로 나타난다. 우리나라의 산맥은 크게 1차 산맥과 2차 산맥으로 구분되는데, 1차 산맥은 신생대 제3기 이후 경동성 요곡 운동의 영향을 받아 형성된 것으로 해발 고도가 높고 연속성이 뚜렷하다. 2차 산맥은 지질 구조선을 따라 차별적인 풍화와 침식 과정을 거쳐 형성된 것이다.

바로잡기 ① 낭림산맥과 태백산맥은 1차 산맥으로 융기에 의해 형성된 산맥이다. ② 동고서저의 비대칭적 지형은 신생대 제3기에 있었던 경동성 요곡 운동의 영향으로 형성되었다. ③ 구조선을 따라 하천이 흘러 하곡을 형성하였다. ④ 신생대의 경동성 요곡 운동으로 한반도의 동쪽이 융기하였다.

113

(가)~(다)는 태백산맥을 중심으로 서쪽에 위치한 곳인 반면, (라)는 태백산맥 동사면을 이루고 있는 곳이다. (다)는 태백산맥 서사면으로 경동성 요곡 운동 때 지반이 가장 많이 융기하였다. (라)는 등고선의 간격이 가장 좁으므로 사면의 평균 경사도가 가장 큼을 알 수 있다.

바로잡기 ㄱ. 고위 평탄면은 해발 고도가 높다. 따라서 (다) 지역에서 발달하였다. ㄴ. 우리나라에서는 경사 급변점을 이루는 곳이 드물기 때문에 큰 규모의 선상지는 잘 발달하지 않는다.

114

(가)는 돌산, (나)는 흙산이다. 돌산은 중생대에 관입한 화강암이 기반암을 이루고 있으며 절리의 밀도가 낮은 부분이 침식에 견디고 남아 우뚝 솟아 산봉우리를 이룬다. 흙산은 시·원생대에 형성된 암석이 오랜 시간에 걸쳐 풍화와 침식을 받으면서 두꺼운 토양으로 덮인 산지이다. 흙산은 돌산보다 토양층이 두꺼워 식생의 밀도가 높다.

바로잡기 ㄷ. 돌산은 화강암이 풍화 작용을 받으면 주로 사질 토양이 형성되고, 흙산은 주로 미립질 토양이 형성된다. ㄹ. 돌산의 기반암인 화강암은 중생대 지각 변동으로 마그마가 관입하면서 형성되었고, 흙산은 주로 시·원생대에 형성된 편마암인 경우가 많다. 따라서 (나)의 기반암 형성 시기가 더 이르다.

115

A는 백두산, E는 한라산으로 신생대 때 화산 활동에 의해 형성되었다. B는 금강산, C는 설악산으로, 중생대 때 지각 변동으 로 화강암이 관입하여 형성된 돌산이다. D는 지리산으로, 시·원생대의 변성암이 기반암인 우리나라의 대표적인 흙산이다. 금강산과 설악산은 중생대에 관입한 화강암이 지표에 노출되어 형성된 돌산이다.

바로잡기 ① 백두산의 정상에는 화구가 함몰되어 형성된 칼데라호인 천지가 있다. ③ 설악산은 마그마가 굳어져 만들어진 화강암이 기반암인 돌산이다. ④ 지리산은 흙산이다. 흙산은 시·원생대에 형성된 암석이 오랜 시간에 걸쳐 풍화와 침식을 받으면서 두꺼운 토양으로 덮인 산지로, 기반암은 편마암이다. ⑤ 한라산의 정상에는 화구에 물이 고여 형성된 화구호인 백록담이 있다.

116

지도는 고위 평탄면이 나타나는 지역의 지형도이다. 고위 평탄면은 오랜 기간 침식을 받아 낮고 평탄해진 땅이 신생대 제3기에 있었던 경동성 요곡 운동에 의한 지반의 융기로 솟아올라 형성된 지형이다.

바로잡기 ② 하천의 퇴적 작용으로는 범람원, 삼각주, 선상지 등이 형성된다. ③ 용암의 열하 분출로 용암 대지가 형성된다. ④ 파랑의 침식 작용으로 파식대, 해식애 등이 형성된다. ⑤ 기반암의 차별 침식으로 침식 분지가 형성된다.

117

강원도 평창 일대는 서늘한 기후 및 평탄한 지형과 관련하여 목축업이 발달하였으며, 풍력 발전 단지가 건설되어 있다. 또한 일부 산록에는 스키 슬로프가 만들어져 있으며, 겨울철에 눈이 많고 겨울이 긴 것과 관련하여 황태 덕장이 설치되어 있다.

바로잡기 ① 고위 평탄면 지역은 여름철에 서늘하고, 겨울철에 몹시 춥기 때문에 난대성 작물인 차나무 재배에는 적합하지 않다.

118

고생대 말기에서 중생대 초기에 걸쳐 해안 습지에 식물 등이 퇴적되어 형성된 평안 누층군에는 주로 무연탄이 매장되어 있는데, 고생대 평안계 지층인 평남 분지와 옥천 습곡대에 주로 분포한다.

채점 기준	수준
자원의 분포 특징을 한반도의 지체 구조와 연결하여 바르게 서술한 경우	상
자원의 분포 특징을 한반도의 지체 구조와 연결하여 서술하지 못한 경우	하

119

우리나라는 동고 서저의 경동 지형이 나타나 높은 산지는 대부분 북동쪽에 분포하고 낮은 산지나 평야는 남서쪽에 분포한다.

채점 기준	수준
동고 서저의 지형 분포 특징과 동해안의 급경사에 관해 바르게 서술한 경우	상
동고 서저의 지형 분포 특징만 간단히 서술한 경우	하

120

고위 평탄면은 오랜 침식 작용을 받은 평탄한 면이 지반의 융기에 의해 고도가 높아진 지형이다.

121

고위 평탄면, 하안 단구 등은 과거 한반도가 평탄했다는 증거이다.

채점 기준	수준
과거에 한반도가 평탄하였다는 증거임을 바르게 서술한 경우	상
평탄하였다라고만 쓴 경우	하

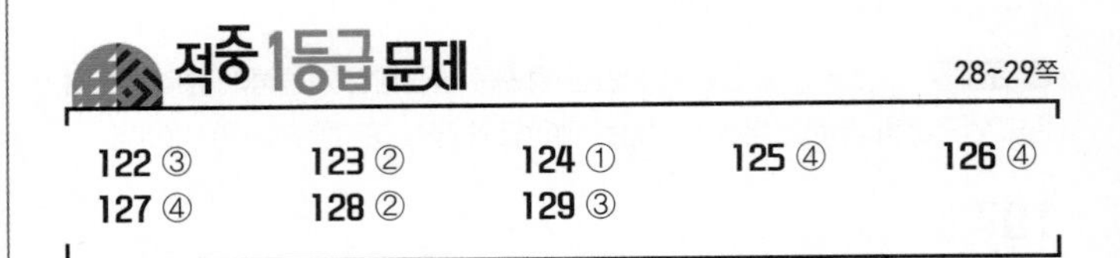

적중 1등급 문제

28~29쪽

122 ③ 123 ② 124 ① 125 ④ 126 ④
127 ④ 128 ② 129 ③

122 지각 운동과 지체 구조 파악하기

1등급 자료 분석 우리나라의 지각 운동과 지체 구조

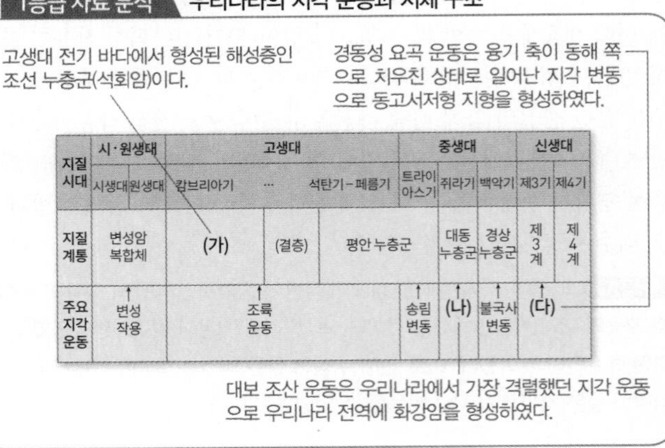

(가)는 조선 누층군, (나)는 대보 조산 운동, (다)는 경동성 요곡 운동이다. ㄴ. 고생대 전기에는 해성층인 조선 누층군(석회암)이 형성되었는데, 석회암은 카르스트 지형의 기반암이다. ㄷ. 대보 조산 운동은 우리나라 중·남부 지방을 중심으로 영향을 주었으며, 중국 방향 구조선을 형성하고 대규모 마그마 관입으로 대보 화강암을 형성하였다. 북한산과 같은 돌산은 중생대에 관입한 화강암이 기반암이다.

바로잡기 ㄱ. 우리나라에 가장 많이 분포하는 암석은 변성암(편마암)이다. ㄹ. (다) 시기에는 화산 활동에 의해 울릉도, 독도, 제주도 등 화산 지형이 형성되었다. 흙산의 기반암은 시·원생대에 형성된 변성암(편마암)이다.

123 우리나라 지형의 형성 원인 파악하기

1등급 자료 분석 우리나라 지형의 특징

ㄱ. C는 제주도 한라산의 백록담이다. 신생대 제3기 초에서 제4기 말의 화산 활동으로 한라산이 형성되었다. ㄷ. 흙산(A)은 기반암이 시·원생대의 변성암이며, 돌산(B)의 기반암은 중생대에 관입한 화강암이다. 따라서 A는 B보다 기반암의 형성 시기가 이르다.

바로잡기 ㄴ. D는 중생대 육성층이다. 용암이 냉각되면서 나타난 육각형 기둥 모양의 지형은 주상 절리로 주로 화산 지형에 나타난다. ㄹ. B의 기반암은 중생대, C의 기반암은 신생대에 형성되었다.

124 경동성 요곡 운동과 한반도의 특징 파악하기

1등급 자료 분석 신생대 제3기 이후의 지각 변동

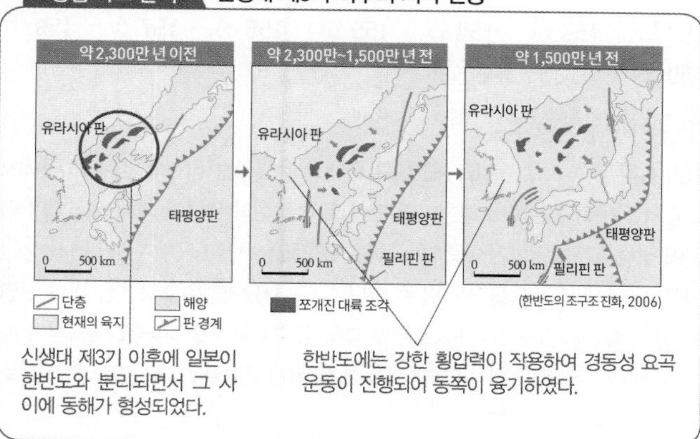

제시된 자료에서와 같이 신생대 제3기 이후에는 일본이 한반도와 분리되면서 그 사이에 동해가 형성되었다. 이로 인해 한반도에 강한 횡압력이 작용하면서 경동성 요곡 운동이 진행되어 동쪽이 융기하게 되었다.

바로잡기 ㄷ. 경동성 요곡 운동으로 인해 주로 한국 방향의 구조선이 형성되었다. 랴오둥 방향의 구조선은 중생대 초기의 송림 변동, 중국 방향의 구조선은 중생대 중기의 대보 조산 운동에 의해 형성된 것이다. ㄹ. 융기 운동의 영향을 받은 지형은 하안 단구, 해안 단구, 고위 평탄면, 감입 곡류 하천 등이다. 범람원은 하천의 범람에 의해 형성되는 충적 지형이다.

125 우리나라의 암석 분포 파악하기

1등급 자료 분석 우리나라의 암석 분포

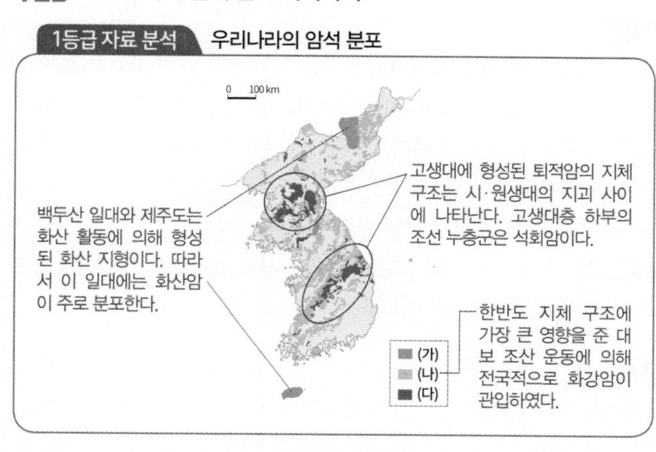

(가)는 화산암으로, 신생대 제3기 말에서 제4기 초에 화산 활동이 일어나 다양한 화산암이 형성되었다. (나)는 화강암으로, 중생대의 대보 조산 운동으로 전국적으로 화강암이 관입하였다. (다)는 석회암으로, 고생대층 하부의 조선 누층군에 분포한다. ④ (가)에서는 용암동굴, (다)에서는 석회동굴이 형성된다.

바로잡기 ① 공룡 발자국을 확인할 수 있는 곳은 중생대 경상 분지의 넓은 호수 밑에 형성된 두꺼운 퇴적층인 경상 누층군이다. ② 고생대 후기에 형성된 평안 누층군에 대한 설명이다. ③ 주상 절리는 용암이 굳어지면서 나타나는 육각 모양의 기둥이다. 따라서 화산 지형에서 볼 수 있다. ⑤ (나)는 중생대에 형성된 지형, (가)는 신생대에 형성된 지형이다. 따라서 (나)는 (가)보다 형성 시기가 이르다.

126 한반도의 지각 운동과 영향 확인하기

1등급 자료 분석 중생대와 신생대의 지각 운동

한반도 지체 구조에 가장 큰 영향을 주었던 대보 조산 운동 때에는 전국적으로 화강암이 관입하였다. 중생대 말기에는 경상 분지에 형성된 호수에 경상 누층군이 퇴적되었다.

〈한반도의 지각 운동〉

지질 시대	주요 지각 운동	한반도에 끼친 영향
중생대	송림 변동 - 랴오둥 방향 구조선	㉠
	대보 조산 운동 - 중국 방향 구조선	㉡
	불국사 변동	㉢
신생대	경동성 요곡 운동 - 한국 방향 구조선	㉣
	화산 활동	㉤

신생대 제2기 동해안 일부 지역에서는 해침에 의해 퇴적암층이 형성되었다. 신생대 제3기 말~제4기 초에는 백두산, 제주도, 울릉도, 독도 등지에서 화산 활동이 일어나 다양한 화산암이 형성되었다.

화산 활동으로 분출한 마그마가 빠르게 식으면서 현무암이 형성되었다. 현무암은 짙은 흑갈색을 띠고 표면에는 기공(氣孔)이 있다.

중생대 초기 송림 변동은 주로 북부 지방에 영향을 주었고, 이로 인해 랴오둥 방향(동북동~서남서)의 지질 구조선이 형성되었다. 중생대 중기 대보 조산 운동으로 중·남부 지방을 중심으로 중국 방향(북동~남서)의 지질 구조선이 형성되었으며, 대보 화강암이 형성되었다. 중생대 말기에는 경상도 일대에서 소규모로 마그마가 관입한 불국사 변동이 일어났다. 신생대 제3기에는 동해안을 중심으로 지각이 융기하여 비대칭의 경동 지형이 형성되었으며, 함경·낭림·태백산맥 등이 형성되었다. 신생대 제3기 말~제4기 초에는 화산 활동으로 인해 화산 지형이 형성되었다.

바로잡기 ④ 중국 방향 지질 구조선은 중생대 중기 대보 조산 운동에 의해 형성되었다. 경동성 요곡 운동으로 경동 지형이 형성되었다.

127 기후 변화에 따른 지형 형성

1등급 자료 분석 빙기와 후빙기의 특징

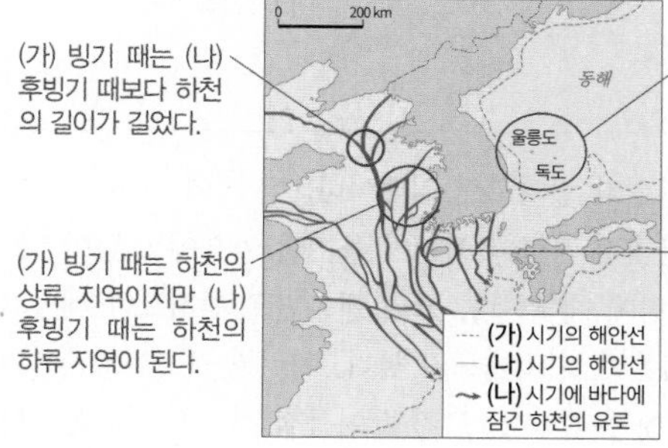

(가)는 최종 빙기, (나)는 후빙기의 해안선 모습이다. 빙기에는 지금보다 한랭 건조하여 식생이 빈약하고, 수분의 동결과 융해 작용으로 암석의 물리적 풍화 작용이 활발하였다. 이 때문에 유량이 감소한 하천

의 상류 지역에서는 퇴적 작용이 우세하게 나타났고, 하천의 하류 지역에서는 침식 작용이 활발해져 깊은 골짜기가 형성되었다. 후빙기에는 기후 환경이 온난 습윤해지면서 식생이 발달하였고, 하천의 유량이 증가하였다. 이로 인해 빙기에 퇴적되었던 물질이 제거되면서 하천 상류 지역의 하상이 낮아졌다. 하천 하류 지역에서는 해수면이 상승하면서 퇴적 작용이 활발하게 일어났다.

바로잡기 ㄷ. 빙기에 하천 상류는 식생이 부족하여 많은 퇴적물이 공급되지만 이를 운반할 유량이 부족하기 때문에 퇴적 작용이 활발하였다.

128 암석의 종류와 지질 시대별 암석 구성 파악하기

1등급 자료 분석 한반도의 지질 시대별 암석 구성

중생대의 화성암은 지각 운동에 의해 형성된 화강암이 대표적이다.

중생대 퇴적암은 경상 분지의 경상 누층군이다.

고생대 퇴적암은 석회암과 무연탄이 대표적이다.

신생대의 화성암은 마그마의 분출에 의해 형성된 화산암으로 현무암, 안산암 등이 있다.

시·원생대에 형성된 변성암(편마암)으로, 한반도에 분포하는 암석 중 가장 많다.

신생대 1.5 / A 30.0 / B 12.7 / C 4.8 / 고생대 8.4 / 원생대 2.2 / D 40.4(%) / 화성암 34.8 / 퇴적암 22.6 / 변성암 42.6

(한국지리지, 2008)

A는 마그마가 지하에 관입하여 형성된 심성암(화강암), B는 중생대에 거대한 호수였던 경상 분지를 중심으로 형성된 육성층인 경상 누층군이다. C는 신생대에 형성된 현무암, 안산암 등이다. D는 한반도에서 가장 먼저 형성된 변성암이다. ㄱ은 중생대 화강암(A)에 의해 형성된 돌산인 북한산이다. ㄴ은 한라산 백록담으로, 화산(C)의 분화구에 물이 고여 형성된 화구호이다. ㄷ은 경상 분지(B)에 형성된 공룡 발자국 화석이다. ㄹ은 시·원생대에 형성된 변성암(D)이 기반암인 흙산인 지리산이다.

129 고원의 특징 파악하기

1등급 자료 분석 고위 평탄면

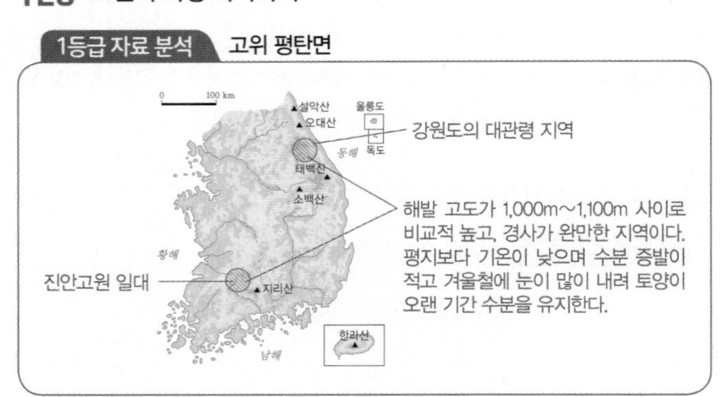

빗금 친 지역은 대관령과 진안고원 일대이다. 두 지역 모두 오랜 기간 침식을 받아 평탄해진 지형이 지반이 융기한 이후에도 남아 있는 지형으로 고위 평탄면에 해당한다. 고위 평탄면은 평지보다 해발 고도가 높기 때문에 기온이 낮고 습도가 높다. 이러한 자연환경은 목초 재배와 목축업 발달에 유리하다. 그리고 여름철 서늘한 기후를 이용한 고랭지 농업이 발달하였다.

바로잡기 ③ 과거 오랜 기간 침식을 받아 평탄해진 지형이 융기 이후에도 남아 형성된 지형이다. 암석의 차별 침식에 의해 형성된 분지 지형은 침식 분지가 대표적이다.

04 하천 지형과 해안 지형

분석 기출 문제

31~34쪽

[핵심 개념 문제]

130 감조 하천 131 감입 132 범람원 133 ㉡
134 ㉠, ㉢ 135 ㉠ 136 × 137 × 138 ㄱ 139 ㄴ 140 ㄷ
141 ㄹ 142 ㉡ 143 ㉠ 144 ㉢

145 ⑤ 146 ④ 147 ④ 148 ⑤ 149 ③ 150 ② 151 ③
152 ② 153 ③ 154 ③ 155 ⑤ 156 ⑤ 157 ③ 158 ③
159 ⑤

1등급을 향한 서답형 문제

160 삼각주 161 **예시 답안** 황해로 유입하는 하천의 경우, 하구에서 조류의 작용이 활발하여 하천이 운반한 토사 물질이 썰물에 의해 제거되기 때문에 삼각주가 발달하기 어렵다. 162 **예시 답안** 해안 단구, A 지역에서 둥근 자갈과 조개껍데기 등을 발견할 수 있다. 163 **예시 답안** 갯벌은 바다 오염 물질을 정화하며, 육지와 바다로부터 각종 유기물과 영양 염류를 공급받아 다양한 생물이 서식하기에 유리하다. 또한 태풍이나 해일로부터 해안 지역을 보호하는 완충지 역할을 한다.

145

우리나라는 여름철에 고온 다습한 북태평양 기단과 장마, 태풍 등의 영향을 크게 받아 여름철에 강수가 집중된다. 우리나라는 하천 주변에 둔치가 나타나기도 하는데 둔치는 평소에는 물이 흐르지 않지만, 비가 많이 내릴 때는 유로 기능을 한다. 또한 하천의 유량 변동이 큰 것에 대비하여 일찍이 보나 저수지를 축조하였다.

바로잡기 ㄱ. 우리나라는 하천의 계절별 유량 변동이 크기 때문에 하천 수운이 발달하기 어렵다. ㄴ. 강수가 많은 여름철에는 수력 발전소의 가동률이 높지만, 다른 계절에는 가동률이 매우 낮게 나타난다.

146

A와 B는 하천의 상류로 하천은 A 또는 B → C → D 방향으로 흘러간다. 하천의 상류는 하류에 비해 유량이 적고 경사가 급하며, 퇴적물의 입자가 크고 강폭이 좁다. 또한, 지도에서와 같이 황해로 흘러드는 하천은 하구 부근(D)에서 밀물 때 바닷물이 역류하는 감조 구간이 나타나기 때문에 하천의 수위 변화가 크다.

바로잡기 ㄱ. A와 B는 모두 C쪽으로 흘러간다. ㄷ. B는 C보다 상류이기 때문에 퇴적물의 입자가 크고 강폭이 좁다.

147

(가)는 계곡의 입구로, 선상지의 선정이다. 이곳은 하천 상류로 퇴적물의 입자가 하천 하류보다 더 크기 때문에 배수가 양호하다. (나)는 선상지의 선단으로, 선정보다 해발 고도가 낮고, 퇴적물의 평균 입자가 작고, 배수가 불량하다. 선정은 곡구에 취락이 입지하고, 선단은 용천대를 따라 취락이 발달하며, 논으로 이용된다.

148

(가)는 자유 곡류 하천, (나)는 감입 곡류 하천을 나타낸 것이다. 자유

곡류 하천이 지반의 융기로 인해 하방 침식이 활발해지면서 감입 곡류 하천이 되었다.

바로잡기 ① A는 하안 단구로 하천 범람의 위험이 작다. ② B는 구하도에 해당한다. ③ 자유 곡류 하천은 측방 침식을 통해 유로 변경이 이루어진다. ④ (나)는 하천 상류 지역에 해당한다.

149

(가)는 감입 곡류 하천으로 A는 하안 단구이다. 하안 단구는 감입 곡류 하천의 주변에 계단 모양으로 나타나는 지형으로, 경사가 완만하고 홍수 시에도 쉽게 침수되지 않기 때문에 취락이 입지하거나 경작지 등으로 이용된다. (나)는 침식 분지이며, 중앙의 평지인 C의 기반암은 화강암, 주변 산지인 B의 기반암은 편마암으로 이루어져 있다. 편마암은 시·원생대, 화강암은 중생대에 형성되었다. 침식 분지는 중앙에 평지가 있기 때문에 예로부터 취락이 입지하였다.

바로잡기 ㄱ. 하안 단구는 주변보다 해발 고도가 높아 홍수 발생 위험이 낮다. ㄹ. (가)와 (나) 모두 하천 중·상류에서 형성되는 지형이다.

1등급 정리 노트 하천 중·상류의 지형

감입 곡류 하천	자유 곡류하던 하천이 지반 융기로 하방 침식하면서 하곡이 깊게 파여 형성
하안 단구	감입 곡류 하천 주변에 분포하는 계단 상의 지형, 비교적 평탄함
침식 분지	두 개 이상의 하천이 합류하거나 화강암이 관입한 지역에서 암석의 차별 침식으로 형성
선상지	평지로 이어지는 골짜기 입구에 유속 감소로 하천 운반 물질이 쌓여 형성된 부채 모양의 지형

150

(가)는 하천 상류의 경사 급변점에서 형성되는 하천 퇴적 지형인 선상지이고, (나)는 하천 하구에서 하천의 유속이 느려지면서 운반해 오던 토사가 쌓여 형성된 삼각주이다. A는 우리나라의 대표적인 선상지인 석왕사 선상지가 위치한 곳이고, B는 우리나라 대표적인 삼각주인 낙동강 삼각주가 위치한 곳이다. 선상지는 하천 상류에, 삼각주는 하천 하구에 발달하는 지형이므로 선상지의 퇴적 물질의 평균 입자 크기가 삼각주보다 크다. 한편, 삼각주는 범람원과 함께 후빙기 해수면 상승으로 침식 기준면이 높아진 이후 발달하게 된 지형이다.

바로잡기 ② (가) 선상지의 선앙 지역에서는 하천이 복류한다. 선상지는 하천 상류에 위치해 자유 곡류 하천을 보기 어렵다.

151

지도는 범람원을 흐르는 하천과 주변 지형을 나타낸 것이다. A는 우각호, B는 범람원의 배후 습지, C는 하천 유로, D는 구릉지 말단에 입지한 취락에 해당한다. B의 배후 습지 지역은 개간 후 논으로 이용되고 있다. C 하천은 주변에 직선상으로 축조된 인공 제방을 볼 수 있는데, 이를 통해 직강 공사로 하천의 유로가 직선 형태가 되었음을 알 수 있다.

바로잡기 ㄱ. 우각호는 하천의 직강 공사 과정에서 형성된 것으로 추정되며, 하천 수의 유입이 이루어지지 않으므로 시간이 갈수록 호수의 넓이가 점차 줄어든다. ㄹ. 취락이 위치한 곳은 자연 제방이 아닌 구릉지의 말단부이다.

152

그림에서 A는 육지가 바다 쪽으로 돌출한 곳이고, B는 바다가 육지 쪽으로 들어간 만이다. 곶은 파랑 에너지가 모이는 곳이고, 만은 파랑 에너지가 흩어지는 곳이므로, 곶(A)이 만(B)보다 파랑 에너지가 강하다. 곶에서는 해안 침식 지형이 발달하고, 만에서는 해안 퇴적 지형이 발달한다.

바로잡기 ① A는 곶, B는 만이다. ③ 곶에는 언덕이 위치하는 경우가 많고 만에는 하천이 유입되는 곳이 많으므로, 곶이 만보다 평균 해발 고도가 높다. ④ 곶에서는 해식애, 파식대 등을 볼 수 있고, 만에서는 사빈을 볼 수 있다. ⑤ 곶에서는 침식 작용, 만에서는 퇴적 작용이 활발하다.

153

해안 지역에서는 파랑과 연안류, 조류, 바람 등의 침식 및 퇴적 작용에 의해 다양한 지형이 형성된다. 그림에서 A는 석호, B는 시 스택, C는 해식애, D는 해안 단구, E는 육계 사주이다.

바로잡기 ③ 해식애는 파랑의 침식 작용을 받아 형성된 해안 절벽이다.

154

A는 육지가 바다 쪽으로 튀어나온 곶이므로 파랑 에너지가 모여든다. B는 갯벌로, 태풍이나 해일이 몰아닥칠 때 힘을 약화시키는 역할을 한다. D는 바닷가에 파랑이나 연안류의 퇴적 작용으로 형성된 사빈으로, 해수욕장으로 이용된다. E는 사빈의 배후에 바람의 퇴적 작용으로 모래가 쌓여 형성된 해안 사구이다.

바로잡기 ③ C는 동해로 유입되는 하천의 하구로, 하구의 전면부가 사주에 의해 바다와 분리되어 석호 형태로 바뀌고 있는 곳이다.

155

해안 단구는 파식대가 지반 융기나 해수면 하강으로 파식대 형성 당시의 해수면보다 높은 곳에 나타나는 계단 모양의 지형이다.

바로잡기 ① 하천의 퇴적 작용에 의해서는 선상지, 삼각주, 범람원 등이 형성된다. ② 조류의 퇴적 작용으로 형성되는 것은 갯벌이다. ③ 마그마의 열하 분출에 의해서는 용암 대지가 형성된다. ④ 연안류의 퇴적 작용으로는 사빈, 사주 등이 형성된다.

156

A는 후빙기 해수면 상승으로 형성된 만의 입구에 사주가 발달하여 형성된 석호이다. B는 석호 안의 퇴적 지형으로, 하천에서 공급된 퇴적물이 쌓여 형성되었다. B는 석호의 일부였으나 하천의 퇴적 작용을 통해 충적지로 바뀌었다. 하천의 퇴적 작용이 지속되면 B의 면적은 늘어나고 석호의 면적은 축소된다. C는 연안류에 의해 모래 등이 해안을 따라 이동하여 퇴적된 사주이다.

바로잡기 ⑤ 사주는 하천 또는 주변 암석 해안의 모래가 파랑과 연안류의 퇴적 작용으로 형성된 지형이다.

157

A는 조류의 퇴적 작용으로 형성되는 갯벌이고, B는 파랑의 퇴적 작용으로 형성되는 사빈이다. C는 사빈의 배후에서 바람의 퇴적 작용으로 형성되는 해안 사구이다. 퇴적 작용으로 형성된 갯벌과 사빈은 모두 후빙기 해수면 상승 이후 형성된 지형이라고 볼 수 있다.

바로잡기 ㄱ. 갯벌은 점토가 주를 이루며, 사빈은 모래가 주를 이룬다. ㄹ. 갯벌(A)은 조차가 큰 서해안과 남해안에서 잘 발달하는 반면, 사빈(B)은 동해안을 포함한 모든 바다에서 잘 발달한다.

158

해안 사구는 사빈의 모래가 겨울 계절풍이나 해풍 등에 의해 사빈의 배후 지역에 퇴적된 지형이다. 해안 사구는 갯벌과 함께 태풍, 해일 등의 피해를 줄이는 역할을 하며, 지하에는 거대한 담수를 담고 있어 가뭄 시에 물을 확보할 수 있다. 해안 사구의 모래는 그 배후의 주거지나 농경지로 이동할 수 있으므로, 이를 방지하기 위해 방풍림을 조성하는 경우가 많다.

바로잡기 ③ 갯벌이 발달하지 않은 동해안에도 해안 사구가 나타나기는 한다.

159

그래프에서 B가 A로 바뀐다는 것은 강우 시작 후 하천으로 유입되는 빗물의 양이 빠르게 증가한다는 것을 의미한다. 도시 내 저습지에 주거 단지를 개발하고, 도로 포장을 확대하면 빗물이 땅속으로 스며들지 못하고 빗물이 하천으로 빨리 모여 들게 되어 하천 수위가 빠르게 높아진다.

바로잡기 ㄱ, ㄴ. 도시 내 공원 면적이 확대되거나 도시 하천을 생태 하천으로 복원하게 되면 땅속으로 스며드는 빗물의 양이 늘어난다.

160

삼각주는 하천 운반 물질이 많고 조차가 작으며 수심이 얕고 반도나 만이 발달한 해안에서 잘 형성된다.

161

황해의 하천 하구는 조류의 작용이 활발하여 하천이 운반한 토사 물질을 썰물이 먼 바다까지 끌고 나가기 때문에 삼각주가 발달하기 어렵다.

채점 기준	수준
조류에 의해 하천 운반 물질이 제거됨을 구체적으로 서술한 경우	상
황해로 유입되는 하천에서 삼각주가 잘 형성되지 않는 이유를 기술하였으나, 조류 작용에 대한 언급이 없는 경우	하

162

A 지형은 해안에 위치한 평지로, 과거 파식대가 융기하여 형성된 해안 단구이다. 즉, 해안 단구에서는 과거 파식대로 바다의 영향을 받아 둥근 자갈과 바다 생물의 흔적인 조개껍데기가 발견된다. 해안 단구는 융기량이 많았던 동해안에서 잘 나타나며, 비교적 평탄하므로 마을이 형성되거나 농경지, 교통로 등으로 이용된다.

채점 기준	수준
해안 단구를 쓰고, 해양 생물의 흔적에 대해 바르게 서술한 경우	상
해안 단구를 쓰고, 해양 생물의 흔적에 대해 서술하지 못한 경우	하

163

갯벌은 밀물 때는 침수되고 썰물 때는 노출되는 지형으로 조류의 퇴적 작용으로 형성된다.

채점 기준	수준
갯벌의 긍정적 기능을 두 가지 이상 바르게 서술한 경우	상
갯벌의 긍정적 기능을 한 가지만 바르게 서술한 경우	하

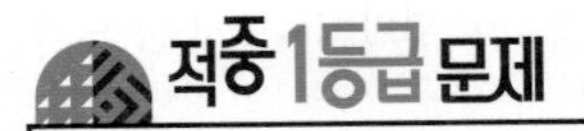

적중 1등급 문제

35쪽

164 ①	165 ②	166 ②	167 ⑤

164 해안 지형의 특징 파악하기

1등급 자료 분석 해안 침식 지형과 퇴적 지형

해안가에 파랑 및 연안류에 의해 모래가 퇴적된 사빈이다.

사빈(A)에서 모래가 바람을 타고 이동하여 퇴적된 해안 사구이다.

황해

A

B

C

후빙기 해수면 상승으로 골짜기에 바닷물이 들어와 만이 형성되고, 이 만의 입구를 사주가 막으면서 석호가 형성된다.

모래가 연안류를 따라 길게 퇴적된 사주이다.

A와 E는 사빈, B는 해안 사구, C는 해안 사구에 형성되어 있는 사구 습지, D는 석호이다. 사빈의 퇴적물이 바람을 타고 이동하여 해안 사구를 형성한다. 겨울철에 강한 북서풍의 영향을 받는 서해안에서는 규모가 큰 해안 사구가 발달한다.

바로잡기 ② D 호수는 민물과 바닷물이 섞여 있어 염분을 포함하고 있다. 따라서 사구 습지(C)가 석호(D)보다 물의 염도가 낮다. ③ 석호(D)는 바다와 연결되어 염분이 많기 때문에 주변 농경지의 용수로 활용하기 어렵다. ④ 사주(E)는 사빈의 모래가 연안류를 따라 길게 퇴적된 지형이다. ⑤ 석호(D)는 후빙기 해수면 상승의 영향을 받은 지형이다. 후빙기 해수면 상승으로 형성된 만의 입구를 사주가 성장하면서 막아 형성되었다.

165 하천의 유역 면적과 상류·하류의 특징 비교하기

1등급 자료 분석 하천 상류와 하천 하류의 비교

(가) 하천의 상류이다. 하천 상류는 하류보다 유량이 적고 하폭이 좁다. 퇴적 물질의 평균 입자 크기는 크다.

(가) 하천의 분수계

㉠

여러 하천이 모여 ㉡쪽으로 흘러간다. 따라서 ㉡이 하류이다.

㉡

0 50km

• 유역 분지 내 지질 분포는 단일하며, 지각 운동은 없음.

(가) 하천의 하류이다. 하류 쪽으로 갈수록 유량이 많아지고 하폭은 넓어지며, 퇴적 물질의 평균 입자 크기가 작아진다.

A는 하천 상류(㉠)에서 수치가 높고, B는 하천 하류(㉡)에서 수치가 높다. 하천은 일반적으로 상류(㉠)에서 하류(㉡)로 갈수록 하상 고도가 낮아지고 평균 유량이 많아지고 유역 면적과 하폭은 넓어지며, 퇴적 물질의 평균 입자 크기가 작아진다. 또한 하류로 갈수록 퇴적물의 원마도가 높아진다. 따라서 상류에서 수치가 높은 것(A)은 퇴적물의 입자 크기와 하상 고도이며, 하류에서 수치가 높은 것(B)은 유량·유역 면적·하폭·퇴적물의 원마도 등이다.

166 해안의 특성 비교하기

1등급 자료 분석 동해안과 서해안의 특징

(가) (나)

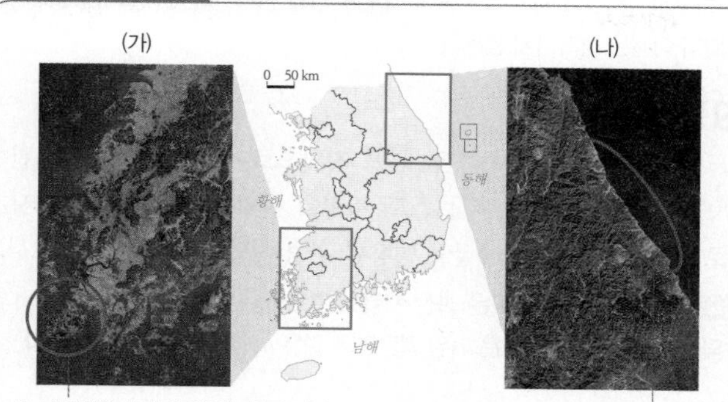

서·남해안은 산맥이 해안을 향해 뻗어 있어 해안선이 복잡하고, 육지의 융기량이 적어 낮은 봉우리가 침수되면서 많은 섬이 형성되었다.

동해안은 산맥과 해안선의 방향이 일치하기 때문에 해안선이 단조롭다. 경동성 요곡 운동의 영향으로 높게 융기했기 때문에 해수면 상승에 따른 침수가 없어 섬이 많지 않다.

ㄱ. 서·남해안은 산맥이 해안을 향해 뻗어 있고, 후빙기에 해수면이 상승하여 침수되었기 때문에 해안선이 복잡한 리아스 해안과 다도해를 이루고 있다. ㄹ. 신생대의 지반 융기는 융기축이 동해 쪽에 치우쳐 발생하였는데, 이로 인해 동해안은 서해안보다 지반 융기의 영향을 크게 받았다.

바로잡기 ㄴ. 동해안은 신생대 경동성 요곡 운동에 의해 융기량이 많은 곳으로 해안 단구가 발달하였다. 따라서 (나)는 (가)보다 융기의 영향을 받아 형성된 해안 단구가 잘 나타난다. ㄷ. 조차가 큰 황해로 유입하는 하천에서는 조류의 영향을 받아 하천 수위의 일 변동 폭이 크다. 따라서 (가)는 (나)보다 하천 수위의 일 변동 폭이 더 크다.

167 하천 지형 특징 파악하기

1등급 자료 분석 감입 곡류 하천과 자유 곡류 하천

감입 곡류 하천 주변에서는 계단 모양의 하안 단구가 나타난다.

하천 하류의 본류로 자유 곡류 하천의 형태이다.

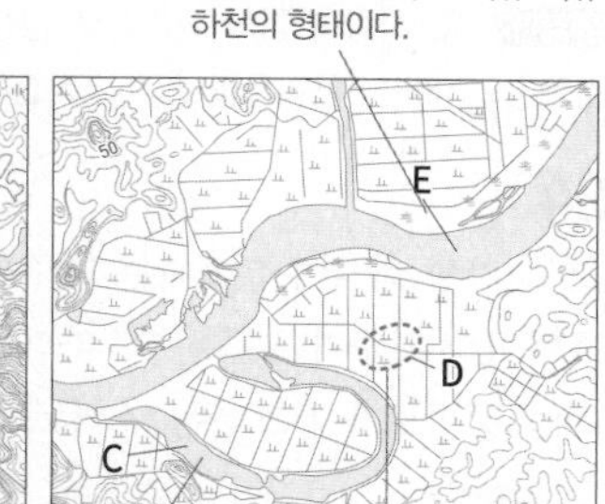

하천 상류의 유속이 느려지는 부분에서는 퇴적 작용이 활발하다.

하천 중·하류 지역에서 하천 범람으로 형성된 범람원의 배후 습지이다.

C는 E 하천의 유로 변경 과정에서 목 부분이 절단되면서 형성된 우각호이다.

A는 하안 단구, B는 하천의 퇴적 작용이 활발한 사면, C는 우각호, D는 범람원의 배후 습지, E는 자유 곡류 하천이다. 하천의 유속이 느려지는 사면(B)에서는 퇴적물이 쌓여 하천 퇴적 지형이 형성된다. 하안 단구(A)는 계단 모양의 지형으로 B보다 해발 고도가 높아 홍수 시 침수에 따른 피해가 적다. 우각호는 과거 자유 곡류 하천과 연결되어 물이 흐르던 하천이었다.

바로잡기 ⑤ D는 B보다 하천 하류에 위치하므로 퇴적물의 평균 원마도가 높다.

05 화산 지형과 카르스트 지형

분석 기출 문제 37~40쪽

[핵심 개념 문제]

168 화산 169 용암 대지 170 ㉠ 석회암 ㉡ 용식
171 석회암 풍화토 172 ㉠ 173 ㉠ 174 ㉡ 175 ○
176 × 177 × 178 ㉡, ㉢ 179 ㉠, ㉣ 180 ㄷ 181 ㄴ 182 ㄱ

183 ④ 184 ③ 185 ⑤ 186 ② 187 ④ 188 ② 189 ⑤
190 ① 191 ⑤ 192 ① 193 ② 194 ⑤

1등급을 향한 서답형 문제

195 **예시 답안** A는 용암 대지로, 토양이 비옥하여 수리 시설 확충 후 논농사가 이루어지고 있다. 196 **예시 답안** 용암 대지의 배후 산지는 현무암 분출 이전부터 있었던 화강암과 편마암으로, B가 A보다 형성 시기가 이르다.

197 **예시 답안** 주상 절리, 주상 절리는 화산 폭발로 분출한 용암이 급속도로 식으면서 기둥 모양의 절리를 형성하였다. 198 **예시 답안** 석회암 지대에서는 석회암을 원료로 하는 시멘트 공업이 발달하며, 석회동굴 등을 관광 자원으로 활용하여 관광 산업이 발달하기도 한다.

183

제시문에서 여진과 조선의 경계에 위치한 '이 산'은 백두산이다. 백두대간은 백두산에서 시작되어 지리산에 이른다. 또한 백두산은 압록강, 두만강, 쑹화 강 등이 시작되는 곳인데, 백두산에서 발원한 물이 서쪽으로 흘러서 이루는 강이 압록강이다. 백두산 위에 위치한 '큰 못'은 천지로 칼데라호에 해당하는데, 화구의 함몰로 형성된 칼데라에 물이 고인 것이 칼데라호이다. 우산국은 울릉도와 그 주변 섬에 해당한다.

바로잡기 ④ 제시된 글에서 '물의 흐름'이란 주로 바람에 의해 발생하는 해류를 의미한다. 지구와 달의 인력에 의해 발생하는 조류는 조차가 큰 해역의 육지와 섬, 섬과 섬 사이에서 크게 발생한다.

184

(가)에서 신생대 화산 활동에 의해 분출된 화산암으로 이루어져 있고, 성인봉, 나리 분지 등이 있는 곳은 울릉도이다. 울릉도는 지도의 B에 해당한다. (나)에서 백록담이라는 화구호가 있고, 기생 화산이 분포하는 곳은 제주도이다. 지도에서 C가 제주도에 해당한다.

바로잡기 A는 인천광역시에 속하는 강화도로, 화산 활동과는 무관하다.

1등급 정리 노트 우리나라의 화산 지형

백두산	산록부는 방패 모양 화산, 산정부는 종 모양 화산, 칼데라호(천지) 발달
울릉도	종 모양 화산(급경사), 이중 화산(섬 중앙부에 위치한 나리 분지 안에 알봉이라는 소규모 화산이 새로 형성)
제주도	산록부는 방패 모양 화산, 산정 일부는 종 모양 화산, 화구호(백록담), 기생 화산(오름)
철원 - 평강 용암 대지	유동성이 큰 현무암질 용암이 열하 분출 후 산지 사이의 골짜기를 메우며 형성, 벼농사 발달

185

(가)는 칼데라호인 백두산 천지, (나)는 화구호인 한라산 백록담이다. (가), (나) 모두 화산 활동으로 형성되었으며, 용암과 화산 쇄설물의 분출로 생긴 소형 화산체는 기생 화산으로, 한라산의 산록부에 많다.

바로잡기 ㄱ. (가)와 (나) 모두 신생대에 형성된 화산 지형이다. ㄴ. 백두산의 높이는 2,744m로 1,950m인 한라산보다 높다.

186

(가)는 등고선이 좁은 지역에 둥글게 모여 있는 것을 통해 오름이 분포하는 제주도 한라산임을 알 수 있고, (나)는 한탄강의 유로 옆에 단애 표시가 있는 것을 통해 철원 일대의 현무암 용암 대지임을 알 수 있다. (가)와 (나) 모두 현무암질 용암이 분출하였던 곳으로, 하천이 흐르는 곳에서는 육각 기둥 형태의 주상 절리를 볼 수 있다.

바로잡기 ㄴ. 제주도는 지표수가 부족하여 밭농사가 주로 이루어지지만, 철원 용암 대지의 경우 저수지나 양수 시설을 이용하여 논농사가 활발히 이루어지고 있다. ㄹ. 돌리네는 카르스트 지형에서 발달하는 용식 와지에 해당한다.

187

울릉도는 점성이 큰 조면암과 화산 쇄설물들로 이루어져 있으며, 경사가 급한 종 모양의 화산섬이다. 섬의 북쪽 중앙부에는 분화구 부근이 함몰되어 형성된 칼데라 분지인 나리 분지가 있고, 분지 안에서 알봉이 분화하여 이중 화산의 형태를 띠고 있다.

바로잡기 ① 울릉도는 이중 화산의 형태이기 때문에 화산 폭발이 한 번 있었다고 볼 수 없다. ② 울릉도는 겨울 강수량이 많아 우리나라의 대표적인 다우지이다. ③ 목축업이나 고랭지 농업은 고위 평탄면에 해당된다. ⑤ 지형도에서 중앙부는 경사가 완만하여 밭농사가 이루어지고 있다.

188

(가)는 변성암 지대의 틈새를 따라 현무암질 용암이 다량으로 분출하여 형성된 용암 대지인데, 현무암 기반암 위에 충적층이 덮여 있는 모습을 나타내고 있다. (나)는 변성암 지대에 마그마가 관입하여 화강암이 형성되고, 이후 오랜 과정을 통해 편마암과 화강암이 차별 침식을 받아 형성된 침식 분지를 나타낸 것이다. ② 철원의 용암 대지에서는 한탄강의 양안 절벽에서 주상 절리가 발달한 모습을 볼 수 있다.

바로잡기 ① 용암 대지 위를 흐르는 하천은 침식 기준면인 바다와의 고도 차가 크기 때문에 하방 침식력이 크게 나타난다. ③ (나)의 B 암석은 변성암이다. 변성암은 (가), (나)에서 모두 볼 수 있다. ④ (나)의 침식 분지에서는 하천을 따라 충적층이 분포한다. ⑤ (나)의 화강암은 중생대, (가)의 현무암은 신생대에 형성된 것으로, (가)보다 (나)의 형성 시기가 이르다.

189

카르스트 지형은 석회암이 빗물이나 지하수에 용식되어 형성된 지형으로, 고생대 전기에 형성된 석회암이 분포한다. 용식 작용은 물이 암석을 화학적으로 용해하는 작용이며, 카르스트 지형에는 석회암이 풍화된 붉은 색의 테라로사 토양이 형성된다.

바로잡기 ㄱ. 석회암 풍화토는 지표수가 부족하여 밭농사가 발달한다. ㄴ. 카르스트 지형에 분포하는 암석은 석회암으로, 고생대 전기에 형성되었다.

190

지도의 A는 저하 등고선으로, 카르스트 지형의 돌리네이다. 돌리네는 석회암의 용식 작용에 의해 형성된 움푹 파인 지형이다.

바로잡기 ② 돌리네는 배수가 양호하여 주로 밭농사를 한다. ③ 중생대의 마그마 관입에 의해 형성된 화강암은 돌산과 침식 분지의 형성에 영향을 준다. ④ 돌리네는 시간이 지날수록 용식 작용에 의해 침식된다. ⑤ 돌리네에서 하천의 퇴적 작용은 나타나지 않는다.

191

지도에 표시된 지역은 석회암 분포 지역으로, 카르스트 지형과 관련된 모습을 볼 수 있다. 카르스트 지형이 발달한 곳에서는 밭농사가 주로 이루어지고, 석회동굴을 이용한 관광 산업이 발달한다.

바로잡기 ㄱ. 현무암 협곡은 화산 지형이 분포하는 곳에서 볼 수 있다. ㄴ. 황태 덕장은 해발 고도가 높은 고위 평탄면과 같은 고원 지대에서 볼 수 있다.

192

(가)는 석회암이 용식 작용을 받아 형성된 카르스트 지형임을 알 수 있다. (나)는 오름이 분포하고, 밭농사가 이루어지며 하천을 따라서 단애가 그려진 것을 통해 제주도임을 알 수 있다. A의 돌리네에는 빗물이 지하로 스며드는 구멍이 있는데, 이를 용식혈이라고 한다. 따라서 이 지역에서는 많은 비가 내려도 농경지가 침수되지 않는다. (가)의 기반암은 고생대 석회암인 반면, (나)의 기반암은 신생대 현무암이므로, (가)는 (나)보다 기반암의 형성 시기가 이르다.

바로잡기 ㄴ. B의 와지는 화산의 폭발 과정에서 형성되었다. ㄷ. 석회암 지대에서는 지하 동굴로 지하수가 스며들고, 현무암 지대에서는 수직 절리를 따라 빗물이 스며들기 때문에, 두 지역 모두 벼농사가 어렵다.

193

(가)는 석회동굴, (나)는 용암동굴의 모습이다. 용암동굴은 용암이 빠져나가면서 그대로 굳어진 동굴이므로, 동굴의 내부 모습은 비교적 단조로우나 석회동굴은 매우 복잡하다. 석회동굴은 고생대 이후 오랜 기간에 걸쳐 형성된 반면, 제주도의 용암동굴은 신생대에 형성되었다. 따라서 석회동굴이 용암동굴보다 형성 시기가 이르다.

바로잡기 ㄴ. 파랑의 침식 작용으로 형성된 동굴에는 해식 동굴이 있다. ㄹ. 석회동굴의 내부가 용암동굴보다 더 복잡하다.

194

지도는 기생 화산이 분포하는 제주도로, 기반암인 현무암은 배수가 양호하여 지표수가 부족하다. 따라서 밭농사가 주로 이루어지는데, 석회암 풍화토가 분포하는 지역도 배수가 양호하기 때문에 밭농사가 발달한다.

바로잡기 ① 용암 대지는 화산 지형이지만, 벼농사가 가능하다. ② 침식 분지는 중앙에 하천이 흐르는 경우가 많기 때문에 벼농사가 가능하다. ③ 범람원의 배후 습지는 배수 시설을 갖춘 후 벼농사가 가능하다. ④ 고위 평탄면의 밭농사는 해발 고도에 따른 서늘한 여름철 기온을 이용하는 것으로, 제주도의 밭농사와는 그 원인이 다르다.

195

현무암의 용암 대지 위에 하천의 퇴적 작용으로 형성된 충적층에서 농업이 이루어지고 있다.

채점 기준	수준
용암 대지임을 쓰고, 수리 시설 확충 후 논농사가 이루어지고 있음을 서술한 경우	상
용암 대지임을 쓰고, 논농사가 이루어지고 있다고만 서술한 경우	하

196

용암 대지 주변의 산지는 화산 활동 이전부터 있었던 화강암과 편마암이다.

채점 기준	수준
A, B 지역의 기반암을 제시하고, 형성 시기를 바르게 비교한 경우	상
단순히 A, B 지역 기반암의 형성 시기만을 비교하여 서술한 경우	하

197

주상 절리는 용암이 냉각될 때 부피가 감소하면서 여러 방향으로 수축이 일어나고 그 사이가 벌어지고 수직 균열이 발생하면서 형성된다.

채점 기준	수준
주상 절리임을 쓰고, 형성 과정을 바르게 서술한 경우	상
주상 절리임을 쓰고, 형성 과정을 서술하였으나 내용이 미흡한 경우	하

198

카르스트 지형은 경관이 독특하여 관광 자원으로 많이 활용되며, 기반암인 석회암은 시멘트의 원료로 이용된다.

채점 기준	수준
석회암 지대임을 알고 관광 산업과 시멘트 공업이 발달하고 있음을 바르게 서술한 경우	상
관광 산업과 시멘트 공업 중 한 가지에 대해서만 서술한 경우	하

적중 1등급 문제

41쪽

199 ① 200 ④ 201 ① 202 ③

199 화산 지형의 특색 파악하기

1등급 자료 분석 울릉도와 제주도의 화산 지형

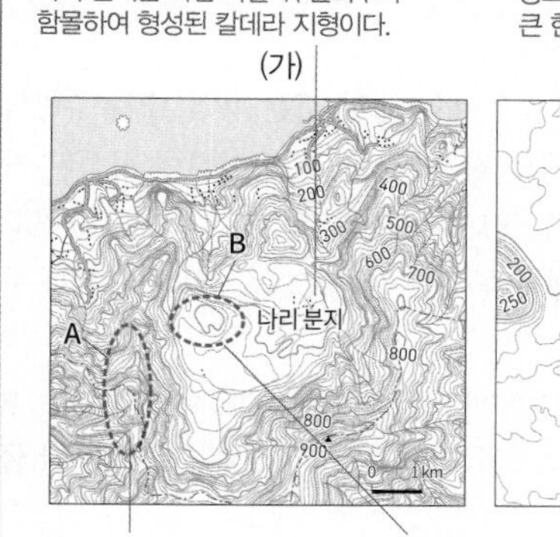

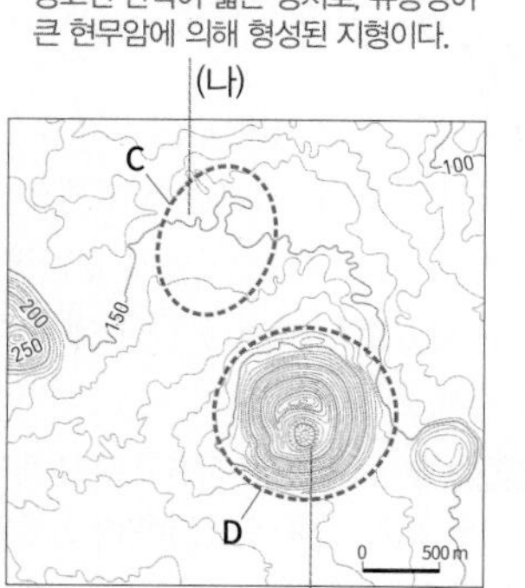

(가)는 나리 분지가 있는 것으로 보아 울릉도, (나)는 기생 화산이 있는 것으로 보아 제주도이다. (가), (나) 모두 신생대의 화산 활동으로 형성되었다. 제주도는 절리가 많은 현무암이 기반암이기 때문에 빗물이 지하로 쉽게 스며들어 밭농사에 유리하다.

바로잡기 ㄷ. D는 기생 화산으로 정상에는 분화구인 와지가 있다. ㄹ. B는 분지 내부에 볼록하게 솟은 부분으로 A가 형성된 이후 분출하여 형성되었다.

200 카르스트 지형의 특색 파악하기

1등급 자료 분석 돌리네와 석회동굴

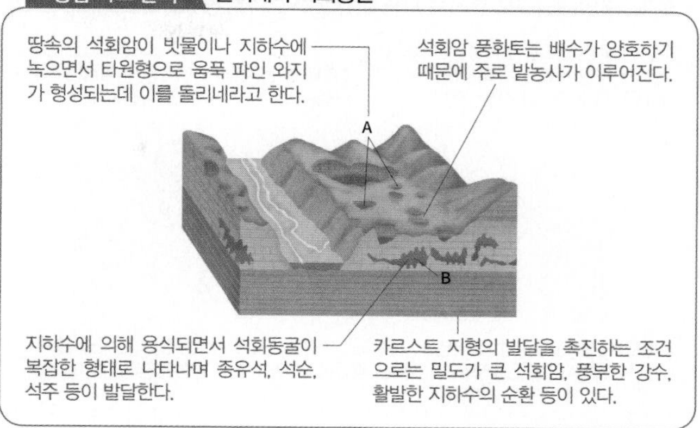

A는 돌리네, B는 석회동굴이다. 돌리네는 배수가 잘 되기 때문에 밭으로 이용되며, 석회암 지대에서는 석회암에 포함된 불순물이 녹지 않고 풍화되어 붉은색을 띠는 토양이 만들어진다. 석회동굴 내부에는 석회암이 용해된 물질이 침전되면서 종유석, 석순, 석주 등이 발달한다. 그리고 석회석은 시멘트의 원료이기 때문에 석회석 산지에는 시멘트 공업이 발달한다.

바로잡기 ④ 석회동굴은 석회암의 용식 작용으로 형성되며, 그 내부 구조는 매우 복잡한 경우가 많다. 용암동굴과는 달리 횡적으로는 물론 종적으로도 동굴이 발달된 경우가 많다.

201 카르스트 지형의 특색 파악하기

1등급 자료 분석 석회동굴

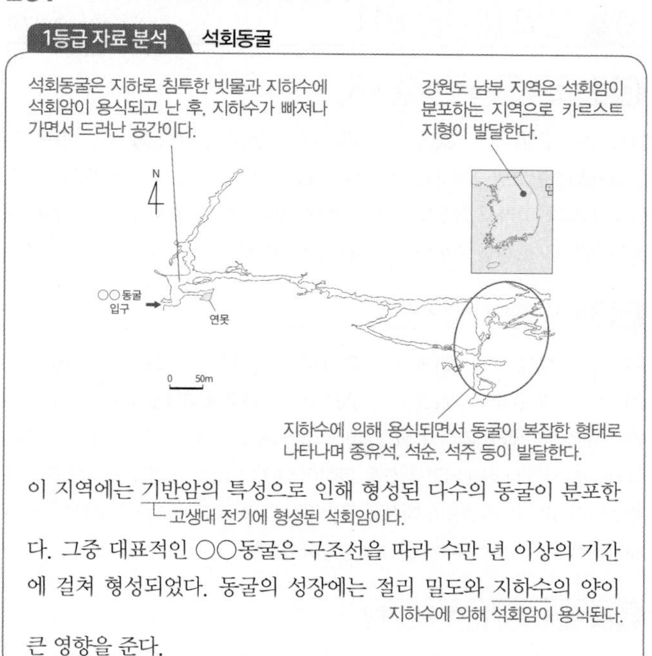

석회암의 용식 작용으로 형성되는 석회동굴은 고생대 조선 누층군의 석회암 지대에 발달해 있다. 또한 석회동굴의 내부에는 종유석, 석순, 석주 등이 발달하는데, 그 형태가 매우 다양해 관광지로 개발되어 있다.

바로잡기 ㄷ. 카르스트 지형에는 배수가 양호한 석회암 풍화토(테라로사)가 분포하여 밭농사가 주로 이루어진다. ㄹ. 현무암질 용암이 흘러서 형성된 동굴은 용암동굴이다.

202 화산 지형의 특색 파악하기

1등급 자료 분석 철원의 용암 대지와 제주도의 화산 지형

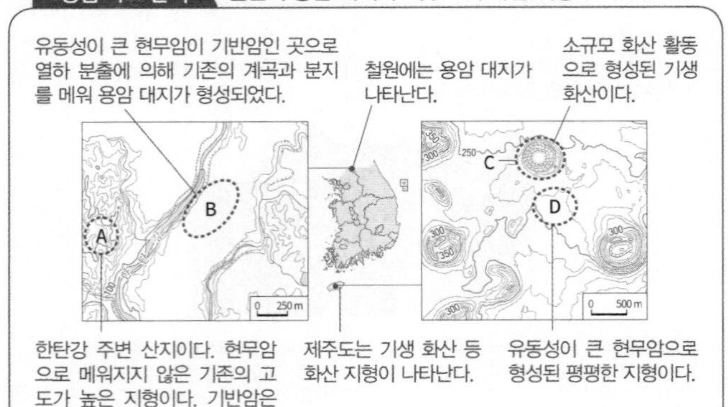

A는 한탄강 주변의 산지, B는 용암 대지, C는 제주도의 기생 화산, D는 기생 화산 주변의 평탄한 지형이다. A의 기반암은 시·원생대의 변성암과 중생대의 화강암이고 C의 기반암은 신생대의 화산암이다. 따라서 A의 기반암은 C의 기반암보다 형성 시기가 이르다.

바로잡기 ① A는 기반암이 변성암 또는 화강암인 용암 대지 주변의 산지이다. ② 붉은색의 간대토양은 석회암 풍화토이다. ④ B는 점성이 작은 현무암질 용암이 분출하여 형성된 용암 대지이다. ⑤ B에서는 주변의 수리 시설을 이용하여 벼농사가 이루어진다.

단원 마무리 문제 42~47쪽

03 한반도의 형성과 산지의 모습

203 ④ 204 ② 205 ① 206 ③ 207 ① 208 ③ 209 ②

210 **예시 답안** 고위 평탄면은 평지보다 해발 고도가 높기 때문에 기온이 낮고 습도가 높다. 따라서 여름철 서늘한 기후는 배추, 무 등의 채소나 목초 재배에 유리하며 양, 소 등을 기르는 목축업이 발달하기도 한다.

04 하천 지형과 해안 지형

211 ④ 212 ③ 213 ③ 214 ⑤ 215 ⑤ 216 ② 217 ⑤

218 ④ 219 ② 220 ⑤ 221 ③ 222 **예시 답안** 도시화 이전에는 비가 내리면 빗물이 지하로 흡수되어 하천으로 유입되는 빗물의 양이 적었다. 그러나 도시화가 진행되면서 포장 면적이 늘어나 비가 내리면 빗물이 지하로 흡수되지 못하고 하천으로 빠르게 유입된다. 따라서 도시 지역의 하천은 비가 내리면 짧은 시간에 수위가 급격히 상승하게 된다.

05 화산 지형과 카르스트 지형

223 ⑤ 224 ② 225 ⑤ 226 ② 227 ⑤ 228 **예시 답안** A는 석회동굴로 지하수에 의해 석회암이 용식되면서 형성된다. B는 용암동굴로 유동성이 큰 용암이 흘러내리는 과정에서 냉각 속도의 차이로 인해 형성된다.

203

한반도 지체 구조에 가장 큰 영향을 주었던 대보 조산 운동 때에는 전국적으로 화강암이 관입하였다. 이에 해당되는 지도는 ④번이다.

바로잡기 ① 중생대 경상 분지에 형성된 경상 누층군이다. ② 백두산과 제주도 일대에 형성된 신생대 화산암이다. ③ 평북·개마 지괴, 경기 지괴, 영남 지괴에 분포하는 시·원생대의 변성암이다. ⑤ 평남 분지와 옥천 습곡대에 분포하는 고생대 퇴적암이다.

204

중생대 초기에 일어난 송림 변동은 주로 북부 지방에 영향을 주었고, 랴오둥 방향(동북동~서남서)의 지질 구조선을 형성하였다. 중기에는 대보 조산 운동이 일어나 중·남부 지방을 중심으로 중국 방향의 지질 구조선이 형성되었다. 말기에는 경상도 일대에서 소규모로 마그마가 관입한 불국사 변동이 일어났다. 신생대 제3기에는 동해안을 중심으로 융기하여 비대칭의 경동 지형이 형성되었다.

바로잡기 ② 대보 조산 운동은 우리나라 중·남부 지방에 영향을 준 지각 운동이다.

205

시·원생대에 형성된 암석은 형성 이후 오랜 기간에 걸쳐 변성 작용을 받아 변성암으로 변하였다. 고생대 초에는 얕은 바다에서 해성층인 조선 누층군이 형성되었으며, 석회암이 주로 분포한다. 중생대에는 호소 퇴적층인 경상 누층군이 형성되었는데, 공룡과 관련된 화석이 많이 발견된다. 신생대에는 화산 활동으로 분출한 마그마가 빠르게 식으면서 현무암이 형성되었다.

206

(가)는 백두산, (나)는 금강산, (다)는 지리산, (라)는 한라산이다. 백두산과 한라산은 화산 폭발에 의해 형성된 화산이다. 백두산 정상에는 칼데라호인 천지, 한라산 정상에는 화구호인 백록담이 있다. 금강산은 화강암이 기반암인 돌산이고, 지리산은 변성암이 기반암인 흙산이다. 돌산은 기반암이 지표에 드러나 흙산보다 식생 밀도가 낮다.

바로잡기 ㄱ. (가)는 백두산으로 기반암은 신생대 화산 활동에 의해 형성되었다. ㄹ. (라)의 기반암은 신생대, (다)의 기반암은 시·원생대에 형성되었다. 따라서 (라)의 기반암은 (다)의 기반암보다 형성 시기가 늦다.

207

(가)의 A는 고위 평탄면, (나)의 B는 용암 대지, C는 용암 대지 주변의 산지이다. 고위 평탄면은 과거의 침식 평탄면이 융기하여 형성된 지형으로, 융기 운동 이전에 평탄했던 지형이라고 볼 수 있다. 그리고 고위 평탄면은 융기 운동을 받아 형성된 지형이므로 1차 산맥에서 주로 찾아볼 수 있다.

바로잡기 ㄷ. 한탄강 강변의 주상 절리는 현무암으로, B의 기반암이다. ㄹ. B의 기반암은 신생대의 현무암이고, C의 기반암은 시·원생대의 변성암이나 중생대의 화강암이다.

208

(가)는 현재보다 해수면이 100m 이상 낮았던 빙기, (나)는 현재 해안선인 후빙기이다. A는 현재 하천의 하류 지점으로 빙기에는 침식 기준면이 낮아지면서 하천의 하방 침식력이 확대되어 깊은 골짜기가 형성되었을 것이다. 따라서 (가) 빙기에 A 지점은 (나) 후빙기보다 하방 침식이 활발하였다.

바로잡기 ① (가)는 빙기, (나)는 후빙기이다. ② 빙기는 후빙기보다 하천의 유로가 더 길었다. ④ A 지점의 해발 고도는 후빙기보다 빙기에 더 높았다. 빙기에는 하천의 하방 침식으로 골짜기가 형성되는 등 해발 고도가 높은 지역이었

으나, 후빙기에 A 지점은 하천 하류 지점으로 해발 고도가 낮다. ⑤ B 지점은 빙기보다 후빙기에 단위 면적당 식생 밀도가 높았다.

209

㉠은 시·원생대에 형성된 암석이 오랜 시간에 걸쳐 풍화와 침식을 받으면서 두꺼운 토양으로 덮인 흙산으로, 기반암은 편마암과 같은 변성암이다. 흙산은 토양이 두껍게 덮여 있어 식생이 발달하기 유리하다. ㉡은 중생대에 관입한 화강암이 오랫동안 침식 작용을 받아 지표에 드러난 돌산으로, 금강산, 설악산 등이 있다. 돌산의 화강암은 중생대에 일어난 대보 조산 운동으로 형성되었다.

바로잡기 ② 변성암은 시·원생대에 형성된 평북·개마 지괴, 경기 지괴, 영남 지괴에 주로 분포한다. 경상 분지에는 중생대에 형성된 퇴적암이 주로 분포한다.

210

고위 평탄면은 여름철 서늘한 기후를 이용해 고랭지 농업이 발달하고, 평지보다 기온이 낮고 습도가 높아 목초 재배에 유리하다.

채점 기준	수준
(가)의 내용이 고위 평탄면임을 알고 높은 해발 고도에 따른 서늘한 기후 조건을 언급하여 서술한 경우	상
(가)의 내용이 고위 평탄면임을 알았지만 해발 고도가 높다라고만 서술한 경우	하

211

A는 암석 해안, B는 갯벌, C는 사빈, D는 해안 사구이다. 암석 해안은 주로 파랑의 에너지가 집중되는 곳에서 발달하는 해안 침식 지형이다. 갯벌은 밀물일 때는 바닷물에 잠기고 썰물일 때는 밖으로 드러나는 지형이다. 사빈은 파랑의 에너지가 분산되는 만에서 잘 발달한다. 해안 사구는 사빈의 모래가 바다로부터 불어오는 바람에 날려 퇴적되어 형성되며, 대체로 사빈에 비해 해안 사구는 퇴적물의 평균 입자 크기가 작다.

바로잡기 ④ 조류의 영향으로 퇴적되는 지형은 갯벌로, B가 C보다 조류의 영향을 크게 받았다.

212

(나)와 (다)는 서로 다른 하천 유역으로 (가)의 분수계로 구분된다. 하천은 상류인 A 지점에서 하류인 B 지점으로 갈수록 하폭이 넓어지고, 평균 유량이 많아진다. 또한 하류로 갈수록 하상의 경사는 완만하며, 퇴적물의 입자 크기가 작다.

바로잡기 ㄹ. 침식 기준면인 해수면으로부터 고도 차이는 상류인 A 지점이 B 지점보다 크다.

213

A는 과거에 하천이 흘렀던 곳인 구하도, B는 주로 점토질로 구성되어 배수가 불량한 배후 습지, C는 유로 변경 과정에서 하천 바닥에 퇴적물이 쌓여 섬으로 남은 곳인 하중도, D는 유로 변경 과정에서 곡류의 목 부분이 절단된 우각호, E는 주로 모래로 구성되어 배수가 양호한 자연 제방이다. 구하도, 하중도, 우각호는 하천의 유로 변경 과정에서 발달하는 지형으로, 이 중 우각호는 하천의 공급이 끊기기 때문에 시간이 지나면 사라진다.

바로잡기 ③ 하중도는 접근이 불편하고 규모가 크지 않아 농경지로 이용하지 않는다.

214

지도에 표시된 (가)는 한강, (나)는 금강, (다)는 섬진강, (라)는 낙동강이다. 조차가 큰 황해나 남해로 흘러드는 하천 하구 부근에는 밀물 때 바닷물이 역류하는 감조 구간이 나타난다. 감조 하천의 하구 부근에는 하굿둑을 건설해 염해 방지와 물 자원 확보, 교통로 등에 활용하고 있다. 조차가 큰 서해안이나 남해안에는 갯벌이 발달해 있으며, 낙동강 하구에는 유속의 감소로 하천 운반 물질이 퇴적되어 삼각주가 형성되어 있다.

바로잡기 ㄱ. 한강 하구에는 하굿둑이 건설되어 있지 않다. 하굿둑은 금강, 영산강, 낙동강 하구에 건설되어 있다.

215

A는 해식애, B는 파식대, C는 시 스택, D는 사주, E는 석호이다. 석호는 후빙기 해수면 상승으로 만의 입구를 사주가 막아 형성된 호수이다. 시 스택은 해식애가 후퇴하면서 침식되지 않고 남은 지형이기 때문에 풍화와 침식에 대한 저항력이 해식애보다 강하다.

바로잡기 ㄱ. 파식대는 파랑의 침식 작용으로 형성된다. ㄴ. 태양과 달의 인력에 의한 바닷물의 흐름은 조류로, 조류의 퇴적 작용으로는 갯벌이 형성된다.

216

A는 우각호, B는 배후 습지, C는 자연 제방, D는 인공 제방, E는 삼각주, F는 하굿둑이다. 하천의 유로 변경 과정에서 목 부분이 잘려 나가 우각호(A)가 형성되기도 한다. 하천이 바다로 유입하는 큰 하천의 하구에는 유속의 감소로 하천 운반 물질이 퇴적되어 삼각주(E)가 형성된다. 낙동강 하구에는 염해를 막기 위해 하굿둑(F)이 건설되어 있으며 교통로로 이용되기도 한다. 범람원의 자연 제방(C)은 주로 모래로 구성되어 있어 배후 습지(B)보다 평균 입자 크기가 크다.

바로잡기 ② 인공 제방은 하천 범람의 피해를 막기 위해 설치한 구조물이다.

217

감입 곡류 하천은 지반의 융기로 인해 하방 침식이 진행되면서 하천 바닥을 깎아 깊은 골짜기를 형성한 하천이다. 감입 곡류 하천 주변의 하안 단구는 지면이 비교적 평탄하고 홍수 때에도 침수 위험이 낮아 마을, 농경지, 교통로 등으로 이용된다. 침식 분지는 관입한 화강암이 주변 산지인 변성암보다 풍화와 침식을 빠르게 받아 형성된다. 산지와 평지가 만나는 경사 급변점에서는 유속의 감소로 운반 물질이 쌓여 선상지가 형성된다.

바로잡기 ⑤ 우리나라는 오랜 침식으로 경사 급변 지점이 많지 않다.

218

지도는 감입 곡류 하천의 주변 지형을 나타낸 것이다. (가)는 하안 단구로 과거 하천의 영향을 받아 둥근 자갈과 모래의 퇴적층을 볼 수 있다. (나)는 유속의 약화로 퇴적 작용이 활발한 곳이다. (라)는 농경지로 이용하는 평지이다. 하천의 유속이 빠른 A쪽은 상대적으로 유속이 느린 B쪽보다 침식 작용이 활발하여 수심이 더 깊다.

바로잡기 ㄷ. (다)는 (라)보다 해발 고도가 높기 때문에 범람에 의한 침수 가능성이 낮다.

219

지도는 춘천 침식 분지의 지질도이다. A는 침식 분지 주변 산지를 이루는 변성암, B는 침식 분지 중앙 저지대의 기반암인 화강암, C는 하천 주변에 형성된 충적층이다. 중앙 저지대의 화강암은 중생대 마그마가 관입하여 형성된 암석이다.

바로잡기 ① A는 변성암으로 주변 산지를 이룬다. 벼농사가 이루어지는 곳은 C인 충적층이다. ③ C는 하천의 범람으로 형성된 충적층이다. ④ A는 변성암, B는 화강암이다. 변성암은 화강암보다 풍화와 침식에 강하다. ⑤ 형성 시기를 오래된 순으로 배열하면 A → B → C 순이다.

220

A는 밀물 시에 바닷물에 잠기고 썰물 시에 수면 위로 드러나는 갯벌이다. B는 주로 해수욕장으로 이용되는 사빈이고, 그 배후에 해당하는 C는 해안 사구이다. 해안 사구는 사빈의 모래가 바람에 의해 육지 쪽으로 이동해 형성되는 퇴적 지형으로 북서풍의 영향을 크게 받는 서해안 지역에서 대규모로 발달한다. D는 원래 만입부였던 곳이 사주(E)의 발달로 바다와 격리되면서 형성된 석호이다.

바로잡기 ⑤ 해안 단구(F)는 해수면 변동이나 지반의 융기로 인해 파식대 또는 해안 및 해저의 퇴적면이 현재의 해수면보다 높은 곳에 위치하게 되면서 형성된 계단 모양의 지형이다. 따라서 이미 침식이 많이 이루어진 해안의 퇴적물이므로 단구면에서는 비교적 원마도가 큰 퇴적물이 발견된다.

221

(가) 사빈은 하천 또는 주변 암석 해안으로부터 공급되어 온 모래가 파랑이나 연안류의 퇴적 작용으로 형성되는데, 주로 해수욕장으로 이용된다. 사빈의 배후에는 모래가 바람에 날려 퇴적된 (나) 해안 사구가 형성되기도 하는데, 겨울철 북서풍의 영향을 많이 받는 서해안에서는 큰 규모의 해안 사구가 발달한다. 해안 사구는 다양한 동식물의 서식지가 되며, 파도나 해일 피해를 완화해 주는 역할을 한다. 그리고 (가) 사빈과 (나) 해안 사구는 파랑 에너지가 분산되는 만에서 잘 발달한다.

바로잡기 ㄹ. 사구 밑에는 모래에 의해 정수된 지하수가 고여 있다.

222

도시화가 진행되면 도시화 전보다 하천 유출량이 최고점에 이르는 시간이 짧고, 하천 수위도 높게 나타나 홍수 위험이 증가한다.

채점 기준	수준
도시화 이전과 도시화 이후의 하천 수위 변화 특징을 지표 피복과 관련지어 정확히 서술한 경우	상
도시화 이전과 도시화 이후의 하천 수위 변화 특징이나 지표 피복에 따른 변화를 파악하였으나 관련지어 서술하지 못한 경우	하

223

A는 백두산의 천지, B는 제주도의 기생 화산, C는 한탄강 주변의 용암 대지, D는 울릉도 나리 분지이다. 백두산의 천지는 화구가 함몰된 뒤 물이 고여 형성된 칼데라호이다. 제주도의 기생 화산은 한라산의 산록부에 용암과 화산 쇄설물의 분출로 생긴 작은 화산이다. 용암 대지는 열하 분출에 의해 현무암질 용암이 계곡이나 저지대를 메워 형성되었다. 울릉도는 거대 해저 화산의 정상부로, 대부분 조면암으로 구성된 종 모양의 화산섬이다.

바로잡기 ⑤ 용암 대지(C)는 유동성이 큰 용암, 울릉도의 나리 분지(D)는 유동성이 작은 용암으로 형성되었다.

224

(가) 용암동굴은 점성이 낮아 유동성이 큰 용암이 흘러내리면서 형성되는데, 용암이 냉각되는 과정에서 수축되면서 절리가 발달한다. (나)는 제주도 산방산으로, 점성이 매우 높은 조면암질 용암이 화구로부터 서서히 흘러나와 멀리 흐르지 못하고 굳어버려 종 모양의 용암돔을 형성하였다.

바로잡기 ㄴ. (다) 주상 절리는 용암이 식을 때 수직 균열이 발생하면서 형성된 지형이다. ㄷ. 열하 분출에 의해 형성되는 지형은 용암 대지이다.

225

지도는 석회암 지대이며 A는 돌리네이다. 땅속의 석회암이 빗물이나 지하수에 용식되면서 타원형으로 움푹 파인 와지가 형성되는데 이를 돌리네라고 한다.

바로잡기 ㄱ. 흑갈색의 간대토양은 현무암 풍화토이다. 석회암 풍화토는 붉은색의 간대토양이다. ㄴ. 분화구에 물이 고여 형성된 화구호는 화산 지역에서 볼 수 있다.

226

A는 기반암이 석회암인 곳, B는 돌리네, C는 울릉도의 알봉, D는 울릉도의 나리 분지이다. ② 카르스트 지형의 석회암 풍화토는 붉은색의 간대토양이다.

바로잡기 ① A의 기반암은 석회암이다. 석회암 지대에서는 밭농사가 주로 이루어진다. ③ A는 석회암으로 고생대 전기, D는 화산암으로 신생대에 형성되었다. 따라서 A는 D보다 기반암의 형성 시기가 이르다. ④ B는 석회암의 용식 작용, C는 화산 분화로 형성된 지형이다. ⑤ 나리 분지(D) 형성 이후 알봉(C)이 분출하였다. 따라서 D는 C보다 형성 시기가 이르다.

227

지도는 한탄강 주변에 형성된 용암 대지이다. A는 용암 분출 이전에 형성된 산지, B는 현무암질 용암에 의해 평탄해진 곳이다. 현무암질 용암이 계곡과 분지를 메워 형성된 용암 대지는 이후 하천의 침식 작용을 받은 곳이 깊은 협곡을 이루었다. 협곡이 발달한 한탄강 주변에는 주상 절리가 노출되어 있다.

바로잡기 ①, ② A는 용암 분출로 형성된 지형이 아니다. A는 용암 분출에도 메워지지 않은 곳으로 열하 분출 이전에 형성된 산지이다. ③ B는 점성이 작은 현무암질 용암이 분출하여 형성되었다. ④ 용암 대지에서는 기반암인 현무암 위에 퇴적층이 형성되고, 하천에서 물을 공급받을 수 있어 논농사가 이루어진다.

228

석회동굴은 지하수의 용식 작용에 의해 형성되고, 용암동굴은 용암의 냉각 속도 차이에 의해 형성된다.

채점 기준	수준
석회동굴의 형성 과정과 용암동굴의 형성 과정 모두 옳게 서술한 경우	상
석회동굴의 형성 과정과 용암동굴의 형성 과정 중 한 가지만 옳게 서술한 경우	하

Ⅲ 기후 환경과 인간 생활

06 우리나라의 기후 특성

분석 기출 문제

49~53쪽

[핵심 개념 문제]

229 기후 요소 230 대륙성 231 냉·온대
232 위도 233 해발 고도 234 ㉣ 235 ㉡ 236 ㉢ 237 ㉠
238 ○ 239 ○ 240 × 241 × 242 ㉠ 243 ㉠ 244 ㉡
245 ㉠

246 ① 247 ① 248 ⑤ 249 ④ 250 ③ 251 ① 252 ②
253 ① 254 ⑤ 255 ② 256 ③ 257 ⑤ 258 ④ 259 ⑤
260 ① 261 ③ 262 ④ 263 ②

1등급을 향한 서답형 문제

264 예시 답안 우리나라는 유라시아 대륙 동안에 위치하여 기온의 연교차가 큰 대륙성 기후가 나타나고 강수의 계절 차가 크다. 265 예시 답안 장마철에는 비가 자주 내려 일교차가 매우 작고, 습도가 매우 높다.

266 예시 답안 남쪽에서 북쪽으로 갈수록 대체로 기온이 낮아진다. 남북 간 기온 차이가 동서 간의 기온 차이보다 크다. 내륙 지역이 해안 지역보다 기온이 낮다 등

246

우리나라는 북반구의 중위도에 위치하여 계절의 변화가 비교적 뚜렷한 냉·온대 기후가 나타난다. 또한 유라시아 대륙의 동안에 위치하여 대륙 서안보다 기온의 연교차가 큰 대륙성 기후가 나타난다.

바로잡기 ㄷ. 우리나라는 삼면이 바다로 둘러싸인 반도국으로 대륙과 해양 양쪽 방향으로의 진출에 모두 유리한 특징이 나타난다. ㄹ. 국토가 남북 방향으로 길어 기온의 남북 차가 동서 차보다 크게 나타난다.

247

광주와 평양은 모두 내륙에 위치한 도시인데, 연평균 기온의 차이가 나타나는 것은 위도의 영향이다. 해안 지역에 위치한 강릉과 부산의 연교차 차이가 발생하는 것도 위도의 영향이다. 대동강 하류 지역은 저평한 평야 지역으로 지형성 강수를 유발하지 못하기 때문에 소우지를 이룬다. 영동 지방은 겨울철 북동 기류가 유입될 때 지형적인 영향으로 많은 양의 눈이 내리게 된다. 따라서 ㈎는 위도, ㈏는 지형에 의한 기후 특징이다.

248

우리나라는 30°~60° 사이의 편서풍대에 속해 있어 연중 서풍 계열의 바람이 우세하지만, 대륙 동안에 위치해 있어 계절풍의 영향을 더 많이 받는다. 따라서 대륙 서안보다 기온의 연교차가 큰 대륙성 기후가 나타난다. 계절풍은 대륙과 해양의 비열차에 의해 발생하며, 여름보다 겨울에 바람의 세기가 더 강해 겨울철 북서 계절풍이 여름보다 더 뚜렷하게 나타난다.

바로잡기 ⑤ 여름철에는 우리나라 주변에 남고북저형의 기압 배치가 나타나기 때문에 주로 남풍 계열의 계절풍이 불어온다.

249

㈎는 한반도에 장마 전선이 걸쳐져 있는 장마철, ㈏는 남고북저형의 기압 배치가 나타나는 한여름의 일기도이다. 장마 전선의 영향을 받으면 호우가 자주 발생하여 습도가 높고, 기온의 일교차가 작다. 장마 전선이 물러가고 북태평양 고기압의 영향을 받게 되면 한여름이 되어 고온 다습해지고 무더위가 찾아온다. 우리나라는 두 시기에 연 강수량의 절반 이상이 내린다.

바로잡기 ㄱ. 장마철은 습도가 높기 때문에 기온의 변화가 작아 일교차가 가장 작다. ㄷ. 장마철이 지나면서 한여름이 시작된다.

250

A는 시베리아 기단, B는 오호츠크해 기단, C는 북태평양 기단, D는 적도 기단이다. 늦봄에서 초여름 사이 오호츠크해 기단이 발달하면 북동풍이 태백산맥을 넘으면서 푄 현상에 의해 영서 지방에 높새바람이 분다. 장마가 끝난 후 북태평양 기단이 확장되면 한여름이 되어 무더위가 기승을 부리고, 열대야 현상이 나타나기도 한다.

바로잡기 ㄱ. 시베리아 기단이 영향을 미칠 때, 주로 서고동저형의 기압 배치가 나타난다. ㄹ. 적도 기단은 주로 여름철 태풍의 형성과 관련이 있으며, 태풍이 불 때는 폭풍우가 몰아치기도 한다.

251

제시된 그래프는 주로 겨울철에 나타나는 삼한 사온 현상을 나타낸다. 삼한 사온은 시베리아 기단의 주기적인 확장과 쇠퇴로 추운 날씨와 온화한 날씨가 반복되는 현상이다. 즉 지도에서 A 시베리아 기단의 주기적인 성쇠가 영향을 미친다.

252

제시된 일기도는 우리나라 주변에 서고동저형의 기압 배치가 나타나는 겨울철이다. 따라서 신문 기사의 제목으로는 '폭설로 울상 짓는 호남'이 가장 적절하다.

바로잡기 ①은 장마철, ③은 한여름, ④는 봄, ⑤는 가을에 어울리는 기사 제목이다.

253

㈎는 1월 평균 기온, ㈏는 8월 평균 기온을 나타낸 것이다. 1월 평균 기온의 경우 남북 간 차이가 약 22℃ 정도이지만, 8월 평균 기온에서는 약 10℃ 정도로, 겨울에 지역 간 기온 차이가 더 크게 나타난다. 내륙에 위치한 중강진은 해안에 위치한 청진에 비해 1월 평균 기온이 매우 낮기 때문에, 기온의 연교차에서 큰 차이를 보이므로 대륙성 기후의 성격이 더 강하다. 비슷한 위도에서는 동해안보다 서해안의 1월 평균 기온이 더 낮다.

바로잡기 ① 기온의 연교차는 고위도로 갈수록, 해안에서 내륙으로 갈수록 커지는 경향이 있다. 따라서 저위도의 섬 지역인 제주보다 서울의 기온의 연교차가 더 크다.

254

기온의 연교차는 최한월 평균 기온과 최난월 평균 기온의 차이를 의미한다. 제시된 그래프에서 기온의 연교차가 가장 큰 ㈏는 내륙에 위치한 도시(홍천)이며, 두 번째로 연교차가 큰 ㈎는 서해안(인천), 연교차가 가장 작은 ㈐는 동해안에 위치한 도시(강릉)이다. 연교차가

크게 나타날수록 대륙의 영향을 크게 받는 대륙성 기후의 특징이 나타난다고 할 수 있다.

바로잡기 ㄱ. 기온의 연교차는 (나)가 가장 크다. ㄴ. 8월 평균 기온은 (가)에서 가장 높게 나타나는데, (가)는 서해안에 위치한 도시이다.

255

A는 인천, B는 경기도 양평, C는 울릉도이다. B는 내륙에 위치하여 기온의 연교차가 가장 크며, 8월과 10월의 최고·최저 기온 평균 값의 격차가 가장 크다(ㄷ). 서해안에 위치한 A는 연교차가 두 번째로 크며, 연교차가 가장 작은 C에 비해 8월과 10월의 최고·최저 기온 평균값의 격차는 크게 나타난다. 따라서 A는 ㄱ, B는 ㄷ, C는 ㄴ이다.

256

A는 춘천, B는 대관령, C는 울릉도이다. 연 강수량은 남서 기류가 불 때 지형성 강수가 발생하는 대관령이 가장 많고, 바다의 영향을 많이 받는 울릉도가 춘천보다 강수량이 많으므로 춘천이 가장 적다. 겨울 강수량은 강설량이 많은 울릉도가 가장 많고, 춘천이 가장 적다. 여름 강수 집중률은 춘천이 가장 높고, 울릉도가 가장 낮다. 최난월 평균 기온은 내륙에 위치한 춘천이 가장 높고, 해발 고도가 높은 대관령이 가장 낮다.

바로잡기 ③ 기온의 연교차는 대체로 최한월 평균 기온이 낮은 곳일수록 크게 나타나는데, 대관령의 경우 최한월 평균 기온이 매우 낮지만 최난월 평균 기온도 낮기 때문에 춘천에 비해 연교차가 작다. 따라서 기온의 연교차는 춘천이 가장 크고, 울릉도가 가장 작다.

257

지도는 매년 50일 이상 발생하고 있는 기후 지표이다. 호남과 영남의 내륙 지방에서 수치가 높고, 해발 고도가 높거나 바다의 영향을 많이 받는 강원도 일부 지역에서는 비교적 수치가 낮다. 중부 지방보다는 남부의 내륙 지방에서 발생 빈도가 높은 것으로 보아 여름철의 더위와 관련된다. 따라서 ⑤번이 이에 부합한다.

바로잡기 ① 강원 동해안, 울릉도 등에서 높게 나타나야 하는 지표이다. ②, ③ 남부 지방보다는 중부 내륙 지방에서 높게 나타나야 하는 지표이다. ④ 영남 내륙과 같은 소우지보다는 다우지에서 높게 나타나야 하는 지표이다.

258

(가)는 북동 기류에 의한 지형성 강설이 발생하는 지역으로 영동 지방에 대한 설명이다. (나)는 북서 계절풍이 황해를 지나면서 습기를 공급받아 대설 현상이 나타나는 서해안 및 소백산맥 서사면에 대한 설명이다. 따라서 (가)는 B, (나)는 C와 연결지을 수 있다.

259

지도의 A는 신의주, B는 청진, C는 인천, D는 강릉, E는 무안이다. A~E 중 기온의 연교차가 가장 큰 곳은 위도가 높고 대륙의 영향을 크게 받는 A이다. 연 강수량이 가장 적은 곳은 한류의 영향을 받는 B이다. C, D 지역 중 1월 평균 기온이 더 낮은 곳은 서해안에 위치한 C이다. D는 태백산맥과 동해의 영향으로 C보다 겨울철에 기온이 높게 나타난다. A, C, E 중 겨울 강수량이 가장 많은 곳은 북서 계절풍이 바다를 지나면서 수분을 공급받아 대설 현상이 나타나는 E 지역이다. 따라서 학생의 점수는 4점이다.

260

지도에서 A는 관북 해안 일대, B는 대동강 하류, C는 영동 지방, D는 남해안 일대이다. A는 한류의 영향을 받아 강수량이 적은 곳이다. B는 고도가 낮고 평탄한 지형으로 상승 기류의 발달이 어려워 강수량이 적다. C는 북동 기류의 영향으로 겨울철에 많은 눈이 내린다. D는 여름 계절풍의 영향이 크고, 태풍 및 장마 등이 먼저 시작되는 곳으로 우리나라의 대표적인 다우지이다. A, B는 소우지이지만, C가 다설지이므로 하계 강수 집중률은 A, B가 높다.

바로잡기 ① 연 강수량은 남해안 일대인 D가 가장 많고, A가 가장 적다.

261

지도에서 제주(C)와 울릉도(B)는 바다의 영향을 많이 받아 강수량이 많고, 춘천(A)이 가장 적다. 여름 강수 집중률은 내륙에 위치한 춘천(A)이 가장 높고, 울릉도(B)가 가장 낮다. 따라서 답은 ③번이다.

262

(가)는 북풍 계열의 풍향 비중이 높은 것으로 보아 1월이고, (나)는 남풍 계열의 풍향 비중이 높은 것으로 보아 7월임을 알 수 있다. 대기 중 습도는 해양성 기단의 영향을 받는 여름철에 더 높게 나타난다. 난방은 기온이 낮은 1월에 주로 필요하고, 냉방은 기온이 높은 7월에 주로 필요하다.

바로잡기 ㄴ. 남고북저형 기압 배치는 주로 여름철(7월)인 (나) 시기에 나타난다.

263

그림은 푄 현상을 나타낸 것이다. 습윤한 공기가 산을 넘으면서 바람받이 사면에 부딪혀 지형성 강수가 발생하고, 산을 넘어 바람그늘 사면을 지나면서 고온 건조한 성질로 바뀐다.

바로잡기 ② 기온 역전 현상은 하층부의 공기가 상층부의 공기보다 기온이 낮아 안정된 상태를 이루는 것으로, 푄 현상과는 관련이 적다.

264

우리나라는 유라시아 대륙 동안에 위치하여 대륙 서안에 비해 연교차가 큰 대륙성 기후가 나타나고, 강수의 계절 변화가 크다.

채점 기준	수준
대륙 동안에 위치하여 대륙성 기후가 나타남을 연교차와 강수량 등을 포함하여 바르게 서술한 경우	상
연교차와 강수량 등을 포함하여 대륙성 기후의 특징을 서술하였으나 내용이 미흡한 경우	중
대륙 동안에 위치하여 대륙성 기후가 나타난다고만 서술한 경우	하

265

우리나라는 여름철 고온 다습한 북태평양 기단과 냉량 습윤한 오호츠크해 기단이 만나 장마 전선이 형성되면서 영향을 받는 경우가 많다. 장마철이 되면 장기간에 걸쳐 강수 현상이 지속되는데, 이 시기에는 일교차가 매우 작고, 습도가 매우 높게 나타난다.

채점 기준	수준
장마철의 기후 특징을 일교차 및 습도와 관련지어 서술한 경우	상
장마철의 기후 특징을 일교차와 습도 중 한 가지만 바르게 서술한 경우	하

266

우리나라는 국토가 남북으로 길어서 남북 간의 기온 차가 큰데, 위도의 영향으로 남쪽에서 북쪽으로 갈수록 기온이 낮아진다.

채점 기준	수준
남북 간의 기온 차, 내륙과 해안 지역 간의 차이 등에 관해 바르게 서술한 경우	상
남북 간의 기온 차, 내륙과 해안 지역 간의 차이 등에 관해 서술하였으나 내용이 미흡한 경우	중
남북 간의 기온 차, 내륙과 해안 지역 간의 차이 등의 내용 중 한 가지 사실만 바르게 서술한 경우	하

적중 1등급 문제

54~55 쪽

267 ② 268 ④ 269 ① 270 ① 271 ③
272 ⑤ 273 ⑤ 274 ③

267 위도가 비슷한 네 지역의 기후 특징 파악하기

1등급 자료 분석 지역별 기후 특징

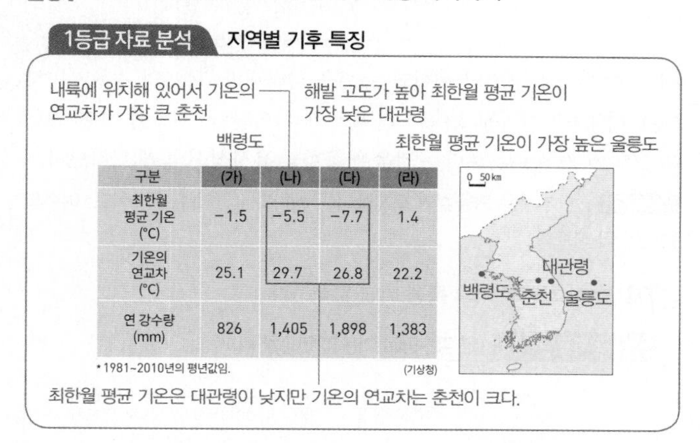

구분	(가)	(나)	(다)	(라)
최한월 평균 기온 (℃)	-1.5	-5.5	-7.7	1.4
기온의 연교차 (℃)	25.1	29.7	26.8	22.2
연 강수량 (mm)	826	1,405	1,898	1,383

* 1981~2010년의 평년값임. (기상청)

최한월 평균 기온은 대관령이 낮지만 기온의 연교차는 춘천이 크다.

(가)는 백령도, (나)는 춘천, (다)는 대관령, (라)는 울릉도이다. 춘천은 한강의 중·상류에 위치한 지역으로 지형성 강수가 내리는 다우지이다. 따라서 춘천은 여름 강수량이 백령도에 비해 많다.

바로잡기 ① 최난월 평균 기온은 연교차에 최한월 평균 기온을 더한 값이다. (가)는 23.6℃, (나)는 24.2℃이다. ③ 춘천과 대관령은 위도가 비슷하지만 최한월 평균 기온의 차이가 크다. 이는 대관령의 해발 고도가 춘천보다 높기 때문이다. ④ 겨울 강수의 비중이 높은 울릉도가 겨울 강수량도 많다. ⑤ 바다의 영향을 많이 받는 울릉도는 춘천에 비해 연평균 기온이 높다.

268 경도가 비슷한 세 지역의 기후 특징 파악하기

1등급 자료 분석 지역별 기후 특징

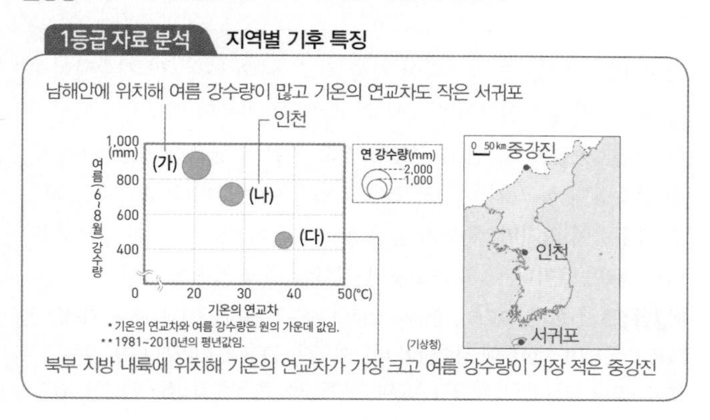

* 기온의 연교차와 여름 강수량은 원의 가운데 값임.
** 1981~2010년의 평년값임. (기상청)

북부 지방 내륙에 위치해 기온의 연교차가 가장 크고 여름 강수량이 가장 적은 중강진

지도에서 위도가 가장 높은 지역은 중강진이고 남쪽으로 내려오면서 차례대로 인천, 서귀포이다. 그래프에서 기온의 연교차가 가장 크고 여름 강수량이 가장 적은 (다)가 중강진이고 기온의 연교차가 가장 작고 여름 강수량이 가장 많은 (가)가 서귀포이다. (나)는 인천이다. 겨울 강수량은 서귀포가 가장 많고 중강진이 가장 적다.

바로잡기 ㄱ. 여름 강수 집중률은 강수량이 적은 (다)가 높다. ㄷ. 저위도 지역은 고위도 지역보다 태풍과 장마의 영향을 많이 받는다.

269 지역별 기후 특징 파악하기

1등급 자료 분석 지역별 기후 특징

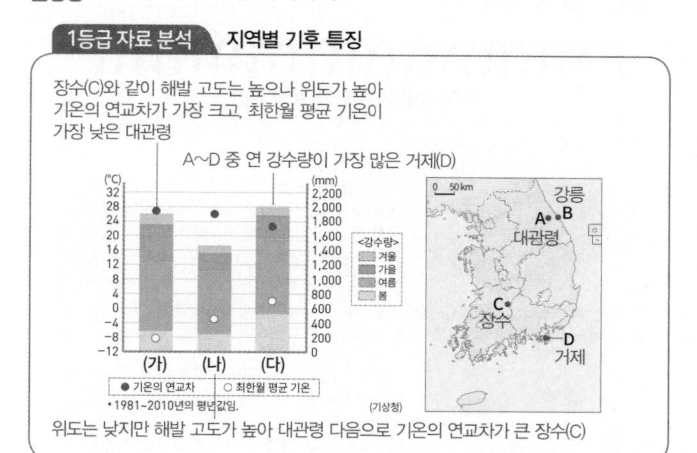

* 1981~2010년의 평년값임. (기상청)

위도는 낮지만 해발 고도가 높아 대관령 다음으로 기온의 연교차가 큰 장수(C)

지도에서 A는 대관령, B는 강릉, C는 장수, D는 거제이다. 그래프에서 기온의 연교차가 가장 크고 강수량이 1,900mm 정도인 (가)는 대관령이다. (나)는 연교차가 크지만 강수량은 대관령보다 상대적으로 적은 장수이다. (다)는 연 강수량이 가장 많고, 기온의 연교차가 작은 거제이다. 그래프를 보면 여름철 강수량은 세 지역 모두 비슷하지만 연 강수량이 (가)와 (다)가 많다. 따라서 (나)에 해당하는 장수는 대관령과 거제에 비해 여름 강수 집중률이 높다.

바로잡기 ㄷ. 장수는 소백산맥에 속하는 지역으로 무주, 진안과 더불어 해발 고도가 높은 고원 지역이다. ㄹ. 겨울철 기온이 상대적으로 높은 강릉이나 거제 등은 겨울 강수가 강우의 형태인 경우가 많다.

270 계절별 기온 분포의 특징 파악하기

1등급 자료 분석 1월과 8월의 기온 분포

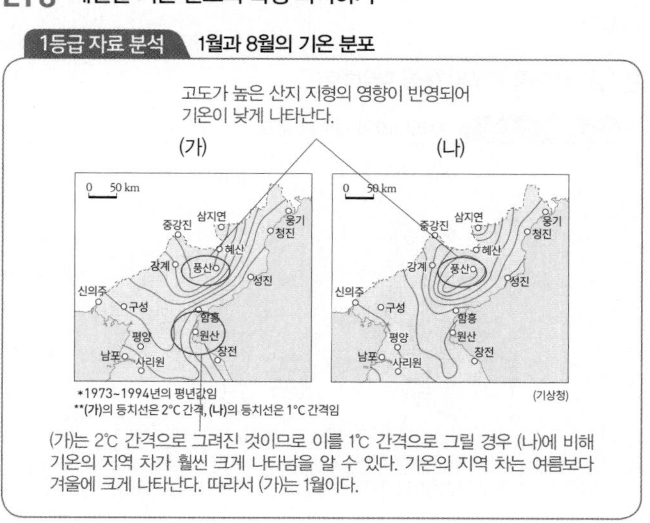

*1973~1994년의 평년값임
**(가)의 등치선은 2℃ 간격, (나)의 등치선은 1℃ 간격임 (기상청)

(가)는 2℃ 간격으로 그려진 것이므로 이를 1℃ 간격으로 그릴 경우 (나)에 비해 기온의 지역 차가 훨씬 크게 나타남을 알 수 있다. 기온의 지역 차는 여름보다 겨울에 크게 나타난다. 따라서 (가)는 1월이다.

(가)는 2℃ 간격의 등온선이고, (나)는 1℃ 간격의 등온선이므로 실제로는 (가)가 (나)보다 기온의 지역 차가 더 크게 나타나고 있다. 기온의 지역

차는 여름보다 겨울에 크게 나타나므로 (가)는 1월, (나)는 8월의 등치선도에 해당한다. 강수량은 1월보다 8월에 많고, 겨울에는 서고동저형의 기압 배치가 자주 나타난다.

바로잡기 ㄷ. 기온 분포의 지역 차는 여름보다 겨울에 크게 나타난다. ㄹ. 남풍 계열의 계절풍은 주로 여름에 나타나고, 북풍 계열의 계절풍은 주로 겨울에 나타난다.

271 바람의 특징 파악하기

1등급 자료 분석 바람의 유형

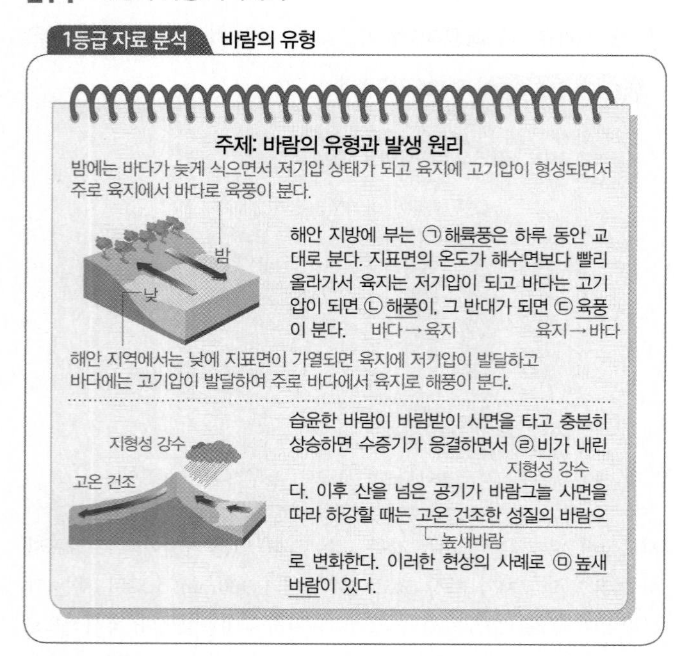

해풍과 육풍은 육지와 바다의 비열 차에 의해서 발생하는데, 해풍은 낮에 불고 육풍은 밤에 분다. 바람이 산지를 타고 올라가면서 지형성 강수를 내리는데, 산지를 넘어가면 고온건조한 성질의 바람으로 변한다. 높새바람은 북동풍으로 이 바람이 불면 영동 지방보다 영서 지방의 기온이 높아지게 된다.

바로잡기 ③ 일반적으로 육풍보다는 해풍의 세기가 더 세다. 낮에는 육지가 가열되면서 저기압이 생겨 바다에 있는 고기압과의 기압차가 크지만 밤에는 바다가 덜 냉각되면서 발생하는 저기압이므로 육지의 고기압과의 기압차가 크지 않다.

272 강수량 분포의 특징 파악하기

1등급 자료 분석 우리나라의 강수량 분포

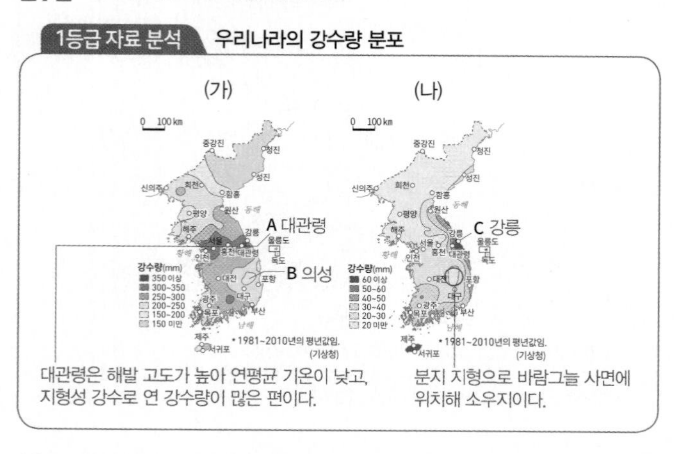

(가)는 8월, (나)는 1월의 강수량 분포이다. A는 대관령, B는 경북 의성, C는 강릉이다. 대관령은 다우지로 연 강수량과 겨울 강수량 모두 강릉보다 많다. 겨울 평균 기온이 낮은 지역일수록 기온의 연교차가 크므로 강릉이 인천보다 연교차가 작다.

바로잡기 ㄱ. 대관령은 남서 기류가 불 때 지형성 강수가 발생하여 강수량이 많다. 강한 일사에 의한 상승 기류 발생은 대류성 강수에 해당된다. ㄴ. B는 주변이 산지로 둘러싸인 분지로 바람그늘 사면에 해당하여 강수량이 적다.

273 지역별 바람의 특징 파악하기

1등급 자료 분석 지역별 바람의 특징

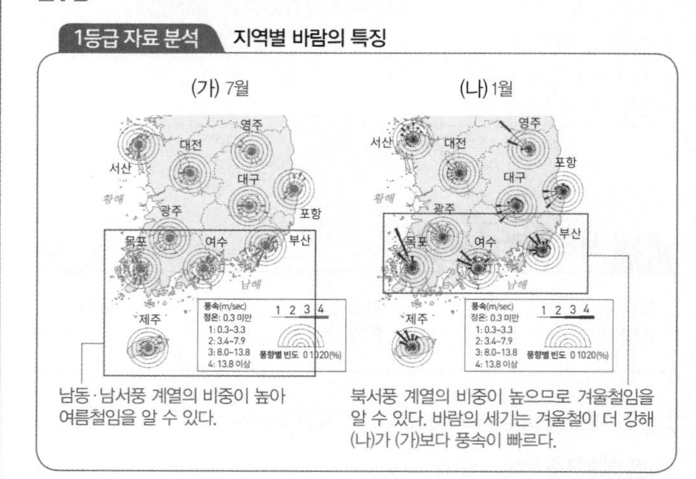

(가)는 7월, (나)는 1월의 풍향과 풍속을 나타낸다. 목포의 경우 (가) 시기에 비해 (나) 시기에 풍속이 더 빠르게 나타난다. 지도를 보면 대구와 포항의 경우 여름보다는 겨울에 풍향의 유사성이 높게 나타난다.

바로잡기 ㄱ. 부산은 겨울철에 북서풍이 우세하다. ㄴ. 제주보다 목포, 여수의 풍속이 더 빠르다.

274 여러 지역의 기후 특성 비교 분석하기

1등급 자료 분석 연 강수량과 기온의 연교차 비교

(다)와 (라)의 경우 연 강수량은 큰 차이가 없지만, 기온의 연교차의 차이가 크다.

A, B는 C, D에 비해 연 강수량이 많은 지역이며, (다), (라) 중 연교차가 큰 (다)가 A, (라)가 B이다.

연 강수량 / 기온의 연교차

•1981~2010년의 평년값임. (기상청)

(가)는 (나)보다 연 강수량이 적지만, 연교차는 높다. 전국 평균 강수량을 고려할 때, (가)와 (나)는 소우지에 속하는 지역이다.

영남 내륙 지역은 우리나라의 대표적인 소우지로, (가)는 C, (나)는 D이다.

(가)는 네 지점 중 연 강수량이 가장 적고, (다)와 (라)는 연 강수량이 많다. (나)는 기온의 연교차가 가장 작고, (다)는 기온의 연교차가 가장 크다. 이를 종합할 때 연 강수량이 적고 기온의 연교차가 큰 (가)는 C, 연 강수량이 적고 기온의 연교차도 작은 (나)는 D이다. A와 B는 모두 연 강수량이 많지만, 위도가 높은 A가 기온의 연교차가 더 크므로 (다)이고, (라)는 B이다. ③ C는 B보다 최한월 평균 기온이 높다.

바로잡기 ① (다)는 A이다. ② A는 C보다 위도가 높다. ④ D의 호남 지역은 강설을 비롯하여 겨울철에 강수량이 비교적 많은 편이다. 따라서 여름 강수 집중률이 A보다 높지 않다. ⑤ B가 A보다 저위도이므로 최한월 평균 기온이 높다.

07 기후와 주민 생활

분석 기출 문제 57~60쪽

[핵심 개념 문제]

275 여름 276 염장 277 우데기 278 천일제염업
279 기온 역전 280 ㉠ 281 ㉢ 282 ㉡ 283 ㉠
284 ㉠, ㉢ 285 ㉠ 286 ㉠, ㉡ 287 ○ 288 × 289 ×

290 ④ 291 ① 292 ⑤ 293 ③ 294 ② 295 ④ 296 ②
297 ① 298 ④ 299 ④ 300 ④ 301 ② 302 ⑤

1등급을 향한 서답형 문제

303 예시 답안 남부 지방은 겨울이 온화한 편으로 김치가 쉽게 시어지기 때문에 (가)와 같이 맵고 짜게 담갔으며, 북부 지방은 겨울이 추워 김치를 (나)와 같이 싱겁고 담백하게 담갔다. **304** 예시 답안 ㉠ 여름 계절풍은 고온 다습하여 벼농사에 유리한 조건이 되었다. ㉡ 겨울 계절풍은 한랭하여 이를 피하면서 햇볕을 많이 받을 수 있는 곳에 마을이 입지하였다. **305** 예시 답안 ㉠ 눈이 많이 내리기, ㉡ 강수량이 적고 일조 시간이 길기

290

여름에는 고온 다습한 기후 환경에서 잘 자라는 벼농사가 발달하였고, 음식이 상하는 것을 방지하는 염장 식품이 발달하였다. 그리고 통풍이 잘 되고 지면으로부터 습기를 보호하기 위해 대청마루가 발달하였다. 겨울이 춥고 긴 북부 지방은 방을 두 줄로 배치하는 폐쇄적인 가옥 구조가 나타난다.

바로잡기 ④ 김장은 보통 겨울이 오기 직전에 하므로 겨울이 빨리 시작하는 북쪽으로 갈수록 김장 시기는 빨라진다.

291

(가)는 대청마루가 있어 개방적인 형태를 갖는 남부형 가옥 구조이고, (나)는 겹집 구조를 갖는 관북형 가옥 구조이다. 기온의 연교차는 고위도로 갈수록 커지므로 (가)가 나타나는 지역이 (나)가 나타나는 지역보다 기온의 연교차가 작다. 저위도 지역은 고위도 지역에 비해 여름이 길고 더 무덥기 때문에 개방적인 형태의 가옥 구조가 나타난다.

바로잡기 병. 무상 일수는 저위도 지역에서 더 길게 나타난다. 정. 겨울 강수량은 관북 지방보다 저위도 지역이 더 많다.

292

A 지역은 관북 지방, B 지역은 제주도이다. 관북 지방은 겨울철 기온이 낮아 가옥의 구조가 폐쇄적이고, 실내 공간으로 난방이 가능한 정주간이 설치되어 있다. 제주도는 남부 지방에 위치하여 온난한 기후가 나타나 여름철 더위에 대비하기 위해 가옥이 개방적이고, 곡식 및 식량 저장 창고인 고팡이 설치되어 있다. 관북 지방은 제주도에 비해 기온의 연교차, 결빙 일수, 서리 일수가 크고, 제주도는 관북 지방에 비해 최한월 평균 기온, 무상 일수, 열대야 일수가 높다.

293

(가)는 田자형의 겹집 구조인 관북형, (나)는 방설벽인 우데기를 설치한 울릉도의 전통 가옥 구조이다. 관북 지방은 겨울철 기온이 낮기 때문에 폐쇄적인 가옥 구조가 나타난다. 울릉도에서는 겨울철에 내리는 많은 강설량 때문에 전통적으로 가옥에 우데기를 설치하였다.

294

(가)는 울릉도, (나)는 제주도의 전통 가옥이다. 울릉도는 겨울철 많은 눈에 대비하기 위해 우데기를 설치하였고, 제주도는 강한 바람에 대비하기 위해 돌담을 쌓고 지붕의 경사를 낮게 하고 그물처럼 엮었다. 제주도는 겨울이 온화해 온돌과 같은 난방 시설이 없다.

바로잡기 ㄴ. 흙이나 돌로 땅을 돋운 후 지은 집은 터돋움집으로, 홍수가 자주 발생하는 지역에서 홍수 피해를 줄이기 위한 것이다. ㄹ. 제주도의 그물 지붕과 돌담 등에 가장 큰 영향을 준 기후 요소는 강한 바람이다. 겨울철 강수량은 울릉도의 우데기 설치에 영향을 주었다.

295

관북 지방에서 전(田)자형 가옥 구조가 나타나는 것은 추운 겨울을 대비하기 위한 것이다. 따라서 (가)에는 기후 요소 중 기온이 들어가야 한다. 관북 지방은 겨울이 길고 기온이 낮기 때문에 이에 대비하기 위해 대들보 아래에 방을 복렬로 배치하는 겹집 구조가 나타난다. 이는 열의 손실을 줄이기 위한 방안인데, 방을 1열로 배치하는 것보다 효율적이다. 정주간을 두는 것도 같은 이유이다. 제주도에서 새끼줄로 지붕을 엮고 집 둘레에 돌담을 치는 것은 바람에 대비하기 위한 것이다. 따라서 (나)에는 기후 요소 중 바람이 들어가야 한다. 제주도의 가옥은 관북 지방의 가옥에 비해 개방적이다.

바로잡기 ㄱ. (가)에는 '기온', (나)에는 '바람'이 들어가야 한다. ㄷ. 제주도의 전통 가옥에서는 취사용 아궁이와 구들을 따로 만들어 사용하는 것이 일반적이었다. 이는 제주도의 경우 겨울철 기온이 상대적으로 높아 난방의 필요성이 작았기 때문이다. 하지만 기온이 낮을 때에는 취사용 아궁이와 별도로 만들어진 시설을 이용하여 방에 난방을 하였다.

296

지도에 표시된 지역은 우리나라의 대표적인 소우지에 해당한다. 대동강 하류 지역은 지형이 평탄하여 상승 기류가 발달하기 어려워 강수량이 적고 일조 시수가 길어 천일 제염업이 발달하였다. 영남 내륙 분지는 주변이 산지로 둘러싸인 분지 지형으로 강수량이 적고 일조량이 풍부하여 사과 재배가 활발하다. ③ 최심 적설량은 눈이 가장 많이 쌓였을 때 측정한 눈의 양이다.

297

(가)는 북풍 계열의 비중이 높은 1월의 계절풍이고, (나)는 남풍 계열의 비중이 높은 8월의 계절풍이다. 겨울 계절풍은 대륙의 영향을 받아 해양의 영향을 받는 여름 계절풍보다 건조하다. 우리나라는 연 강수량 중 거의 절반에 해당하는 강수가 주로 여름철에 내리며, 벼농사를 비롯한 많은 농업이 이루어진다. 그리고 겨울 계절풍에 대비하기 위하여 폐쇄적인 가옥 구조가 나타나기도 한다.

바로잡기 ① 겨울철에는 냉방이 아닌 난방이 필요하다.

298

도시 열섬 현상은 도심 기온이 주변의 교외 지역보다 높게 나타나는 현상이다. 도시는 인공 열 방출이 많고 아스팔트와 콘크리트 등으로 덮여 있어 낮 동안에 태양 복사열을 많이 흡수해 기온이 쉽게 올라가고 밤에는 기온이 천천히 내려가 교외 지역보다 기온이 높게 나타난

다. 도시 열섬 현상은 바람이 약하고 맑은 날에, 낮보다는 새벽에 뚜렷하게 나타난다.

바로잡기 ④ 도시 열섬 현상이 나타나는 곳은 주변 지역에 비해 기온이 높아 상대 습도와 평균 풍속 감소, 기온과 강수량, 운량 증가의 경향이 나타난다.

299

그림은 기온 역전 현상을 보여 준다. 기온 역전 현상은 일교차가 크고 맑은 날 새벽에 지표면이 냉각되어 찬 공기가 아래 쪽에 깔려 안정적인 대기 상태를 이룬다. 이로 인해 안개 및 서리가 발생할 수 있으며, 일조량이 감소하여 교통 사고의 발생률이 증가하기도 한다. 또한 농작물의 냉해 및 상해가 발생하기도 하는데, 이를 해결하기 위해 인위적으로 바람개비를 설치하기도 한다.

바로잡기 ㄱ. 맑고 바람이 없는 날 야간에 자주 발생한다. ㄷ. 대기가 안정적인 상태이므로 오염 물질이 낮은 곳에 정체하여 스모그 등이 발생하면서 교통 사고의 발생률이 증가하기도 한다.

300

제시된 자료는 서고동저형의 기압 배치가 나타나는 겨울의 일기도이다. 겨울에는 많은 눈이 내려 시설물이 붕괴되는 등의 피해를 입을 수도 있으므로 이에 대비할 필요가 있다.

바로잡기 ①은 봄철, ②와 ③은 여름철, ⑤는 늦봄~초여름과 관련된다.

301

㉠은 여름철, ㉡의 겨울철과 관련된 경제 활동 모습이다. 대관령 일대에서는 여름에도 해발 고도가 높아 기온이 서늘하여 고랭지 채소 재배가 활발하다. 한편 우리나라는 여름보다 겨울에 기온의 지역 차가 크게 나타난다.

바로잡기 ㄴ. 잦은 집중 호우로 습도가 높은 시기는 장마철이다. ㄹ. ㉠은 해양성 기단, ㉡은 대륙성 기단의 영향을 받는다.

302

장마 전선이 머물면 비가 많이 내려 우산과 장화, 제습제 등의 판매가 증가한다. 장마 전선이 북상하고 북태평양 기단의 영향을 받게 되면 무더위가 나타나 아이스크림, 아이스커피 등의 판매가 늘어난다.

303

(가)는 상대적으로 맵고 짜게 담그는 남부 지방의 김치, (나)는 싱겁고 고춧가루를 적게 사용하는 북부 지방의 김치이다.

채점 기준	수준
김치의 맛을 기온 특성과 관련하여 모두 바르게 서술한 경우	상
김치의 맛을 기온과 관련하여 서술하였으나 내용이 미흡한 경우	하

304

고온 다습한 여름 계절풍의 영향으로 벼농사가 발달하였으며, 한랭한 겨울 계절풍을 피하기 위해 배산임수 취락을 선호하였다.

채점 기준	수준
여름 계절풍과 겨울 계절풍을 구체적으로 서술한 경우	상
여름 계절풍과 겨울 계절풍의 특성과 관련지어 서술하였으나 내용이 미흡한 경우	하

305

울릉도는 우리나라에서 강설량이 가장 많은 지역이며, 경북 내륙 지방은 풍부한 일조 시수를 이용해 과수를 재배한다.

채점 기준	수준
울릉도와 경북 내륙 지방의 기후 조건을 모두 서술한 경우	상
울릉도와 경북 내륙 지방의 기후 조건 중 한 가지만 서술한 경우	하

적중 1등급 문제

61쪽

306 ⑤ 307 ④ 308 ① 309 ⑤

306 기후와 관련된 주민 생활 파악하기

1등급 자료 분석 기후와 주민 생활

비가 많이 내리는 지역에서는 일찍이 ㉠ 저수지나 보를 만들었으며, 오늘날 ㉡ 다목적 댐을 만들어 홍수와 가뭄에 대비하고 있다. 강수가 적은 지역은 긴 일조 시수를 이용하여 ㉢ 천일제염업이나 사과 재배가 이루어진다. 바람의 영향을 많이 받는 제주도에서는 ㉣ 지붕 경사를 완만히 하고 그물망을 엮어 강풍에 대비하였고, 호남 해안 지역에서는 ㉤ 터돋움집을 지어서 강풍과 대설에 대비하였다.

- ㉠ 주변 농경지에 물을 공급하기 위해 물을 막아 저장하였다.
- ㉡ 홍수 조절, 전력 생산 등을 목적으로 건설되었다.
- ㉢ 소금을 채취하고 과일의 당도를 올리기 위해서는 일조량이 풍부해야 한다.
- ㉣ 제주도에서는 강한 바람을 막기 위해서 지붕을 그물망으로 엮고 집의 입구에 돌담으로 쌓은 곡선 형태의 올레를 두었다.

홍수가 자주 발생하는 지역에서는 집을 땅 위에 바로 짓지 않고 흙이나 돌로 땅을 돋운 후 집을 지었는데, 이러한 집을 터돋움집이라고 한다. 터돋움집은 홍수에 대비한 주민 생활 모습이다.

307 국지 기후의 특징 파악하기

1등급 자료 분석 국지 기후의 특징

주제 : 우리나라의 국지 기후

- ㉠ 기온 역전 현상 : 분지에서는 복사 냉각이 활발하게 일어날 경우, 지표면이 식으면서 하층의 기온이 급격히 낮아지고 상층으로 갈수록 기온이 높아진다. ㉡ 기온 역전층이 형성되면 차가운 공기가 축적되어 저온에 따른 농작물 피해가 나타나기도 한다.
  - 일반적으로 고도가 높아질수록 기온이 낮아지지만 역전 현상이 생기면 저층의 기온이 더 낮은 것이 특징이다.
- 도시 기후 : 도시 지역에서는 빗물이 땅속으로 제대로 흡수되지 못하고 대부분 지표로 유출되며, ㉢ 포장된 지표 면적이 넓어 주변 농촌에 비해 도시 내부의 기온이 많이 상승한다. 최근에는 ㉣ 도시 지역의 기후 환경을 개선하기 위한 노력이 이루어지고 있다.
  - ㉢ 도시의 벽돌, 콘크리트, 아스팔트 등
  - ㉣ 하천의 복원, 건물 옥상 녹화 사업 등

태양 복사 에너지에 의해 가열된 지면은 적외선 형태로 지구 복사 에너지를 방출하는데, 높이 올라갈수록 도달하는 지구 복사 에너지가 감소하여 해발 고도가 높아짐에 따라 기온이 하강한다. 기온 역전 현상이 나타나게 되면 찬 공기가 분지 바닥으로 깔리면서 분지 바닥에 있는 농작물이 냉해를 입을 수 있다. 기온 역전 현상은 지표면의 냉각이 이루어져야 발생하므로 밤에 주로 나타나는 현상이다. 도시 지역의 기후 환경을 개선하기 위해 하천의 복원, 옥상 녹화 사업 등을 시행하고 있는데, 이를 통해 도시 지역의 기온을 낮추고 상대 습도를 높이는 효과를 얻을 수 있다.

바로잡기 ㄷ. 도시에서 지표면의 포장 면적이 늘어나게 되면 빗물이 땅으로 스며들지 못하고 하천으로 유입되는 양이 늘어나게 된다. 이로 인해 하천의 유량이 급격하게 늘어나 홍수 피해를 입을 수도 있다.

308 무상 기간의 기후 특성 이해하기

1등급 자료 분석 마지막 서리일과 첫 서리일

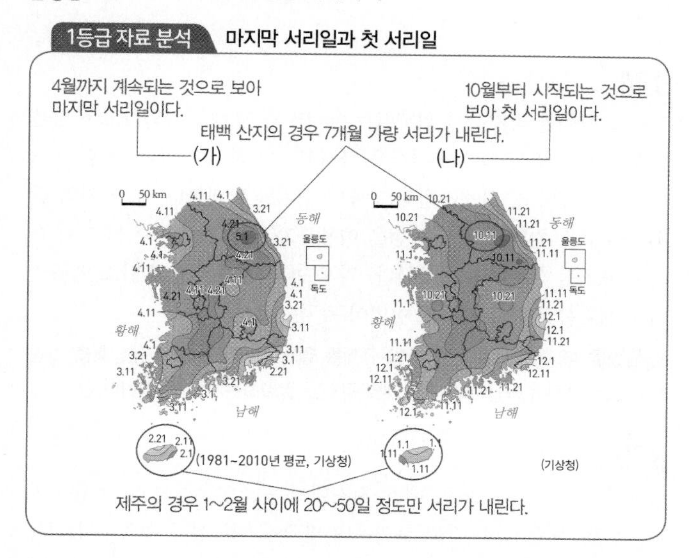

(가)는 마지막 서리일이고, (나)는 첫 서리일이다. 따라서 발문에서 묻고 있는 '(가)에서 (나)까지의 기간'은 무상 기간에 해당한다. 서리가 내리지 않는 무상 기간은 기온이 높은 기간으로, 작물 재배 가능 기간과 대체로 일치한다. 무상 기간에는 여름철이 포함되기 때문에 강수량이 많고, 해양성 기단의 영향을 받는다. 동위도에서는 겨울이 따뜻한 동해안이 서해안보다 무상 기간이 길다.

바로잡기 ① 고위도로 갈수록 무상 기간은 짧아진다.

309 지역별 기후 특성과 가옥 구조 비교하기

1등급 자료 분석 남부형 가옥 구조와 관북형 가옥 구조

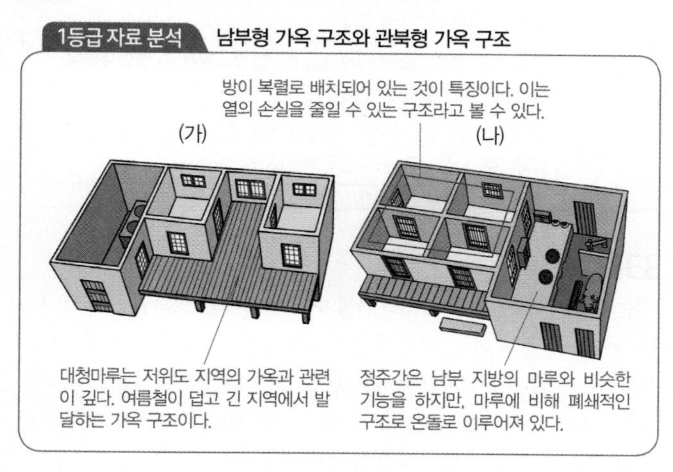

(가)는 대청마루가 있는 남부 지방의 가옥 구조, (나)는 정주간이 있는 관북 지방의 가옥 구조이다. A, C에는 남부 지방에서 수치가 높은 최한월 평균 기온, 연 강수량, 무상 일수 등이 들어갈 수 있다. B에는 북부 지방에서 수치가 높은 기온의 연교차, 대륙도, 서리 일수 등이 들어갈 수 있다.

08 자연재해와 기후 변화

분석 기출 문제

63~66쪽

[핵심 개념 문제]

310 ⓒ **311** ⓛ **312** ⓔ **313** ㉠ **314** 태풍 **315** 홍수 **316** 온실가스 **317** 간대토양 **318** ㉠ **319** ⓛ, ㉠ **320** ⓛ, ⓒ **321** ㉠, ⓒ **322** × **323** × **324** ○

325 ① **326** ② **327** ⑤ **328** ④ **329** ④ **330** ⑤ **331** ① **332** ④ **333** ⑤ **334** ③ **335** ⑤ **336** ④

1등급을 향한 서답형 문제

337 홍수와 가뭄 **338** 예시 답안 조림 사업을 통해 녹색 숲을 조성하고, 저수지나 다목적 댐을 건설한다. **339** 예시 답안 기후 변화에 따라 한반도의 기온이 상승했기 때문이다. **340** 예시 답안 봄꽃의 개화 시기가 빨라지고, 고산 식물의 분포 범위가 축소된다. 또한 집중 호우가 잦아지고, 열대야 일수가 증가한다.

325

(가)는 가뭄, (나)는 홍수에 대한 내용이다. 가뭄은 광범위한 지역에 피해를 주고 산불과 같은 2차적인 재해로 연결될 가능성도 크다. 여름철에 주로 발생하는 재해 중 지표 상태와 배수 관리 체계 등의 영향을 받는 것은 홍수이다.

326

제시된 글은 강원도 영동 지방에 폭설이 내리는 상황을 보여 주는 것이다. 다습한 북동 기류가 동해를 지나면서 수증기를 공급받은 상태에서 태백산맥에 부딪히게 되면 지형적인 요인에 의한 강수를 유발하게 되는데, 이것이 영동 지방 폭설의 원인이다.

바로잡기 ① 때 이른 남동풍은 남해안 지역의 기온과 강수에 영향을 줄 수 있을 것이다. ③ 남서 기류가 산지를 만나면 많은 양의 비가 내리게 된다. ④ 서풍에 의한 푄 현상은 영동 지방이 고온 건조해지는 상황에 해당한다. ⑤ 저기압의 접근은 많은 양의 비를 뿌릴 수 있는 조건이 된다.

327

그래프를 보면 A는 8~9월에 집중적으로 발생하는 태풍이다. 태풍은 열대 저기압으로 강한 비바람에 의한 피해를 준다. B는 여름철에 피해를 주면서 특히 7월에 집중적으로 발생하는 호우이다. C는 12~3월까지의 겨울철에 집중적으로 발생하는 것으로 보아 폭설(대설)이다. 태풍은 저위도 해상에서 발생하여 중위도로 이동하면서 우리나라의 남부 해안 지역에 주로 피해를 준다. 집중 호우는 주로 장마 전선의 정체나 태풍의 영향으로 발생하는데, 홍수와 산사태의 원인이 된다. 폭설로 인해 교통 마비, 건물 붕괴 등의 피해를 입는다.

바로잡기 ⑤ 우리나라는 대설보다는 태풍이나 호우로 인한 피해 규모가 큰 편이다.

328

(가)는 전남, 영남 지방에 많은 피해를 준 자연재해에 해당하며, (나)에 비해 피해액도 크다. 이와 같은 피해를 주는 자연재해는 태풍이다.

태풍은 저위도에서 발생하여 중위도 지역으로 이동하므로 주로 우리나라의 제주도와 남해안 일대에 큰 피해를 준다. (나)는 강원, 충청, 호남 지역에 많은 피해를 주었는데, 이는 대설에 의한 피해이다. 대설은 서고동저형의 기압 배치가 나타나는 겨울에 주로 발생하며, 영동 지방에서는 북동 기류가 유입되면서 대설이 발생한다.

바로잡기 ㄱ. 태풍은 강한 비바람에 의한 피해를 입힌다. 건조한 날씨가 지속되어 용수 부족 문제가 발생하는 자연재해는 가뭄이다. ㄷ. 냉방용 전력 소비량의 급증과 관련된 자연재해는 폭염이다.

329

(가)는 바람과 홍수에 대비한 것으로, 비와 바람에 의한 피해가 동시에 발생하는 태풍에 의한 피해 대비 방안이다. 태풍은 우리나라에서 주로 제주와 영남, 호남 지방 등에 큰 피해를 가져온다. (나)는 염화칼슘을 살포한다는 것으로 미루어 대설에 의한 피해 대비 방안이다. 대설은 충남과 전북의 서해안 지역에서 주로 나타나며, 비닐하우스와 같은 작물 재배 시설물의 붕괴에 따른 피해도 크다.

바로잡기 ① 연평균 피해액의 규모는 태풍이 더 크다. ② 해일 피해를 유발하는 것은 태풍이다. ③ 태풍은 여름에서 초가을 사이, 대설은 겨울에서 초봄 사이에 주로 발생한다. ⑤ 제주도는 평균적으로 태풍에 의한 피해 규모가 크다.

330

그래프에서 주로 여름철에 집중되고, 가장 발생 빈도가 높은 C는 호우이다. 호우 다음으로 발생 빈도가 높은 A는 태풍이다. 가장 발생 빈도가 낮은 B는 대설이다. 대설은 겨울과 봄에 피해가 많다. 그래프를 보면 태풍은 호우보다 가을철 발생 비중이 더 높고, 자연재해의 발생 횟수가 가장 많은 계절은 여름철임을 알 수 있다.

바로잡기 ㄱ. A는 태풍, C는 호우의 발생 횟수이다.

331

제시된 그래프를 보면 일 평균 기온 상승으로 여름의 시작일이 1905~1914년에는 166일, 2000~2009년에는 149일로 17일 빨라졌다. 가을의 시작일은 1905~1914년에는 259일, 2000~2009년에는 273일로 14일 늦어졌다. 겨울의 시작일은 1905~1914년에 324일, 2000~2009년에는 335일로 11일 늦어졌다. 따라서 여름 시작일은 과거에 비해 빨라졌고, 가을은 겨울보다 계절의 시작일이 더 많이 늦어졌다.

바로잡기 병. 고랭지 농업은 여름철 서늘한 기후를 이용하는 것으로 기온이 상승하면 농업 가능 지역은 축소될 것이다. 정. 겨울의 계절 일수가 감소하였으므로 하천의 결빙 일수는 크게 감소할 것이다.

332

그래프의 (가) 시기에 비해 비교적 최근인 (나) 시기에는 전체적으로 기온이 상승하였음을 알 수 있다. 이는 지구 온난화에 따른 기후 변화 현상을 보여 주는 것이다. 평균 기온이 높아지게 되면, 난대림의 분포 면적이 넓어지고 단풍이 물드는 시기는 점점 더 늦게 들게 된다. 또한, 한류성 어족보다는 난류성 어족의 어획량이 늘어나게 된다. 벚꽃과 같은 봄꽃의 개화 시기도 기온이 높아지면서 점점 빨라지게 된다.

바로잡기 ④ 기온이 낮은 곳에서 생장하는 것을 좋아하는 고산 식물은 분포 한계가 더 높아지게 된다.

333

제시된 자료를 보면 과일의 재배 지역이 북상하고 있음을 알 수 있다. 제주에서 재배되던 한라봉이 중부 내륙 지방에서 재배가 가능해지고, 사과도 강원도 내륙 지방까지 북상하는 모습을 보여 준다. 이와 같은 현상은 기후 변화로 인한 기온 상승과 관련이 깊다. 기온이 상승하면 농작물의 노지 재배 기간이 길어지고, 해수면 상승으로 인해 해안 저지대의 침수 지역이 증가한다.

바로잡기 ㄱ. 봄꽃의 개화 시기가 빨라진다. ㄴ. 냉대림의 분포 지역이 축소된다.

334

지구 온난화를 방지하기 위해서는 에너지와 자원을 절약하고 산림을 보호하는 등 일상 속에서 관심을 가지고 실천하여야 한다. 로컬 푸드 운동을 전개하고, 환경친화적 상품의 소비를 확대한다. 또한 지역 단위의 소규모 친환경 발전 시설을 이용하고, 국가별로는 온실 기체 감축 목표치를 설정하고 이행한다. 기후 변화 협약을 통해 탄소 배출권 거래 제도를 정착하는 것도 방법이 될 수 있다.

바로잡기 ③ 농경지에 대한 개발 규제를 철폐하는 것은 지구 온난화를 가속화하므로, 오히려 농경지에 대한 개발 규제를 강화하는 것이 적절하다.

335

남해안 일대와 제주도의 해안 저지대에는 조엽수림이 넓게 분포한다. 조엽수림은 잎이 작고 두꺼우며 반짝거리는 상록 활엽수림으로, 난대림 지역의 동백나무와 사철나무 등이 이에 속한다.

바로잡기 ① A는 C보다 고위도 지역이므로 냉대림이 나타나는 해발 고도가 낮다. ② A보다 위도가 낮은 E에서 식생의 수직적 분포가 다양하게 나타난다. ③ B에는 석회암 풍화토인 붉은색의 간대토양이, D에는 과거 온난한 기후를 반영하는 붉은색의 성대 토양이 분포한다. ④ C에는 기후 조건을 반영하는 성대 토양이, E에는 기반암인 현무암의 특성을 반영하는 간대토양이 분포한다.

1등급 정리 노트 식생 분포

냉대림	연평균 기온 5℃ 이하의 개마고원 지역과 고산 지대에 분포 → 전나무, 가문비나무 등의 침엽수
온대림	남해안과 개마고원을 제외한 한반도 전역에 분포 → 낙엽 활엽수, 침엽수가 섞인 혼합림
난대림	1월 평균 기온 0℃ 이상인 남해안, 제주도, 울릉도 → 동백나무, 후박나무, 사철나무 등의 상록 활엽수

336

(가)는 강원도 남부와 충청북도 북동부에 분포하는 석회암 풍화토, (나)는 제주도에 분포하는 현무암 풍화토를 나타낸 것이다. (가)는 붉은색을 띠며, 남해안 저지대에서도 과거 기후 환경의 영향으로 적색토가 나타난다. (나)는 화산 활동으로 형성되었으며, 흑갈색을 띤다. (가), (나)는 배수가 잘 되기 때문에 밭농사가 주로 이루어진다.

바로잡기 ④ (가), (나)는 모두 기반암의 영향을 크게 받은 간대토양이다.

337

우리나라는 해에 따른 강수의 연 변동 폭이 커서 홍수와 가뭄 피해가 잦다.

338

홍수와 가뭄에 대비하기 위해 하천에 댐을 건설하거나 숲을 조성하고, 하천 주변에 유수지를 만들어서 빗물 저장 능력을 높이기도 한다.

채점 기준	수준
홍수와 가뭄에 대한 대비책을 모두 바르게 서술한 경우	상
홍수와 가뭄에 대한 대비책을 서술하였으나 내용이 미흡한 경우	하

339

우리나라는 연평균 기온 상승으로 여름은 길어지고 겨울은 짧아지고 있다.

채점 기준	수준
기후 변화로 한반도의 기온이 상승했음을 서술한 경우	상
기후가 변화했기 때문이라고만 서술한 경우	하

340

전 세계적인 기온 상승으로 우리나라에서도 기온과 강수량 변화, 생태계 변화, 농업 환경 변화 등 여러 측면에서 변화가 나타나고 있다.

채점 기준	수준
기온 상승으로 인한 변화를 기후와 생태계의 측면에서 모두 바르게 서술한 경우	상
기온 상승으로 인한 변화를 기후와 생태계의 측면에서 서술하였으나 내용이 미흡한 경우	중
기온 상승으로 인한 변화를 기후와 생태계의 측면 중 한 가지에 대해서만 바르게 서술한 경우	하

적중 1등급 문제

67쪽

341 ④ **342** ③ **343** ④ **344** ③

341 자연재해의 특징 파악하기

1등급 자료 분석 지진, 호우, 태풍의 특징

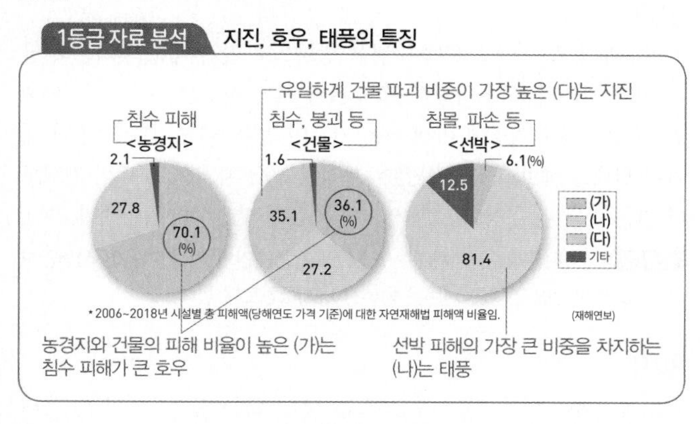

농경지 피해의 70.1%, 건물 피해의 36.1%를 차지하는 (가)는 호우이다. 태풍의 경우 비에 의한 침수 피해도 있지만 바람과 그로 인해 발생하는 파도와 해일 등의 피해도 발생하게 된다. 선박 피해의 81.4%를 차지하는 (나)는 태풍이다. 지진은 1차적으로 건물의 붕괴나 파손, 2차적으로는 화재 등의 피해를 유발하게 된다. 농경지나 선박에 거의 피해가 없고 건물 피해가 35.1%로 큰 (다)는 지진이다. 호우와 태풍은 7월~10월 사이에 그 피해가 집중된다. 태풍 피해는 열대 해상에서 발생하여 이동해 오는 열대 저기압으로 발생한다. 지진은 지형적인 요인으로 발생하는 자연재해로 매우 짧은 시간에 일어난다.

바로잡기 ㄷ. 바람에 의한 피해는 호우보다 태풍에서 크게 나타난다.

342 자연재해의 특징 파악하기

1등급 자료 분석 자연재해의 월별 피해 발생 비율

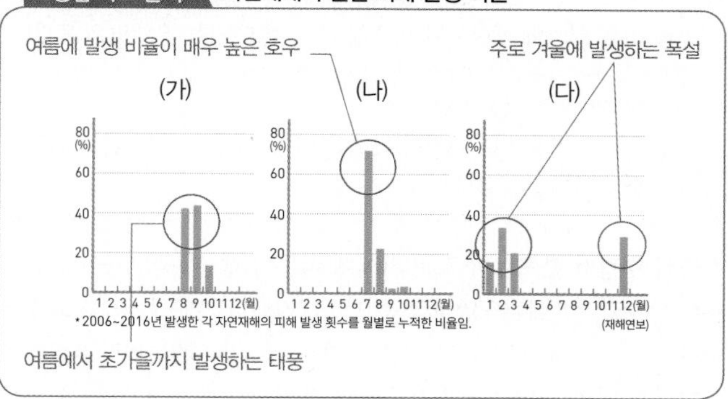

(가)는 태풍, (나)는 호우, (다)는 폭설이다. 태풍은 강한 비바람이 몰아치는 것이 특징이다. 그리고 비에 의한 피해도 있지만 바람에 의한 피해도 크게 나타난다.

바로잡기 ① 남부 지방은 폭설보다 태풍 피해를 더 많이 입는다. ② 댐이나 저수지를 건설하는 목적 중 하나는 홍수 피해를 예방을 위한 것이다. ④ 비닐하우스 붕괴, 교통 장애 유발은 폭설에 의한 피해이다. ⑤ 분지 지역에 바람개비를 설치하는 것은 기온 역전 현상에 의한 농작물의 냉해를 방지하기 위함이다.

343 고문헌에 나타난 자연재해의 특징 파악하기

1등급 자료 분석 고문헌에 나타난 자연재해

(가) 하늘이 캄캄하게 흙비가 내렸는데 마치 티끌이 쏟아져 내리는 것 같았다. (황사 현상) -『영조실록』-

(나) 경덕왕 22년 7월 경주에 큰 바람이 불어 기와가 날아가고 나무가 뽑혔다. / 원성왕 9년 8월에 큰 바람이 불어 나무가 부러지고 벼가 쓰러졌다. (태풍) -『삼국사기』-

(다) 강원도에 재해가 있었는데, 소리가 우레와 같았고 담벽이 무너졌으며 기와가 날아가 떨어졌다. 양양에서는 바닷물이 요동쳤는데 마치 소리가 물이 끓는 것 같았고, … (중략) … 평창·정선에서도 산악이 크게 흔들려서 암석이 추락하는 변괴가 있었다. (지진) -『숙종실록』-

(가)는 흙비가 하늘에서 내렸다는 것으로 보아 황사이다. (나)는 큰 바람에 의한 피해가 나타나므로 태풍이다. (다)는 산악이 크게 흔들리고, 담벽이 무너진다는 표현 등을 통해 지진에 관한 기록임을 알 수 있다. ㄴ. 황사는 시정 거리를 짧게 만들고 호흡에 불편을 주는 등의 피해가 있기는 하지만 태풍이나 지진처럼 직접적인 인명 피해를 유발하지는 않는다. ㄹ. 지진은 판과 판이 만나는 경계면에서 발생하는 지형이나 지질적인 요인에 의한 자연재해이다.

바로잡기 ㄱ. 황사는 중국이나 몽골 등지에서 발원한 모래 먼지가 우리나라로 날려오는 것이고, 태풍은 열대 해상에서 발생한 저기압이 우리나라로 이동해 오면서 나타나는 현상이다. ㄷ. 지진은 계절과 상관없이 발생하지만 태풍은 주로 여름에서 가을 사이에 발생한다. 이는 태풍 발원지의 수온과 이동 경로 상에 있는 해수의 온도와 밀접한 관련이 있기 때문이다.

344 식생 분포의 특징 파악하기

1등급 자료 분석 식생 분포의 특징

└ 식생의 수평적 분포와 수직적 분포 모두 기온의 차이에 의해 영향을 받는다.
㉠ 식생의 수평적 분포에 영향을 끼치는 것은 ㉡ 위도에 따른 기온 차이며, 식생의 수직적 분포에 영향을 끼치는 것은 해발 고도에 따른 기온 차이다. 주로 침엽수림으로 이루어진 ㉢ 냉대림은 고산 지역과 북부 지방의 개마고원 일대에 주로 분포한다. 온대림은 ㉣ 혼합림으로 이루어지며 우리나라 대부분의 지역에 분포한다. 난대림은 (㉤)으로 이루어지며 남해안 일대, 제주도 등의 남부 지방과 울릉도 등에 분포한다.
침엽수(전나무, 가문비나무)
└ 낙엽 활엽수와 침엽수가 혼재한다.

식생의 수평적 분포는 위도의 차이에 따른 식생 분포의 차이로 남쪽부터 난대림 - 온대림 - 냉대림 순으로 나타난다. 위도는 기후 요소에 영향을 주는 기후 요인이고 기온은 기후 요소에 해당한다. 혼합림은 냉대림과 낙엽 활엽수림이 혼재하는 것을 의미한다. 난대림은 상록 활엽수림을 의미한다.

바로잡기 ③ 갈색 삼림토와 관계 깊은 토양은 혼합림이다. 냉대림은 회백색의 토양을 형성하는 것과 관계 깊다.

단원 마무리 문제

68~73쪽

06 우리나라의 기후 특성

345 ③ **346** ④ **347** ③ **348** ② **349** ③ **350** ② **351** ③
352 ① **353** ① **354** ④ **355** ⑤
356 다우지 - (가), (라) / 소우지 - (나), (다)
357 예시 답안 다우지 : (가) - 한강 중·상류 지역으로 서풍의 바람받이 사면에 해당하여 연 강수량이 많다. (라) - 장마 전선과 태풍의 영향을 많이 받으며, 남쪽에서 불어오는 계절풍의 바람받이 사면에 해당하여 연 강수량이 많다. / 소우지 : (나) - 저평한 평야 지역으로 지형적 요인에 의한 강수가 나타나지 않으므로 연 강수량이 적다. (다) - 산지로 둘러싸인 분지에 해당하여 바람그늘 사면에 위치하므로 연 강수량이 적다.

07 기후와 주민 생활

358 ④ **359** ⑤ **360** ③ **361** (가) 남부 지방, (나) 관북 지방
362 예시 답안 (나)는 (가)와 비교해 볼 때 대청마루가 없고, 방의 배치가 복렬로 이루어져 있다. 이를 통해 (나)와 같은 전통 가옥 구조가 나타나는 지역은 여름이 짧고 겨울이 길며, 겨울철 기온이 매우 낮아 난방의 필요성이 큰 지역임을 알 수 있다.

08 자연재해와 기후 변화

363 ④ **364** ③ **365** ③ **366** ③ **367** ⑤ **368** ② **369** ③
370 예시 답안 겨울이 짧아지고 여름이 길어질 것이다. 냉대림의 분포 면적이 줄어들고 난대림의 분포 면적이 늘어날 것이다. 농작물의 재배지가 북상할 것이다 등

345

A는 중강진, B는 청진, C는 군산, D는 포항이다. A와 B 중 연평균 기온은 바다의 영향을 많이 받는 청진이 더 높다. 위도가 비슷할 때 최한월 평균 기온은 서해안보다 동해안이 높다. 기온의 연교차는 중강진이 가장 크고 포항이 가장 작다. 위도가 비슷한 중강진과 청진의 경우 최난월 평균 기온은 거의 차이가 없는데 반해 최한월 평균 기온의 차이는 10℃ 이상이다.

바로잡기 ③ 중강진과 청진은 대표적인 소우지이다. 서해안에 속하는 군산도 강수량이 많은 편은 아니지만 포항보다는 강수량이 많다. 포항은 해안에 위치한 도시이지만 경북 내륙 지역처럼 강수량이 적은 소우지이다.

346

(가)는 북쪽과 내륙으로 갈수록 커지는 지표이므로 서리 일수를 나타낸 것이다. (나)는 영남 내륙 지방에서 가장 높은 값을 보이므로 일 최고 기온 33℃ 이상인 폭염 일수를 나타낸 것이다. ㄴ. 서리는 지표면의 기온이 0℃ 이하로 내려가야 하므로 한대성 기단인 시베리아 기단의 발달과 관계가 깊다. 폭염 현상은 열대성 기단인 북태평양 기단의 영향을 받는 여름철에 나타난다. ㄹ. 겨울철에는 여름철에 비해 상대 습도가 낮다.

바로잡기 ㄱ. 수도관 동파, 도로 결빙 등은 겨울철에 나타나는 현상이다. ㄷ. (가), (나) 모두 맑은 날 주로 나타나는 현상이다.

347

A는 대관령, B는 강릉, C는 울릉도이다. 지도에 제시된 세 지역 중 연 강수량은 해발 고도가 높아 지형성 강수의 영향을 많이 받는 대관령(A)이 가장 많으며, 여름 강수량도 대관령이 많다. 대관령은 남서 기류가 불 때 지형성 강수가 발생한다. 겨울 강수량은 다설지인 울릉도(C)가 가장 많으므로 강수량의 계절적 차이는 울릉도가 가장 작다. 여름 강수 집중률은 대관령 > 강릉 > 울릉도 순으로 높다. 울릉도는 겨울 강수량이 많으므로 여름 강수 집중률이 가장 낮다.

바로잡기 ③ 여름 강수량은 지형성 강수가 잦은 대관령이 가장 많다.

348

우리나라의 경우 국토 모양이 남북 방향으로 길기 때문에 기온의 남북 차가 기온의 동서 차보다 크게 나타난다. 비슷한 위도인 경우 해안 지방이 내륙 지방에 비해 겨울 기온이 높다. 한편, 개마고원과 대관령 일대는 해발 고도가 높은 대표적인 고원 지역으로, 주변 지역보다 기온이 낮다. 무상 일수는 연평균 기온이 낮을수록 짧아진다.

바로잡기 ② 여름 기온의 차이는 크지 않고 동해안의 겨울 기온이 서해안보다 더 높기 때문에 연평균 기온은 동해안이 서해안보다 높다.

349

지도에서 A는 인천, B는 홍천, C는 강릉, D는 울릉도이다. 기온의 연교차는 내륙에 위치한 홍천이 가장 크고, 바다의 영향을 가장 많이 받는 울릉도가 가장 작다. 따라서 (가)는 홍천, (라)는 울릉도이다. 최한월 평균 기온은 홍천이 가장 낮고 바다의 영향을 받는 울릉도가 가장 높다. 인천과 강릉 중에서는 동해안에 위치한 강릉의 최한월 평균 기온이 더 높으므로 (나)는 인천, (다)는 강릉이 된다. 따라서 (가)는 B, (나)는 A, (다)는 C, (라)는 D이다.

350
A는 평양, B는 춘천, C는 안동, D는 거제이다. 최한월 평균 기온은 위도가 높은 평양이 가장 낮다. 평양은 평탄한 지형에 위치하고 있어 소우지이고, 안동은 내륙 분지를 이루는 곳에 위치하고 있어 강수량이 적다.

바로잡기 을. 기온의 연교차는 고위도의 평양이 가장 크다. 정. A~D 중 강수량이 가장 많은 곳은 거제이다. 거제는 여름 강수 집중률이 네 지역 중 가장 낮다. 일반적으로 여름 강수 집중률은 연 강수량이 많지 않은 지역일수록 높게 나타나는 특징이 있다.

351
일 최저 기온이 0℃를 넘는 날이 거의 없고 낮 최고 기온이 0℃에 미치지 못하는 날이 있는 것으로 보아 한겨울임을 알 수 있다. 그래프는 어느 해 1월 서울의 기온 변화를 나타낸 것이다. (가) 시기는 1월 중에서도 가장 기온이 낮았던 시기인데 이는 다른 기간에 비해 강한 한파가 나타났던 시기이다. 이러한 한파는 시베리아 고기압의 영향이 강하거나 북극으로부터 찬 공기가 직접 영향을 미치는 경우에 나타나는 현상이다. 한파가 나타나면 수도 계량기 동파와 같은 사고들이 나타날 수 있다.

바로잡기 ㄱ. 대체로 온화하지만 날씨 변화가 심한 계절은 봄이다. ㄹ. 장마에 관한 설명이다.

352
A는 시베리아 기단, B는 오호츠크해 기단, C는 북태평양 기단, D는 적도 기단이다. A~D 중 시베리아 기단만 대륙에서 발원한 기단으로 가장 건조한 기단이다. 오호츠크해 기단은 늦봄에서 초여름 사이에 우리나라에 주로 영향을 주는데, 북태평양 기단이 본격적으로 영향을 미치는 한여름보다 먼저 영향을 준다.

바로잡기 ㄷ. 한파와 꽃샘추위 모두 시베리아 기단의 영향으로 나타난다. ㄹ. 적도 기단은 태풍이 우리나라로 내습하면서 잠깐 영향을 주는 기단이므로 시베리아 기단이나 북태평양 기단에 비해 영향을 미치는 기간이 짧다.

353
제시된 일기도는 장마철의 일기도이다. 우리나라를 기준으로 남쪽과 북쪽에 고기압이 자리잡고 있으며 두 개의 기단이 부딪히는 면을 따라 전선이 형성되어 있다. 장마철에는 비가 오는 날이 많고 습도가 매우 높다. 습도가 높기 때문에 기온의 변화는 크지 않다. 장마 전선을 따라 다습한 남서 기류가 유입되면 지역에 따라 집중 호우가 내리기도 한다.

바로잡기 병. 열대야는 한여름철에 나타나는 현상이다. 정. 가을철에 나타나는 현상이다.

354
3월이면 기온이 올라가면서 겨울을 지나 봄으로 접어드는 시기이다. 그런데 제시된 자료들을 보면 영동 지방의 기온이 낮아지고 폭설이 내리기도 하는 등의 기상 현상이 나타났음을 알 수 있다. 특히 영동 지방에서는 폭설이나 추위와 같은 현상이 나타났지만 서쪽인 영서 지방은 포근해 기온이 상대적으로 높고 눈에 관한 언급도 없음을 알 수 있다. 이는 우리나라를 기준으로 북동쪽에 강한 고기압이 발달하여 우리나라 쪽으로 북동풍이 불어 올 때 나타나는 현상이다. 차가운 북동풍이 영동 지방의 기온을 낮추고 태백산맥에 부딪혀 지형성 강수를 만들어낸 것이다. 이와 같은 현상이 초여름까지 지속되면 영서 지방은 고온 건조한 공기의 영향을 많이 받게 되어 가뭄의 피해를 입기도 한다.

바로잡기 ㄱ. 시베리아 기단의 세력이 약화되는 늦은 겨울부터 초여름 사이에 나타나는 현상이다. ㄷ. 북태평양 고기압의 세력이 일찍 확장하면 우리나라는 이른 무더위가 시작된다.

355
A는 다른 지역에 비해 겨울 강수량이 많지만 여름 강수량은 적은 곳이다. B는 겨울 강수량과 여름 강수량 모두 적은 곳이고 C는 겨울 강수량은 적지만 여름 강수량은 많은 지역이다. 따라서 선택지의 울릉도, 영덕, 거제 중 A는 여름 강수량과 겨울 강수량의 차이가 작은 울릉도이다. B는 소우지인 경북 동해안의 영덕, C는 다우지인 남해안의 거제이다.

356
다우지는 한강 중·상류 지역인 (가)와 장마와 태풍, 지형성 강수 등의 영향을 많이 받는 남해안 일대인 (라)이다. 소우지는 저평한 평야 지역인 (나)와 분지 지역인 (다)이다.

357
다우지와 소우지는 주로 지형성 강수량의 차이에 의해서 결정된다. 따라서 바람받이 지역인지 바람그늘 지역인지를 먼저 파악하고, 이유를 생각해 본다.

채점 기준	수준
지형성 강수에 의한 강수량 차이를 두 가지 모두 바르게 서술한 경우	상
지형성 강수에 의한 강수량 차이를 한 가지만 바르게 서술한 경우	중
지형성 강수에 의한 강수량 차이를 언급하지 못하고 서술한 경우	하

358
우리나라 전통 가옥의 구조와 형태는 지역의 기후 특색을 반영하여 지역 차가 뚜렷하게 나타난다. 제시된 자료에서 겹집 구조가 나타나는 (가)는 관북 지방, 우데기가 있는 (나)는 울릉도, 난방과 취사를 겸하지 않는 (다)는 제주도의 전통 가옥 구조이다. 제주도는 세 지역 가운데 연 강수량이 가장 많은 곳이며, 울릉도는 겨울철 강수량이 가장 많은 곳이다.

바로잡기 ① (가)는 (나)보다 겨울철 강수량이 적다. ② (가)는 (다)보다 최한월 평균 기온이 낮다. ③ (나)는 (다)보다 최난월 평균 기온이 낮다. ⑤ (다)는 (나)보다 연평균 기온이 높다.

359
(가)는 겨울, (나)는 여름의 경제생활 모습이다. 겨울에는 차가운 북서풍이 황해를 건너오면서 눈구름을 형성해 서해안에 폭설이 내리기도 한다.

바로잡기 ①, ② 기온이 높아짐에 따라 대기가 건조해져 산불이 발생하는 시기, 이동성 고기압과 저기압이 교차하면서 날씨 변화가 심하게 나타나는 시기는 봄철이다. ③ 여름에는 북태평양 기단, 겨울에는 시베리아 기단의 영향을 받는다. ④ 장마철에는 흐리거나 비가 내리는 날씨가 많으며, 집중 호우가 내리기도 한다.

360
우리 조상들은 여름철 기온이 높아 김치가 상하는 것을 방지하기 위해 젓갈 등의 염장 식품을 만들어 먹었으며, 겨울이 온화한 남부 지방은 김치를 짜고 맵게 담갔다. 따라서 (가)는 기온과 관계가 깊다. 하천 범람 지역에서의 자연 제방, 터돋움집과 도시 지역에서의 유수지는 홍수와 관련된 것으로, (나)는 강수와 관계가 깊다.

361
(가)는 방이 일렬로 배치되어 있으며, 대청마루가 있는 것으로 보아 남부 지방의 전통 가옥 구조이다. (나)는 겹집 구조가 나타나며, 부엌과 방 사이의 벽이 없는 공간인 정주간이 있는 것으로 보아 관북 지방의 전통 가옥 구조이다.

362
전통 가옥 구조를 보면, 그 지역의 기후와 지형 특색이 반영되어 있다. (나) 관북 지방과 같이 겨울철 기온이 매우 낮은 지역에서는 방을 복렬로 배치하여 열 손실을 줄이기 위한 폐쇄적인 가옥 구조가 나타난다.

채점 기준	수준
가옥 구조의 특징을 들어 기후 특색을 모두 바르게 서술한 경우	상
가옥 구조의 특징을 제시하지 않고 기후 특색만을 서술한 경우	하

363
그래프는 자연재해 피해액이 가장 컸던 지역을 100으로 하였을 때 다른 지역의 상댓값이다. (가)는 호남권과 영남권에서 피해가 컸으며, 수도권과 다른 지역의 피해는 상대적으로 적었다. 이는 우리나라 남부 지방을 주로 통과하는 태풍에 의한 피해이다. (나)는 강원권에서 피해가 가장 크고, 제주를 제외한 다른 지역에서 비교적 고른 피해를 일으킨 호우이다. 호우는 지형적인 영향을 많이 받는 강원권에서 가장 피해가 크다. (다)는 강원권과 충청권, 호남권에서 피해가 큰 대설이다.

364
(가)는 겨울에 발생하는 대설, (나)는 주로 여름에 집중되는 호우, (다)는 여름에서 가을까지의 태풍을 나타낸다. 세 자연재해 모두 강수에 의한 피해를 발생시킨다.

바로잡기 ① 장마 전선이 장기간 정체할 때는 호우가 발생한다. ② 시베리아 기단이 강하게 영향을 미칠 때는 겨울철 폭설이 발생한다. ④ 우리나라 연 강수량에서는 대설보다 호우가 차지하는 비율이 높다. ⑤ 터돋움집은 집중 호우, 울릉도의 우데기는 눈이 많이 오는 대설과 관련이 있다.

365
제시된 자료는 앞으로 나타날 기후 변화에 따른 계절 일수의 변화를 나타낸 것이다. 전체적으로 여름 일수는 점점 늘어나고 겨울 일수는 점점 줄어드는 변화를 보일 것으로 예상된다. 특히 겨울의 경우 −36일로 변동폭이 가장 클 것으로 예상되고 있다. 봄과 가을의 경우 큰 변화가 나타나지 않는 것으로 예상되는데, 봄이 +2일로 네 계절 중 일수의 변동폭이 가장 작다. 그래프와 같은 현상은 경제 및 인구 성장에 따른 온실가스 배출량 증가에 따른 지구 온난화가 주요 원인이다. 이로 인해 여름 일수가 증가하여 농작물 재배 지역이 점차 북상할 것으로 보인다.

바로잡기 ③ 모든 계절의 시작일이 빨라지는 것은 아니다. 여름이 길어지면서 가을이나 겨울이 시작되는 시기는 지금보다 더 늦어질 것으로 예상되고 있다.

366
그래프는 네 도시들 모두 연평균 기온이 상승하고 있음을 보여준다. 기온 상승으로 인한 지구 온난화의 변화 모습을 예측해 보면 중부 지방에서 첫 서리 시작일은 늦어지고 마지막 서리 발생일은 빨라질 것이다.

바로잡기 ① 단풍이 드는 시기는 늦어질 것이다. ② 대도시에서 열섬 현상은 심화될 것이다. ④ 지구 온난화가 지속되면 난대림의 분포 면적은 넓어질 것이다. 특히 현재 난대림이 분포하고 있는 남부 지방과 한라산 등지에서 이러한 변화는 두드러지게 나타날 것이다. ⑤ 한라산에서 고산 식물의 분포 고도 하한선은 높아질 것으로 예상되며 일부 고산 식물은 자취를 감출 것이다.

367
일기 예보를 보면 대부분 지역에서 낮 최고 기온이 35℃를 넘을 것이라고 하였으므로, ㉠은 낮 최고 기온이 33℃를 넘는 더위를 뜻하는 폭염임을 알 수 있다. ⑤ 폭염은 북태평양 고기압의 영향을 강하게 받을 때 주로 나타난다.

바로잡기 ① 눈이 많이 내리는 지역에서는 폭설로 가옥이 붕괴되는 것을 막기 위해 지붕의 경사를 급하게 한다. ② 시베리아 기단의 영향으로 차가운 북서 계절풍이 강하게 불면 한파와 같은 저온 현상이 나타난다. ③ 장마 전선이 한반도에 정체하면 호우가 발생하여 강수량이 많아진다. ④ 열대 이동성 저기압인 태풍이 한반도를 통과하면 많은 강수로 인한 침수 피해나 강풍으로 인한 피해를 입게 된다.

368
기후와 식생의 영향을 반영하고 과거의 고온 다습한 기후 환경에서 형성된 (가) 토양은 남해안 지역에서 주로 볼 수 있는 적색토이다. 모암의 특징을 반영하면서 모암의 색깔과 토양의 색깔이 비슷한 (나) 토양은 간대토양인 현무암 풍화토이다. 모암의 특징을 반영하면서 고생대 퇴적암 지역에서 관찰할 수 있는 (다) 토양은 간대토양인 석회암 풍화토이다.

369
지도에서 A는 개마고원을 중심으로 한 북부 지역으로, 전나무와 같은 침엽수림이 주로 분포한다. B는 남부 해안 지역으로 동백나무와 같은 상록 활엽수림이 주종을 이룬다. 위도가 낮은 B는 A보다 나무의 종류가 다양하며, 냉대림의 분포 고도도 높다. 한편 고위도 지역인 A는 B에 비해 산성을 띠는 회백색 토양이 많이 분포한다.

바로잡기 ③ 냉대림의 분포 고도는 고위도에 위치한 A가 B보다 낮다. 고위도 지역일수록 해발 고도가 낮은 지역에서도 냉대림이 분포하기 때문이다.

370
지도는 지구 온난화로 인한 우리나라의 기온 상승을 나타낸 것이다. 이러한 기후 변화는 인간 생활 및 생태계에 큰 영향을 미친다.

채점 기준	수준
연평균 기온 상승에 따른 영향을 두 가지 모두 바르게 서술한 경우	상
연평균 기온 상승에 따른 영향을 한 가지만 바르게 서술한 경우	하

Ⅳ 거주 공간의 변화와 지역 개발

09 촌락과 도시의 변화

분석 기출 문제 75~78쪽

[핵심 개념 문제]

371 배산임수 372 도시 체계 373 종주 도시화
374 배후지 375 접근성 376 × 377 ○ 378 ○
379 ㉡ 380 ㉠, ㉢ 381 ㉡ 382 ㉣ 383 ㉠ 384 ㉡ 385 ㉢

386 ① 387 ③ 388 ② 389 ② 390 ④ 391 ① 392 ①
393 ③ 394 ② 395 ② 396 ② 397 ②

1등급을 향한 서답형 문제

398 (가) 집촌, (나) 산촌 399 예시 답안 가옥의 밀집도는 (가) 촌락이 (나) 촌락보다 높으며, 가옥과 경지의 결합도는 (나) 촌락이 (가) 촌락보다 높다.
400 예시 답안 (가)는 인구 공동화 현상이다. 도심은 지대와 지가가 높아 상업·업무 기능이 밀집하고 주거 기능이 외곽 지역으로 이전하기 때문에 주간 인구 지수가 높다. 401 예시 답안 수도권의 근교 농촌은 도시적 생활 양식이 확산되면서 겸업농가 비율이 증가하고, 대도시로 출퇴근하는 사람들이 증가하면서 주간 인구 지수는 낮아지게 된다.

386

용수를 확보하기 위해 촌락이 입지하는 대표적인 사례 지역은 제주도 해안가의 용천대이다. 제주도의 기반암은 절리가 발달하여 물이 지하로 스며들어 지표수가 부족하다. 이로 인해 지하의 물이 솟아나는 해안가의 용천대에 주로 취락이 발달하였다.

바로잡기 ② 침수 피해를 최소화하기 위한 취락의 사례 지역은 범람원의 자연 제방이나 산록 완사면이다. ③ 역원제의 발달로 취락이 발달한 곳은 조치원, 역곡 등이다. ④ 나루터의 기능으로 취락이 발달한 곳은 마포, 영등포, 노량진 등이다. ⑤ 방어를 목적으로 취락이 발달한 곳은 남한산성, 중강진, 부산 수영 등이다.

387

(가)는 가옥이 과수원과 가까우며 흩어져 있는 산촌(경상북도 영주시 순흥면), (나)는 가옥이 특정 지역에 밀집하는 집촌(충청북도 제천시 산곡동)이다. 집촌은 산촌보다 가옥의 밀집도가 높으며, 협동 노동이 용이한 지역에서 주로 나타난다. 한편, 가옥과 경지가 멀리 떨어져 있기 때문에 가옥과 경지의 결합도는 낮은 편이다. 이 모든 조건을 만족하는 것은 C에 해당한다.

388

A는 대도시, B는 중도시, C는 소도시를 나타낸 것이다. 대도시(A)는 중심지의 계층 구조에서 상위 계층에 해당하며, 중도시(B)에 비해 배후지의 면적이 넓다.

바로잡기 ① 대도시(A)는 중도시(B)보다 중심지의 수가 적다. ③ 중도시(B)는 소도시(C)보다 중심지 간의 거리가 멀다. ④ 중도시(B)는 소도시(C)보다 최소 요구치의 범위가 넓다. ⑤ 대도시(A)가 소도시(C)보다 재화와 서비스를 제공하는 중심지의 기능이 다양하다.

389

세 시기 모두 서울의 인구가 부산 인구의 2배 이상으로 종주 도시화 현상이 나타나고 있다. 1975년 도시 순위 10위 이내의 도시 중 영남권에 해당하는 도시는 부산, 대구, 창원, 울산, 포항 총 5개이며, 호남권에 해당하는 도시는 광주와 전주로 총 2개이다. 따라서 1975년 도시 순위 10위 이내의 도시는 영남권이 호남권보다 많다.

바로잡기 ㄴ. 그래프를 보면 창원의 도시 순위는 낮아졌으나, 인구는 증가하고 있다. ㄹ. 1995~2015년에 서울과 부산의 인구가 오히려 감소하였다.

390

계층이 가장 높은 A 계층은 배후지 규모와 인구 규모가 가장 크며, 계층이 낮아질수록 배후지 규모와 인구 규모가 작아진다. 또한 A 계층에서 C 계층으로 갈수록 중심 기능이 단순해지며 버스 노선의 수도 적어진다.

바로잡기 ④ 동일 계층 도시 간 거리가 가장 먼 것은 중심지 수가 적은 고차 계층이므로 A 계층에 해당한다. C 계층은 소도시로, 중심지 수가 상대적으로 많으며 도시 간 거리가 가깝다.

391

도시는 인구가 늘어남에 따라 점점 규모가 커지게 된다. 도시 규모가 작을 때는 주택, 공장, 상점, 관공서 등이 혼재되어 있으나, 도시가 성장하면 도시의 기능이 다양해지고 복잡해지면서 도시 내부에 지역적으로 기능 분화가 일어나게 된다. 즉, 상가들이 집적하게 되면 상업 지역이 형성되고 주택들이 집적하게 되면 주거 지역이 형성되는 등 다양한 동질 지역 체계가 형성된다.

바로잡기 ㄷ. 상업 기능, 공업 기능, 주거 기능 중에서 지대 지불 능력이 가장 높은 기능은 상업 기능이며, 주거 기능은 지대 지불 능력이 낮은 기능에 해당한다. ㄹ. 접근성은 여러 지점으로부터 출발하여 도달하기 쉬운 정도로, 도시의 중심에 해당하는 도심일수록 접근성이 높은 편이다. 도심은 교통이 혼잡하지만 주변 지역보다 여러 지점에서 출발하여 도달하기 쉽기 때문에 접근성이 높다.

392

기능별 지대 곡선을 보면 지대가 높은 도심에서는 지대 지불 능력이 가장 높은 상업·업무 기능이 입지함을 알 수 있다. 또한, 도시가 성장하면서 지대가 높아지면, 주거 기능은 주변 지역으로 확대된다.

바로잡기 ㄷ. 도심에서 멀어질수록 지대가 가장 높은 비율로 낮아지는 기능은 상업 · 업무 기능이다. ㄹ. 접근성이 가장 높은 도심에 입지하는 것은 상업·업무 기능이다.

393

A는 서울특별시의 도심인 중구와 종로구, B는 서울특별시의 주변 지역인 노원구와 도봉구이다. 도심(A)은 주간 인구에 비해 상주인구가 적어 인구 공동화 현상이 나타나며, 주변 지역(B)은 상주인구가 주간 인구보다 많다. 도심(A)은 주변 지역(B)에 비해 상업지의 평균 지가가 비싸고, 대기업의 본사 수가 많다.

바로잡기 ③ 주변 지역(B)은 도심(A)보다 상주인구와 초등학생 수가 많다.

394

A는 개발 제한 구역, B는 주변 지역, C는 중간 지역, D는 도심, E는 부도심이다. 개발 제한 구역(A)은 도시의 무질서한 팽창을 억제하기

위해 설정한 구역으로 개인의 재산권 행사가 제한된다. 중간 지역(C)은 상가·공장·저급 주택이 혼재되어 있는 점이 지대로, 도심과 주변 지역 사이에 위치하며 개발이 정체되어 낙후된 곳이 많다. 도심(D)은 접근성이 좋기 때문에 지대와 지가가 가장 높은 지역으로 건물의 고층화와 밀집 등을 통해 토지를 집약적으로 이용한다. 부도심(E)은 도심의 기능을 일부 분담하여 도심의 과밀화를 완화하는 역할을 하는 곳으로, 도심과 외곽을 연결하는 교통의 결절점에 발달한다.

바로잡기 ② 주변 지역(B)은 이심 현상에 의해 주거 기능이 도심에서 빠져나온 지역이며, 주간 인구 지수는 상대적으로 낮은 편이다.

395

(가)는 인구 공동화 현상을 나타낸 것으로, 도심의 상주인구 감소로 야간에 도심이 텅 비는 현상이다. 이와 같은 인구 공동화 현상이 나타나는 도심(A)은 출퇴근 시간에 주변 지역(B)으로부터 유입·유출되는 인구로 교통 혼잡이 나타나며 고층 건물이 밀집해 있다. 또한 주변 지역보다 상주인구 대비 주간 인구의 비율인 주간 인구 지수가 높게 나타난다. 한편, 도시가 성장할수록 인구 공동화 현상이 심화되며 주간 인구와 야간 인구의 격차인 (가)의 간격은 커질 것이다.

바로잡기 ② 주변 지역(B)은 상주인구가 증가하면서 행정 관련 관공서가 신설된다. 행정 관련 관공서의 통폐합이 나타나는 곳은 도심(A)이다.

396

그림에서 A는 통근 가능권, B는 중심 도시, C는 교외 지역, D는 배후 농촌 지역, E는 위성 도시이다. 중심 도시는 대도시의 중심부에 위치한 곳으로 지역 분화가 다른 지역보다 뚜렷하며, 도심과 부도심의 다핵 구조가 나타난다.

바로잡기 ① A는 통근 가능권으로 대도시 일일 생활권에 해당한다. 주말 생활권은 배후 농촌 지역(D) 외곽에 위치한다. ③ C는 교외 지역으로 중심 도시와 연속되어 도시 경관이 확산되는 지역이다. 중심 도시로의 출퇴근이 가능한 최대 범위에 해당하는 지역은 배후 농촌 지역(D)이다. ④ D는 배후 농촌 지역으로 상업적 원예 농업이 발달하는 지역이다. 배후 농촌 지역은 대도시 영향권보다 외곽에 위치하기 때문에 중심 도시로의 통근율이 상대적으로 낮다. ⑤ 위성 도시는 대도시의 기능을 분담하는 역할을 한다. 교통의 결절점에 발달하며 도심의 기능을 분담하는 역할을 하는 것은 부도심이다.

397

A는 남양주, B는 안성이다. 남양주(A)는 서울의 교외화에 따라 주거 기능이 발달한 지역으로 주간 인구 지수가 90 미만인 반면, 안성(B)은 주간 인구 지수가 100~110이다. 따라서 남양주(A)는 안성(B)보다 대도시권의 형성 과정에서 주거 기능이 발달하였으며, 서울로의 통근·통학 인구가 많고, 아파트 거주 인구 비율이 높을 것이다.

바로잡기 ① 남양주(A)는 서울의 주거 기능을 분담하는 위성 도시이다. ③ 안성(B)은 남양주(A)보다 1차 산업 종사자 비율이 높다. ④ 경기도 외곽에 위치한 안성(B)은 서울과 인접한 남양주(A)보다 상주인구가 적게 나타날 것이다. 2021년 기준 인구를 보면 남양주는 약 72만 명, 안성은 약 19만 명이다. ⑤ 남양주(A)는 안성(B)보다 주간 인구 지수가 낮다. 이는 남양주(A)가 안성(B)보다 서울로의 통근·통학률이 높기 때문이다.

398

(가)는 가옥이 밀집하여 분포하므로 집촌, (나)는 흩어져 분포하므로 산촌에 해당한다.

399

집촌은 가옥이 밀집하여 분포하고 산촌은 가옥이 드문드문 흩어져 분포한다. 따라서 가옥의 밀집도는 집촌이 산촌보다 높으며, 가옥과 경지의 결합도는 산촌이 집촌보다 높다.

채점 기준	수준
가옥의 밀집도와 가옥과 경지의 결합도를 모두 비교하여 서술한 경우	상
가옥의 밀집도와 가옥과 경지의 결합도 중 한 가지만 비교하여 서술한 경우	하

400

도심은 지대와 지가가 높아 상업·업무 기능이 밀집하고 주거 기능이 외곽 지역으로 이전하기 때문에 주간 인구 지수가 높고 상주인구가 적어 인구 공동화 현상이 나타난다.

채점 기준	수준
인구 공동화 현상을 쓰고 그 원인을 기능의 이전과 관련하여 바르게 서술한 경우	상
인구 공동화 현상의 명칭만 쓴 경우	하

401

수도권의 근교 농촌 지역은 도시적 생활 양식이 확산되면서 농업 이외의 산업에 종사하거나 농업 이외의 소득원을 가지는 겸업농가 비율이 증가하고, 대도시로 출퇴근하는 사람들이 증가하게 되면서 주간 인구 지수는 낮아진다.

채점 기준	수준
근교 농촌의 겸업농가 비율, 주간 인구 지수 변화의 양상을 원인과 함께 모두 바르게 서술한 경우	상
근교 농촌의 겸업농가 비율, 주간 인구 지수 변화의 양상을 한 가지만 서술한 경우	하

402 우리나라의 도시 체계 파악하기

1등급 자료 분석 권역별 도시 및 군의 인구 규모

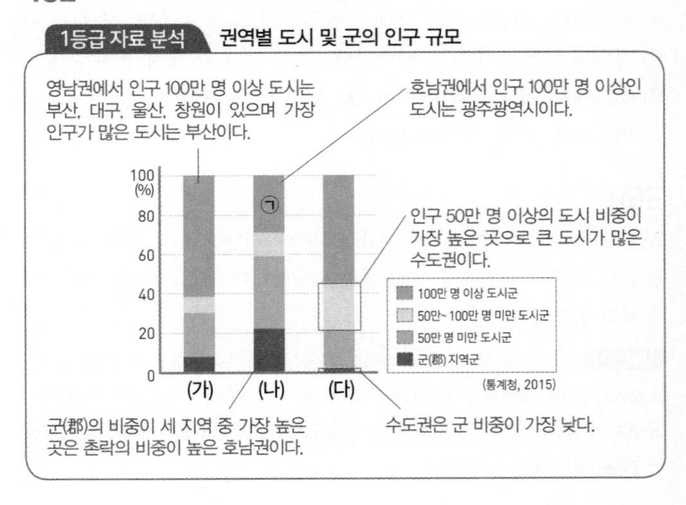

제시된 그래프에서 (나)는 군(郡)의 비중이 가장 높은 호남권, (다)는 군(郡)의 비중이 가장 낮은 수도권, (가)는 영남권이다. 수도권은 도시 비중이 높기 때문에 농업 종사자 비중이 가장 낮아 군(郡) 비중이 가장 낮게 나타난다. (다) 수도권의 1위 도시는 서울이고, (가) 영남권의 1위 도시는 부산이다. 우리나라는 인구 1위 도시인 서울과 2위 도시인 부산의 인구가 두 배 이상 차이가 나는 종주 도시화 현상이 나타난다. 2015년 기준 인구 100만 명 이상의 도시는 수도권은 서울, 인천, 수원이며, 영남권은 부산, 대구, 울산, 창원이고, 호남권은 광주이다. 2020년 기준으로는 (가) 영남권에서 인구 100만 명 이상 도시는 부산, 대구, 울산, 창원이다. (나) 호남권에서 인구 100만 명 이상 도시는 광주이다. (다) 수도권에서 인구 100만 명 이상 도시는 서울, 인천, 수원, 고양, 용인이다.

바로잡기 ㄱ. (나)는 호남권으로 인구 100만 명 이상의 도시는 광주광역시가 유일하다. ㄴ. 우리나라에서 인구가 가장 많은 곳은 (다) 수도권의 서울특별시이다.

403 도시 내부 구조 파악하기

1등급 자료 분석 서울의 내부 구조

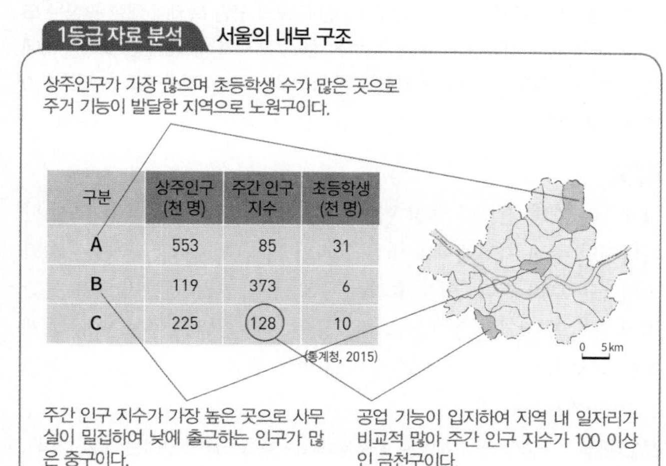

구분	상주인구 (천 명)	주간 인구 지수	초등학생 (천 명)
A	553	85	31
B	119	373	6
C	225	128	10

(통계청, 2015)

지도의 위에서부터 노원구(A), 중구(B), 금천구(C)이다. 중구는 서울의 도심으로 관청이나 대기업의 본사, 금융 기관의 본점, 백화점, 전문 상가 등과 같은 중심 업무 기능과 전문 상업 기능이 집적하는데, 지대가 높기 때문에 토지를 집약적으로 이용할 수 있는 고층 빌딩이 밀집한다. 노원구는 1980년대 이후 대규모 아파트 단지가 조성되어 신흥 주거 지역으로 변모하였다. 금천구는 공업 기능이 입지하며, 중소 규모의 제조업이 발달한 지역으로 지역 내 일자리가 비교적 많은 편이다. 노원구는 주거지가 밀집한 지역으로 출근 시간에는 사무실이 많은 중구로 출근하는 인원이 많아 지하철역 승차 인원이 많다. B는 C보다 지대가 높기 때문에 상업지의 평균 지가가 높으며, 집약적인 토지 이용이 나타난다.

바로잡기 ㄴ. A는 주간 인구 지수가 낮은 곳으로 낮에 유동 인구가 적은 노원구이다. B는 주간 인구 지수가 높은 곳으로 중심 업무 기능이 발달해 있다. 따라서 A보다 B에 기업체가 더 많이 입지한다. ㄹ. 주간 인구 지수＝(주간 인구/상주 인구)×100으로 구할 수 있다. 따라서 주간 인구＝(주간 인구 지수 × 상주 인구) ÷ 100이다. 주간 인구를 계산해 보면 B는 (373×119,000) ÷ 100이므로 약 443,870명, C는 (128×225,000) ÷ 100이므로 약 288,000명이다. 따라서 B는 C보다 주간 인구가 많다.

404 우리나라 도시 순위 변화와 인구 편중 현상 파악하기

1등급 자료 분석 10대 도시의 인구 규모 변화

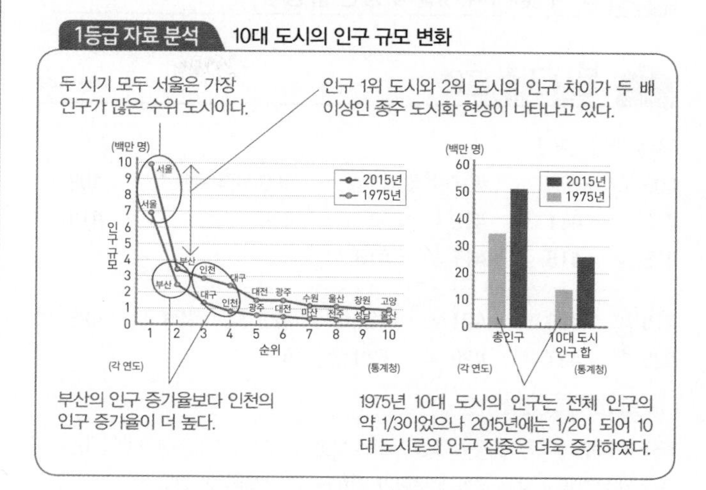

우리나라는 성장 거점 개발 방식에 의해 수도권과 영남권을 중심으로 발전하였으며 그 결과 수도권과 영남권에 대규모의 도시들이 발달하였다. 1975년과 2015년 모두 서울특별시의 인구가 가장 많으며 2위 도시인 부산광역시와의 인구 격차는 더 커져 종주 도시화 현상은 더욱 심해졌다. 1975년 영남권에 위치한 10대 도시는 부산, 대구, 마산, 울산 4곳이고, 수도권에 위치한 10대 도시는 서울, 인천, 성남 3곳이다.

바로잡기 ㄷ. 인천은 1975년 인구 규모가 100만 명 이하였으나 2015년 약 300만 명까지 증가하였다. 반면 부산은 1975년 약 240만에서 2016년 340만까지 증가하였다. 따라서 인천이 부산보다 인구 증가율이 더 높다. ㄹ. 1975년 10대 도시의 인구는 총인구의 약 1/3이었으나 2015년에는 총인구의 1/2이 되어 10대 도시로의 인구 집중은 더 심화되었다.

405 도시 계층 구조 파악하기

1등급 자료 분석 경상북도의 도시 계층

지역 내 의료 기관 수가 적은 (가)는 고차 중심지인 종합 병원, 수가 많은 (나)는 의원이다.

제조업이 발달한 B는 구미시이다.

인구가 가장 적은 A는 의성군이다.

지역 \ 의료 기관	(가)	병원	(나)
A	0	2	19
B	3	10	204
C	12	111	1,666

(통계청, 2016)

0 25km

의원의 수가 많은 C가 가장 큰 규모의 도시인 대구이고 의원 수가 가장 적은 A가 의성군이다.

인구가 가장 많은 C는 대구광역시이다.

종합 병원이 없으며 병원이나 의원의 수가 가장 적은 A는 의성군, 종합 병원이 가장 많으며 병원과 의원 수도 많은 C는 가장 큰 도시인 대구광역시, 의성군보다는 규모가 크지만 대구보다는 작은 도시인 B는 구미시이다. 중심지 수가 가장 적은 (가)는 고차 중심지인 종합 병원, 중심지 수가 가장 많은 (나)는 저차 중심지인 의원이다. 구미시(B)는 의성군(A)보다 인구는 많으나 면적은 작기 때문에 인구 밀도는 더 높다. 고차 중심지인 대구광역시는 저차 중심지인 구미시보다 고급 기능이 더 많다. 규모가 큰 종합 병원은 의원보다 일일 진료 가능 환자 수가 더 많다.

바로잡기 ④ 저차 중심지일수록 수가 많기 때문에 중심지 간 거리는 가깝다.

10 도시 및 지역 개발과 공간 불평등

분석 기출 문제 81~84쪽

[핵심 개념 문제]

406 도시 재개발 **407** 수복 재개발 **408** 파급 효과 **409** ×
410 ○ **411** ○ **412** ㄴ, ㄹ, ㅂ **413** ㄱ, ㄷ, ㅁ **414** ㉠
415 ㉢ **416** ㉡ **417** ㉣ **418** ㉤

419 ⑤ **420** ⑤ **421** ③ **422** ③ **423** ④ **424** ① **425** ④
426 ③ **427** ④ **428** ④ **429** ② **430** ⑤

1등급을 향한 서답형 문제

431 예시 답안 (가)는 철거 재개발, (나)는 보존 재개발이다. (나)에 비해 (가)는 원주민 재정착률이 낮고 공동체 문화가 해체된다는 문제점이 있다.

432 예시 답안 역류 효과가 나타나면 중심지와 주변 지역의 발전 수준 격차가 커져 지역 간 갈등이 발생할 수 있다.

433 예시 답안 (가) 성장 거점–자원의 효율적 투자가 가능하다, 단기간에 개발 효과가 나타난다 등 (나) 균형–지역 간 균형 성장이 가능하다, 지역 주민의 의사 결정을 존중한다 등

419

㈎는 수복 재개발, ㈏는 철거 재개발이다. 수복 재개발은 철거 재개발에 비해 기존 건물의 활용도는 높고, 투입 자본의 규모는 작다.

바로잡기 ㄱ. (가)는 수복 재개발, (나)는 철거 재개발이다. ㄴ. 수복 재개발은 철거 재개발보다 원거주민의 정착률이 높아 이주율은 낮다.

1등급 정리 노트 시행 방법에 따른 재개발의 종류

구분	내용
철거 재개발	• 기존의 시설물을 완전히 철거한 후 재개발 • 원거주민의 재정착률이 낮음
보존 재개발	역사·문화적으로 보존할 가치가 있는 지역에서 실시 → 일부 시설을 정비·개선
수복 재개발	• 기존 건물과 환경을 최대한 살리면서 부분적으로 보수 • 원주민의 생활 안정 도모

420

제시된 자료는 백사 마을의 재개발로 역사적·문화적 건축물이 많은 지역의 환경 악화를 예방하기 위해 일부 시설을 정비 및 개선하는 보존 재개발에 해당한다. 이와 같은 재개발을 통해 도시의 미관이 개선될 수 있다.

바로잡기 ㄱ. 백사 마을의 재개발은 보존 재개발에 해당하며 철거를 위주로 하는 사업으로 보기는 어렵다. ㄴ. 백사 마을은 서울의 주변 지역에 위치한 지역으로 주거 기능이 밀집해 있는 지역이다. 해당 재개발은 주거 재개발이며 토지의 효율성을 높이는 도심 재개발로 보기는 어렵다.

421

㈎는 철거 재개발, ㈏는 보존 재개발에 해당한다. 보존 재개발은 철거보다는 기존의 시설을 보존하는 데 초점을 맞추기 때문에 원주민의 재정착률이 철거 재개발보다 높으며, 기존 건물의 활용도가 높다. 보존 재개발은 철거 재개발에 비해 적은 자본이 투입되는데, 이 과정에서 자원의 낭비 가능성도 낮게 나타난다.

바로잡기 ③ 보존 재개발은 기존 상권의 유지율이 높다.

422

균형 개발 방식은 지역 주민의 요구와 참여에 기반을 둔 상향식 개발 방식으로, 효율성보다 경제적 형평성을 추구하며, 지역 간 균형 발전을 목표로 한다. 지역 주민의 의사 결정을 존중하고 지역 특성에 맞는 개발을 진행할 수 있다는 장점이 있는 반면, 지나친 지역 이기주의를 초래할 수 있다는 단점이 있다.

바로잡기 ③ 투자 효과가 큰 지역을 선정하여 집중적으로 투자하는 방식은 성장 거점 개발 방식이다.

423

㈎는 성장 거점 개발 방식, ㈏는 균형 개발 방식이다. 그래프에서 A는 ㈎에서 높게 나타나고, ㈏에서 낮게 나타나는 것, B는 ㈏에서 높게 나타나고, ㈎에서 낮게 나타나는 것이다. 성장 거점 개발 방식에서는 자원 투입의 효율성이 높고, 균형 개발 방식에서는 분배의 형평성이 높다.

바로잡기 ① (가)에서 파급 효과를 기대하지만, 역류 효과가 나타날 경우 지역 간 격차가 심해진다. ② 주민 의견 수렴 정도와 국민 복지에 대한 관심은 모두 (나)에서 높게 나타난다. ③ 환경 보전 정도, 투자의 비효율성은 모두 (나)에서 높게 나타난다. ⑤ 지역 간 불균형 해소, 소득 격차의 완화 정도는 모두 (나)에서 높게 나타난다.

424

그래프는 개발 전보다 개발 이후 중심지에서 성장의 효과가 크게 나타나지만 주변 지역에서는 역류 효과가 나타나 지역 간 격차가 심화되었음을 보여 준다. 역류 효과는 주로 성장 거점 개발 방식을 통한 지역 개발의 결과로 잘 나타난다. 성장 거점 개발은 주로 하향식 개발로 이루어지며, 파급 효과에 비해 역류 효과가 클 때 그래프와 같은 현상이 나타난다.

바로잡기 ㄷ. 성장 거점 개발은 형평성보다는 효율성을 추구하는 개발 방식이다. 형평성을 추구하는 개발 방식은 균형 개발 방식이다. ㄹ. 분배의 가치를 실현하는 개발 방식은 균형 개발 방식이다.

1등급 정리 노트 성장 거점 개발 방식의 기대와 단점

구분	내용
기대	파급 효과 발생 : 지역 개발이 진행되는 과정에서 특정 지역의 개발 효과가 주변 지역으로 확산되어 동반 성장을 가져오는 것
단점	역류 효과 발생 : 개발에 따른 이익이 주변으로 파급되지 못하고, 오히려 주변 지역에서 거점 지역으로 인구와 자본이 집중하여 지역 격차가 커지는 것

425

우리나라의 국토 개발 계획은 1970년대에는 거점 개발에 의한 생산환경 조성, 1980년대에는 생활 환경 조성, 1990년대에는 균형 개발을 통한 자연환경 보전, 2000년대에 들어서면서 통합 국토를 추구하고 있다. A에서 D로 갈수록 중앙 정부의 역할은 점차 축소되고 있으며, 1990년대(C)에 접어들면서 분배에 관심을 기울이기 시작하였다. C에서 D로의 변화는 균형 개발에서 균형 발전으로의 의미를 담고 있다.

바로잡기 ㄷ. 1980년대(B)에 인구의 지방 분산을 유도하기 위해 광역 개발 정

책과 수도권 정비 계획법 등을 시행하였다.

426

제1차 국토 종합 개발 계획에서는 수도권과 남동 임해 지역 중심의 성장 거점 개발 방식이 도입되어 사회 간접 자본의 확충, 국민 생활 환경 개선, 국토 이용 관리 효율화 등을 기본 목표로 하였다. 반면, 제3차 국토 종합 개발 계획에서는 균형 개발 방식이 도입되어 지방 분산형 국토 골격 형성, 국민 복지 향상, 남북 통일 대비 기반 조성 등을 기본 목표로 하였다.

427

지도에 표시된 지역은 느림의 철학을 바탕으로 인간과 자연의 조화를 추구하는 슬로시티이다.

바로잡기 ①은 위성 도시, ②는 기업 도시, ③은 혁신 도시, ⑤는 도농 통합시에 관한 설명이다.

428

표는 제4차 국토 종합 계획 수정 계획(2011~2020년)에서 제시된 기본 목표이다. 광역적 공간 단위, 지역 특화 발전 등의 내용을 담고 있는 목표는 '경쟁력 있는 통합 국토'이다. 친환경 국토, 안전한 국토 등은 '지속 가능한 친환경 국토'라는 목표에 포함되는 내용이다. 역사·문화 자원의 활용과 쾌적한 삶의 공간 조성은 '품격 있는 매력 국토'라는 목표에서 제시된 내용이다. 물류·금융·교류의 거점 국가, 관문 기능의 강화 등은 '세계로 향한 열린 국토'에서 제시된 내용이다.

429

지속 가능한 발전은 생태계의 수용 능력을 초과하지 않는 범위 내에서 경제 개발을 이루려는 것이다. 이를 위해서는 생산과 소비를 자원 순환형으로 바꾸어야 하고 환경과 경제를 통합적 시각에서 다루어야 한다. 녹색 성장은 에너지와 자원을 절약하고 효율적으로 사용하여 기후 변화와 환경 훼손을 줄이는 등 녹색 기술의 연구와 개발을 통해 신성장 동력과 일자리를 창출한다는 개념이다. 신·재생 에너지 연구와 같은 녹색 기술을 통해 일자리를 창출하는 것은 녹색 성장의 대표적인 사례에 해당한다. 따라서 질문 1, 2, 3은 옳은 내용이고, 질문 4는 틀린 내용이다.

1등급 정리 노트 지속 가능한 국토 공간의 조성

긍정적 영향	국토 공간에 관한 사회적·경제적 요구와 환경·생태적 기능이 조화를 이룰 수 있도록 함
노력	정부 지역 주민, 전문가, 시민 단체 등이 협력하여 활동 예 슬로시티 운동 등

430

지도에 표시된 강원 원주, 충북 진천·음성, 전북 전주·완주, 전남 나주, 경북 김천, 경남 진주, 제주 서귀포 등은 수도권의 집중을 해소하고 지방의 경제를 활성화하기 위해 조성된 혁신 도시이다. 혁신 도시는 공공 기관의 지방 이전과 기업, 학교, 연구소의 협력으로 지역의 성장 거점 지역에 조성되는 미래형 도시이다.

바로잡기 ㄱ. 느림의 철학을 바탕으로 인간과 자연의 조화를 추구하는 도시는 슬로시티이다. ㄴ. 특정 민간 기업이 주도하여 산업, 연구, 관광 등의 기능과 주거, 교육 등의 자족적 복합 기능을 고루 갖춘 도시로 개발하는 것은 기업 도시이다.

431

철거(전면) 재개발은 기존의 시설을 완전히 철거하고 새로운 시설물로 대체하는 방법으로, 원주민의 재정착률이 낮고 공동체 문화가 해체된다는 문제점이 있다.

채점 기준	수준
철거(전면) 재개발과 보존 재개발을 구분하여 쓰고, 철거 재개발의 문제점을 서술한 경우	상
철거(전면) 재개발과 보존 재개발만을 쓴 경우	하

432

성장 거점 개발 방식은 주로 중앙 정부가 주체가 되어 하향식 개발로 이루어진다. 이는 단기간의 경제 성장을 도모하고, 효율성을 추구하기 위함이다. 그러나 역류 효과 발생 시 지역 격차가 심화된다는 단점이 있다.

채점 기준	수준
역류 효과로 인해 발생하는 문제점을 구체적으로 서술한 경우	상
역류 효과에 대한 언급 없이 문제점만을 서술한 경우	하

433

성장 거점 개발 방식은 투자 효과가 가장 큰 지역을 성장 거점으로 지정하여 집중적으로 투자하므로 자원의 효율적 투자가 가능해 경제적 효율성이 높다. 균형 개발 방식은 낙후 지역에 우선적으로 투자하며 지역 주민의 의사 결정을 존중해 지역 특성에 맞는 개발을 진행할 수 있다.

채점 기준	수준
성장 거점 개발 방식의 장점과 균형 개발 방식의 장점을 모두 정확하게 서술한 경우	상
성장 거점 개발 방식과 균형 개발 방식의 장점 중 한 가지만 서술한 경우	하

적중 1등급 문제

85쪽

434 ③ **435** ④ **436** ⑤ **437** ⑤

434 도시 재개발 방식 구분하기

1등급 자료 분석 철거 재개발과 수복 재개발

(가) ○○시 □□동 일대는 달동네였다. 그러나 재개발이 진행되면서 노후화된 주택들이 대규모 아파트 단지로 변화하였다. 현재는 과거의 흔적을 찾아보기가 어렵게 되었다.
기존 시설을 모두 철거한 재개발로 과거의 흔적을 보기 힘들다.

(나) ◇◇시 동 일대는 달동네였다. 지금도 과거의 흔적이 남아 있지
기존의 골격을 유지하면서 필요한 부분을 수리 및 보완하기 때문에 과거의 모습을 볼 수 있다.
만 주민, 작가, 학생들이 합심하여 마을 담벼락에 그림을 그리고
지역 주민의 참여율이 높은 재개발 방식이다.
조형물을 설치하여 마을을 변모시켰다.

(가)는 기존의 건물과 시설을 완전히 철거하여 새로운 시설을 조성하는 철거 재개발이다. (나)는 기존의 골격을 유지하면서 필요한 부분을 수리 및 개조하여 보완하는 수복 재개발이다. 철거 재개발은 수복 재개발에 비해 원거주민 재정착률, 지역 주민 참여율, 기존 건물 활용률과 기존 상권 유지율 등이 낮다. 반면 건물의 평균 층수 변화율과 사업 규모(비용)는 크고, 집약적 토지 이용률은 더 높다. 따라서 그림의 C에 해당된다.

435 지역 개발의 사례 분석하기

1등급 자료 분석 지역 특징을 살린 관광 상품

지역의 상징물은 지역 홍보나 마케팅을 위해 사용되는 이미지·슬로건·캐릭터 등으로, 해당 지역의 자연환경·역사·문화 등 고유한 특성을 이용하여 만들어진다. 각 지역 특산물이나 지역의 특성을 활용한 지역 축제는 해당 지역 주민들의 적극적인 참여를 통해 개최되며 지역의 잠재력을 활용한 개발 사례이다.

바로잡기 ④ 각 지역의 특성을 활용한 개발로 도·농간 지역 격차를 완화시킬 수 있다.

436 우리나라 국토 개발 과정 파악하기

1등급 자료 분석 우리나라 국토 개발 계획

우리나라는 1960년대 이후 효율적인 경제 성장을 위해 노력하였다. ㉠ 1970년대의 국토 종합 개발 계획에서는 생산 기반 확충이 이루어졌고, 수도권과 남동 해안 지역에 다수의 공업 단지를 건설하였다. 1980년대의 국토 종합 개발 계획에서는 ㉡ 인구의 지방 분산을 유도하기 위한 정책이 시행되었으며, ㉢ 1990년대의 국토 종합 개발 계획에서는 지방 육성과 수도권 집중 억제, 남북통일에 대비한 기반을 조성하기 위해 노력하였다. 2000년대 이후의 국토 종합 계획에서는 지역의 경쟁력을 높이며, ㉣ 세계화 시대에 적합하고 자연 친화적인 국토 환경을 조성하기 위해 노력하고 있다.

- ㉠: 제1차 국토 종합 개발 계획은 생산 기반 시설 확충을 목표로 경제적 효율성을 추구하는 발전 방식이다.
- 수도권과 남동 해안 지역: 발전 가능성 높은 지역을 선정하여 집중 투자하는 성장 거점이다.
- ㉡: 성장 거점 개발에 따른 지역 격차를 해소하기 위해 인구의 지방 분산을 유도하였다.
- 2000년대 이후의 국토 종합 계획: '개발' 단어를 삭제하여 경제적 효율성보다는 형평성을 강조한다.

1970년대 제1차 국토 종합 개발 계획은 성장 거점 개발 방식을 채택하여 중앙 정부가 주도하는 하향식 개발이었다. 성장 거점 개발 방식에 따라 경부축을 중심으로 하는 지역 격차가 발생하면서 산업 및 인구의 지방 분산을 유도하는 정책을 시행하였다. 1990년대 제3차 국토 종합 개발 계획에서는 균형 개발을 채택하여 경제적 효율성보다는 형평성에 중점을 두고 분산형 개발을 진행하였다. 2000년대 이후 제4차 국토 종합 계획에서는 세계를 향한 열린 국토를 위해 신성장 해양 국토 기반 구축을 위해 노력하고 있다.

바로잡기 ㄱ. 1970년대 제1차 국토 종합 개발 계획은 성장 거점 개발 방식을 채택하여 중앙 정부가 주도하는 하향식 개발이었다.

437 제4차 국토 종합 계획 수정안 목표 분석하기

1등급 자료 분석 제4차 국토 종합 계획 수정안

글로벌 녹색 국토(제4차 국토 종합 계획 수정 계획)

㉠ 균형 국토, 개방 국토, 녹색 국토, 통일 국토를 지향했던 제4차 국토 종합 계획은 국내외 여건 변화에 대응하기 위해 두 차례 수정 과정을 거쳤다. 글로벌 녹색 국토 조성을 위한 ㉡ 제4차 국토 종합 계획 수정 계획은 ㉢ '글로벌 국토'의 실현과 ㉣ '녹색 국토'의 실현이라는 목표를 담고 있다.

- 제목: 기존 1~3차 국토 종합 개발 계획과 달리 '개발' 단어를 삭제하여 경제적 효율성보다는 형평성을 강조한다.
- ㉠: 성장 거점 개발 방식에 의한 불균형 국토의 지역 격차를 줄이기 위한 목표이다.
- ㉢: 세계로 열린 신성장 해양 국토 기반을 구축하고 초국경적 국토 경영 기반을 구축한다.
- ㉣: 녹색 교통·국토 정보 통합 네트워크 구축과 환경 보전을 위해 탄소 배출량을 줄이는 개발을 진행한다.

1970년대 제1차 국토 종합 개발 계획은 성장 거점 개발 방식을 채택하여 경부축을 중심으로 개발하며 남동 임해 공업 지역을 조성하였다. 제4차 국토 종합 계획은 지역의 균형 발전 정책을 지속적으로 추진하면서 세계화에 적합한 글로벌 녹색 국토를 실현하고자 노력하고 있다. 이를 위해 유라시아와 태평양을 선도한다는 글로벌 국토 실현과 저탄소 녹색 성장의 기반을 마련하는 녹색 국토의 실현이라는 목표를 담고 있다.

바로잡기 ㄱ. 남동 임해 공업 단지는 제1차 국토 종합 개발 계획을 진행하면서 성장 거점에 조성한 지역이다.

단원 마무리 문제

86~89쪽

09 촌락과 도시의 변화

438 ④ 439 ⑤ 440 ① 441 ② 442 ③ 443 ② 444 ④ 445 ① 446 ① 447 **예시 답안** 도심의 인구 공동화 현상으로 거주 인구가 대폭 감소하면서 입학생 수가 감소하였기 때문이다.

10 도시 및 지역 개발과 공간 불평등

448 ⑤ 449 ② 450 ⑤ 451 ③ 452 ① 453 **예시 답안** ㉠ 해당 지역 건물이나 도시 인프라가 개선되면서 지역 경제가 활성화된다. ㉡ 원주민의 주거권이 침해되거나 해당 지역의 고유한 특성이 사라진다.

438
(가)는 제주도, (나)는 선상지이다. 제주도는 다공질의 현무암이 기반암으로 해안에 용천대가 나타나 물을 구하기 쉬워 촌락이 형성되었다. 선상지는 계곡물을 이용할 수 있는 곡구(선정)와 용천대가 나타나는 선단에 촌락이 주로 입지한다. 따라서 촌락 형성에 공통적으로 영향을 미친 원인은 생활용수 확보가 유리한 곳이라는 것을 알 수 있다.

바로잡기 ① 남향에 위치해 일조량이 풍부한 곳에는 배산임수형 촌락이 형성된다. ② 국방상의 요충지에 형성되는 촌락은 방어를 목적으로 조성되거나 국경 및 해안 지역에 병영촌이 발달한다. ③ 육상 교통의 요지에 형성되는 촌락으로는 조치원, 역삼동 등의 역원 취락이 있다. ⑤ 홍수 피해 방지에 유리한 곳은 감입 곡류 하천 주변에 분포한 하안 단구의 촌락과 범람원 상의 자연 제방에 입지한 촌락이 대표적이다.

439
(가)는 가옥 밀집도가 높은 집촌, (나)는 가옥 밀집도가 낮은 산촌이다. 집촌은 협동 노동이 필요한 벼농사 지역, 혈연 중심의 동족촌이 형성된 지역 등에서 주로 나타난다. 집촌은 공동체 의식이 강하며 가옥과 경지의 결합도가 낮아 효율적 경지 관리에 어려움이 있다. 산촌은 경지가 협소하고 분산되어 있는 산간 지역, 경지를 새롭게 개간한 지역 등에서 주로 나타난다. 산촌은 공동체 의식은 약하지만 가옥과 경지의 결합도가 높아 경지 관리에 유리하다.

바로잡기 ⑤ 벼농사와 같이 협동 노동이 필요한 곳에서는 집촌의 형태가 주로 나타난다.

440
서울은 우리나라에서 인구가 가장 많은 수위 도시로, 우리나라는 서울을 중심으로 한 수직적 도시 체계가 나타난다. 이는 서울과 지방의 중소 도시를 직접 연결하는 교통망이 발달한 것을 통해 알 수 있다. 서울은 현재도 가장 인구가 많은 도시이나 지방의 중심 도시 역시 성장하였고, 교통·통신의 발달로 도시 간 상호 교류가 증가하였다.

바로잡기 ㄷ. 대도시는 넓은 지역에 재화와 서비스를 공급하기 때문에 많은 중심 기능을 보유하고 있다. ㄹ. 지방 중심 도시가 성장하면서 다핵화 현상이 나타나더라도 중심성이 큰 대도시는 넓은 범위에 재화와 서비스를 공급하기 때문에 배후 지역이 넓지만, 중소 도시는 대도시에 비해 배후 지역이 좁다.

441
A는 상업·업무 기능, B는 공업 기능, C는 주거 기능이다. 상업·업무 기능은 지대 지불 능력이 가장 높으므로 도심과 가까운 지역에 입지한다. 한편, 도시가 성장하면 도시 내부의 지대가 높아지게 되고 그 결과 주거 기능은 저렴한 지대를 찾아 주변 지역으로 분산된다.

바로잡기 ㄴ. 접근성이 가장 높은 지점은 지대가 높기 때문에 주로 상업·업무 기능이 입지한다. 공업 기능인 B는 주로 상업·업무 기능이 입지하는 곳보다 접근성이 낮은 곳에 입지한다. ㄹ. 도심에서 거리에 따른 지대 변화율은 지대 곡선의 기울기와 관련이 깊다. 기울기가 큰 A는 지대 변화율이 가장 크며 기울기가 가장 작은 C는 지대 변화율이 가장 작다. 따라서 도심에서 거리에 따른 지대 변화율은 A>B>C 순으로 나타난다.

442
(가)는 주간 인구 지수가 100 이하이고, 차량 평균 운행 속도가 가장 빠른 주변 지역이다. (다)는 주간 인구 지수가 가장 높고, 차량 평균 운행 속도가 가장 느린 도심이다. (나)는 부도심이다. A는 평균 유동 인구가 가장 많고, 상주인구가 적어 초등학교 학급 수가 가장 적은 도심이다. C는 평균 유동 인구가 가장 적고, 상주인구가 많아 초등학교 학급 수가 많은 주변 지역이다. B는 부도심이다. 따라서 (가)는 C, (나)는 B, (다)는 A이다. 도심(A)은 주변 지역(C)보다 지대가 높아 업무용 건물의 평균 층수가 높다. 부도심(B)은 주변 지역(C)보다 지대가 높으며, 상점의 평균 임대료도 비싸다.

바로잡기 ㄱ. (가)는 C, (나)는 B, (다)는 A이다. ㄹ. 주변 지역(C)은 도심(A)보다 출근 시간대 순 유입 인구는 적고, 순 유출 인구는 많다.

443
1975년에는 인구 규모 10위 도시 안에 마산과 전주 등 지방 중심 도시가 포함되었고, 성남과 울산이 10위권 내에 진입하였다. 1995년 마산과 전주가 10위권 밖으로 밀려났고, 수도권의 부천과 수원이 10위권에 포함되었다. 세 시기 동안 서울이 수위 도시로 최상위 계층, 그 다음으로 부산이 고차 계층을 형성하였고, 종주 도시화 현상은 지속적으로 나타났다. 1975년 대비 2015년 서울의 인구는 약 1.4배 증가했으나 인천은 약 3.6배 증가하였다.

바로잡기 ㄴ. 1995년은 1975년보다 서울, 인천, 성남의 인구가 크게 증가했으며, 부천과 수원도 새롭게 10위 안에 포함되는 등 수도권 집중 현상이 심화되었다. ㄹ. 1975년에는 수도권 외 광역시를 제외한 지방 중심 도시로 마산, 전주가 10위 안에 포함되었으나, 1995년에는 10위 안에 포함된 도시가 없다.

444
그래프를 보면 (가)는 촌락에 해당하는 군 지역의 인구 비중이 가장 낮으므로 수도권, 영남권, 강원권, 제주권 중 수도권에 해당된다. 그다음으로 군 지역군 인구 비중이 낮은 (나)는 영남권으로, 영남권은 100만 명 이상 도시군의 비중이 높다. 이는 영남권에 부산, 대구, 울산, 창원 등의 대도시가 상대적으로 많기 때문이다. (다)와 (라)는 강원권과 제주권으로, 인구 규모가 큰 대도시의 발달이 상대적으로 미약하다. 제주시와 서귀포시 두 행정 구역으로 구분하여 군이 없는 (라)가 제주권이고, (다)는 강원권이다. 강원권은 (가), (나)에 비해 군 지역군 인구 비중이 높다. ④ 우리나라는 수도권과 영남권을 중심으로 국토 개발이 진행되었다.

바로잡기 ① 항구를 중심으로 한 도시 발달은 (나) 영남권에 해당된다. ② 영남권에는 부산·대구·울산광역시 뿐만 아니라 창원시도 인구 100만 명 이상의 도시이다. ③ 강원권은 군 지역 인구 비중이 가장 높으나 지역 내 인구가 많지 않아 군 지역 거주 인구가 가장 많지 않다. ⑤ (가)는 수도권, (라)는 제주권으로 행정 구역 경계가 맞닿아 있지 않다.

445
상대적으로 평균 지가가 높은 A는 도심, 지가가 낮은 B는 주변 지역에 해당한다. 도심은 다른 지역보다 접근성과 평균 지대, 주간 인구 지수가 높으며, 주변 지역은 주로 주거 기능이 입지하기 때문에 상주인구와 초등학생 수가 많다.

바로잡기 ② 상주인구는 외곽 지역으로 갈수록 많아지며 접근성은 도심에서 높다. ③ 평균 지대는 도심에서 가장 높으며 상주인구 대비 주간 인구의 비율을 나타낸 주간 인구 지수도 도심에서 가장 높게 나타난다. ④ 초등학생 수는 주변 지역에서 많은 편이다. ⑤ 주간 인구 지수와 평균 지대는 도심에서 높게 나타난다.

446
(가)는 다른 지역에 비해 공장 용지의 비중이 가장 높다. (나)는 다른 지역에 비해 임야 비중이 가장 높다. (다)는 다른 지역에 비해 대지, 즉 주거용 및 상업용 건물을 짓는 데 활용되는 땅의 비중이 높다. 따라서 (가)는 제조업이 발달한 서울 남쪽에 위치한 평택, (나)는 서울 동쪽에 위치한 양평, (다)는 서울과 가장 가까운 곳에 위치한 광명이다. (가) 평택은 제조업이 발달하여 지역 내 일자리가 비교적 많기 때문에 서울의 주거 기능을 분담하는 (다) 광명보다 서울에 대한 의존도가 낮다. (다) 광명은 (나) 양평보다 서울과 가깝고 주거 기능이 강하기 때문에 아파트 비율이 높다.

바로잡기 ㄷ. (다) 광명은 서울과 가까운 지역으로 대지 비율이 높아 서울과 거리가 멀고 임야 면적 비중이 높은 (나) 양평보다 평균 지가가 높다. ㄹ. (다) 광명은 (나) 양평보다 농경지 면적 비율은 높지만 양평이 광명보다 면적이 크기 때문에 농경지 면적은 양평이 광명보다 넓다.

447
최근 도심 지역은 중심 업무 기능이 밀집하면서 지대가 상승하여 지대 지불 능력이 낮은 주거 기능이 입지하기 어려운 조건으로 변화하였다. 따라서 지대가 저렴한 도시 외곽 지역으로 주거 시설이 이주하면서 도심 주변에는 학생 수가 감소하였다. 따라서 학교도 학생을 따라 주거지가 이전한 지역으로 같이 이전하였다.

채점 기준	수준
도심의 인구 공동화 현상을 언급하고 거주 인구 감소로 학생 수가 감소하였음을 서술한 경우	상
도심의 인구 공동화 현상에 대해서만 간단히 서술한 경우	하

448
지도를 SWOT〔강점(Strength), 약점(Weakness), 기회(Opportunity), 위협(Threat)〕 기법으로 분석하면, 세종시를 중심으로 한 중부권이 국토의 새로운 핵으로 부상하여 청주가 발달할 수 있는 기회가 될 수 있다. 또한 국가 중심 정책으로서 도시 재생 사업이 활발한 것도 기회가 될 수 있는 외부 요인이다. 반면, 주변의 여건이 변화하면서 주변 도시와 기능 및 역할 보완이 필요한 것, 저출산·고령화로 인적 자원 및 도시 활력이 감소되고 있는 것 등은 청주 발달에 위협이 될 수 있는 외부 요인이다.

바로잡기 ㄱ. 강점 : 청주는 국토 공간 및 광역 교통의 중심부에 위치하므로 위치적인 강점이 있다. ㄴ. 약점 : 청주는 내륙에 입지하여 대량 화물의 해안 수송이 어렵다.

449
(가)는 1972~1981년에 시행한 제1차 국토 종합 개발 계획이다. 성장 거점 개발 방식을 채택하여 열악한 산업 기반 시설을 확충하기 위한 개발 계획으로 경제적 효율성을 중시하여 환경 오염, 지역 격차 발생 등의 문제가 나타났다. (나)는 1992~1999년에 시행한 제3차 국토 종합 개발 계획이다. 이 시기에는 균형 개발 방식을 채택하여 특정 지역에 집중된 개발 이익을 분산시키기 위해 노력하였고, 경제적 효율성보다는 형평성에 초점을 맞추고 환경 보전을 위해 노력하였다. (가) 제1차 국토 종합 개발 계획은 (나) 제3차 국토 종합 개발 계획보다 국토 개발 시기가 이르고, 중앙 정부의 결정권이 강하며, 경제적 효율성이 더 높다. 따라서 그림의 B에 해당된다.

450
(가)는 혁신 도시, (나)는 기업 도시이다. 혁신 도시는 공공 기관이 이전하여 기업, 대학 연구소, 공공 기관 등이 서로 긴밀하게 협력할 수 있는 여건과 수준 높은 주거, 교육, 문화 등의 정주 환경을 갖추도록 하는 미래형 도시이다. 기업 도시는 민간 기업이 주도하여 특정 산업을 중심으로 개발한 자급자족형 복합 기능 도시이다. 혁신 도시와 기업 도시 모두 지역 격차를 해소하기 위해 지방으로 산업을 분산하는 정책이다.

바로잡기 ㄱ. (가)는 혁신 도시로 공공 기관을 이전하여 지역 발전을 유도한다. ㄴ. (나)는 기업 도시로 특정 기업이 주도하여 개발하는 자급자족형 도시이다.

451
슬로시티(slow city)는 '유유자적한 도시, 풍요로운 마을'이라는 뜻의 이탈리아어 치타슬로를 영어로 표현한 것으로, 기본적으로 '느리게 살자'라는 뜻을 담고 있다. 즉 급변하는 사회 속에서 느리고 여유로운 삶을 지향하며 자연환경과 문화 보존을 바탕으로 지역을 매력적인 장소로 만들기 위한 운동이다. 따라서 슬로시티는 지역의 정체성과 고유성을 지키면서 관광 산업을 발전시키는 계기가 된다. 슬로시티로 지정되려면 생태 환경이 보전되어 있어야 하며 슬로푸드가 될 만한 유기농 특산물이 있어야 한다.

바로잡기 ③ 대규모 숙박 시설을 건설하는 것은 환경을 파괴하는 기존의 대규모 관광 형태이다.

452
(가)는 역사·문화적으로 보존할 가치가 있는 지역을 재활성화하는 재개발이 이루어졌으므로 보존 재개발이 추진되었다. (나)는 기존 건물과 시설이 완전히 철거되고 새로운 아파트 단지가 들어섰으므로 철거 재개발이 시행되었다. 철거 재개발은 많은 자본을 투입하는 개발 방식으로 원거주민의 높은 이주율, 자원 낭비 등의 문제점이 나타난다. 보존 재개발은 지역의 환경 악화를 예방하고 유지 및 관리하는 방법으로 기존 건물의 활용도가 높고 지역 주민의 참여도가 높은 재개발 방식이다.

453
젠트리피케이션은 낙후된 구도심 지역이 활성화되어 중산층 이상의 계층이 유입됨으로써 기존의 저소득 원주민을 대체하는 현상이다. 젠트리피케이션으로 도시 인프라가 개선되면서 대규모 상업 시설이 입지하고 지역 경제가 활성화되는 긍정적인 면이 있다. 그러나 원주민의 주거권이 침해되거나 프랜차이즈와 같은 거대 자본의 유입으로 해당 지역의 고유한 특성이 사라지는 부정적인 면이 있다. 이에 따라 젠트리피케이션이 심각한 지역에서 나타나는 여러 문제점을 해결하고 지역 특성을 살리는 방안을 마련하고 있다.

채점 기준	수준
젠트리피케이션의 긍정적인 면과 부정적인 면을 정확히 구분하여 각각 바르게 서술한 경우	상
젠트리피케이션의 긍정적인 면과 부정적인 면 중 하나만 바르게 서술한 경우	중
젠트리피케이션의 긍정적인 면과 부정적인 면 모두 서술이 미흡한 경우	하

V 생산과 소비의 공간

11 자원의 의미와 자원 문제

분석 기출 문제 91~94쪽

[핵심 개념 문제]

454 편재성 **455** 무연탄 **456** 태양광 **457** ×
458 ○ **459** × **460** ㉢ **461** ㉠ **462** ㉡ **463** ㄱ, ㄷ
464 ㄴ, ㅁ **465** ㄹ, ㅂ

466 ③ **467** ④ **468** ④ **469** ③ **470** ⑤ **471** ⑤ **472** ②
473 ④ **474** ④ **475** ⑤ **476** ④ **477** ② **478** ④

1등급을 향한 서답형 문제

479 예시 답안 A는 무연탄이다. 무연탄은 석유와 천연가스의 소비 증가에 따른 수요 감소와 석탄 산업 합리화 정책으로 대부분의 탄광이 폐쇄되었다.

480 A-석탄, B-원자력, C-천연가스, D-석유

481 예시 답안 우리나라는 석탄, 석유, 천연가스를 이용하는 화력 발전이 전력 생산의 중심을 이루고 있고, 그 다음으로는 원자력의 비중이 높으며, 수력이 가장 낮다.

482 예시 답안 우리나라는 에너지 소비량이 급증하고 있고, 에너지 자원의 수입 의존도가 90% 이상으로 매우 높게 나타난다. 이러한 문제의 대책으로는 자원 절약형 산업 육성, 신·재생 에너지 개발 및 이용 확대, 해외 자원 개발 참여 등이 있다.

466

㉡은 자원의 유한성, ㉢은 자원의 편재성과 관련이 있다. 자원 민족주의는 자원 보유국이 자원의 공급 및 가격 결정을 통해 자원을 무기화하려는 경향을 말하는데, 이는 자원의 특성 중 유한성과 편재성과 관련해 나타나는 현상이다. ㉣ 넓은 의미의 자원은 천연자원뿐만 아니라 문화적·인적 자원인 기술, 노동력, 예술 등을 포함한다.

바로잡기 ㄱ. ㉠은 자원의 가변성에 해당한다. ㄹ. ㉤ 재생 불가능한 자원에는 석탄, 석유, 천연가스 등과 같은 화석 연료가 있다. 금속 광물에 해당하는 철광석과 텅스텐은 재생 수준이 사용량과 투자 정도에 따라 달라지는 자원이다.

467

A는 고갈 가능성이 높으므로 재생 불가능한 자원인 화석 연료, B는 금속 광물, C는 인간의 사용량과는 무관하게 지속적으로 공급되는 자원인 풍력, 태양광, 수력, 조력 등의 재생 가능한 자원이다. 우리나라는 현재 재생 가능 에너지보다 화석 연료의 연간 소비량이 많다.

바로잡기 ①은 C, ②는 A, ③은 B에 관한 설명이다. ⑤ 경제적 효율성이 높아 상업적으로 널리 이용되는 것은 화석 연료이다.

468

(가)에서 석탄은 사용함에 따라 고갈되는 재생 불가능한 자원이며, 탄광이 폐광되었으므로 경제적 의미의 자원이 기술적 의미의 자원으로 변화된 사례(B)이다. (나)에서 태양광은 사용량과 무관하게 재생 가능한 자원이며, 태양광이 상용화되었으므로 기술적 의미의 자원이 경제적 의미의 자원으로 변화된 사례(E)이다.

469

A는 태백 상동에 주로 분포하는 텅스텐, B는 강원도 남부와 충북 북부 지역에 주로 분포하는 석회석, C는 경남 지역에 주로 분포하는 고령토이다. 석회석(B)은 주로 고생대 조선 누층군에 매장되어 있으며, 고령토(C)는 도자기 및 내화 벽돌, 화장품 등의 원료로 사용된다.

바로잡기 ㄱ. 시멘트 공업의 원료로 이용되는 광물 자원은 석회석(B)이다. ㄹ. 석회석(B)은 고령토(C)보다 매장량이 많고, 가채 연수가 길다.

470

1차 에너지 소비 구조에서 가장 큰 비중을 차지하는 D는 석유, 그 다음 C는 석탄, 1990년대 이후 소비 비중이 가장 크게 증가한 B는 천연가스, A는 원자력이다. (라) 석유는 수요량의 대부분을 해외에서 수입한다. (마) 석탄(C)은 천연가스(B)보다 연소 시 대기 오염 물질을 많이 배출한다.

바로잡기 (가)는 석유(D), (다)는 천연가스(B)에 관한 설명이다. (나) 화석 연료인 천연가스(B)는 비재생 에너지 자원이다.

471

(가)는 강원과 전남에서 생산되고 있으므로 석탄, (나)는 여러 곳에서 생산되고 있으므로 수력, (다)는 경북(울진, 월성), 전남(영광), 부산(고리)에서 생산되고 있으므로 원자력, (라)는 울산에서 100%가 생산되고 있으므로 천연가스이다. 천연가스는 울산 앞바다에서 소량 생산되나 대부분 수입에 의존하고 있다. 원자력의 연료인 우라늄은 전량 해외에서 수입하고 있다. 천연가스는 냉동 액화 기술의 발달과 수송 수단의 보급 확대로 소비량이 급증하였다.

바로잡기 ㄱ은 (나) 수력, ㄴ은 (라) 천연가스에 관한 설명이다.

472

강원도와 충남에서 소비 비중이 높은 A는 석탄, 에너지 소비량 비중이 가장 높은 B는 석유, 인구가 집중한 수도권에서 소비 비중이 높은 C는 천연가스, 경북·전남·부산에서만 소비되는 D는 원자력이다.

473

원자력 발전소는 지반이 견고하고 다량의 냉각수를 획득하기에 유리한 해안 지역에 주로 입지한다.

바로잡기 ① 대도시에서 소비 비중이 높은 것은 석유(B)와 천연가스(C)이다. ② 석유(B)는 석유 관련 공업이 발달한 울산이 소비 비중이 가장 높다. ③ 천연가스는(C)는 인구가 집중한 수도권에서 가장 많이 소비한다. ⑤ 우리나라에서 소비량이 가장 많은 에너지는 석유(B)이다.

474

㉠은 화력 발전, ㉡은 원자력 발전이다. 화력 발전은 원자력 발전에 비해 전력 생산량과 대기 오염 물질 배출량이 많다. 반면 원자력 발전은 화력 발전에 비해 건설 비용과 폐기물 처리 비용이 많이 든다.

475

A는 전력 수요가 많은 수도권과 남동 임해 지역에 주로 분포하므로 화력, B는 유량이 풍부하고 낙차가 큰 하천 중·상류에 주로 입지하므로 수력, C는 고리, 월성, 영광, 울진에 위치하므로 원자력 발전이다. 원자력 발전은 수력 발전보다 발전 설비 대비 발전량이 많고, 발

전 과정에서 냉각수가 필요하기 때문에 주로 해안가에 입지한다.

바로잡기 ㄱ. 수력(B) 발전은 화력(A) 발전보다 기후 조건의 영향을 크게 받는다. ㄴ. 화력(A) 발전이 수력(B) 발전보다 안정적인 전력 생산이 가능하다.

476

㈎는 산업용으로의 소비 비중이 가장 높은 석탄, ㈏는 산업용·수송용으로의 소비 비중이 높은 석유, ㈐는 산업용·가정용으로의 소비 비중이 높은 천연가스이다.

바로잡기 ① 석탄은 석탄 산업 합리화 정책 이후 가정용으로 이용되는 비중이 크게 감소하였다. ② 고생대 평안 누층군에서 주로 채굴되는 화석 에너지는 석탄(무연탄)이다. ③ 천연가스는 우리나라의 울산 앞바다에서 소량 생산되고 있다. ⑤ 석유는 천연가스보다 우리나라에서의 사용 시기가 이르다.

477

수력, 조력, 풍력, 태양광 중에서 ㈎는 경기도에서만 생산되므로 조력, ㈏는 경기, 강원, 충북의 생산 비중이 높으므로 수력이다. ㈐는 강원, 경북, 제주의 생산 비중이 높으므로 풍력이고, ㈑는 전남, 전북, 경북의 생산 비중이 높으므로 태양광이라고 볼 수 있다. ㈎ 조력은 ㈏ 수력보다 발전 가능 시간이 규칙적이며, ㈐ 풍력은 ㈑ 태양광보다 발전 과정에서 소음이 크게 발생한다.

바로잡기 ㄴ. 수력은 풍력보다 상업용 전력 생산 시작 시기가 이르다. ㄹ. 태양광은 조력보다 기상 조건의 영향을 많이 받는다.

478

강원과 제주에 주로 입지하는 A는 풍력, 경기 안산의 시화호에 건설되어 있는 B는 조력, 전남 일대에 주로 입지하는 C는 태양광이다. 조력 발전(B)은 밀물과 썰물의 조차를 이용하는 발전으로, 방조제를 만들어 물을 가두어 낙차를 이용해 발전한다. 풍력(A)은 바람, 태양광(C)은 일조량의 영향을 받으므로 지형보다는 기후의 영향이 크다.

바로잡기 ㄱ은 C 태양광, ㄷ은 A 풍력에 관한 설명이다.

479

석탄 중 역청탄은 전량 수입하며, 무연탄은 고생대 평안 누층군에 매장되어 있으나 생산량이 적다.

채점 기준	수준
무연탄이라고 쓰고 생산 감소 원인까지 모두 서술한 경우	상
무연탄이라고 쓰고 생산 감소 원인을 간략히 서술한 경우	하

480

우리나라의 1차 에너지원별 발전량은 2016년 기준 석탄>원자력>천연가스>석유>신·재생 및 기타>수력 순으로 나타난다.

481

우리나라는 석탄, 석유, 천연가스를 이용하는 화력 발전이 전력 생산의 중심을 이루고 있다.

채점 기준	수준
우리나라의 전력 생산 구조의 특징을 화력, 원자력, 수력과 관련하여 서술한 경우	상
우리나라의 전력 생산 구조의 특징을 서술하였으나, 발전 양식과 관련된 언급이 없는 경우	하

482

우리나라는 에너지 소비량이 증가하고 있으며, 에너지 자원의 해외 의존도가 매우 높다.

채점 기준	수준
우리나라 에너지 수급의 문제점과 그 대책을 논리적으로 서술한 경우	상
우리나라 에너지 수급의 문제점과 그 대책 중 한 가지만 서술한 경우	하

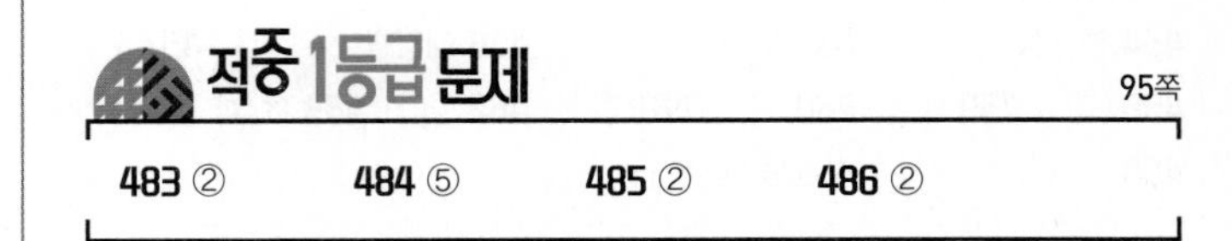

적중 1등급 문제

95쪽

483 ② 484 ⑤ 485 ② 486 ②

483 우리나라 신·재생 에너지 생산량과 지역별 생산 비율 파악하기

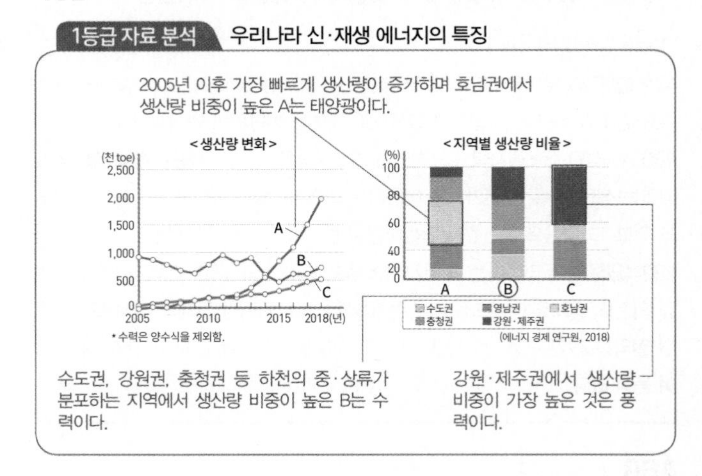

A는 태양광, B는 수력, C는 풍력이다. 수력 발전은 유량이 풍부하고 낙차가 큰 곳에서 발전이 유리하기 때문에 하천 하류보다 중·상류가 유리하다.

바로잡기 ① A는 태양광 발전으로 일조량이 풍부한 지역에서 생산이 유리하다. ③ C는 바람이 지속적으로 많이 부는 지역에서 생산이 유리하다. ④ 발전할 때 소음이 많이 발생하는 것은 풍력 발전이다. ⑤ 2005년 대비 2018년 에너지 생산량이 가장 빠르게 증가한 것은 태양광 발전이다.

484 우리나라 광물 자원의 이용 파악하기

1등급 자료 분석 광물 자원의 특징

• (㉠)은/는 백색을 띠거나 정제 후 백색을 갖게 되는 점토 광물이다. 주로 도자기 및 내화 벽돌, 종이, 화장품의 원료로 이용된다.
 └ 고령토에 대한 설명으로 강원도와 하동, 산청을 비롯한 경상남도 서부 지역에서 많이 산출된다.

• (㉡)은/는 시멘트 공업의 주원료이며, 제철 공업에서도 사용된다. 주로 삼척, 단양 등지에 분포하고 있다.
 └ 석회암
 └ 고생대 조선 누층군

• (㉢)은/는 제철 공업의 주원료로 산업이 발달하면서 수요가 급증하였다. 남한보다 북한에 주로 매장되어 있다.
 └ 금속 광물 중 가장 많이 소비되는 철광석에 대한 설명이다.

철광석은 제철 및 철강 공업의 원료로 주로 이용되며, 대부분을 오스트레일리아, 브라질 등에서 수입하고 있다. 시멘트 공업의 원료로 이용되는 석회석은 고생대 조선 누층군에서 생산되며, 매장량이 풍부하다. 따라서 석회석(㉡)은 고령토(㉠)보다 가채 연수가 더 길다.

바로잡기 ㄱ. 고령토는 강원도와 경상남도 서부 지역에서 많이 산출된다. ㄴ. 특수강 및 합금용 원료로 이용되는 텅스텐은 과거 강원도 영월에서 상당량을 생산하였으나, 값싼 중국산이 수입되면서 생산량이 급격히 감소하였다.

485 수력, 원자력, 풍력의 지역별 생산 특징 이해하기

1등급 자료 분석 지역별 에너지 생산 비율

원자력 발전은 경북 울진·경주, 부산, 전남 영광에 입지한다. 비중이 가장 높은 B는 경상북도이고, A는 전라남도이다.

(가) 기타 24.9, 강원 23.4(%), 경남 9.9, 충북 21.9, 경기 19.9
(나) A 26.7, B 45.4(%), 부산 27.9
(다) 기타 8.0, A 14.1, 제주 27.7(%), B 23.9, 강원 26.3

(에너지 경제 연구원, 2016)

강원도, 충청북도, 경기도 등 하천 중·상류 지역의 발전 비중이 높은 수력 발전이다.

제주도와 강원도에서 생산 비중이 높은 풍력 발전이다.

(가)는 수력 발전, (나)는 원자력 발전, (다)는 풍력 발전이다. 수력과 풍력은 신·재생 에너지로 자원 고갈과 환경 오염 문제를 해결에 도움이 되는 발전 방식이다. 원자력 발전은 냉각수가 풍부한 해안가에 입지하는 경향이 있고, 원료인 우라늄을 해외에서 전량 수입하고 있다. 원자력 발전에서 가장 높은 비중을 차지하는 B는 경상북도이고 A는 전라남도이다.

바로잡기 ② 수력 발전은 강수량이 많은 여름에는 발전량이 많지만, 강수량이 적은 겨울에는 발전에 불리하다.

486 지역별 1차 에너지원의 공급량 분석하기

1등급 자료 분석 지역별 1차 에너지원의 공급량

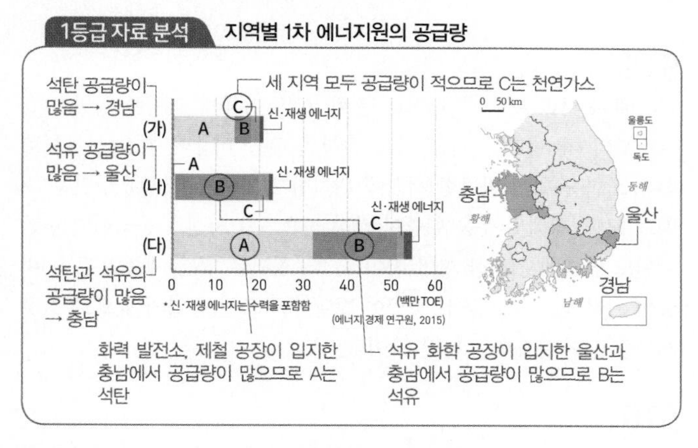

(가)는 경남, (나)는 울산, (다)는 충남이다. (나) 울산은 석유 화학 공업이 발달해 있으므로, B는 석유이다. A~C 중에서 가장 비중이 적은 C는 천연가스이며, A는 석탄이다. (가)와 (다)는 석탄, 석유의 순서로 공급량이 많으며, 총 공급량은 (가)보다 (다)가 많다. 충남은 당진, 보령, 태안 등에 화력 발전소가 있고, 당진 제철소 등이 위치해 있어서 석탄 사용량이 많다. 경남은 충남에 비해 화력 발전소의 비중이 낮으므로 (가)가 경남, (나)가 충남이다. 석탄(A)은 제철 공업의 연료로 이용된다.

바로잡기 ① 충남은 화력 발전소와 제철 공장이 입지하여 울산보다 석탄이 차지하는 지역 내 비중이 크다. ③ 경남의 1차 에너지 공급량에서 가장 큰 비중을 차지하는 것은 석탄(A)이다. ④ 석유(B)는 천연가스(C)보다 수송용으로 이용되는 비중이 크다. ⑤ 석탄(A) > 천연가스(C) > 석유(B) 순이다.

12 농업과 공업의 변화

분석 기출 문제 97~101쪽

[핵심 개념 문제]

487 시설 재배 **488** 지리적 표시제 **489** 원료, 적환지 **490** ×
491 ○ **492** ○ **493** ㉠, ㉣ **494** ㉠, ㉡ **495** ㉡ **496** ㉡ **497** ㉣
498 ㉠ **499** ㉢ **500** ㉤ **501** ㉥

502 ⑤ **503** ④ **504** ④ **505** ① **506** ④ **507** ⑤ **508** ⑤
509 ④ **510** ④ **511** ③ **512** ④ **513** ④ **514** ② **515** ①
516 ③ **517** ③

1등급을 향한 서답형 문제

518 A-쌀, B-채소 **519** 예시 답안 소득 향상에 따른 식생활 구조의 변화로 쌀의 1인당 연간 소비량은 감소하고, 채소와 과일, 육류는 증가하고 있다. 이로 인해 주곡 작물 중심에서 상품 작물 중심으로 농업 구조가 변화하게 되었다.

520 예시 답안 공업의 중심이 노동 집약적 경공업에서 기술·자본 집약적 중화학 공업으로 변화하는 공업 구조의 고도화가 진행되고 있다.

521 예시 답안 A는 석회석이다. A를 사용하여 시멘트 공업이 이루어지는데, 이 과정에서 원료의 무게나 부피가 감소하므로 원료 지향형 공업에 해당한다.

502

왼쪽 그래프에서 1990년 이후 노년층 인구 비중은 증가하고, 청장년층과 유소년층 인구 비중은 감소하였다. 오른쪽 그래프에서 경지 면적은 감소하고 있는데, 이는 산업화와 도시화의 영향 때문이다. 그루갈이의 감소와 함께 농가 인구 감소로 휴경지가 증가하였으므로 경지 이용률은 감소하였다. 농가 인구 감소와 노년층 인구 비중의 증가로 농촌은 노동력의 부족 문제와 고령화 현상이 나타났다.

바로잡기 ⑤ 1970년 이후 경지 면적의 감소율보다 농가 인구의 감소율이 더 크게 나타나 농가 호당 경지 면적이 증가하였다.

503

그래프에서 A는 재배 면적 비중이 가장 크므로 벼, B는 식생활 구조 변화로 재배 비중이 감소하고 있는 맥류, C는 재배 비중이 증가하고 있는 채소·과수이다. 벼는 우리나라에서 자급률이 가장 높은 식량 작물이다.

바로잡기 ① 채소·과수(C)에 관한 설명이다. ② B는 재배 비중과 총 경지 면적이 감소하므로, 재배 면적이 감소하고 있다. ③ 맥류(B)에 관한 설명이다. ⑤ 식생활 구조 변화로 채소·과수(C)는 벼(A)보다 1인당 소비량 증가율이 높다.

504

A는 제주를 제외한 모든 지역에서의 재배 면적 비중이 가장 높은 식량 작물, C는 경북과 제주의 재배 면적 비중이 상대적으로 높은 과수, B는 채소이다. 식량 작물(A)의 재배 면적 비중은 제주가 가장 낮으며, 채소는 주로 시설 재배로 이루어지고, 과수는 주로 노지에서 재배된다.

바로잡기 ㄱ. 과수(C)의 재배 면적이 가장 넓은 지역은 경북이다. ㄷ. 식량 작물(A)이 채소(B)보다 영농의 기계화에 유리하다.

505

(가)~(다)는 1975년보다 2016년에 모두 감소하였다. 그러므로 증가 추세인 1인당 과수 소비량과 농가 호당 경지 면적은 제외된다. 농업의 변화로 농촌 인구는 사회적 감소가 나타났고, 농가당 구성원 수가 감소하였다. 반면 농가당 경지 면적은 증가하였다.

506

농업 생산성 증대를 위해서는 영농 조합, 위탁 영농 회사 등을 통한 영농 규모의 확대가 필요하다. 나머지는 모두 옳으므로 4점이다.

507

농촌 인구 감소 문제 해결을 위해 영농의 기계화가 촉진되었고, 새로운 농업 기술이 보급되었다. 우리나라 농업은 채소와 과일 등을 중심으로 한 상업적 농업으로 변화하고 있으며, 이로 인해 원예 농업 비중은 증가하고, 곡물 재배 면적은 감소하였다. 한편, 농촌에 관광 휴양 기능이 활성화되면서 경관 농업과 체험 마을 등이 늘어났다.

바로잡기 ㄱ. 도시를 중심으로 공업이 빠르게 성장하면서 국가 경제에서 농업이 차지하는 비중이 감소하였고, 도시와 농촌의 소득 격차는 확대되었다.

508

우리나라는 1960년대 경제 개발 5개년 계획의 추진과 함께 노동 집약적 경공업이 발달하여 노동력이 풍부한 대도시에 공업이 집중하였다. 1970~1980년대에는 자본·기술 집약적 중화학 공업이 원료 수입과 제품 수출에 유리한 남동 임해 지역을 중심으로 발달하였다. 1990년대 이후에는 탈공업화가 진행되고 있으며, 기술·지식 집약적인 첨단 산업의 성장이 나타나고 있다.

바로잡기 ⑤ 제조업의 비중이 감소하고 서비스업의 비중이 증가하였다.

509

(가)는 그 비중이 감소하므로 섬유 공업, (나)는 그 비중이 증가하므로 기계·조립 금속 공업이다. 우리나라는 노동 집약적 경공업에서 자본·기술 집약적 중화학 공업 중심으로 고도화되고 있다.

바로잡기 ㄱ. 공업의 이중 구조는 소수의 대기업에 경제력이 집중된 것을 말한다. 이는 업종별 공업 구조 변화를 통해서는 알 수 없다. ㄷ. 1970년에 비해 1990년 식품 공업의 종사자 비중은 약 절반 가량 감소하였다.

510

사업체 수가 많은 A가 소기업, 사업체 수가 적은 B가 대기업이다. 지역별로는 사업체 수에 비해 출하액이 높은 D는 영남권, C는 수도권이다. 대기업(B)은 소기업(A)에 비해 종사자 수 대비 출하액 비중이 높으므로 노동 생산성이 높다. 원료 수입과 제품 수출에 유리한 영남권(D)이 수도권(C)에 비해 중화학 공업의 발달이 두드러진다.

바로잡기 ㄱ. 대기업이 소기업보다 사업체 수 대비 종사자 수 비중이 높으므로 고용 효과가 높다. ㄷ. 충청권은 C에서 분산되는 공업 입지가 활발하다.

511

포항과 광양에서 종사자 비중이 높은 (가)는 1차 금속 공업, 경북과 대구에서 종사자 비중이 높은 (나)는 섬유 공업이다. 섬유 공업은 1차 금속 공업에 비해 사업체당 에너지 소비량이 적고 최종 완제품의 무게가 작으며, 사업체당 초기 시설 비용이 적으므로 ㄷ이다.

512

(가)는 경기, 경북, 대구 등의 생산액이 많은 섬유 공업이다. (나)는 울산, 경기(평택), 충남(아산), 광주 등의 생산액이 많은 자동차 공업이다. 자동차 공업은 많은 부품을 필요로 하는 계열화된 형태의 조립 공업으로, 섬유 공업보다 연구 개발비가 차지하는 비중이 크다.

바로잡기 ㄱ. (나)에 관한 설명이다. ㄷ. 자동차 공업은 섬유 공업에 비해 최종 생산 제품의 무게가 무겁다.

513

(가)는 경기와 경북, 대구의 출하액 비중이 높으므로 섬유 제품(의복 제외), (나)는 경북(포항), 전남(광양), 충남(당진)에서 출하액 비중이 높으므로 1차 금속, (다)는 경기와 울산에서 출하액 비중이 높으므로 자동차 및 트레일러이다.

514

① 제조업 출하액 비중은 수도권(서울, 인천, 경기)이 29.3%이고 영남권(부산, 울산, 대구, 경북, 경남)은 38.9%이므로 수도권은 영남권보다 제조업 출하액이 적다. ③ 수도권의 제조업 사업체 수 비중은 48.6%이므로 수도권이 비수도권보다 제조업 사업체 수가 적다. ④ 충북은 인천보다 사업체 비중 대비 종사자 수 비중이 크므로 제조업 사업체당 평균 종사자 수가 많다. ⑤ 울산은 부산보다 제조업 사업체 수 비중이 낮지만 종사자 수는 더 많으며, 출하액은 약 5배 많으므로 제조업 사업체 종사자 1인당 출하액이 많다.

바로잡기 ② 대구는 울산보다 제조업 사업체 수가 약 1.8배 많지만, 출하액은 울산이 대구보다 7.4배 많으므로 대구는 울산보다 제조업 사업체당 출하액이 적다.

515

지도에 표시된 A는 서산, B는 동해, C는 거제에 위치한 항만이다. 그래프의 (가) 항만은 석유·가스·화학의 운송 비중이 가장 높으므로 석유 화학 공업이 발달한 서산에 위치한 항만(A)이다. (나) 항만은 시멘트·모래·광석의 운송 비중이 가장 높으므로 시멘트 공업이 발달한 강원도 남부에 위치한 항만(B)이다. (다) 항만은 철강 제품의 운송 비중이 가장 높으므로 조선 공업이 발달하여 조선 공업의 원료로 철강 제품을 많이 운송하는 항만(C)이다.

516

제시된 글의 (가)는 태백산 공업 지역, (나)는 영남 내륙 공업 지역에 관한 설명이다. 지도의 A는 충청, B는 태백산, C는 영남 내륙, D는 남동 임해 공업 지역이다.

517

(가)는 울산, 경기, 충남에서 비율이 높은 자동차 및 트레일러, (나)는 대구, 경북, 서울에서 비율이 높은 섬유 제품, (다)는 전남 광양과 경북 포항에 제철소가 입지하므로 1차 금속이다. 1차 금속 제조업은 철광석과 석탄의 수입과 제품의 수출 비중이 높아 주로 적환지에 입지하며, 자동차 및 트레일러의 재료로 이용된다. 자동차 및 트레일러 제조업은 섬유 제품보다 연구 개발비의 비중이 높다.

바로잡기 ③ 섬유 제품보다 자동차 및 트레일러의 전국 출하액이 더 많다.

518

1인당 연간 소비량이 감소하고 있는 A는 쌀, 1인당 연간 소비량이 증가하고 있는 B는 채소이다.

519

쌀은 소득 향상에 따른 식생활 구조의 변화로 1인당 연간 소비량이 감소하고, 채소와 과일, 육류는 증가하고 있다.

채점 기준	수준
쌀과 채소의 소비량 변화 원인과 우리나라 농업 구조의 변화 특색을 논리적으로 서술한 경우	상
소비량 변화 원인과 농업 특색중 한가지만 서술한 경우	하

520

그래프는 우리나라 공업의 업종별 종사자 수 변화를 나타낸 것으로, 식품과 섬유 등의 경공업 비중은 감소하고, 기계·조립 금속 공업 등의 중화학 공업 비중은 증가하고 있다.

채점 기준	수준
공업 구조의 변화 특징을 바르게 서술한 경우	상
경공업에서 중화학 공업으로의 변화만을 언급한 경우	하

521

석회석을 원료로 하는 시멘트 공업은 제조 과정에서 원료의 무게나 부피가 감소하는 원료 지향 공업에 해당한다.

채점 기준	수준
시멘트 공업의 입지 특색을 원료인 석회석과 관련지어 서술한 경우	상
석회석과 시멘트 공업만을 간략히 언급한 경우	하

적중 1등급 문제

102~103쪽

522 ③	523 ①	524 ④	525 ①	526 ④
527 ②	528 ①	529 ②		

522 도별 농업 특성 파악하기

1등급 자료 분석 도별 농가와 작물 재배 특성

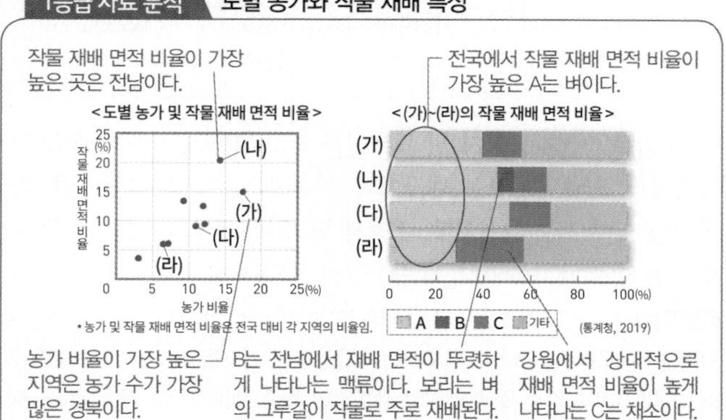

왼쪽 그래프에서 농가 비율이 가장 높은 (가)는 경북이다. 작물 재배 면적 비율이 가장 높은 (나)는 전남이다. (라)는 (다)보다 농가 비율과 작물 재배 면적 비율이 낮은 강원이며, (다)는 경기이다. 오른쪽 그래프에서 A는 벼, B는 맥류, C는 채소이다. 경기는 대도시 서울과 가깝기 때문에 겸업농가 비율이 높으며, 주로 원예 작물을 집약적으로 재배한다. 쌀과 맥류는 식생활 구조 변화와 외국 농산물의 수입 확대로 재배 면적이 감소하였다.

바로잡기 ㄹ. (다) 경기의 농가 비율은 전국 대비 약 11%, 작물 재배 면적 비율은 약 9%이다. 반면 (나) 전남의 농가 비율은 전국 대비 약 14%, 작물 재배 면적 비율은 약 21%이다. 따라서 전남은 경기에 비해 농가당 작물 재배 면적 비율이 크다.

523 지역별 농업 특성 이해하기

1등급 자료 분석 도별 전업농가와 밭 면적 비율

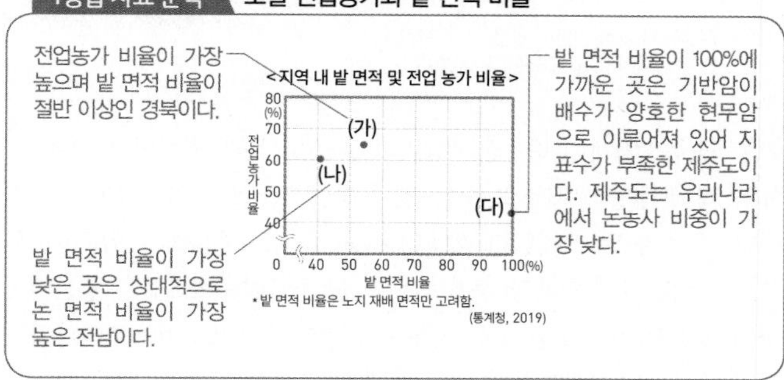

(가)는 경북, (나)는 전남, (다)는 제주이다. ㄱ. (가) 경북은 (다) 제주보다 면적이 넓어 총 재배 면적도 넓다. ㄴ. (나) 전남은 (다) 제주보다 맥류 재배 면적이 넓다. 우리나라 맥류는 주로 벼의 그루갈이 작물로 재배된다.

바로잡기 ㄷ. (다) 제주는 기반암인 현무암이 배수가 양호하여 벼농사를 거의 하지 않는다. ㄹ. (가)는 경북, (나)는 전남, (다)는 제주이다.

524 공업별 입지 특색 파악하기

1등급 자료 분석 공업별 에너지 사용 비중과 에너지 사용량

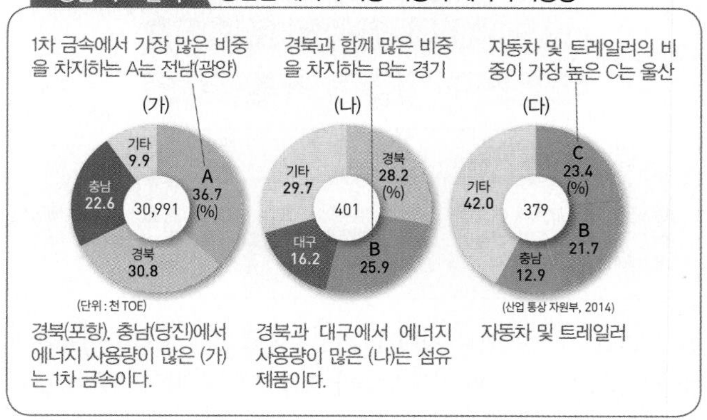

(가)는 경북과 충남에서 비중이 높은 1차 금속, (나)는 경북과 대구에서 비중이 높은 섬유, (다)는 자동차 및 트레일러이다. A는 전남(광양), B는 경기, C는 울산이다. 자동차 및 트레일러는 최종 제품의 무게가 크며, 1차 금속을 재료로 이용한다. 중화학 공업인 1차 금속 제조업은 섬유 제품 제조업보다 사업체당 에너지 사용량이 많다.

바로잡기 ④ 우리나라 최대 공업 도시인 울산(C)은 1차 산업이 발달한 전남(A)보다 제조업 종사자 비중이 높다.

525 지역별 제조업 현황 및 특성 이해하기

1등급 자료 분석 지역별 제조업 업종별 출하액 비율

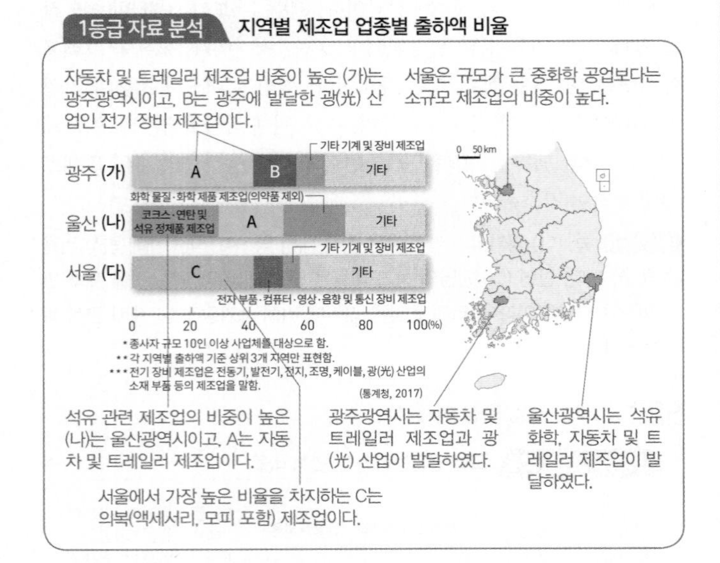

(가)는 광주광역시, (나)는 울산광역시, (다)는 서울특별시이다. A는 자동차 및 트레일러 제조업, B는 전기 장비 제조업, C는 의복 제조업이다. 자동차 및 트레일러 제조업은 규모가 큰 중화학 공업으로, 의복 제조업보다 사업체당 종사자 수가 많다. 의복 제조업은 생산비에서 노동비의 비중이 큰 노동 지향형 공업이며, 1960년대 우리나라의 산업 발전을 주도하였다.

바로잡기 ① 제조 과정에서 원료의 무게나 부피가 감소하는 원료 지향형 공업으로는 시멘트 공업이 있다.

526 우리나라의 주요 지역의 농업 특성 이해

1등급 자료 분석 지역별 작물 재배 면적 비율

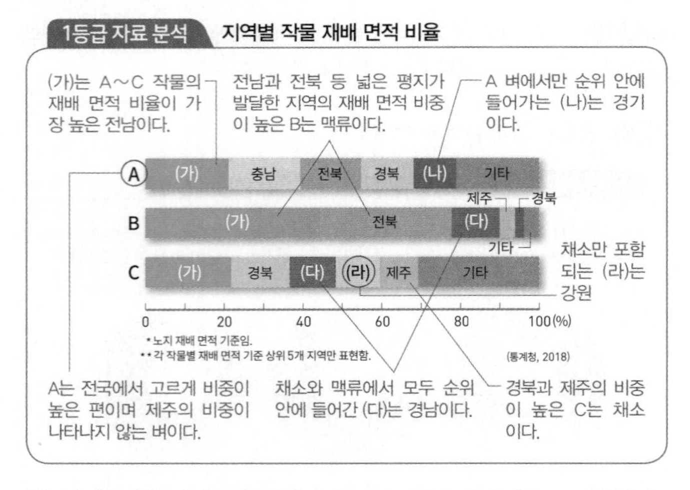

(나) 경기는 (가) 전남보다 지대가 높아 토지를 집약적으로 이용한다. (라) 강원은 (가) 전남보다 평지가 좁아 경지 면적 중 밭의 비율이 높다. (라) 강원은 노지 재배 비중이 높고 (나) 경기는 대도시 서울 주변을 중심으로 시설 재배 비중이 높다.

바로잡기 ㄷ. 맥류(B)가 주로 벼(A)의 그루갈이 작물로 재배된다.

527 우리나라 농촌의 변화 분석하기

2000년의 농가당 경지 면적은 1,889/1,383≒1.37ha, 농가당 가구원 수는 4,031/1,383≒2.91명, 겸업농가 비중은 {(1,383−902)/1,383}×100≒34.78%이다. 2017년의 농가당 경지 면적은 1,621/1,042≒1.56ha, 농가당 가구원 수는 2,422/1,042≒2.32명, 겸업농가 비중은 {(1,042−585)/1,042}×100≒43.86%이다. 따라서 2017년은 2000년에 비해 농가당 경지 면적은 증가하였고, 농가당 가구원 수는 감소하였으며, 겸업농가 비중은 증가하였다. 따라서 그림의 B에 해당된다.

528 우리나라의 공업 지역 특징 파악하기

1등급 자료 분석 우리나라의 공업 지역

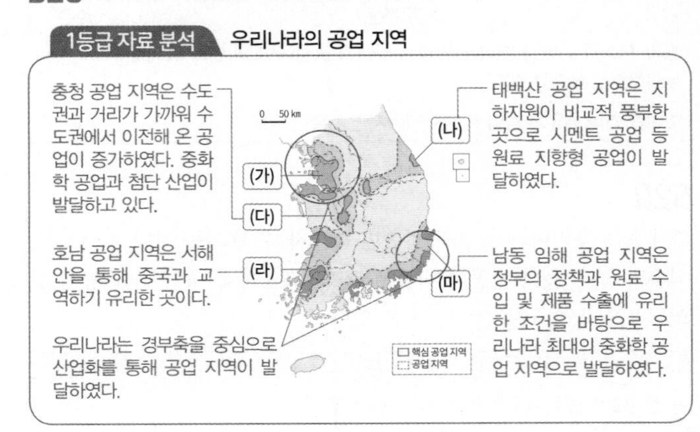

(가) 수도권 공업 지역은 우리나라 최대의 종합 공업 지역으로 풍부한 자본과 노동력, 넓은 소비 시장 등을 바탕으로 발달한 공업 지역이다. 최근 집적 불이익 현상이 심화되어 주변 지역으로 공업이 분산되고 있다.

바로잡기 ② 영남 내륙 공업 지역에 대한 설명이다. ③ (가) 수도권 공업 지역은 집적 불이익이 발생하여 (다) 충청 공업 지역으로 많은 제조업체가 이전하였다. ④ (마) 남동 임해 공업 지역에 대한 설명이다. ⑤ (라) 호남 공업 지역에 대한 설명이다.

529 지역별 제조업의 특성 이해하기

1등급 자료 분석 섬유와 자동차 및 트레일러 제조업 분포

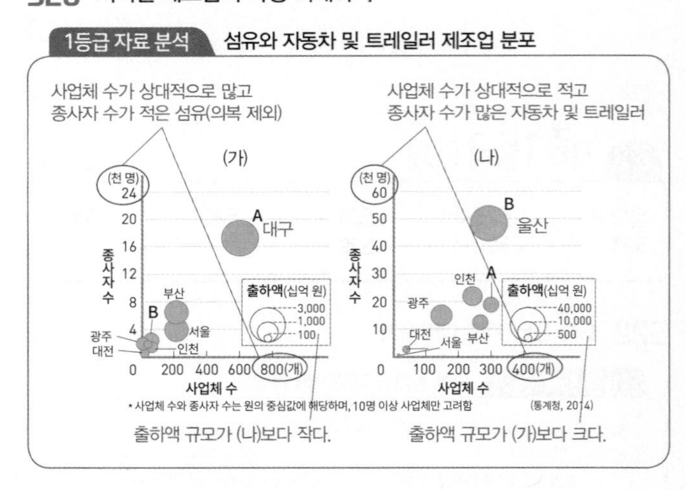

(가)는 섬유, (나)는 자동차 및 트레일러 제조업이다. 섬유 제조업에서 출하액이 가장 많은 A는 대구이며, 자동차 및 트레일러에서 출하액이 가장 높은 B는 울산이다. 자동차 및 트레일러의 사업체당 종사자 수는 울산(48,000/300)이 광주(15,000/150)보다 많다.

바로잡기 ㄴ. 섬유 제조업의 종사자 1인당 출하액은 서울이 부산보다 많다. 출하액은 비슷하나 종사자 수가 부산이 서울보다 많기 때문이다. ㄹ. (가) 섬유 제조업보다 (나) 자동차 및 트레일러 제조업이 최종 제품의 무게가 무겁고 부피가 크다.

13 교통·통신의 발달과 서비스업의 변화

분석 기출 문제 105~108쪽

[핵심 개념 문제]

530 최소 요구치 **531** 정기 **532** 생산자 **533** 기종점
534 ○ **535** × **536** ○ **537** × **538** ㉠, ㉢
539 ㉡, ㉢, ㉤ **540** ㉠, ㉣ **541** ㉠ **542** ㉣ **543** ㉡ **544** ㉢

545 ④ **546** ③ **547** ② **548** ⑤ **549** ④ **550** ④ **551** ④
552 ② **553** ② **554** ⑤ **555** ① **556** ④ **557** ③

1등급을 향한 서답형 문제

558 A-무점포 소매업, B-슈퍼마켓, C-백화점 **559** 예시 답안 B 슈퍼마켓은 C 백화점보다 최소 요구치가 작고, 재화의 도달 범위가 좁다.
560 예시 답안 수요자 유형에 따라 소비자 서비스업과 생산자 서비스업으로 구분한다. 소비자 서비스업은 개인 소비자가 주로 이용하며, 생산자 서비스업은 기업의 생산 활동을 지원한다. **561** A-항공, B-해운, C-도로, D-철도
562 예시 답안 해운은 기종점 비용이 비싸지만 주행 비용의 증가율이 낮아 장거리 대량 화물 수송에 유리하다.

545
㈎는 최소 요구치의 범위 안에 5개의 시장이 있고, 최소 요구치의 범위를 충족시키기 위해 정기적으로 이동하고 있으므로 5일마다 열리는 정기 시장 형태에 해당한다. ㈏는 재화의 도달 범위가 최소 요구치의 범위보다 크므로 상설 시장 형태에 해당한다. 정기 시장의 상설 시장으로의 변화는 교통 발달에 따른 재화의 도달 범위 확대와 인구 증가에 따른 최소 요구치의 범위 축소로 이루어진다.

바로잡기 ㄹ. 상설 시장인 (나)는 최소 요구치보다 재화의 도달 범위가 크기 때문에 상인의 이동 없이 상점이 유지된다.

546
㈎는 동일 지역에 수가 적게 분포하는 백화점, ㈏는 동일 지역에 수가 많이 분포하는 편의점이다. A는 백화점이 높게 나타나는 항목으로 최소 요구치, 평균 매출액 등이 해당하며, B는 편의점이 높게 나타나는 항목으로 점포 수, 소비자의 이용 빈도 등이 이에 해당한다.

547
㈎는 전통적 상거래, ㈏는 전자 상거래이다. 전자 상거래는 온라인 상에 가상 점포를 만들어 각종 상품을 판매하는 방식이므로 직접 매장을 방문할 필요 없이 어디서나 통신망을 통해 원하는 상품을 주문할 수 있어 편리하다는 장점이 있다. ㈏는 ㈎보다 입지의 공간적 제약이 작으며, 가상 점포이기 때문에 매장 관리 비용이 적게 든다.

바로잡기 ② 전자 상거래는 유통 센터와 소비자를 바로 연결하므로 전통적 상거래보다 유통 구조가 단순하다.

548
A는 매출액 규모가 가장 큰 대형 마트이다. B는 매출액 규모가 대형 마트, 무점포 소매, 슈퍼마켓 다음으로 큰 백화점이다. C는 매출액 규모가 가장 작은 편의점이다. 대형 마트(A)는 넓은 주차장과 다양한 편의 시설을 갖추고 있어 매출액 규모가 꾸준히 증가하고 있다. 백화점(B)은 주로 접근성이 높은 도심이나 부도심에 입지한다. 백화점(B)은 가장 높은 계층의 소매업으로 전체 사업체 수는 대형 마트(A)보다 적고, 취급하는 제품의 수는 편의점(C)보다 많다.

바로잡기 ⑤ 편의점(C)은 대형 마트(A)보다 사업체 간의 평균 거리가 가깝다.

549
A는 2차 산업, B는 3차 산업이다. ㈎는 1차 산업의 비중이 감소하고 2·3차 산업의 비중이 증가하는 산업화가 일어나는 시기이고, ㈏는 2차 산업의 비중이 감소하고 3차 산업의 비중이 증가하는 탈공업화 현상이 일어나는 시기이다.

바로잡기 ① 농업 중심 사회에서는 1차 산업 비중이 높다. ② 서비스 산업은 기계화와 자동화의 수준이 낮고 표준화에 의한 대량 생산이 어렵다. ③ (나) 탈공업화 시기에 해당된다. ⑤ (나) 시기가 (가) 시기보다 도시 인구 비율이 높다.

550
그래프에서 D는 총 부가 가치가 가장 많고 1차 산업의 부가 가치 생산액 비율이 가장 낮으므로 수도권이다. B는 A 다음으로 총 부가 가치가 많으므로 영남권, C는 1차 산업의 부가 가치 생산액 비율이 가장 높으므로 농업이 발달한 호남권이다. 이에 따라 A는 충청권이다.

551
A는 전체적으로 종사자 비중이 높은 소비자 서비스업이며, B는 서울의 종사자 비중이 높은 생산자 서비스업이다. 소비자 서비스업은 생산자 서비스업에 비해 업체 수가 많다. 생산자 서비스업은 정보 획득에 유리하며 기업의 본사가 밀집한 서울에 집중적으로 분포한다.

바로잡기 ㄱ. 생산자 서비스업(B)에 관한 설명이다. ㄷ. 생산자 서비스업(B)은 소비자 서비스업(A)보다 대체로 업체당 매출액이 많다.

552
도매 및 소매업, 숙박 및 음식점업이 포함된 ㈎는 소비자 서비스업, 금융 및 보험업, 사업 서비스업 등이 포함된 ㈏는 생산자 서비스업이다. 생산자 서비스업은 소비자 서비스업에 비해 연구 개발비 비중이 높고, 사업체당 매출액이 많은 반면, 전국 사업체 수는 적다.

553
국내 화물 수송 분담률이 두 시기 모두 높은 ㈏는 도로, ㈐는 ㈏ 다음으로 높으므로 해운, ㈑는 가장 낮으므로 항공, ㈎는 철도이다.

554
국제 여객 및 화물 수송에는 항공과 해운이 이용되며, 국토 분단으로 육상 교통인 철도와 도로는 이용하지 못하고 있다.

바로잡기 ① (가) 철도는 (나) 도로에 비해 기종점 비용이 비싸다. ② 기상에 따른 운행 제약은 (다) 해운이 (나) 도로보다 크다. ③ 문전 연결성은 (나) 도로가 가장 우수하다. ④ (라) 항공은 (가) 철도보다 단거리 화물 수송에 불리하다.

555
㈎는 기종점 비용이 가장 저렴한 도로, ㈏는 주행 거리 비용 증가율이 가장 낮아 장거리 수송에 유리한 해운, ㈐는 국제 여객 수송 비중이 가장 높은 항공, ㈑는 철도이다. 그래프에서 국내 화물 수송 분담률이 가장 높은 A는 도로, B는 해운, C는 철도, D는 항공이다.

556

(가)는 단위 거리당 운송비 체감률이 가장 낮은 도로, (다)는 단위 거리당 운송비 체감률이 가장 높은 해운, (나)는 그 중간인 철도이다. A는 도로가 가장 높고 해운이 가장 낮은 항목이므로 주행 비용 증가율과 국내 여객 수송 분담률이 이에 해당하고, B는 해운이 가장 높고 도로가 가장 낮은 항목이므로 기종점 비용이 이에 해당한다.

바로잡기 지형 조건의 제약은 (나) 철도가 가장 크게 받는다.

557

국내 여객 및 화물 수송 분담률이 가장 높은 A는 도로, 화물 수송 분담률이 높은 B는 해운, 여객 수송에만 이용되는 E는 지하철, 여객 및 화물 수송 분담률이 가장 낮은 C는 항공, D는 철도이다.

바로잡기 ③ 항공(C)은 해운(B)보다 국외 여객 수송 비중이 높다.

558

A는 무점포 소매업, B는 슈퍼마켓, C는 백화점이다.

559

슈퍼마켓(B)은 백화점(C)보다 최소 요구치가 작고, 재화의 도달 범위가 좁다.

560

서비스업은 수요자 유형에 따라 소비자 서비스업과 생산자 서비스업으로 나뉜다.

채점 기준	수준
소비자 서비스업과 생산자 서비스업의 특징을 모두 바르게 서술한 경우	상
소비자 서비스업과 생산자 서비스업 중 한 가지만 서술한 경우	하

561

화물 및 여객 수송 분담률이 모두 높은 C는 도로, 화물 수송 분담률이 높은 B는 해운, 여객 수송 분담률이 상대적으로 높은 D는 철도(지하철 포함), 여객 및 화물 수송 분담률이 모두 낮은 A는 항공이다.

562

해운은 기종점 비용이 비싸지만 단위 거리당 주행 비용 증가율이 낮다.

채점 기준	수준
주행 비용 증가율이 낮아 화물 수송에 유리함을 서술한 경우	상
화물 수송에 유리하다고만 서술한 경우	하

적중 1등급 문제

109쪽

563 ①   564 ②   565 ②   566 ⑤

563 최소 요구치와 재화의 도달 범위 이해하기

A 음식점은 개업 직후에는 최소 요구치의 범위가 상대적으로 넓었을 것이며 적자를 기록한 것으로 보아 재화의 도달 범위는 최소 요구치의 범위보다 좁았음을 알 수 있다. 개업 1년 후 최소 요구치의 범위는 이전보다 축소되었으며, 교통 발달로 재화의 도달 범위는 확대되었다.

564 교통수단별 특성 파악하기

1등급 자료 분석 교통수단별 국내 수송 분담률

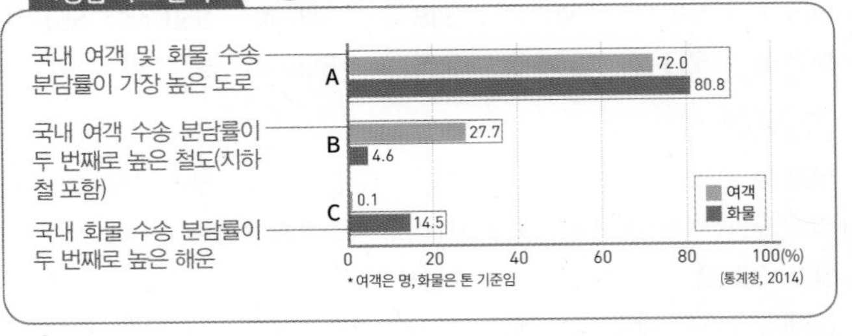

A는 여객과 화물 수송 분담률이 가장 높은 도로이다. B는 여객 수송 분담률이 두 번째로 높은 철도(지하철 포함)이다. C는 화물 수송 분담률이 두 번째로 높은 해운이다. 철도(B)는 도로(A)보다 1회 평균 이용객 수가 많다.

바로잡기 ① 해운(C)은 도로(A)보다 단위 거리당 운송비 체감률이 높다. 따라서 해운이 도로보다 장거리 수송에 유리하다. ③ 해운(C)은 철도(B)보다 주행 거리 비용 증가율이 낮다. ④ 도로(A)는 해운(C)보다 문전 연결성이 우수하다. ⑤ 기종점 비용은 해운(C)>철도(B)>도로(A) 순으로 높다.

565 소비자 서비스업과 생산자 서비스업 비교하기

(가)는 수도권에 집중적으로 분포하는 전문 서비스업, (나)는 (가)에 비해 비교적 분산하여 입지하므로 소매업이다. 전문 서비스업이 소매업보다 기업과의 거래 비중이 높게 나타난다.

바로잡기 ① 전문 서비스업이 소매업보다 서비스의 공급 범위가 넓다. ③ 업체당 종사자 수는 전문 서비스업이 소매업보다 많다. ④ 전문 서비스업이 탈공업화 사회로 갈수록 종사자 수가 증가한다. ⑤ A는 수도권, B는 영남권, C는 충청권이다.

566 소매업태의 특성 파악하기

1등급 자료 분석 백화점, 편의점, 무점포 소매업체의 특징

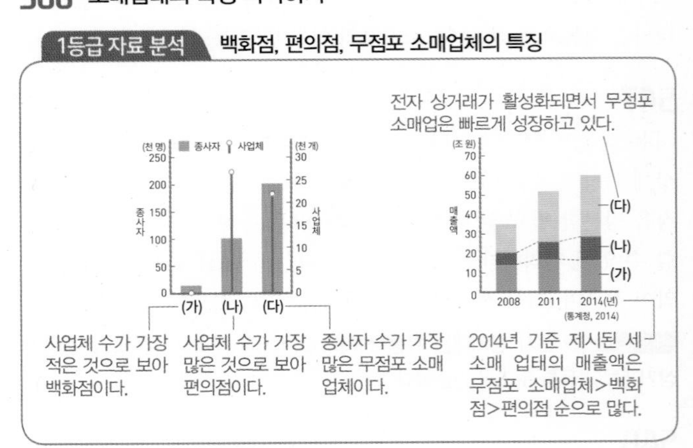

(가)는 백화점, (나)는 편의점, (다)는 무점포 소매업체이다. 2014년에 종사자당 매출액은 종사자 수에 비해 매출액이 많은 (가) 백화점이 가장 많다.

바로잡기 ① (가)는 (나)보다 재화의 도달 범위가 크다. ② (다)는 (가)보다 매출액 증가율이 높다. ③ (가)는 (나)보다 1회 이용당 평균 구매 금액이 크다. ④ (가)는 (나)보다 고차 중심지이기 때문에 특별시·광역시에 분포하는 사업체 수 비중이 높다.

단원 마무리 문제

110~115쪽

11 자원의 의미와 자원 문제

567 ② **568** ④ **569** ③ **570** ③ **571** ④ **572** ② **573** ⑤
574 A-화력, B-원자력, C-수력 **575** 예시 답안 원자력 발전은 대기 오염 물질의 배출량이 적고, 연료비가 저렴하다는 장점이 있으나, 건설비가 비싸고 방사성 폐기 물질의 처리 문제가 발생하는 단점이 있다.

12 농업과 공업의 변화

576 ④ **577** ① **578** ① **579** ② **580** ⑤ **581** ④ **582** ②
583 ⑤ **584** ④ **585** 예시 답안 자동차 공업, 자동차 공업은 제품 생산에 많은 부품의 조립이 필요한 조립형 공업으로 집적 지향형 공업이다.

13 교통·통신의 발달과 서비스업의 변화

586 ⑤ **587** ④ **588** ② **589** ⑤ **590** ④ **591** A-항공, B-도로, C-철도, D-해운 **592** 예시 답안 B 도로는 기동성과 문전 연결성이 뛰어나며, C 철도는 정시성과 안전성이 뛰어나다.

567

석유는 비재생 자원으로 내연 기관의 발명으로 활용할 수 있는 기술적 수준이 향상되면서 자원으로서의 가치가 상승(B)하였다. 텅스텐은 금속 광물로 사용량과 투자 정도에 따라 재생 수준이 달라지는 자원인데, 값싼 중국산의 수입으로 경제성을 잃어 생산을 중단(D)하였다.

568

철광석은 국내의 경우 강원에서 생산되고 있지만 그 양이 매우 적어 대부분을 오스트레일리아 등에서 수입하고 있어 (가)는 철광석이다. 석회석은 강원과 충북 등에서 생산되고 있으므로 (나)는 석회석이다. 고령토는 강원과 경남 서부 지역에서 많이 생산되므로 (다)는 고령토이다.

바로잡기 ① 도자기 및 내화 벽돌, 종이, 화장품의 원료는 (다) 고령토이다. ② 특수강 및 합금용 원료로 이용하는 것은 텅스텐이다. ③ 고생대 조선 누층군에 많이 매장된 것은 (나) 석회석이다. ⑤ 국내 생산량은 (나)가 가장 많다.

569

우리나라에서 천연가스는 울산에서만 생산된다. 따라서 (나)는 천연가스이고 C는 울산이다. (다)는 경북의 비중이 가장 높으며 부산을 포함한 네 지역에서만 생산하는 원자력이다. B는 경북에 이어 원자력 발전 비중이 두번째로 높은 전남이다. (가) 석탄은 대부분 강원에서 생산하며 전남 화순에서도 생산하고 있다. 따라서 A는 강원이다.

바로잡기 ① 국내에서 생산되는 석탄은 무연탄으로 주로 가정용 연료로 사용한다. ② 원자력 발전의 원료인 우라늄은 전량 해외에서 수입한다. ④ 1차 에너지원별 발전량은 석탄>원자력>천연가스 순이다. ⑤ A는 강원, B는 전남, C는 울산이다.

570

(가)는 주로 화학 공업의 원료와 수송용 연료로 사용하는 석유, (나)는 가정·상업·공공용으로 사용하는 비중이 가장 높은 천연가스, (다)는 대부분 산업용으로 사용하는 석탄이다. 석유는 국내 생산이 미미하여 수요량의 대부분을 수입에 의존하고 있다.

바로잡기 ① 석탄이 1차 에너지원별 발전량이 가장 많다. ② 석유가 1차 에너지 소비량이 가장 많다. ④ 천연가스는 액화 기술이 개발되고 나서 대량 공급되기 시작하였다. ⑤ 석탄이 화력 발전에 이용되는 비중이 가장 높다.

571

우리나라에서 공급 비율이 가장 높은 A는 석유, 두 번째로 높은 B는 석탄, 세 번째로 높은 C는 천연가스, 네 번째인 D는 원자력이다. 석탄(B)은 천연가스(C)보다 전력 생산 과정에서 대기 오염 물질의 발생량이 많다. 석유를 이용하는 비중이 높은 ㉡은 수송용이다. ㉠은 전력으로 이용되는 비중이 높은 가정·상업용이다.

바로잡기 ㄱ. 석유(A)는 전력 생산용보다 수송용 연료로 많이 이용된다. ㄷ. 원자력(D)은 천연가스(C)보다 방사성 폐기물의 배출량이 많다.

572

2010년 이후 발전량이 급증한 A는 태양광, 2004년 발전량이 가장 많았던 B는 수력, 2004년 이후 꾸준히 발전량이 증가한 C는 풍력, D는 2012년 이후 발전량이 일정하므로 조력이다. ㄱ. 태양광(A)은 일조량이 많은 지역이 유리하다. ㄹ. 겨울철에는 적은 강수량과 하천 동결로 인해 수력 발전이 거의 이루어지지 않는다. 따라서 겨울철 발전량이 차지하는 비중은 풍력(C)이 수력(B)보다 높다.

바로잡기 ㄴ. 수력 발전은 대하천의 중·상류 지역에 입지한다. ㄷ. 조력 발전은 조차가 큰 서해안이 동해안보다 유리하다.

573

경기에서만 생산되는 (가)는 조력으로 안산 시화호에서 이루어진다. 제주 생산 비중이 높은 (나)는 풍력이다. 풍력은 바람이 일정하게 부는 산지나 해안에 주로 입지한다. 대하천의 중·상류 지역인 충북, 경기에서 생산 비중이 높은 (다)는 수력이다. 수력은 낙차가 크고 유량이 풍부한 지역이 유리하다. 전북의 생산 비중이 높은 (라)는 태양광이다. 전남, 전북의 해안 지역은 일조량이 풍부하다. 조력 발전은 태양광, 풍력, 수력 발전에 비해 기상 조건의 영향을 가장 적게 받는다.

바로잡기 ⑤ 풍력과 수력에서 비중이 높은 A는 강원이다. 태양광 발전에서 비중이 높은 B는 전남이다.

574

화력은 충남 해안가와 경남에 주로 분포하고, 원자력은 울진과 경주, 영광, 부산에 분포하고, 수력은 한강 중·상류 지역에 분포한다.

575

원자력 발전은 냉각수 확보가 유리한 해안에 입지한다.

채점 기준	수준
원자력의 장점과 단점을 모두 옳게 서술한 경우	상
원자력의 장점과 단점 중 한 가지만 옳게 서술한 경우	하

576
농가 인구 비율이 가장 높으며 논 비율이 높아 밭 비율이 가장 낮은 (가)는 전남이다. 농가 인구 비율은 가장 낮고 겸업 비율이 가장 높은 (나)는 경기이다. 농가 인구 비율이 두 번째로 높고 경지 면적 중 밭 비율이 두 번째로 높은 (다)는 경북이다. 경지 면적 중 밭 비율이 100%에 가까운 (라)는 제주이다. (다) 경북은 태백·소백산맥의 영향으로 산지 비율이 높고 (가) 전남은 평지 비율이 높다.

바로잡기 ㄱ. (가) 전남은 (나) 경기보다 주곡 작물 재배 면적이 넓다. ㄷ. (나) 경기는 (가) 전남보다 겸업 농가 비율이 높다.

577
그래프에서 청장년층 비중이 감소하고 노년층과 유소년층을 합한 비중은 증가하여 인구 부양비는 증가하였고, 청장년층의 비중이 감소하여 노동력 부족 문제가 발생하고 있다.

바로잡기 ㄷ. 오른쪽 그래프에서 농가 소득은 과거에 비해 꾸준히 증가하였음을 알 수 있다. ㄹ. 도시 근로자 가구 소득 대비 농가 소득 비율이 감소하고 있으므로 도시와의 소득 격차는 감소한다고 보기 어렵다.

578
평야가 발달한 충남, 전남, 전북에서 재배 면적이 넓은 (가)는 벼이다. 전남과 전북 및 경남에서 재배 면적이 넓은 (나)는 벼의 그루갈이 작물인 보리이다. 전남과 경북, 경남에서 재배 면적이 넓은 (다)는 채소이다. 일조량이 풍부한 경북에서 가장 많이 재배되는 (라)는 과수이다.

바로잡기 ② (가) 벼는 주로 가을철에 수확한다. ③ (가) 벼는 우리나라에서 자급률이 가장 높은 작물이다. ④ (다) 채소는 밭에서 주로 재배한다. ⑤ (나) 보리는 주로 (가) 벼의 그루갈이 작물로 재배한다.

579
경지율이 높고 시설 재배 비율이 높으며 경지 면적은 가장 작은 (가)는 제주, 산지가 많아 경지율이 가장 낮은 (나)는 강원, 논농사가 발달해 시설 재배 비율이 가장 낮은 (라)는 전남, (다)는 경북이다. A는 제주와 강원에서 재배 면적 비율이 높은 채소, B는 제주를 제외한 다른 지역에서 비중이 높은 쌀, C는 경북과 제주에서 비율이 높은 과수이다.

바로잡기 ㄴ. (가)는 (다)보다 재배 면적이 훨씬 좁다. 따라서 과수(C)의 재배 면적 비중이 (다)가 (가)보다 낮더라도 재배 면적은 (다)가 (가)보다 더 넓다. ㄹ. (가) 제주는 경작지의 거의 대부분을 밭으로 이용한다.

580
(가)는 자급률이 100%에 가까운 쌀, (나)는 과거 자급률이 높았으나 최근 소비량이 급감하여 자급률이 낮아진 보리, (다)는 옥수수이다. 옥수수는 가축 사료로 이용되는 비중이 높아 해외에서 많은 양을 수입하고 있다.

바로잡기 ㄱ. (가)의 최대 생산지는 전라남도이다. ㄴ. 보리는 남부 지방에서 주로 재배된다.

581
A는 대구의 출하액 비율이 높은 섬유 제품이고, C는 울산과 충남의 비율이 높은 자동차 및 트레일러 제조업다. B는 전남 광양, 충남 당진 등에서 출하액이 많은 1차 금속이다. (가)는 섬유 제품과 자동차 및 트레일러 제조업 출하액 비중이 가장 높은 경기이다. (나)는 전남(광양), 충남(당진)과 함께 1차 금속 매출액 비중이 가장 높은 경북(포항)이다.

바로잡기 ① (가)는 경기, (나)는 경북이다. ② A는 노동 지향형 공업이다. ③ 1차 금속은 섬유 제품보다 수도권이 전국 출하액에서 차지하는 비율이 낮다. ⑤ A가 C보다 총 생산비에서 인건비가 차지하는 비율이 더 높다.

582
㉠은 자동차 및 트레일러와 전기 장비(光 산업)의 출하액 비중이 높은 (가) 광주, ㉡은 석유 화학, 자동차 및 트레일러의 출하액 비중이 높은 (다) 울산, ㉢은 석유 화학 제품 출하액 비중이 높은 (나) 여수이다.

583
(가) 포항에서 가장 비중이 높은 A는 1차 금속이다. (나) 울산에서만 비중이 높은 D는 기타 운송 장비이다. (다) 창원에서 가장 비중이 높은 B는 기타 기계 및 장비이다. 울산에서 비중이 가장 높은 C는 자동차 및 트레일러이다. 창원은 마산, 창원, 진해가 통합된 도시로 포항보다 인구가 많다. 1차 금속은 철광석의 해외 수입 비중이 매우 높아 자동차 및 트레일러보다 원료의 해외 의존도가 높다. 자동차 및 트레일러는 조립 과정에서 많은 부품이 필요하여 각 부품 제조업체가 집적하는 경향이 있다.

바로잡기 ⑤ 운송비에 비해 부가 가치가 크며 입지가 자유로운 제조업은 전자 부품·컴퓨터·영상·음향 및 통신 장비 제조업이다.

584
(다)는 화학 물질 및 화학 제품과 코크스, 연탄 및 석유 정제품의 비중이 높은 서산이고, (라)는 전자 부품, 컴퓨터, 영상, 음향 및 통신 장비 제조업 비중이 높은 아산이다. (가), (나)는 광양과 광주인데, 제철 공업이 발달한 광양이 (가)이고 A는 1차 금속이다. (나)는 광주이며, B는 자동차 및 트레일러이다. 1차 금속은 적환지 지향형, 자동차 및 트레일러는 집적 지향형 공업이다.

바로잡기 ㄱ. (가)는 전라남도 광양, (다)는 충청남도 서산이다. ㄷ. 섬유 공업 등이 노동 집약적 경공업에 해당된다.

585
자동차, 조선과 같은 조립형 공업은 한 지역에 여러 공장이 모이는 집적 지향형 공업이다.

채점 기준	수준
조립형 공업과 집적 지향형 공업 두 가지를 모두 옳게 서술한 경우	상
한 지역에 여러 공장이 모인다고만 서술한 경우	하

586
A는 사업체 수, 종사자 수가 가장 적은 백화점이다. B는 A~C 중 매출액이 가장 많은 대형 마트이다. C는 사업체 수와 종사자 수가 가장 많으므로 편의점이다.

바로잡기 ① 백화점과 편의점의 사업체 수 차이는 매우 크지만 매출액에서는 약 두 배 조금 넘는 정도 차이가 나기 때문에 사업체당 매출액은 백화점이 편의점보다 많다. ② 백화점보다 편의점의 평균 이용 빈도가 높다. ③ 백화점이 1인당 구매 단가가 가장 높다. ④ 대형 마트는 편의점보다 종사자 수는 적지만 매출액은 더 많아 종사자 1인당 매출액은 대형 마트가 편의점보다 더 많다.

587

그래프에서 (가)는 (나)보다 분산 입지하는 소매업이고, (나)는 서울에 집중하여 입지하는 금융업이다. 종사자 수는 소매업이 금융업보다 많고, 생산자 서비스업인 금융업은 기업과의 거래 비중이 높다. 소매업은 소비자의 이동 거리를 최소화하기 위해 분산 입지하려는 경향이 크고, 금융업은 기업과의 접근성이 높고 관련 정보 획득에 유리한 도심과 대도시에 집중하는 경향이 크다.

바로잡기 ㄴ. (나) 금융업은 (가) 소매업보다 사업체 규모가 큰 고부가 가치 산업이기 때문에 사업체당 매출액이 많다.

588

국내 여객 수송 분담률이 가장 높은 C는 도로이다. 도로 다음으로 국내 여객 수송 분담률이 높은 B는 지하철, A는 철도이다. 국제 여객 수송 분담률이 높은 E는 항공, D는 해운이다. 국내 화물 수송 분담률이 가장 높은 ㉡은 도로, 국제 화물 수송 분담률이 가장 높은 ㉢은 해운이다. 국제 화물 수송 비중이 없는 ㉠은 철도, 국내와 국제 화물 수송 비중이 모두 있는 ㉣은 항공이다. ② 도로는 기종점 비용이 가장 저렴해 단거리 수송에 유리하다.

바로잡기 ① 철도는 항공보다 평균 운행 속도가 느리다. ③ 화물 수송을 분담하지 않는 교통 수단은 지하철이다. ④ 해운과 항공은 기상 조건의 영향을 많이 받는다. ⑤ 일반적으로 항공기에는 차량보다 더 많은 인원이 탑승할 수 있다.

589

그래프에서 (가)는 3차 산업, (나)는 2차 산업, (다)는 1차 산업이다. 지역 내 2차 산업 종사자 비율이 가장 높은 지역은 제조업이 발달한 울산이다. 서울은 1차 산업 종사자 비중이 매우 낮으며 전남은 시·도 중 1차 산업 종사자 비중이 높은 편이다. 탈공업화는 2차 산업 비율이 감소하고 3차 산업 비율이 증가하는 현상이다.

바로잡기 ㄱ. (가)는 3차 산업으로 지식·정보가 중요한 생산 요소이다.

590

중심지가 성립하기 위해서는 최소 요구치의 범위가 재화의 도달 범위보다 안에 있어야 한다. (가)는 중심지가 성립하기 때문에 A는 최소 요구치의 범위, B는 재화의 도달 범위이다.

바로잡기 ① 인구 밀도가 증가하면 전보다 더 좁은 범위에서 최소한의 수요를 만족할 수 있기 때문에 대체로 최소 요구치의 범위가 축소된다. ② 교통이 발달하면 상점으로부터 재화가 도달할 수 있는 범위가 확대된다. ③ 구매력이 향상되면 전보다 더 좁은 범위에서도 많은 제품을 판매할 수 있기 때문에 최소 요구치 범위가 축소된다. ⑤ 고차 중심지일수록 최소 요구치 범위와 재화의 도달 범위가 넓다.

591

도로는 주행 비용 증가율이 높아 기울기가 가파르고, 해운은 주행 비용 증가율이 낮아 기울기가 완만하다.

592

도로는 기동성과 문전 연결성이 뛰어나고, 지형적 제약이 작다. 철도는 정시성과 안전성이 뛰어나지만 지형적 제약이 크다.

채점 기준	수준
도로와 철도의 장점을 모두 서술한 경우	상
도로와 철도의 장점 중 한 가지만 서술한 경우	하

Ⅵ 인구 변화와 다문화 공간

14 인구 분포와 인구 구조의 변화

분석 기출 문제 117~121쪽

[핵심 개념 문제]

593 출산 붐(baby boom) 594 유소년, 노년 595 ○ 596 × 597 × 598 ㉢ 599 ㉡ 600 ㉠ 601 ㉡ 602 ㉠ 603 ㉠ 604 ㄴ 605 ㄷ 606 ㄱ

607 ⑤ 608 ③ 609 ③ 610 ⑤ 611 ⑤ 612 ① 613 ② 614 ① 615 ⑤ 616 ① 617 ④ 618 ① 619 ② 620 ⑤ 621 ④ 622 ③ 623 ①

1등급을 향한 서답형 문제

624 예시 답안 인구 분포에 영향을 미치는 자연적 요인은 기후, 지형, 토양 등이며, 인문·사회적 요인은 정치, 경제, 역사 등이다. **625** 예시 답안 광복 이후 약 60년 동안 우리나라의 인구 중심점이 북서쪽으로 이동하였다. 이는 전체 인구 분포에서 수도권의 인구 비중이 높아지고 있음을 의미한다. **626** 예시 답안 앞으로 저출산 현상이 지속되고 기대 수명이 증가함에 따라 유소년층과 청장년층의 비율은 감소하고 노년층의 비율이 더욱 높아질 것으로 예상된다.

607

인구 변천 모형에서 A는 출생률과 사망률이 모두 높은 다산다사, B는 경제 성장 및 의학 발달 등으로 사망률이 급감하는 다산감사, C는 가족계획 등으로 출생률이 감소하는 감산소사, D는 출생률과 사망률이 모두 낮은 소산소사 단계이다.

바로잡기 ⑤ 인구 변천 모형은 출생, 사망 등 인구의 자연적 증감을 보여준다.

1등급 정리 노트 인구 변천 모형의 단계별 특징

단계	구분	특징
1단계	다산다사	출생률과 사망률이 모두 높은 고위 정체기
2단계	다산감사	의학 발달과 경제 성장으로 사망률이 급감하여 인구가 급증하는 시기
3단계	감산소사	가족계획, 여성의 활발한 사회 진출 등으로 출생률이 감소하는 시기
4단계	소산소사	출생률과 사망률이 모두 낮은 저위 정체기, 노년층 인구 비중이 증가하는 시기

608

조선 시대에는 출생률과 사망률이 모두 높아 급격한 인구 변화가 없었다. 일제 강점기에 접어들면서 사망률이 급격히 떨어지게 되고 식량 증산으로 인구 부양 능력이 증가하면서 인구가 빠르게 증가하기 시작하였다. 광복 이후에는 해외로 나갔던 사람들이 들어오면서 인구의 사회적 증가가 나타났으며, 6·25 전쟁 이후에는 출산 붐으로 인구가 급증하였다. 1960년대 이후에는 지속적인 출산 억제 정책으로 출생률이 크게 감소하였다. 2000년 이후에는 저출산 현상이 지속

되면서 장기적으로 생산 가능 인구가 감소할 것으로 예상된다.

바로잡기 ③ ㉣ 6·25 전쟁 이후 출산 붐은 인구의 자연적 증가에 해당한다.

609

㈎는 2015년, ㈏는 1940년, ㈐는 1985년의 인구 분포이다. 1940년에는 벼농사 중심의 전통 사회이므로 남서부의 평야 지대에 인구가 많이 분포하였다. 오늘날에는 수도권이 최대 인구 밀집 지역이며, 대도시 및 주변의 위성 도시에 많은 인구가 분포한다.

610

산업화 이전 시기에는 산지와 평야의 분포에 따라 인구 분포가 달라졌으며, ㈏처럼 농업에 유리한 기후 및 지형 조건을 갖춘 지역에 인구가 조밀하게 분포하였다. 이후 산업화 및 도시화에 따른 인구 재배치로, ㈎처럼 2·3차 산업이 발달한 대도시와 수도권 일대에 인구가 밀집하였다.

611

인구 피라미드가 높은 출생률과 사망률을 보이는 피라미드형에서 출생률과 사망률이 감소하는 종형의 인구 구조로 변화한다. 그러다가 저출산이 지속되면서 유소년층 인구 비율은 감소하고 노년층 비율은 증가하는 역피라미드형으로 변화하게 된다. 이 과정에서 중위 연령, 기대 수명, 노년층 비율, 노년 인구 부양비는 모두 증가한다.

바로잡기 ⑤ 유소년층 인구 비율은 감소하는 양상을 보인다.

612

㈎ 1970년대에는 급격하게 진행된 도시화의 영향으로 서울, 부산 등과 같은 대도시로 인구가 이동하는 경향이 뚜렷하게 나타난다. ㈏ 2000년대 이후에는 대도시권의 확대에 따라 교외화와 역도시화 현상이 지역적으로 나타난다.

바로잡기 ㄷ. 촌락 및 지방 소도시에서 서울로의 집중 현상이 뚜렷한 시기는 (가) 시기이다. ㄹ. 거주지의 교외화는 (나) 시기에 뚜렷하다.

613

지도에서 인구 순이동률이 높은 지역은 대도시 주변 지역으로, 과밀화된 대도시 주변 지역으로 인구가 분산되고 있다. 서울은 교외화 현상이 확대되면서 경기도에서 서울로의 통근자가 증가하였다.

바로잡기 ㄴ. 강원과 경북 지역은 인구 순이동률이 0 미만인 곳이 많으므로 인구 유입이 감소하였을 것이다. ㄹ. 대도시 인접 지역은 인구가 증가하고 있다.

614

1960년대에는 출생률이 매우 높아 인구가 빠르게 증가하던 시기였고, 2000년대 중반에는 종형의 인구 구조가 나타나던 시기였다. 2060년경에는 역피라미드형 인구 구조가 나타날 것으로 예상된다. 전체 인구 중 노년층 인구 비중은 2060년경에 가장 높을 것으로 예상되므로 ㉢>㉡>㉠ 순으로 나타난다.

바로잡기 ㄷ. 도시화율은 ㉠보다 ㉡ 시기에 훨씬 높았다. ㄹ. 이촌 향도 현상은 1960년대부터 나타났으며, 1970~1980년대에 활발하게 이루어졌다.

615

㈎는 유소년층 인구 비율, ㈏는 성비를 나타낸다. 유소년층 인구 비율이 높은 곳은 서울을 비롯한 수도권 및 대도시 지역이다. 성비는 여성 100명 당 남성의 수로 100 이상이면 남초 현상, 100 미만이면 여초 현상이 나타나는 지역이다. 남초 현상이 나타나는 지역은 중화학 공업이 발달한 도시, 휴전선 부근의 군사 도시 등이다.

바로잡기 ① (가)는 0~14세의 인구 비율을 보여 준다. ② (나)의 성비는 여성 100명 당 남성의 수를 표현한 것이다. ③ (가)의 수치가 높은 지역은 보육 시설을 확대하는 것이 시급하다. ④ (나)의 수치가 높은 지역은 노년 인구 부양비가 높은 지역으로 보기는 어렵다.

616

㈎는 유소년층과 생산 연령층의 인구 비중이 낮고 노년층의 인구 비중이 높은 전라남도이다. ㈏는 유소년층의 인구 비중이 다소 높고, 생산 연령층의 인구 비중이 매우 높으며 노년층의 인구 비중이 매우 낮은 울산광역시이다.

바로잡기 ② (가)는 (나)보다 노년 인구 부양 부담이 크다. ③ (나)에 대한 설명이다. ④ (가)는 (나)보다 노년층의 여초 현상이 두드러진다. ⑤ (가)는 표주박형, (나)는 별형이다.

617

A는 휴전선 인근의 강원도 화천, B는 수도권에 위치한 경기도 안산, C는 전라남도 고흥이다. C가 가장 높고 B가 가장 낮을 것으로 보이는 지표는 노년층 인구 비율이고, A가 가장 높고 C가 가장 낮을 것으로 보이는 지표는 성비이다.

바로잡기 등록 외국인 수는 외국인 근로자가 많은 B가 가장 많을 것이다.

618

제시된 그래프를 보면 ㈎는 유소년층 20%, 노년층 11% 정도의 인구 비중을 보이고 있다. ㈏는 유소년층 12%, 노년층 32% 정도의 인구 비중을 보이고 있다. 따라서 노년층 인구 비중이 높은 ㈏는 ㈎에 비해 중위 연령이 높고, 노년 인구 부양비가 높다.

바로잡기 ㄷ. 유소년 인구 부양비는 유소년 인구 비중이 높은 (가)가 더 높다. ㄹ. 청장년층 인구 비중은 (가)가 약 69%, (나)가 약 56%로 (가)가 더 높다.

619

㈎는 청장년층 인구 비중이 가장 높은 울산이며, ㈐는 유소년층과 청장년층 인구 비중이 가장 낮으므로 전남이다. ㈑는 유소년층 인구 비중이 가장 높고 청장년층 인구 비중이 ㈎ 다음으로 높기 때문에 경기에 해당한다. ㈏는 충북이다. ㄱ. 총인구 부양비는 청장년층 인구 비중이 낮을수록 높게 나타나기 때문에 ㈐가 가장 높다. ㄹ. ㈐는 ㈑보다 유소년층의 인구 비중은 낮지만, 노년층의 인구 비중은 높기 때문에 노령화 지수가 높다.

바로잡기 ㄴ. (가)는 (라)보다 유소년층 인구 비중이 낮기 때문에 유소년 인구 부양비가 낮다. ㄷ. (나)는 (다)보다 유소년층 인구 비중과 청장년층 인구 비중이 높기 때문에 노년 인구 부양비는 (다)가 높다.

620

2·3차 산업이 발달한 지역은 생산 가능 인구의 유입이 많아 청장년층 인구 비중과 유소년층 인구 비중이 높으며, 총인구 부양비와 노년 인구 부양비가 낮게 나타난다. 그러므로 전국 평균보다 총인구 부양비와 노년 인구 부양비가 높게 나타나는 A와 B는 전남과 충남일 것이며, 그 중 총인구 부양비와 노년 인구 부양비가 가장 높은 A는 전

남, B는 충남이다. 총인구 부양비와 노년 인구 부양비가 가장 낮은 D는 중화학 공업이 발달하여 청장년층 인구 유입이 활발하고 이에 따라 노년층 인구 비중이 낮고 유소년층 인구 비중이 높은 울산이다. 따라서 C는 경기이다.

621

우리나라는 합계 출산율이 낮아지고 있으며 전체 인구에서 유소년층 인구 비중이 감소하고 있다. 점차 높아지는 지표는 중위 연령과 노년층 인구 비중 등이 있다.

622

그래프를 보면 1985년에 비해 2015년에는 노년층과 청장년층의 인구 비중이 증가하고, 유소년층의 인구 비중이 크게 감소하였다. 따라서 총인구 부양비 중 노년 인구 부양비는 크게 증가하고, 유소년 인구 부양비는 크게 감소하였다. 청장년층 인구 비중이 늘었으므로 생산 가능 인구는 증가하였다. 유소년 인구 비중이 줄고 노년 인구 비중이 늘었기 때문에 중위 연령은 상승하여 C가 해당한다.

623

제시된 그래프에서 A 시기는 총인구 부양비가 지속적으로 감소하였는데, 특히 유소년 인구 부양비의 감소에 따른 영향이 매우 컸다. B 시기에는 노년 인구 부양비의 폭발적인 증가로 총인구 부양비는 늘어날 것으로 예상된다. A 시기에는 총인구 부양비가 100을 넘은 적이 없었으므로 청장년층의 인구 비중이 가장 높았다. 2020년대부터는 유소년 인구 부양비보다 노년 인구 부양비가 많아지게 되므로 노령화 지수는 100을 넘게 된다.

바로잡기 ㄷ. 2065년의 경우에도 노년 인구 부양비가 100을 넘지는 않으므로 B 시기에는 노년층 인구보다 청장년층 인구가 더 많다. ㄹ. 노년층의 인구 증가는 고령화 현상으로 인해 나타나는 것으로 사회적 증감과는 거리가 멀다.

624

인구 분포에 영향을 미치는 요인으로는 자연적 요인과 인문·사회적 요인으로 구분할 수 있다.

채점 기준	수준
자연적 요인과 인문·사회적 요인을 모두 사회적 요인이 더 중시되고 있음을 서술한 경우	상
자연적 요인과 인문·사회적 요인 중 한 가지만 서술한 경우	하

625

우리나라는 수도권의 인구 비중이 높아지고 있으므로 인구 중심점이 북서쪽으로 이동하고 있다.

채점 기준	수준
인구 중심점의 이동 방향을 구체적으로 제시하고, 이를 통해 인구 분포의 특징을 바르게 서술한 경우	상
인구 중심점의 이동 방향 또는 인구 분포의 특징 중 한 가지만 바르게 서술한 경우	하

626

앞으로는 노년층 인구 비율이 더욱 높아져 방추형의 인구 구조를 보일 것으로 예상된다.

채점 기준	수준
유소년층과 청장년층의 비율 감소와 노년층의 비율 증가를 모두 서술한 경우	상
노년층이 증가한다고만 간단히 서술한 경우	하

적중 1등급 문제

122~123쪽

627 ④　628 ⑤　629 ④　630 ④　631 ④
632 ②　633 ③　634 ②

627 지역별 연령별 인구 구조의 특징 파악하기

1등급 자료 분석 연령층별 인구 비율

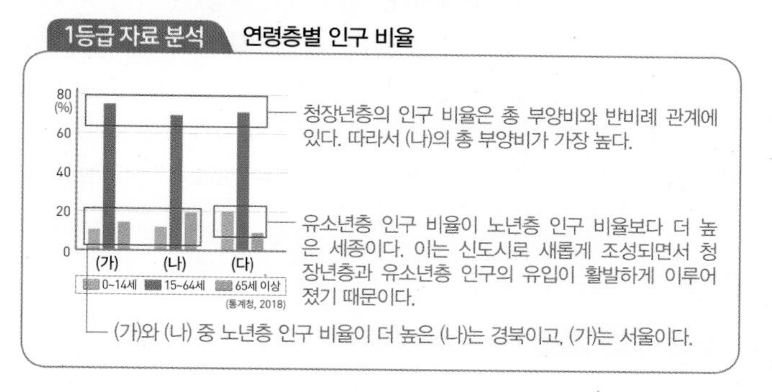

ㄴ. (나)와 (다)의 청장년층 인구 비율은 비슷하지만 유소년층 인구 비율은 (다)가 높으므로 유소년 부양비는 (다)가 더 높다. ㄹ. 총 부양비는 청장년층 비율이 가장 높은 (가)가 가장 낮고 청장년층 비율이 가장 낮은 (나)가 가장 높다.

바로잡기 ㄱ. (가)는 서울, (나)는 경북이다. ㄷ. 노령화 지수는 유소년 인구에 대한 노년 인구의 비율을 나타낸 것으로 (나)가 가장 높고 (다)가 가장 낮다.

628 충청권 내 지역별 인구 구조의 특징 파악하기

1등급 자료 분석 충청권의 지역별 인구 구조

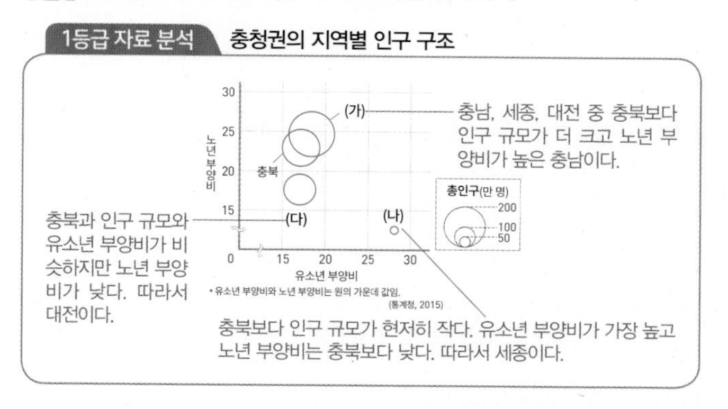

(가)는 충북보다 인구 규모가 월등히 큰 지역으로 충청권에서는 충남의 인구 규모가 가장 크다. (나)는 인구 규모가 가장 작은 지역으로 세종에 해당한다. 세종은 유소년 부양비의 비중이 높은 것이 특징이다. (다)는 충북과 인구 규모가 비슷한 곳으로 대전이다. 대전은 충북과 비교했을 때 노년 부양비는 현저히 낮다.

629 인구 부양비 분포 파악하기

(가)는 영남과 호남의 농촌 지역에서 높게 나타나는 노년 인구 부양비이다. (나)는 수도권과 대도시 주변 등에서 높게 나타나는 유소년 인구 부양비이다.

630 인구 부양비 파악하기

1등급 자료 분석 인구 비중과 인구 부양비

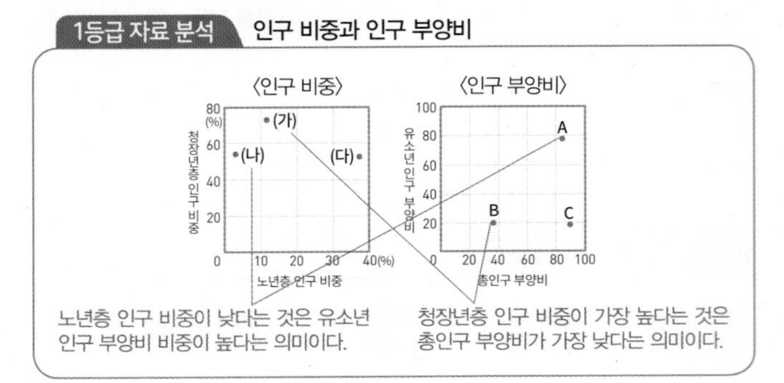

제시된 그래프를 보면 (가)는 청장년층 인구 비중이 가장 높기 때문에 총인구 부양비가 가장 낮은 B이다. (나)와 (다)는 청장년층 인구 비중이 비슷하기 때문에 총인구 부양비에서도 큰 차이를 보이지 않지만, 노년층 인구 비중이 낮은 (나)가 유소년 인구 부양비 비중이 높은 A이다. 노년층 인구 비중이 높은 (다)는 유소년 인구 부양비가 낮은 C이다.

바로잡기 ㄹ. 노령화 지수는 노년층 인구 비중이 가장 높은 C가 가장 높고, 유소년층 인구 비중이 가장 높은 A가 가장 낮다.

631 인구 지표 분석하기

1등급 자료 분석 시도별 중위 연령과 인구 부양비

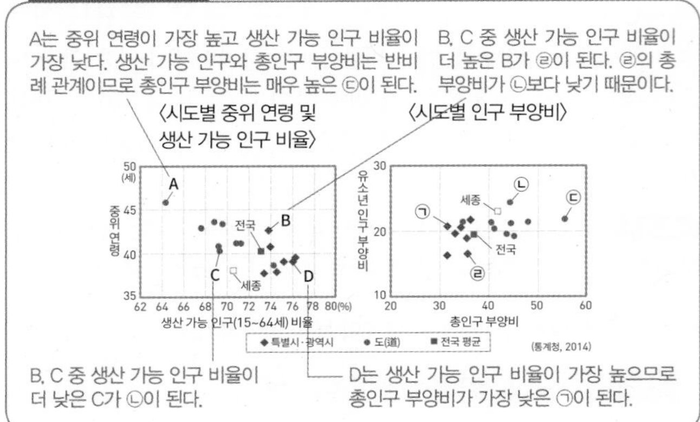

중위 연령을 보면 전국 평균보다 B는 높고 D는 낮다. 생산 가능 인구 비율은 B보다 D가 높다. 따라서 노년층 인구 비율은 B가 D보다 높다. 노년 인구 부양비는 총인구 부양비에서 유소년 인구 부양비를 뺀 값으로, ㉠은 약 10이고, ㉡은 약 20이다.

바로잡기 ㄱ. A는 ㉢에 해당한다. ㄷ. C는 전국 평균보다 생산 가능 인구 비율이 낮기 때문에 총인구 부양비는 전국 평균보다 높다.

632 지역별 인구 특성 비교하기

1등급 자료 분석 지역별 인구 부양비

인구 규모가 가장 작고, 노년 인구 비중이 가장 높은 안동이다.

인구 규모가 가장 크고, 노년 인구 비중이 가장 작은 천안이다.

인구 규모와 인구 부양비가 세 지역 중 중간인 원주이다.

세 지역의 면적을 비교해 보면 안동이 가장 넓다.

그래프에서 (가)와 (나)의 유소년 인구 부양비를 계산해 보면 약 20으로 비슷하다. 그러나 (가)가 (나)보다 인구 규모가 더 크기 때문에 유소년층 인구도 (가)가 (나)보다 더 많다. 천안, 원주, 안동 중 면적이 작으면서 인구 규모가 큰 천안의 인구 밀도가 가장 높고, 안동의 인구 밀도가 가장 낮다.

바로잡기 ㄴ. 노년 인구 부양비가 높은 안동의 노령화 지수가 원주보다 높다. ㄹ. 청장년층 인구 비중은 노년 인구 부양비와 반비례하므로 (가)>(나)>(다) 순으로 높다.

633 시도별 인구 구조 파악하기

1등급 자료 분석 시도별 인구 구조

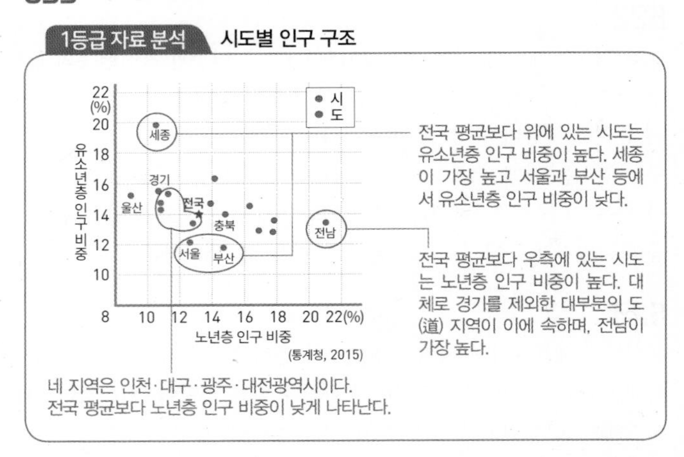

그래프에서 서울과 부산은 유소년층 인구 비중은 비슷하지만 노년층 인구 비중이 낮은 서울이 부산보다 총인구 부양비도 낮게 나타날 것이다. 울산은 유소년층 인구 비중이 낮은 편이고 노년층 인구 비중이 전국에서 가장 낮으므로 청장년층 인구 비중이 우리나라에서 가장 높다.

바로잡기 ㄱ. 세종은 유소년층 인구 비중(약 20%)이 가장 높지만, 노년층 인구 비중(약 10%)이 낮기 때문에 전남 등에 비해 총인구 부양비가 가장 높은 것은 아니다. ㄹ. 그래프를 보면 인천, 대구, 광주, 대전 등은 전국 평균보다 노년층 인구 비중이 낮기 때문에 전국 평균보다 총인구 부양비는 높지 않다.

634 지역별 인구 부양비 분포 파악하기

1등급 자료 분석 시도별 인구 부양비

노년 부양비가 가장 높으므로 노년 인구 비율이 높은 전남이다.

유소년 부양비가 가장 낮고 노년 부양비도 전국 평균보다 낮으므로 서울과 세종 중에서 서울에 해당된다.

유소년 부양비가 월등히 높으므로 세종에 해당된다. 인구 유입이 활발한 세종은 유소년 인구 비중이 전국에서 가장 높다.

A는 도(道) 중에서 노년 부양비가 가장 높은 지역으로 선택지의 전남, 세종, 서울 중 전남에 해당한다. B는 유소년 부양비가 가장 낮고 노년 부양비도 전국 평균보다 낮은 시(市) 지역으로 서울이 해당한다. C는 노년 부양비가 낮고 유소년 부양비가 가장 높은 시 지역으로 세종이 해당한다.

바로잡기 부산은 노년 부양비가 전국 평균보다 훨씬 높은 시 지역이다.

15 인구 문제와 다문화 공간의 등장

분석 기출 문제

125~128쪽

[핵심 개념 문제]

635 고령화 636 합계 출산율 637 수도권 638 ○
639 × 640 ㉡ 641 ㉢ 642 ㉠ 643 ㉠ 644 ㉡ 645 ㉡
646 금 647 부

648 ⑤ 649 ① 650 ③ 651 ④ 652 ⑤ 653 ② 654 ②
655 ④ 656 ① 657 ② 658 ① 659 ① 660 ③ 661 ③
662 ②

1등급을 향한 서답형 문제

663 예시 답안 저출산·고령화로 인한 인구 문제를 파악할 수 있다. 저출산 현상을 해결하기 위해서는 자녀 양육 및 교육에 따른 부양 부담을 줄일 수 있도록 제도적 장치가 마련되어야 한다. 고령화 현상에 대비하기 위해서는 노인 일자리 창출을 통해 노인의 경제 참여율을 높이고, 노인 복지 시설 및 실버산업을 육성해야 한다. **664** 예시 답안 우리나라의 총인구는 감소하게 된다, 경제 활동에 투입되는 노동력이 부족해진다, 소비 감소와 투자 위축으로 경기가 침체될 수 있다 등 **665** 예시 답안 • 긍정적 영향 : 저렴한 노동력 활용, 다양한 문화적 자산 공유, 초국가적 네트워크 형성 등을 바탕으로 새로운 성장 동력을 확보할 수 있다. • 부정적 영향 : 외국인 근로자와 국내 근로자의 일자리 경쟁, 사회적 편견과 차별, 다문화 가정 자녀의 정체성 혼란 등과 같은 부작용이 발생할 수 있다.

648

저출산 현상의 원인은 여성의 사회 진출 확대, 미혼 인구의 증가, 초혼 연령의 상승, 결혼과 가족에 대한 가치관의 변화 등 대부분 사회·경제적 여건과 관련이 있다.

바로잡기 ⑤ 저출산 현상이 오랫동안 지속될 경우 경제 활동에 투입되는 노동력 부족, 소비 감소와 투자 위축에 따른 경기 침체로 이어질 수 있다.

649

그래프를 통해 저출산 및 고령화 현상을 파악할 수 있다. 저출산의 대책으로는 출산·양육·교육에 대한 재정 지원, 결혼 장려책 마련, 출산 여성의 취업 기회 확대 등이 있으며, 고령화 대책으로는 노인 일자리 창출 및 정년 연장, 노인 복지 시설 확충 등이 있다.

바로잡기 ㄷ. 고령화 사회에서는 정년 연장 및 재취업 기회 확대 등을 통해 노년층의 경제 활동 참여율을 높여야 한다. ㄹ. 고령화는 촌락 지역에서 두드러지게 나타나므로 촌락 지역의 생활 환경 개선에 힘써야 한다.

650

중위 연령은 지역이나 국가의 전체 인구를 연령 순서로 세웠을 때 그 중간에 있는 사람의 연령이다. 우리나라의 중위 연령은 1980년 21.7세에서 2018년 43.1세로 높아져 상승 속도가 매우 빠르다.

651

(가)는 산아 제한 정책에 해당하므로 1970년대, (나)는 출산 장려 정책에 해당하므로 2010년대이다. 현재의 인구 문제 해결을 위해서 (나) 정책과 더불어 결혼 장려 정책이 필요하다.

바로잡기 ㄴ. 성비 불균형 문제와 관련된 포스터는 "선생님, 착한 일 하면 여자 짝꿍 시켜주나요?"이다.

652

고령화는 전체 인구 중에서 노년층 인구 비중이 증가하는 것이다. 출산율 감소에 따른 유소년층의 인구 비중이 감소하면, 상대적으로 노년층의 인구 비중이 커지는 결과를 가져온다. 우리나라는 2017년 기준 합계 출산율이 1.05로 인구 대체 수준인 2.1에 한참 미치지 못하고 있다. 이는 결국 인구 감소로 이어질 가능성이 크다.

바로잡기 〈질문 1〉 양육 및 교육 비용의 증가는 출산율 저하를 유발하는 주 요인 중 하나이다. 〈질문 2〉 고령화 사회에 대비하기 위해서는 노인 인구의 경제 활동을 위해 정년 연장이 필요하다.

653

프랑스는 고령화 사회에서 초고령 사회로 진입하는 데 154년이 걸려 고령화의 진행 속도는 가장 느렸다. 일본과 이탈리아는 2006년에 초고령 사회로 진입하였으며, 미국은 2036년에 초고령 사회로 진입할 것으로 예상된다. 우리나라는 제시된 국가 가운데 고령화 사회에서 초고령 사회로 넘어가는 시간이 가장 짧다.

바로잡기 ② 고령화 사회에 가장 먼저 진입한 국가는 프랑스이다.

654

고령화에 대한 직접적인 해결 방안은 노인 경제 활동 참여율을 높여 노인 스스로 자립할 수 있는 토대를 마련하는 것이다. 이를 위해 정년 연장, 재취업 기회 확대 등을 추진해야 한다.

바로잡기 ② 국민연금과 건강 보험 등 복지 정책을 확대해야 한다.

655

노령화 지수는 $\frac{\text{노년층 인구}}{\text{유소년층 인구}} \times 100 = \frac{\text{노년 인구 부양비}}{\text{유소년 인구 부양비}} \times 100$이므로 2020년의 노령화 지수는 $\{(39.5-17.6)/17.6\} \times 100$으로 약 124.4이다. 2010년보다 2050년에 노년 인구 부양비가 크게 증가하므로 고령화 문제가 심각해지고 중위 연령이 높아질 것이다. 2010년 총인구 부양비가 36.9에서 2050년 90.8로 크게 증가하는 것은 청장년층 인구 비중이 크게 감소하기 때문이다. 2050년에는 노령화 지수가 400에 가까워져 고령화 문제가 심각해짐을 알 수 있다.

바로잡기 ④ 2020년의 노년 인구 부양비는 총인구 부양비에서 유소년 인구 부양비를 뺀 값이므로 39.5−17.6=21.9이다. 1970년의 노년 인구 부양비는 83.8−78.2=5.6이므로 2020년은 1970년의 약 4배 정도이다.

656

제시된 인구 구조는 19세 이하의 연령층에서 극단적으로 그 비중이 낮아지는 특징을 보인다. 이는 국내 거주 외국인의 인구 구조에 해당한다. 취업이나 유학 등을 목적으로 국내에 유입되는 외국인의 경우 자녀 세대를 동반하지 않고 입국하는 것이 일반적이기 때문이다.

바로잡기 ③ 귀촌 인구의 경우 20~30대보다 조금 더 높은 연령층의 비중이 높을 것이다. ④, ⑤ 이민이나 이주의 경우 자녀 세대를 동반한다.

657

(가)는 영남과 호남의 농촌 지역에서 높은 수치가 나타나는 국제결혼

이민자 비율이고, (나)는 서울과 수도권, 대도시권 등에서 높은 수치가 나타나는 외국인 비율로, 공통 키워드는 외국인이다.

658

국내 체류 외국인의 수는 매년 증가하는 추세이다. 출신 국가별로는 한국계 중국인을 포함한 중국 국적자 수가 절반 이상을 차지하고 있으며, 체류 유형별로는 단순 기능 인력, 결혼 이민자 순으로 많다.

바로잡기 ① 저임금 노동력을 필요로 하는 중소기업에 종사하는 인력의 비중이 높다고 볼 수 있다.

659

산업화와 도시화의 영향으로 농촌에서는 결혼 적령기의 성비 불균형이 심화되었고, 그 결과 1990년대부터 농촌을 중심으로 외국인 여성과의 국제결혼이 활발해졌다.

바로잡기 ② 국제결혼 건수가 가장 많은 곳은 경기이다. ③ 농어촌 지역의 성비 불균형 심화로 외국인 여성과의 국제 결혼이 활발해졌다. ④ 2005년을 정점으로 다소 감소하고 있다. ⑤ 한국인 아내와 외국인 남편의 국제결혼 건수가 가장 많은 곳은 서울이다.

660

오늘날 외국인에 대한 거부감 감소, 결혼에 대한 가치관 변화 등으로 국제결혼이 이루어지면서 다문화 가정이 늘어나고, 국내 체류 외국인과 다문화 가정의 증가로 인해 다문화 공간이 증가하고 있다.

661

건설 경기가 활기를 띠는데도 인력 시장이 외국인 근로자들을 중심으로 운영되면서 내국인 일용직 근로자들은 외국인들보다 일자리를 구하기가 더 어려운 현실에 놓이게 되었다.

662

다문화 수용성은 문화 개방성, 국민 정체성, 고정 관념 및 차별, 세계 시민 행동 등 8가지 지표별 측정값을 종합한 것이다. 제시된 네 나라 가운데 한국은 다문화에 대한 포용과 인식이 낮은 편이다.

바로잡기 ㄴ. 국적보다는 민족으로 정체성을 통합하려는 경향이 강한 편이다. ㄹ. 단일 민족 국가에 대한 국민 정체성이 여전히 높은 편이다.

663

사진은 저출산·고령화 현상과 관련된 공익 광고이다.

채점 기준	수준
저출산, 고령화 현상을 쓰고, 그 대책을 모두 바르게 서술한 경우	상
저출산, 고령화 현상을 쓰고, 대책을 서술하였으나 내용이 미흡한 경우	중
저출산, 고령화 현상만 쓴 경우	하

664

저출산 현상이 지속되면 미래 생산 인구의 감소와 함께 소비 인구의 감소를 초래한다.

채점 기준	수준
저출산 현상으로 인한 문제점을 두 가지 서술한 경우	상
저출산 현상으로 인한 문제점을 한 가지만 서술한 경우	하

665

외국인 근로자의 유입과 다문화 가정이 증가하면서 우리 사회는 다양한 문화가 공존하는 다문화 사회가 되었다.

채점 기준	수준
다문화 사회의 긍정적·부정적 영향을 모두 바르게 서술한 경우	상
다문화 사회의 긍정적·부정적 영향 중 한 가지만 서술한 경우	하

적중 1등급 문제

129쪽

666 ② 667 ① 668 ③ 669 ③

666 외국인 분포의 지역적 차이를 파악하기

1등급 자료 분석 지역별 외국인 분포

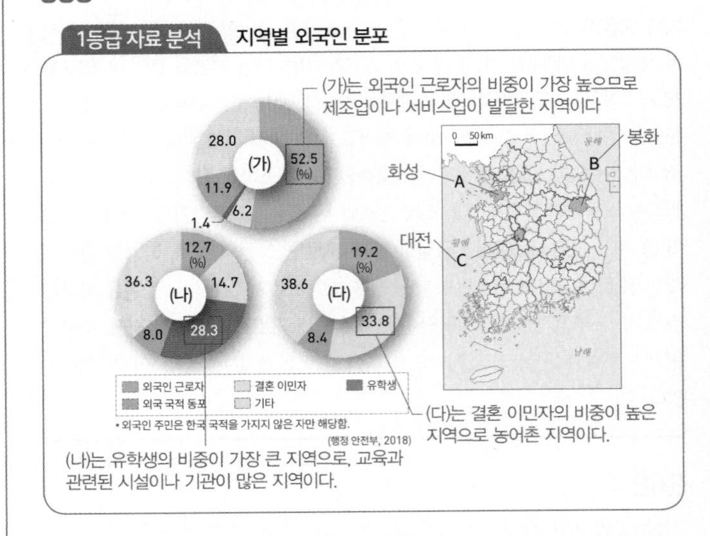

(가)는 취업을 목적으로 하는 외국인의 비율이 높은 지역이므로 화성(A)에 해당한다. (나)는 유학을 목적으로 거주하는 외국인의 비율이 높은 지역이므로 대전(C)이다. 봉화(B)는 산지 비율이 높은 농촌 지역으로 결혼을 목적으로 입국한 외국인의 비율이 높아 (다)에 해당된다.

667 농어촌 지역의 인구 특징 파악하기

1등급 자료 분석 농어촌 지역의 인구 특징

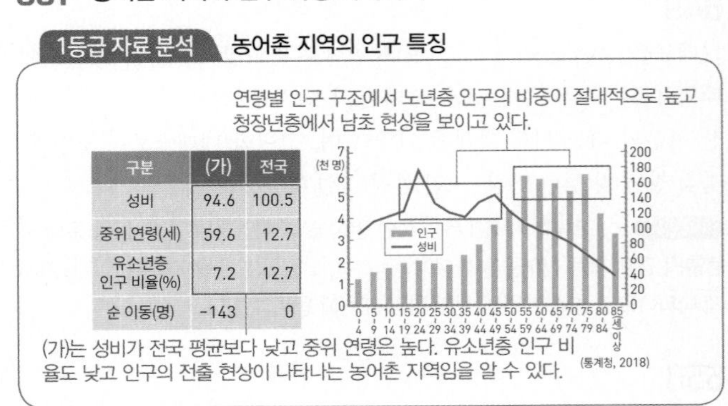

구분	(가)	전국
성비	94.6	100.5
중위 연령(세)	59.6	12.7
유소년층 인구 비율(%)	7.2	12.7
순 이동(명)	-143	0

노령화 지수는 유소년층 인구를 100명이라고 했을 때 노년 인구의 비율이므로 제시된 인구 자료를 살펴보면 유소년층 인구 비율보다 노년층 인구 비율이 세 배보다 훨씬 많음을 알 수 있다. 65세 이상의 연령층에서는 연령층이 높아질수록 성비가 낮아져 여초 현상이 심화되고 있다.

바로잡기 병. 노년층 인구 비율이 높고 유소년층 인구 비율이 낮기 때문에 인구의 자연적인 감소가 나타나는 지역이다. 유출 인구도 많아 사회적으로도 인구가 감소하고 있다. 정. 외국인 여성과의 결혼은 청장년층에서 나타나는 비정상적인 남초 현상을 해소할 수 있는 하나의 방안이 될 수 있다.

668 지역별 외국인 분포 이해하기

1등급 자료 분석 시도별 국제결혼 비율

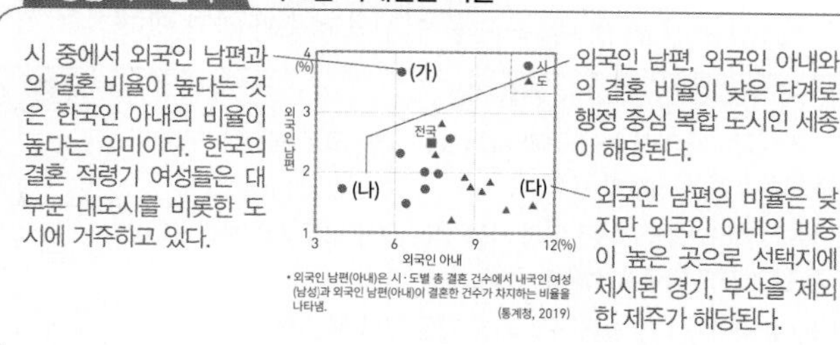

(가)는 시 지역 중에서 외국인 남편과의 결혼 비율이 가장 높은 곳으로 서울이다. (나)는 외국인 남편, 외국인 아내와의 결혼 비율이 아직 낮은 단계에 있는 세종이다. (다)는 외국인 남편의 비율은 낮지만 외국인 아내의 비중이 높은 곳으로 제주에 해당한다.

바로잡기 경기는 외국인 남편, 외국인 아내와의 결혼 비중이 전국 평균보다 약간 높은 수준에 있다.

669 저출산과 고령화 현상 파악하기

왼쪽 그래프와 같이 저출산 현상이 지속되면 결국 생산 가능 인구가 감소해 노동력 부족 문제가 심각해진다. 그리고 오른쪽 그래프처럼 노년 인구 비율이 증가하면서 중위 연령이 높아지고 있다.

바로잡기 ㄱ. 인구 부양력은 전체 인구 중 경제 활동 인구가 많아야 증가한다. 저출산이 지속되면 장기적으로 청장년층 인구의 감소로 이어져 인구 부양력은 감소할 수 있다. ㄹ. 유소년 인구 부양비보다 훨씬 높은 수준의 노년 인구 부양비가 나타날 것이다.

단원 마무리 문제

130~133쪽

14 인구 분포와 인구 구조의 변화

670 ③ **671** ③ **672** ③ **673** ② **674** ⑤ **675** ③ **676** ③
677 ② **678** ④ **679** ② **680** ② **681** ③ **682** 예시 답안 총인구 부양비가 가장 높은 곳은 전남이고, 가장 낮은 곳은 울산이다. 전남은 생산 가능 인구에 비해 노년층 인구가 많아 노년 인구 부양비가 높고, 이로 인해 총인구 부양비가 높다. 반면, 울산은 생산 가능 인구에 비해 노년층 인구가 적고, 이로 인해 총인구 부양비가 낮다.

15 인구 문제와 다문화 공간의 등장

683 ② **684** ⑤ **685** ④ **686** 초혼 연령의 상승, 교육비를 비롯한 육아 비용의 증가, 결혼과 자녀에 대한 가치관의 변화 등
687 예시 답안 퇴직 이후의 경제적 안정을 도모할 수 있도록 제도를 만든다. 정년을 연장하거나 재취업 기회를 확대한다. 공적 연금을 확대한다. 건강과 관련된 정책을 지원한다 등

670

그래프에서 유소년 부양비와 노년 부양비를 합한 총 부양비는 (다)가 가장 높은데 노년 부양비가 차지하는 비중이 크다. (가)의 경우 총 부양비가 가장 낮은데 총 부양비 중 유소년 부양비가 차지하는 비중이 높다. 지도에서 A는 강원 원주, B는 충남 천안, C는 경북 안동이다. 세 도시 중 노년 인구 비중이 가장 높은 C가 (다)이다. 천안은 경부축에 위치하여 교통이 편리한 도시로 최근 빠르게 성장하고 있는 지역이다. 원주 또한 혁신 및 기업 도시로서 빠르게 성장하고 있지만 천안의 인구가 더 많고 청장년층의 비중이 더 높다. 따라서 총 부양비가 가장 낮은 (가)는 천안(B)이고 (나)는 원주(A)이다.

671

(가)는 도(道) 중에서 노년 인구 비율이 가장 높은 전남이다. 유소년 인구 비율이 전국에서 가장 높은 (다)는 세종이고 노년 인구 비율이 낮은 (나)는 울산이다.

바로잡기 제주와 경기는 전국 평균에 비해 유소년 비율이 높고 노년 인구 비율은 낮다.

672

전입·전출 인구를 보면 (가)와 (나)의 인구 이동 규모가 큰데, (가)는 인구 순이동에 있어서 전출이 많고 (나)는 전입이 많다. 따라서 (가)는 부산이다. 노년 부양비가 낮고 인구 이동량 자체가 상대적으로 적은 (다)는 울산이고 (나)는 경남이다. (가)는 총인구 부양비가 약 40, (다)는 약 33.6이므로 (가)가 (다)보다 청장년층 인구 비중이 낮다.

바로잡기 ① (가)는 (나)보다 노령화 지수가 높다. ② (가)는 (다)보다 총인구 부양비가 높다. ④ (다)는 (가)보다 유소년층 인구 비율이 높다. ⑤ (가)는 부산, (나)는 경남, (다)는 울산이다.

673

A 시기는 1960년대 피라미드형 인구 구조로 출생률과 사망률이 높다. B 시기는 2015년의 종형의 인구 구조로 출생률과 사망률이 감소하였다. C 시기는 2060년 예상되는 인구 구조로 저출산과 고령화가 지속되면서 나타나는 인구 구조이다. 노년층 인구 비중이 가장 높은 C 시기에 고령 인구 증가에 따른 문제가 가장 클 것이다.

바로잡기 ㄴ. B 시기에 청장년층의 비중이 가장 높기 때문에 인구 부양비는 낮다고 할 수 있다. ㄷ. A~C 인구 피라미드의 시기는 A→B→C 순이다.

674

지도에서 A는 서울, B는 전남 구례, C는 경북 포항이다. 서울은 인구가 지속적으로 증가하다가 약간 감소하였으므로 (나)에 해당한다. (가)는 포항으로 1970년대부터 중화학 공업이 발달하면서 많은 인구가 유입되어 인구 증가율이 높다. (다)는 인구가 지속적으로 감소하고 있는 전남 구례이다.

675

그래프를 보면 1985년에 청장년층 인구 비율이 65.6%였는데 2015년에는 73.4%가 되었으므로 총 부양비는 감소하였다. 2065년에는 청장년층 인구 비율이 50% 아래로 내려갈 것으로 예측된다. 따라서 총 부양비는 100을 넘게 될 것이다.

바로잡기 ㄱ. 2015년에는 유소년 인구 비율이 13.8%이고 노년 인구 비율이 12.8%이므로 노령화 지수가 100에 미치지 못한다. ㄹ. 초고령 사회는 전체 인구 중 노년층 인구 비율이 20%를 넘는 경우를 말하는데 2025년 노년층 인구 비율이 20.2%로 예측되므로 2065년 이전에 20%에 도달할 것으로 예상된다.

676
생산 연령 인구가 급감하는 현상은 '인구 절벽'이며, 생산 연령 인구(청장년층)에 대한 비생산 연령 인구(유소년층 및 노년층 인구) 비율은 '인구 부양비'를 의미한다. 따라서 (가)는 인구 부양비이다. 노령화 지수는 '노년 인구 부양비/유소년 인구 부양비×100'이므로 노년 인구 부양비가 유소년 부양비보다 크면 노령화 지수는 100 이상이다.

바로잡기 ㄱ. 우리나라는 노년층 인구 비중이 증가하면서 노년 인구 부양비가 점차 증가하고 있다. ㄹ. 저출산 현상이 지속되면 유소년 인구 부양비는 감소하지만, 장기적으로 보면 국가 경쟁력이 낮아진다.

677
남아 있는 <글자 카드>를 조합하면 (나)는 '출산 장려책'이다. 출산 장려책은 합계 출산율을 높이기 위한 다양한 정책을 의미한다. 출산 장려책으로는 출산 휴가 및 육아 휴직 제도 개선, 임신 및 출산 지원, 양육비 지원, 보육 시설 확대 등이 있다.

678
(가)는 세계 평균보다 1980~2030년대에는 높았다가 이후에는 낮아지는 경향을 보이는 지표이다. 가장 낮을 때가 50% 정도이고 가장 높을 때는 70%를 조금 넘는다. 이는 청장년층 인구 비율이라고 볼 수 있다. (나)는 2000년대 이후 세계 평균을 상회하며 매우 빠른 속도로 증가하는 인구 지표이다. 이와 같은 2060년에 약 40% 정도에 달할 것으로 예상되는 이 지표는 노년층 인구 비율이다.

바로잡기 유소년층 인구 비율은 지속적으로 감소하는 경향으로 나타난다.

679
제시된 자료를 보면 (가)는 성비 불균형 문제, (나)는 인구 과잉 문제, (다)는 저출산 문제를 다루고 있다. 아직 우리나라의 인구 규모는 커지고 있으므로 가장 최근에 해당하는 (다) 시기의 인구 규모가 가장 크다.

바로잡기 ② 양적인 팽창이 문제가 되었던 시기는 (나) 시기이다.

680
제시된 그래프를 보면, (가)는 (나)에 비해 노년층 인구 비중이 높고, 청장년층과 유소년층의 인구 비중이 낮다. 이는 전형적인 농촌형으로, 전라남도의 특징이다. 전라남도에서 높게 나타나는 지표는 중위 연령, 농업 인구 비율, 총인구 부양비, 노년 인구 부양비 등이다.

바로잡기 ② 전라남도는 노년층에서 여성의 비율이 광주광역시보다 높게 나타나므로 성비가 더 높다고 볼 수는 없다.

681
2010년에서 2019년 사이에 유소년층 비중은 크게 감소하였고 노년층 비중은 크게 증가하였다. ㄴ. 유소년층 인구 비중과 노년층 인구 비중의 합이 27.2%에서 27.4%로 증가하였으므로 총인구 부양비는 증가하였다고 볼 수 있다. ㄷ. 노령화 지수는 2010년에는 100 미만이었지만 2019년에는 100 이상으로 증가하였다.

바로잡기 ㄱ. 총 부양비가 100을 넘으려면 유소년층 인구 비중과 노년층 인구 비중의 합이 50%를 넘어야 한다. 두 시기 모두 50%에 미치지 못하였다. ㄹ. 저출산·고령화 문제가 점점 더 심해지면서 유소년층 인구의 감소, 노년층 인구의 증가라는 결과가 나타났다.

682
총인구 부양비가 가장 높은 곳은 전남이고, 가장 낮은 곳은 울산이다. 이는 생산 가능 인구와 노년층 인구의 비중과 관련 있다.

채점 기준	수준
총인구 부양비가 가장 높은 곳과 가장 낮은 곳을 모두 제시하고, 그 이유를 모두 바르게 서술한 경우	상
총인구 부양비가 가장 높은 곳과 가장 낮은 곳을 모두 제시하고, 그 이유 중 한 가지만 바르게 서술한 경우	중
총인구 부양비가 가장 높은 곳과 가장 낮은 곳만 쓴 경우	하

683
그래프를 보면 전반적으로 출산 연령층이 높아졌음을 알 수 있고, 출생아 수도 감소하였음을 알 수 있다. 이러한 저출산 현상으로 초등학교 학생 수가 감소하게 되고, 결국 전체 인구가 감소하게 될 것이다.

바로잡기 ㄷ. 피라미드형 인구 구조는 과거 다산다사형의 인구 변천 단계에서 나타나던 인구 피라미드이다. ㄹ. 유소년층의 비율이 줄어들게 되므로 총 부양비에서 유소년 부양비는 감소하게 된다.

684
안산, 시흥, 평택 등 제조업이 발달한 수도권 서남부 지역에서의 지표값이 높고 제조업 비중이 낮은 수도권 동부 지역과 서울에 인접한 도시 지역들에서 지표값이 낮은 것은 외국인 비율이다.

바로잡기 ①, ②, ④ 농어촌의 성격이 강한 지역에서 높게 나타난다. ③ 인구 밀도는 서울, 성남, 고양, 수원 등에서 높게 나타난다.

685
(가)는 청장년층과 노년층의 비율이 높은 형태를 나타내고, (나)는 청장년층의 비중이 극단적으로 높고 유소년층과 노년층의 비중은 낮은 형태이다. (가)는 내국인, (나)는 외국인의 인구 구조이다. 외국인들은 우리나라에 주로 취업을 목적으로 입국하기 때문에 자녀 세대를 동반하지 않고 입국하는 경우가 많다. 따라서 유소년층과 노년층 인구 비율이 낮게 나타난다. 성비 불균형은 내국인보다 외국인에서 편차가 심하고, 자연적 증감에 따른 영향은 (가)의 내국인의 인구 구조에 더 큰 영향을 미친다.

바로잡기 ㄱ. (가)는 내국인, (나)는 외국인의 인구 구조이다. ㄷ. 가장 근본적인 이유는 유소년층의 입국이 이루어지지 않기 때문이다.

686
최근 우리나라는 저출산 현상이 다양한 사회적 요인으로 심각해지고 있다.

687
고령화 사회에 대처하기 위해서는 고령 인구의 자립을 위한 여건을 만들어 주는 대책과 복지 제도의 개선 등의 방안이 필요하다.

채점 기준	수준
고령화에 대비한 두 가지 대책을 모두 바르게 서술한 경우	상
고령화에 대비한 대책을 한 가지만 바르게 서술한 경우	하

 우리나라의 지역 이해

16 지역의 의미와 구분, 북한 지역

분석 기출 문제 135~138쪽

[핵심 개념 문제]

688 지역성 689 점이 지대 690 대륙성
691 석탄 692 ○ 693 × 694 × 695 ㉠ 696 ㉠ 697 ㉠
698 ㉢ 699 ㉠ 700 ㉣ 701 ㉡

702 ⑤ 703 ④ 704 ③ 705 ④ 706 ① 707 ③ 708 ④
709 ⑤ 710 ④ 711 ⑤ 712 ④ 713 ③

1등급을 향한 서답형 문제

714 (가) 동질 지역, (나) 기능 지역 **715** 예시 답안 (가)는 특정한 지리 현상이 동일하게 나타나는 공간 범위인 동질 지역으로, 기후 지역과 문화권이 대표적인 예이다. (나)는 하나의 중심 기능이 영향을 미치는 공간 범위인 기능 지역으로, 통근권과 상권이 대표적인 예이다. **716** (가) 남한, (나) 북한, A－쌀, B－옥수수 **717** 예시 답안 남한은 평지가 발달하고 기온이 온난하고 강수량이 풍부하여 벼농사에 적합하다. 그러나 북한은 산지가 많고 기온이 비교적 낮아 벼농사에 적합하지 않다. 따라서 북한은 쌀(A) 대신 옥수수(B)를 식량 작물로 재배하는 비중이 남한보다 높다.

702

자료에서는 대한민국, 강원도, 영월군, 한반도면 옹정리라는 다양한 규모에 따라 지역을 구분하여 설명하고 있는데, 이는 정치·행정적인 지역 구분 방식이다. 그리고 평창강 끝이라는 것과 관광객이 많은 지역이라는 것을 통해 지역의 자연 및 인문 환경을 설명하고 있다. 이와 같은 지역의 설명 방식은 공통적인 특성이 나타나는 지표 공간에 관한 것이다.

바로잡기 ⑤ 관광객의 증가로 해당 지역에 유입되는 타지인이 많아지면 기존의 지역성은 변화할 가능성이 커진다.

703

(가)는 동질 지역, (나)는 기능 지역이다. 동질 지역은 동일한 지리적 현상이 나타나는 범위를 표현한 것이다. 기능 지역은 중심지와 중심지의 영향을 받는 주변 지역의 공간적 상호 작용을 파악하기 유리하다.

바로잡기 ㄷ. 기능 지역은 중심지와 그 주변 지역의 상호 작용에 큰 영향을 받는다. 때문에 교통이 발달하면 그 범위도 확대되므로 동질 지역보다 더 큰 영향을 받는다.

704

점이 지대는 성격이 다른 두 지역의 특성이 함께 섞여 나타나는 지역이며, 지역과 지역을 구분하는 경계의 의미를 지닌다.

바로잡기 ㄱ. 교통의 발달로 다양한 문화가 섞이면서 점이적 성격을 띠는 지역의 범위는 과거보다 넓어졌다. ㄹ. 산맥은 지형적 장애인 동시에 문화 장벽을 형성하고 지역 간 문화를 구분하는 역할을 한다. 따라서 점이 지대는 산맥이 발달한 지역에서는 상대적으로 좁고, 평야가 넓은 지역은 상대적으로 넓다.

705

A는 해서 지방이다. 해서 지방은 황해도 일대로 한양을 기준으로 바다(경기만) 건너 지역을 말한다. B는 철령관으로, 관북·관서·관동 지방을 구분하는 기준이다. C는 금강으로 호서와 호남을 구분하는 기준이 되는 강이다. D는 조령이다. 조령(문경새재)은 과거 영남에서 한양을 가는 주요 길목으로, 그 이남 지역을 영남으로 구분하였다.

바로잡기 ㄴ. 영동과 영서 지방을 구분하는 경계는 대관령이다.

706

백두대간을 따라 분수계가 나타나며, 이를 기준으로 중부 방언권과 동남 방언권이 나뉜다. 이를 통해 백두대간은 문화 교류에 장애로 작용하였음을 알 수 있으며, 백두대간이라는 자연환경이 방언이라는 인문적 요소에 영향을 미치고 있음을 알 수 있다.

바로잡기 ㄷ. 우리나라의 행정 구역과 방언권이 유사하게 나타나지만, 일치하는 것은 아니다. ㄹ. 하천 유역권과 방언권은 우리나라를 동질 지역의 측면에서 구분한 것이다.

707

A는 우리나라에서 해발 고도가 가장 높은 백두산이 위치한다. B는 해발 고도가 높은 내륙의 산지 지역으로 기후가 한랭하여 인구가 희박하다. D는 청천강 중·상류 일대로 지형성 강수가 자주 내려 다우지를 이룬다. E는 대동강 하류 일대의 저평한 지형으로 소우지를 이루며, 일조량이 풍부하여 천일제염업과 과일 생산이 활발하다.

바로잡기 ③ C는 해발 고도 1,500m 이상의 낭림산맥이 지나는 곳으로, 1차 산맥의 일부에 해당한다.

708

연 강수량이 가장 적은 (가)는 한류의 영향으로 소우지를 이루는 청진(D)이고, 최한월 평균 기온이 가장 낮은 (나)는 고위도 내륙 지방에 위치한 중강진(A)이다. 연 강수량이 가장 많은 (라)는 다우지인 원산(C)이고, (라)에 비해 최한월 평균 기온이 낮은 (다)는 남포(B)이다.

709

A는 남한에서 생산 비중이 높으므로 쌀, B는 상대적으로 북한의 생산 비중이 높으므로 옥수수이다. 북한은 남한에 비해 쌀의 생산 비중이 낮으므로, 북한이 남한보다 밭작물의 재배 비중이 높다.

바로잡기 ㄱ. 맥류의 총 생산량을 구하면 남한은 약 10만 톤(485만 톤×2.1%), 북한은 약 16만 톤(451만 톤×3.6%)이다.

710

지도의 A는 평양 주변에 분포하는 화력, B는 압록강 주변과 함경산맥 산지에 주로 분포하는 수력이다. 수력 발전은 낙차가 크거나 유량이 풍부한 곳에서 주로 입지하므로 자연적 제약이 크다. 남북한 모두 수력이 화력보다 전력 생산에서 차지하는 비중이 작다.

바로잡기 ㄱ. 북한은 화력의 원료인 석탄 대부분을 북한에서 생산하고 있다. ㄷ. 수력(B)은 화력(A)보다 발전 과정에서 대기 오염 물질 배출량이 적다.

711

북한에서 에너지 소비 비중이 가장 높은 A는 석탄, 남한에서 에너지 소비 비중이 가장 높은 B는 석유이다. 남한에서는 소비 비중이 가장 낮지만 북한에서는 A 다음으로 높은 C는 수력이다. 남한에서만 주로 이용되는 E는 천연가스, D는 원자력이다. ⑤ 석탄(A), 석유(B), 천연가스(E)는 화석 연료에 해당한다.

바로잡기 ① 북한이 남한보다 A(석탄)의 에너지 소비 비중이 높다. ② 석유(B)는 원자력(D)에 비해 남한의 경우 전력 생산에 이용되는 비중이 낮다. 남한의 경우 전력 생산에 이용되는 에너지는 석탄이 가장 높다. ③ 수력(C)은 석탄(A)에 비해 고갈 가능성이 낮다. ④ 원자력(D)은 수력(C)에 비해 상업적으로 이용된 시기가 늦다.

1등급 정리 노트 북한의 전력 생산

화력 발전	전력 수요가 많고 무연탄이 풍부한 관서 지방 중심의 분포 → 평양과 그 주변 지역
수력 발전	• 입지 조건 : 높은 산지가 많고 하천 폭이 좁은 곳 → 압록강이 장진강, 부전강 등 • 일제 강점기 부터 전력 생산 → 시설 노후화

712

지도를 보면 북한의 교통망은 평양을 중심으로 서해안의 평야 지대에 주로 발달해 있다. 북한은 철도가 수송의 주축을 이루고 있으며, 도로와 하천 및 해상 수송은 철도 수송의 연계를 위한 보조적인 역할을 하고 있다.

바로잡기 ㄱ. 북한의 철도는 여객 수송의 60% 정도, 화물 수송의 90% 정도를 담당하고 있다. 따라서 철도가 도로보다 여객 및 화물 수송 분담률이 높다. ㄷ. 북한의 북부 지역보다 남부 지역의 교통이 더 발달해 있다.

713

(가)는 신의주 특별 행정구로, 2002년 중국의 홍콩을 모델로 외자 유치 및 교역 확대를 위해 지정하였으나, 중국과의 마찰 등을 이유로 사업이 중단되었다. (나)는 나선 경제특구로, 중국·러시아와 인접한 나진·선봉 지역은 유엔 개발 계획(UNDP)의 지원을 계기로 북한 최초의 경제특구로 지정되었다. (다)는 금강산 관광 지구로, 2002년 관광객 유치와 외화 수입 증대를 위해 지정한 곳이다. 지도의 A는 나진·선봉, B는 백두산, C는 신의주, D는 금강산, E는 개성이다. 따라서 (가)는 C, (나)는 A, (다)는 D에 해당한다.

바로잡기 B는 백두산으로 우리나라에서 해발 고도가 가장 높은 화산 지형이다. E는 개성으로 남한과 북한의 경제 협력 단지가 위치해 있으나, 2018년 기준 중단 상태에 있다. 또한, 개성 역사 지구는 세계 문화유산으로 지정되었다.

1등급 정리 노트 북한의 주요 개방 지역

나선 경제특구	• 1991년 지정된 북한 최초의 경제특구 • 중국·러시아의 인접 지역이며 태평양과 아시아 대륙을 이어 주는 관문
신의주 특별 행정구	• 2002년 지정된 개방 지역 • 중국과의 접경 지역 → 중국의 경제 성장으로 최근 부각됨
금강산 관광 지구	• 2002년 지정된 개방 지역 • 목적 : 관광객 유치를 통한 외화 수입 증대 • 남한의 민간 기업 투자로 관광 인프라 구축, 육로 교통 연결
개성 공업 지구	• 2002년 지정된 개방 지역 • 남한의 자본·기술력과 북한의 저렴한 노동력이 결합

714

지역 구분에서 기후 지역, 농업 지역, 문화권 등은 동질 지역이고 통근권, 상권, 도시 세력권 등은 기능 지역에 해당한다.

715

(가)는 어떤 특정한 지리 현상이 동일하게 나타나므로 동질 지역에 해당하고, (나)는 하나의 중심 기능이 영향을 미치고 있으므로 기능 지역에 해당한다.

채점 기준	수준
동질 지역과 기능 지역의 특징과 사례를 모두 서술한 경우	상
동질 지역과 기능 지역의 특징과 사례 중 한 가지만 제시한 경우	하

716

재배 면적은 좁지만 생산량이 많은 (가)는 남한, 재배 면적은 넓으나 생산량이 적은 (나)는 북한이다. 남한에서 생산량 비중이 매우 높은 A는 쌀, 북한에서 쌀 다음으로 생산량 비중이 높은 B는 옥수수이다.

717

남한과 북한의 지형과 기후 특성을 바탕으로 생산량이 차이나는 이유를 서술해야 한다.

채점 기준	수준
남한과 북한의 지형과 기후를 바탕으로 벼농사에 유리한 조건과 불리한 조건을 서술한 경우	상
남한과 북한의 지형과 기후를 바탕으로 설명하였으나, 벼농사에 유리한 조건과 불리한 조건에 대한 서술이 미흡한 경우	하

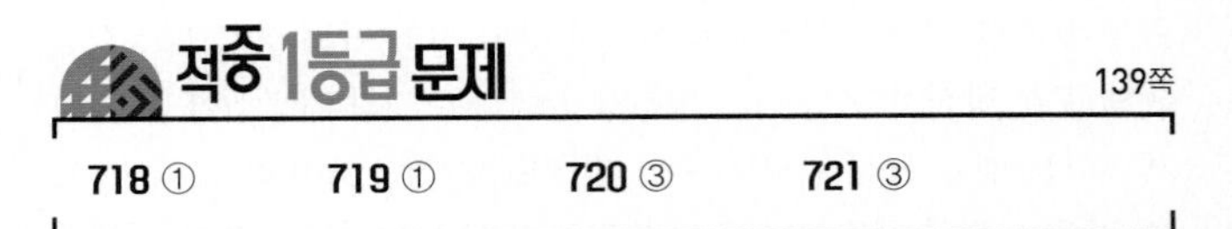

718 북한 주요 지역의 기후 특색 파악하기

1등급 자료 분석 북한 주요 도시의 기후 특색

고위도의 내륙 지역에 위치한 중강진은 대륙의 영향을 크게 받아 1월 평균 기온이 가장 낮고, 기온의 연교차가 크며, 강수량이 적다. → (가)

(°C) 중강진 (A) 평양 (B) 원산 (C) (mm)
(가) (나) (다)
● 1월 평균 기온 ○ 8월 평균 기온 ■ 겨울 강수량
황해 동해 0 50 km

남서쪽의 저평한 지형이 나타나는 곳으로, 지형성 강수 발생이 미약하여 강수량이 적은 편이다. C와 비슷한 위도에 위치하지만, 북서 계절풍의 영향을 많이 받아 C보다 최한월 평균 기온이 낮고, 기온의 연교차가 큰 편이다. → (나)

세 지역 중 저위도의 동해안에 위치하여 차가운 북서 계절풍의 영향이 차단되고, 해양의 영향을 크게 받아 1월 평균 기온이 높고 기온의 연교차가 작다. 북한에서 연 강수량이 많은 지역 중 하나이다. → (다)

지도의 A는 중강진, B는 평양, C는 원산이다. (가)는 중강진, (나)는 평양, (다)는 원산의 기후 특성이다.

바로잡기 ① 중강진(A)은 고위도의 내륙 지역으로 대륙의 영향을 많이 받아 1월 평균 기온이 평양(B)보다 낮다.

719 남북한의 식량 작물 생산 비중 비교하기

1등급 자료 분석 주요 식량 작물의 남북한 생산량 비율

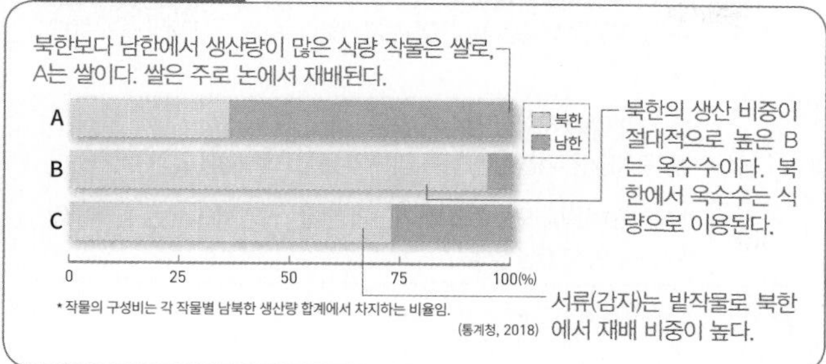

북한은 기온이 낮고 산지가 많아 밭농사가 주로 이루어진다. 밭에서 생산되는 식량 작물 중 가장 큰 비중을 차지하는 것은 옥수수이고 그 다음에 감자와 같은 서류가 비중이 높다. 북한에서 쌀은 관서 지방의 평야 지대에서 주로 생산된다.

바로잡기 ㄷ. 쌀의 그루갈이 작물로 생산되는 것은 보리나 밀과 같은 맥류이다. 북한은 겨울 기온이 매우 낮기 때문에 쌀을 수확한 후 그루갈이 작물을 재배하기 어렵다. ㄹ. 북한은 기온이 낮아 작물의 생장 가능 기간이 짧다.

720 북한의 기후 특징 파악하기

1등급 자료 분석 북한 주요 지역의 기후 특징

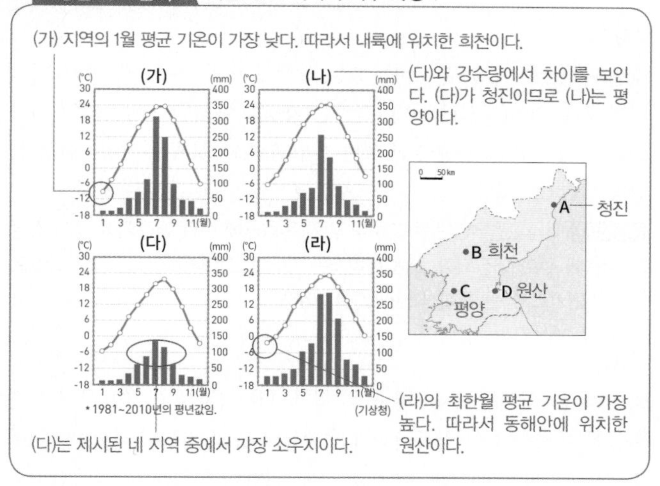

(가)는 최한월 평균 기온이 가장 낮고 연교차가 가장 크므로 바다의 영향을 적게 받는 고위도의 내륙 지역이다. 따라서 청천강 중·상류 지역에 위치한 희천(B)이다. (나)는 최한월 평균 기온이 (다)와 비슷하지만 강수량이 상대적으로 많은 것으로 보아 평양(C)의 기후 특징이다. (다)는 강수량이 매우 적은 소우지로 한류의 영향으로 강수량이 적은 청진(A)이다. 최한월 평균 기온이 가장 높고 강수량도 많은 (라)는 원산(D)이다.

721 우리나라의 전통적인 지역 구분 파악하기

지도는 고개, 산줄기, 대하천 등의 자연적 특성을 기준으로 구분한 전통적인 지역 구분이다. 전통적으로 백두대간의 철령관을 기준으로 북쪽은 관북, 동쪽은 관동, 서쪽은 관서 지방으로 구분하였다.

바로잡기 ① 계층에 따른 구분 방식으로 볼 수 없다. ② 해서 지방의 주요 도시는 황주와 해주이다. 개성과 양주는 경기도의 주요 도시이다. ④ 호남과 호서 지방을 나누는 기준은 금강이다. ⑤ 조령을 기준으로 지역을 구분한 것은 영남 지방이다.

17 수도권, 강원 지방, 충청 지방

분석 기출 문제

141~145쪽

[핵심 개념 문제]

722 지식 기반 산업 723 태백산맥 724 석탄 산업 합리화
725 내포 726 ○ 727 ○ 728 × 729 ㉠, ㉢, ㉡
730 ㉡, ㉠ 731 ㉠, ㉡, ㉣ 732 ㉢, ㉤, ㉥

733 ① 734 ① 735 ② 736 ④ 737 ③ 738 ④ 739 ②
740 ④ 741 ⑤ 742 ④ 743 ⑤ 744 ① 745 ⑤ 746 ②
747 ③ 748 ④

1등급을 향한 서답형 문제

749 ㉠ 서울, ㉡ 경기 750 예시 답안 풍부한 고급 기술 인력, 대학 및 연구 기관 집중, 관련 업체에 대한 정보 수집 용이 등 751 예시 답안 B는 A보다 1월 평균 기온이 높다. 이는 북서 계절풍을 막아 주는 태백산맥과 수심이 깊은 동해의 영향 때문이다. 752 예시 답안 충청 지방은 고속 철도가 개통되면서 수도권으로의 접근성이 향상되었으며, 수도권 배후지로서의 기능이 강화되었다. 이에 따라 수도권과 인접한 천안·아산 지역의 통근 비율이 높게 나타나고 있다.

733

ㄱ. 총 사업체의 집중도는 수도권이 약 47%, 서울이 약 22%로 경기·인천의 집중도는 약 25%(47 - 22)이다. 따라서 총 사업체의 집중도는 경기·인천이 서울보다 높다. ㄴ. 제조업 1인당 생산액은 제조업 생산액 대비 제조업 종사자 집중도를 통해 알 수 있다. 제조업 종사자 집중도는 수도권 집중도가 약 47%, 비수도권 집중도는 53%(100 - 47)이며, 제조업 생산액 집중도는 수도권 집중도가 약 36%, 비수도권 집중도는 약 64%이다. 따라서 제조업 1인당 생산액은 비수도권이 수도권보다 많다.

바로잡기 ㄷ. 취업자 집중도는 비수도권이 약 50%, 경기·인천이 약 30%, 서울이 약 20%이다. 따라서 비수도권>경기·인천>서울 순이다. ㄹ. 비수도권의 서비스업 사업체 집중도는 약 52%(100 - 48), 서비스업 종사자 집중도는 약 46%(100 - 54)이다.

734

산업 구조 변화 그래프를 보면 수도권의 1차 산업과 2차 산업의 비중은 점점 감소하였으며, 3차 산업의 비중은 점점 증가하였다. 지역별 산업 구조를 보면 3차 산업 비중이 가장 높은 B는 서울이고, A는 인천이다. 수도권의 제조업 비중은 감소하고 있으며, 경기는 인천(A)보다 2차 산업의 비중은 작지만 인구가 훨씬 많으므로 종사자 수가 많다.

바로잡기 ㄷ. 수도권 내에서 2차 산업 비중이 가장 높은 A는 인천이다. ㄹ. 수도권 내에서 1차 산업 종사자 비중이 가장 낮고 3차 산업 종사자 비중이 가장 높은 B는 서울이다.

735

경기도에는 넓은 공장 부지를 필요로 하는 지식 기반 제조업이, 서울에는 고급 인력 정보의 집적이 필요한 지식 기반 서비스업이 발달하

는 공간적 분화가 나타나고 있다. 수도권은 서울에 집중된 인구가 주변 지역으로 이동하면서 경기도의 인구는 빠르게 증가하고 있다. 따라서 전자 부품, 컴퓨터, 영상, 음향 및 통신 장비 제조업과 같은 지식 기반 제조업 비중이 높으며, 수도권에서 가장 많은 인구가 거주하는 A는 경기이다. 컴퓨터 프로그래밍, 시스템 통합 및 관리업, 정보·통신 서비스업의 비중이 높으며, 수도권에서 두 번째로 인구가 많은 C는 서울이다. 따라서 B는 인천이다.

736

제3차 수도권 정비 계획은 지역별 중심 도시 육성을 통해 자립적 다핵 연계형 공간 구조로 전환하여 서울과 주변 지역의 과밀화를 완화하는 것이다. 이에 따라 동두천, 남양주, 성남, 이천, 평택, 수원, 안산, 인천 등을 지역별 중심으로 지정하고 육성하여 수도권의 공간 구조를 개편하고자 한다.

바로잡기 ㄴ. 자립적 다핵 연계형 공간 구조에 맞게 교통 체계도 서울 중심의 방사형에서 환상 격자형으로 개편하고 있다.

737

A는 파주, B는 과천, C는 안산, D는 평택, E는 여주이다. 안산(C)은 서울의 공업 시설과 인구를 분산하기 위해 계획적으로 개발된 도시로, 제조업이 발달하면서 외국인 노동자의 유입이 활발해졌다.

바로잡기 ① 서울의 행정 기능을 분담하는 곳은 과천(B)이다. ②는 안산(C), ④는 여주(E), ⑤는 평택(D)에 관한 설명이다.

738

지도에서 서울과 멀리 떨어진 (가)는 가평군, 서울과 인접한 (나)는 하남시이다. 그래프의 A에는 (가)가 (나)보다 상대적으로 높은 항목이 들어가야 한다. (가)는 통근·통학 유입 인구가 통근·통학 유출 인구보다 많으므로 주간 인구 지수가 높게 나타난다. 또한 (가)는 서울에 인접한 (나)에 비해 농업 종사자 비중이 높을 것이다. 한편, 그래프의 B에는 (나)가 (가)보다 상대적으로 높은 항목이 들어가야 한다. (나)는 (가)보다 면적이 좁은데 비해 인구가 많으므로 인구 밀도가 높고, 서울 인근에 위치하므로 평균 지가가 높을 것이다.

1등급 정리 노트 수도권의 지역 구조 변화

수도권의 광역화	수도권의 광역 교통망 구축 → 통근권 확대와 거주지의 교외화 → 서울을 중심 도시로 한 대도시권 형성
수도권의 다핵화	• 서울 주변 도시의 성장으로 공간 구조의 다핵화 • 서울은 대기업 본사가 기존 도심에서 강남 지역으로 이전하여 새로운 중심지 성장 → 서울 내의 다핵화와 분산화

739

지도의 A는 춘천, B는 대관령, C는 강릉이다. 기온의 연교차는 내륙에 위치한 춘천(A)이 가장 크고, 해안에 위치한 강릉(C)이 가장 작다.

바로잡기 ① 연 강수량은 대관령(B)이 가장 많다. ③ 최한월 평균 기온은 대관령(B)이 가장 낮고, 강릉(C)이 가장 높다. ④ 최난월 평균 기온은 해발 고도가 높은 곳에 위치한 대관령(C)이 가장 낮게 나타난다. ⑤ 여름철 강수 집중률은 한강 중·상류에 위치한 춘천(A)이 가장 높다.

1등급 정리 노트 강원도의 기후 특징

기온	• 영동 지방보다 내륙에 위치한 영서 지방이 기온의 연교차가 큼 • 겨울 기온은 영동 지방이 영서 지방보다 높음 ← 태백산맥과 동해의 영향
강수	• 산지가 많아 지형성 강수가 많음 • 영동 지방은 겨울철에 북동 기류의 영향으로 눈이 많이 내림
바람	늦봄~초여름에 오호츠크해 기단의 발달 → 영서 지방은 높새바람(푄 현상)의 영향을 받음

740

정부는 경제 발달과 생활 수준 향상으로 석탄의 소비량이 감소하자 석탄 산업 합리화 정책을 추진하였고, 이에 따라 정선과 태백 등의 광업 도시가 쇠퇴하였다. 그러므로 그래프에서 1986년에 88.4%를 차지한 A는 광업이다. 이후 태백시를 비롯해 광업 도시들은 경제 활성화를 위해 폐광 지역을 관광 단지로 조성하거나 새로운 사업을 유치하는 등의 노력을 기울이면서 서비스업 종사자가 증가하고 있으므로 2014년에 55.6%인 B는 기타 서비스업이다.

바로잡기 ㄴ. 태백시는 최근에 서비스업 등의 종사자 비중이 증가하였지만, 전체 인구는 감소하였다.

741

강원도 남부에 주로 분포하는 A는 고생대 평안 누층군에 주로 매장되어 있는 석탄(무연탄)이다. 석탄은 가정용 에너지가 석유와 천연가스로 바뀌고 1980년대 후반 석탄 산업 합리화 정책이 시행되면서 생산량이 급감하였다.

바로잡기 ① 석탄(무연탄)은 고생대 평안 누층군에 주로 매장되어 있다. 신생대 지층에 주로 매장되어 있는 에너지는 석유와 천연가스이다. ②는 고령토, ③은 천연가스, ④는 석회석에 관한 설명이다.

742

지도의 A는 춘천, B는 고성, C는 평창, D는 삼척이다. (가) 삼척은 석회암이 분포하고 있어 돌리네와 석회동굴 등의 지형이 나타난다. (나) 고성은 북한과의 접경 지역으로 통일 전망대가 있으며, 금강산과의 거리가 멀지 않아 금강산 봉우리 관찰이 가능하다. (다) 춘천은 강원도의 도청 소재지로 인공 호수인 의암호에 많은 관광객이 방문한다. (라) 평창은 평균 해발 고도가 약 700m인 고위 평탄면으로 고랭지 농업과 목축업이 활발하며, 2018년 평창 동계 올림픽을 개최하였다.

743

강원 지방은 원주의 의료 산업 클러스터, 춘천의 바이오 산업, 강릉의 해양 신소재 산업 등 지식을 기반으로 한 첨단 산업을 육성하여 산업 구조 고도화를 추진하고 있다. 또한 강원 지방은 관광 자원이 풍부하므로 이를 활용하여 관광 산업을 특화하기 위해 노력하고 있다.

바로잡기 ㄱ. 숙박 및 음식점업이나 과학 및 기술 서비스업의 특화도가 강화될 것이다. ㄴ. 수도권에 집중한 지식 산업 기능을 분산하기 위한 것이다.

744

충청 지방에서 수도권과 인접하여 수도권의 다양한 기능이 활발하게 이전하고 있는 당진, 아산, 천안, 진천 등은 인구가 증가하였다.

반면, 호남 지방과 인접한 서천, 부여, 논산, 금산 등은 인구가 감소하였다.

바로잡기 ㄷ. 인구 증가 지역은 인구 감소 지역보다 중위 연령이 낮다. ㄹ. 경부축과 호남축의 교통망이 만나는 곳은 대전으로 이곳은 인구가 증가하였다.

745

충청 지방은 수도권과 인접하고 교통이 편리하여 수도권의 기능이 활발하게 이전하고 있다. 수도권의 공업 기능이 충청 지방으로 이전하면서 충청 지방 제조업의 지역 내 총 생산액과 제조업 종사자 수가 급증하였다. 지도를 보면 수도권과 인접한 서산, 당진, 아산, 충주 등의 제조업 성장이 호남권에 위치한 부여, 영동에 비해 두드러진다.

바로잡기 ㄱ. 대도시인 대전은 제조업 사업체 수 증가율이 당진보다 낮으므로 상대적으로 탈공업화가 진행되고 있을 것이다. ㄴ. 충청 지방은 수도권과 인접한 시·군과 행정 복합 도시인 세종특별자치시를 중심으로 성장하고 있어 충청 지방 내 지역 격차가 커지고 있다. 이를 완화하기 위해 혁신 도시나 기업 도시 등을 조성하고 내포 신도시에 충청남도 도청을 이전하여 균형 발전을 도모하고 있다.

746

(가)는 1차 금속 제조업의 비중이 높은 당진, (나)는 전자 부품, 컴퓨터, 영상, 음향 및 통신 장비 제조업의 비중이 높은 아산, (다)는 화학 물질 및 화학 제품의 출하액 비중이 높은 서산이다. 지도의 A는 당진, B는 서산, C는 아산, D는 청주, E는 충주이다.

바로잡기 청주는 오송 생명 과학 단지가 입지해 있는 곳으로 바이오 산업이 발달한 지역이다. 충주는 기업 도시로 지정되어 국토의 균형 발전을 위해 개발되고 있다.

747

A는 서산, B는 천안, C는 음성, D는 세종특별자치시, E는 대전광역시이다. 음성(C)은 진천과 함께 혁신 도시로 지정되었는데, 혁신 도시란 공공 기관의 지방 이전을 계기로 성장 거점 지역에 조성되는 도시이다. 이전된 공공 기관과 지역의 대학, 연구소, 산업체, 지방 자치 단체가 협력하여 지역의 새로운 성장 동력의 창출을 기대하면서 단계별 개발을 하고 있다.

바로잡기 ① 서산은 석유 화학 공업이 발달하였다. 제철 공업이 발달한 곳은 충남 당진이다. ② 충남의 균형 발전을 위해 지방 행정 기능인 충남 도청이 이전한 곳은 내포 신도시이다. ④ 유명 대학과 연구소, 산업체 등이 밀집한 첨단 과학 기술 개발 지역은 대전광역시이다. ⑤ 행정 중심 복합 도시는 세종특별자치시이다.

748

(가)는 태안, (나)는 당진, (다)는 아산, (라)는 세종특별자치시, (마)는 보령이다. (가) 태안의 신두리에는 북서 계절풍의 영향으로 발달한 큰 규모의 해안 사구가 있다. (나) 당진은 제철 공업의 발달로 인구가 증가하여 2012년 시로 승격되었다. (다) 아산은 수도권 전철이 확장되면서, 수도권의 공업과 각종 기능이 분산되고 있다. (마) 보령은 과거 탄광이 발달한 곳으로, 이를 이용한 석탄 박물관과 냉풍욕장 등을 관광 자원으로 활용하고 있다. 또한 갯벌을 이용한 머드 축제가 유명하다.

바로잡기 ④ (라)는 세종특별자치시이고, 충남의 도청이 이전된 곳은 내포 신도시로, 홍성군과 예산군 사이에 위치해 있다.

749

지식 기반 산업이 발달한 수도권에서 기업의 본사와 지식 기반 서비스업은 주로 서울에, 생산 공장과 지식 기반 제조업은 경기에 집중하여 분포한다.

750

고급 인력과 학술·연구 기능 등이 수도권에 집중하여 분포하기 때문에 지식 기반 서비스업은 서울에, 지식 기반 제조업은 경기도에 주로 발달하였다.

채점 기준	수준
수도권에 지식 기반 산업이 성장할 수 있었던 입지 조건을 두 가지 요소를 들어 서술한 경우	상
수도권에 지식 기반 산업이 발달할 수 있었던 입지 조건을 한 가지 요소만 들어 서술한 경우	하

751

지도의 A는 영서 지방에 위치한 홍천, B는 영동 지방에 위치한 강릉이다.

채점 기준	수준
A와 B 지역의 1월 평균 기온 분포의 특색을 서술하고, 그 이유를 논리적으로 서술한 경우	상
A와 B 지역의 1월 평균 기온 분포의 특색을 옳게 서술하였으나, 그러한 차이가 나타나게 된 원인을 제시하지 못한 경우	하

752

수도권의 주거, 행정, 산업 기능 등의 이전에 따라 수도권과 인접한 충청 지방의 발달과 수도권으로의 통근 비율 상승이 두드러지게 나타나고 있다.

채점 기준	수준
천안·아산의 통근 비율이 가장 높은 원인을 고속 철도 개통과 수도권 배후지로서의 기능이 강화되어 나타남을 서술한 경우	상
천안·아산의 통근 비율이 가장 높다고만 서술한 경우	하

적중 1등급 문제

146~147쪽

753 ④ 754 ② 755 ② 756 ① 757 ①
758 ① 759 ③ 760 ①

753 수도권의 산업 구조 파악하기

1등급 자료 분석 수도권의 산업 특징

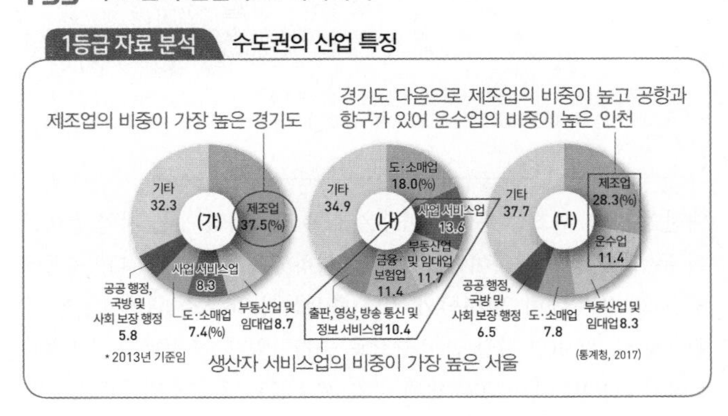

(가)는 경기, (나)는 서울, (다)는 인천이다. 경기는 다른 두 지역에 비해 넓은 면적의 대지를 가지고 있어 정보 통신 기기, 반도체 등의 지식 기반 제조업이 분포한다. 서울은 연구 개발, 사업 지원 등의 지식 기반 서비스업과 국가의 중추 기능과 기업의 본사들이 위치하고 있어 생산자 서비스업이 집중적으로 분포한다. 인천은 인천 국제공항과 인천항 등 물류와 관련된 시설이 있어 운수업 비중이 높다. 서울에서 지가 상승, 환경 오염, 교통 혼잡 등 집적 불이익이 발생하면서 많은 제조업체가 경기, 충남, 해외 등으로 이전하였다.

바로잡기 ㄷ. 현재 수도권은 인건비 상승에 의해 노동 집약적 제조업의 경우 해외나 지방으로 이전한 경우가 많다.

754 수도권·충청권·강원권 주요 시·군들의 특징 파악하기

1등급 자료 분석 수도권·충청권·강원권 주요 시·군들의 특징

서울의 인구 분산을 목적으로 조성된 1기 신도시가 위치하고 있다.

충주와 태안은 기업 도시이다. 기업 도시는 민간 기업이 주도적으로 개발한 특정 산업 중심의 자급자족형 복합 기능 도시이다.

원주는 기업 도시이면서 혁신 도시이기도 하다.

수원은 경기도의 도청 소재지이고 청주는 충청북도의 도청 소재지이다.

충주와 청주의 첫글자를 따서 붙인 이름이 '충청'이다.

고양 A, 성남 B, 수원 C, D 원주, E 충주, 천안 G, F 청주, 태안 H, 0 50km

ㄱ. 1990년대에 서울의 인구 분산을 목적으로 서울 주변에 1기 신도시를 조성하였다. 고양(A)의 일산, 성남(B)의 분당이 있다. ㄷ. 충주(E)와 청주(F)의 첫글자를 따서 '충청'이라는 지명이 생겨났다.

바로잡기 ㄴ. 수원시(C)는 경기도의 도청 소재지이지만 강원도의 도청은 춘천시에 있다. ㄹ. 태안군(H)은 기업 도시로 지정되었지만, 천안시(G)는 혁신 도시가 아니다. 충청북도의 진천·음성과 충청남도 홍성·예산의 내포 신도시가 혁신 도시로 지정되어 있다.

755 충청 지방의 공업 특징 파악하기

1등급 자료 분석 충청 지방의 지역 총생산과 산업별 생산액 비중

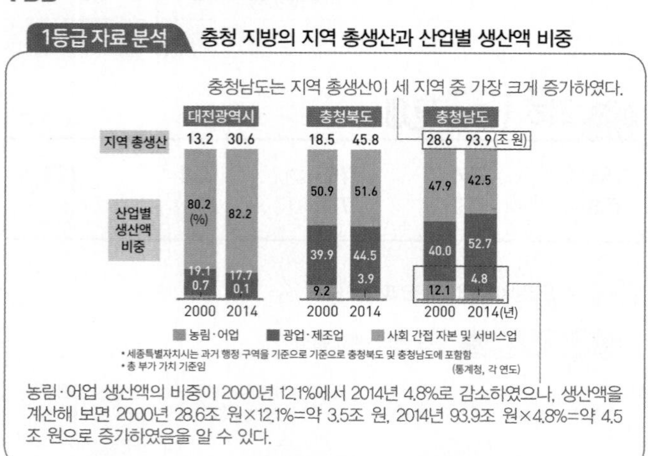

농림·어업 생산액의 비중이 2000년 12.1%에서 2014년 4.8%로 감소하였으나, 생산액을 계산해 보면 2000년 28.6조 원×12.1%=약 3.5조 원, 2014년 93.9조 원×4.8%=약 4.5조 원으로 증가하였음을 알 수 있다.

대전의 광업·제조업 생산액 비중은 소폭 감소하였으나, 지역 총생산이 두 배 이상 증가하여 생산액은 증가하였음을 알 수 있다. 충청남도는 2000년 대비 2014년의 지역 총생산이 28.6조 원에서 93.9조 원으로 세 배 이상 가장 큰 비중으로 증가하였다. 충청남도는 충청북도보다 2000년 대비 2014년의 광업·제조업의 생산액 비중과 생산액이 크게 증가하였다. 2014년 기준 대전광역시와 충청북도는 사회 간접 자본 및 서비스업의 생산액 비중이 2000년보다 증가하였다.

바로잡기 ② 충청남도의 농림·어업 생산액 비중은 감소하였으나 생산액은 증가하였다.

756 강원권 주요 시·군들의 특징 파악하기

(가)는 강원도 인제, (나)는 평창, (다)는 강릉, (라)는 동해이다. 인제에는 람사르 습지로 등록된 대암산 용늪이 있고, 내린천의 급류를 활용한 래프팅이 유명하다. 평창은 동계 올림픽 개최지이며, 대관령면 횡계리에는 양떼 목장이 있다.

바로잡기 병. 봉우리가 줄지어 선 모습이 마치 울타리와 같다는 곳은 설악산의 울산바위이다. 울산바위는 속초나 고성에서 볼 수 있다. 정. 정동진과 경포호는 강릉시의 대표적인 명소이다.

757 수도권 주요 시·군들의 특징 파악하기

(가) 안산은 서울의 제조업이 분산되면서 저임금 노동력 수요 증가로 많은 외국인 노동력이 유입되었다. 안산에는 시화호 조력 발전소가 가동 중에 있다. (나) 연천은 강원도 철원과 인접해 있어 한탄강 유역 일부 화산 지형이 세계 지질 공원으로 등재되었다. 그리고 전곡리 일대는 구석기 시대 유적지로 널리 알려져 있다. (다) 수원은 경기도의 도청 소재지로, 2기 신도시로 조성된 광교 신도시가 있고 정조 때 완공된 화성이 있다. 화성은 유네스코 세계 문화유산으로 등재되었다. 따라서 (가)는 B, (나)는 A, (다)는 C이다.

바로잡기 D는 수도권 남부의 항구 도시로 자동차 공업이 발달한 평택, E는 쌀과 도자기 축제로 유명한 여주이다.

758 수도권 산업 구조의 특징 파악하기

1등급 자료 분석 수도권에 위치한 세 시·도의 산업 구조

(나)에서 종사자 수 비중이 전국의 절반을 넘는 것으로 보아 서비스업임을 알 수 있고 (가)는 제조업이 된다.

(가) (나)

(%) 0 10 20 30 40 50 60

(가): 사업체 수 — A 30.4, B 5.8, C 13.5 / 종사자 수 — A 32.1, B 6.0, C 6.5

(나): 사업체 수 — A 21.1, B 4.7, C 20.9 / 종사자 수 — A 21.8, B 4.5, C 28.2

A B C (통계청, 2018)

제조업 종사자의 전국 대비 비중은 32%를 넘는데 서비스업은 21.8%인 A는 경기에 해당한다.

서울(C)은 제조업 종사자 수 비율은 6.5%로 인천(6.0%)과도 큰 차이를 보이지 않지만 서비스업 종사자 비중은 28.2%로 매우 높다.

(가)는 사업체 수와 종사자 수 비중이 50%에 미치는 않으므로 제조업이고, (나)는 서비스업이다. A는 C에 비해 제조업의 비중이 높고 서비스업 비중이 낮으므로 경기에 해당한다. 경기의 인구는 2020년 기준 약 1,340만 명으로 약 967만 명인 서울보다 훨씬 많다. B는 인천으로 수도권에서 인구가 가장 적다.

바로잡기 ㄷ. 서비스업의 사업체당 종사자 수를 살펴보면 서울이 사업체 수 비중 대비 종사자 수 비중이 더 차이가 크다. ㄹ. 제조업의 사업체당 종사자 수를 보면 수도권은 사업체 수 비율 대비 종사자 수 비율이 더 낮은 것을 알 수 있다. 따라서 비수도권은 사업체 수 비율보다 종사자 수 비율이 더 높게 된다.

759 충청권 주요 시·군들의 특징 파악하기

1등급 자료 분석 충청권의 주요 시·군들의 특징

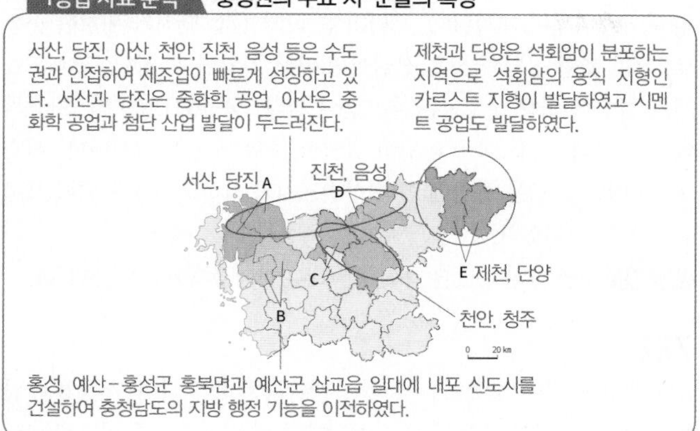

A의 서산과 당진은 국토의 균형 개발을 위한 신산업 지대로 지정되어 중화학 공업이 빠르게 성장한 지역이다. B의 홍성과 예산은 상대적으로 개발이 덜 이루어진 지역이었으나 홍성군과 예산군의 경계 지역에 내포 신도시가 조성되고 충청남도의 도청이 이전되면서 새롭게 성장하고 있다. 또한 2020년에는 혁신 도시로 지정되었다. D의 진천과 음성은 충청 지방의 혁신 도시이며, E의 제천과 단양은 카르스트 지형이 발달한 곳으로 시멘트 공업이 발달해 있다.

바로잡기 C는 천안과 청주이다. 수도권 전철은 천안을 지나 아산으로 연결되며 청주로는 연결되지 않는다. 청주에는 충청권에서 유일하게 국제공항이 입지하고 있다.

760 강원권 주요 시·군들의 특징 파악하기

1등급 자료 분석 강원권의 주요 시·군들의 특징

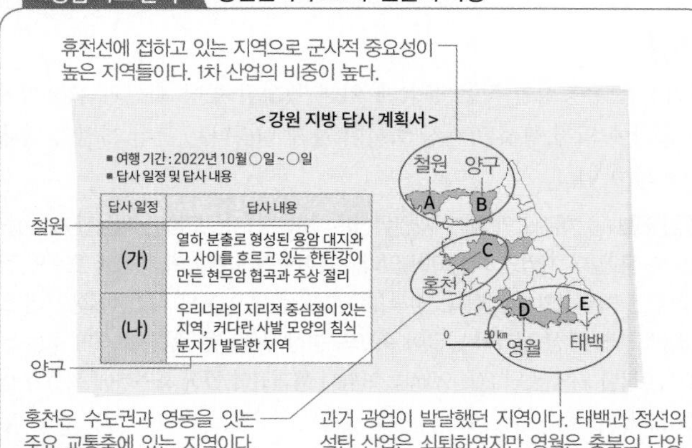

(가) 철원에는 현무암질 용암이 지각의 갈라진 틈으로 분출하여 넓은 대지를 이루었고 그 위를 흐르던 한탄강이 협곡을 만들었다. 한탄강 협곡에서는 현무암질 용암이 냉각되는 과정에서 만들어낸 주상 절리를 볼 수 있다. (나) 우리나라의 중앙 위선과 중앙 경선이 만나는 지리적 중심점은 강원도 양구군 남면에 있다. 양구에는 일명 '펀치볼(화채 그릇)'이라고 불리는 침식 분지가 있는데, 주변 산지가 변성암이고 분지 바닥은 화강암인 대표적인 침식 분지이다. 따라서 (가)는 A, (나)는 B이다.

바로잡기 C는 홍천, D는 영월, E는 태백이다.

18 호남 지방, 영남 지방, 제주도

분석 기출 문제

149~153쪽

[핵심 개념 문제]

761 간척 **762** 슬로시티 **763** 오름(기생 화산) **764** ○ **765** ×
766 × **767** ㉢, ㉠, ㉡ **768** ㉠ **769** ㉠, ㉣ **770** ㉡, ㉣
771 ㉠, ㉢

772 ⑤ **773** ① **774** ② **775** ⑤ **776** ③ **777** ⑤ **778** ④
779 ① **780** ① **781** ④ **782** ③ **783** ② **784** ③ **785** ④
786 ⑤ **787** ③ **788** ①

1등급을 향한 서답형 문제

789 예시 답안 보, 제방, 저수지 등과 같은 수리 시설을 확충하여 물의 이용도를 높이고, 섬진강 상류에 다목적 댐을 건설하여 농업용수를 공급하였다.

790 예시 답안 A는 영남 내륙 공업 지역, B는 남동 임해 공업 지역이다. 영남 내륙 공업 지역은 오랜 전통, 풍부한 노동력, 편리한 육상 교통 등을 바탕으로 노동 집약적 경공업이 발달하였고, 남동 임해 공업 지역은 수출입에 유리한 곳이라는 점과 정부의 중화학 공업 육성 정책 등으로 자본 집약적 중화학 공업이 발달하였다.

791 예시 답안 제주도는 기반암인 현무암에 절리가 발달하여 지표수가 부족하므로 용천대가 나타나는 해안에 취락이 입지한다.

772

호남 지방은 금강의 남쪽 혹은 김제 벽골제의 남쪽을 의미한다. 호남 지방은 소백산맥을 경계로 서쪽에 위치하며, 소백산맥의 동쪽은 영남 지방이라고 한다. 호남 지방은 광주광역시, 전라북도, 전라남도를 포함하며, 전라도의 명칭은 전주와 나주의 앞 글자에서 유래하였다. 호남 지방은 호남평야, 나주평야 등 대규모 농경지 조성으로 다른 지역에 비해 1차 산업 종사자 비중이 높다.

바로잡기 ⑤ 산천어 축제는 강원도 화천의 축제이다.

773

호남 지방은 2014년에 2차 산업의 생산액 비중이 전국 평균보다 높다. 또한 1차 산업은 감소한 반면 2·3차 산업은 그 비중이 증가하였으므로 1990년에 비해 2014년에 산업 구조가 고도화되었다.

바로잡기 ㄷ. 생산액 비중 변화가 가장 작은 것은 3차 산업이다. ㄹ. 생산액 비중 증가율이 가장 높은 산업은 2차 산업이다.

774

(가)는 일제 강점기에 미곡 적출항이었으며, 현재는 새만금 경제 자유 구역이 조성된 군산(A)에 관한 설명이다. (나)는 여수 국제 박람회가 열렸고 석유 화학 공업이 발달한 여수(D)에 관한 설명이다.

바로잡기 B. 순창은 전라북도 남부(노령산맥 동사면)에 위치한 분지 지역으로, 고추장이 유명하여 매년 순창 장류 축제를 개최하고 있다. C. 보성은 전라남도 남부의 중앙에 위치하며 녹차 축제인 다향제가 개최된다.

775

지도에서 A는 광주, B는 광양, C는 여수이다. 1차 금속 공업이 발달한 (가)는 광양(B), 석유 화학 공업이 발달한 (나)는 여수(C), 자동차 공

업이 발달한 (다)는 광주(A)이다. 제철 공업의 비중이 높은 광양은 1차 금속 공업이 발달하였고, 석유 화학 공업은 원료인 석유를 대부분 수입에 의존한다. 자동차 공업은 많은 부품을 조립하여 완제품을 생산하는 공업이므로 석유 화학 공업이 발달한 여수보다 광주의 고용 창출 효과가 크다고 볼 수 있다.

776

(가)는 자동차 공업과 광(光) 산업(전기 장비)이 발달한 광주, (나)는 여수의 석유 화학 공업과 광양의 제철 공업이 발달한 전남, (다)는 군산의 자동차 공업이 발달한 전북이다. 광주는 빛이 가지고 있는 성질을 활용하여 각종 첨단 제품을 생산하는 광(光) 산업을 전략적으로 육성하고 있다. 전남은 다도해 해상 국립공원을 활용한 관광 산업이 발달하였다. 전북은 새만금 간척 사업을 통해 생태 환경, 공업, 관광, 과학 연구, 신·재생 에너지 개발 등으로 활용할 계획이다.

바로잡기 ㄹ. 전북의 새만금·군산과 전남의 광양만권을 경제 자유 구역으로 지정하였다.

777

영남권(B)은 수도권(A)보다 사업체 수 비중은 적지만 출하액 비중이 높으므로 수도권보다 사업체당 출하액이 많고 규모가 큰 공장이 많다.

바로잡기 ㄱ. 영남권은 사업체 수 31.8% 대비 종사자 수 비중이 35.8%이며, 수도권은 사업체 수 48.7% 대비 종사자 수 비중이 39.9%이다. 따라서 영남권이 수도권보다 사업체당 종사자 수가 많다. ㄴ. 해당 자료는 공업 비중을 나타낸 것이다. 생산자 서비스업은 기업의 본사가 집중한 수도권이 영남권보다 비중이 높을 것이다.

778

안동(B)은 하회 마을과 도산서원 등 명소가 있으며, 하회 마을은 2010년 유네스코 세계 문화유산으로 지정되었다. 또한 별신굿 탈놀이를 볼 수 있고 간고등어와 삼베로 유명한 지역이다. 창녕(D)은 1998년 람사르 협약 보존 습지로 지정된 국내 최대 습지인 우포늪이 있는 지역이다. 매년 국제 영화제가 열리는 곳은 부산(E)이다. 부산은 과거 신발 산업이 발달하였으며, 2005년에 APEC(아시아 태평양 경제 협력체) 정상 회담이 열렸다.

바로잡기 A. 문경은 과거 석탄의 도시로 널리 알려졌으나, 최근에는 문경새재 등을 활용한 관광 산업을 발전시키고 있다. C. 대구는 전통적인 섬유 공업이 쇠퇴하였으나 최근 고부가 가치 산업 비중을 높이고 있다.

779

울산에서 비중이 높은 A는 화학 물질 및 제품, 코크스, 연탄, 석유 정제품이고, 부산과 대구에서 비중이 높은 B는 섬유, 의복, 가방, 신발이다. 포항에서 비중이 높은 C는 1차 금속, 금속 가공품(기계, 가구 제외)이고, 울산에서 비중이 높은 D는 자동차 및 트레일러, 거제에서 비중이 높은 E는 기타 운송 장비이다. 석유 화학은 석유를 수입한 후 가공하여 이를 수출하는 산업이다. 따라서 우리나라에서는 주로 원료의 수입과 제품의 수출에 유리한 항구를 중심으로 입지한다.

바로잡기 ② 종합 조립 공업이며 전후방 연계 효과가 큰 공업은 자동차, 조선 공업이다. 자동차와 조선 공업은 많은 부품을 필요로 하기 때문에 다양한 부품 공장이 집적하여 입지하게 된다. ③ 첨단 산업에 대한 설명이다. ④ 원료 지향형 공업은 시멘트 공업이 대표적이다. ⑤ 섬유 공업이 대표적이다.

780

안동(A)은 우리나라 전통 탈을 활용한 문화가 발달한 지역으로 국제 탈춤 페스티벌이 개최된다. 구미(B)는 국가 산업 단지가 위치한 곳으로, 전자 조립 공업과 섬유 산업이 발달한 지역이다. 창녕(C)에는 람사르 협약에 의해 보호받는 우포늪이 있다. 울산(D)은 조선, 자동차 및 트레일러, 석유 화학 공업이 발달한 중화학 공업 도시이다. 사천(E)은 1995년 도농 통합에 따라 삼천포시와 사천군이 통합되어 새로운 사천시가 되었다.

바로잡기 ②는 안동(A), ③은 경주, ④는 대구, ⑤는 문경에 관한 설명이다.

781

A는 경상도 내륙 지역으로 촌락 경관이 뚜렷하게 나타난다. B는 남동 임해 공업 지역으로, 산업이 발달하여 도시 경관이 뚜렷하게 나타난다. (가)에는 촌락에서 비교적 높게 나타나는 항목인 고령 인구 비율과 1차 산업 종사자 비율이 들어갈 수 있다. (나)에는 도시에서 비교적 높게 나타나는 항목인 인구 밀도, 상점 임대료, 제조업 사업체 수, 제조업 매출액 등이 들어갈 수 있다.

782

A는 보성, B는 광양, C는 사천, D는 고성, E는 김해이다. 보성에서는 우리나라에서 최초의 지리적 표시제 1호인 녹차를 생산한다. 광양은 제철 공업이 발달하여 남성 근로자 비중이 높다. 고성은 공룡 발자국을 활용한 공룡 박물관, 공룡 엑스포 등 관광 산업이 발달하였다. 김해는 부산, 창원과 접하여 이 지역의 인구 유입이 활발하다.

바로잡기 ③ 2010년 창원·마산·진해가 통합되어 창원시가 출범하였고, 이에 따라 창원시의 인구가 크게 증가하였다.

783

한라산은 유동성이 작은 용암에 의해 형성된 종상 화산과 유동성이 큰 용암에 의해 형성된 순상 화산이 함께 나타나는 복합 화산의 형태를 이루고 있다.

바로잡기 ① 제주도의 세계 자연유산은 한라산, 거문오름 용암동굴계, 성산 일출봉 등 일부 지역만 지정되어 있다. ③ 화구가 함몰되어 형성된 호수인 칼데라호는 백두산의 천지이다. ④ 석순, 석주, 종유석 등은 석회동굴에서 주로 나타난다. ⑤ 주상 절리의 발달이 폭포의 형성에 영향을 준다. 수직의 주상 절리가 발달한 지역은 약 20~90m 높이까지 융기되어 있어 해안가에 폭포가 형성되었다.

784

한라산의 식생은 저지대에서 고지대로 가면서 변화하는 이유는 해발 고도가 높아지면서 기온이 낮아지기 때문이다.

바로잡기 ① 위도의 차이는 식생의 수평적 분포와 관련이 깊다. ② 제주도는 현무암이 주로 나타나는 지역으로, 기반암의 차이가 식생의 수직적 분포에 큰 영향을 주지 않는다. ④ 지면의 경사도에 따라 식생의 차이가 생긴다고 보기는 어렵다. ⑤ 토양층의 풍화 정도는 기온의 차이를 반영하는 난대림과 냉대림의 차이에 영향을 미친다고 보기는 어렵다.

785

제주도는 바람이 많이 불어 지붕의 경사가 완만하고 주변에서 쉽게 구할 수 있는 현무암을 이용하여 돌담을 쌓아 놓았다. 가옥 내부는 난방 시설과 취사 시설이 분리되어 있는데, 이는 겨울이 상대적으로 따뜻하여 난방과 취사 시설을 결합할 필요가 적었기 때문이다.

바로잡기 ㄱ. 상방은 마루를 의미하는 제주 방언이며, 고팡은 창고를 의미하는 제주 방언이다. 방을 의미하는 단어는 구들이다. ㄷ. 지붕은 주변에서 쉽게 구할 수 있는 띠(새)를 활용하였다. 볏짚은 벼농사를 실시하는 평야 지역에서 널리 활용한다.

786

마이스(MICE) 산업에 대한 설명이다. 마이스 산업은 Meetings(기업 회의), Incentives(기업의 표창 및 연수 목적의 여행), Conventions(국제단체, 학회, 협회가 주최하는 총회 및 회의), Exhibitions(전시회, 박람회, 스포츠 이벤트 등)을 의미하는 용어로, 전시회, 기관 단체 관광, 각종 국제회의 등을 망라하는 종합 관광 산업이다.

바로잡기 ⑤ 관광 산업은 제조업에 비해 자원 소모가 적다.

787

제주도는 관광객과 관광 수입이 증가하고 있으므로 음식·숙박업·관광업 등 소비자 서비스업의 생산액이 증가했을 것이다. 한편, 외국인의 관광객 수가 많아지고 증가율도 상당히 높은 편이기 때문에 외국인을 위한 편의 시설의 수가 증가하였다고 추론할 수 있다.

바로잡기 ㄱ. 농림·어업(1차 산업)이 제조업보다 종사자 비중이 더 높다. ㄹ. 균형 발전을 위한 정부 지원은 호남 지방과 관련 있다.

788

제주도는 4대 권역을 개발축으로 육성하는 계획(안)을 발표하였다. 북부 권역은 제주 공항과 신항만을 중심으로 국제 교류 기능 강화, 남부 권역은 국제회 개최를 위한 MICE 산업 육성과 크루즈 관광 기능 육성, 서부 권역은 영어 교육 중심, 동부 권역은 신·재생 에너지의 생산 연구 거점으로 개발할 예정이다.

바로잡기 ① 계획(안) 상에는 중공업과 관련된 내용이 언급되어 있지 않다. 따라서 중화학 공업의 생산액 비중을 예상하기는 어렵다.

789

호남 지방은 수리 시설을 확충하여 물의 이용도를 높였고, 간척 사업을 통해 농경지를 확장하였다.

채점 기준	수준
유량이 부족한 어려움을 극복한 방법 두 가지를 서술한 경우	상
유량이 부족한 어려움을 극복한 방법을 한 가지만 서술한 경우	하

790

영남 내륙 공업 지역(A)은 노동 집약적 경공업이 발달하였고, 남동 임해 공업 지역(B)은 자본 집약적 중화학 공업이 발달하였다.

채점 기준	수준
영남 내륙 공업 지역과 남동 임해 공업 지역에서 발달한 공업 유형 및 발달 배경을 모두 서술한 경우	상
영남 내륙 공업 지역과 남동 임해 공업 지역에서 발달한 공업 유형 및 발달 배경 중 한 가지만 서술한 경우	하

791

제주도는 지표의 대부분이 절리가 발달한 현무암으로 덮여 있다. 따라서 하천은 평상시에 물이 흐르지 않다가 비가 올 때만 일시적으로 흐르는 경우가 있다. 빗물은 지하로 스며들어 해안 지역에서 샘물로 솟아나는데, 이 지하수가 솟아나는 곳이 용천대이다. 이 때문에 제주도의 전통 취락은 물을 구하기 쉬운 해안가에 주로 분포한다.

채점 기준	수준
제주도에서 해안에 취락이 입지하는 원인을 현무암, 지표수, 용천대를 포함하여 서술한 경우	상
제주도에서 해안에 취락이 입지하는 원인을 현무암, 지표수, 용천대 중 일부만 포함시켜 서술한 경우	하

적중 1등급 문제

154~155쪽

792 ① 793 ④ 794 ③ 795 ⑤ 796 ②
797 ③ 798 ② 799 ③

792 광역시의 특징 파악하기

1등급 자료 분석 광역시의 인구와 지역 내 총생산 순위

광역시 중에서 가장 인구가 많은 도시는 부산(C)이다. 2020년 기준 2위인 인천과의 격차가 45만 명 정도이다.

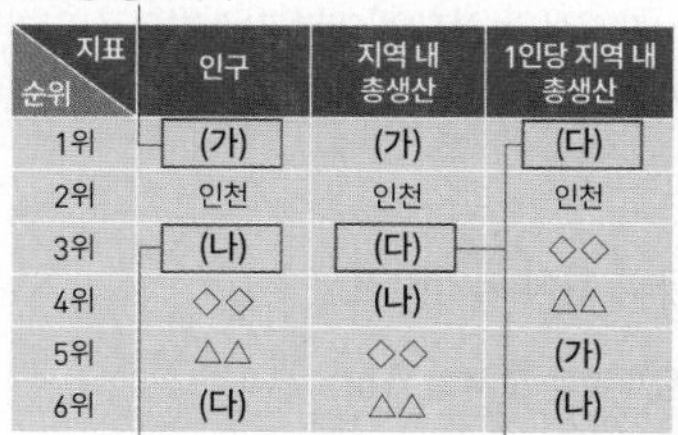

지표 / 순위	인구	지역 내 총생산	1인당 지역 내 총생산
1위	(가)	(가)	(다)
2위	인천	인천	인천
3위	(나)	(다)	◇◇
4위	◇◇	(나)	△△
5위	△△	◇◇	(가)
6위	(다)	△△	(나)

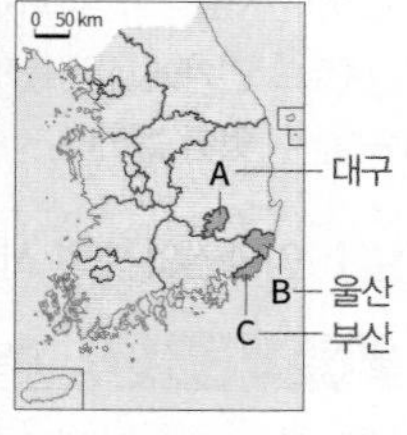

(나)는 대구(A)이다.

광역시 중 인구 규모는 가장 작지만 지역 내 총생산이 부산, 인천에 이어 3위이고 1인당 지역 내 총생산이 1위인 지역은 중화학 공업이 발달한 울산(B)이다.

(가)는 광역시 중 인구 규모가 가장 큰 도시로 부산(C)이다. 부산은 우리나라의 최대의 무역항이며, 국제 영화제가 열리는 곳이기도 하다. (다)는 인구 규모는 6위이지만 지역 내 총생산은 3위, 1인당 지역 내 총생산은 1위로 울산(B)이다. (나)는 대구(A)로, 인구 규모는 3위이지만 1인당 지역 내 총생산이 세 지역 중 가장 적다.

바로잡기 ㄷ. (다) 울산에 대한 설명이다. ㄹ. (나) 대구에 대한 설명이다.

793 영남 지방과 호남 지방의 지역 특색 파악하기

A는 고창, B는 전주, C는 안동, D는 포항, E는 순천, F는 광양, G는 창녕, H는 부산이다. 포항과 광양에는 '산업의 쌀'이라 불리는 철을 생산하는 대규모 공장이 입지해 있다.

바로잡기 ① 고창(A)에는 원자력 발전소가 없다. ② 안동(C)에는 세계 문화유산으로 지정된 하회마을이 있으나, 전주(B)에는 없다. ③ 안동(C)에는 경북 도청이 있으나, 순천(E)에는 전남도청이 없다. 전남도청은 무안에 위치해 있다. ⑤ 창녕(G)의 우포늪이 람사르 보호 습지로 지정되어 있으나, 광양(F)에는 보호 습지가 없다.

794 호남 지방의 공업 특징 파악하기

지도에서 (가)는 광주, (나)는 광양, (다)는 여수이다. 광주에서 출하액이 높은 C는 자동차 및 트레일러, 광양에서 출하액이 높은 A는 1차 금속, 여수에서 출하액이 높은 B는 석유 화학 및 코크스 제조업이다.

광양에 발달한 제철 공업은 원료와 연료의 해외 의존도가 매우 높은 공업으로 수출입에 유리한 해안에 주로 입지한다. 석유 화학 및 코크스 제조업은 생산품이 다른 산업의 원료로 이용되기 때문에 계열화된 공장이 집적하여 입지한다. 1차 금속 제조업으로 만들어진 철강 제품은 자동차 및 트레일러 제조업의 원자재로 활용한다. 석유 화학 공업은 원료를 대부분 해외에서 수입하기 때문에 자동차 및 트레일러 제조업보다 원료의 해외 의존도가 높다.

바로잡기 ③ 국제 주문 생산 비중이 높은 것은 제품당 가격이 매우 비싼 기타 운송 장비 제조업(조선)이다.

795 제주도의 자연환경 파악하기

㉠ 세계 자연 유산으로 등재된 지역은 한라산, 성산 일출봉, 거문오름 용암동굴계 등 세 지역이다. ㉡ 대부분의 오름은 한라산이 형성된 이후에 지각 아래에 있던 용암이 분출하면서 형성되었다. ㉢ 제주도는 다양한 식생 분포가 나타나는데, 가장 저지대인 해안 지역에는 상록 활엽수림으로 이루어진 난대림이 나타난다. ㉣ 현무암은 절리가 많아 투수성이 높다. 이 현무암이 기반암이기 때문에 제주도는 하천 발달이 미약하다.

바로잡기 ㉤ 제주도는 섬 전체가 절리가 발달한 현무암질 암석이 기반을 이루고 있어 지표수가 부족하다. 따라서 농경지의 대부분은 밭으로 이루어져 있다. 제주도 민가에서 지붕의 재료로 사용하던 '새(띠)'라는 풀은 제주도에서 쉽게 구할 수 있던 풀이다.

796 영남권의 몇몇 시·군의 특징 파악하기

1등급 자료 분석 영남권의 몇몇 도시의 특징

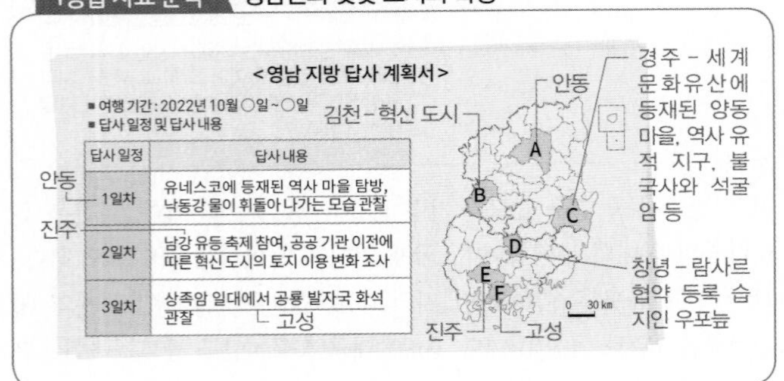
<영남 지방 답사 계획서>

■ 여행 기간 : 2022년 10월 ○일 ~ ○일
■ 답사 일정 및 답사 내용

답사 일정	답사 내용
1일차	유네스코에 등재된 역사 마을 탐방, 낙동강 물이 휘돌아 나가는 모습 관찰
2일차	남강 유등 축제 참여, 공공 기관 이전에 따른 혁신 도시의 토지 이용 변화 조사
3일차	상족암 일대에서 공룡 발자국 화석 관찰

유네스코에 등재된 역사 마을을 탐방하고 낙동강 물이 휘돌아 나가는 모습을 볼 수 있는 곳은 안동(A)이다. 안동 하회 마을은 세계 문화유산 전통 역사 마을로 등재되어 있다. 남강 유등 축제가 열리는 곳은 진주(E)로, 김천(B)과 함께 혁신 도시로 지정되어 있다. 상족암 일대에서 공룡 발자국 화석을 볼 수 있는 곳은 고성(F)이다.

797 호남 지방 주요 도시의 특징 파악하기

1등급 자료 분석 호남 지방의 주요 도시

진도는 우리나라의 고유종인 진돗개의 산지로 유명하다. 진도와 해남 사이의 바다에서 가장 폭이 좁은 곳이 조류가 세기로 유명한 울돌목이다. 이곳은 정유재란 때 명량대첩이 있었던 곳으로 유명하다.

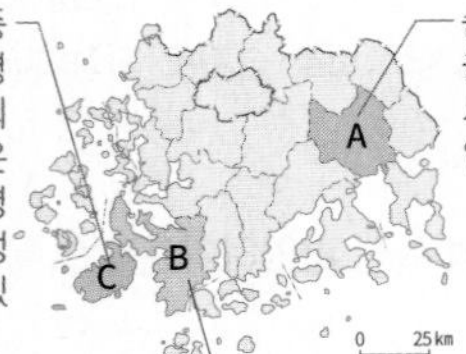

순천은 남쪽으로 커다란 만을 두고 있는데, 순천만에서는 국제 정원 박람회가 열렸다.

해남은 우리나라의 섬을 제외한 육지부의 최남단에 위치하고 있다. 땅끝 마을로 유명하며 공룡 발자국 화석지로도 유명하다.

지도에서 A는 순천, B는 해남, C는 진도이다. 순천만 국제 정원에서는 국제 정원 박람회가 열렸다. 순천만 습지는 람사르 습지로 등록되었다. 한반도에서 섬을 제외한 육지부의 가장 남단이 해남군인데, 해남군 송지면에 땅끝임을 알리는 탑이 세워져 있다. 우리나라의 토종견 중에서 가장 유명한 것은 진도의 진도견이다. 진도와 해남 사이의 울돌목은 조류가 세기로 유명하다.

798 영남 지방 주요 도시의 특징 파악하기

울산은 우리나라 제1의 중화학 공업 도시로, 석유 화학·조선·자동차 공업이 발달하였다. 따라서 제조업 업종별 출하액 비율 그래프에서 코크스, 연탄 및 석유 정제품, 자동차 및 트레일러, 화학 물질 및 화학 제품의 비율이 골고루 높은 ②번이 답이 된다.

바로잡기 ① 자동차 산업과 광(光) 산업과 관련된 전기 장비 제조업이 발달한 광주에 해당된다. ③ 1차 금속의 비중이 높으므로 제철 공업이 발달한 포항, 광양 등에 해당된다. ④ 기타 운송 장비의 비중이 높으므로 조선 공업이 발달한 거제에 해당된다. ⑤ 화학 물질 및 화학 제품, 코크스, 연탄 및 석유 정제품의 비중이 높은 여수에 해당된다.

799 전라북도와 경상북도의 주요 도시의 특징 파악하기

㉠ 전라도는 '전주'와 '나주'의 첫 글자를 따서 만들어졌다. 전주(B)는 전라북도의 도청 소재지이며, 한옥 마을은 슬로시티로 지정되어 있다. ㉡ 경상도는 '경주'와 '상주'의 첫 글자를 따서 만들어졌다. 상주(C)는 과거에 '낙양'이라 불린 적이 있었고 낙양의 동쪽을 흐르는 강이라 하여 낙동강이라는 이름이 붙었다. 상주 곶감이 유명하여 지리적 표시제 상품으로 등록되어 있다.

바로잡기 A는 뜬다리 부두가 있는 군산, D는 하회 마을이 있는 안동, E는 원자력 발전소가 있고 양동 마을이 있는 경주이다.

단원 마무리 문제

156~160쪽

16 지역의 의미와 구분, 북한 지역

800 ④ **801** ② **802** ③ **803** ⑤ **804** **예시 답안** 북한은 남한보다 연평균 기온이 낮고, 해발 고도가 높은 산지가 많아 논농사보다 밭농사 중심의 농업이 이루어지고 있다.

17 수도권, 강원 지방, 충청 지방

805 ③ **806** ③ **807** ③ **808** ① **809** ⑤ **810** ④ **811** ①
812 **예시 답안** 주택·도로 등 생활 기반 시설의 부족, 교통 체증과 주차난, 집값 상승과 도심 노후화, 환경 오염 및 사회적 비용 증가 등

18 호남 지방, 영남 지방, 제주도

813 ⑤ **814** ④ **815** ④ **816** ① **817** ⑤ **818** ② **819** ②
820 **예시 답안** 제주도의 벼 재배 비중은 전국 평균에 비해 매우 낮고, 과수 재배 비중은 매우 높다. 이는 배수가 잘되는 현무암이 기반암을 이루고 있어 논농사에 불리하기 때문이다.

800

전통적 지역 구분에서 A는 관서 지방, B는 관북 지방으로 불린다. 이때 '관(關)'은 철령관을 의미하며 각각 철령관의 서쪽 지방, 철령관의

북쪽 지방이라는 의미이다. 낭림산맥은 관서 지방과 관북 지방 사이에 있다. C는 호서 지방으로, 호강(금강) 상류의 서쪽, 또는 제천 의림지의 서쪽을 말한다.

바로잡기 ④ D는 영남 지방으로 문경에서 충주로 넘어가는 조령 이남 지방이라는 의미이다.

801

제시된 지도에서 전력 소비가 많은 평양과 그 주변 지역을 중심으로 건설된 A는 화력 발전이다. B는 장진강, 부전강 등에 건설된 수력 발전이다. 북한은 높은 산지가 많고 하천의 폭이 좁아 화력 발전소보다 수력 발전소가 많고 전력 생산량도 많다. 북한에서 수력 발전소는 일제 강점기 때부터 건설되기 시작하였으므로, 화력 발전보다 역사가 길다.

바로잡기 ㄴ. 화력 발전소 대부분은 전력 소비가 많은 평양과 그 주변에 집중되어 있다. ㄹ. 지형과 기후 조건의 영향을 많이 받는 것은 수력 발전이다.

802

지도에서 A는 나선 경제특구, B는 신의주 특별 행정구, C는 북한의 평양 일대, D는 개성 공업 지구, E는 금강산 관광 지구이다. A~E 중 경제특구로 지정된 곳이 아닌 곳은 C이다. 따라서 (가)는 C가 된다. 우리나라와의 긴밀한 협력 관계를 가졌던 곳은 금강산 관광 지구와 개성 공업 지구이다. 산업 단지를 조성하여 제조업 발달을 추구했던 지역은 개성 공업 지구이므로 (마)는 D, (라)는 E이다. 나선 경제특구와 신의주 특별 행정구 중에서 홍콩식 모델을 염두에 두고 지정된 곳은 신의주 특별 행정구이다. 따라서 (다)는 B, (나)는 A가 된다.

803

북한의 인구와 도시는 평야가 넓고 상대적으로 기후가 온화하고 용수가 풍부하여 농업과 공업이 발달한 서부 평야 지역을 중심으로 분포한다. 북한 최대의 도시는 평양으로 북한의 정치와 행정의 중심 기능을 수행하고 있다. 남포는 평양의 외항으로 서해 갑문이 설치되어 있다.

바로잡기 ⑤ 강계 공업 지구는 내륙에 위치한 공업 지구이다. 함흥과 청진은 동해안에 위치한 도시이다.

804

그래프는 남북한의 총 경지 면적과 논·밭 비율을 나타낸 것이다.

채점 기준	수준
북한의 농업 특징을 자연환경과 비교하여 바르게 서술한 경우	상
북한의 농업 특징과 자연환경 중 한 가지만 서술한 경우	하

805

A는 파주, B는 강화, C는 화성, D는 용인, E는 양평이다. 파주(A)에는 2기 신도시인 운정 신도시가 조성되어 있다. 강화(B)에는 유네스코 세계 문화유산으로 등재된 선사 시대의 고인돌이 있다. 용인(D)은 지하철인 수인 분당선과 신분당선 등이 개통되면서 서울과의 접근성이 크게 개선되었다. 양평(E)은 수도권에 상수도를 공급하는 팔당댐이 있는 지역으로 상수원 보호를 위해 개발에 제한을 받는 자연 보전 권역에 속한다.

바로잡기 수도권 제2의 항만이 건설된 곳은 평택항이다. 1986년 평택항은 국제 무역항으로 승격되었다.

806

수도권으로 인구와 각종 기능이 집중하면서 지가 및 주택 가격 상승, 교통 혼잡, 환경 오염 등의 집적 불이익이 발생하였다. 이에 따라 수도권에 과도하게 집중된 인구와 산업을 적정하게 배치하여 수도권을 균형있게 발전시키기 위한 수도권 정비 계획이 추진되고 있으며, 수도권의 공장 신설과 증축 등을 제한하는 수도권 공장 총량제 등이 시행되고 있다. 서울은 제조업이 다른 지역으로 이전하면서 2차 산업 종사자 비중이 감소하고 3차 산업 종사자 비중이 증가하는 탈공업화 현상이 나타나고 있다. 수도권은 고급 인력과 학술·연구 기능이 집중되어 있어 기술 집약적 산업 입지에 유리하다.

바로잡기 ③ 수도권의 제조업은 지리적으로 인접한 충청 지방으로 공장이 활발하게 이전하고 있다.

807

A는 생산자 서비스업에 속하는 전문·과학 및 기술 서비스업의 사업체 수와 종사자 수 비중이 월등히 높은 것으로 보아 서울임을 알 수 있고, 매출액 또한 경기와 인천보다 많다. 소비자 서비스업에 속하는 숙박 및 음식점업의 경우 B가 서울(A)보다 사업체 수 비중이 조금 더 높은 것으로 나타났는데, 이를 통해 B가 경기임을 알 수 있다. 따라서 C는 인천이다.

808

태백산맥을 경계로 영서 지방과 영동 지방으로 구분되는 곳은 강원도이다. 강원도는 석회석과 무연탄 등 풍부한 지하자원을 바탕으로 남한 최대의 광업 지역을 형성하였다.

바로잡기 ②는 충청 지방, ③은 영남 지방, ④는 수도권, ⑤는 제주특별자치도에 관한 질문이다.

809

(가)는 고위 평탄면이 있고 2018년 동계 올림픽이 열린 곳은 평창(C)이다. (나)는 지역 전체가 고원 분지의 형태를 갖고 있으며 한강과 낙동강의 발원지인 지역은 태백(D)이다. 태백에는 조선 누층군뿐만 아니라 평안 누층군도 넓게 분포하여 예전에는 대표적인 무연탄 산지였다.

바로잡기 A는 강원도의 도청 소재지인 춘천이고 B는 내린천이 위치해 있는 인제이다.

810

(가)는 폐광 지역으로 석탄 박물관이 있으며, 머드 축제가 열리는 곳이므로 충청남도 보령이다. (나)는 제철 공업이 발달하여 2차 산업 종사자 수가 크게 증가한 곳이므로 충청남도 당진이다. (다)는 2014년 청원군과 청주시의 도농 통합시인 충청북도 청주로, 오송 생명 과학 단지와 KTX 분기점이 되는 오송역이 있다. 지도의 A는 충남 당진, B는 충북 청주, C는 충남 보령이다.

811

지도에서 A는 춘천, B는 강릉, C는 원주, D는 충주, E는 청주이다. 강릉은 영동 지방 최대의 도시로, 경포대를 비롯한 관광지가 많아 예로부터 관광 산업이 발달한 도시이다. 원주는 수도권과의 접근성이 매우 높고 강원도에서 인구가 가장 많은 도시이기도 하다. 강릉과 원주의 첫 글자를 따서 강원도라는 지명이 만들어졌다. 충주는 남한강의 중·상류 지역에 위치한 도시로, 한강이 충주를 지나 원주와 여주 쪽으로 흐르고 있다. 충주와 청주의 첫 글자를 따서 충청도라는 지명이 만들어졌다. 청주는 충청북도의 도청 소재지이면서 경부 고속 국도, 중부 고속 국도, 당진-영덕 고속 국도 등 여러 고속 국도가 경유하는 교통의 요지이다. 청주에는 충청권에서 유일하게 국제공항이 위치하고 있다.

바로잡기 갑. 춘천은 강원도의 도청 소재지이기는 하나 강원도에서 인구가 가장 많은 도시는 원주이다.

812

수도권의 지나친 집중으로 인해 국토 공간의 불균형 현상이 심화되고 있다.

채점 기준	수준
수도권의 문제점을 두 가지 모두 바르게 서술한 경우	상
수도권의 문제점을 한 가지만 바르게 서술한 경우	하

813

지도에서 A는 충북 충주, B는 충북 단양, C는 경북 안동, D는 경북 울진, E는 경북 경주이다. ㄴ. 카르스트 지형은 석회암의 용식 지형으로 석회암이 분포하는 지역에서 관찰할 수 있다. 강원도 남부 지역과 충청북도 북동부 지역, 경상북도 북부 지역 등이 석회암 분포 지역으로, 단양과 울진에서는 카르스트 지형을 관찰할 수 있다. ㄷ. 경북 안동의 하회 마을과 경주의 양동 마을은 '한국의 역사 마을'이라는 제목으로 2010년에 세계 문화유산에 등재되었다. ㄹ. 울진과 경주에는 원자력 발전소가 입지하여 현재 가동 중에 있다.

바로잡기 ㄱ. 충주는 기업 도시이지만 단양은 혁신 도시가 아니다. 충북의 혁신 도시는 진천군과 음성군의 일부 지역이다.

814

지도에서 (가)는 경북 안동, (나)는 의성, (다)는 구미이다. ㄴ. 노령화 지수가 가장 높은 지역은 유소년층 비중이 가장 낮으면서도 노년층 비중이 높은 (나) 지역이다. (다)는 유소년층 비중이 노년층 비중보다 높아 노령화 지수가 세 지역 중 가장 낮다. ㄹ. 광업·제조업 취업자 수 비율과 서비스업 취업자 수 비율이 가장 낮은 (나)가 1차 산업 취업자 수 비율이 가장 높다.

바로잡기 ㄱ. 총 부양비는 청장년층 비중이 가장 낮은 지역일수록 높게 나타난다. 청장년층 비중은 (다)>(가)>(나) 순이므로 총 부양비는 그 역순인 (나)>(가)>(다) 순으로 높다. ㄷ. 안동보다 제조업과 서비스업이 발달한 구미의 인구가 더 많다.

815

(가) 지역은 (나) 지역에 비해 논, 밭 비율이 높고, 주거용·상업용으로 활용되는 대지의 비율이 낮다. 따라서 (가) 지역은 (나) 지역에 비해 1차 산업 종사자 비율이 높다고 볼 수 있다. 지도에서 (가)는 산청군, (나)는 양산시이다.

바로잡기 ①, ②, ③, ⑤는 (가) 지역에 대한 (나) 지역의 상대적 특성이다.

816

지도에서 A는 전북 전주, B는 고창, C는 전남 영광, D는 해남, E는 보성이다. 고창에는 고창 읍성이 비교적 잘 보존되어 있으며, 전남 화순과 함께 고인돌 유적지가 있다. 영광은 호남에서 유일하게 원자력 발전소가 가동되고 있으며 영광에서 조기를 말려서 만드는 영광 굴비는 전국적으로 널리 알려진 특산품이다. 해남에는 섬을 제외한 육지부의 최남단 지점이 있다. 그리고 늦가을까지 다른 지역에 비해 기온이 높고 재배 환경이 좋아 김장용 배추를 대량으로 생산하여 전국으로 판매한다. 보성은 지리적 표시제 제1호인 녹차 재배지로 다향 대축제가 열린다.

바로잡기 ① 전주 한옥 마을은 세계 문화유산으로 등재되어 있지는 않다. 슬로시티로 지정되어 있다.

817

(다) 창원은 기계, 전기 장비, 자동차 및 트레일러 등의 중화학 공업이 발달한 지역이다. 자동차 및 트레일러, 기타 운송 장비 등 다양한 중화학 공업이 발달한 (나)는 울산이다. 따라서 B는 코크스·연탄 및 석유 정제품이다. 1차 금속(A) 출하액 비중이 매우 높은 (가)는 제철 공업이 발달한 포항이다. ㄷ. 기초 소재에 해당하는 강철의 생산 능력은 포항이 가장 강하다. ㄹ. 세 지역 모두 남동 임해 공업 지역에 속하는데, 원료 수입과 제품 수출에 유리한 항구와 인접하여 산업 단지가 조성되어 있다.

바로잡기 ㄱ. A는 1차 금속, B는 코크스·연탄 및 석유 정제품이다. ㄴ. 제조업 출하액 규모는 (나) 울산이 가장 크고 (가) 포항이 가장 적다.

818

광(光) 산업과 자동차 산업이 발달한 곳은 광주(D)이다. 그리고 경제 자유 구역으로 지정되었던 곳은 전북 군산(A)이다. 새만금·군산 경제 자유 구역은 2008년 지정되었으나, 2018년 4월 해제된 상태이다. 지평선 축제가 열리고 농경 문화 체험 활동 등을 할 수 있는 곳은 김제(B)이다.

바로잡기 전북 전주(C)는 한옥 마을, 세계 소리 축제 등으로 유명하다. 전남 광양(E)은 1차 금속 제조업이 발달하였다.

819

지도에서 A는 충남 당진, B는 서산, C는 홍성이다. D는 전남 해남, E는 순천, F는 광양이다. 서산에는 석유 화학, 당진에는 제철 공업이 발달하였다. 해남의 경우 중생대 경상 누층군의 분포 면적이 넓고 퇴적암층에서 공룡 발자국 화석이 다수 발견되었다. 해남에는 경남 고성과 더불어 공룡 박물관이 있다.

바로잡기 신두리 해안 사구가 있는 곳은 태안이다. 광양에서는 제철 공업이 발달하였지만 순천은 석유 화학 공업이 발달한 곳이 아니다. 석유 화학 공업은 여수에서 발달하였다.

820

제주도의 지표면은 다공질의 현무암으로 덮여 있기 때문에 빗물은 지하로 스며들어 논농사에 불리하다.

채점 기준	수준
제주도의 작물 재배 특징과 제주도의 자연환경을 모두 바르게 서술한 경우	상
제주도의 작물 재배 특징이나 제주도의 자연환경 중 한 가지만 바르게 서술한 경우	하

실전서

기출 분석 문제집

1등급 만들기

완벽한 기출 문제 분석으로 시험에 대비하는 1등급 문제집

국어 문학, 독서
수학 고등 수학(상), 고등 수학(하), 수학 I, 수학 II, 확률과 통계, 미적분, 기하
사회 통합사회, 한국사, 한국지리, 세계지리, 생활과 윤리, 윤리와 사상, 사회·문화, 정치와 법, 경제, 세계사, 동아시아사
과학 통합과학, 물리학 I, 화학 I, 생명과학 I, 지구과학 I, 물리학 II, 화학 II, 생명과학 II, 지구과학 II

실력 상승 실전서

파사쥬

대표 유형과 실전 문제로 내신과 수능을 동시에 대비하는 실력 상승 실전서

국어 국어, 문학, 독서
영어 기본영어, 유형구문, 유형독해, 25회 듣기 기본 모의고사, 20회 듣기 모의고사
수학 고등 수학(상), 고등 수학(하), 수학 I, 수학 II, 확률과 통계, 미적분

수능 완성 실전서

수능 주도권

핵심 전략으로 수능의 기선을 제압하는 수능 완성 실전서

국어영역 문학, 독서, 화법과 작문, 언어와 매체
영어영역 독해편, 듣기편
수학영역 수학 I, 수학 II, 확률과 통계, 미적분

수능 기출서

수능 기출 문제집

N기출

수능N 기출이 답이다!

국어영역 공통과목_문학, 공통과목_독서, 공통과목_화법과 작문, 공통과목_언어와 매체
영어영역 고난도 독해 LEVEL 1, 고난도 독해 LEVEL 2, 고난도 독해 LEVEL 3
수학영역 공통과목_수학 I + 수학 II 3점 집중, 공통과목_수학 I + 수학 II 4점 집중, 선택과목_확률과 통계 3점/4점 집중, 선택과목_미적분 3점/4점 집중, 선택과목_기하 3점/4점 집중

N기출 모의고사

수능의 답을 찾는 우수 문항 기출 모의고사

수학영역 공통과목_수학 I + 수학 II, 선택과목_확률과 통계, 선택과목_미적분

미래엔 교과서 연계

자습서

미래엔 교과서 자습서

교과서 예습 복습과 학교 시험 대비까지 한 권으로 완성하는 자율 학습서

국어 고등 국어(상), 고등 국어(하), 문학, 독서, 언어와 매체, 화법과 작문, 실용 국어
수학 고등 수학, 수학 I, 수학 II, 확률과 통계, 미적분, 기하
사회 통합사회, 한국사
과학 통합과학(과학탐구실험)
일본어 I, 중국어 I, 한문 I

평가 문제집

미래엔 교과서 평가 문제집

학교 시험에서 자신 있게 1등급의 문을 여는 실전 유형서

국어 고등 국어(상), 고등 국어(하), 문학, 독서, 언어와 매체
사회 통합사회, 한국사
과학 통합과학